René Flosdorff | Günther Hilgarth

Elektrische Energieverteilung

René Flosdorff | Günther Hilgarth

Elektrische Energieverteilung

9., durchgesehene und aktualisierte Auflage

Mit 275 Abbildungen, 47 Tabellen und 95 Beispielen

STUDIUM

VIEWEG+
TEUBNER

Bibliografische Information der Deutschen Nationalbibliothek
Die Deutsche Nationalbibliothek verzeichnet diese Publikation in der
Deutschen Nationalbibliografie; detaillierte bibliografische Daten sind im Internet über
<http://dnb.d-nb.de> abrufbar.

Prof. Dipl.-Ing. René Flosdorff, FH Aachen
Prof. Dr.-Ing. Günther Hilgarth, FH Braunschweig/Wolfenbüttel

1. Auflage 1973
2. Auflage 1975
3. Auflage 1979
4. Auflage 1982
5. Auflage 1986
6. Auflage 1994
7. Auflage 2001
8. Auflage 2003
9., durchgesehene und aktualisierte Auflage 2005
Unveränderter Nachdruck 2008

Alle Rechte vorbehalten
© Springer Fachmedien Wiesbaden 2005
Ursprünglich erschienen bei Vieweg + Teubner | GWV Fachverlage GmbH, Wiesbaden 2005
Lektorat: Harald Wollstadt

www.viewegteubner.de

Umschlaggestaltung: KünkelLopka Medienentwicklung, Heidelberg

Gedruckt auf säurefreiem und chlorfrei gebleichtem Papier.

ISBN 978-3-519-36424-5   ISBN 978-3-663-05751-2 (eBook)
DOI 10.1007/978-3-663-05751-2

Vorwort zur 7. Auflage

Nach nunmehr fast 30 Jahren hat das vorliegende Buch einen festen Platz im Literaturbereich der elektrischen Energietechnik eingenommen. Die zahlreichen kritischen Stellungnahmen von Fachkollegen zeigen, dass es in der Lehre seine Anerkennung gefunden hat. Viele Anregungen wurden inzwischen eingearbeitet und der Inhalt den Fortschritten des technischen Wandels angepasst, ohne jedoch dabei die Grundkonzeption des Buches zu verändern. Nach wie vor liegt das Hauptgewicht auf den theoretischen Grundlagen und den physikalischen Gesetzmäßigkeiten. Insbesondere wurden die heutigen Möglichkeiten der modernen Rechentechnik und der Digitaltechnik mit einbezogen. Dennoch wurden auch andere Lösungsverfahren, z. B. Leitungsdiagramme u. ä., beibehalten, wenn durch sie das Zusammenwirken mehrerer Einflussgrößen besser erkennbar wird. Die nun vorliegende 7. Auflage wurde völlig überarbeitet und auch im Druck neu gesetzt.

Das Buch ist in erster Linie als begleitendes Lehrbuch für Studenten an Technischen Universitäten und Fachhochschulen gedacht. Es beschränkt sich auf den Bereich der elektrischen Energieverteilung und soll hier in die Materie einführen. Wer sich darüber hinaus mit Einzelproblemen eingehender befassen will, wird auf die weitergehende Literatur verwiesen. Auch für den in der Praxis stehenden Ingenieur kann es ein wertvolles Hilfsmittel sein, da Theorie und mathematischer Aufwand immer anwendungsbezogen gehalten und die entwickelten Berechnungsverfahren der praktischen Anwendung unmittelbar zugänglich sind.

Im ersten Abschnitt über *Elektrische Netze* werden die Übertragungsmittel, ihre Kenngrößen und die Bemessung elektrischer Leitungen und Netze behandelt. Gegenüber der Vorgängerauflage wurden nun Verfahren zur komplexen Lastflussberechnung mit aufgenommen und anhand von Zahlenbeispielen erläutert. Der folgende Abschnitt beschreibt die Berechnung von *Kurz- und Erdschlüssen* unter Anwendung des Berechnungsverfahrens der symmetrischen Komponenten. Die Knotenpunktpotential- und Maschenstromverfahren wurden hier zusätzlich um die tabellarische Netzumwandlung (Stern-Vieleck-Umwandlung) ergänzt. Der nächste Abschnitt über *Schutzeinrichtungen*, der die Gerätetechnik einschließt und somit einem schnellen Wandel unterworfen ist, wurde in der 7. Auflage völlig überarbeitet und dem Stand der Technik angepasst, ohne jedoch die ältere, noch bestehende Technik auszuschließen. Der Abschnitt *Schaltanlagen* wurde weitgehend belassen, jedoch im Bereich der „Leitsysteme" modernisiert. Der Abschnitt *Kraftwerke*, der lediglich einen Abriss über die verschiedenen Kraftwerkstypen und ihrer Einsatzmöglichkeiten vermitteln soll, wurde durch Ausführungen über „Wind- und Solarkraftwerke" ergänzt. Weiter wurde ein Absatz über „Kraftwerksregelung" eingeführt. Im letzten Abschnitt über Fragen der *Elektrizitätswirtschaft* wurden lediglich einige Positionen überarbeitet.

Grundsätzlich wird das *Internationale Einheitensystem* (SI) verwendet. Empirische Zahlenwertgleichungen, wie sie sich auch in DIN VDE-Bestimmungen finden, sind auf hier ausschließlich verwendete *Größengleichungen* zugeschnitten worden. Bei Formelzeichen und Indizes wurden die einschlägigen Normen weitgehend beachtet. Die Verfasser haben sich bemüht, *Nenngrößen* und *Bemessungsgrößen* gemäß DIN IEC 38 zu verwenden. Hier bestehen aber auch in der Praxis offenbar noch Unsicherheiten. Vielfach werden dort früher als Nennwerte bezeichnete Größen einfach in Bemessungsgrößen umbenannt.

Die Verfasser danken allen Fachkollegen und Lesern, die durch Kritik und mit vielen wertvollen Anregungen zur Gestaltung des Buches beigetragen haben. Da diese Auflage völlig neu gesetzt wurde, besteht die Möglichkeit, dass sich Druckfehler eingeschlichen haben, die auch der mehrfachen gründlichen Durchsicht entgangen sind. Hinweise auf notwendige Berichtigungen werden deshalb dankend entgegengenommen. Besonderer Dank gilt dem Verlag für die langjährige, vertrauensvolle Zusammenarbeit, für die saubere Drucklegung und für die ansprechende äußere Gestaltung des Buches.

Aachen, Wolfenbüttel, im Herbst 2000   René Flosdorff, Günther Hilgarth

Vorwort zur 8. Auflage

Die vorliegende 8. Auflage wurde gründlich durchgesehen und in einigen Bereichen überarbeitet. Alle bekannt gewordenen Druckfehler wurden beseitigt und die vornehmlich in den Beispielen verwendeten DM-Beträge auf die Europäische Währung EUR umgestellt. In Abschnitt 1 wurde bei der Behandlung der Freileitung die gemäß Europäischer Norm EN 50341 geänderte VDE-Bestimmung DIN VDE 0210 berücksichtigt. Da die alte Norm für Nennspannungen $U_N < 45$ kV zunächst noch weiter gültig ist, wurden Bestandteile dieser VDE-Bestimmung beibehalten. Größere Änderungen wurden bei der Schutztechnik vorgenommen. Hier wurden verstärkt die elektronisch-digitalen-Schutzkonzepte berücksichtigt. Auch das Kapitel der Solarenergie wurde im Rahmen des möglichen überarbeitet.

Aachen, Wolfenbüttel, im Herbst 2002   René Flosdorf, Günther Hilgarth

Vorwort zur 9. Auflage

Bei dieser Auflage wurden im wesentlichen Druckfehler beseitigt, die sich beim Neu-
satz der vorangegangenen Auflage eingeschlichen hatten. Außerdem wurden Zahlenwerte und VDE-Bestimmungen sowie Europäische Normen aktualisiert. An wenigen
Stellen im Text wurden Veränderungen, Einfügungen und kleine Ergänzungen vorgenommen, wenn dies z. B. durch die Einführung neuer Techniken in der Praxis an-
geraten schien.

Die Verfasser nutzen die Gelegenheit, sich bei allen Lesern und Fachkollegen zu be-
danken, die durch sachliche Kritik und durch Hinweise auf Druck- oder sonstige
Fehler zur Verbesserung des Buches beigetragen haben.

Aachen, Wolfenbüttel, im Herbst 2005 René Flosdorff, Günther Hilgarth

Inhalt

3 Schutzeinrichtungen (René Flosdorff)

5 Kraftwerke (Günther Hilgarth)

Anhang

Hinweise auf DIN-Normen in diesem Werk entsprechen dem Stand der Normung bei Abschluss des Manuskriptes. Maßgebend sind die jeweils neuesten Ausgaben der Normblätter des
DIN, Deutsches Institut für Normung e.V., im Format A 4, die durch die Beuth-Verlag GmbH,
Berlin und Köln zu beziehen sind. – Sinngemäß gilt das gleiche für alle in diesem Buche angezo-
genen amtlichen Richtlinien, Bestimmungen, Verordnungen usw.

1 Elektrische Netze

Den elektrischen Versorgungsnetzen fällt die Aufgabe zu, die elektrische Energie so verlustarm wie möglich von den Stromerzeugern bis zu den Endverbrauchern weiterzuleiten. Netzstruktur, Leitungen und alle anderen Betriebsmittel müssen dabei so beschaffen sein, dass die Stromversorgung aller Verbraucher unter Berücksichtigung möglicher Störungen in optimaler Weise sichergestellt ist. *Hohe Betriebssicherheit* muss aber i. allg. durch einen entsprechend großen technischen *Aufwand* erkauft werden, so dass bei der Planung elektrischer Netze beide Gesichtspunkte sorgfältig gegeneinander abgewogen werden müssen, bis eine den örtlichen Gegebenheiten angemessene Lösung gefunden wird

So sehr *Wirtschaftlichkeit* und *Betriebssicherheit* letztlich auch die Planung einer elektrischen Energieversorgungsanlage bestimmen, so wenig sind sie insgesamt allgemein zu erfassen. Sie werden beeinflusst von den jeweils örtlich und zeitlich vorliegenden Verhältnissen. Es müssen beispielsweise bereits bestehende Anlagen in eine Neuplanung einbezogen, derzeitige Preise oder andere technische oder kaufmännische Gesichtspunkte berücksichtigt werden.

Ein Lehrbuch kann solchen Anliegen verständlicherweise nicht voll gerecht werden und muss sich deshalb vorwiegend auf Berechnungsverfahren beschränken. Soweit dabei auch wirtschaftliche Überlegungen mit anzustellen sind, soll dies natürlich geschehen (s. a. Abschn. 6).

1.1 Betriebsgrößen und Begriffe

1.1.1 Stromarten und Frequenzen

Transport und Verteilung von elektrischer Energie erfolgt heute vorwiegend mit *dreiphasigem Wechselstrom* (Drehstrom). Während es früher allgemein ausreichte, Kleinverbraucher mit *einphasigem Wechselstrom* (Wechselstrom) zu versorgen, hat heute die fortschreitende Elektrifizierung der Haushalte dazu beigetragen, dass die Drehstromversorgung immer stärker bis zum Endverbraucher vordringt.

Neben der üblichen Frequenz 50 Hz sind auch 16,7 Hz für den elektrischen Zugbetrieb gebräuchlich. In einigen Ländern (z. B. USA, Kanada) werden für die Energieübertragung 60 Hz verwendet.

Der *Gleichstrom* hat wegen der fehlenden Transformierbarkeit für die Energie*verteilung* praktisch keine Bedeutung mehr. Seine Hauptanwendungsgebiete sind geregelte Gleichstromantriebe, z. B. Straßenbahn, Walzantriebe, und die chemische Industrie (Elektrolyse). Er wird hier mit Stromrichtern möglichst nahe am Bedarfsort dem Wechsel- oder Drehstromnetz entnommen. Im Ausland wird zum Antrieb elektrischer Fernbahnen teilweise Gleichstrom bei Spannungen bis 3 kV verwendet.

Die Entwicklung auf dem Gebiet der Hochspannungsgleichrichter und der Gleichstromschalter hat die Hochspannungs-Gleichstrom-Übertragung (HGÜ) wieder stärker in den Vordergrund gerückt (s. Abschn. 1.3.5).

1.1.2   Übertragungs- und Verteilungsspannungen

Der ständig steigende Energiebedarf und die Überbrückung immer größerer Entfernungen haben im Laufe der Zeit immer höhere Übertragungsspannungen erforderlich werden lassen. Dieser zeitlichen Entwicklung entstammt auch die in der elektrischen Energietechnik übliche Unterscheidung zwischen *Nieder-, Mittel-, Hoch- und Höchstspannung*[1], wodurch die Spannungsbereiche unter Berücksichtigung der Einsatzgebiete gegeneinander grob abgegrenzt werden. Um jedoch die Zahl der zu verwendenden Übertragungsspannungen im Hinblick auf eine Vereinheitlichung der Geräte, wie Schalter, Wandler, Kabel, Isolatoren usw., in Grenzen zu halten, sind in DIN IEC 38 *Nennspannungen* U_N für 50 Hz und 60 Hz Wechselstrom und Drehstrom festgelegt. Die Nennspannung ist dabei diejenige *Außenleiterspannung*, nach der ein Betriebsmittel oder ein elektrisches Netz benannt wird und auf die bestimmte Betriebseigenschaften bezogen sind. Im folgenden werden die Außenleiterspannungen von Drehstromsystemen auch als *Dreieckspannungen* $U_\triangle$ bezeichnet. Unter Berücksichtigung dieser Norm sind in Tabelle 1.1 die heute in Deutschland üblichen Übertragungsspannungen zusammengestellt. Die unterstrichenen Spannungswerte sind bei künftigen Planungen im Hinblick auf eine weitere Vereinfachung zu bevorzugen.

Tabelle 1.1   Zur elektrischen Energieübertragung üblicherweise verwendete Nennspannungen U_N

Nennspannung U_N in kV	0,23/0,40	3, 6, <u>10</u>, 15, <u>20</u>, <u>30</u>	60, <u>110</u>	220, 380, 500, 700
Spannungs-bereich	Nieder-spannung	Mittelspannung	Hoch-spannung	Höchstspannung
Anwendung	Klein-verbraucher	Großabnehmer, Stadtversorgung	Stadt- und Überland-versorgung	Großraum-versorgung, Verbundwirtschaft

Neben den aufgeführten Spannungen sind auch heute noch in älteren Anlagen andere Übertragungsspannungen, etwa 50 kV, gebräuchlich. In großen Industrieanlagen wird auch Drehstrom mit 500 V und 660 V (nach DIN IEC 400 V/660 V) verwendet. Im Bereich der Höchstspannungen dauert die Entwicklung an. Nachdem 1965 die erste 735 kV-Freileitung in Kanada in Betrieb genommen wurde, sind heute bereits in einigen Ländern Leitungen mit Übertragungs-

---

[1] In den VDE-Bestimmungen wird lediglich zwischen Spannungen bis 1000 V (Niederspannung) und über 1 kV (Hochspannung) unterschieden.

spannungen von 1100 kV in Betrieb bzw. geplant. Als größte wirtschaftlich noch vertretbare Übertragungsspannung werden zur Zeit 1500 kV angesehen.

Im Zusammenhang mit der Nennspannung ist die *Bemessungsspannung* U_r zu nennen. Sie gibt die Spannung an, für die die Isolierung eines Betriebsmittels, beispielsweise eines Schaltgeräts, unter Berücksichtigung der entsprechenden Prüfvorschriften (Prüfspannungen, Isolationspegel) ausgelegt ist.

1.1.3 Netzstrukturen

Unter einem elektrischen Leitungsnetz versteht man allgemein die Gesamtheit aller Leitungen vom Stromerzeuger bis zum Verbraucher. In Bild 1.2 sind Leitungs- und Netzstrukturen zusammengestellt. Die einfachste Leitungsführung hat die einseitig gespeiste Leitung (Bild 1.2a). Die nicht dargestellten Abnehmer kann man sich längs der Leitung beliebig verteilt vorstellen. Die einseitig gespeiste, verzweigte Leitung (Bild 1.2b) ist bereits die einfachste Struktur des in Bild 1.2c dargestellten *Strahlennetzes*, das aus einer Vielzahl solcher verzweigter Leitungen zusammengesetzt sein kann.

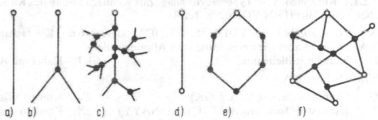

Bild 1.2 Grundstrukturen von Leitungs- und Netzschaltungen
a) einseitig gespeiste Leitung, b) einseitig gespeiste, verzweigte Leitung, c) Strahlennetz, d) zweiseitig gespeiste Leitung, e) Ringleitung, f) vermaschtes Netz
o Speisepunkte, • Knotenpunkte

Die *Ringleitung* (Bild 1.2e) stellt eine besondere Art der zweiseitig gespeisten Leitung nach Bild 1.2d dar. Durch die zweiseitige Einspeisung kann die Stromversorgung der Verbraucher mit einer größeren Sicherheit gewährleistet werden als beim Strahlennetz. Tritt in einer Ringleitung eine Betriebsstörung, etwa ein Kabelschaden, auf, so wird durch geeignete Schutzeinrichtungen erreicht, dass lediglich das betroffene Teilstück durch beidseitig von der Fehlerstelle liegende Schalter herausgetrennt wird. Die verbleibenden gesunden Leitungsstrecken können jeweils einseitig gespeist weiterbetrieben werden.

Bei einem *vermaschten Netz* (Bild 1.2f) wird die Stromversorgung der einzelnen Abnehmer durch die Verknüpfung der Versorgungsleitungen untereinander und möglicherweise durch mehrere Einspeisungen in optimaler Weise gesichert. Selbst der Ausfall einer Einspeisung kann hier in den meisten Fällen von den verbleibenden Stromerzeugern aufgefangen werden. Diese Sicherheit muss aber durch eine aufwendigere Schutztechnik erkauft werden (Selektivität, Distanzschutz, s. Abschn. 3.4). Die Vermaschung wirft aber auch andere Probleme auf. So wachsen z. B. die im Kurzschlussfall auftretenden Kurzschlussströme mit der Anzahl der Stromerzeuger, die durch ein solches Netz parallel geschaltet werden. Daher werden mitunter größere Netze wieder in kleinere Netzgruppen aufgetrennt oder durch andere Maßnahmen entkuppelt (s. Abschn. 1.3.5 und 2.1.7.2).

1.2   Übertragungsmittel

1.2.1 Kabel

Man unterscheidet heute mehrere verschiedene Kabelbauarten, deren Anwendbarkeit teilweise auf unterschiedliche Spannungsbereiche beschränkt ist, die gegebenenfalls aber auch im gleichen Spannungsbereich nebeneinander Anwendung finden und dort nach ihren individuellen technischen Vorzügen oder nach wirtschaftlichen Gesichtspunkten ausgewählt werden. Im folgenden werden die wesentlichen Bauformen beschrieben und gegenübergestellt [2], [24], [30], [36], [40], [68][1]).

1.2.1.1 Kurzzeichen für Typenbezeichnung. Zur Kennzeichnung des Kabelaufbaus sind Kurzzeichen eingeführt (DIN VDE 0298, Teil 1):

N   Normalkabel nach VDE 0255, 0271, 0273 oder 0286 mit Kupferleiter
NA   Normalkabel wie oben, jedoch mit Aluminiumleiter

K	Kabel mit Bleimantel	KL	Kabel mit Aluminiummantel

hinter N bzw. NA:

G	Gummiisolierung (z. B. NGK)	2Y	Kunststoffisolierung aus PE
Y	Kunststoffisolierung aus PVC (z. B. NAYY)	2X	Kunststoffisolierung aus VPE

anstelle von K:

G	Gummimantel (z. B. NGG)	2Y	Kunststoffmantel aus PE
Y	Kunststoffmantel aus PVC (z. B. NYY)	2X	Kunststoffmantel aus VPE

Weiter bedeuten:

C	konzentrischer Schutz- oder Mittelleiter (z. B. NYCY)	F	Flachdrahtbewehrung
CW	wellenförmig aufgebrachter konzentrischer Schutz- oder Mittelleiter (z. B. NYCWY)	G	Stahlbandgegenwendel (auf F- oder R-Bewehrung)
CE	konzentrischer Schutz- oder Mittelleiter um jede einzelne Kabelader	I	Gasinnendruckkabel (NIKLE2Y)
E	Einzelmetallmantel (z. B. NEKBA) oder Schutzhülle mit eingebetteter Schicht aus Elastomerband oder Kunststofffolie (NKLDEY)	P	Gasaußendruckkabel (NPKDFStA)
		Ö	Ölkabel (NÖKDEY)
		R	Runddrahtbewehrung
H	feldbegrenzende leitfähige Schichten, Höchstädterpapier (Metallpapier) (z. B. NHEKBA)	A	Außenhülle
		S	Schirm aus Kupfer (NYHSY)
B	Bandstahlbewehrung	D	Druckschutzbandage
		St	Stahlrohr

Die Leiter können eindrähtig (E) oder mehrdrähtig (M), rund (R) oder zur besseren Raumausnutzung sektorförmig (S) sein (Bild 1.3). Sektorförmige Leiter werden mit Rücksicht auf die elektrische Beanspruchung der Leiterisolierung bis 10 kV verwendet.

---

[1]) s. Schrifttumverzeichnis im Anhang 2.

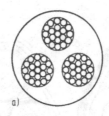

Bild 1.3
Kabelleiter
a) runde Leiter, mehrdrähtig (RM),
b) sektorförmige Leiter, eindrähtig (SE)

Die Bezeichnungen von Kabeln und Leitungen unterscheiden sich von Land zu Land. Zum Abbau dieser Handelshemmnisse ist deshalb das Europäische Komitee für elektrotechnische Normung (CENELEC)[1] bestrebt, die Normen und Bestimmungen für Kabel und Leitungen zu vereinheitlichen. Bei Starkstromkabeln ist diese angestrebte Harmonisierung wegen der anstehenden Schwierigkeiten in naher Zukunft nicht zu erwarten. Demgegenüber ist bei Starkstromleitungen nach DIN VDE 0281 und DIN VDE 0282 eine Übereinstimmung inzwischen erreicht worden. Hiernach erhalten *harmonisierte Starkstromleitungen* eine neuartige Kurzbezeichnung. So hat z. B. die harmonisierte Kunststoffschlauchleitung ohne grüngelben Schutzleiter $2 \times 1,5 \, \text{mm}^2$ die Bezeichnung H05VV-F 2X1,5 mit den Bedeutungen H für harmonisierte Bestimmung, 05 für Nennspannung 300 V/500 V, V für PVC-Isolierstoff, V für PVC-Mantel, F für feindrähtig, 2 für Aderzahl, X für ohne Schutzleiter und 1,5 für Leiterquerschnitt in mm^2.

1.2.1.2 Metallmantelkabel.

Die Leiterisolierung des Kabels (VDE 0255) besteht aus mehreren Lagen dünnen Papiers, das nach dem Aufwickeln mit Isolieröl bzw. mit einem Öl-Harzgemisch getränkt wird. Getränkt wird unter gleichzeitigem Evakuieren bei Temperaturen von 100 °C bis 120 °C, bei denen die Tränkmasse (daher auch *Massekabel*) ausreichend dünnflüssig ist. Bei Betriebstemperaturen ist sie dagegen hochviskos bis plastisch.

Beim *Gürtelkabel* (Bild 1.4a) sind die papierisolierten Leiter *1* durch die Gürtelisolierung *3* gebündelt. Die verbleibenden zwickelartigen Hohlräume sind mit Beilauf *5* (z. B. ölgetränkte Papierkordeln) ausgefüllt. Eindringende Feuchtigkeit würde aber mit der Zeit die elektrische Festigkeit der Leiterisolierung *2* unzulässig stark herabsetzen. Daher ist die Gürtelisolierung noch mit einem Metallmantel *4* umpresst. Ursprünglich wurde hierzu ausschließlich Blei verwendet (Papier-Bleikabel NKBA). Heute werden auch Ummantelungen mit Aluminium eingesetzt, die im Gegensatz zum Bleimantel als Mittelleiter benutzt werden dürfen. Das so elektrisch funktionsfähige Kabel ist schließlich noch zum Schutz gegen mechanische und chemische Beschädigungen mit einer Bewehrung *6* aus Bandstahl, Flach- oder Runddraht und einer Außenhülle *7* aus asphaltierter Jute oder Kunststoff umgeben.

Das zwischen den Leitern und dem Metallmantel bestehende elektrische Feld durchsetzt, wie das in Bild 1.4a gestrichelt angedeutet ist, nicht nur die durchschlagfeste Leiterisolierung sondern auch die Zwickel und die darin trotz Beilauf verbleibenden Hohlräume. In diesen treten bei zu hoher Leiterspannung *Teilentladungen* auf, die mit der Zeit zur Zerstörung der Leiterisolierung und somit zum Kabeldurchschlag führen würden [31]. Gürtelkabel werden deshalb nur für Leiterspannungen bis 10 kV verwendet.

Der Einsatz des Massekabels für höhere Spannungen wurde durch die Entwicklung des *Radialfeldkabels* ermöglicht, bei dem die mit Beilauf gefüllten Zwickel feldfrei ge-

---

[1] Comité européen de normalisation électrotechnique.

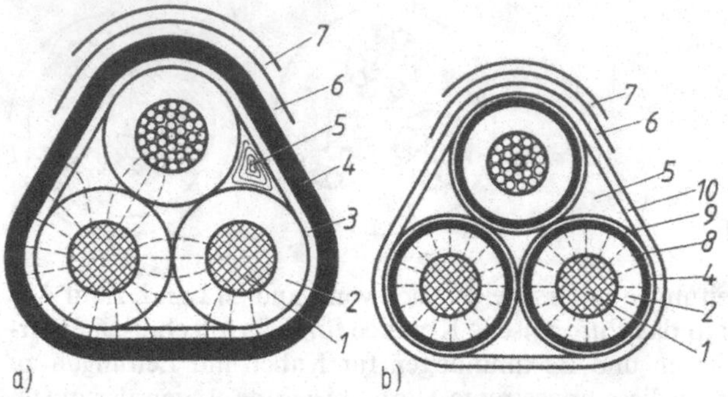

1 Leiter,
2 Leiterisolierung,
3 Gürtelisolierung,
4 Metallmantel,
5 Beilauf,
6 Bewehrung,
7 Außenhülle,
8 Metall- oder
  Carbonpapier,
9 Mantelumspinnung,
10 Innenhülle

Bild 1.4   Gürtelkabel (a) und Dreimantelkabel (b). Elektrische Verschiebungslinien gestrichelt angedeutet.

halten werden. Nach einem Vorschlag von *Höchstädter* wurde dies zunächst dadurch erreicht, dass die einzelnen Leiterisolierungen mit Metallpapier umwickelt wurden (Höchstädter-Kabel NHKBA). Bei dem *Mehrmantelkabel* (auch *Dreimantelkabel* oder *Einzelbleimantelkabel* genannt) ist jede Kabelader zusätzlich mit einem eigenen Metallmantel *4* umgeben (Bild 1.4 b).

Die unterschiedlichen thermischen Ausdehnungskoeffizienten der verschiedenen Werkstoffe und ihr ebenfalls unterschiedliches elastisches Verhalten können bei einer Kabelerwärmung und anschließender Abkühlung zu kleinen Hohlräumen mit geringem Dampfdruck (Vakuolen) in der Isolierung führen. Eine solche unerwünschte *Hohlraumbildung* kann aber auch durch Abwandern von Tränkmasse beispielsweise bei senkrechter Kabelverlegung eintreten. Auch dem als Radialfeldkabel ausgebildeten Massekabel sind somit elektrische Grenzen gesetzt. Dreimantelkabel werden im Spannungsbereich von 20 kV bis 30 kV verwendet. Bis 60 kV werden dann Einleiterkabel bevorzugt, weil bei diesen Spannungen entsprechende Dreileiterkabel unhandlich große Durchmesser aufweisen würden.

1.2.1.3 Kunststoffkabel. Die in der Kabeltechnik (VDE 0271, 0272, 0273) am meisten verwendeten Kunststoffe *Polyvinylchlorid* (PVC), *Polyäthylen* (PE) und *vernetztes Polyäthylen* (VPE) haben gegenüber der ölgetränkten Papierisolierung einige wesentliche Vorteile: Sie sind praktisch nicht hygroskopisch, so dass auf einen Metallmantel verzichtet werden kann. Sie weisen eine gute chemische Beständigkeit, sowie ein geringes Gewicht auf und sind ferner hochflexibel herstellbar. Diese Eigenschaften ermöglichen einen einfachen, kostensparenden Kabelaufbau und die Herstellung leichter, biegsamer Kabel. Da Hohlraumbildung durch abwandernde Tränkmasse ausscheidet, ist es somit auch für senkrechte Verlegung geeignet. Im Gegensatz zum Massekabel sind beim Kunststoffkabel in Innenräumen keine oder sonst nur wenig aufwendige Kabelendverschlüsse (z. B. Aufschieb- oder Gießharzendverschlüsse) erforderlich.

PE ist ein sehr umweltfreundliches Material, weil es werkstofflich recycelbar ist. Bei VPE ist dagegen eine Recycelung nicht durchführbar, jedoch ist eine gute energetische Verwertung möglich, da es ohne umweltschädliche Nebenprodukte verbrannt werden kann. Wegen des Chlorgehalts ist das Verbrennen von PVC mit der Entstehung giftiger Gase und in zusätzlicher Verbindung mit Wasser, z. B. Löschwasser bei Kabelbränden, mit der Entwicklung von Salzsäure (HCl) verbunden.

Das PVC-isolierte Kabel wird in Niederspannungsnetzen (1-kV-Kabel) und im Mittelspannungsbereich bis 10 kV eingesetzt. Für Hochspannungskabel ist PVC wegen seiner verhältnismäßig großen dielektrischen Verluste ungeeignet (s. Abschn. 1.2.1.6). Dieser Spannungsbereich war bisher dem *Ölkabel* oder *Druckgaskabel* vorbehalten.

Das vernetzte Polyäthylen (VPE) ist wegen seiner hervorragenden dielektrischen und thermischen Eigenschaften bis zu höchsten Spannungen einsetzbar (s. Beispiel 1.1). VPE-Kabel sind in 400-kV-Anlagen seit einigen Jahren in Betrieb.

Kabelbauarten. Die einfachste Ausführung ist das unbewehrte kunststoffisolierte Kabel (NYY) mit Kunststoffmantel. Es wird für Spannungen bis 1 kV in Kraftwerk-Eigenbedarfsanlagen, in Schaltanlagen, in Niederspannungs-Energieverteilungsnetzen und ähnlichen Bereichen eingesetzt. Wegen der fehlenden geerdeten, metallischen Umhüllung darf es im Wasser und in der Erde nur dann verlegt werden, wenn eine mechanische Beschädigung mit Sicherheit auszuschließen ist. Das gleiche Kabel wird zu seinem mechanischen Schutz auch mit Flachdrahtbewehrung und Stahlbandgegenwendel (NYFGY) geliefert.

Für Spannungen größer als 1 kV ist ein Kabel mit konzentrischem Schutz- oder Mittelleiter (NYCY, N2XSY) vorgeschrieben (Bild 1.5), das als Dreileiterkabel für Übertragungsspannungen bis 10 kV eingesetzt werden kann. Meist werden diese Kabel heute als Einleiterkabel – insbesondere für Spannungen über 10 kV – hergestellt.

Bild 1.5
10-kV-Dreileiter-Kunststoffkabel (N2XSY, NA2XSY) mit konzentrischem Schutz- oder Mittelleiter
1 sektorförmiger Leiter, *2* innere Leitschicht, *3* VPE-Isolierung, *4* äußere Leitschicht, *5* leitfähige Umhüllung, *6* Schirm aus Kupferdrähten, *7* Kupferband, *8* Kunststoff-Folie und Kreppband, *9* PVC-Mantel

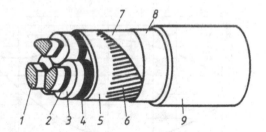

Die konzentrische Umhüllung *6* besteht aus einer Lage wendelförmig umseilter Rundkupferdrähte. Bei dem *Ceanderkabel* (NYCWY oder NAYCWY) sind dagegen die Rundkupferdrähte nicht wendelförmig, sondern längs der Kabelachse *wellenförmig* (meanderförmig) aufgebracht (Bild 1.6). Dies hat den Vorteil, dass der Schutzleiter zum Anbringen eines Kabelabzweigs nicht geschnitten zu werden braucht, sondern in dargestellter Weise leicht abgehoben und gebündelt werden kann.

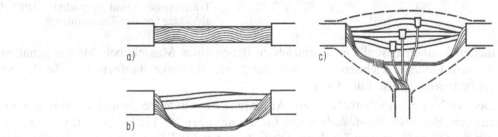

Bild 1.6   Ceander-Kabel (1 kV). a) mit freigelegtem konzentrischen Schirm, b) Kupferdrähte abgehoben und gebündelt, c) Kabelabzweig

Hochspannungskabel werden bis zu Spannungen von 400 kV ausnahmslos als Einleiterkabel mit VPE-Isolierung *3* hergestellt (Bild 1.7). Auch dringt die PE-Isolierung immer stärker in den Nieder- und Mittelspannungsbereich ein, in dem ursprünglich PVC vorherrschend war, wobei heute ausschließlich vernetztes Polyäthylen (VPE) als Leiterisolierung verwendet wird. VPE ist thermisch höher belastbar als das plastische PE, das aber als Mantelwerkstoff gegenüber PVC Vorteile aufweist.

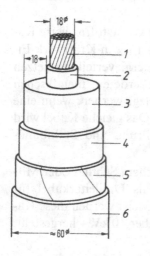

1 Leiter,
2 Leiterglättung (leitfähige Kunststoffmischung),
3 Polyäthylen-Isolierung,
4 Strahlungsschutz (leitfähige Kunststoffmischung),
5 Kupferschirm,
6 Polyäthylen-Mantel

Bild 1.7
110-kV-Polyäthylen-Einleiterkabel

Aus Bild 1.8 ist zu ersehen, daß die *dielektrische Verlustzahl* $\varepsilon_r'' = \varepsilon_r \tan \delta$ von PVC um etwa zwei Größenordnungen größer ist als die von PE. Sie ist ebenfalls noch ungünstiger als die einer Papier-Masse-Isolierung. Daher bleibt das PVC-Kabel im Gegensatz zum PE-Kabel auf Niederspannung und den unteren Bereich der Mittelspannung beschränkt (s. Abschn. 1.2.1.6).

1.2.1.4 Ölkabel. Die beim Massekabel mögliche Hohlraumbildung wird bei Ölkabeln (VDE 0256) dadurch vermieden, daß von den Kabelenden her dünnflüssiges Isolieröl über eigens dafür vorgesehene Kanäle zugeführt wird. An den Kabelenden angebrachte Ausgleichsgefäße sorgen für einen Öldruck von 2 bar bis 6 bar (Niederdruck-Ölkabel), der bewirkt, daß das Öl in etwa entstehende Hohlräume eindringt. Dadurch wird eine Teilentladung mit Sicherheit vermieden. Die Isolier-

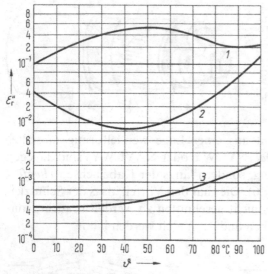

Bild 1.8
Dielektrische Verlustzahl $\varepsilon_r'' = \varepsilon_r \tan \delta$ von Polyvinylchlorid (PVC) *1*, Papier-Tränkmasse *2* und Polyäthylen (PE) *3* abhängig von der Temperatur ϑ

dicken können deshalb im Vergleich zu denen eines Massekabels kleiner gehalten werden. Ölkabel zeichnen sich somit durch eine schlanke Bauform und durch eine große thermische Stabilität aus.

Der Aufbau eines Ölkabels ist mit Ausnahme der Ölkanäle dem eines Massekabels ähnlich. Bei *Dreileiter-Ölkabeln*, die für Spannungen bis 132 kV gebaut werden, liegen die Ölkanäle in den Zwickeln (Ölzwickelkabel). Bei *Einleiter-Ölkabeln* wird nach Bild 1.9 der Leiter selbst als Ölkanal ausgebildet.

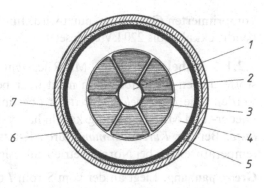

Bild 1.9
Einleiter-Ölkabel (NÖKuDE2Y)
1 Ölkanal (Stahlbandwendel), *2* Leiter-
segment, *3* öldurchlässige Bandage, *4* Papierisolierung, *5* Bleimantel, *6* unmagneti-
sche Stahl-Druckschutzbandage, *7* Poly-
äthylenmantel

Der Leiter wird dann z. B. in Sektoren auf einer Stützspirale aus Stahl angeordnet,
so dass das Öl über die verbleibenden Spalte an die Leiterisolierung herangeführt
werden kann. Einleiter-Ölkabel werden für Spannungen bis 765 kV gebaut. *Ölaus-
gleichsgefäße* sind in Abständen von 1000 m bis 4000 m erforderlich, so dass der Ver-
wendbarkeit dieses Kabels, z. B. als Seekabel, und auch der Wirschaftlichkeit Grenzen gesetzt sind.

Vielfach werden *Öldruckkabel* eingesetzt. Hier sind die isolierten Kabeladern in ölgefüllten
Stahlrohren verlegt, wobei Drücke bis 16 bar verwendet werden.

1.2.1.5 Gasdruckkabel. Man unterscheidet zwei Bauformen, das *Gasinnendruckkabel* (VDE 0258) und das *Gasaußendruckkabel* (VDE 0257). Das Druckgas dient
dem Zweck, die Spannungsfestigkeit des Kabels zu erhöhen, was jedoch bei den beiden Bauformen auf völlig unterschiedliche Weise erreicht wird.

Das Gasinnendruckkabel, das als Dreileiter- oder Einleiterkabel gebaut wird, ist
ähnlich aufgebaut wie ein Ölkabel, nur dass hier statt Öl Druckgas N_2 mit Drücken
bis 15 bar verwendet wird. Das Gas hat bei diesen Drücken etwa die gleiche Durch-
schlagfestigkeit wie Öl. Bei Einleiterkabeln nach Bild 1.10 wird als Gaskanal *3* z. B.
ein durch einen Abstandswendel *4* gehaltener Ringspalt zwischen Leiterisolierung *2*
und Mantel *5* benutzt, wogegen bei Dreileiterkabeln wieder die Zwickel diesem
Zweck dienen. Daneben werden aber auch *Gasinnendruck-Rohrkabel* eingesetzt, bei
denen die einzelnen isolierten Kabeladern in mit Druckgas gefüllten Stahlrohren geführt werden.

Sind dagegen bei einem solchen Rohrkabel die einzelnen Adern mit einem gasun-
durchlässigen Mantel aus Blei oder Polyäthylen umgeben, so ist dies ein *Gasaußendruckkabel*. Der von außen auf den Kabelmantel ausgeübte Gasdruck wirkt der thermischen Ausdehnung bei Ka-
belerwärmung entgegen und
vermeidet so auch bei anschließender Abkühlung das Entstehen von Hohlräumen. Das
Druckgas übt hier eine rein mechanische Wirkung aus, wogegen beim Gasinnendruckkabel
die elektrische Festigkeit des

1 Leiter,
2 Leiterisolierung,
3 Gaskanal,
4 Abstandswendel,
5 Metall- oder
  Kunststoffmantel

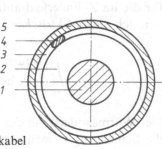

Bild 1.10
Gasinnendruck-Einleiterkabel

komprimierten Gases ausgenutzt wird. Innendruckkabel werden bis 110 kV und Außendruckkabel bis 220 kV eingesetzt.

1.2.1.6 Kabelerwärmung. Mit Rücksicht auf die Wärmebeständigkeit der Isolierstoffe dürfen die Kabeladern nicht über bestimmte Temperaturen hinaus erwärmt werden. Die *Dauerbelastbarkeit* wird bestimmt durch die *dielektrischen Verluste*, bei Nieder- und Mittelspannungskabeln hauptsächlich jedoch durch die *Stromwärmeverluste*. Bei der *Kurzerwärmung* durch Kurzschlussströme sind i. allg. höhere Leitertemperaturen als bei Normalbetrieb zulässig (s. Tabelle A 17).

Grenzspannung. Liegt an der vom Strom I durchflossenen koaxialen Zylinderanordnung, z. B. einem Einleiterkabel nach Bild 1.11 mit dem Radius des Innenleiters r_1 und des Außenleiters r_2, die Sternspannung U_λ, wird der Innenleiter durch die dielektrischen Verluste P_d und mit dem Leiterquerschnitt A_L, der elektrischen Leitfähigkeit γ, der Leiterlänge l und dem Leiterwiderstand $R = l/(\gamma A_L)$ durch die *Stromwärmeverluste*

$$P_{Str} = I^2 R = I^2 l/(\gamma A_L) \tag{1.1}$$

auf die Innentemperatur ϑ_i aufgeheizt, wobei vereinfachend der wirksame Leiterwiderstand R_w zunächst dem Gleichstromwiderstand R gleichgesetzt wird.

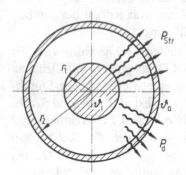

Bild 1.11
Koaxiale Zylinderleiter mit Feststoffisolierung zur Veranschaulichung der Stromwärmeverluste P_{Str} und der dielektrischen Verluste P_d

Mit Verlustfaktor $d = \tan\delta$, Permittivitätszahl ε_r, dielektrischer Verlustzahl $\varepsilon_r'' = \varepsilon_r \tan\delta = \varepsilon_r d$, elektrischer Feldstärke E, Kreisfrequenz ω und elektrischer Feldkonstante $\varepsilon_0 = 8,854\,\text{pF/m}$ ist nach [31] die in jedem Volumenelement $dV = 2\pi r\,dr\,l$ erzeugte dielektrische Verlustleistung $dP_d = E^2\omega\varepsilon_0\varepsilon_r\tan\delta\,dV = E^2\omega\varepsilon_0\varepsilon_r''\,dV$. Wird für die im Zylinderfeld auftretende Feldstärke $E = U_\lambda/[r\ln(r_2/r_1)]$ eingesetzt, ergeben sich die *dielektrischen Verluste*

$$P_d = \int_{r=r_1}^{r_2} \frac{U_\lambda^2\omega\varepsilon_0\varepsilon_r'' \cdot 2\pi r\,l}{r^2\ln^2(r_2/r_1)}\,dr = \frac{2\pi U_\lambda^2\omega\varepsilon_0\varepsilon_r''l}{\ln(r_2/r_1)} \tag{1.2}$$

Der Wärmewiderstand der Isolation mit der Wärmeleitfähigkeit $\lambda_{is} = 1/\sigma_{is}$ kann als die Schichtung elementarer Wärmewiderstände der Länge dr und der Zylinderflächen $A_{is} = 2\,\pi\,rl$ aufgefasst werden. Hiermit findet man den *Wärmewiderstand*

$$R_{thi} = \int\limits_{r=r_1}^{r_2} \frac{dr}{\lambda_{is} \cdot 2\,\pi\,r\,l} = \frac{\ln(r_2/r_1)}{\lambda_{is} \cdot 2\,\pi\,l} = \frac{\sigma_{is}\,\ln(r_2/r_1)}{2\,\pi\,l} \qquad (1.3)$$

Die zwischen dem Innenleiter mit der Temperatur ϑ_i und dem Außenleiter mit der Temperatur ϑ_a bestehende Temperaturdifferenz $\Delta\vartheta = \vartheta_i - \vartheta_a$ sorgt für die Wärmeabfuhr nach außen. Da die dielektrischen Verluste im Isolierstoff erzeugt werden, wird vereinfachend angenommen, dass sie nur den halben Wärmewiderstand durchfließen. Es ist dann die *Temperaturdifferenz*

$$\Delta\vartheta = \vartheta_i - \vartheta_a = P_{Str}R_{thi} + P_d R_{thi}/2 = R_{thi}(P_{Str} + P_d/2) \qquad (1.4)$$

Nach Einsetzen von Gl. (1.1), (1.2) und (1.3) in Gl. (1.4) findet man den zulässigen Strom

$$I = \sqrt{\frac{\pi\,\gamma\,A_1\,(2\,\lambda_{is}\,\Delta\vartheta - U_\lambda^2\,\omega\,\varepsilon_0\,\varepsilon_r'')}{\ln(r_2/r_1)}} \qquad (1.5)$$

der mit wachsender Sternspannung U_λ abnimmt und schließlich $I = 0$ erreicht. Bei dieser *Grenzspannung*

$$U_{\lambda G} = \sqrt{\frac{2\,\lambda_{is}\,\Delta\vartheta}{\omega\,\varepsilon_0\,\varepsilon_r''}} \qquad (1.6)$$

wird die Temperaturdifferenz $\Delta\vartheta$ allein durch die dielektrischen Verluste bewirkt. Sie wird ausschließlich durch die Materialeigenschaften nach Tabelle 1.12 und Bild 1.8 bestimmt. Da ein Kabel aber elektrische Leistung übertragen und somit Strom führen soll, kann eine wirtschaftliche Übertragung nur bei Spannungen erfolgen, die weit unterhalb der Grenzspannung liegen (z. B. $U_\lambda = 0,1\,U_{\lambda G}$).

Tabelle 1.12 Eigenschaften einiger Kabelisolierstoffe

	Polyvinyl-chlorid (PVC)	Polyäthylen (PE)	vernetztes Polyäthylen (VPE)	ölgetränktes Papier
Permittivitäts-zahl ε_r bei 20 °C	4 bis 5	2,3 bis 2,4	2,4	4 bis 4,3
Verlustzahl ε_r'' bei 20 °C	0,2 bis 0,4	$(5 \text{ bis } 7) \cdot 10^{-4}$	$< 6 \cdot 10^{-4}$	$(2 \text{ bis } 4) \cdot 10^{-3}$
spezifischer Wärmewiderstand σ_{is} in Km/W	6,0	2,5	2,5	6,0

Beispiel 1.1. Bei der Anordnung nach Bild 1.11 mit der Außentemperatur $\vartheta_a = 30\,°C$ darf die Innentemperatur $\vartheta_i = 70\,°C$, also die Temperaturdifferenz $\Delta\vartheta = 40\,°C$, nicht überschritten werden. Als Isolierung werden Polyvinylchlorid (PVC) mit der dielektrischen Verlustzahl $\varepsilon_r'' = 0,5$ und der Wärmeleitfähigkeit $\lambda_{is} = 0,173\,W/(Km)$ sowie Polyäthylen (PE) mit $\varepsilon_r'' = 6 \cdot 10^{-4}$ und $\lambda_{is} = 0,4\,W/(Km)$ verwendet. Für die Frequenz $f = 50\,Hz$ sind die Grenzspannungen der beiden Isolierstoffe zu ermitteln und miteinander zu vergleichen.

Es sind mit Gl. (1.6) und der Kreisfrequenz $\omega = 2\pi f = 2\pi \cdot 50\,s^{-1} = 314\,s^{-1}$ die Grenzspannung für Polyvinylchlorid

$$U_{\curlywedge\,G(PVC)} = \sqrt{\frac{2\,\lambda_{is}\,\Delta\vartheta}{\omega\,\varepsilon_0\,\varepsilon_r''}} = \sqrt{\frac{2(0,173\,W/Km) \cdot 40\,K}{314\,s^{-1}(8,854\,pF/m) \cdot 0,5}} = 99,8\,kV \approx 100\,kV$$

und für Polyäthylen

$$U_{\curlywedge\,G(PE)} = \sqrt{\frac{2\,\lambda_{is}\,\Delta\vartheta}{\omega\,\varepsilon_0\,\varepsilon_r''}} = \sqrt{\frac{2(0,4\,W/Km) \cdot 40\,K}{314\,s^{-1}(8,854\,pF/m) \cdot 6 \cdot 10^{-4}}} = 4380\,kV \approx 4400\,kV$$

Wird z. B. als wirtschaftliche Sternspannung $U_\curlywedge = 0,1\,U_{\curlywedge G}$ angenommen, ist Polyvinylchlorid bis $U_\curlywedge = 10\,kV$, Polyäthylen dagegen bis $U_\curlywedge = 440\,kV$ verwendbar. Als Leiterisolierung für Hochspannungskabel (z. B. 110 kV) ist Polyvinylchlorid im Gegensatz zu Polyäthylen nicht geeignet. Es wird deshalb vorwiegend bei Niederspannungskabeln und teilweise bei Mittelspannungskabeln eingesetzt.

Kabelverluste. Bei Nieder- und Mittelspannungskabeln sind die dielektrischen Verluste nach Gl. (1.2) bei Nennlast klein gegenüber den Stromwärmeverlusten nach Gl. (1.1). Dagegen nehmen sie bei Hoch- und Höchstspannungskabeln einen beachtlichen Anteil der Gesamtverluste ein. Der wirksame Leiterwiderstand $R_w = R + \Delta R$ setzt sich zusammen aus dem Gleichstromwiderstand $R = l/(\gamma\,A_L)$ und dem Zusatzwiderstand ΔR, der die Zusatzverluste berücksichtigt. Zusätzliche Verluste ergeben sich durch Stromverdrängung im Leiter (Skineffekt), durch Wirbelströme im Metallmantel und in der Bewehrung. Bei parallel verlegten Einleiterkabeln werden in den Metallmänteln oder konzentrischen Schirmen Spannungen induziert, die wiederum Ströme und folglich Verluste (Mantelverluste) verursachen, sofern die Metallmäntel wie üblich in den Muffen verbunden und bei den Endverschlüssen geerdet sind. Die auf die Länge l bezogenen Widerstände liegen im Bereich $\Delta R' = \Delta R/l = 1\,m\Omega/km$ bis $60\,m\Omega/km$ [30]. Bei Niederspannungskabeln ist der Zusatzwiderstand ΔR zu vernachlässigen.

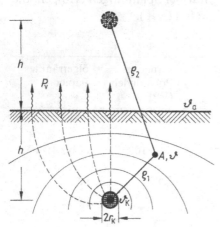

Belastbarkeit. Bei dem mit der Verlegetiefe h im Erdreich liegenden Einleiterkabel nach Bild 1.13 wird angenommen, dass bei Dauerstrom I zwischen dem Kabel mit dem Außenradius r_K und der Erdoberfläche, der die konstante Außentemperatur ϑ_a zugeordnet wird, ein stationäres Temperaturfeld besteht, über das die im Kabel entstehende Verlustwärme zur Erdoberfläche abfließt. Analog zur gespiegelten

Bild 1.13
Temperaturfeld eines in der Tiefe h in Erde liegenden Kabels mit gespiegelter Wärmequelle

Linienladung im elektrischen Feld [31] kann hier mit der Verlustleistung P_v, der Kabellänge l, den Radien ϱ_1 und ϱ_2, dem spezifischen Wärmewiderstand σ_E sowie der Wärmeleitfähigkeit des Erdreichs $\lambda_E = 1/\sigma_E$ die *Temperaturdifferenz*

$$\Delta\vartheta = \vartheta - \vartheta_a = \frac{P_v}{2\pi\lambda_E\, l}\ln\frac{\varrho_2}{\varrho_1} \tag{1.7}$$

zwischen jedem beliebigen Punkt A mit der Temperatur ϑ und der Erdoberfläche angegeben werden. Am Außenmantel des Kabels ist $\varrho_1 = r_K$ und $\varrho_2 = 2h$ und somit die zwischen Kabel und Erdoberfläche bestehende *Temperaturdifferenz*

$$\Delta\vartheta_K = \vartheta_K - \vartheta_a = \frac{P_v\ln(2h/r_K)}{2\pi\lambda_E l} = P_v\, R_{thE} \tag{1.8}$$

mit dem *Wärmewiderstand des Erdreichs*

$$R_{thE} = \frac{\ln(2h/r_K)}{2\pi\lambda_E\, l} = \frac{\sigma_E\ln(2h/r_K)}{2\pi l} \tag{1.9}$$

Nach VDE 0298 kann mit folgenden spezifischen Wärmewiderständen gerechnet werden: feuchter Boden $\sigma_E = 1\,\text{Km/W}$, ausgetrockneter Boden $\sigma_E = 2,5\,\text{Km/W}$.

Für die Ermittlung der in Tabelle A 13 bis A 17 angegebenen Belastbarkeiten nach VDE 0298 ist eine wesentlich verfeinerte Berechnungsmethode angewandt worden [73]. Sie berücksichtigt, dass in der Umgebung des Kabels der Boden austrocknen kann und sich hierdurch höhere spezifische Wärmewiderstände ergeben. In Sandböden beginnt die Bodenaustrocknung etwa bei Temperaturen $\vartheta \geq 30\,°C$, in Lehmböden bei $\vartheta \geq 50\,°C$. Hierbei wird die Umgebungstemperatur im Erdreich mit $\vartheta_0 = 15\,°C$ bis $20\,°C$ angenommen. Im Gegensatz zu der hier unterstellten Dauerlast ist nach [9], [73] weiter die zeitlich veränderliche Belastung, das Tageslastspiel, in die Belastbarkeitsberechnung mit einbezogen. Als *EVU-Last* wird dabei mit dem Belastungsgrad $m = 0,7$ (s. Abschn. 6) gerechnet.

Beispiel 1.2. Ein aus drei Einleiterkabeln bestehendes Drehstromsystem ist in der Tiefe $h = 70\,\text{cm}$ im Erdreich mit dem spezifischen Wärmewiderstand $\sigma_E = 1\,\text{Km/W}$ verlegt. Die Temperatur an der Erdoberfläche beträgt $\vartheta_a = 20\,°C$. Bild 1.14a zeigt das verwendete Kabel NAKLEY $1 \times 240\,\text{mm}^2$, $11,6\,\text{kV/20\,kV}$, mit dem Leiterradius $r_L = 1,0\,\text{cm}$, Radius der Papierisolation $r_{is} = 1,6\,\text{cm}$, Außenradius des Aluminiummantels $r_M = 1,73\,\text{cm}$ und dem Außenradius des PVC-Mantels $r_K = 2,0\,\text{cm}$. Mit der Leitertemperatur $\vartheta_i = 70\,°C$ und dem bezogenen Zusatzwiderstand $\Delta R' = 14,8\,\text{m}\Omega/\text{km}$ ist die Belastbarkeit zu ermitteln. Für die Kabellänge $l = 1\,\text{m}$ und mit dem spezifischen Wärmewiderstand $\sigma_{is} = \sigma_M = 6\,\text{Km/W}$ nach Tabelle 1.12 erhält man aus Gl. (1.3) die Wärmewiderstände von Isolation und PVC-Mantel

$$R_{this} = \frac{\sigma_{is}}{2\pi l}\ln\frac{r_{is}}{r_L} = \frac{6\,\text{Km/W}}{2\pi \cdot 1\,\text{m}}\ln\frac{1,6\,\text{cm}}{1,0\,\text{cm}} = 0,449\,\text{K/W}$$

und $$R_{thM} = \frac{\sigma_M}{2\pi l}\ln\frac{r_K}{r_M} = \frac{6\,\text{Km/W}}{2\pi \cdot 1\,\text{m}}\ln\frac{2,0\,\text{cm}}{1,73\,\text{cm}} = 0,138\,\text{K/W}$$

Hierbei wird der Wärmewiderstand des Aluminiummantels vernachlässigt. Die drei gebündelten Kabel bilden eine gemeinsame Wärmequelle, für die nach Bild 1.14b näherungsweise der

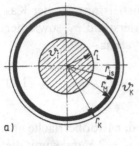

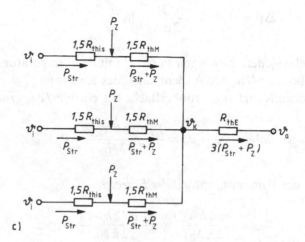

Bild 1.14 Papierisoliertes Aluminiummantelkabel (a) bei gebündelter Verlegung (b) und Wärmeersatzschaltung (c)

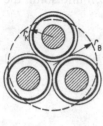

a)

b)   c)

Bündelradius $r_B = 2\,r_K$ eingesetzt wird. Mit Gl. (1.9) findet man den Wärmewiderstand des Erdreichs

$$R_{thE} = \frac{\sigma_E \ln(2\,h/r_B)}{2\,\pi\,l} = \frac{(1\,\text{Km/W}) \cdot \ln(2 \cdot 70\,\text{cm}/4\,\text{cm})}{2\,\pi \cdot 1\,\text{m}} = 0,566\,\text{K/W}$$

Dielektrische Verluste können nur in der Isolation zwischen Leiter und Metallmantel entstehen. Mit der Verlustzahl $\varepsilon_r'' = 0,004$ nach Tabelle 1.12 beträgt für die Länge $l = 1\,\text{m}$ die dielektrische Verlustleistung

$$P_d = \frac{2\,\pi\,U_\lambda^2\,\omega\,\varepsilon_0\,\varepsilon_r''\,l}{\ln(r_{is}/r_L)} = \frac{2\,\pi\,(11,6\,\text{kV})^2 \cdot 314\,\text{s}^{-1}(8,854\,\text{pF/m}) \cdot 0,004 \cdot 1\,\text{m}}{\ln(1,6\,\text{cm}/1,0\,\text{cm})} = 0,02\,\text{W}$$

Sie ist aber so klein, dass sie für die weitere Berechnung vernachlässigt wird. Für die Leitertemperatur $\vartheta_i = 70\,°\text{C}$ ergibt sich mit der für $20\,°\text{C}$ geltenden elektrischen Leitfähigkeit $\gamma_{20} = 35\,\text{Sm/mm}^2$ nach Gl. (1.32) und Gl. (1.33) und dem Temperaturbeiwert $\alpha_{20} = 0,004\,\text{K}^{-1}$ die elektrische Leitfähigkeit

$$\gamma = \frac{\gamma_{20}}{1 + \alpha_{20}(\vartheta_i - 20\,°\text{C})} = \frac{35\,\text{Sm/mm}^2}{1 + 0,004\,\text{K}^{-1}(70\,°\text{C} - 20\,°\text{C})} = 29,17\,\text{Sm/mm}^2$$

Mit der Länge $l = 1\,\text{m}$ und dem Leiterquerschnitt $A_L = 240\,\text{mm}^2$ beträgt hiermit der Gleichstromwiderstand

$$R = l/(\gamma\,A) = 1\,\text{m}/[(29,17\,\text{Sm/mm}^2) \cdot 240\,\text{mm}^2] = 0,1428\,\text{m}\Omega$$

Mit dem Zusatzwiderstand $\Delta R = l\,\Delta R' = 1\,\text{m} \cdot 14,8\,\text{m}\Omega/\text{km} = 0,0148\,\text{m}\Omega$ ist das Verhältnis der Zusatzverluste P_z zu den mit dem Gleichstromwiderstand R ermittelten Stromwärmeverlusten P_{Str}

$$P_z/P_{Str} = I^2\Delta R/(I^2 R) = \Delta R/R = 0,0148\,\text{m}\Omega/(0,1428\,\text{m}\Omega) = 0,1036 \approx 0,1$$

Vereinfachend wird angenommen, dass die Zusatzverluste ausschließlich im Al-Mantel entstehen. Wegen der Bündelung soll außerdem die Verlustleistung lediglich auf 2/3 des jeweiligen Kabelumfangs abgeleitet werden, wodurch sich die Wärmewiderstände um den Faktor 1,5 erhöhen. Nach Bild 1.14 c gilt dann für die Temperaturdifferenz

$$\vartheta_i - \vartheta_a = P_{Str} \cdot 1,5\,R_{this} + (P_{Str} + P_z) \cdot 1,5\,R_{thM} + 3(P_{Str} + P_z) \cdot R_{thE}$$

Hierhaus ergeben sich mit $P_z = 0,1\,P_{Str}$ die zulässigen Stromwärmeverluste

$$P_{Str} = \frac{\vartheta_i - \vartheta_a}{1,5(R_{this} + 1,1\,R_{thM} + 2,2\,R_{thE})}$$

$$= \frac{70\,°C - 20\,°C}{1,5(0,449 + 1,1 \cdot 0,138 + 2,2 \cdot 0,566)(K/W)} = 18,56\,W$$

und aus Gl. (1.1) der zulässige Strom, also die Strombelastbarkeit

$$I_B = \sqrt{P_{Str}/R} = \sqrt{18,56\,W/(0,1428\,m\Omega)} = 355,6\,A$$

Trotz der sehr vereinfachten Rechnung stimmt dieses Ergebnis recht gut mit der Belastbarkeit $I_B = 365\,A$ nach Tabelle A 15 überein.

Kurzerwärmung. Bei Kurzschlüssen (s. Abschn. 2.4.2) können in Kabeln wie auch in Freileitungsseilen so große Ströme fließen, dass die höchstzulässigen Temperaturen ϑ_K nach Tabelle A 17 bereits in Bruchteilen einer Sekunde erreicht werden. Da während dieser Zeit praktisch keine nennenswerte Wärmeableitung stattfindet, darf mit adiabatischer Erwärmung, also mit voller Wärmespeicherung, gerechnet werden. Mit der Stromdichte $S = I_k/A_L$, dem Kurzschlussstrom I_k, dem Leiterwiderstand $R = l/(\gamma A_L)$ und der spezifischen Wärmekapazität c ist bei Zufuhr der Energie $dW = I_k^2 R\,dt$ die im Leitervolumen $V = l A_L$ entstehende *Temperaturerhöhung*

$$d\vartheta = \frac{dW}{cV} = \frac{I_k^2 R\,dt}{c\,l\,A_L} = \frac{I_k^2 l\,dt}{c\,l\,\gamma\,A_L^2} = \frac{S^2\,dt}{c\,\gamma} \qquad (1.10)$$

Wird mit der für 20 °C geltenden elektrischen Leitfähigkeit γ_{20} und dem Temperaturbeiwert α_{20} (s. Tabelle A 18) die *elektrische Leitfähigkeit*

$$\gamma = \gamma_{20}/[1 + \alpha_{20}(\vartheta - 20\,°C)] \qquad (1.11)$$

in Gl. (1.10) eingeführt und bedacht, dass sich die Temperatur ϑ von der Ausgangstemperatur ϑ_A zum Zeitpunkt $t = 0$ auf die adiabatische Endtemperatur ϑ_{Ea} am Ende der Kurzschlussdauer t_k ändert, erhält man das Integral

$$\int_{\vartheta = \vartheta_A}^{\vartheta_{Ea}} \frac{d\vartheta}{1 + \alpha_{20}(\vartheta - 20\,°C)} = \int_{t=0}^{t_k} \frac{S^2\,dt}{\gamma_{20}\,c} \qquad (1.12)$$

und die Lösung

$$\frac{1}{\alpha_{20}} \ln \frac{1 + \alpha_{20}(\vartheta_{Ea} - 20\,°C)}{1 + \alpha_{20}(\vartheta_A - 20\,°C)} = \frac{S^2\,t_k}{\gamma_{20}\,c} \tag{1.13}$$

Hieraus folgt für die *adiabatische Endtemperatur*

$$\vartheta_{Ea} = \frac{1}{\alpha_{20}} \left\{ [1 + \alpha_{20}(\vartheta_A - 20\,°C)] \exp\left(\frac{\alpha_{20}\,S^2\,t_k}{\gamma_{20}\,c}\right) - 1 \right\} + 20\,°C \tag{1.14}$$

Bei Kupfer kann mit $c = 3,47\,\mathrm{Ws/(cm^3\,K)}$, bei Aluminium mit $c = 2,47\,\mathrm{Ws/(cm^3\,K)}$ und bei Stahl mit $c = 3,77\,\mathrm{Ws/(cm^3\,K)}$ gerechnet werden (s. a. Tabelle A 18).

Wegen der bei der Rechnung nicht berücksichtigten Wärmeableitung ist die wirkliche Endtemperatur ϑ_E gegebenenfalls etwas kleiner als die adiabatische Endtemperatur ϑ_{Ea}. Dies wird durch den *Kurzerwärmungsfaktor*

$$\eta_{th} = (\vartheta_E - \vartheta_A)/(\vartheta_{Ea} - \vartheta_A) \tag{1.15}$$

berücksichtigt. Bild 1.15 gibt den Kurzerwärmungsfaktor für papierisolierte Kabel abhängig vom Leiterquerschnitt A_L für unterschiedliche Kurzschlussdauern t_k an. Kunststoffisolierte Kabel verhalten sich ähnlich.

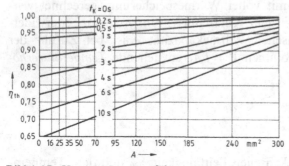

Bild 1.15 Kurzerwärmungsfaktor η_{th} von Massekabeln mit Leitern aus Cu und Al
   A Leiterquerschnitt, t_k Kurzschlussdauer

Beispiel 1.3. Das Einleiterkabel NAKLEY $1 \times 240\,mm^2$, 11,6 kV/20 kV nach Beispiel 1.2 wird vom Kurzschlussstrom $I_k = 20\,kA$ für die Dauer $t_k = 1\,s$ durchflossen. Die Ausgangstemperatur beträgt $\vartheta_A = 60\,°C$, der Kurzerwärmungsfaktor $\eta_{th} = 0,97$. Wie groß ist die Endtemperatur ϑ_E?

Mit der Stromdichte $S = I_k/A_L = 20\,kA/(240\,mm^2) = 83,33\,A/mm^2$, der spezifischen Wärmekapazität $c = 2,47\,\mathrm{Ws/(cm^3 K)}$, der elektrischen Leitfähigkeit $\gamma_{20} = 35\,Sm/mm^2$ und dem Temperaturbeiwert $\alpha_{20} = 0,004\,K^{-1}$ beträgt der Exponent von Gl. (1.14).

$$\frac{\alpha_{20}S^2 t_k}{\gamma_{20}c} = \frac{0,004\,K^{-1}(83,33\,A/mm^2)^2 \cdot 1\,s}{(35\,Sm/mm^2) \cdot 2,47\,\mathrm{Ws/(cm^3\,K)}} = 0,3213$$

Nach Gl. (1.14) ist die adiabatische Endtemperatur

$$\vartheta_{\text{Ea}} = \frac{1}{\alpha_{20}} \left\{ [1 + \alpha_{20}(\vartheta_A - 20\,^\circ\text{C}) \exp\left(\frac{\alpha_{20}S^2 t_k}{\gamma_{20}\,c}\right) - 1 \right\} + 20\,^\circ\text{C}$$

$$= \frac{1}{0,004\,\text{K}^{-1}} \{[1 + 0,004(60\,^\circ\text{C} - 20\,^\circ\text{C})]e^{0,3213} - 1\} + 20\,^\circ\text{C} = 169,9\,^\circ\text{C}$$

Mit Gl. (1.15) findet man die wirkliche Endtemperatur

$$\vartheta_E = \eta_{\text{th}}(\vartheta_{\text{Ea}} = \vartheta_A) + \vartheta_A = 0,97(169,9\,^\circ\text{C} - 60\,^\circ\text{C}) + 60\,^\circ\text{C} = 166,6\,^\circ\text{C}$$

die den nach Tabelle A 17 zulässigen Höchstwert $\vartheta_K = 155\,^\circ\text{C}$ bereits überschreitet.

Strom-Zeit-Kennlinie. Nach Gl. (1.14) ist die adiabatische Endtemperatur immer dann gleich groß, wenn das Produkt $S^2 t_k = I_k^2/(A_L^2 t_k)$ konstant ist. Zwischen dem Strom I und der Stromflussdauer t besteht deshalb der in Bild 1.16 dargestellte Zusammenhang. Bei großen Strömen geht die Strom-Zeit-Kennlinie des Kabels in die für die Kurzzeiterwärmung im logarithmischen Maßstab geltende Gerade über. Zu kleinen Strömen hin steigt die Kurve an, um bei der Dauerbelastbarkeit I_D der Zeit $t \to \infty$ zuzustreben. Die Strom-Zeit-Kennlinie eines Kabels ist für die Auswahl von Sicherungen, deren Auslösekennlinien (s. Abschn. 4.1.2.2) bei gleichen Strömen Verzugszeiten $t_v < t$ aufweisen müssen, zu beachten, um eine thermische Überlastung des Kabels auszuschließen.

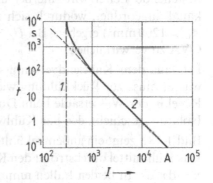

Bild 1.16
Zeit t bis zum Erreichen der zulässigen Leitertemperatur abhängig vom Strom I für das Kabel NAYY, 150 mm². *1* Dauerbelastbarkeit, *2* Kurzerwärmung

1.2.1.7 Hochleistungskabel.
Die herkömmlichen Kabel reichen bei natürlicher Kühlung nicht immer aus, um große elektrische Leistungen, z. B. in Räume großer Verbraucherdichte oder aus einem Kraftwerk heraus, wirtschaftlich übertragen zu können. Die Belastbarkeit wird in solchen Fällen durch *Zwangskühlung* erhöht, wobei zwischen *äußerer* und *innerer Kühlung* unterschieden wird. Bild 1.17 zeigt die verschiedenen Möglichkeiten.

Bei der *indirekten Kühlung* der Leiteroberfläche nach Bild 1.17a werden wasserdurchflossene Rohre parallel zu den Kabeln verlegt. Hierdurch wird dem Erdreich

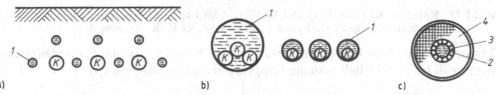

a)   b)   c)

Bild 1.17 Kabelsysteme für Hochleistungsübertragung mit indirekter (a) und direkter Kühlung der Kabeloberfläche (b) sowie direkter Leiterkühlung (c)
K Kabel, *1* Rohre mit Kühlmittel, *2* Kühlkanal, *3* Leiter, *4* Isolation

bereits in unmittelbarer Nähe der Kabel Wärme entzogen und so eine Bodenaustrocknung verhindert. Wirkungsvoller ist die direkte Kühlung der Kabeloberfläche nach Bild 1.17 b. Die drei Kabel eines Drehstromsystems werden entweder gemeinsam in einem vom Kühlmittel (meist Wasser) durchströmten Rohr (Kunststoff, Asbestzement) oder in Einzelrohren verlegt. Hierdurch wird weitgehend unabhängig von der Betriebsspannung die Belastbarkeit etwa auf das Dreifache jener bei natürlicher Kühlung gesteigert. Zur Kühlung der nicht in den Wasserkreislauf mit einbezogenen Endverschlüsse ist u. U. eine zusätzliche Ölumlaufkühlung über die Ölkanäle in den Kabeln vorzusehen.

Bei der äußeren Kühlung von Kabeln müssen aber die Stromwärmeverluste über die Leiterisolierung abgeführt werden. Dies wird bei der *direkten Kühlung* des Leiters (innere Kühlung) nach Bild 1.17 c vermieden, die zwar technisch aufwendiger ist, dafür aber sehr große Übertragungsleistungen $S_{ü\triangle o}$ ermöglicht. Der z. B. aus Flachdrähten bestehende Leiter wird hierbei um den metallischen, wasserdurchströmten Kühlkanal angeordnet, wodurch sich zwangsläufig auch große Leiterquerschnitte (z. B. $A_L = 1200\,\text{mm}^2$) ergeben. Bei $U_\triangle = 400\,\text{kV}$ sind Übertragungsleistungen von einigen GVA zu verwirklichen.

Das aus dem Kabelendverschluss mit Hochspannungspotential austretende Kühlwasser muss zur Rückkühlung wieder auf Erdpotential gebracht werden, was in der Regel in der Wassersäule beim Durchfließen eines mit einem Längskanal versehenen Isolators geschieht, den das Kühlwasser dann mit Erdpotential verlässt.

Bild 1.18 a zeigt ein außen gekühltes Kabel, Bild 1.18 b einen innen gekühlten Leiter. Das Kühlmittel durchströmt den Kühlkanal-Querschnitt A_K mit der Geschwindigkeit $v = \mathrm{d}x/\mathrm{d}t$. In beiden Fällen nimmt das Kühlmittelvolumen $\mathrm{d}V = A_K\,\mathrm{d}x$ in der Zeit $\mathrm{d}t$ mit der elementaren Verlustleistung $\mathrm{d}P_v$ die Wärmeenergie $\mathrm{d}W = \mathrm{d}P_v\,\mathrm{d}t$ auf. Nach Gl. (1.10) ist dann mit der spezifischen Wärmekapazität c der Temperaturzuwachs

$$\mathrm{d}\vartheta = \frac{\mathrm{d}W}{c\,\mathrm{d}V} = \frac{\mathrm{d}P_v\,\mathrm{d}t}{c\,A_K\,\mathrm{d}x} = \frac{\mathrm{d}P_v}{c\,A_K\,v} \tag{1.16}$$

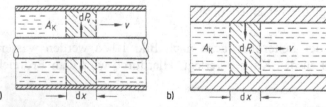

Bild 1.18 Kabel im Kühlkanal (a) und Kühlkanal im Leiter (b) mit Kühlkanal-Querschnitt A_K, Strömungsgeschwindigkeit v und elementarer Verlustleistung $\mathrm{d}P_v$

Mit der auf die Länge bezogenen Verlustleistung $P_v' = \mathrm{d}P_v/\mathrm{d}x$ und der Anfangstemperatur ϑ_1 bei $x = 0$ erhält man die Temperaturerhöhung längs des Weges x

$$\Delta\vartheta = \vartheta - \vartheta_1 = \int_{\vartheta_1}^{\vartheta} \mathrm{d}\vartheta = \frac{P_v'}{c\,A_K\,v} \int_{x=0}^{x} \mathrm{d}x = \frac{P_v'\,x}{c\,A_K\,v} \tag{1.17}$$

Hierbei ist $A_K v = V'$ die Durchflussmenge (z. B. in cm³/s). Die spezifischen Wärmekapazitäten betragen für Wasser $c = 4{,}18$ Ws/(cm³ K) und für leichtes Mineralöl $c = 1{,}65$ Ws/(cm³ K).

Beispiel 1.4. Ein aus drei Ölkabeln mit den Aluminium-Querschnitten $A_L = 240$ mm² bestehendes 110-kV-Drehstromsystem wird in drei wasserdurchflossenen Kühlkanälen verlegt, wobei nach Bild 1.19 das Wasser in zwei parallelen Rohren hin- und im dritten Rohr zurückfließt. Bekannt sind die Länge der Kabelstrecke $l = 1{,}2$ km, der auf die Länge bezogene Wärmewiderstand des Kabels $R'_{thK} = 0{,}6$ Km/W und die in allen Rohren gleiche Strömungsgeschwindigkeit $v = 0{,}5$ m/s. Das Wasser tritt mit der Anfangstemperatur $\vartheta_1 = 25$ °C ein und soll sich auf der Gesamtlänge $2l$ um $\Delta\vartheta_{13} = 9$ K erwärmen. Die dielektrischen Verluste P_d dürfen vernachlässigt werden. Welche Leistung $S_ü$ kann das System übertragen, wenn die Leitertemperatur $\vartheta_i = 85$ °C betragen darf, und welche Kühlkanal-Querschnitte A_K sind erforderlich?

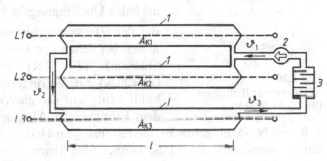

Bild 1.19
Kühlsystem für äußere Kühlung von drei Einleiter-Ölkabeln mit Kühlrohren *1*, Umwälzpumpe *2* und Rückkühler *3*

Mit der höchsten Kühlwassertemperatur $\vartheta_3 = \vartheta_1 + \Delta\vartheta_{13} = 25$ °C $+ 9$ K $= 34$ °C betragen nach Gl. (1.4) die bezogenen Stromwärmeverluste

$$P'_{Str} = (\vartheta_i - \vartheta_3)/R'_{thK} = (85\,°C - 34\,°C)/(0{,}6\,\text{Km/W}) = 85{,}0\ \text{W/m}$$

Mit der nach Gl. (1.11) auf Leitertemperatur umgerechneten elektrischen Leitfähigkeit

$$\gamma = \frac{\gamma_{20}}{1 + \alpha_{20}(\vartheta_i - 20\,°C)} = \frac{35\,\text{Sm/mm}^2}{1 + 0{,}004\,\text{K}^{-1}(85\,°C - 20\,°C)} = 27{,}78\,\text{Sm/mm}^2$$

folgt aus Gl. (1.1) für den Strom

$$I = \sqrt{P'_{Str}\,\gamma\,A_L} = \sqrt{(85{,}0\,\text{W/m})\cdot(27{,}78\,\text{Sm/mm}^2)\cdot 240\,\text{mm}^2} = 752{,}8\ \text{A}$$

Hiermit ist die übertragbare Leistung $S_ü = \sqrt{3}\,U_N\,I = \sqrt{3}\cdot 110\,\text{kV}\cdot 752{,}8\,\text{A} = 143{,}4\,\text{MW} \approx 143\,\text{MW}$.

Da die Strömungsgeschwindigkeit in allen Kühlrohren gleich ist, muss der Kühlkanal-Querschnitt der Rückleitung $A_{K3} = 2A_{K1} = 2A_{K2}$ sein. Dann verhalten sich nach Gl. (1.17) die Temperaturdifferenzen wie $\Delta\vartheta_1/\Delta\vartheta_3 = \Delta\vartheta_2/\Delta\vartheta_3 = A_{K3}/A_{K1} = 2$. Folglich sind die Kühlwassertemperatur-Differenzen der Hinleitungen $\Delta\vartheta_1 = \Delta\vartheta_2 = 6$ K und der Rückleitung $\Delta\vartheta_3 = 3$ K. Mit Gl. (1.17) findet man mit der Strecke $x = l = 1{,}2$ km und der spezifischen Wärmekapazität $c = 4{,}18$ Ws/(cm³ K) die Kühlkanalquerschnitte

$$A_{K1} = A_{K2} = \frac{P'_{Str}\,l}{c\,\Delta\vartheta_1\,v} = \frac{(85{,}0\,\text{W/m})\cdot 1{,}2\,\text{km}}{4{,}18(\text{Ws/cm}^3\,\text{K})\cdot 6\,\text{K}\cdot 0{,}5\,\text{m/s}} = 81{,}34\,\text{cm}^2$$

und $\quad A_{K3} = 2A_{K1} = 2\cdot 81{,}34\,\text{cm}^2 = 162{,}7\,\text{cm}^2$.

Zu den unterirdischen Übertragungssystemen und somit zu den Kabeln zählt der *SF₆-isolierte Rohrleiter* nach Bild 1.20. Neuerdings sind zur Kostenersparnis als Isoliergas Gemische aus Schwefelhexafluorid (SF_6) und Stickstoff (N_2) vorgesehen. Wegen der kleinen Permittivitätszahl $\varepsilon_r = 1$ ist bei diesen Rohrleitern der Blindleistungsbedarf gering.

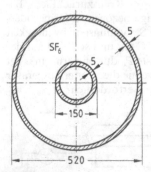

Bild 1.20
SF₆-isolierter Rohrleiter
für $U_N = 400\,kV$

Mit der in Bild 1.20 dargestellten Einleiteranordnung lassen sich mit $U_\triangle = 400\,kV$ bei Längen $l \leq 500\,km$ Drehstromleistungen $S_ü \leq 5\,GVA$ übertragen. Die natürlichen Leistungen (s. Abschn. 1.3.3.5) ähneln denen von Freileitungen. Dreileiteranordnungen in einem Rohr sind zwar billiger, weisen aber gegenüber drei Einleitern nur die halbe Übertragungsleistung auf.

Bei den *Tieftemperaturkabeln* unterscheidet man *Kryo-Kabel*, bei denen der Leiter (Al oder Cu) mit flüssigem Stickstoff ($T \approx 77\,K$) oder flüssigem Wasserstoff ($T \approx 20\,K$) zur Verringerung des Leiterwiderstands gekühlt wird, und *supraleitende Kabel*. Bei diesen ist auf dem Kupfer- oder Aluminiumleiter eine dünne Schicht, z. B. aus Niob, aufgebracht, die mit flüssigem Helium auf $T \approx 4\,K$ gekühlt wird und dann widerstandslos wird. So können über kleine Querschnitte, z. B. 4 mm², Ströme von 10 kA übertragen werden. Kurze Versuchsleitungen von etwa 35 m Länge wurden mit Erfolg erprobt, jedoch scheint man vorerst auf diese Technik verzichten zu wollen, da alle anstehenden Energieübertragungen noch lange Zeit mit zwangsgekühlten konventionellen Kabeln oder Rohrleitern bewältigt werden können. Von Bedeutung könnten in Zukunft die Hochtemperatur-Supraleiter (HTSL) werden, die mit flüssigem Stickstoff (77 K) gekühlt werden, zumal es inzwischen gelungen ist, das supraleitende keramische Grundmaterial in einen flexiblen Bandleiter einzubinden. Hier bestehen Anwendungsmöglichkeiten für Kabel, Strombegrenzer, Transformatoren und elektrische Energiespeicher.

1.2.2 Freileitung

Die elektrische Energieverteilung über Kabel bleibt auf Städte und Ortschaften beschränkt, in denen Freileitungen in vieler Hinsicht nachteilig wären. In ländlichen Gebieten und insbesondere zur Energieübertragung über große Entfernungen werden dagegen die billigeren Freileitungen bevorzugt. Dabei werden in Deutschland zur Zeit Spannungen bis 380 kV und im Ausland teilweise bis 1000 kV verwendet. Anlagen mit Spannungen bis 2 MV sind geplant. Für den Bau von Starkstromfreileitungen sind die VDE-Bestimmungen 0210 (EN 50341) und 0211 richtungsweisend.

1.2.2.1 Freileitungsmaste. Man unterscheidet (s. Bild 1.21) *Tragmaste 4*, die lediglich zum Tragen der Leiterseile *2* dienen und in gerader Strecke verwendet werden, und *Abspannmaste 3*, die Festpunkte in der Freileitung schaffen. In Winkelpunkten der Leitung sind bei geringer Abwinkelung *Winkeltragmaste* zulässig; bei stärkerer Abwinkelung werden Abspannmaste (Winkelmaste) vorgesehen. Die Auf-

teilung in Trag- und Ab-
spannmaste wird somit in
erster Linie durch die Tras-
senführung und durch die
Beschaffenheit des Gelän-
des bestimmt. Bei Freileitungen von 110 kV aufwärts
kommen in dicht besiedel-
ten Gebieten im Mittel auf
einen Abspannmast etwa 4
bis 7 Tragmaste.

1 Erd- oder
  Blitzschutzseil
2 Leiterseil
3 Abspannmast
4 Tragmast
5 Traverse
6 Isolator
l Spannfeldlänge

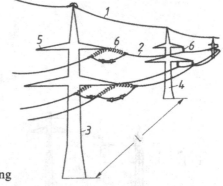

Bild 1.21 Freileitung

In Nieder- und Mittelspannungsleitungen werden vorzugsweise Holz-, Rohr- und Stahlbeton-
maste verwendet, in Hoch- und Höchstspannungsleitungen dagegen fast ausschließlich aus
Winkelprofilen zusammengesetzte Stahlgittermaste und seltener Rohrgittermaste oder Stahlbe-
tonmaste. In Tabelle 1.22 sind Mastbauarten und mittlere Spannweiten zusammengestellt. Die
Mastabstände werden hauptsächlich nach wirtschaftlichen Erwägungen festgelegt, so dass für
jede Freileitung eine *wirtschaftliche Spannweite* ermittelt werden kann. Sie richtet sich nach den
Kosten für Grunderwerb, Entschädigungen, Mastgestänge und Gründungen und wird ferner
durch die gewählte Seilzugspannung und die Geländebeschaffenheit mitbestimmt.

Tabelle 1.22 Mastbauarten und mittlere Spannweiten für verschiedene Spannungsbereiche

	Nennspannung U_N in kV	Mastbauart	mittlere Spannweite *l* in m
Niederspannung	0,4	Holz, Beton, Stahlrohr	40 bis 80
Mittelspannung	10 bis 30	Holz, Beton, Stahlgitter	Holz: 80 bis 160 sonst: 100 bis 220
Hochspannung	60 und 110	Stahlgitter -beton, - vollwand	200 bis 350
Höchstspannung	220		350 bis 400
	380	Stahlgitter	380 bis 500
	500, 750		bis 750

Auf einem Mast können ein oder mehrere Drehstromsysteme mit teilweise unterschiedlichen Leiterspannungen gemeinsam verlegt sein. Bild 1.23 zeigt einige Mast-
bilder im Größenvergleich.

1.2.2.2 Mastgründungen. Die Befestigung des Mastes im Erdreich wird als *Grün-
dung* bezeichnet. Je nach Bodenbeschaffenheit und Größe des Mastes bieten sich
hierfür verschiedenartige Fundamente an.

Das *Bohrfundament* (Bild 1.24a) ist bei standfesten und bis zur Gründungssohle wasserfreien
Böden besonders wirtschaftlich. Mit Hilfe eines Bohrgeräts wird jeweils für einen Eckstiel die
dargestellte Höhlung in den Boden geschnitten und nach Einbringen des Eckstielfusses mit Beton ausgegossen.

Das im Bild 1.24b dargestellte *Einblockfundament* wird bei schaftförmigen Maststielen, dagegen bei Gittermasten selten verwendet. Die große Betonmenge, die Erdbewegung, die Verscha-

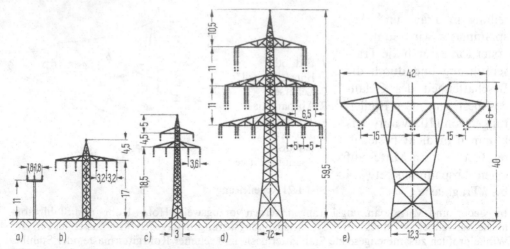

Bild 1.23 Freileitungsmaste im Größenvergleich
a) 20-kV-Tragmast mit Stützisolatoren, b) 110-kV-Einebenen-Tragmast, c) 110-kV-Tragmast (Donautyp), d) Tragmast mit 2 × 220-kV-Zweierbündelleitung und 2 × 380-kV-Viererbündelleitung, e) 735-kV-Tragmast (Kanada) mit V-Ketten, Viererbündelleitung und 2 Erdseilen

lung und die gegebenenfalls erforderliche Wasserhaltung machen es teuer. Wirtschaftlicher ist dagegen das *Vierblockfundament* besonders dann, wenn es zur Betonersparnis als Stufenfundament (Bild 1.24 c) gestaltet ist.

Bei *Rammpfahlgründungen* (Bild 1.24 d) wird der aus Stahl bestehende Rammpfahl durch eine fahrbare Ramme in den Boden getrieben. Dabei verdrängt und verdichtet die im Durchmesser vergrößerte Pfahlspitze das Erdreich. Der hierbei um den Pfahl herum entstehende Hohlraum wird teilweise während des Eintreibens mit flüssigem Beton ausgefüllt. Bei großen Masten werden für einen Eckstiel mehrere nebeneinander eingetriebene Rammpfähle erforderlich. Diese Gründungsart ist besonders dann wirtschaftlich, wenn tragfähiger Boden erst in größerer Tiefe vorliegt, oder bei starkem Wasserandrang. Sie zeichnet sich weiter durch kurze Bauzeit und geringe Flurschäden aus.

Das *Plattenfundament* nach Bild 1.24 e bleibt auf Sonderfälle beschränkt, z. B. in Bergsenkungsgebieten sowie in aufgeschütteten und rutschgefährdeten Böden.

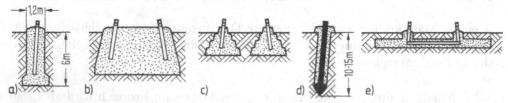

Bild 1.24 Mastgründungen
a) Bohrfundament, b) Einblockfundament, c) Vierblock-Stufenfundament, d) Rammpfahlgründung, e) Plattenfundament

1.2.2.3 Masterdung und Blitzschutzraum.
Freileitungsmaste sind nach VDE 0141 zu erden, damit Erd- oder Erdkurzschlussströme, die infolge eines Isolatorüberschlags auftreten, gefahrlos abgeleitet werden (s. Abschn. 3.1). Hierzu werden die Maste mit *Erdern* verbunden, die entweder ring- oder strahlenförmig in der Erde ver-

legt (Banderder) oder tief in das Erdreich eingetrieben werden (Tiefenerder). Weiter werden bei Hochspannungsleitungen die Maste durch *Erdseile* miteinander verbunden, um die Erderspannung nach Abschn. 3.1.1 einzuhalten.

Die über den Mastspitzen verlegten Erdseile übernehmen weiter die Aufgabe, die Leiterseile vor Blitzeinschlag zu schützen. Unterhalb des Erdseils bildet sich ein Schutzraum aus, der von Blitzeinschlägen frei bleibt. Er wird näherungsweise durch die Segmente zweier Kreise mit den Radien $2\,h_E$ begrenzt (Bild 1.25), die durch das Erdseil laufen und die Erdlinie tangieren. Hierbei ist h_E die Höhe des Erdseils über dem Erdboden. Die Schutzbedingung gilt als erfüllt, wenn die Leiterseile innerhalb dieses Schutzraums hängen.

Da die Abstände der Leiterseile voneinander und zum Erdboden durch andere Vorschriften vorgegeben sind (s. Abschn. 1.2.2.6), liefert diese Schutzraum-Konstruktion die erforderliche Höhe der Mastspitze (Blitzschutzblock). Bei weitausladenden Traversen würden sich dabei unter Umständen sehr hohe Blitzschutzblöcke ergeben, weswegen in solchen Fällen mitunter auch zwei nebeneinander liegende Erdseile vorgesehen werden (s. Bild 1.23e). Zwei Erdseile werden aber teilweise auch in Gebieten mit starker Gewitterhäufigkeit aufgelegt oder dienen der Verbesserung der Masterdung.

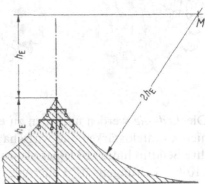

Bild 1.25 Blitzschutzraum unterhalb eines auf den Mastspitzen verlegten Erdseils

1.2.2.4 Seile. Die Auswahl der *Leiterseile* richtet sich in erster Linie nach den zu erwartenden Leiterströmen. Für jedes Seil ist in den Normen eine für eine Seiltemperatur von 70 °C bzw. 80 °C gültige *Strombelastbarkeit* (s. Anhang, Tabelle A 19 und A 20) festgelegt, die nicht überschritten werden darf. Bei auf Zug belasteten Freileitungsseilen darf die Höchsttemperatur im Kurzschlussfall 170 °C für Cu, 130 °C für Al und 160 °C für Al/St nicht übersteigen, um eine Materialentfestigung auszuschließen. Weiter wird mit Rücksicht auf die Stromwärmeverluste eine *wirtschaftliche Stromdichte* $S_w = 0,7\,\text{A/mm}^2$ bis $1,0\,\text{A/mm}^2$ angestrebt (s. Abschn. 6.3.3.2). Schließlich ist der Seildurchmesser zur Vermeidung von Teilentladungen (Korona) so zu wählen, dass die effektive *Randfeldstärke* nicht größer als $E = 17\,\text{kV/cm}$ wird. Bei Höchstspannungsleitungen ist diese Bedingung nur durch Bündelleiter nach Bild 1.26 zu erfüllen.

Als *Leiterwerkstoffe* kommen Aluminium, die Aluminium-Legierung (AlMgSi) und Kupfer in Betracht. Für Hoch- und Höchstspannungsleitungen werden in Deutsch-

Bild 1.26 Bündelleiter
a) Zweierbündel für 220 kV,
b) Dreierbündel und
c) Viererbündel für Spannungen
   ab 380 kV
Teilleiterabstand $a = 400\,\text{mm}$

a)   b)   c)

land fast ausschließlich *Verbundseile* verwendet, die nach Bild 1.27a aus einem Stahl-seil bestehen, das mit Aluminiumadern umseilt ist (Aluminium-Stahl-Seil). Ein Seil (s. Tabelle A 20) mit dem Al-Querschnitt 240 mm^2 und dem St-Querschnitt 40 mm^2 trug bisher die Kurzbezeichnung Al/St 240/40. Nach Europäischer Norm EN 50 182 (2001) entspricht dies der neuen Bezeichnung 239-Al1/39-StlA. Es werden auch Stahlseile mit Aluminium ummantelten Drähten eingesetzt (z. B. 401-Al1/28-A20SA, bisher Al/Stalum).

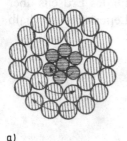
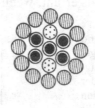

a)   b)

Bild 1.27
Aluminium-Stahl-Seil (a) im Querschnitts-verhältnis 6:1 (Pfeile zeigen die Schlagrich-tung an) und Erdseil (Aluminium-Stalum) mit Lichtwellenleitern (b) in zwei Edelstahl-röhrchen

Die *Erdseile* werden nach den zu erwartenden Kurzschlussströmen ausgewählt. Da hier Randfeldstärken und wirtschaftliche Stromdichte ohne Bedeutung sind, können ihre Seildurchmesser kleiner als jene der Leiterseile sein. So werden beispielsweise in 110-kV-Leitungen als Leiterseile Al/St 182/32 oder 240/40 und als Erdseile Al/St 50/30, 44/32 und 95/55 verwendet.

Erdseile, deren herkömmliche Aufgaben der Blitzschutz und die Erdung sind, haben in den letzten Jahren zunehmend auch die Aufgabe der Nachrichtenübermittlung übernommen. Zunächst innerbetrieblich zur Fernüberwachung und -steuerung und neuerdings auch zur Schaffung privat genutzter Telefonnetze. Zu diesem Zweck wer-den Erdseile nach Bild 1.27b mit *Lichtwellenleitern* (LWL) ausgerüstet. Hierzu wer-den ein oder mehrere Drähte des Seilkerns mit Edelstahlröhrchen gleicher äußerer Abmessung ersetzt, in denen die Lichtwellenleiter geführt werden. Ein Röhrchen schließt eine Vielzahl, z. B. 36, Glasfasern ein, die durch ein besonderes Gel längs-wasserdicht geschützt sind. Solche Lichtwellenleiter-Erdseile (LES) tragen z. B. die Bezeichnung Al/Stalum 95/55 mit 1 R. bzw. AlMgSi/Stalum. Aber nicht nur Erdseile sondern auch Leiterseile (LPS) werden mit Lichtwellenleitern ausgerüstet.

1.2.2.5 Durchhang. Der Seildurchhang ist nach VDE 0210 (DIN EN 50341) so ein-zustellen, dass die *Höchstzugspannung* in den Aufhängepunkten – im Grenzfall 80% der *Dauerspannung* nach Tabelle 1.28 – weder bei der Temperatur – 5 °C mit einer der Berechnung zugrunde gelegten Zusatzlast mit und ohne Windlast noch bei – 20 °C ohne Zusatzlast noch bei + 5 °C mit Windlast überschritten wird. Mit dem Seildurchmesser D_s findet man nach VDE 0210 die *bezogene Zusatzlast* (Eislast).

$$g_z/(\text{N/m}) = 5 + 0,1(D_s/\text{mm}) \tag{1.18}$$

Hinsichtlich Windlast s. VDE 0210.

Tabelle 1.28 Seilzugspannungen σ von Freileitungen nach VDE 0210 und EN 50 341

	Kupfer	Alumi-nium	Aldrey	Al/St 7,7	6	4,3	1,7[1])	1,4[1])
Dauerzugspannung[2])	300	120	240	189	208	240	368	401
Mittelzugspannung σ_{MZ} ohne Schwingungsschutz in N/mm²	85	30	44	52	56	57	84	90
üblicherweise verwendete Höchstzugspannung[3]) σ_{max} in N/mm²	80 bis 160	40 bis 70	60 bis 100			50 bis 90		

[1]) I. allg. nicht als Leiterseil.
[2]) Die Zugspannung, die ein Leiter ein Jahr aushält, ohne zu reißen.
[3]) Untere Werte für Nieder- und Mittelspannung, obere Werte für Hoch- und Höchstspannung.

Die durch Wind angefachten, verhältnismäßig hochfrequenten (etwa 30 Hz) Seilschwingungen verursachen an den Klemmstellen eine Wechselbiegebeanspruchung, die sich der statischen Beanspruchung überlagert und zur Ermüdung des Leiterwerkstoffs führen kann. Zur Vermeidung von Seilschwingungsbrüchen müssen deshalb die mechanischen Verlegungsspannungen so gewählt werden, dass die in Tabelle 1.28 angegebenen *Mittelzugspannungen* (MZS) nicht überschritten werden. Die Mittelzugspannung ist die Horizontalkomponente der Seilzugspannung, die sich bei einer *Jahresmitteltemperatur* (in Deutschland +10 °C) ohne Windlast einstellt. Sie wird international als „every day stress" (EDS) bezeichnet. Zur Vermeidung von Schwingungsbrüchen werden gelegentlich auch Schwingungsdämpfer an den Seilen befestigt.

Als *größter Durchhang*, dessen Kenntnis beispielsweise zur Kontrolle des Seilabstands vom Erdboden wichtig ist, gilt der größere der Werte, die sich bei − 5 °C mit Zusatzlast g_z nach Gl. (1.18) oder bei höchster Auslegungstemperatur (i. d. R. +40 °C, bei sehr großer Strombelastung auch mit höherer Temperatur, z. B. 80 °C) ohne Zusatzlast ergeben. In Gegenden, in denen im Winter besonders ungünstige Witterungsverhältnisse vorliegen, wird je nach Eislastzone mit zwei- oder vierfacher Zusatzlast gerechnet.

Gleichhohe Aufhängepunkte. Da in den meisten Fällen der Durchhang f nur etwa 3% der Spannweite l beträgt, kann das Seilgewicht vereinfachend als das Produkt aus dem auf die Länge bezogenen Seilgewicht g und die Spannweite l angesetzt werden. Mit der horizontalen Seilzugkraft $H = \sigma A$ bei der Seilzugspannung σ und dem Leiterquerschnitt A ergibt sich nach Bild 1.29 die Summe der Drehmomente

$$Hf - g\frac{l}{2}\frac{l}{4} = 0$$

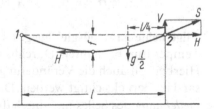

Bild 1.29
Spannfeld mit gleich hohen Aufhängepunkten
H Horizontalkraft, V Vertikalkraft, S Seilzugkraft,
g spez. Seilgewicht, f Durchhang

und hieraus der *Durchhang*

$$f = \frac{g\,l^2}{8\,H} = \frac{g\,l^2}{8\,\sigma\,A} \tag{1.19}$$

Bei *Weitspannfeldern* mit Spannweiten etwa über 500 m rechnet man mit der Ortskoordinate x, der Höhenkoordinate y und dem Abstand vom Koordinatenursprung $a = H/g$ genauer mit der Kettenlinie nach Bild 1.30

$$y = a\cosh\frac{x}{a} = a\left[1 + \frac{1}{2!}\left(\frac{x}{a}\right)^2 + \frac{1}{4!}\left(\frac{x}{a}\right)^4 + \frac{1}{6!}\left(\frac{x}{a}\right)^6 + \cdots\right] \tag{1.20}$$

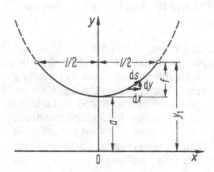

Bild 1.30 Kettenlinie mit Koordinatensystem

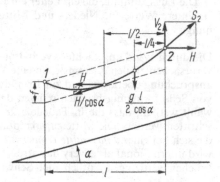

Bild 1.31 Spannfeld mit ungleich hohen Aufhängepunkten α Steigungswinkel des Geländes

Ungleich hohe Aufhängepunkte. Nach Bild 1.31, in dem gleich hohe Maste in einem mit dem Winkel α ansteigenden Gelände angenommen sind, lautet die Drehmomentgleichung für den Aufhängepunkt *2*

$$f\cos\alpha\,\frac{H}{\cos\alpha} - \frac{g\,l}{2\cos\alpha}\,\frac{l}{4} = 0$$

Durch Auflösen erhält man den *Durchhang*

$$f = \frac{g\,l^2}{8\,H}\,\frac{1}{\cos\alpha} = \frac{g\,l^2}{8\,\sigma A}\,\frac{1}{\cos\alpha} \tag{1.21}$$

Allgemeine Zustandsgleichung. Es soll nun untersucht werden, wie man den für eine Temperatur bekannten Durchhang auf eine andere Temperatur umrechnen kann. Hierbei soll auch die Veränderung des spezifischen Seilgewichts durch eventuelle Zusatzlast berücksichtigt werden. Die Durchhangsänderung ergibt sich durch die *Wärmedehnung* des Seiles und durch die *elastische Dehnung*.

Ist l_0 die Länge des unbelasteten Seiles bei der Bezugstemperatur ϑ_0, so ist bei der Temperatur ϑ_1 mit der *Wärmedehnungszahl* ε_t nach Tabelle 1.32 die *thermische Seillängenänderung*

$$\Delta l_{th} = l_0\, \varepsilon_t(\vartheta_1 - \vartheta_0) \tag{1.22}$$

Wird das Seil mit dem Querschnitt A andererseits mit der Seilzuglast H belastet, so dehnt es sich mit dem *Elastizitätsmodul E* nach Tabelle 1.32 um

$$\Delta l_E = H\, l_0/(E\,A) \tag{1.23}$$

Tabelle 1.32 Elastizitätsmodul und Wärmedehnungszahl von Freileitungsseilen nach VDE 0210 und EN 50 341

	Querschnitt-Verhältniszahl Al/St	Anzahl der Drähte Al/St	Elastizitäts-modul E in kN/mm²	Wärme-dehnungszahl ε_t in 1/K
	1,4	14/7 14/19	110	$1,50 \cdot 10^{-5}$
	1,7	12/7	107	$1,53 \cdot 10^{-5}$
Aluminium-Stahl-Seile nach DIN 48 204 EN 50 182	4,3	30/7	82	$1,78 \cdot 10^{-5}$
	6	6/1 26/7	81 77	$1,92 \cdot 10^{-5}$ $1,89 \cdot 10^{-5}$
		24,7 54/7 54/19	74 70 68	$1,96 \cdot 10^{-5}$ $1,93 \cdot 10^{-5}$ $1,94 \cdot 10^{-5}$
	7,7 11,3	48/7	62	$2,05 \cdot 10^{-5}$
	Anzahl der Drähte			
Seile aus Aluminium nach DIN 48 201 EN 50 182	7 19 37 61 91		60 57 57 55 55	$2,3 \cdot 10^{-5}$
Seile aus Kupfer nach DIN 48 201	7 19 37 61		113 105 105 100	$1,7 \cdot 10^{-5}$

Zur Ermittlung der Bogenlänge eines durchhängenden Seiles wird nach Bild 1.30 vom linearisierten Bogenelement

$$ds = \sqrt{1 + (dy/dx)^2}\, dx \tag{1.24}$$

ausgegangen. Die Wurzel lässt sich in die Binomische Reihe

$$\sqrt{1 + (dy/dx)^2} = 1 + \frac{1}{2}(dy/dx)^2 - \frac{1}{8}(dy/dx)^4 + \frac{1}{16}(dy/dx)^6 - \cdots$$

$$\approx 1 + \frac{1}{2}(dy/dx)^2 \qquad (1.25)$$

entwickeln, die nach dem zweiten Glied abgebrochen werden kann, da bei Freileitungen das Seilgefälle $dy/dx \ll 1$ ist.

Aus Gl. (1.20) erhält man für $x/a \ll 1$ aus der Reihenentwicklung

$$y = a\left(1 + \frac{1}{2}\frac{x^2}{a^2}\right) = a + \frac{1}{2}\frac{x^2}{a}$$

und daher die gesuchte Ableitung

$$dy/dx = x/a = g\,x/H \qquad (1.26)$$

Mit Gl. (1.24), (1.25) und (1.26) findet man für die Bogenlänge eines zwischen gleichhohen Aufhängepunkten über der Spannfeldlänge l abgespannten Seiles

$$l_B = \int_{x=-l/2}^{x=+l/2} \left[1 + \frac{1}{2}\left(\frac{g\,x}{H}\right)^2\right] dx = l + \frac{g^2 l^3}{24\,H^2} \qquad (1.27)$$

Die für die Bezugstemperatur ϑ_0 gültige Länge l_0 des entlasteten Seiles ergibt sich bei der Temperatur ϑ_1, der Seilzugkraft H_1 und dem spezifischen Seilgewicht g_1 aus der Bogenlänge l_B nach Gl. (1.27) abzüglich der Wärmedehnung Δl_{th} nach Gl. (1.22) und der elastischen Dehnung Δl_E nach Gl. (1.23)

$$l_0 = l + \frac{g_1^2 l^3}{24\,H_1^2} - \varepsilon_t\, l_0(\vartheta_1 - \vartheta_0) - \frac{H_1\, l_0}{E\,A} \qquad (1.28)$$

und entsprechend für die Werte ϑ_2, H_2 und g_2

$$l_0 = l + \frac{g_2^2 l^3}{24\,H_2^2} - \varepsilon_t\, l_0(\vartheta_2 - \vartheta_0) - \frac{H_2\, l_0}{E\,A} \qquad (1.29)$$

Da sich l_0 und l nur geringfügig unterscheiden, wird bei den Dehnungsanteilen ohne nennenswerten Fehler $l_0 = l$ gesetzt. Dann ergibt sich durch Gleichsetzen von Gl. (1.28) und (1.29) die *allgemeine Zustandsgleichung*

$$\frac{l^2}{24}\left[\left(\frac{g_1}{H_1}\right)^2 - \left(\frac{g_2}{H_2}\right)^2\right] - \varepsilon_t(\vartheta_1 - \vartheta_2) - \frac{H_1 - H_2}{E\,A} = 0 \qquad (1.30)$$

Beispiel 1.5. Ein Freileitungsseil Al/St 240/40 wird im Sommer bei $\vartheta_2 = +25\,°C$ aufgelegt. Auf welchen Durchhang muss es eingestellt werden, wenn bei der Spannfeldlänge $l = 250\,m$ im Winter bei $\vartheta_1 = -5\,°C$ mit einfacher VDE-Zusatzlast die Seilzugspannung $\sigma_1 = 73,6\,N/mm^2$ vorliegen soll? Seildaten: Querschnitt $A = 282,5\,mm^2$, Durchmesser $D_s = 21,9\,mm$, bezogenes Gewicht $g = 9,682\,N/m$, Elastizitätsmodul $E = 7,7 \cdot 10^4\,N/mm^2$, Wärmedehnungszahl $\varepsilon_t = 1,89 \cdot 10^{-5}\,1/K$.

Aus Gl. (1.18) findet man die bezogene Zusatzlast

$$g_z = (5 + 0,1\,D_s/mm)N/m = (5 + 0,1 \cdot 21,9)N/m = 7,19\,N/m$$

Somit sind die beiden Zustände 1 (Winter) und 2 (Sommer) bis auf die Seilzuglast H_2 im Sommer bekannt.

Winter: $\vartheta_1 = -5\,°C$, $g_1 = g + g_z = 9,682\,(N/m) + 7,190(N/m) = 16,87\,N/m$

$H_1 = \sigma_1 A = 73,6\,(N/mm^2) \cdot 282,5\,mm^2 = 20\,790\,N$

Sommer: $\vartheta_2 = +25\,°C$, $g_2 = g = 9,682\,N/m$

Durch Umwandlung von Gl. (1.30) ergibt sich die Gleichung 3. Grades für die unbekannte Seilzugkraft H_2

$$H_2^3 + \left[\left(\frac{l\,g_1}{H_1} \right)^2 \frac{EA}{24} - \varepsilon_t(\vartheta_1 - \vartheta_2)EA - H_1 \right] H_2^2 - \frac{(l\,g_2)^2 EA}{24} = 0$$

aus der nach Einsetzen der obigen Zahlenwerte $H_2^3 + 28,84\,kN\,H_2^2 - 5310\,kN^3 = 0$ folgt. Die Lösung dieser Gleichung liefert die Seilzuglast $H_2 = 11,48\,kN$, mit der sich nun aus Gl. (1.19) der im Sommer einzustellende Durchhang

$$f = \frac{g_2\,l^2}{8\,H_2} = \frac{(9,682\,N/m) \cdot (250\,m)^2}{8 \cdot 11\,480\,N} = 6,59\,m$$

errechnet.

Kritische Spannweite. Nach Abschn. 1.2.2.5 darf eine maximal zulässige Seilzugspannung σ_{max} weder im Winter bei $-5\,°C$ mit Zusatzlast noch bei $-20\,°C$ ohne Zusatzlast überschritten werden. Nun ist zu untersuchen, bei welcher der beiden Temperaturen in einem Spannfeld die größere Seilzugspannung auftritt. Entscheidend ist hierfür die *kritische Spannweite* l_{kr}, bei der die Seilzugspannungen in beiden Fällen gerade gleich groß sind. Die größte Seilzugspannung σ_{max} tritt für $l < l_{kr}$ bei $-20\,°C$ und für $l > l_{kr}$ bei $-5\,°C$ mit Zusatzlast auf.

Für $l = l_{kr}$ sei also $\vartheta_1 = -20\,°C$, $\vartheta_2 = -5\,°C$, $g_1 = g$ und $g_2 = g + g_z$. Weiter muss sein $\sigma_1 = \sigma_2 = \sigma_{max}$ bzw. $H_1 = H_2 = H_{max}$. Dann ergibt sich aus der Zustandsgleichung (1.30)

$$\frac{l_{kr}^2}{24} \cdot \frac{g^2 - (g + g_z)^2}{H_{max}^2} - \varepsilon_t(-20\,°C + 5\,°C) = 0$$

und daraus die *kritische Spannweite*

$$l_{kr} = H_{max} \sqrt{\frac{360\,K\,\varepsilon_t}{(g + g_z)^2 - g^2}} \tag{1.31}$$

Beispiel 1.6. Es ist nachzuprüfen, ob in dem Spannfeld nach Beispiel 1.5 die größte Seilzugspannung bei $-5\,°C$ mit Zusatzlast oder bei $-20\,°C$ auftritt.

Mit den aus Beispiel 1.5 bekannten Werten $H_{max} = 20\,790\,N$, $\varepsilon_t = 1,89 \cdot 10^{-5}\,K^{-1}$, $g = 9,682\,N/m$ und $g_z = 7,190\,N/m$ liefert Gl. (1.31) die kritische Spannweite

$$l_{kr} = H_{max}\sqrt{\frac{360\,K\,\varepsilon_t}{(g+g_z)^2 - g^2}}$$

$$= 20\,790\,N\sqrt{\frac{360\,K \cdot 1,89 \cdot 10^{-5}\,K^{-1}}{(9,682+7,190)^2(N/m)^2 - (9,682\,N/m)^2}} = 124,1\,m$$

Hiermit ist die Spannfeldlänge $l = 250\,m$ größer als die kritische Spannweite, so dass die größte Seilzugspannung bei $-5\,°C$ auftritt.

1.2.2.6 Anordnung der Leiter. Die Abstände der Leiter gegeneinander und gegenüber geerdeten Teilen, wie Mast und Traverse, müssen so gewählt werden, dass ein Zusammenschlagen oder eine Annäherung bis zum Überschlag auch beim Ausschwingen durch Windanblasung nicht zu befürchten ist. In VDE 0210 sind unter Berücksichtigung bestimmter Ausschwingwinkel Mindestabstände festgelegt. Die in Tabelle 1.33 für verschiedene Betriebsspannungen angegebenen Mittelwerte bzw. Bereiche der üblichen Leiterabstände sind allgemein etwas größer als die geforderten Mindestabstände.

Tabelle 1.33 Übliche Leiterabstände d von Freileitungsseilen

Nennspannung U_N in kV	3	6	10	20	30	60	110	220	380
Leiterabstand d in m	0,9	1,0	1,1	1,4	1,5	2,0	3,4	5,0	6,0
					bis	bis	bis	bis	bis
					2,0	2,8	4,1	6,5	9,0

Infolge plötzlich abfallender Eislast oder durch Wind verursachtes Seiltanzen können die Leiterseile unter Umständen weit nach oben schnellen und sich senkrecht darüber angeordneten Seilen anderer Phasen unzulässig nähern oder diese berühren. Um dies auszuschließen, werden die Aufhängepunkte an den Traversen seitlich gegeneinander versetzt (s. Bild 1.23). Hiermit wird gleichzeitig vermieden, dass abfallendes Eis auf tiefer hängende Seile fällt und diese beschädigt.

Zum Schutz gegen zufällige Berührung muss der kleinste Abstand der Leiter zum Erdboden für Spannungen bis 110 kV mindestens 6 m betragen. Für höhere Spannungen sind nach VDE 0210 die Abstände bei $U_N = 220\,kV$ um 0,75 m und bei $U_N = 380\,kV$ um 1,8 m zu vergrößern. Führt die Leitung über Wohngebäude, Straßen, Sportplätze und dgl., so gelten hinsichtlich der Bodenfreiheit besondere Bestimmungen für eine erhöhte Sicherheit.

1.2.2.7 Isolatoren und Armaturen. Die Seile werden am Mast durch Isolatoren und Armaturen gehalten. An die vorwiegend aus Porzellan gefertigten Isolatoren werden dabei große elektrische und mechanische Anforderungen gestellt.

Neben Porzellan wird hauptsächlich im Ausland (z. B. Frankreich, Schweden) auch vergütetes Glas als Isoliermittel verwendet. Der im Ausland verbreitete *Glaskappenisolator* nach

DIN 48013 wird stellenweise auch in Deutschland eingebaut. Je nach der vorliegenden Betriebsspannung werden mehrere Kappenisolatoren zu einer Kette zusammengefügt. Kunststoffe wurden bisher vorwiegend für Innenraumisolatoren eingesetzt. In Freileitungen werden auch Kunststoffisolatoren aus Gießharz oder Silikonkautschuk mit Glasfaserverstärkung mit bisher gutem Erfolg eingesetzt.

Bei Nieder- und Mittelspannungsleitungen werden die Seile vorzugsweise auf *Stützisolatoren* nach DIN 48004 verlegt, wogegen bei Hochspannungsleitungen ausnahmslos Hängeisolatoren vorgesehen werden.

Da der ursprünglich eingesetzte *Porzellankappenisolator* als nicht genügend durchschlagsicher galt, führte die Weiterentwicklung zunächst zu dem *Vollkernisolator* (VK) nach DIN 48006, Teil 3, und schließlich zum *Langstabisolator* (L) nach DIN 48006, Teile 1 u. 2, der in deutschen Hoch- und Höchstspannungsleitungen vorwiegend verwendet wird (s. Bild 1.34).

Die *Armaturen* übernehmen die Aufgabe, Mast, Seil und Isolatoren zu verbinden. In den *Abspannklemmen* wird das Seil reibschlüssig durch Klemmkeile gehalten oder, wie bei Kompressionsklemmen, mit dem Klemmenkörper verpresst. Die *Tragklemmen* müssen zur Vermeidung von Seilschäden schwingungsgerecht konstruiert sein und weisen deshalb meist einen pendelnd aufgehängten Klemmkörper auf.

Neben den Trag- und Abspannklemmen wird im Leitungsbau noch eine Vielzahl anderer Klemmen, wie Stromklemmen zum Verbinden der Mastschlaufen am Abspannmast, Abzweigklemmen, Leitungsverbinder u. a., benötigt, deren Eigenschaften nach VDE 0212 vorgeschrieben sind. Werkstoffe und Aufbau der Klemmen sind so gewählt, dass eine elektrolytische Zerstörung möglichst vermieden wird. So ist beispielsweise eine Verbindung von Kupfer und Aluminium zu vermeiden. Stahlteile werden nach Möglichkeit feuerverzinkt.

Außer den reinen Verbindungselementen werden bei Hochspannungsleitungen *Lichtbogenschutzarmaturen 2* nach Bild 1.34 vorgesehen, die im Falle eines Isolatorüberschlags den Lichtbogen übernehmen und ihn vom Porzellan fernhalten. Sie dienen weiter der Vermeidung frühzeitigen Glimmeinsatzes und tragen zur Potentialsteuerung bei.

1.2.3 Ermittlung der Kenngrößen

1.2.3.1 Gleichstromwiderstand.
Für den Gleichstromwiderstand R von Kabelleitern und Freileitungsseilen gilt nach [42] allgemein mit dem Leiter-

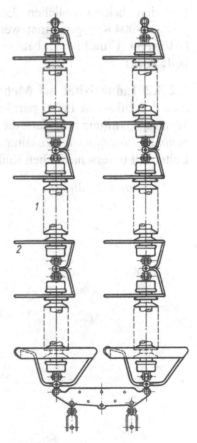

Bild 1.34
380-kV-Doppeltragkette mit Langstabisolatoren *1* und Lichtbogenschutzarmaturen *2* (Kronenberg)

querschnitt A, der Leiterlänge l, dem spezifischen Widerstand ρ und der elektrischen Leitfähigkeit $\gamma = 1/\rho$

$$R = \rho\, l/A = l/(\gamma A) \tag{1.32}$$

Hierbei kann unter Berücksichtigung der für Leitungsdrähte geforderten Reinheitsgrade bei der Temperatur 20 °C mit $\gamma_{20} = 56\,\mathrm{Sm/mm^2}$ für Kupfer und $\gamma_{20} = 35\,\mathrm{Sm/mm^2}$ für Aluminium gerechnet werden (s. Tabelle A 18). Gegebenenfalls ist zu beachten, dass der Sollquerschnitt des Kabelleiters oder Seiles etwas vom Nennquerschnitt abweicht. Bei Aluminium-Stahl-Seilen braucht für ausreichende Genauigkeit nur mit dem Aluminiumquerschnitt gerechnet zu werden.

Der Gleichstromwiderstand bei betriebsmäßiger Erwärmung der Leiter ist mit Leitertemperatur ϑ, Widerstand R_{20} und Temperaturbeiwert α_{20} bei 20 °C

$$R_\vartheta = R_{20}[1 + \alpha_{20}(\vartheta - 20\ {}^{\circ}\mathrm{C})] \tag{1.33}$$

Bei den beiden üblichen Leiterwerkstoffen kann mit dem gerundeten Wert $\alpha_{20} = 0,004\,\mathrm{K^{-1}}$ gerechnet werden. Als Betriebstemperatur sind bei Freileitungen (Al/St) 80 °C und bei Kabeln je nach Bauart Temperaturen bis 90 °C zulässig (s. Tabelle A 17).

1.2.3.2 Induktivität bei Mehrleitersystemen.

Werden mehrere von Wechselströmen durchflossene Leiter parallel nebeneinander geführt, so wird in jedem Leiter eine Wechselspannung induziert, die sich aus einer *Selbstinduktionsspannung* und einer *Gegeninduktionsspannung* zusammensetzt. In Bild 1.35 sind $n = 5$ anaxiale, zylindrische Leiter mit unterschiedlichen Radien r dargestellt. Die im Leiter *1* induzierte Spannung

$$u_1 = L_1\, \mathrm{d}i_1/\mathrm{d}t$$

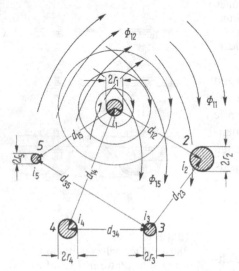

Bild 1.35 Mehrleitersystem mit magnetischer Flussverkettung

lässt sich auffassen als eine selbstinduktive Spannung, die durch die Stromänderung $\mathrm{d}i_1/\mathrm{d}t$ in einer dem Leiter *1* zugeordneten Induktivität L_1 hervorgerufen wird. Entsprechend gilt für die anderen Leiter $u_2 = L_2\,\mathrm{d}i_2/\mathrm{d}t$ bis $u_n = L_n\,\mathrm{d}i_n/\mathrm{d}t$. Die den Leitern zugeordneten Induktivitäten L_1, L_2 bis L_n sind i. allg. *zeitlich veränderliche Größen*, wenn auch der Begriff Induktivität und das entsprechende Schaltsymbol leicht zur Vorstellung eines Baugliedes mit festem Induktivitätswert verleiten. Nur in Sonderfällen ergeben sich zeitlich unveränderliche Werte. Die *Selbstinduktionskoeffizienten*

$$L_\nu = N_\nu\,\Phi_{\nu t}/i_\nu \quad \text{mit} \quad \nu = 1, 2, \ldots, n \tag{1.34}$$

sind nach [42] wegen $N_\nu = 1$ zu verstehen als die Quotienten aus den magnetischen

Flüssen Φ_v[1]) und den Leiterströmen i_v. Hierbeit ist Φ_v der von allen Leiterströmen gemeinsam erzeugte, jedoch mit dem Leiterstrom i_v verkettete magnetische Fluss. Die Windungszahl ist hier stets $N_1 = N_2 = \cdots = N_n = 1$. Für den mit dem Leiter 1 verketteten Fluss gilt somit nach Bild 1.35

$$\Phi_1 = \Phi_{11} + \Phi_{12} + \Phi_{13} + \cdots + \Phi_{1n} \qquad (1.35)$$

Für die anderen Leiter lässt sich ebenfalls die Summe der mit ihnen verketteten Flüsse angeben, so dass sich das Gleichungssystem

$$\begin{aligned}
\Phi_1 &= \Phi_{11} + \Phi_{12} + \Phi_{13} + \cdots + \Phi_{1n} \\
\Phi_2 &= \Phi_{21} + \Phi_{22} + \Phi_{23} + \cdots + \Phi_{2n} \\
&\vdots \quad\ \ \vdots \quad\ \ \vdots \quad\ \ \vdots \qquad\quad\ \vdots \\
\Phi_n &= \Phi_{n1} + \Phi_{n2} + \Phi_{n3} + \cdots + \Phi_{nn}
\end{aligned} \qquad (1.36)$$

ergibt. Es soll zunächst als äußere Feldbegrenzung ein Zylinder mit dem sehr großen, aber endlichen Radius r_a angenommen werden, der jeweils von den Leiterachsen aus gerechnet wird. Mit der Induktionskonstanten μ_0, der Leiterlänge l und dem Leiterstrom i ist nach [42] der für die selbstinduktive Spannung im Leiter 1 verantwortliche magnetische Fluss

$$\Phi_{11} = \frac{\mu_0\, l}{2\,\pi} \left(\ln\frac{r_a}{r_1} + 0,25 \right) i_1 \qquad (1.37)$$

der sich aus einem äußeren und einem inneren Flussanteil zusammensetzt. Von dem gesamten magnetischen Fluss des Leiters 2 ist mit der magnetischen Feldstärke $H_{2t} = i_2/(2\,\pi\,x)$, Induktion $B_{2t} = \mu_0 H_{2t}$, der Ortsveränderlichen x, der Fläche $\mathrm{d}A = l\,\mathrm{d}x$ und dem Leiterabstand d_{12} lediglich der Teilfluss

$$\Phi_{12} = \int_A B_{2t}\,\mathrm{d}A = \int_{x=d_{12}}^{x=r_a} \frac{\mu_0\, i_2}{2\,\pi\,x}\, l\,\mathrm{d}x = \frac{\mu_0\, l}{2\,\pi} \ln\left(\frac{r_a}{d_{12}}\right) i_2$$

mit dem Leiter 1 verkettet. Setzt man Gl. (1.37) sowie Φ_{12} und die in gleicher Weise errechneten Teilflüsse $\Phi_{13}, \Phi_{14}, \ldots, \Phi_{1n}$ in Gl. (1.35) ein, ergibt sich der mit dem Leiter 1 verkettete Gesamtfluss

$$\Phi_1 = \frac{\mu_0\, l}{2\,\pi} \left(\ln\frac{r_a}{r_1} + 0,25 \right) i_1 + \frac{\mu_0\, l}{2\,\pi} \left(\ln\frac{r_a}{d_{12}} \right) i_2 + \frac{\mu_0\, l}{2\,\pi} \left(\ln\frac{r_a}{d_{13}} \right) i_3 + \cdots + \frac{\mu_0\, l}{2\,\pi} \left(\ln\frac{r_a}{d_{1n}} \right) i_n$$

---

[1]) Mit Φ wird im folgenden immer der Zeitwert des magnetischen Flusses bezeichnet. Zur Vermeidung zu vieler Indizes wird auf die nach DIN 1304 empfohlene Schreibweise Φ_t verzichtet.

Bezieht man mit $\Phi_{1L} = \Phi_1/l$ den Fluss auf die Leiterlänge l und löst weiter die Logarithmen auf, so folgt für ihn

$$\Phi_{1L} = \frac{\mu_0}{2\pi}(i_1 + i_2 + \ldots + i_n)\ln r_a + \frac{\mu_0}{2\pi}\left(\ln\frac{1}{r_1} + 0,25\right)i_1$$
$$+ \frac{\mu_0}{2\pi}\left(\ln\frac{1}{d_{12}}\right)i_2 + \ldots + \frac{\mu_0}{2\pi}\left(\ln\frac{1}{d_{1n}}\right)i_n \tag{1.38}$$

Bei Erfassung aller Leiterströme eines Mehrphasensystems muss die Stromsumme $i_1 + i_2 + i_3 + \ldots + i_n = 0$ sein, so dass der erste Summand in Gl. (1.38) für jeden Wert von r_a, also auch für $r_a = \infty$, Null sein muss. Unter Berücksichtigung von Gl. (1.36) erhält man das Gleichungssystem

$$\Phi_{1L} = a_{11}i_1 + a_{12}i_2 + a_{13}i_3 + \ldots + a_{1n}i_n$$
$$\Phi_{2L} = a_{21}i_1 + a_{22}i_2 + a_{23}i_3 + \ldots + a_{2n}i_n$$
$$\vdots \quad \vdots \quad \vdots \quad \vdots \quad \vdots$$
$$\Phi_{nL} = a_{n1}i_1 + a_{n2}i_2 + a_{n3}i_3 + \ldots + a_{nn}i_n \tag{1.39}$$

mit dem Koeffizienten

$$a_{ii} = \frac{\mu_0}{2\pi}\left(\ln\frac{1}{r_i} + 0,25\right) \quad \text{und} \quad a_{ik} = a_{ki} = \frac{\mu_0}{2\pi}\ln\frac{1}{d_{ik}} \tag{1.40}$$

Zweileitersystem. Bei der in Bild 1.36 dargestellten Leitung (z. B. Wechselstromleitung) gilt für die Ströme $i_1 + i_2 = 0$; die Ströme i_3 bis i_n sind nicht vorhanden, so dass sich das Gleichungssystem (1.39) auf

$$\Phi_{1L} = a_{11}i_1 + a_{12}i_2$$

Bild 1.36   und $$\Phi_{2L} = a_{21}i_1 + a_{22}i_2$$
Zweileitersystem

reduziert. Mit $L_{1L} = \Phi_{1L}/i_1$ nach Gl. (1.34), den Strömen $i_2 = -i_1$ und den Abständen $d_{12} = d_{21} = d$ findet man auf die Länge bezogene Induktivität des Leiters 1

$$L_{1L} = a_{11} - a_{12} = \frac{\mu_0}{2\pi}\left(\ln\frac{1}{r_1} + 0,25\right) - \frac{\mu_0}{2\pi}\ln\frac{1}{d} = \frac{\mu_0}{2\pi}\left(\ln\frac{d}{r_1} + 0,25\right)$$

und entsprechend für den Leiter 2

$$L_{2L} = \frac{\mu_0}{2\pi}\left(\ln\frac{d}{r_2} + 0,25\right)$$

In den meisten Fällen, so etwa bei Freileitungen, haben die Leiter gleiche Durchmesser, so dass also $r_1 = r_2 = r$ zu setzen ist. Dann ergibt sich für jeden *Leiter* die gleiche, auf die Länge bezogene, zeitlich unveränderliche *Induktivität*

$$L_{\mathrm{L}} = \frac{\mu_0}{2\,\pi}\left(\ln\frac{d}{r} + 0,25\right) \tag{1.41}$$

Mit $\mu_0/(2\,\pi) = 0,2\,\mathrm{mH/km}$ lässt sich die Zahlenrechnung vereinfachen.

Vielfach wird mit der auf die *Leitungslänge* (im Gegensatz zur Leiterlänge) *bezogenen Induktivität* L' gerechnet, die sich bei dem Zweileitersystem aus den beiden Induktivitäten der Hin- und Rückleiter zusammensetzt, so dass sich nach Bild 1.37 der *Induktivitätsbelag*

$$L' = L_{1\mathrm{L}} + L_{2\mathrm{L}} = 2\,L_{\mathrm{L}} = \frac{\mu_0}{\pi}\left(\ln\frac{d}{r} + 0,25\right) \tag{1.42}$$

der Leitung ergibt.

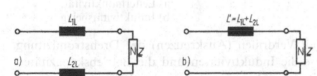

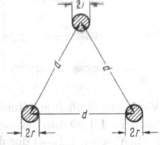

Bild 1.37 Induktivitäten einer Wechselstromleitung
a) Leiterinduktivitäten, b) Induktivitätsbelag

Bild 1.38 Symmetrische Drehstromleitung

Symmetrisches Drehstromsystem. Der Sonderfall der symmetrischen Dreileiteranordnung nach Bild 1.38 mit den gleichen Abständen $d_{12} = d_{23} = d_{31} = d$ liefert für gleiche Leiterradien $r_1 = r_2 = r_3 = r$ drei gleiche, zeitlich unveränderliche Induktivitäten $L_{1\mathrm{L}} = L_{2\mathrm{L}} = L_{3\mathrm{L}} = L_{\mathrm{L}}$. Berücksichtigt man, dass nun die Koeffizienten $a_{12} = a_{13}$ und die Ströme $i_1 + i_2 + i_3 = 0$ sind, so gilt nach Gl. (1.39) für den bezogenen magnetischen Fluss des Leiters *1*

$$\Phi_{1\mathrm{L}} = a_{11}\,i_1 + a_{12}\,i_2 + a_{13}\,i_3 = a_{11}\,i_1 + a_{12}(i_2 + i_3) = (a_{11} - a_{12})i_1$$

und für die bezogene Induktivität

$$L_{1\mathrm{L}} = \frac{\Phi_{1\mathrm{L}}}{i_1} = a_{11} - a_{12} = \frac{\mu_0}{2\,\pi}\left(\ln\frac{1}{r} + 0,25\right) - \frac{\mu_0}{2\,\pi}\ln\frac{1}{d}$$

$$= \frac{\mu_0}{2\,\pi}\left(\ln\frac{d}{r} + 0,25\right)$$

Bei einer symmetrischen Dreileiteranordnung beträgt somit die auf die Länge bezogene *Induktivität für jeden Leiter*

$$L_{\mathrm{L}} = \frac{\mu_0}{2\pi}\left(\ln\frac{d}{r} + 0,25\right) \tag{1.43}$$

Bei einer symmetrisch belasteten Drehstromleitung mit ebenfalls symmetrischer Leiteranordnung nach Bild 1.38 genügt es, einphasig zu rechnen. Dabei wird dem betrachteten Leiter (z. B. Leiter *L1*) ein widerstandsloser Rückleiter zugeordnet, so dass im Gegensatz zur Wechselstromleitung hier die bezogene Induktivität L_{L} eines Leiters der bezogenen Induktivität der Leitung, dem *Induktivitätsbelag*

$$L' = L_{\mathrm{L}} = \frac{\mu_0}{2\pi}\left(\ln\frac{d}{r} + 0,25\right) \tag{1.44}$$

gleichzusetzen ist (Bild 1.39).

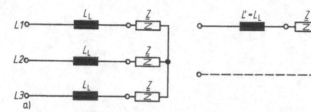

Bild 1.39
Induktivitäten einer symmetrischen Drehstromleitung
a) Leiterinduktivität,
b) Induktivitätsbelag

Verdrillte Drehstromleitung. Durch Verdrillen (Auskreuzen) der Drehstromleitung nach Bild 1.40 wird erreicht, dass die Induktivitäten und die Betriebskapazitäten (vgl. Abschn. 1.2.3.4) der drei Leiter auch bei unsymmetrischer Leiteranordnung im Mittel gleich sind. Bei einer Freileitung von der Länge l wird jeweils nach einer Teillänge $l/3$ die Lage der einzelnen Leiter gegeneinander vertauscht, so dass nach einem vollen zyklischen Wechsel jeder Leiter einmal die Positionen *1*, *2* und *3* eingenommen hat. Bis zum Leitungsende haben sich somit die Unterschiede der Induktivitäten in den drei Leitern *L1*, *L2* und *L3* ausgeglichen. Man braucht dann nur in Gl. (1.43) und Gl. (1.44) für den Abstand d den *geometrischen Mittelwert der Leiterabstände*

$$d_{\mathrm{gmi}} = \sqrt[3]{d_{12}\, d_{23}\, d_{31}} \tag{1.45}$$

einzusetzen.

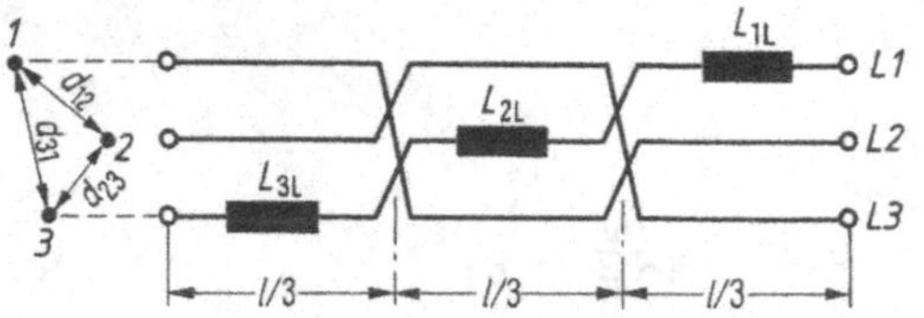

Bild 1.40 Verdrillte Drehstromleitung

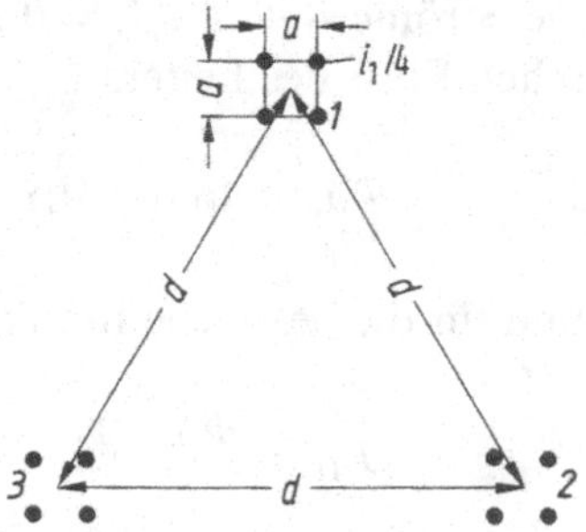

Bild 1.41 Symmetrische Viererbündelleitung

Bündelleitung. Bild 1.41 zeigt eine symmetrische Viererbündelleitung. Wegen der Symmetrie müssen die Induktivitäten der 3 Leiterbündel gleich sein. Der Teilleiterabstand a ist stets klein gegenüber dem Bündelleiter-Abstand d. So sind bei einer 380 kV-Leitung $a = 0{,}4$ m und $d = 6{,}5$ m.

Es wird vorausgesetzt, dass jeder Teilleiter ein Viertel des Gesamtstroms führt und daher die Induktivität

$$L_{LT} = \frac{\Phi_{LT}}{i/4} = 4\frac{\Phi_{LT}}{i}$$

aufweist. Hierbei ist Φ_{LT} der auf die Länge bezogene und mit einem Teilleiter verkettete magnetische Fluss. Wegen der Parallelschaltung der 4 Teilleiter beträgt die Induktivität eines Bündels

$$L = L_{LT}/4 = \Phi_{LT}/i \qquad (1.46)$$

Für einen Teilleiter des Bündels l nach Bild 1.41 ist mit Gl. (1.39) und (1.40) und $a \ll d$ der mit dem Teilleiter verkettete magnetische Fluss

$$\Phi_{LT} = \frac{\mu_0}{2\pi}\left[\left(\ln\frac{1}{r}+0{,}25+2\ln\frac{1}{a}+\ln\frac{1}{\sqrt{2}a}\right)\frac{i_1}{4}+\left(\ln\frac{1}{d}\right)i_2+\left(\ln\frac{1}{d}\right)i_3\right] \qquad (1.47)$$

Fasst man die Logarithmen zusammen und berücksichtigt dabei, dass $i_2 + i_3 = -i_1$ ist, so ergibt sich mit Gl. (1.46) die Induktivität der *symmetrischen Viererbündelleitung*

$$L' = L_L = \frac{\mu_0}{2\pi}\left(\ln\frac{d}{\sqrt[4]{\sqrt{2}ra^3}}+\frac{0{,}25}{4}\right) \qquad (1.48)$$

Für die Induktivität einer verdrillten oder symmetrischen *Bündelleitung mit n symmetrisch angeordneten Teilleitern* gilt dann mit dem geometrischen Mittelwert der Leiterabstände d_{gmi} nach Gl. (1.45) allgemein

$$L' = L_L = \frac{\mu_0}{2\pi}\left(\ln\frac{d_{gmi}}{\sqrt[n]{kra^{n-1}}}+\frac{0{,}25}{n}\right) \qquad (1.49)$$

Der Faktor k ist abhängig von der geometrischen Anordnung und der Anzahl der Teilleiter. Für $n = 1$ bis 3 beträgt er $k = 1$, für $n = 4$ dagegen $k = \sqrt{2}$, für $n = 5$ ist $k = 2{,}6$, für $n = 6$ ist $k = 6$, und für $n = 8$ ist $k = 52$.

Richtwerte für Freileitungsreaktanzen. In Tabelle 1.42 sind Induktivitäten und Blindwiderstände (s. a. Diagr. A 21) für einige Drehstromfreileitungen mit Nennspannungen zwischen 0,4 kV und 380 kV für die Frequenz $f = 50$ Hz angegeben. Der Berechnung nach Gl. (1.49) bzw. (1.43) wurden übliche Seildurchmesser zugrunde gelegt. Hiernach beträgt die Induktivität einer Drehstromfreileitung nahezu unabhängig von der Betriebsspannung etwa $L' \approx 1$ mH/km. Mit der Spannung wächst nicht nur der Leiterabstand d, sondern i. allg. auch der Leiterradius r, so dass sich das Verhältnis d/r nur in engen Grenzen ändert, wobei die Unterschiede durch den Logarithmus noch weitgehend ausgeglichen werden. Bei Bündelleitungen (220 kV und 380 kV) wirkt sich die Radienvergrößerung allerdings stärker aus als die Vergrößerung des Leiterabstands und bewirkt eine für die Energieübertragung vorteilhafte Verringerung des Blindwiderstands $X' = \omega L'$ mit der Kreisfrequenz $\omega = 2\pi f$.

Tabelle 1.42 Richtwerte für Freileitungsreaktanzen

Nennspannung U_N in kV	Leitungsseil Nennquerschnitt A_N in mm²	Radius r in mm	Leiterabstand d in m	Induktivitätsbelag L' in mH/km	Blindwiderstandsbelag X' in Ω/km
0,4	50	4,50	0,5	0,99	0,31
20	70	5,25	1,4	1,17	0,37
110	240/40	10,85	4,0	1,23	0,39
220[1])	2 × 240/40	10,85	5,0	0,89	0,28
380[2])	4 × 240/40	10,85	6,5	0,73	0,23

[1]) Zweierbündel mit Teilleiterabstand $a = 0,4$ m,   [2]) Viererbündel mit $a = 0,4$ m

1.2.3.3 Nullimpedanz einer Freileitung. Werden die drei Leiter einer Freileitung nach Bild 1.43 am Anfang und am Ende leitend miteinander und unter Zwischenschaltung einer einphasigen Spannungsquelle mit der Spannung $\underline{U}_0$ ebenfalls mit der Erde verbunden, so fließen in den einzelnen Leitern nach Betrag und Winkel gleiche Sinusströme $\underline{I}_0$. Dabei ist vorausgesetzt, dass die Wirkwiderstände R und die induktiven Widerstände X der Leiter gleich sind.

Der Summenstrom $3\underline{I}_0$ fließt, da die Freileitung ohne Erdseil angenommen werden soll, über das Erdreich, also über die *Erdreaktanz* X_E und den *Erdwiderstand* R_E, zurück. Mit dem Koeffizienten $k_{Er} = \pi^2 \cdot 10^{-4}\,\Omega\text{s/km}$ und der Frequenz f ist der *bezogene Erdwiderstand*

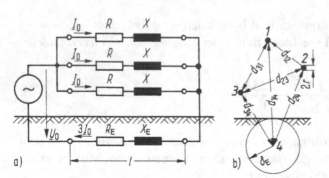

Bild 1.43 Schaltung (a) zur Ermittlung der Nullimpedanz einer Freileitung (b)

$$R'_E = k_{Er} f \tag{1.50}$$

Die *Nullimpedanz*

$$\underline{Z}_0 = \underline{U}_0/\underline{I}_0 = R + 3R_E + j(X + 3X_E) \tag{1.51}$$

ist der Quotient aus angelegter Sinusspannung $\underline{U}_0$ und Leiterstrom $\underline{I}_0$. Sie wird später bei der Rechnung mit symmetrischen Komponenten (s. Abschn. 2.2.3.1) benötigt. Die Wirkwiderstände R und R_E sind mit Gl. (1.32) und (1.50) zu ermitteln.

Die *Nullreaktanz* der Leitung

$$X_0 = X + 3\,X_E \tag{1.52}$$

soll nun anhand des Bildes 1.43 abgeleitet werden. Dabei wird dem Erdreich ein zylindrischer Leiter mit dem Radius δ_E zugeordnet, der auch als *Eindringtiefe* bezeichnet wird. In Anlehnung an Gl. (1.39) sind mit den Strömen $i_1 = i_2 = i_3 = i_0$ und mit $i_4 = -3\,i_0$ der auf die Leiterlänge bezogene und mit dem Leiter *1* verkettete magnetische Fluss

$$\Phi_{1L} = i_0(a_{11} + a_{12} + a_{13} - 3\,a_{14})$$

und die bezogene Induktivität

$$L_{1L} = \Phi_{1L}/i_0 = a_{11} + a_{12} + a_{13} - 3\,a_{14}$$

Entsprechend haben die Leiter *2* und *3* die bezogenen Induktivitäten

$$L_{2L} = a_{22} + a_{21} + a_{23} - 3\,a_{24}$$
$$L_{3L} = a_{33} + a_{31} + a_{32} - 3\,a_{34}$$

Für eine *verdrillte Freileitung* ist dann die bezogene Induktivität

$$L_L = \frac{1}{3}(L_{1L} + L_{2L} + L_{3L})$$
$$= \frac{1}{3}(a_{11} + a_{22} + a_{33}) + \frac{1}{3}(a_{12} + a_{21} + a_{13} + a_{31} + a_{23} + a_{32})$$
$$- (a_{14} + a_{24} + a_{34})$$

und mit den Koeffizienten $a_{11} = a_{22} = a_{33}$ und $a_{12} = a_{21}$, $a_{13} = a_{31}$, $a_{23} = a_{32}$ schließlich

$$L_L = a_{11} + \frac{2}{3}(a_{12} + a_{13} + a_{23}) - (a_{14} + a_{24} + a_{34})$$

Der auf die Leiterlänge bezogene und mit Leiter *4* verkettete magnetische Fluss ist mit den Strömen $i_1 = i_2 = i_3 = -i_0$ und $i_4 = 3\,i_0$

$$\Phi_{4L} = -a_{14}\,i_0 - a_{24}\,i_0 - a_{34}\,i_0 + a_{44} \cdot 3\,i_0$$

und somit die bezogene *Induktivität der Erdleitung*

$$L_{EL} = \Phi_{4L}/(3\,i_0) = a_{44} - \frac{1}{3}(a_{14} + a_{24} + a_{34})$$

Nach Gl. (1.52) muss auch die auf die *Leitungslänge* bezogene Induktivität $L_0' = L_L + 3\,L_{EL}$ sein und somit

$$L_0' = a_{11} + \frac{2}{3}(a_{12} + a_{13} + a_{23}) + 3\,a_{44} - 2(a_{14} + a_{24} + a_{34})$$

Nach Einführen der Koeffizienten aus Gl. (1.40), wobei mit $\delta_E = 0,779\,r_4$

$$a_{11} = \frac{\mu_0}{2\pi}\left(\ln\frac{1}{r} + 0,25\right) = \frac{\mu_0}{2\pi}\ln\frac{1}{0,779\,r} \quad \text{und} \quad a_{44} = \frac{\mu_0}{2\pi}\ln\frac{1}{\delta_E}$$

gesetzt wird, findet man die bezogene Induktivität

$$L_0' = \frac{\mu_0}{2\pi}\ln\frac{(d_{14}\,d_{24}\,d_{34})^2}{0,779\,r\,d_{gmi}^2\,\delta_E^3} \approx \frac{\mu_0}{2\pi}\ln\frac{\delta_E^3}{0,779\,r\,d_{gmi}^2} \tag{1.53}$$

Wie noch durch Gl. (1.55) gezeigt wird, ist die Eindringtiefe δ_E so groß, dass ohne Fehler die Abstände $d_{14} = d_{24} = d_{34} = \delta_E$ gesetzt werden können. Weiter ist d_{gmi} wieder der geometrische Mittelwert der Leiterabstände nach Gl. (1.45). Mit der Kreisfrequenz $\omega = 2\pi f$ ergibt sich schließlich die bezogene *Nullreaktanz*

$$X_0' = \omega L_0' = 3\,\mu_0\,f\ln\frac{\delta_E}{\sqrt[3]{0,779\,r\,d_{gmi}^2}} \tag{1.54}$$

wobei mit dem Koeffizienten $k_E = 2,082\cdot10^4$ m (Hz S/km)$^{1/2}$, der Leitfähigkeit des Erdreichs $\gamma_E = 1/\varrho_E$ und der Frequenz f die *Eindringtiefe*

$$\delta_E = k_E/\sqrt{\gamma_E f} = k_E\sqrt{\varrho_E/f} \tag{1.55}$$

berechnet wird. Für $f = 50$ Hz gelten als Richtwerte (s. Abschn. 3.1) bei feuchtem Sandboden $\gamma_E = 20$ S/km; $\delta_E = 655$ m und trockenem Sandboden $\gamma_E = 2$ S/km; $\delta_E = 2070$ m. Vielfach wird auch überschlägig mit dem spezifischen elektrischen Widerstand des Erdreichs $\varrho_E = 1/\gamma_E \approx 100$ Ωm gerechnet.

Bei Freileitungen mit Erdseilen erniedrigt sich die Nullimpedanz. Wegen der Aufteilung des Summenstromes $3I_0$ auf den Erdboden und das Erdseil ist eine Berechnung der Nullimpedanz $\underline{Z}_0$ ungleich schwieriger. Die Nullreaktanz X_0' sinkt dann im Mittel bei Stahl-Erdseilen auf das 0,85- bis 0,95- und bei Al/St-Seilen auf das 0,7- bis 0,85fache ab. Bei Bündelleitern ist in Gl. (1.54) $0,779r$ durch $\sqrt[n]{0,779\,k\,r\,a^{n-1}}$ nach Gl. (1.49) zu ersetzen.

1.2.3.4 Kapazitäten einer Freileitung.

Die Seile einer Freileitung nehmen gegeneinander und gegenüber dem Erdboden, dem bei den folgenden Betrachtungen immer das *Bezugspotential* $\varphi_0 = 0$ zugeordnet werden soll, unterschiedliche und zeitlich veränderliche elektrische Potentiale φ an, so dass sich das in Bild 1.44a gezeigte elektrische Feld ausbilden kann. Die elektrischen Flüsse Ψ_{12}, Ψ_{23} und Ψ_{31} zwischen den einzelnen Leitern und Ψ_{10}, Ψ_{20} und Ψ_{30} zwischen den Leitern und dem Erdboden sind

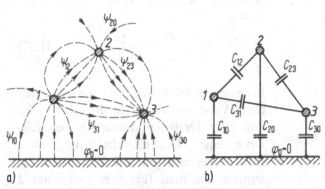

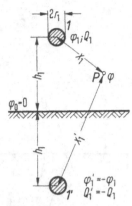

Bild 1.44 Elektrisches Feld (a) und Teilkapazitäten (b) einer
Drehstrom-Freileitung

Bild 1.45
Spiegelung eines
einzelnen Leiters

abhängig von den Potentialdifferenzen und den in Bild 1.44 b dargestellten *Teilkapazitäten* C_{12}, C_{23} und C_{31} zwischen den Leitern und C_{10}, C_{20} und C_{30} zwischen den Leitern und dem Erdboden.

Zur Berechnung der Kapazitäten werden die Leiter an der Bodenebene gespiegelt. Dabei wird, wie in Bild 1.45 zunächst für einen einzelnen Leiter dargestellt, zum Leiter *1* mit der Ladung Q_1 der gespiegelte Leiter *1'* mit der entgegengesetzten Ladung $Q_1' = -Q_1$ angenommen, ohne dass sich dabei das Feld zwischen dem Leiter *1* und dem Erdboden ändert. Weiter wird künftig, der Praxis entsprechend, vorausgesetzt, dass die Leiterradien r immer klein gegenüber den Leiterabständen d sind, so dass für jeden Leiter vereinfachend ein radialsymmetrisches Feld angenommen werden kann.

Die Summe der Einzelpotentiale im Punkt P [31] liefert mit der elektrischen Feldkonstanten $\varepsilon_0 = 8,854$ pF/m das elektrische Potential

$$\varphi = \frac{Q_1}{2\,\pi\,l\,\varepsilon_0} \int\limits_{r_1}^{x_1} \frac{\mathrm{d}x_1}{x_1} + \varphi_1 + \frac{Q_1'}{2\,\pi\,l\,\varepsilon_0} \int\limits_{r_1}^{x_1'} \frac{\mathrm{d}x_1'}{x_1'} + \varphi_1'$$

wenn x_1 und x_1' die von den Leiterachsen gerechneten Ortsordinaten sind. Mit $Q_1' = -Q_1$ und $\varphi_1' = -\varphi_1$ ergibt sich

$$\varphi = \frac{Q_1}{2\,\pi\,l\,\varepsilon_0} \ln \frac{x_1'}{x_1} \qquad (1.56)$$

Für den Erdboden ist $x_1' = x_1$ und somit wie vorausgesetzt $\varphi = 0$. An der Oberfläche des Leiters *1* mit der Ortsordinate $x_1 = r_1$ und angenähert $x_1' = 2\,h_1$ beträgt das Potential

$$\varphi_1 = \frac{Q_1}{2\,\pi\,l\,\varepsilon_0} \ln \frac{2\,h_1}{r_1}$$

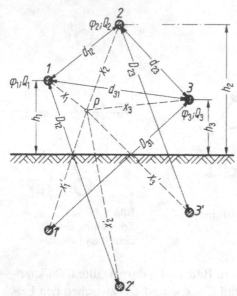

Bild 1.46 Gespiegelte Drehstromleitung

Somit ist die *Kapazität des Leiters gegen Erde*

$$C_\mathrm{E} = \frac{Q_1}{\varphi_1} = \frac{2\pi l \varepsilon_0}{\ln(2h_1/r_1)} \qquad (1.57)$$

Bei einer *Mehrleiteranordnung* wird in gleicher Weise verfahren. In Bild 1.46 wird von einer Dreileiteranordnung, beispielsweise einer Drehstromfreileitung ohne Erdseil, ausgegangen. Die Summe der Potentiale, die man für jedes Leiterpaar *1* und *1'*, *2* und *2'*, *3* und *3'* aus Gl. (1.56) errechnet, ergibt in einem beliebigen Punkt *P* das Potential

$$\varphi = \frac{Q_1}{2\pi l \varepsilon_0}\ln\frac{x_1'}{x_1} + \frac{Q_2}{2\pi l \varepsilon_0}\ln\frac{x_2'}{x_2} + \frac{Q_3}{2\pi l \varepsilon_0}\ln\frac{x_3'}{x_3}$$

$$(1.58)$$

Die drei Leiterpotentiale

$$\varphi_1 = \frac{\ln(2h_1/r_1)}{2\pi l \varepsilon_0}Q_1 + \frac{\ln(D_{12}/d_{12})}{2\pi l \varepsilon_0}Q_2 + \frac{\ln(D_{13}/d_{13})}{2\pi l \varepsilon_0}Q_3$$

$$\varphi_2 = \frac{\ln(D_{21}/d_{21})}{2\pi l \varepsilon_0}Q_1 + \frac{\ln(2h_2/r_2)}{2\pi l \varepsilon_0}Q_2 + \frac{\ln(D_{23}/d_{23})}{2\pi l \varepsilon_0}Q_3$$

$$\varphi_3 = \frac{\ln(D_{31}/d_{31})}{2\pi l \varepsilon_0}Q_1 + \frac{\ln(D_{32}/d_{32})}{2\pi l \varepsilon_0}Q_2 + \frac{\ln(2h_3/r_3)}{2\pi l \varepsilon_0}Q_3$$

findet man, wenn man für die Ortsordinaten x und x' die jeweiligen für die Leiteroberflächen gültigen Werte einsetzt. Entsprechend ergeben sich für n Leiter n Potentialgleichungen

$$\varphi_1 = a_{11}Q_1 + a_{12}Q_2 + a_{13}Q_3 + \ldots + a_{1n}Q_n$$

$$\varphi_2 = a_{21}Q_1 + a_{22}Q_2 + a_{23}Q_3 + \ldots + a_{2n}Q_n$$

$$\vdots \qquad \vdots \qquad \vdots \qquad \vdots \qquad \qquad \vdots \qquad (1.59)$$

$$\varphi_n = a_{n1}Q_1 + a_{n2}Q_2 + a_{n3}Q_3 + \ldots + a_{nn}Q_n$$

mit den allgemeinen *Potentialkoeffizienten*

$$a_{ii} = \frac{\ln(2h_i/r_i)}{2\pi l \varepsilon_0} \quad \text{und} \quad a_{ik} = a_{ki} = \frac{\ln(D_{ik}/d_{ik})}{2\pi l \varepsilon_0} \qquad (1.60)$$

Wechselstromleitung. Die beiden Seile nach Bild 1.47 sollen die Radien r_1 und r_2, die Bodenabstände h_1 und h_2 und den Leiterabstand d haben. Aus Gl. (1.59) folgen dann die Potentiale

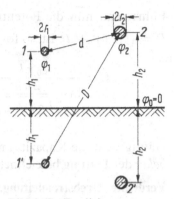

$$\varphi_1 = a_{11}\, Q_1 + a_{12}\, Q_2$$
$$\varphi_2 = a_{21}\, Q_1 + a_{22}\, Q_2 \qquad (1.61)$$

mit den Potentialkoeffizienten

$$a_{11} = \frac{\ln(2\,h_1/r_1)}{2\,\pi\,l\,\varepsilon_0};$$

Bild 1.47 Zweileitersystem

$$a_{22} = \frac{\ln(2\,h_2/r_2)}{2\,\pi\,l\,\varepsilon_0} \quad \text{und} \quad a_{12} = a_{21} = \frac{\ln(D/d)}{2\,\pi\,l\,\varepsilon_0} \qquad (1.62)$$

Gl. (1.61) lässt sich umwandeln in die Ladungen

$$Q_1 = b_{11}\,\varphi_1 - b_{12}\,\varphi_2$$
$$Q_2 = -b_{21}\,\varphi_1 + b_{22}\,\varphi_2 \qquad (1.63)$$

mit den Koeffizienten

$$b_{11} = \frac{a_{22}}{a_{11}\,a_{22} - a_{12}^2}; \quad b_{22} = \frac{a_{11}}{a_{11}\,a_{22} - a_{12}^2} \quad \text{und} \quad b_{12} = b_{21} = \frac{a_{12}}{a_{11}\,a_{22} - a_{12}^2} \qquad (1.64)$$

Durch Erweitern von Gl. (1.63) erhält man die Ladungen

$$Q_1 = (b_{11} - b_{12})\varphi_1 + b_{12}(\varphi_1 - \varphi_2) = C_{10}\,\varphi_1 + C_{12}(\varphi_1 - \varphi_2)$$
$$Q_2 = b_{21}(\varphi_2 - \varphi_1) + (b_{22} - b_{21})\varphi_2 = C_{12}(\varphi_2 - \varphi_1) + C_{20}\,\varphi_2 \qquad (1.65)$$

mit den *Erd-Teilkapazitäten* C_{10} und C_{20} und der *Leiterkapazität* $C_{12} = C_{21} = C_L$. Die gesamte *Kapazität der Leiterschleife* aus der Parallelschaltung der Leiterkapazität C_L mit der Reihenschaltung der Kapazitäten C_{10} und C_{20} ist dann

$$C = C_L + \frac{C_{10}\,C_{20}}{C_{10} + C_{20}} \qquad (1.66)$$

Für den *Sonderfall* gleicher Leiterradien $r_1 = r_2 = r$ und gleicher Bodenabstände $h_1 = h_2 = h$ ist $a_{11} = a_{22}$ und somit $C_{10} = C_{20} = C_E$, so dass dann nach Gl. (1.66) gilt

$$C = C_L + (C_E/2)$$

Unter Berücksichtigung von Gl. (1.64) und (1.65) folgt hieraus die Kapazität

$$C = b_{12} + \frac{1}{2}(b_{11} - b_{12}) = \frac{1}{2}(b_{11} + b_{12}) = \frac{a_{22} + a_{12}}{2(a_{22}^2 - a_{12}^2)} = \frac{1}{2(a_{22} - a_{12})}$$

Führt man nun die Potentialkoeffizienten nach Gl. (1.62) ein und beachtet, dass $D = \sqrt{(2h)^2 + d^2}$ ist, so folgt für die *Kapazität der Leiterschleife*

$$C = \frac{\varepsilon_0 \pi l}{\ln \dfrac{2hd}{r\sqrt{(2h)^2 + d^2}}} \tag{1.67}$$

Häufig wird die Kapazität mit $C' = C/l$ auf die Länge bezogen und als *Kapazitätsbelag* der Leitung bezeichnet (s. Abschn. 1.3.3).

Verdrillte Drehstromleitung. Nach Bild 1.48 werden gleiche Seilradien $r_1 = r_2 = r_3 = r$ vorausgesetzt. Wegen der Verdrillung müssen die Teilkapazitäten zwischen den Leitern $C_{12} = C_{23} = C_{31} = C_L$ und der Leiter gegen Erde $C_{10} = C_{20} = C_{30} = C_E$ sein. Unter der *Betriebskapazität* C_b einer Drehstromleitung versteht man nun jene, die jedem Leiter zum Zweck der einphasigen Rechnung ersatzweise zugeordnet werden kann.

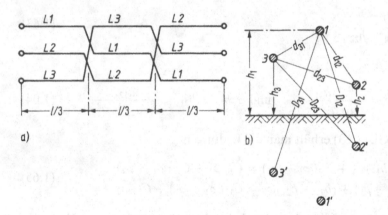

a)   b)

Bild 1.48
Verdrillte Drehstrom-
leitung ohne Erdseil
a) Schema,
b) Spiegelung

Eine symmetrische Leiteranordnung mit gleichen Leiterabständen nach Bild 1.38, für die sich nach Abschn. 1.2.3.2 drei gleiche Leiterinduktivitäten ergeben, hat je Leiter unterschiedliche Betriebskapazitäten, weil hier neben den Leiterabständen auch die Bodenabstände in die Kapazitätsberechnung eingehen. Daher werden auch Freileitungen mit symmetrischer Leiteranordnung verdrillt. Bei einer verdrillten Leitung sind die drei Betriebskapazitäten gleich groß, so dass die Berechnung lediglich für einen Leiter ausgeführt zu werden braucht. Hierbei wird zunächst von einer Leitung ohne Erdseil ausgegangen.

Da der Leiter *L1* nach Bild 1.48 nacheinander die Lagen *1, 2* und *3* einnimmt, sind für die Potentialgleichung

$$\begin{aligned} \varphi_1 &= \frac{a_{11} + a_{22} + a_{33}}{3} Q_1 + \frac{a_{12} + a_{23} + a_{31}}{3} Q_2 + \frac{a_{12} + a_{23} + a_{31}}{3} Q_3 \\ &= \alpha_1 Q_1 + \alpha_2 Q_2 + \alpha_2 Q_3 \end{aligned} \tag{1.68}$$

die Mittelwerte der Potentialkoeffizienten aus Gl. (1.60) anzusetzen. Da die Ladungssumme $Q_1 + Q_2 + Q_3 = 0$ sein muss, findet man das Potential $\varphi_1 = (\alpha_1 - \alpha_2)Q_1$ und nach Einsetzen der Koeffizienten aus Gl. (1.60) das Potential

$$\varphi_1 = \left[\frac{\ln \dfrac{2\sqrt[3]{h_1\,h_2\,h_3}}{r}}{2\,\pi\,l\,\varepsilon_0} - \frac{\ln(\sqrt[3]{D_{12}\,D_{23}\,D_{31}/d_{12}\,d_{23}\,d_{31}})}{2\,\pi\,l\,\varepsilon_0} \right] Q_1$$

Mit den Kapazitäten $C_b = Q_1/\varphi_1$ und $C'_b = C_b/l$ ergibt sich hieraus die auf die Länge bezogene *Betriebskapazität einer verdrillten Drehstromfreileitung*

$$C'_b = \frac{2\,\pi\,\varepsilon_0}{\ln[2\,h_{\mathrm{gmi}}\,d_{\mathrm{gmi}}/(r\,D_{\mathrm{gmi}})]} \approx \frac{2\,\pi\,\varepsilon_0}{\ln(d_{\mathrm{gmi}}/r)} \tag{1.69}$$

mit den *geometrischen Mittelwerten der Leiterabstände und -höhen*

$$h_{\mathrm{gmi}} = \sqrt[3]{h_1\,h_2\,h_3}, \quad D_{\mathrm{gmi}} = \sqrt[3]{D_{12}\,D_{23}\,D_{31}} \quad \text{und} \quad d_{\mathrm{gmi}} = \sqrt[3]{d_{12}\,d_{23}\,d_{31}},$$

wobei vielfach $2\,h_{\mathrm{gmi}} \approx D_{\mathrm{gmi}}$ gesetzt werden darf.

Wegen des Seildurchhangs sind für die Leiterhöhen h über dem Erdboden Mittelwerte anzusetzen. Sie ergeben sich aus der Höhe der Aufhängepunkte abzüglich 70% des Seildurchhangs (s. Abschn. 1.2.2.5).

G. (1.69) gilt auch für *Drehstromfreileitungen mit Erdseil*. Das Erdseil vergrößert zwar die Erdkapazität C_E, vermindert andererseits aber die Leiterkapazität C_L, so dass sich die Betriebskapazität hierdurch nicht ändert.

Teilkapazitäten. Neben der Betriebskapazität C_b ist auch die Kenntnis der *Teilkapazitäten* C_L und C_E, z. B. für die Erdschlussstromberechnung, wichtig. Aus Gl. (1.68) folgt für die Potentiale der Leiter *L1*, *L2* und *L3*

$$\begin{aligned}
\varphi_1 &= \alpha_1 Q_1 + \alpha_2 Q_2 + \alpha_2 Q_3 \\
\varphi_2 &= \alpha_2 Q_1 + \alpha_1 Q_2 + \alpha_2 Q_3 \\
\varphi_3 &= \alpha_2 Q_1 + \alpha_2 Q_2 + \alpha_1 Q_3
\end{aligned} \tag{1.70}$$

mit den beiden Potentialkoeffizienten

$$\begin{aligned}
\alpha_1 &= \frac{a_{11} + a_{22} + a_{33}}{3} = \frac{\ln(2\,h_{\mathrm{gmi}}/r)}{2\,\pi\,l\,\varepsilon_0} \quad \text{und} \\
\alpha_2 &= \frac{a_{12} + a_{23} + a_{31}}{3} = \frac{\ln(D_{\mathrm{gmi}}/d_{\mathrm{gmi}})}{2\,\pi\,l\,\varepsilon_0}
\end{aligned} \tag{1.71}$$

Löst man Gl. (1.70) nach den Ladungen auf, so findet man für die Ladungen

$$\begin{aligned}
Q_1 &= \gamma_1\,\varphi_1 - \gamma_2\,\varphi_2 - \gamma_2\,\varphi_3 \\
Q_2 &= -\gamma_2\,\varphi_1 + \gamma_1\,\varphi_2 - \gamma_2\,\varphi_3 \\
Q_3 &= -\gamma_2\,\varphi_1 - \gamma_2\,\varphi_2 + \gamma_1\,\varphi_3
\end{aligned} \tag{1.72}$$

mit den Koeffizienten

$$\gamma_1 = \frac{\alpha_1^2 - \alpha_2^2}{\alpha_1^3 + 2\alpha_2^3 - 3\alpha_1\alpha_2^2} \quad \text{und} \quad \gamma_2 = \frac{\alpha_1\alpha_2 - \alpha_2^2}{\alpha_1^3 + 2\alpha_2^3 - 3\alpha_1\alpha_2^2} \qquad (1.73)$$

Durch Erweitern von Gl. (1.72) erhält man die Ladungen

$$
\begin{aligned}
Q_1 &= (\gamma_1 - 2\gamma_2)\varphi_1 + \gamma_2(\varphi_1 - \varphi_2) + \gamma_2(\varphi_1 - \varphi_3) \\
Q_2 &= \gamma_2(\varphi_2 - \varphi_1) + (\gamma_1 - 2\gamma_2)\varphi_2 + \gamma_2(\varphi_2 - \varphi_3) \\
Q_3 &= \gamma_2(\varphi_3 - \varphi_1) + \gamma_2(\varphi_3 - \varphi_2) + (\gamma_1 - 2\gamma_2)\varphi_3
\end{aligned}
\qquad (1.74)
$$

und daraus die beiden *Teilkapazitäten*

Leiterkapazität $C_L = \gamma_2$

und Erdkapazität $C_E = \gamma_1 - 2\gamma_2$ (1.75)

Die *Betriebskapazität*

$$C_b = Q_1/\varphi_1 = Q_2/\varphi_2 = Q_3/\varphi_3 = \gamma_1 + \gamma_2 \qquad (1.76)$$

findet man aus Gl. (1.72), wenn man berücksichtigt, dass die Summe der Potentiale $\varphi_1 + \varphi_2 + \varphi_3 = 0$ sein muss. Hieraus folgt durch Erweitern von Gl. (1.76) und Einführen von Gl. (1.73) für die *Betriebskapazität*

$$C_b = (\gamma_1 - 2\gamma_2) + 3\gamma_2 = C_E + 3C_L \qquad (1.77)$$

Die Betriebskapazität einer verdrillten Drehstromfreileitung ist also die Summe aus der Erdkapazität C_E und der dreifachen Leiterkapazität C_L.

Beispiel 1.7. Für die 110-kV-Freileitung nach Bild 1.49 mit dem Leiterradius $r = 1$ cm sind die Leitungsbeläge L' und C_b' zu ermitteln.

Der geometrische Mittelwert der Leiterabstände beträgt nach Gl. (1.45)

$$d_{\text{gmi}} = \sqrt[3]{d_{12}\, d_{23}\, d_{31}} = \sqrt[3]{4\,\text{m} \cdot 4\,\text{m} \cdot 8\,\text{m}} = 5{,}04\,\text{m}$$

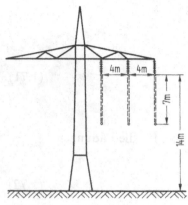

Hiermit und mit der Induktionskonstanten $\mu_0 = 0{,}4\,\pi \cdot 10^{-8}$ H/cm sowie mit Gl. (1.43) findet man die bezogene Induktivität

$$
\begin{aligned}
L' &= \frac{\mu_0}{2\pi}\left(\ln\frac{d_{\text{gmi}}}{r} + 0{,}25\right) \\
&= \frac{0{,}4\,\pi \cdot 10^{-8}\,\text{H/cm}}{2\pi}\left(\ln\frac{5{,}04\,\text{m}}{1{,}0\,\text{cm}} + 0{,}25\right) \\
&= 1{,}29\,\text{mH/km}
\end{aligned}
$$

Bild 1.49 110-kV-Freileitung

Die mittlere Leiterhöhe über dem Erdboden beträgt mit dem Durchhang $f = 7,0\,\text{m}$ nach Bild 1.49

$$h_1 = h_2 = h_3 = h_A - 0,7f = 14,0\,\text{m} - 0,7 \cdot 7\,\text{m} = 9,1\,\text{m} = h_{\text{gmi}}$$

wenn h_A die Höhe der Seilaufhängepunkte am Mast ist. Weiter sind die Abstände nach Bild 1.48

$$D_{12} = D_{23} = \sqrt{(18,2\,\text{m})^2 + (4\,\text{m})^2} = 18,6\,\text{m} \quad \text{und}$$

$$D_{31} = \sqrt{(18,2\,\text{m})^2 + (8\,\text{m})^2} = 19,9\,\text{m}$$

so dass der mittlere Abstand $D_{\text{gmi}} = \sqrt[3]{D_{12} D_{23} D_{31}} = \sqrt[3]{(18,6\,\text{m})^2 \cdot 19,9\,\text{m}} = 19,0\,\text{m}$ beträgt.

Somit berechnet man mit Gl. (1.69) und der elektrischen Feldkonstanten $\varepsilon_0 = 8,85\,\text{pF/m}$ die bezogene Betriebskapazität

$$C_b' = \frac{2\pi \varepsilon_0}{\ln \dfrac{2 h_{\text{gmi}} d_{\text{gmi}}}{r D_{\text{gmi}}}} = \frac{2\pi \cdot 8,85\,\text{pF/m}}{\ln \dfrac{2 \cdot 9,1\,\text{m} \cdot 5,04\,\text{m}}{0,01\,\text{m} \cdot 19,0\,\text{m}}} = 9,0\,\text{nF/km}$$

1.2.3.5 Blindwiderstände von Kabeln. Die *Induktivitäten von Kabeln* lassen sich mit den Gleichungen berechnen, die in Abschn. 1.2.3.2 für Mehrleitersysteme abgeleitet sind. Die Voraussetzung $d \gg r$ ist bei der dort angegebenen Induktivitätsberechnung nicht erforderlich. Da bei Gürtel- und Dreimantelkabeln die Leiterabstände d wesentlich kleiner als bei Freileitungen sind, ergeben sich bei gleichen Leiterradien r entsprechend kleinere Induktivitäten. Sie betragen etwa nur 25% bis 30% der Induktivitäten vergleichbarer Freileitungen (s. Bild A 1 bis A 4). Bei Drehstromleitungen mit Einleiterkabeln können dagegen die Kabelabstände beliebig groß gewählt werden, so dass sich dann Induktivitäten ergeben, die mit denen von Freileitungen durchaus vergleichbar sind.

Die Berechnung der *Betriebskapazitäten von Gürtelkabeln* ist ungleich schwieriger als bei Freileitungen, weil hier abweichend von Abschn. 1.2.3.4 nicht mehr davon ausgegangen werden kann, dass der Leiterabstand d groß gegenüber dem Leiterradius r ist. Weiter sind die Dielektriken und der meist nicht kreisförmige Metallmantel rechnerisch nur näherungsweise zu erfassen. Man wird i. allg. auf Angaben zurückgreifen, die vom Kabelhersteller durch Messung ermittelt wurden (s. Tabellen A 5 bis A 7).

Die Betriebskapazität kann durch zwei Einzelmessungen nach Bild 1.50 bestimmt werden. Mit der Kapazität C_E eines Leiteres gegen den Metallmantel und der Kapazität C_L zwischen zwei Leitern ergibt die erste Messung nach Bild 1.50a die Kapazität

$$C_1 = C_E + 2\,C_L \tag{1.78}$$

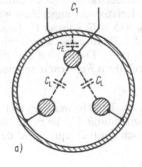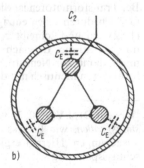

Bild 1.50
Kapazitätsmessung bei Gürtelkabeln
a) Ein Leiter gegen die beiden anderen und Metallmantel,
b) Drei Leiter gegen Metallmantel

und die zweite Messung nach Bild 1.50 b die Kapazität

$$C_2 = 3\,C_E \qquad (1.79)$$

Gl. (1.77) ist auch hier gültig, so dass sich nach Einsetzen von Gl. (1.78) und (1.79) aus den beiden Messwerten die *Betriebskapazität*

$$C_b = (9\,C_1 - C_2)/6 \qquad (1.80)$$

ergibt. Angenähert ist hierbei $C_E \approx C_b/2$. Bei *Radialfeldkabeln*, z. B. Dreimantelkabeln oder Einleiterkabeln, ist die Kapazität C_L zwischen den Leitern nicht vorhanden, so dass hier die Betriebskapazität $C_b = C_E$ zu setzen ist. Sie kann nach [31] als koaxiale Zylinderanordnung berechnet werden.

Beispiel 1.8. Messungen an einem 1-kV-Gürtelkabel $3 \times 50\,\text{mm}^2$ ergeben sich die bezogenen Kapazitäten $C_1' = 0,68\,\mu\text{F/km}$ und $C_2' = 1,20\,\mu\text{F/km}$. Es soll die bezogene Betriebskapazität berechnet werden.
Sie beträgt nach Gl. (1.80) $C_b' = (9\,C_1' - C_2')/6 = [(9 \cdot 0,68\,\mu\text{F/km}) - 1,20\,\mu\text{F/km}]/6 = 0,82\,\mu\text{F/km}$. Weiter ist die bezogene Erdkapazität nach Gl. (1.79) $C_E' = C_2'/3 = (1,20\,\mu\text{F/km})/3 = 0,4\,\mu\text{F/km}$ etwa gleich der halben Betriebskapazität.

1.2.3.6 Normierte Widerstände. Widerstände elektrischer Geräte, wie Transformatoren, Generatoren u. dergl., werden meist als relative Größen angegeben. Bezugswerte sind hierbei die Nenn- oder Bemessungsgrößen eines Geräts, etwa Nennspannung U_N, Nennstrom I_N und Nennleistung S_N. Mit diesen Nenngrößen lässt sich z. B. für Drehstrom die *Nennimpedanz*

$$Z_N = U_N/(\sqrt{3}\,I_N) = U_N^2/S_N \qquad (1.81)$$

definieren, die allerdings keine physikalische Bedeutung hat.
Bei Wechselstrom entfällt der Faktor $\sqrt{3}$ im Nenner. Die wirkliche, *messbare Impedanz*

$$Z = z\,Z_N = z\,U_N/(\sqrt{3}\,I_N) = z\,U_N^2/S_N \qquad (1.82)$$

eines Geräts wird nun gern mit der Nennimpedanz Z_N als *normierte Impedanz* $z = Z/Z_N$ angegeben.

Bei Transformatoren ist diese Widerstandsangabe besonders vorteilhaft, weil hier zwei wichtige Größen durch einen einzigen Relativwert angegeben werden können. Stellt man nämlich Gl. (1.82) um und schreibt $z_k\,U_N/\sqrt{3} = I_N\,Z_k = u_k\,U_N/\sqrt{3}$, so erhält man die Kurzschlussspannung je Strang, die nach Bild 1.51 an einen kurzgeschlossenen Umspanner angelegt werden muss, damit der Nennstrom I_N fließt. Daher ist die relative Kurzschlussimpedanz z_k bei Transformatoren identisch mit der relativen *Kurzschlussspannung* u_k.[1]

---

[1] Nach DIN VDE 0532 wird bei Transformatoren nicht mehr von Nenn- sondern von *Bemessungsgrößen,* wie Bemessungsspannung U_r, Bemessungsstrom I_r und Bemessungsleistung S_r, ausgegangen. Hiermit ergibt sich dann entsprechend der Bemessungswert der relativen Kurzschlussspannung u_{kr}.

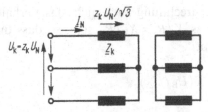

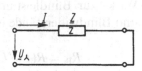

Bild 1.51 Kurzgeschlossener Transformator mit angelegter Kurzschlussspannung U_k

Bild 1.52
Ersatzschaltung einer kurzgeschlossenen Leitung

Für die Kurzschlussimpedanz gilt mit Gl. (1.82)

$$\underline{Z}_k = R_k + j\,X_k = Z_k\ \underline{/\varphi_k} = Z_k \cos\varphi_k + j\,Z_k \sin\varphi_k$$
$$= z_k(U_N^2/S_N)\cos\varphi_k + j\,z_k(U_N^2/S_N)\sin\varphi_k \tag{1.83}$$

Daher erhält man mit den *relativen Wirk- bzw. Blindwiderständen*

$$r_k = z_k \cos\varphi_k \quad \text{und} \quad x_k = z_k \sin\varphi_k \tag{1.84}$$

analog zu Gl. (1.82) für die Wirk- und Blindwiderstände

$$R_k = r_k\,U_N^2/S_N \quad \text{und} \quad X_k = x_k\,U_N^2/S_N \tag{1.85}$$

Die komplexe relative Kurzschlussimpedanz

$$\underline{z}_k = z_k\ \underline{/\varphi_k} = r_k + j\,x_k \tag{1.86}$$

hat demnach den Betrag

$$z_k = \sqrt{r_k^2 + x_k^2} = u_k \tag{1.87}$$

1.2.4 Umrechnung von Widerständen auf andere Spannungen

Für Energieversorgungsnetze mit unterschiedlichen Betriebsspannungen wird eine Netz- oder Kurzschlussberechnung erleichtert, wenn die Widerstände aller im Netz befindlichen Übertragungsmittel auf eine einheitliche *Bezugsspannung* U_B umgerechnet werden. Hierbei dürfen sich aber die Leistungsverhältnisse nicht ändern.

Wird an eine Impedanz Z, beispielsweise eine am Ende kurzgeschlossene Leitung nach Bild 1.52, statt der ursprünglichen Außenleiterspannung $U_\triangle = \sqrt{3}\,U_\curlywedge$ die Bezugsspannung U_B angelegt, so muss die Scheinleistung $S = 3\,U_\curlywedge^2/Z = U_\triangle^2/Z = U_B^2/Z_B$ auf beiden Spannungsebenen gleich und daher der auf die *Bezugsspannung umgerechnete Widerstand*

$$Z_B = Z(U_B/U_\triangle)^2 \tag{1.88}$$

sein. Da sich selbstverständlich bei der Umrechnung auch nicht das Verhältnis von Wirk- zur Blindleistung ändern darf, muss $X/R = X_{\mathrm{B}}/R_{\mathrm{B}}$ sein, so dass die Wirk- und Blindwiderstände in gleicher Weise mit

$$R_{\mathrm{B}} = R(U_{\mathrm{B}}/U_{\triangle})^2 \quad \text{und} \quad X_{\mathrm{B}} = X(U_{\mathrm{B}}/U_{\triangle})^2 \tag{1.89}$$

umzurechnen sind. Die Umrechnung der Ströme ergibt mit der konstanten Scheinleistung $S = \sqrt{3}\, U_{\triangle}\, I = \sqrt{3}\, U_{\mathrm{B}}\, I_{\mathrm{B}}$ bei der Bezugspannung U_{B} den Strom

$$I_{\mathrm{B}} = I(U_{\triangle}/U_{\mathrm{B}}) \tag{1.90}$$

1.2.5 Transformator

Die elektrische Energie wird vom Kraftwerk bis zum Kleinverbraucher über verschiedene Spannungsebenen geleitet, wobei die Transformatoren die Aufgabe übernehmen, Netzteile mit unterschiedlichen Betriebsspannungen zu verbinden. Gelegentlich werden auch *Netzkuppeltransformatoren* mit dem Übersetzungsverhältnis 1:1 zur Kopplung von Netzen gleicher Spannung verwendet.

Die Generatoren großer Kraftwerke speisen i. allg. in *Maschinentransformatoren* ein, die die Generatorspannung (z. B. 21 kV) auf Hoch- oder Höchstspannung (z. B. 380 kV) transformieren und meist unmittelbar mit einer Freileitung verbunden sind. Große (z. B. für Bemessungsleistung $S_{\mathrm{r}} = 600$ MVA) und mittlere *Stationstransformatoren* (z. B. 80 MVA) findet man in den Umspannwerken, in denen die hohe Übertragungsspannung auf niedrigere Werte oder auf eine Verteilungsspannung (z. B. 20 kV) abgesenkt wird. Den *Verteilungstransformatoren* fällt dann die Aufgabe zu, die Verteilungsnetze bis herunter zur Niederspannung zu versorgen. Verteilungstransformatoren, an denen örtlich begrenzte Niederspannungsnetze, z. B. eine Wohnsiedlung, angeschlossen sind, werden auch *Ortsnetztransformatoren* genannt. Für sie gelten DIN 42 500, 42 511 und 42 523.

Transformatoren kleiner Leistung werden nach Bild 1.53 a als *Leistungstransformatoren* (auch Volltransformatoren genannt) in Drehstromeinheiten ausgeführt, bei denen die Unter- und Oberspannungswicklungen galvanisch getrennt sind. Bei großen Bemessungsleistungen, z. B. $S_{\mathrm{r}} = 1000$ MVA, kann wegen des großen Transportgewichts eine Aufteilung in drei getrennte Einphaseneinheiten (Transformator-Bank) erforderlich sein.

Mit *Spartransformatoren* nach Bild 1.53 b lassen sich Material und somit Gewicht einsparen, so dass bei gleichem Transportgewicht größere Nennleistungen verwirklicht werden können. Spartransformatoren in Sternschaltung erhalten nach Bild 1.53 b meist eine Dreiecksausgleichwicklung (Tertiärwicklung TW), die etwa für ein Drittel der Durchgangsleistung ausgelegt ist und an die Ladespulen oder Kondensatoren zur Blindleistungskompensation (s. Abschn. 1.3.6) angeschlossen werden können.

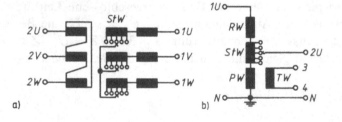

Bild 1.53
Leistungstransformator in dreiphasiger (a) und Spartransformator (b) in einphasiger Darstellung mit Reihenwicklung RW, Steuerwicklung StW, Parallelwicklung PW und Tertiärwicklung TW

Die *Übersetzung* kann unter Last bei Leistungstransformatoren nach Bild 1.53a meist am Sternpunkt der Oberspannungswicklung eingestellt werden. Hierbei schaltet ein gegebenenfalls fernbedienter Stufenschalter Teile der Steuerwicklung (Feinstufenwicklung) zu oder ab. Bei Transformatoren kleiner Leistung müssen die Umschalter im ausgeschalteten Zustand von Hand betätigt werden. Im einfachsten Fall werden Wicklungsteile zu- oder abgeklemmt. Eine Einstellung am Sternpunkt ist bei Spartransformatoren nicht vorteilhaft. Die Steuerwicklung liegt dann nach Bild 1.53b zwischen Reihen- und Parallelwicklung.

In ringförmig vermaschten Netzen kann eine Änderung des durch die Leitungsimpedanzen bedingten Lastflusses durch Zusatzspannungen erzwungen werden, die längs oder quer zur Netzspannung liegen. Dies kann z. B. nach Bild 1.54a durch einen *Zusatztransformator* mit einer im Stern geschalteten Erregerwicklung *EW* erreicht werden, deren Anschlüsse an den Leitern *L1*, *L2* und *L3* gegenüber jenen der Reihenwicklungen *RW* vertauscht sind. Hierdurch setzt sich im vorliegenden Fall nach Bild 1.54b die Sternspannung $\underline{U}_2$ hinter dem Transformator aus der Eingangsspannung $\underline{U}_1$ und der um 60° versetzten Zusatzspannung $\underline{U}_z$ zusammen. Die Längskomponente von $\underline{U}_z$ bewirkt wegen der überwiegenden Blindwiderstände des Netzes einen nahezu um 90° nacheilenden Strom und beeinflusst somit den Blindleistungsfluss. Entsprechend addiert oder subtrahiert sich der durch die Querkomponente von $\underline{U}_z$ entstehende Strom den Wirkströmen und verändert folglich den Wirkleistungsfluss.

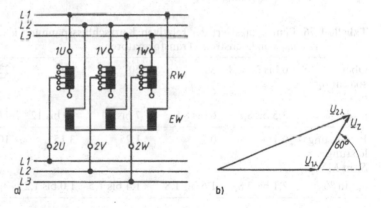

Bild 1.54
Zusatztransformator (a) zur Erzeugung einer Zusatzspannung $\underline{U}_z$ (b) für die Längs- und Quereinstellung mit Reihenwicklung *RW* und Erregerwicklung *EW*

Die verschiedenen Bauarten und Schaltgruppen sowie das Betriebsverhalten von Transformatoren sind in [7], [43] eingehend behandelt, so dass hier auf den Transformator nur so weit eingegangen werden muss, wie es seine Berücksichtigung als Netzwiderstand für die folgenden Netz- und Kurzschlussberechnungen erfordert.

Bei Netzberechnungen, die zur Leitungsbemessung immer für Vollast ausgeführt werden, und bei Kurzschlussberechnungen kann der Magnetisierungsstrom vernachlässigt werden, so dass der Transformator lediglich als Impedanz in der Leitung zu betrachten ist. Dies setzt jedoch die Umrechnung aller Netzwiderstände auf eine einheitliche Bezugsspannung U_B nach Abschn. 1.2.4 voraus. Mit Gl. (1.83), der relativen Kurzschlussspannung $u_{kr} = z_k$ und der Bemessungsleistung S_r ergibt sich dann die *Kurzschlussimpedanz*

$$Z_{kB} = u_{kr}\, U_B^2/S_r \tag{1.91}$$

und der Transformator kann durch die in Bild 1.55 angegebene Ersatzschaltung berücksichtigt werden.

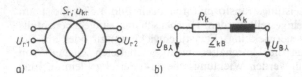

Bild 1.55
Drehstromtransformator
a) Schaltzeichen,
b) Ersatzschaltung nach Umrechnung
auf die Bezugspannung U_B

Bei Transformatoren mit großer Bemessungsleistung (etwa $S_r > 2\,\mathrm{MVA}$) ist der Wirkwiderstand gegenüber dem Blindwiderstand praktisch zu vernachlässigen (Richtwert $X_k \gtrsim 10\,R_k$), und es kann dann ohne großen Fehler $X_k \approx Z_k$, also $X_k \approx u_{kr}\,U_B^2/S_r$ gesetzt werden. Aber auch bei Transformatoren mit kleinerer Leistung bis etwa $S_r \gtrsim 500\,\mathrm{kVA}$ darf diese Vereinfachung vielfach ohne Nachteil angewendet werden. Kleintransformatoren weisen dagegen ein umgekehrtes Widerstandsverhältnis $R_k > X_k$ auf. Die Berechnung von Ausgleichsvorgängen – etwa im Kurzschlussfall – erfordert dagegen auch die Berücksichtigung kleinster Wirkanteile, weil sich sonst immer die Zeitkonstante $\tau = L/R_k = \infty$ ergeben würde (s. Abschn. 2.1.1.1). In Tabelle 1.56 sind Richtwerte für die *relative Kurzschlussspannung* u_{kr} und der *relativen Wirkspannung* u_{Rr} zusammengestellt. Mit der *relativen Blindspannung* u_{Xr} ist dann mit $u_{Rr} = r_k$ und $u_{Xr} = x_k$ nach Gl. (1.84) bis Gl. (1.87)

$$u_{kr} = \sqrt{u_{Xr}^2 + u_{Rr}^2} = z_k \tag{1.92}$$

Tabelle 1.56 Bemessungswert der relativen Kurzschlussspannung u_{kr} und relativer Wirkanteil u_{Rr} von Drehstrom-Transformatoren

Oberspannung in kV	6 bis 20	30	60	110	220	400
u_{kr} in %	3,5 bis 8,8	6 bis 8,8	7 bis 10	10 bis 12	11 bis 14	15 bis 17
Bemessungsleistung S_r in MVA	0,1	0,5	1,25	3,15	10,0	31,5
u_{Rr} in %	2,1 bis 2,8	1,6 bis 1,8	1,4 bis 1,5	1,0 bis 1,2	0,72 bis 0,86	0,54 bis 0,66

1.3   Bemessung elektrischer Leitungen und Netze

1.3.1   Richtlinien für die Bemessung

Bei der Bemessung elektrischer Versorgungsleitungen und Verteilernetze wird ein möglichst wirtschaftlicher Energietransport vom Erzeuger zum Verbraucher angestrebt. Die Übertragungsspannungen werden aus den genormten Nennspannungen (DIN IEC 38) so ausgewählt, dass sich unter Berücksichtigung der zu übertragenden Leistungen sinnvolle Leiterquerschnitte ergeben. Dabei ist u. U. auch auf vorliegende Spannungen bereits in Betrieb befindlicher Anlagen Rücksicht zu nehmen. Die Spannungsdifferenzen im Netz sind dabei in zulässigen Grenzen zu halten, und man hat die maximalen Strombelastbarkeiten der Übertragungsmittel für Normalbetrieb und Kurzschluss zu berücksichtigen, damit unzulässig große Leitererwärmungen vermieden werden. Schließlich werden Leiterquerschnitte auch nach wirtschaftlichen Gesichtspunkten ermittelt (s. Abschn. 6).

Grundsätzlich sind alle Strom- und Spannungsberechnungen mit der komplexen Rechnung auszuführen; jedoch wäre dies in vielen Fällen unnötig aufwendig, so dass teilweise vereinfachte Berechnungsverfahren vorzuziehen sind, die unter Ausnutzung möglicher Näherungen ein hinreichend genaues Ergebnis liefern. So muss z. B. bei der Ermittlung eines Leiterquerschnitts auch bei genauester Berechnung schließlich doch der nächstgrößere Normquerschnitt gewählt werden, der u. U. erheblich größer als der nach der Rechnung erforderliche sein kann.

In den folgenden Abschnitten wird zunächst ein Verfahren zur Leitungs- und Netzberechnung beschrieben, das die komplexe Rechnung vermeidet. Es gilt insbesondere für Nieder- und Mittelspannungsnetze und ist hauptsächlich auf die Querschnittsermittlung und die Berechnung der Spannungsdifferenzen abgestimmt. Anschließend werden Möglichkeiten für die komplexe Netzberechnung abgehandelt (Abschn. 1.3.2.7). Bei Drehstromleitungen wird immer eine symmetrische Belastung vorausgesetzt, so dass in jedem Fall nur einphasig gerechnet zu werden braucht. Somit lassen sich Drehstrom- und Einphasen-Wechselstromnetze in gleicher Weise behandeln.

1.3.1.1 Leitungsnachbildung und Ersatzschaltung. Eine elektrische Leitung lasst sich mit Wirkwiderstand R des Leiters und induktivem Widerstand X nach Bild 1.57 durch unendlich viele Teilstücke von der Länge $\mathrm{d}l$ mit den elementaren *Längswider-*

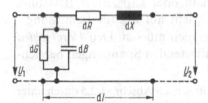

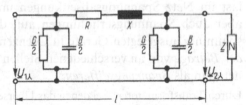

Bild 1.57 Ersatzschaltung zur Berechnung elektrisch langer Leitungen

Bild 1.58 Ersatzschaltung einer Leitung mit konzentrierten Widerständen R, X und Leitwerten G, B (Π-Glied)

ständen $\mathrm{d}R$ und $\mathrm{d}X = \omega\,\mathrm{d}L$ sowie den elementaren *Querleitwerten* $\mathrm{d}G$ und $\mathrm{d}B = \omega\,\mathrm{d}C$ nachbilden. Der Wirkleitwert G erfasst die quer zur Leitung entstehenden Wirkverluste, wie sie etwa als dielektrische Verluste in der Kabelisolierung oder als Sprühverluste bei Freileitungen auftreten, und der Blindleitwert B die Betriebskapazität.

Aus dieser exakten Leitungsnachbildung leiten sich die *Leitungsgleichungen* ab, die zur Berechnung elektrisch langer Leitungen (s. Abschn. 1.3.3.1), etwa einer mit Hoch- oder Höchstspannung betriebenen Fernleitung, heranzuziehen sind. Meist genügt es aber, eine Leitung durch einen oder gegebenenfalls mehrere Vierpole nach Bild 1.58 nachzubilden, bei denen die längs der Leitung verteilten Widerstände und Leitwerte zu konzentrierten Schaltungsgliedern zusammengefasst sind. Die Querleitwerte G und B sind dabei je zur Hälfte an den Leitungsanfang und das Leitungsende verlegt (Π-Glied).

Da bei Kabeln und Freileitungen eine gute Isolierung in jedem Falle vorauszusetzen ist, spielt der Wirkleitwert G immer eine untergeordnete Rolle und kann insbesondere bei Nieder- und Mittelspannungsleitungen meist ganz vernachlässigt werden. Dagegen kann die Betriebskapazität bei Fernleitungen und in ausgedehnten Kabelnetzen beachtliche kapazitive Ströme hervorrufen, die sich besonders in Schwachlastzeiten und bei leerlaufenden Leitungen bemerkbar machen. Bei Berechnungen zur Netzdimensionierung, die i. allg. für Vollast vorgenommen wird, kann die Betriebskapazität meist vernachlässigt werden, so dass sich in solchen Fällen die Ersatzschaltung weiter vereinfacht.

Es ist verständlich, dass die Darstellung etwa eines vermaschten Netzes durch Leitungsnachbildungen nach Bild 1.59 a aufwendig und unübersichtlich wäre. Dort, wo es lediglich auf die Angabe der Netzgestalt ankommt, wird die Leitung nach Bild 1.59 b weiter abstrahiert. Verbraucher (Abnahmen) werden zweckmäßig durch einen Pfeil mit Angabe der Wirkleistung und des Leistungsfaktors gekennzeichnet.

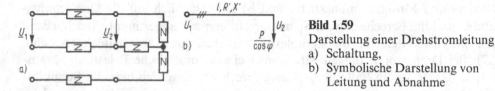

Bild 1.59
Darstellung einer Drehstromleitung
a) Schaltung,
b) Symbolische Darstellung von
Leitung und Abnahme

1.3.1.2 Spannungsdifferenz. Der ideale Zustand, bei dem in einem elektrischen Energieversorgungsnetz an jeder Stelle die gleiche Spannung, etwa die Nennspannung, vorliegt, ist wegen der an den Leitungswiderständen auftretenden Teilspannungen nicht zu verwirklichen. Es treten gegenüber der Einspeisespannung bei Vollast im Netz Spannungsabsenkungen und bei Leerlauf oder kapazitiver Belastung aber auch Spannungserhöhungen auf, die mit Rücksicht auf die für Bemessungsspannung ausgelegten Geräte in Grenzen gehalten werden müssen. Den *Unterschied der Beträge* von an verschiedenen Stellen im Netz auftretenden Spannungen bezeichnet man als *Spannungsdifferenz*.

Durch Transformatoren, bei denen das Übersetzungsverhältnis nach Abschn. 1.2.5 durch unter Last schaltbare Stufenschalter in gewissen Grenzen einstellbar ist, kann man entstandene Spannungsdifferenzen wieder ausgleichen. Dabei wird u. U. die Eingangsspannung für das sich anschließende Netz etwas höher als die Nennspannung gewählt, so dass für eine Spannungsabsenkung bis auf einen zulässigen Mindestwert ein größerer Spielraum gegeben ist. Niederspannungstransformatoren werden aus Kostengründen nicht unter Last umschaltbar ausgeführt.

Als maximale Spannungsänderung wird eine Abweichung um 5% von der Nennspannung als zulässig erachtet. In Niederspannungsnetzen soll die Spannungsdifferenz mit Rücksicht auf die teilweise sehr spannungsabhängigen Verbrauchergeräte möglichst 3% nicht überschreiten. In Mittelspannungsnetzen sind dagegen Spannungsdifferenzen bis 8% und in Hochspannungsnetzen bis 12% zugelassen.

1.3.1.3 Strombelastbarkeit. Um zu vermeiden, dass die Übertragungsmittel, insbesondere Kabel und Freileitungsseile, durch den Strom unzulässig erwärmt werden, sind in VDE 0298 und DIN EN 50 182 und 50 183 zulässige *Strombelastbarkeiten* I_B festgelegt, die bei der Querschnittsbemessung zu beachten sind (s. Abschn. 1.2.1.6 und Tabelle A 11 bis A 20). Es ist weiter zu beachten, dass sich die Belastbarkeit von Kabeln bei Verlegung in Luft (bei höheren Umgebungstemperaturen als 30 °C) oder bei mehreren dicht nebeneinander in der Erde verlegten Kabeln bis auf etwa 60% der angegebenen Werte erniedrigt.

I. allg. kann insbesondere bei Freileitungen davon ausgegangen werden, dass die Leiterquerschnitte, die unter Berücksichtigung der zugelassenen Spannungsdifferenzen ermittelt wurden, auch hinsichtlich der Leitererwärmung ausreichen. Dies muss aber nachgeprüft werden. In Kabelnetzen und besonders bei kurzen Leitungen, wie sie bei Niederspannungskabeln auftreten können, wird der erforderliche Leiterquerschnitt u. U. durch die Strombelastbarkeit vorgeschrieben. Bei der Niederspannungsinstallation ist das stets der Fall.

1.3.2 Nieder- und Mittelspannungsnetze

Hier werden Berechnungsverfahren zur Ermittlung der Spannungsdifferenzen in einem elektrischen Energieversorgungsnetz und zur Ermittlung der erforderlichen Leiterquerschnitte bei vorgeschriebener maximaler Spannungsdifferenz angegeben. Es wird von einer ausschließlich für elektrisch kurze Leitungen gültigen Ersatzschaltung ausgegangen, so dass diese Berechnungsmethode auf Nieder- und Mittelspannungsleitungen beschränkt bleibt. Sofern allerdings bei Hochspannungsnetzen elektrisch kurze Leitungen gegeben sind (z. B. bei Freileitungslängen unter 100 km), können diese Berechnungen auch dort bedingt angewendet werden (s. Abschn. 1.3.2.1).

Nach DIN 40110 wird grundsätzlich der *Spannungszeiger auf den Strom bezogen*, d. h., der *Phasenwinkel* φ hat immer dann einen positiven Wert, wenn der Strom der Spannung nacheilt. Ein voreilender kapazitiver Strom hat folglich einen negativen Phasenwinkel φ. Bei Angabe des Leistungsfaktors wird deshalb durch Zusatz vermerkt, ob es sich um einen induktiven oder kapazitiven Blindstrom handelt. So ist bei $\cos \varphi = 0,8$ ind. der Phasenwinkel $\varphi = +36,8°$ und bei $\cos \varphi = 0,8$ kap. entsprechend $\varphi = -36,8°$. Da es sinnvoll ist, alle Berechnungsgleichungen für positive Winkel φ abzuleiten, wird stets vom induktiven Belastungsfall ausgegangen. *Liegt eine kapazitive Belastung vor, ist bei der Zahlenrechnung der Phasenwinkel mit negativem Wert einzusetzen!*

1.3.2.1 Einseitig gespeiste Leitung mit einer Abnahme. Aus der in Bild 1.60a gezeigten Ersatzschaltung wird das in Bild 1.60b dargestellte Zeigerdiagramm abgeleitet. Hierfür werden Sinusspannungen und Sinusströme vorausgesetzt.

Die Sinusspannung $\underline{U}_1$ am Leitungsanfang eilt der Sinusspannung $\underline{U}_2$ am Leitungsende um den Phasenwinkel Θ voraus. Aus Darstellungsgründen sind die Teilspannungen $\underline{I}R$ und $\underline{I} \mathrm{j} X$ unverhältnismäßig groß gezeichnet, so dass der Phasenwinkel Θ wesentlich größer als in Wirklichkeit ausfällt. Der Unterschied der Spannungsbeträge U_1 und U_2 wird definiert als *Spannungsdifferenz*

$$\Delta U = U_1 - U_2 \tag{1.93}$$

Bild 1.60
Vereinfachte
Ersatzschaltung
einer elektrisch
kurzen Leitung
(a) mit Zeiger-
diagramm (b)

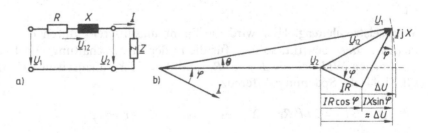

Sie ergibt sich im Diagramm, wenn der Zeiger $\underline{U}_1$ in die Achse des Zeigers $\underline{U}_2$ gedreht wird, was gestrichelt angedeutet ist. Da der Phasenwinkel Θ sehr klein sein soll, kann näherungsweise als Spannungsdifferenz

$$\Delta U \approx U_1 \cos\Theta - U_2 = I R \cos\varphi + I X \sin\varphi \tag{1.94}$$

die Projektion des Zeigers $\underline{U}_1$ abzüglich des Betrages von $\underline{U}_2$ angesetzt werden. Bei einem Phasenwinkel $\Theta = 6°$, der etwa einer Freileitung von 100 km Länge entspricht, beträgt $\cos\Theta = 0,995$. In Nieder- und Mittelspannungsnetzen sind die Verdrehwinkel i. allg. kleiner.

Drehstromleitung. Die in Bild 1.60a dargestellte Schaltung gilt für die einphasig betrachtete Drehstromleitung, wenn am Anfang und am Ende die Sternspannungen $U_{1\lambda}$ und $U_{2\lambda}$ anliegen. Weiter ist hier $R = l R_L$ und $X = l X_L$, wobei nach Gl. (1.44) R_L und X_L die auf die Länge l bezogenen Widerstände *eines Leiters* sind. Im Gegensatz zur Differenz der Leiterspannungen $\Delta U_\triangle$ soll die Differenz der Sternspannungen mit ΔU_λ bezeichnet werden. Dann folgt aus Gl. (1.94) die Spannungsdifferenz

$$\Delta U_\lambda = I\,l(R_L + X_L \tan\varphi)\cos\varphi = I\,l\,\psi\cos\varphi \tag{1.95}$$

wobei als *bezogener Längswiderstand*

$$\psi = R_L + X_L \tan\varphi \tag{1.96}$$

eingeführt wird. Liegt eine kapazitive Belastung vor, so wird das Pluszeichen wegen des negativen Phasenwinkels φ zum Minuszeichen (z. B. $\tan(-36°) = -\tan 36°$). Wird die am Leitungsende abgenommene Drehstromwirkleistung $P = \sqrt{3}\,U_2 I \cos\varphi$ in Gl. (1.95) eingeführt, erhält man die Differenz der Sternspannungen

$$\Delta U_\lambda = P\,l\,\psi/(\sqrt{3}\,U_2)$$

Da die Spannung am Leitungsende höchstens um 5% von der Nennspannung U_N abweichen soll, darf man hier ohne großen Fehler $U_2 = U_N$ setzen. Weiter ist die Differenz der Außenleiterspannungen $\Delta U_\triangle = \sqrt{3}\,\Delta U_\lambda$, so dass schließlich die Spannungsdifferenz einer Drehstromleitung mit einer Abnahme am Ende

$$\Delta U_\triangle = P\,l\,\psi/U_2 \approx P\,l\,\psi/U_N \tag{1.97}$$

ist.

Wechselstromleitung. Hier wird die Spannungsdifferenz durch die Widerstände in *beiden Leitern* bewirkt, so dass für die in der Ersatzschaltung von Bild 1.60a angenommenen Widerstände $R = 2l R_L$ und $X = 2l X_L$ anzusetzen ist. Somit folgt aus Gl. (1.94) die Spannungsdifferenz

$$\Delta U = 2 I l(R_L + X_L \tan\varphi)\cos\varphi = 2 I l\,\psi\cos\varphi \tag{1.98}$$

wobei wieder ψ der bezogene Längswiderstand nach Gl. (1.96) mit den auf die Länge *eines Leiters* bezogenen Widerständen R_L und X_L ist. Wird die am Leitungsende abgenommene Wechselstrom-Wirkleistung $P = U_2\, I \cos\varphi$ eingeführt, ist, wenn wieder näherungsweise $U_2 = U_N$ gesetzt wird, die *Spannungsdifferenz einer Wechselstromleitung* mit einer Abnahme am Ende

$$\Delta U = P\,l\,\psi/(U_N/2) \tag{1.99}$$

Vergleicht man Gl. (1.99) mit (1.97), so stellt man als einzigen Unterschied fest, dass bei der Wechselstromleitung im Gegensatz zur Drehstromleitung lediglich die halbe Nennspannung einzusetzen ist. *In der Folge werden deshalb alle weiteren Ableitungen ausschließlich für Drehstrom ausgeführt. Die abgeleiteten Gleichungen gelten dann ebenfalls für Wechselstrom, wenn anstelle der Nennspannung U_N die halbe Außenleiter-Nennspannung $U_N/2$ eingesetzt wird.*

Beispiel 1.9. Am Ende einer Drehstromfreileitung für $U_N = 400\,\text{V}$ mit der Länge $l = 300\,\text{m}$ und den Leitungsbelägen $R_L = R' = 0,5\,\Omega/\text{km}$ und $X_L = X' = 0,3\,\Omega/\text{km}$ soll die Wirkleistung $P = 20\,\text{kW}$ bei $U_2 = 390\,\text{V}$ mit $\cos\varphi = 0,8$ ind. abgenommen werden. Wie groß ist die Differenz der Außenleiterspannungen zwischen Anfang und Ende der Leitung, und wie groß wäre sie, wenn statt der Drehstromleitung eine Wechselstromleitung mit 230 V vorgesehen wird?
Mit dem Leistungsfaktor $\cos\varphi = 0,8$ ind. ergibt sich der Phasenwinkel $\varphi = 36,8°$ und somit $\tan\varphi = 0,75$. Dann ist der bezogene Längswiderstand nach Gl. (1.96) $\psi = R_L + X_L \tan\varphi = (0,5\,\Omega/\text{km}) + (0,3\,\Omega/\text{km}) \cdot 0,75 = 0,725\,\Omega/\text{km}$. Aus Gl. (1.97) erhält man die Spannungsdifferenz der 400-V-Drehstromleitung

$$\Delta U_\triangle = \frac{P\,l\,\psi}{U_N} = \frac{20\,\text{kW} \cdot 0,3\,\text{km} \cdot 0,725\,\Omega/\text{km}}{400\,\text{V}} = 10,9\,\text{V} = 0,03\,U_N$$

Bei der Spannung beim Abnehmer $U_2 = 390\,\text{V}$ wäre also am Leitungsanfang die Außenleiterspannung $U_1 = 390\,\text{V} + 10,9\,\text{V} = 400,9\,\text{V}$ erforderlich. Das Ergebnis soll durch eine exakte komplexe Rechnung überprüft werden, wobei die Ersatzschaltung nach Bild 1.60 a zugrundegelegt wird. Es ist dann $\underline{U}_2/\sqrt{3} = U_2/\sqrt{3} = 390\,\text{V}/\sqrt{3} = 225,17\,\text{V}$ und $\underline{I} = I\,\underline{/{-36,8°}}$ mit

$$I = \frac{P}{\sqrt{3}\,U_2 \cos\varphi} = \frac{20\,\text{kW}}{\sqrt{3} \cdot 390\,\text{V} \cdot 0,8} = 37\,\text{A}$$

Der komplexe Leitungswiderstand ist $\underline{Z}_l = l\,R_L + \text{j}\,l\,X_L = R + \text{j}\,X = (0,3\,\text{km} \cdot 0,5\,\Omega/\text{km}) + \text{j}(0,3\,\text{km} \cdot 0,3\,\Omega/\text{km}) = 0,175\,\Omega\,\underline{/31,0°}$. Hiermit beträgt die Eingangsspannung

$$\underline{U}_1/\sqrt{3} = U_1/\sqrt{3}\,\underline{/\Theta} = U_2/\sqrt{3} + \underline{I}\,\underline{Z}_l = (390\,\text{V}/\sqrt{3}) + 37,0\,\text{A}\,\underline{/{-36,8°}} \cdot 0,175\,\Omega\,\underline{/31,0°}$$

$$= 231,61\,\text{V} - \text{j}\,0,654\,\text{V} = 231,61\,\text{V}\,\underline{/{-0,162°}}$$

Die Sternspannung $\underline{U}_{1\curlywedge}$ eilt also der Sternspannung $\underline{U}_{2\curlywedge}$ um den sehr kleinen Winkel $\Theta = -0°\,10'$ nach. Die Differenz der Außenleiterspannungen $\Delta U_\triangle = \sqrt{3} \cdot 231,61\,\text{V} - 390\,\text{V} = 11,2\,\text{V}$ unterscheidet sich nicht wesentlich von der mit Gl. (1.97) einfacher berechneten. Daher lohnt sich der Aufwand der komplexen Rechnung hier nicht.
Für die 230-V-Wechselstromleitung mit $U_N/2 = 115\,\text{V}$ findet man analog

$$\Delta U = \frac{P\,l\,\psi}{U_N/2} = \frac{20\,\text{kW} \cdot 0,3\,\text{km} \cdot 0,725\,\Omega/\text{km}}{230\,\text{V}/2} = 37,6\,\text{V} = 0,16\,U_N$$

Eine solch große Spannungsdifferenz ist nicht zulässig.

Querschnittsermittlung. Wird bei vorgeschriebener Spannungsdifferenz $\Delta U_\triangle$ der erforderliche Leiterquerschnitt A gesucht, so kann er mit Gl. (1.97) und (1.99) nur in Sonderfällen unmittelbar berechnet werden, nämlich nur dann, wenn der bezogene Längswiderstand $\psi = R_L = 1/(\gamma A)$ gesetzt werden kann, also wenn in Gl. (1.96) entweder $X_L = 0$ oder $\tan\varphi = 0$ wird. Solche Sonderfälle sind gegeben

a) bei einer Abnahmeleistung mit dem Leistungsfaktor $\cos\varphi = 1$,

b) bei Gleichstrom mit der Kreisfrequenz $\omega = 0$ und somit $X_L = 0$ und

c) angenähert bei Niederspannungskabeln, wenn $R_L > X_L$ ist und somit $X_L \tan\varphi = 0$ angenommen werden darf.

Die bezogenen Reaktanzen von Niederspannungskabeln betragen etwa $X_L = 0{,}07\,\Omega/\text{km}$ bis $0{,}08\,\Omega/\text{km}$ und sind kaum vom Leiterquerschnitt A abhängig. Lediglich bei großen Aderquerschnitten und bei besonders kleinen Leistungsfaktoren $\cos\varphi$ ist gegebenenfalls zu überprüfen, ob die Annahme $\psi \approx R_L$ aufrecht zu halten ist.

Liegt einer der Sonderfälle vor, gilt mit Gl. (1.97) für die *Drehstromleitung*

$$\Delta U_\triangle = \frac{P\,l\,R_L}{U_N} = \frac{P\,l}{U_N\,\gamma\,A}$$

und daher für den erforderlichen *Leiterquerschnitt*

$$A = \frac{P\,l}{\gamma\,\Delta U_\triangle\,U_N} \tag{1.100}$$

Entsprechend muss für die *Wechselstrom-* oder *Gleichstromleitung* der Querschnitt

$$A = \frac{2\,P\,l}{\gamma\,\Delta U\,U_N} \tag{1.101}$$

gewählt werden. Im Normalfall dagegen muss zunächst der erforderliche bezogene Längswiderstand ψ ermittelt werden, in dem der Leiterquerschnitt A enthalten ist. Für eine symmetrische Drehstromfreileitung ist z. B.

$$\psi = R_L + X_L \tan\varphi = \frac{1}{\gamma\,A} + \omega\,\frac{\mu_0}{2\,\pi}\left(\ln\frac{d}{\sqrt{A/\pi}} + 0{,}25\right)\tan\varphi = f(A)$$

Zweckmäßigerweise verwendet man daher vorbereitete Tabellen, wie sie in Tabelle 1.61 auf Seite 59 für Freileitungen und Kabel mit Kupfer- und Aluminiumleitern angegeben sind. Aus ihnen kann für einen errechneten erforderlichen Längswiderstand ψ der zugehörige, nächst größere Normquerschnitt abgelesen werden. Aus den Tabellenwerten lassen sich für jeden Anwendungsfall auch handliche Diagramme $\psi = f(A)$ erstellen.

Tabelle 1.61 Bezogener Längswiderstand ψ von kunststoffisolierten Kabeln und Dreistromfreileitungen mit Kupfer- und Aluminiumleitern für verschiedene Leiter- bzw. Seilquerschnitte A und Leistungsfaktoren cos φ (induktiv) bei Betriebstemperatur 70 °C (Kabel) und 40 °C (Freileitung mit Leiterabstand d)

bezogener Längswiderstand ψ in Ω/km für Kabel

Leiterquerschnitt A in mm²	R_L bei 70°C Cu	R_L bei 70°C Al	1-kV cosφ=0,9 Cu	Al	1-kV cosφ=0,8 Cu	Al	10-kV cosφ=0,9 Cu	Al	10-kV cosφ=0,8 Cu	Al	20-kV cosφ=0,9 Cu	Al	20-kV cosφ=0,8 Cu	Al
16	1,339	2,174	1,379	–	1,400	–	–	–	–	–	–	–	–	–
25	0,857	1,391	0,896	–	0,917	–	0,926	–	0,963	–	0,934	–	0,976	–
35	0,612	0,994	0,650	1,032	0,671	1,053	0,679	1,060	0,715	1,097	0,687	1,069	0,729	1,110
50	0,429	0,696	0,466	0,733	0,487	0,754	0,493	0,760	0,528	0,795	0,501	0,768	0,541	0,808
70	0,306	0,497	0,343	0,533	0,363	0,554	0,368	0,558	0,401	0,592	0,376	0,567	0,415	0,606
95	0,226	0,366	0,261	0,402	0,281	0,421	0,284	0,425	0,317	0,457	0,293	0,434	0,415	0,471
120	0,179	0,290	0,213	0,325	0,233	0,344	0,235	0,347	0,266	0,378	0,244	0,355	0,330	0,391
150	0,143	0,232	0,178	0,267	0,197	0,286	0,197	0,285	0,227	0,316	0,206	0,295	0,280	0,329
185	0,116	0,188	0,151	0,223	0,170	0,242	0,168	0,243	0,196	0,269	0,176	0,248	0,240	0,281
240	0,089	0,145	0,124	–	0,143	–	0,138	0,194	0,165	0,221	0,146	0,202	0,209	0,233
300	0,071	0,116	0,106	–	0,125	–	0,119	0,163	0,145	0,189	0,125	0,169	0,177	0,198

(Anmerkung: In den Spalten cos φ = 0,8 für 20-kV beginnen die Werte bei 25 mm² mit 0,976; ab 35 mm²: 0,729; 0,541; 0,415; 0,330; 0,280; 0,240; 0,209; 0,177; 0,154.)

bezogener Längswiderstand ψ in Ω/km für Freileitung

Seilquerschnitt A in mm	R_L bei 40°C Cu	Al	d=50cm 0,9 Cu	Al	d=50cm 0,8 Cu	Al	d=100cm 0,9 Cu	Al	d=100cm 0,8 Cu	Al	d=150cm 0,9 Cu	Al	d=150cm 0,8 Cu	Al
16	1,205	1,957	1,377	2,128	1,472	2,223	1,398	2,149	1,504	2,255	1,411	2,162	1,523	2,274
25	0,771	1,252	0,937	1,417	1,027	1,508	0,958	1,438	1,060	1,540	0,970	1,451	1,079	1,560
35	0,551	0,894	0,711	1,054	0,799	1,142	0,732	1,075	0,831	1,175	0,744	1,088	0,850	1,194
50	0,386	0,626	0,540	0,781	0,625	0,865	0,561	0,802	0,658	0,898	0,574	0,814	0,677	0,917
70	0,276	0,447	0,425	0,597	0,507	0,679	0,446	0,618	0,540	0,711	0,458	0,630	0,559	0,730
95	0,203	0,330	0,348	0,474	0,427	0,554	0,369	0,495	0,460	0,586	0,381	0,508	0,479	0,605
120	0,161	0,261	0,302	0,402	0,379	0,480	0,323	0,423	0,412	0,512	0,335	0,436	0,431	0,531
150	0,129	0,209	0,266	0,347	0,342	0,422	0,287	0,368	0,375	0,455	0,300	0,380	0,394	0,474

Beispiel 1.10. Der erforderliche Leiterquerschnitt A für die 300 m lange Drehstromleitung für $U_N = 400$ V nach Beispiel 1.9, an deren Ende die Leistung $P = 20$ kW mit $\cos\varphi = 0,8$ ind. abgenommen wird, ist für die zulässige Spannungsdifferenz $\Delta U_\triangle = 10,9$ V zu ermitteln, wobei wahlweise die Leitung a) als Kupferkabel mit der Betriebstemperatur $\vartheta = 70$ °C und b) als Freileitung aus Kupferseilen mit der Seiltemperatur $\vartheta = 40$ °C und dem Leiterabstand $d = 50$ cm auszuführen ist.

a) *Kabel:* Nach Gl. (1.32) und (1.33) beträgt die elektrische Leitfähigkeit bei Betriebstemperatur

$$\gamma = \gamma_{20}/[1 + \alpha_{20}(\vartheta - 20\,°C)] = (56\,\mathrm{Sm/mm^2})/[1 + 0,004\,\mathrm{K^{-1}}(70\,°C - 20\,°C)]$$
$$= 46,67\,\mathrm{Sm/mm^2}$$

Da es sich hier um ein Niederspannungskabel handelt, soll zunächst vom Sonderfall $R_L > X_L$ und $\psi \approx R_L$ ausgegangen werden. Mit Gl. (1.100) berechnet man den Querschnitt

$$A = \frac{P\,l}{\gamma\,\Delta U_\triangle\,U_N} = \frac{20\,\mathrm{kW} \cdot 300\,\mathrm{m}}{(46,67\,\mathrm{Sm/mm^2}) \cdot 10,9\,\mathrm{V} \cdot 0,4\,\mathrm{kV}} = 29,5\,\mathrm{mm^2}$$

Zu wählen ist hiernach der Normquerschnitt $A = 35\,\mathrm{mm^2}$.

Es soll aber überprüft werden, ob die Annahme des Sonderfalls $\psi \approx R_L$ gerechtfertigt ist. Aus Gl. (1.97) folgt für den bezogenen Längswiderstand

$$\psi = \frac{\Delta U_\triangle\,U_N}{P\,l} = \frac{10,9\,\mathrm{V} \cdot 0,4\,\mathrm{kV}}{20\,\mathrm{kW} \cdot 0,3\,\mathrm{km}} = 0,727\,\Omega/\mathrm{km}$$

Dieser Wert liegt nach Tabelle 1.61 zwischen den Querschnitten $A = 25\,\mathrm{mm^2}$ mit $\psi = 0,971\,\Omega/\mathrm{km}$ und $A = 35\,\mathrm{mm^2}$ mit $\psi = 0,671\,\Omega/\mathrm{km}$, so dass auch in diesem Fall der größere der beiden Querschnitte zu wählen ist.

b) *Freileitung:* Es gilt der unter a) für Kabel berechnete bezogene Längswiderstand $\psi = 0,727\,\Omega/\mathrm{km}$. In Tabelle 1.61 liegt dieser Wert zwischen den Querschnitten $A = 35\,\mathrm{mm^2}$ mit $\psi = 0,799\,\Omega/\mathrm{km}$ und $A = 50\,\mathrm{mm^2}$ mit $\psi = 0,625\,\Omega/\mathrm{km}$, so dass der größere Querschnitt $A = 50\,\mathrm{mm^2}$ auszuführen ist. Gegenüber dem Kabel erfordert die höhere Induktivität der Freileitung einen größeren Leiterquerschnitt.

Es muss nun noch nachgeprüft werden, ob die gewählten Querschnitte für die Stromstärke

$$I = \frac{P}{\sqrt{3}\,U_N\cos\varphi} = \frac{20\,\mathrm{kW}}{\sqrt{3} \cdot 0,4\,\mathrm{kV} \cdot 0,8} = 36\,\mathrm{A}$$

ausreichen. In Tabelle A 12 und A 19 im Anhang findet man eine Strombelastbarkeit z. B. des dreiadrigen PVC-Kabels von 157 A und der Freileitungsseile von 250 A, so dass also hinsichtlich der Erwärmung keine Befürchtungen bestehen (s. a. Abschn. 6.3.5).

Steht Tabelle 1.61 nicht zur Verfügung, kann der Leiterquerschnitt A mit den in Tabelle 1.62 angegebenen bezogenen Reaktanzen X_L hinreichend genau berechnet werden. Mit der für Betriebstemperatur geltenden elektrischen Leitfähigkeit γ und dem bezogenen Leiterwiderstand $R_L = 1/(\gamma A)$ folgt aus Gl. (1.96) der *Leiterquerschnitt*

$$A = [\gamma\,(\psi - X_L\tan\varphi)]^{-1} \tag{1.102}$$

Hierbei gelten in Tabelle 1.62 die kleineren Reaktanzen für große Leiterquerschnitte (z. B. 300 mm²), die größeren Reaktanzen für kleine Leiterquerschnitte (z. B. 25 mm²).

Tabelle 1.62 Auf die Leiterlänge bezogene Reaktanzen X_L für verschiedene Übertragungslei-
tungen

Leitung	bezogene Reaktanz X_L in Ω/km
Dreileiter-Niederspannungskabel	0,07 bis 0,08
Dreileiter-Mittelspannungskabel	0,09 bis 0,12
Einleiter-Mittelspannungskabel: gebündelt	0,10 bis 0,16
parallel verlegt	0,17 bis 0,25
Freileitung	$\approx 0,35$

1.3.2.2 Leitung mit verteilten Abnahmen. Verteilt an der einseitig gespeisten Leitung befinden sich mehrere Verbraucher, von denen in Bild 1.63 drei dargestellt sind.
Die Speisespannung wird mit U_I und die Spannungen an den Abnahmepunkten wer-

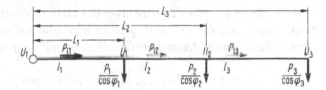

Bild 1.63
Leitung mit verteilten Abnahmen

den mit U_1, U_2 und U_3 bezeichnet. Die drei hintereinander geschalteten Teilstrecken
können für sich als einseitig gespeiste Leitungen betrachtet werden, an deren Ende je-
weils die *Streckenleistungen* $P_{\ell 3} = P_3$, $P_{\ell 2} = P_2 + P_3$ und $P_{\ell 1} = P_1 + P_2 + P_3$ abgenommen werden. Der Unterschied der Spannungen am Anfang und am Ende der
Leitung ergibt bei kleinem Spannungsverdrehwinkel Θ die *Spannungsdifferenz*

$$\Delta U_\Delta = U_I - U_3 = (U_I - U_1) + (U_1 - U_2) + (U_2 - U_3)$$
$$= \Delta U_{I1} + \Delta U_{12} + \Delta U_{23}$$

als Summe der Spannungsdifferenzen der einzelnen Teilstrecken. In Bild 1.64 ist das
zugehörige Zeigerdiagramm dargestellt, wobei jeder Teilstrecke l_1, l_2 und l_3 eine Er-

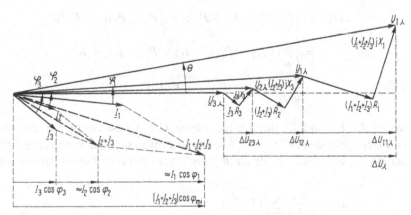

Bild 1.64 Zeigerdiagramm einer Leitung mit verteilten Abnahmen

satzschaltung nach Bild 1.60 a zugeordnet wird. Für die Drehstromleitung gilt dann mit Gl. (1.97)

$$\Delta U_\triangle = \frac{(P_1 + P_2 + P_3)l_1 \, \psi_1}{U_N} + \frac{(P_2 + P_3)l_2 \, \psi_2}{U_N} + \frac{P_3 \, l_3 \, \psi_3}{U_N} \tag{1.103}$$

Die drei Teilstrecken haben wegen der unterschiedlichen Leistungsfaktoren auch unterschiedlich bezogene Längswiderstände ψ_1, ψ_2 und ψ_3. Da wegen der Einheitlichkeit der Leitung die bezogenen Widerstände R_L und X_L in jeder Teilstrecke gleich sind, können die Unterschiede nach Gl. (1.96) lediglich durch die verschiedenen Werte von $\tan \varphi$ bewirkt werden. Wird weiter unterstellt, dass die Leistungsfaktoren aller Verbraucher nicht allzu stark voneinander abweichen, was den meisten praktischen Fällen entspricht, so können die Unterschiede in den Längswiderständen nicht sehr groß sein. Aus diesem Grunde soll ein *mittlerer Phasenwinkel* φ_{mi} zugrunde gelegt werden, der etwa dem Phasenwinkel der ersten Teilstrecke l_1 entspricht, über die die Summenleistung $P_1 + P_2 + P_3$ geleitet wird und auf die somit ein großer Teil der gesamten Spannungsdifferenz entfällt. Aus dem Zeigerdiagramm (Bild 1.64) folgt

$$|\underline{I}_1 + \underline{I}_2 + \underline{I}_3| \cos \varphi_{mi} \approx I_1 \cos \varphi_1 + I_2 \cos \varphi_2 + I_3 \cos \varphi_3 \tag{1.104}$$

Setzt man näherungsweise anstelle der Ströme die Wirkleistungen ein, so ergibt sich der *mittlere Leistungsfaktor*

$$\cos \varphi_{mi} = \frac{P_1 \cos \varphi_1 + P_2 \cos \varphi_2 + P_3 \cos \varphi_3}{P_1 + P_2 + P_3} = \frac{\displaystyle\sum_{\nu=1}^{n} (P_\nu \cos \varphi_\nu)}{\displaystyle\sum_{\nu=1}^{n} P_\nu} \tag{1.105}$$

wenn n die Anzahl der Abnahmen ist. Mit $\cos \varphi_{mi}$ ist $\psi_1 = \psi_2 = \psi_3 = \psi_{mi}$ und aus Gl. (1.103) erhält man die Spannungsdifferenz

$$\Delta U_\triangle = \frac{\psi_{mi}}{U_N} [(P_1 + P_2 + P_3)l_1 + (P_2 + P_3)l_2 + P_3 l_3]$$

$$= \frac{\psi_{mi}}{U_N} [P_1 l_1 + P_2(l_1 + l_2) + P_3(l_1 + l_2 + l_3)]$$

$$= \frac{\psi_{mi}}{U_N} [P_1 L_1 + P_2 L_2 + P_3 L_3]$$

wobei L_1, L_2 und L_3 die Entfernungen (Leitungslängen) der einzelnen Abnahmen von der Einspeisestelle sind. Allgemein ergibt sich für die größte Differenz der Außenleiterspannungen einer *Drehstromleitung mit n verteilten Abnahmen*

$$\Delta U_\triangle = \frac{\psi_{mi}}{U_N} \sum_{\nu=1}^{n} (P_\nu L_\nu) \tag{1.106}$$

Bei einer Wechselstrom- oder Gleichstromleitung ist U_N durch $U_N/2$ zu ersetzen. Für $n = 1$ erhält man wieder Gl. (1.97).

Liegt einer der Sonderfälle mit $\psi = R_L = 1/(\gamma A)$ vor, so findet man unmittelbar den erforderlichen *Leiterquerschnitt*

$$A = \frac{\sum\limits_{\nu=1}^{n} (P_\nu L_\nu)}{\gamma \Delta U_\triangle\, U_N} \tag{1.107}$$

Beispiel 1.11. Die in Bild 1.65 dargestellte 10-kV-Drehstromleitung soll als Dreileiterkabel NY-SEY ausgeführt werden. Der erforderliche Leiterquerschnitt ist für $\Delta U_\triangle = 0,05\, U_N = 500\,\text{V}$ zu ermitteln. Die größte Spannungsdifferenz ist für den gewählten Normquerschnitt nachzuweisen und zwar sowohl mit der vereinfachten Gl. (1.106) als auch mit dem genaueren Ansatz nach Gl. (1.103).

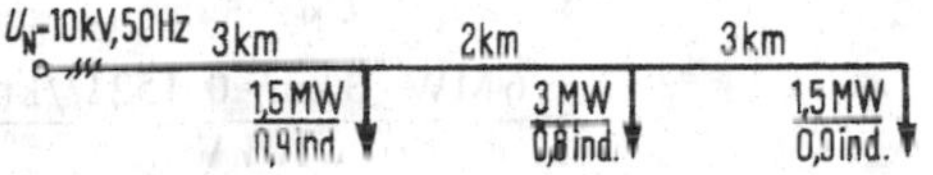

Bild 1.65
10-kV-Kabelleitung mit drei verteilten
Abnahmen

Aus Gl. (1.105) erhält man den mittleren Leistungsfaktor

$$\begin{aligned}
\cos\varphi_{mi} &= \frac{P_1 \cos\varphi_1 + P_2 \cos\varphi_2 + P_3 \cos\varphi_3}{P_1 + P_2 + P_3} \\
&= \frac{1,5\,\text{MW} \cdot 0,9 + 3,0\,\text{MW} \cdot 0,8 + 1,5\,\text{MW} \cdot 0,9}{1,5\,\text{MW} + 3,0\,\text{MW} + 1,5\,\text{MW}} = 0,85\,\text{ind.}
\end{aligned}$$

Weiter ist die Summe

$$\sum_{\nu=1}^{3} (P_\nu L_\nu) = 1,5\,\text{MW} \cdot 3\,\text{km} + 3,0\,\text{MW} \cdot 5\,\text{km} + 1,5\,\text{MW} \cdot 8\,\text{km} = 31,5\,\text{MW km}$$

Nach Gl. (1.106) erhält man dann den erforderlichen mittleren Längswiderstand

$$\psi_{mi} = \frac{\Delta U_\triangle\, U_N}{\sum\limits_{\nu=1}^{3}(P_\nu L_\nu)} = \frac{500\,\text{V} \cdot 10\,\text{kV}}{31,5\,\text{MW km}} = 0,159\,\Omega/\text{km}$$

Aus Tabelle 1.61 entnimmt man hierzu den erforderlichen Leiterquerschnitt $A = 240\,\text{mm}^2$ mit dem interpolierten bezogenen Längswiderstand $\psi = 0,152\,\Omega/\text{km}$.
Der auf der Teilstrecke l_1 fließende Strom

$$I_1 = \frac{\sum\limits_{\nu=1}^{3} P_\nu}{\sqrt{3}\, U_N \cos\varphi_{mi}} = \frac{6\,\text{MW}}{\sqrt{3} \cdot 10\,\text{kV} \cdot 0,85} = 408\,\text{A}$$

ist kleiner als die für diesen Querschnitt zulässige Strombelastbarkeit $I_B = 455\,\text{A}$ (s. Tabelle A 14).

Mit $\psi_{\text{mi}} = 0,152\,\Omega/\text{km}$ berechnet man die Spannungsdifferenz

$$\Delta U_\Delta = \frac{\psi_{\text{mi}} \sum\limits_{\nu=1}^{3} (P_\nu L_\nu)}{U_N} = \frac{(0,152\,\Omega/\text{km}) \cdot 31,5\,\text{MW km}}{10,0\,\text{kV}} = 478,8\,\text{V} = 0,0479\,U_N$$

Bei der genaueren Berechnung sind für die drei Teilstrecken die unterschiedlichen Leistungsfaktoren $\cos\varphi_{\ell 1} = 0,85$ ind.,

$$\cos\varphi_{\ell 2} = \frac{P_2 \cos\varphi_2 + P_3 \cos\varphi_3}{P_2 + P_3} = \frac{3\,\text{MW} \cdot 0,8 + 1,5\,\text{MW} \cdot 0,9}{(3,0 + 1,5)\,\text{MW}} = 0,833\,\text{ind.}$$

und $\cos\varphi_{\ell 3} = 0,9$ ind. zu berücksichtigen, mit denen sich aus Tabelle 1.61 die drei Längswiderstände $\psi_1 = 0,152\,\Omega/\text{km}$, $\psi_2 = 0,156\,\Omega/\text{km}$ und $\psi_3 = 0,138\,\Omega/\text{km}$ teilweise durch Interpolation entnehmen lassen. Nach Gl. (1.103) erhält man die Spannungsdifferenz

$$\Delta U_\Delta = \frac{(P_1 + P_2 + P_3)l_1\,\psi_1}{U_N} + \frac{(P_2 + P_3)l_2\,\psi_2}{U_N} + \frac{P_3\,l_3\,\psi_3}{U_N}$$

$$= \frac{6\,\text{MW} \cdot 3\,\text{km} \cdot 0,152\,\Omega/\text{km}}{10\,\text{kV}} + \frac{4,5\,\text{MW} \cdot 2\,\text{km} \cdot 0,156\,\Omega/\text{km}}{10\,\text{kV}}$$

$$+ \frac{1,5\,\text{MW} \cdot 3\,\text{km} \cdot 0,138\,\Omega/\text{km}}{10\,\text{kV}}$$

$$= 273,6\,\text{V} + 140,4\,\text{V} + 62,1\,\text{V} = 476,1\,\text{V} = 0,0476\,U_N$$

die nicht beachtenswert von dem obigen Ergebnis abweicht, so dass die Berechnung mit dem mittleren bezogenen Längswiderstand hier völlig ausreicht. Zusätzlich muss die thermische Festigkeit (s. Abschn. 2.4.2) untersucht werden.

1.3.2.3 Einseitig gespeiste, verzweigte Leitung. Bei dem im Bild 1.66 dargestellten *Strahlennetz* treten Netzknotenpunkte auf, in denen mindestens drei Leitungen ineinander münden. Die erforderlichen Leiterquerschnitte und die Spannungsdifferenzen können hier mit den in Abschn. 1.3.2.1 und 1.3.2.2 abgeleiteten Gleichungen ohne weiteres berechnet werden. Bei der Querschnittermittlung wird zunächst eine *Hauptleitung* festgelegt, die entweder einen einheitlichen Querschnitt erhalten soll oder nach Abschn. 1.3.2.4 abgestuft wird. Die einzelnen *Stichleitungen* werden hierbei als Abnahmen in den Abzweigpunkten angesetzt, womit sich eine nach Abschn. 1.3.2.2 berechenbare einseitig gespeiste Leitung mit verteilten Abnahmen ergibt.

Nun können die auf die Teilstrecken der Hauptleitung entfallenden Spannungsdifferenzen ΔU_1, ΔU_2 usw. berechnet werden, so dass die noch verfügbaren *Rest-Span-*

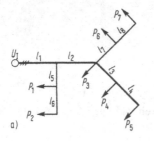

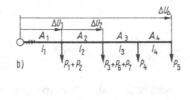

Bild 1.66
Einseitig gespeiste, verzweigte Leitung
a) gegebenes Strahlennetz,
b) gewählte Hauptleitung

nungsdifferenzen für die verbleibenden Abzweige bekannt sind. Hierbei wird voraus-gesetzt, dass die durch die zulässige Spannungsdifferenz $\Delta U_\triangle$ vorgegebene kleinste Netzspannung an jedem Abzweigende auftreten darf. Die Querschnitte der Abzweige werden in der gleichen Weise wie bei der Hauptleitung ermittelt.

Dieses *Restspannungsverfahren* liefert unterschiedliche Leiterquerschnitte im Netz. Wird allerdings eine Hauptleitung mit einheitlichem Querschnitt hierbei ungünstig gewählt, so können sich möglicherweise für einzelne Abzweige Leiterquerschnitte ergeben, die größer als der Querschnitt der Hauptleitung sind. Eine solche Querschnittsabstufung ist natürlich nicht sinnvoll, und die Berechnung ist dann mit einer günstiger gewählten Hauptleitung zu wiederholen. Dieses Problem ergibt sich nicht, wenn die Querschnitte der Hauptleitung nach Abschn. 1.3.2.4 abgestuft werden, was grundsätzlich vorzuziehen ist.

1.3.2.4 Querschnittsabstufung. Die Leiterquerschnitte in elektrischen Netzen werden z. T. nach sehr verschiedenen Gesichtspunkten abgestuft. Bei Niederspannungs-Installationen entscheidet hierüber fast ausschließlich die Strombelastbarkeit. In vermaschten Netzen, so z. B. in Niederspannungsnetzen größerer Betriebe, werden vielfach einheitliche Querschnitte verwendet. Es kann aber auch durch zweckmäßige Querschnittsabstufung erreicht werden, dass sich bei Ausfall eines Umspanners die Verbraucherleistung gleichmäßig auf die verbleibenden Umspanner verteilt. In Mittel- und Hochspannungsnetzen werden meist nur wenige unterschiedliche Querschnitte nebeneinander verwendet, weil es wegen der wirtschaftlichen Lagerhaltung günstiger ist, wenige Kabel- oder Seiltypen in größeren Mengen zu beziehen, als eine Vielzahl verschiedener Typen in entsprechend kleinen Mengen. Gleiches gilt für die querschnittsabhängigen Zubehörteile, z. B. Klemmen. Es soll deshalb die Berechnung der Leiterquerschnitt-Abstufung lediglich auf die nach Abschn. 1.3.2.3 zu wählende Hauptleitung beschränkt bleiben.

Die Querschnitte der nach Bild 1.66 gewählten Hauptleitung sollen so abgestuft werden, dass die Spannung längs der Leitung linear absinkt. Dann sind die auf die Teilstrecken bezogenen Spannungsdifferenzen

$$\Delta U_1/l_1 = \Delta U_2/l_2 = \Delta U_3/l_3 = \Delta U_4/l_4 \qquad (1.108)$$

gleich. Weiter gilt für die gesamte Spannungsdifferenz

$$\Delta U_\triangle = \Delta U_1 + \Delta U_2 + \Delta U_3 + \Delta U_4$$

und mit Gl. (1.108)

$$\begin{aligned}\Delta U_\triangle &= \Delta U_1 + \Delta U_1\, l_2/l_1 + \Delta U_1\, l_3/l_1 + \Delta U_1\, l_4/l_1 \\ &= \Delta U_1(l_1 + l_2 + l_3 + l_4)/l_1\end{aligned} \qquad (1.109)$$

Mit den über die einzelnen Teilstrecken fließenden Streckenleistungen $P_{\ell 1}, P_{\ell 2}, P_{\ell 3}$ und $P_{\ell 4}$ (s. Abschn. 1.3.2.2) berechnet man nach Gl. (1.97) die Spannungsdifferenz

$$\Delta U_1 = P_{\ell 1}\, l_1\, \psi_1 / U_N$$

für die erste Teilstrecke l_1. Wird diese in Gl. (1.109) eingesetzt, erhält man die gesamte Spannungsdifferenz

$$\Delta U_\triangle = \frac{P_{\ell 1}\,\psi_1}{U_N}(l_1 + l_2 + l_3 + l_4) = \frac{P_{\ell 1}\,\psi_1}{U_N}\sum_{i=1}^{n} l_i$$

wenn n die Anzahl der Teilstrecken (hier $n = 4$) ist. Somit ergibt sich für die erste Teilstrecke l_1 der bezogene Längswiderstand

$$\psi_1 = \Delta U_\triangle \, U_N / (P_{\ell 1} \cdot \sum_{i=1}^{n} l_i) \tag{1.110}$$

Entsprechend findet man für die zweite Teilstrecke

$$\psi_2 = \Delta U_\triangle \, U_N / (P_{\ell 2} \sum_{i=1}^{n} l_i) \tag{1.111}$$

und so fort. Ist der bezogene Längswiderstand der ersten Teilstrecke nach Gl. (1.110) bekannt, können die Längswiderstände ψ_2, ψ_3 bis ψ_n der anderen Teilstrecken sehr einfach aus den Verhältnissen

$$\psi_2 = \psi_1 \, P_{\ell 1} / P_{\ell 2}, \quad \psi_3 = \psi_1 \, P_{\ell 1} / P_{\ell 3} \quad \text{bis} \quad \psi_n = \psi_1 \, P_{\ell 1} / P_{\ell n} \tag{1.112}$$

und mit Gl. (1.102) die entsprechenden Leiterquerschnitte A_1, A_2 bis A_n berechnet werden.

Beispiel 1.12. Das Dreileiterkabel-Netz nach Bild 1.66 mit der Nennspannung $U_N = 400\,\text{V}$ und der bezogenen Reaktanz $X_L = 0,08\,\Omega/\text{km}$ (s. Tabelle 1.62) hat folgende Daten: $P_1 = P_2 = P_3 = P_4 = P_5 = P_6 = P_7 = 4,0\,\text{kW}$; Einheitlicher Leistungsfaktor $\cos\varphi = 0,9_{\text{ind}}$; Längen $l_1 = l_2 = 300\,\text{m}, l_3 = l_4 = l_5 = l_6 = 100\,\text{m}, l_7 = l_8 = 50\,\text{m}$. Gesucht sind die erforderlichen Leiterquerschnitte aus Aluminium unter der Voraussetzung, dass bei den Abnahmen P_2, P_5 und P_7 die Spannungsabsenkung $\Delta U_\triangle = 3\%\,U_N = 12\,\text{V}$ auftreten darf. Die gewählte Hauptleitung mit den Strecken l_1, l_2, l_3 und l_4 soll abgestuft werden, wogegen die Abzweige jeweils einheitliche Querschnitte erhalten sollen. Die Leitertemperatur kann mit $20\,°\text{C}$ angenommen werden. Leiterquerschnitte $A < 25\,\text{mm}^2$ werden nicht verwendet.

Mit den Streckenleistungen $P_{\ell 1} = 28,0\,\text{kW}, P_{\ell 2} = 20,0\,\text{kW}, P_{\ell 3} = 8,0\,\text{kW}$ und $P_{\ell 4} = 4,0\,\text{kW}$ und der Streckensumme $l_1 + l_2 + l_3 + l_4 = 0,8\,\text{km}$ findet man mit Gl. (1.110) den bezogenen Längswiderstand der Teilstrecke mit der Länge l_1

$$\psi_1 = \Delta U_\triangle \, U_N / (P_{\ell 1} \cdot \sum_{i=1}^{4} l_i) = 12\,\text{V} \cdot 0,4\,\text{kV} / (28,0\,\text{kW} \cdot 0,8\,\text{km}) = 0,2143\,\Omega/\text{km}$$

und mit Gl. (1.112)

$$\psi_2 = \psi_1 \, P_{\ell 2} / P_{\ell 1} = 0,2143\,(\Omega/\text{km}) \cdot 28,0\,\text{kW}/20,0\,\text{kW} = 0,3000\,\Omega/\text{km}$$

und ebenso $\psi_3 = 0,7500\,\Omega/\text{km}$ und $\psi_4 = 1,500\,\Omega/\text{km}$.

Nach Gl. (1.102) findet man mit $\tan\varphi = 0,483$ und der Leitfähigkeit $\gamma = 35\,\text{Sm/mm}^2$ den Leiterquerschnitt

$$A_1 = [\gamma\,(\psi_1 - X_L \tan\varphi)]^{-1} = [35\,\text{Sm/mm}^2(0,2143\,\Omega/\text{km} - 0,08\,\Omega/\text{km} \cdot 0,4843)]^{-1}$$
$$= 162,7\,\text{mm}^2$$

und in gleicher Weise $A_2 = 109,4\,\text{mm}^2, A_3 = 40,17\,\text{mm}^2$ und $A_4 = 19,55\,\text{mm}^2$.

Folglich sind für die Hauptleitung folgende Nennquerschnitte zu wählen:
$A_1 = 185\,\mathrm{mm^2}, A_2 = 120\,\mathrm{mm^2}, A_3 = 50\,\mathrm{mm^2}$ und $A_4 = 25\,\mathrm{mm^2}$.

Nach Gl. (1.97) entfällt auf die Strecke l_1 die Spannungsdifferenz

$$\Delta U_1 = P_{\ell 1}\, l_1 \psi_1 / U_\mathrm{N} = 28,0\,\mathrm{kW} \cdot 0,3\,\mathrm{km} \cdot 0,2143(\Omega/\mathrm{km})/0,4\,\mathrm{kV} = 4,5\,\mathrm{V}$$

Somit verbleiben für den Abzweig mit dem Strecken l_5 und l_6 die Rest-Spannungsdifferenzen $\Delta U_{56} = \Delta U_\triangle - \Delta U_1 = 12,0\,\mathrm{V} - 4,5\,\mathrm{V} = 7,5\,\mathrm{V}$, mit der aus Gl. (1.106) der bezogene Längswiderstand

$$\psi_{56} = \Delta U_{56}\, U_N / [P_1\, l_5 + P_2(l_5 + l_6)] = 7,5\,\mathrm{V} \cdot 0,4\,\mathrm{kV}/[4\,\mathrm{kW} \cdot 0,1\,\mathrm{km} + 4\,\mathrm{kW} \cdot 0,2\,\mathrm{km}]$$
$$= 2,5\,\Omega/\mathrm{km}$$

berechnet wird, für den sich aus Gl. (1.102) der einheitliche Leiterquerschnitt

$$A_{56} = [\gamma\,(\psi_{56} - X_\mathrm{L}\tan\varphi)]^{-1} = [35\,\mathrm{Sm/mm^2}(2,5\,\Omega/\mathrm{km} - 0,08\,\Omega/\mathrm{km} \cdot 0,4843)]^{-1}$$
$$= 11,6\,\mathrm{mm^2}$$

ergibt. Vorzusehen ist also der Nennquerschnitt $A_{56} = 25\,\mathrm{mm^2}$. In gleicher Weise werden nun weiter die Spannungsdifferenz ΔU_2, die längs der Strecke l_2 auftritt, und mit dieser die Rest-Spannungsdifferenz ΔU_{78} ermittelt, mit der schließlich der erforderliche Leiterquerschnitt A_{78} der Strecken l_7 und l_8 berechnet wird.

1.3.2.5 Zweiseitig gespeiste Leitung.

Sonderfall einer zweiseitig gespeisten Leitung ist die *Ringleitung*, bei der die in Bild 1.67 angenommenen Netzpunkte i und k dann denselben Einspeisepunkt mit der Spannung $U_\mathrm{i} = U_\mathrm{k}$ bedeuten. Andererseits kann die dargestellte Leitung auch ein Zweig eines vermaschten Netzes sein, wobei dann mit i und k zwei Netzknotenpunkte bezeichnet werden, die u. U. unterschiedliche Außenleiterspannungen U_i und U_k aufweisen. Die größte Spannungsabsenkung, also die kleinste Außenleiterspannung U_min, tritt bei derjenigen Abnahme auf, der von beiden Seiten Leistung zufließt. Im Gegensatz zum Strahlennetz, bei dem die *Leistungsverteilung* (auch Lastfluss genannt) immer vorgegeben ist, muss sie hier erst ermittelt werden – d. h. die aus den Knotenpunkten i und k in die Leitung fließenden Leistungen P_i und P_k müssen berechnet werden. Zu diesem Zweck denken wir uns nach Bild 1.68 die Leitung in dem vom Knoten i ausgehenden Teilstück aufgetrennt, so dass alle Abnahmen aus dem Knoten k gespeist werden. Die Spannungsdifferenz

$$\Delta U_\mathrm{S} = (U_\mathrm{i} - U_\mathrm{k}) + \Delta U_\triangle \qquad (1.113)$$

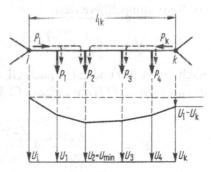

Bild 1.67 Zweiseitig gespeiste Leitung mit verteilten Abnahmen zwischen den Netzpunkten i und k

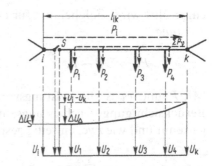

Bild 1.68 Zweiseitig gespeiste Leitung mit Trennstelle S

über der Trennstelle S setzt sich aus der Differenz der Knotenpunktspannungen U_i und U_k und der Spannungsdifferenz nach Gl. (1.106)

$$\Delta U_\Delta = \frac{\psi_{ik}}{U_N} \sum_k^S (PL) \tag{1.114}$$

zusammen, die sich aus der einseitigen Einspeisung der Abnahmen bei einheitlichem Leiterquerschnitt ergibt[1]). Hierbei sollen alle Spannungszeiger im Netz etwa gleiche Winkellage haben und somit algebraisch addiert oder subtrahiert werden dürfen. Die Knotenpunktspannungen U_i und U_k sollen sich weiter im Rahmen der zulässigen Spannungsdifferenzen nur wenig voneinander unterscheiden, so dass trotz $U_i - U_k \neq 0$ andererseits $U_i \approx U_k \approx U_N$ gesetzt werden kann. Schließlich sollen die Leistungsfaktoren der Abnehmer etwa gleich sein (s. Abschn. 1.3.2.2).

Wird nun der Schalter S geschlossen, so muss aus dem Knoten i eine Leistung P_i fließen, die der Spannungsdifferenz ΔU_S entspricht. Da bereits alle Abnahmen mit Leistung versorgt sind, ist P_i eine Ausgleichsleistung, die man sich als Abnahmeleistung im Knotenpunkt k vorstellen darf und die sich auf den einzelnen Teilstrecken den aus der einseitigen Einspeisung von k vorliegenden Leistungen überlagert. Werden die Spannungsdifferenzen

$$\Delta U_S = P_i \, l_{ik} \, \psi_{ik} / U_N$$

nach Gl. (1.97) und ΔU_Δ nach Gl. (1.114) in Gl. (1.113) eingesetzt, so findet man die *aus dem Knoten i in die Leitung fließende Leistung*

$$P_i = \frac{(U_i - U_k)U_N}{l_{ik}\,\psi_{ik}} + \frac{\sum_k^S (PL)}{l_{ik}} = (U_i - U_k)U_N\,\lambda_{ik} + \frac{\sum_k^S (PL)}{l_{ik}} \tag{1.115}$$

wobei der *Streckenleitwert*

$$\lambda_{ik} = 1/(l_{ik}\,\psi_{ik}) \tag{1.116}$$

eingeführt wird. Folglich gilt für die aus dem *Knotenpunkt k in die Leitung fließende Leistung*

$$P_k = \Sigma P - P_i \tag{1.117}$$

Mit P_i und P_k ist die Leistungsverteilung bekannt, und die Leitung kann nun unter Berücksichtigung der Leistungsanteile bei der zweiseitig gespeisten Abnahme aufgetrennt und wie zwei einseitig gespeiste Leitungen behandelt werden.

---

[1]) Die Schreibweise $\sum_k^S (PL)$ soll besagen, dass die Aufsummierung aller Produkte PL vom Knotenpunkt k aus bis zur Trennstelle S zu erfolgen hat.

Sind zwischen den Knotenpunkten i und k keine Abnahmen vorhanden, so ist $\sum\limits_{k}^{S}(PL) = 0$ und die von i nach k fließende *Ausgleichsleistung*

$$P_{ik} = (U_i - U_k)U_N\,\lambda_{ik} \tag{1.118}$$

Ist hierbei $U_k > U_i$, so hat die Leistung P_{ik} einen negativen Wert. Dann fließt die Leistung $P_{ki} = -P_{ik}$ aus dem Knoten k zum Knoten i. Gl. (1.118) wird besonders bei der Lastflussermittlung in vermaschten Netzen benötigt.

Beispiel 1.13. Die im Bild 1.69 a dargestellte Ringleitung für $U_N = 30\,\text{kV}$ soll als Freileitung mit Kupferseilen und dem Leiterabstand $d = 1,5\,\text{m}$ ausgeführt werden. Der einheitliche Leiterquerschnitt der Leitung ist unter der Voraussetzung zu ermitteln, dass die Spannungsabsenkung gegenüber der Einspeisespannung 3% nicht übersteigt.

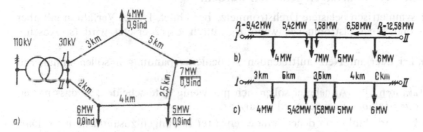

Bild 1.69 30-kV-Ringleitung
  a) Netzabmessungen und Leistungsabnahmen,
  b) Leistungsverteilung
  c) Auftrennung der Ringleitung in zwei einseitig gespeiste Leitungen zur Querschnittermittlung

Nach Gl. (1.115) ist für gleiche Speisespannungen $U_I = U_{II}$ die aus dem Speisepunkt I fließende Leistung

$$P_I = \frac{\sum\limits_{II}^{I}(PL)}{l_{ges}} = \frac{6\,\text{MW}\cdot 2\,\text{km} + 5\,\text{MW}\cdot 6\,\text{km} + 7\,\text{MW}\cdot 8,5\,\text{km} + 4\,\text{MW}\cdot 13,5\,\text{km}}{16,5\,\text{km}} = 9,42\,\text{MW}$$

und folglich die aus dem Speisepunkt II fließende Leistung

$$P_{II} = \Sigma P - P_I = 22\,\text{MW} - 9,42\,\text{MW} = 12,58\,\text{MW}$$

Hiermit ist die Leistungsverteilung nach Bild 1.69b gegeben. Die größte Spannungsabsenkung tritt bei der Abnahme mit der Leistung 7 MW auf, so dass die Leitung, wie in Bild 1.69c gezeigt, in zwei einseitig gespeiste Leitungen aufgetrennt werden kann. Nach Gl. (1.106) ist mit $\Delta U_\triangle = 0,03\,U_N = 0,03\cdot 30\,\text{kV} = 0,9\,\text{kV}$ der erforderliche bezogene Längswiderstand

$$\psi = \frac{\Delta U_\triangle\,U_N}{\sum\limits_{\nu=1}^{2}(P_\nu L_\nu)} = \frac{0,9\,\text{kV}\cdot 30\,\text{kV}}{4\,\text{MW}\cdot 3\,\text{km} + 5,42\,\text{MW}\cdot 8\,\text{km}} = 0,488\,\Omega/\text{km}$$

Aus Tabelle 1.61 entnimmt man für $d = 1,5\,\text{m}$ und $\cos\varphi = 0,9$ den erforderlichen Leiterquerschnitt $A = 70\,\text{mm}^2$ mit $\psi = 0,458\,\Omega/\text{km}$. Der größten auftretenden Streckenleistung

$P_{II} = 12,58\,\text{MW}$ mit $\cos\varphi = 0,9$ ind. entspricht der Strom $I = P/(\sqrt{3}\,U_N\cos\varphi) = 12,58\,\text{MW}/$ $(\sqrt{3}\cdot 30\,\text{kV}\cdot 0,9) = 269\,\text{A}$, der nach Tabelle A 19 unter der zulässigen Strombelastbarkeit von 310 A liegt. Fällt allerdings eine der beiden 2 km bzw. 3 km langen Strecken aus, muss die verbleibende Einspeisung den Gesamtstrom von 470 A führen. Mit $A = 70\,\text{mm}^2$ wäre die Leitung, die dann nach Tabelle A 19 einen Querschnitt von 150 mm² aufweisen müsste, stark überlastet und würde von den Netzschutzeinrichtungen (s. Abschn. 3.4.4) aufgetrennt. Die mit der Ringleitung angestrebte Versorgungssicherheit wäre dann nicht mehr gegeben.

1.3.2.6 Vermaschtes Netz.

Die Berechnung der erforderlichen Leiterquerschnitte eines zu errichtenden Netzes oder die Ermittlung der Spannungsdifferenz ist bei einem vermaschten Netz aufwendiger als bei einem Strahlennetz, weil die *Leistungsverteilung* (Lastfluss) zunächst nicht bekannt ist und erst berechnet werden muss. Es wird hier ein vereinfachtes Knotenpunkt-Potentialverfahren [42] angewendet. Hierfür sollen folgende Vereinbarungen getroffen werden:

1. Es werden nur symmetrisch belastete Drehstromnetze berechnet. Dieses Verfahren gilt aber auch für Gleich- und Wechselstromnetze, wenn U_N durch $U_N/2$ ersetzt wird (s. Abschn. 1.3.2.1).

2. Die Phasenwinkel aller im Netz auftretenden Außenleiterspannungen sollen annähernd gleich sein.

3. Die Leistungsfaktoren aller Abnehmer sollen sich nur wenig unterscheiden, so dass mit einem *mittleren Leistungsfaktor* gerechnet werden darf.

4. *Netzknotenpunkte* sind Punkte, in denen mindestens drei Leitungen zusammenlaufen. Darüberhinaus werden aber auch alle Lastpunkte, in denen Verbraucher angreifen, zu Knotenpunkten erklärt. *Knotenpunktspannungen* werden mit $U_1, U_2, \ldots$ bezeichnet.

5. *Speisepunkte* sind Punkte, bei denen für die Berechnung die Außenleiterspannung vorgegeben ist. Netzpunkte, in die Generatoren eine vorgegebene Leistung einspeisen, werden dagegen als Knotenpunkte mit einer negativen Abnahmeleistung aufgefasst. *Speisepunktspannungen* werden mit $U_I, U_{II}, \ldots$ bezeichnet.

Ein Maschennetz kann betrachtet werden als Zusammenschaltung mehrerer zweiseitig gespeister Leitungen. Wären also außer den Speisespannungen auch alle Knotenpunktspannungen bekannt, so wäre die Leistungsverteilung nach Abschn. 1.3.2.5 leicht zu ermitteln. Anhand des in Bild 1.70 angegebenen Netzes mit 3 Speisepunkten und 4 Knotenpunkten soll nun ein Schema zum Aufstellen eines linearen Gleichungssystems entwickelt werden, aus dem die unbekannten Knotenpunktspannungen berechnet werden können. Die Netzzweige können beliebig durchnumeriert und

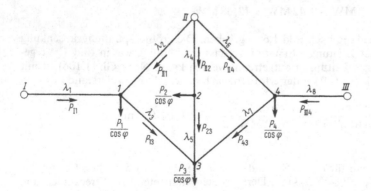

Bild 1.70
Maschennetz mit drei Speisepunkten *I*, *II* und *III* und vier Knotenpunkten *1*, *2*, *3* und *4* zur Ableitung eines linearen Gleichungssystems für die Ermittlung der Knotenpunktspannungen

mit ihren *Streckenleitwerten* λ nach Gl. (1.116) bezeichnet werden. Weiter können die Richtungen der *Streckenleistungen* beliebig festgelegt und durch Indizes entsprechend gekennzeichnet werden. Für sie lassen sich nun unter Berücksichtigung von Gl. (1.118) für Bild 1.70 acht Gleichungen anschreiben

$$
\begin{aligned}
P_{\mathrm{I1}} &= (U_{\mathrm{I}} - U_1)U_{\mathrm{N}}\,\lambda_1; & P_{23} &= (U_2 - U_3)U_{\mathrm{N}}\,\lambda_5 \\
P_{\mathrm{II1}} &= (U_{\mathrm{II}} - U_1)U_{\mathrm{N}}\,\lambda_2; & P_{\mathrm{II4}} &= (U_{\mathrm{II}} - U_4)U_{\mathrm{N}}\,\lambda_6 \\
P_{13} &= (U_1 - U_3)U_{\mathrm{N}}\,\lambda_3; & P_{43} &= (U_4 - U_3)U_{\mathrm{N}}\,\lambda_7 \\
P_{\mathrm{II2}} &= (U_{\mathrm{II}} - U_2)U_{\mathrm{N}}\,\lambda_4; & P_{\mathrm{III4}} &= (U_{\mathrm{III}} - U_4)U_{\mathrm{N}}\,\lambda_8
\end{aligned}
\tag{1.119}
$$

Aus der Leistungsbilanz der einzelnen Knotenpunkte folgt

$$
\begin{aligned}
P_1 &= P_{\mathrm{I1}} + P_{\mathrm{II1}} - P_{13} &&= U_{\mathrm{N}}[(U_{\mathrm{I}} - U_1)\lambda_1 + (U_{\mathrm{II}} - U_1)\lambda_2 - (U_1 - U_3)\lambda_3] \\
P_2 &= P_{\mathrm{II2}} - P_{23} &&= U_{\mathrm{N}}[(U_{\mathrm{II}} - U_2)\lambda_4 - (U_2 - U_3)\lambda_5] \\
P_3 &= P_{13} + P_{23} + P_{43} &&= U_{\mathrm{N}}[(U_1 - U_3)\lambda_3 + (U_2 - U_3)\lambda_5 + (U_4 - U_3)\lambda_7] \\
P_4 &= P_{\mathrm{II4}} + P_{\mathrm{III4}} - P_{43} &&= U_{\mathrm{N}}[(U_{\mathrm{II}} - U_4)\lambda_6 + (U_{\mathrm{III}} - U_4)\lambda_8 - (U_4 - U_3)\lambda_7]
\end{aligned}
$$

Stellt man die einzelnen Gleichungen um und ordnet dabei die Summanden so, dass die unbekannten Knotenpunktspannungen auf der einen und alle bekannten Größen auf der anderen Seite der Gleichung stehen, so ergibt sich das gesuchte Gleichungssystem in der Form

$$
\begin{aligned}
(\lambda_1 + \lambda_2 + \lambda_3)U_1 - \lambda_3 U_3 &= \lambda_1 U_{\mathrm{I}} + \lambda_2 U_{\mathrm{II}} - (P_1/U_{\mathrm{N}}) \\
(\lambda_4 + \lambda_5)U_2 - \lambda_5 U_3 &= \lambda_4 U_{\mathrm{II}} - (P_2/U_{\mathrm{N}}) \\
-\lambda_3 U_1 - \lambda_5 U_2 + (\lambda_3 + \lambda_5 + \lambda_7)U_3 - \lambda_7 U_4 &= -P_3/U_{\mathrm{N}} \\
-\lambda_7 U_3 + (\lambda_6 + \lambda_7 + \lambda_8)U_4 &= \lambda_6 U_{\mathrm{II}} + \lambda_8 U_{\mathrm{III}} - (P_4/U_{\mathrm{N}})
\end{aligned}
\tag{1.120}
$$

und in Matrizenschreibweise

$$
\begin{array}{cccc}
1 & 2 & 3 & 4
\end{array}
$$
$$
\begin{bmatrix}
\lambda_1 + \lambda_2 + \lambda_3 & 0 & -\lambda_3 & 0 \\
0 & \lambda_4 + \lambda_5 & -\lambda_5 & 0 \\
-\lambda_3 & -\lambda_5 & \lambda_3 + \lambda_5 + \lambda_7 & -\lambda_7 \\
0 & 0 & -\lambda_7 & \lambda_6 + \lambda_7 + \lambda_8
\end{bmatrix}
\cdot
\begin{bmatrix}
U_1 \\ U_2 \\ U_3 \\ U_4
\end{bmatrix}
$$

Knotenpunkt-Leitwertmatrix

$$
=
\begin{array}{ccc}
\mathrm{I} & \mathrm{II} & \mathrm{III}
\end{array}
$$
$$
=
\begin{bmatrix}
\lambda_1 & \lambda_2 & 0 \\
0 & \lambda_4 & 0 \\
0 & 0 & 0 \\
0 & \lambda_6 & \lambda_8
\end{bmatrix}
\cdot
\begin{bmatrix}
U_{\mathrm{I}} \\ U_{\mathrm{II}} \\ U_{\mathrm{III}}
\end{bmatrix}
- \frac{1}{U_{\mathrm{N}}}
\begin{bmatrix}
P_1 \\ P_2 \\ P_3 \\ P_4
\end{bmatrix}
\tag{1.121}
$$

Speisepunkt-
Leitwertmatrix

Es lässt sich nun leicht eine Gesetzmäßigkeit im Aufbau der Matrizen erkennen, die es gestattet, das Gleichungssystem für jedes beliebig gestaltete Netz ohne die hier beschriebene Ableitung unmittelbar anzugeben. So bilden die Koeffizienten (also die Leitwerte λ) der Knotenpunktspannungen eine symmetrische Matrix, die *Knotenpunkt-Leitwertmatrix* genannt wird. Sie kennzeichnet die Verknüpfung der einzelnen Knotenpunkte miteinander. In der Hauptdiagonalen stehen die Summen der Streckenleitwerte jener Netzzweige die in die jeweiligen Knotenpunkte einmünden.

Die Elemente außerhalb der Hauptdiagonalen enthalten die *negativen Leitwerte* derjenigen Strecken, die je 2 Knotenpunkte direkt verbinden. Die Matrix ist symmetrisch, weil der Schnittpunkt der 2. Zeile mit der 3. Spalte die gleiche Verknüpfung bezeichnet wie der Schnittpunkt der 2. Spalte mit der 3. Zeile, in beiden Fällen also über $-\lambda_5$. Besteht zwischen zwei Knotenpunkten keine direkte Verbindung, so ist der Streckenleitwert mit dem Wert Null einzusetzen.

Ähnlich bilden die Koeffizienten der Speisespannungen U_{I}, U_{II} und U_{III} auf der rechten Seite des Gleichungssystems eine Leitwertmatrix, die so viele Reihen wie Knotenpunkte und so viele Spalten wie Speisepunkte enthält: *Speisepunkt-Leitwertmatrix*. Sie kennzeichnet in entsprechender Weise die Verknüpfung der Speisepunkte mit den Knotenpunkten. In ihr erscheinen die Leitwerte ausschließlich mit positiven Vorzeichen.

In jeder Gleichung wird auf der rechten Seite von der Summe der mit den Leitwerten multiplizierten Speisespannungen die durch die Nennspannung dividierte Knotenpunkt-Abnahmeleistung subtrahiert. In einen Knotenpunkt eingespeiste vorgegebene Leistungen werden mit negativem Vorzeichen eingesetzt. Die Lösung des Gleichungssystems (1.121), die man zweckmäßigerweise von einem Digitalrechner ausführen lässt, liefert alle Knotenpunktspannungen, mit denen nach Gl. (1.119) ebenfalls alle Streckenleistungen ermittelt werden können. Hiermit ist die Leistungsverteilung im gesamten Netz bekannt.

Sollen die *Leiterquerschnitte für ein vermaschtes Netz* ermittelt werden, so nimmt man zunächst einmal Streckenleitwerte an, die mit einem bliebigen bezogenen Längswiderstand (z. B. $\psi = 1\,\Omega/\mathrm{km}$) nach Gl. (1.116) berechnet werden. Hiermit findet man eine Leistungsverteilung für ein Netz mit einheitlichem Leiterquerschnitt. Nach Kenntnis der Leistungsverteilung wird das Netz in mehrere Strahlennetze aufgetrennt, deren Leiterquerschnitte für vorgegebene Mindestspannungen in bekannter Weise berechnet werden können.

Beispiel 1.14. Das in Bild 1.71 dargestellte Kabelnetz mit Kupferleitern bezieht seine Leistung an zwei Stellen aus einem überlagerten Netz für $U_{\mathrm{N}} = 110\,\mathrm{kV}$. An einer weiteren Stelle wird von einem Generator die konstante Leistung 6 MW eingespeist. Für alle Abnehmer wird der mittlere Leistungsfaktor $\cos\varphi = 0,9$ ind. $(\tan\varphi = 0,484)$ vorausgesetzt. Die Leitertemperatur beträgt 40 °C.

Verwendet werden:

30-kV-Kabel mit $150\,\mathrm{mm}^2$: $R_{\mathrm{L}} = 0,130\,\Omega/\mathrm{km}$, $X_{\mathrm{L}} = 0,126\,\Omega/\mathrm{km}$ und somit nach Gl. (1.96)
$$\psi = 0,191\,\Omega/\mathrm{km}$$

30-kV-Kabel mit $240\,\mathrm{mm}^2$: $R_{\mathrm{L}} = 0,080\,\Omega/\mathrm{km}$, $X_{\mathrm{L}} = 0,118\,\Omega/\mathrm{km}$ und somit nach Gl. (1.96)
$$\psi = 0,137\,\Omega/\mathrm{km}$$

Für weitere Daten s. Bild 1.71. Es soll die Leistungsverteilung ermittelt werden.

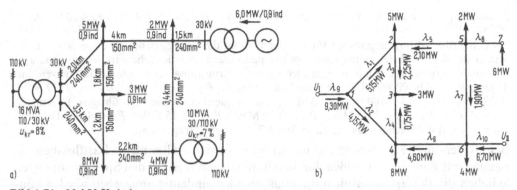

Bild 1.71 30-kV-Kabelnetz
a) Netzform und Abnahmeleistungen, b) Zur Berechnung des Lastflusses umgestaltetes Netz mit den schließlich berechneten Streckenleistungen

Es wird vorausgesetzt, dass die 110-kV-Speisepunkte I und II gleiche und konstante Spannung aufweisen. Als *Bezugsspannung* wird $U_B = 30\,\text{kV}$ gewählt. Die Numerierung der Leitungsstrecken und der Knotenpunkte zeigt Bild 1.71 b. Die Transformatoren mit den Leitwerten λ_9 und λ_{10} werden wie Leitungen mit der Länge 1 km behandelt, da dann die Transformatorreaktanzen als auf die Länge bezogene Widerstände der ersatzweise angenommenen Leitungen gewertet werden können.

Für die Transformatoren ergeben sich mit $u_{Rr} \approx 0$ nach Gl. (1.91) die Reaktanzen $X_9 = Z_9 = u_{kr}\,U_B^2/S_r = 0,08\,(30\,\text{kV})^2/(16\,\text{MVA}) = 4,5\,\Omega$ und ebenso $X_{10} = 6,3\,\Omega$. So erhält man für die Ersatzleitungen die bezogenen Längswiderstände $\psi_9 = X_9 \tan\varphi = (4,5\,\Omega/\text{km}) \cdot 0,484 = 2,18\,\Omega/\text{km}$ und in gleicher Weise $\psi_{10} = 3,06\,\Omega/\text{km}$. Die Streckenleitwerte nach Gl. (1.116) betragen $\lambda_1 = 1/(l_1\,\psi_1) = 1/(2,0\,\text{km} \cdot 0,137\,\Omega/\text{km}) = 3,646\,\text{S}$ und entsprechend $\lambda_2 = 2,083\,\text{S}$, $\lambda_3 = 2,908\,\text{S}$, $\lambda_4 = 4,362\,\text{S}$, $\lambda_5 = 1,309\,\text{S}$, $\lambda_6 = 3,314\,\text{S}$, $\lambda_7 = 2,145\,\text{S}$, $\lambda_8 = 4,861\,\text{S}$ und für die Transformatorstrecken $\lambda_9 = 1/(1\,\text{km}\,\psi_9) = 1/(1\,\text{km} \cdot 2,18\,\Omega/\text{km}) = 0,459\,\text{S}$ und entsprechend $\lambda_{10} = 0,328\,\text{S}$. Nach Gl. (1.121) ergibt sich nun mit allen bekannten bzw. berechneten Größen das Gleichungssystem.

$$
\begin{bmatrix}
6,188 & -3,646 & 0 & -2,083 & 0 & 0 & 0 \\
-3,646 & 7,863 & -2,908 & 0 & -1,309 & 0 & 0 \\
0 & -2,908 & 7,271 & -4,362 & 0 & 0 & 0 \\
-2,083 & 0 & -4,362 & 9,760 & 0 & -3,314 & 0 \\
0 & -1,309 & 0 & 0 & 8,314 & -2,145 & -4,861 \\
0 & 0 & 0 & -3,314 & -2,145 & 5,787 & 0 \\
0 & 0 & 0 & 0 & -4,861 & 0 & 4,861
\end{bmatrix}
\cdot
\begin{bmatrix}
\{U_1\} \\
\{U_2\} \\
\{U_3\} \\
\{U_4\} \\
\{U_5\} \\
\{U_6\} \\
\{U_7\}
\end{bmatrix}
$$

$$
=
\begin{bmatrix}
0,459 & 0 \\
0 & 0 \\
0 & 0 \\
0 & 0 \\
0 & 0 \\
0 & 0,328 \\
0 & 0
\end{bmatrix}
\cdot
\begin{bmatrix}
30\,000 \\
\\
30\,000
\end{bmatrix}
- \frac{1}{30\,000}
\begin{bmatrix}
0 \\
5\,000\,000 \\
3\,000\,000 \\
8\,000\,000 \\
2\,000\,000 \\
4\,000\,000 \\
-6\,000\,000
\end{bmatrix}
=
\begin{bmatrix}
13\,764,94 \\
-166,67 \\
-100,00 \\
-266,67 \\
-66,67 \\
9\,698,77 \\
200,00
\end{bmatrix}
$$

Hierin sind die Leitwerte in S, die Spannungen in V und die Leistungen in W eingesetzt, so dass sich die Knotenpunktspannungen ebenfalls in V ergeben. Die Lösung dieses Gleichungssystems durch einen Digitalrechner liefert die Knotenpunktspannungen $U_1 = 29\,317,9\,\text{V}$, $U_2 =$

29 270, 8 V, $U_3 = 29\,245, 2$ V, $U_4 = 29\,251, 0$ V, $U_5 = 29\,326, 3$ V, $U_6 = 29\,298, 0$ V, $U_7 =$ 29 367, 4 V.

Da den 110-kV-Einspeisepunkten für die Berechnung die Bezugsspannung $U_B = 30\,$kV zugeordnet ist, sind die berechneten Knotenpunktspannungen hier nicht die wirklich im Netz auftretenden Spannungen, sondern dienen lediglich zur Ermittlung der Spannungdifferenzen, mit denen sich nach Gl. (1.118) die Streckenleistungen $P_{12} = (U_1 - U_2)\lambda_1 U_B = (29\,317, 9$ V $-$ 29 270, 8 V$)\cdot 3, 646$ S $\cdot 30\,000$ V $= 5, 15$ MW und in gleicher Weise die übrigen Leistungen $P_{14} = 4, 15$ MW, $P_{23} = 2, 25$ MW, $P_{43} = 0, 75$ MW, $P_{52} = 2, 15$ MW, $P_{64} = 4, 60$ MW und $P_{56} = 1, 85$ MW berechnen lassen, die in Bild 1.71 b mit eingetragen sind.

Bei Nieder- und Mittelspannungsnetzen lohnt es sich i. allg. nicht, Lastflussberechnungen mit komplexen Größen durchzuführen, wenn z. B. bei den Speisespannungen lediglich die Beträge, aber nicht die Phasenwinkel eindeutig angegeben werden können, und wenn mangels genauerer Kenntnis mit einheitlichem Leistungsfaktor der Verbraucher gerechnet wird. Überdies weicht der mit dem hier beschriebenen Verfahren ermittelte Lastfluss von dem komplex berechneten meist nur geringfügig ab, wenn mit $\cos\varphi < 1$ gerechnet wird.

Bei sehr vielen Netzknotenpunkten, z. B. 100, ergeben sich in Gl. (1.121) meist sehr dünn besetzte Leitwertmatrizen, deren Elemente vielleicht nur zu 10% mit den Leitwerten $\lambda \neq 0$ belegt sind. Dann kann Speicherplatz dadurch eingespart werden, dass im Rechner die Matrizen nicht mehr vollständig abgebildet, sondern lediglich die wirklich vorhandenen Leitwerte aufgelistet werden. Rechenzentren verfügen meist über Routinen zur Lösung dünn besetzter Matrizen (sparse matrices).

Iterative Lösung. Lineare Gleichungssysteme nach Gl. (1.121) können auch iterativ gelöst werden. Dies kann bei kleinen Rechnern (z. B. Taschenrechnern) vorteilhaft sein, wenn der Speicherplatz für die direkte Lösung (Gauß-Algorithmus, Matrixinversion) nicht ausreicht. Sie ist unerlässlich bei einem nichtlinearen Gleichungssystem, das sich z. B. für Gl. (1.121) dann ergeben würde, wenn bei Gl. (1.118) statt der Nennspannung U_N die wirkliche Knotenpunktspannung U_k eingesetzt würde (s. Gl. (1.97)). Nachstehend wird die iterative Lösung für lineare Verhältnisse beschrieben.

Nach Bild 1.72 wird angenommen, dass im Netzknoten k mit der Abnahmeleistung P_k insgesamt m Leitungen zusammenlaufen. Mit den eingezeichneten Streckenleistungen P_{1k}, P_{2k} bis P_{mk} gilt die *Leistungsbilanz*

$$\sum_{i=1}^{m} P_{ik} - P_k = 0 \qquad (1.122)$$

Mit $P_{ik} = (U_i - U_k) U_N \lambda_{ik}$ nach Gl. (1.118) wird aus Gl. (1.122)

$$\sum_{i=1}^{m} [(U_i - U_k) U_N \lambda_{ik}] - P_k = 0 \qquad (1.123)$$

Hieraus folgt für die *Spannung im Knotenpunkt k*

$$U_k = \frac{\sum\limits_{i=1}^{m} U_i \lambda_{ik} - (P_k/U_N)}{\sum\limits_{i=1}^{m} \lambda_{ik}} \qquad (1.124)$$

die z. B. berechnet werden kann, wenn alle Spannungen $U_i (i = 1$ bis $m)$ bekannt sind.

Hat ein Netz n Knotenpunkte, wird Gl. (1.124) auf alle Knotenpunkte angewendet, so dass n Gleichungen entstehen, in denen die unbekannten Spannungen der jeweils anderen Knotenpunkte mit enthalten sind. Diese können zunächst beliebig angenommen werden. Allerdings lässt Gl. (1.124) erkennen, dass Ausgangswerte $U_i = 0$ zu negativen Spannungen U_k führen könnten. Es empfiehlt sich deshalb, endliche Werte (z. B. $U_i = U_N$) vorzugeben. Mit diesen Vorgabewerten werden nach dem 1. Iterationsschritt n neue Spannungen $U_k (k = 1$ bis $n)$ berechnet, die in der Folge solange immer wieder eingesetzt werden, bis die Genauigkeit der Knotenpunktspannungen die vorgeschriebene Grenze erreicht. Dieser Rechnungsgang ist auch mit komplexen Größen durchführbar (s. Abschn. 1.3.2.7).

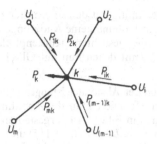

Bild 1.72
Netzknotenpunkt k mit m Netzzweigen und Abnahmeleistung P_k

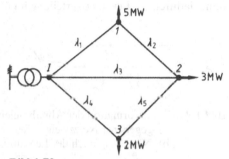

Bild 1.73
Drehstromnetz mit Speisepunkt I und Netzknotenpunkten 1, 2 und 3

Beispiel 1.15. Von dem Netz nach Bild 1.73 sind die Speisespannung $U_I = U_N = 10\,\text{kV}$, die Streckenleitwerte $\lambda_1 = 2,5\,\text{S}$, $\lambda_2 = 3,0\,\text{S}$, $\lambda_3 = 1,5\,\text{S}$, $\lambda_4 = 2,0\,\text{S}$ und $\lambda_5 = 2,2\,\text{S}$ sowie die Abnahmeleistungen $P_1 = 5\,\text{MW}$, $P_2 = 3\,\text{MW}$, $P_3 = 2\,\text{MW}$ bekannt. Die Knotenpunktspannungen U_1, U_2 und U_3 sind iterativ zu ermitteln.

Für die 3 Netzknotenpunkte lassen sich mit Gl. (1.124) drei Gleichungen für die Knotenpunktspannungen [vergl. mit Gl. (1.121)]

$$U_1 = [U_I\,\lambda_1 + U_2\,\lambda_2 - (P_1/U_N)]/(\lambda_1 + \lambda_2)$$
$$U_2 = [U_I\,\lambda_3 + U_1\,\lambda_2 + U_3\,\lambda_5 - (P_2/U_N)]/(\lambda_2 + \lambda_3 + \lambda_5)$$
$$U_3 = [U_I\,\lambda_4 + U_2\,\lambda_5 - (P_3/U_N)]/(\lambda_4 + \lambda_5)$$

aufstellen. Als Ausgangswerte werden die Spannungen $U_1 = U_2 = U_3 = 5\,\text{kV}$ beliebig angenommen. Hiermit berechnet man im 1. Iterationsschritt die schon besser angenäherte Knotenpunktspannung

$$U_1 = [10\,\text{kV} \cdot 2,5\,\text{S} + 5\,\text{kV} \cdot 3\,\text{S} - (5\,\text{MW}/10\,\text{kV})]/(2,5\,\text{S} + 3\,\text{S}) = 7,182\,\text{kV}$$

Mit diesem verbesserten Wert ist die Spannung

$$U_2 = [10\,\text{kV} \cdot 1,5\,\text{S} + 7,182\,\text{kV} \cdot 3\,\text{S} + 5\,\text{kV} \cdot 2,2\,\text{S}$$
$$- (3\,\text{MW}/10\,\text{kV})]/(1,5\,\text{S} + 3\,\text{S} + 2,2\,\text{S}) = 7,052\,\text{kV}$$

und hiermit schließlich die Spannung

$$U_3 = [10\,\text{kV} \cdot 2,0\,\text{S} + 7,052\,\text{kV} \cdot 2,2\,\text{S} - (2\,\text{MW}/10\,\text{kV})]/(2,0\,\text{S} + 2,2\,\text{S}) = 8,408\,\text{kV}$$

Wird die Berechnung mit den so ermittelten Spannungen solange wiederholt, bis sich in der 3. Stelle nach dem Komma keine Änderungen mehr ergeben, erhält man nach 10 weiteren Iterationsschritten die gesuchten Knotenpunktspannungen $U_1 = 9,813\,\mathrm{kV}$, $U_2 = 9,826\,\mathrm{kV}$ und $U_3 = 9,861\,\mathrm{kV}$, mit denen nun mit Gl. (1.118) die Streckenleistungen berechnet werden können.

Transformation der Abnahmeleistungen. Um die Anzahl der linearen Gleichungen (1.121) klein zu halten, transformiert man die Abnahmen eines Netzzweigs in die benachbarten Knotenpunkte. Für den in Bild 1.74a dargestellten Netzzweig zwischen den Knotenpunkten i und k ergeben sich für $U_i = U_k$ aus Gl. (1.115) und (1.117) die beiden Leistungen P_i' und P_k', deren Summe gleich der Summe aller Abnahmeleistungen ist. Diesen überlagert sich die Ausgleichsleistung P_{ik} nach Gl. (1.118), die infolge der Spannungsdifferenz $U_i - U_k$ aus dem Knoten i in den Knoten k fließt. Anstelle der wirklichen Leistungen P_1, P_2, P_3 und P_4 kann man die beiden Leistungen P_i' und P_k' nach Bild 1.74b als Abnahmen in den Knotenpunkten i und k auffassen, ohne dadurch die Leistungsverteilung im übrigen Netz zu verändern.

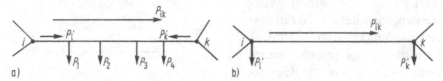

Bild 1.74 Transformation der Abnahmeleistungen in die Netzknotenpunkte
a) gegebener Netzzweig,
b) Netzzweig nach der Leistungstransformation

1.3.2.7 Komplexe Lastflussberechnung.
Mit dem in Abschn. 1.3.2.6 zur Lastflussberechnung beschriebenen Verfahren, bei dem die aufwendige komplexe Rechnung durch die Einführung des bezogenen Längswiderstands ψ umgegangen werden konnte, sind einige Einschränkungen verbunden. So wird ein einheitlicher Leistungsfaktor $\cos\varphi$ aller Verbraucher vorausgesetzt. Die Speisespannungen können zwar unterschiedliche Beträge aufweisen, müssen aber alle mit dem gleichen Phasenwinkel versehen sein. Der Wirk- und Blindleistungsbedarf aller Leitungen wird vernachlässigt, d. h. die in das Netz eingespeiste Leistung entspricht nach Betrag und Winkel exakt der Summe der Abnahmeleistungen.

Immer dann, wenn auch nur eine dieser Einschränkungen nicht hingenommen werden kann, ist die Lastflussberechnung mit komplexen Größen durchzuführen. Hierfür bestehen unterschiedliche Berechnungsverfahren, von denen nachfolgend zwei beschrieben werden.

Knotenpunkt-Potentialverfahren. Das für das Maschennetz nach Bild 1.70 abgeleitete Gleichungssystem (1.121) lässt sich in gleicher Weise auch für die komplexe Lastflussberechnung verwenden, wenn die Streckenleitwerte $\lambda_i = 1/(\psi_i\,\ell_i)$ durch die komplexen Leitwerte $\underline{Y}_i = 1/\underline{Z}_i = 1/(R_i + \mathrm{j}\,X_i)$, die Dreieckspannungen der Knotenpunkte $U_1, U_2\ldots$ und der Speisespannung $U_\mathrm{I}, U_\mathrm{II}\ldots\ldots$ durch die komplexen Sternspannungen $\underline{U}_{\curlywedge 1}, \underline{U}_{\curlywedge 2}$ bzw. $\underline{U}_{\curlywedge\mathrm{I}}, \underline{U}_{\curlywedge\mathrm{II}}$ und die durch die Nennspannung U_N dividierten Abnahmeleistungen $P_1/U_\mathrm{N}, P_2/U_\mathrm{N}\ldots$ durch die komplexen Abnahmeströme $\underline{I}_1, \underline{I}_2\ldots$ ersetzt werden. Gl. (1.121) nimmt dann folgende Form an:

$$
\begin{bmatrix}
\underline{Y}_1 + \underline{Y}_2 + \underline{Y}_3 & 0 & -\underline{Y}_3 & 0 \\
0 & \underline{Y}_4 + \underline{Y}_5 & -\underline{Y}_5 & 0 \\
-\underline{Y}_3 & -\underline{Y}_5 & \underline{Y}_3 + \underline{Y}_5 + \underline{Y}_7 & -\underline{Y}_7 \\
0 & 0 & -\underline{Y}_7 & \underline{Y}_6 + \underline{Y}_7 + \underline{Y}_8
\end{bmatrix}
\cdot
\begin{bmatrix}
\underline{U}_{\curlywedge 1} \\
\underline{U}_{\curlywedge 2} \\
\underline{U}_{\curlywedge 3} \\
\underline{U}_{\curlywedge 4}
\end{bmatrix}
$$

$$
=
\begin{bmatrix}
\underline{Y}_1 & \underline{Y}_2 & 0 \\
0 & \underline{Y}_4 & 0 \\
0 & 0 & 0 \\
0 & \underline{Y}_6 & \underline{Y}_8
\end{bmatrix}
\cdot
\begin{bmatrix}
\underline{U}_{\curlywedge \mathrm{I}} \\
\underline{U}_{\curlywedge \mathrm{II}} \\
\underline{U}_{\curlywedge \mathrm{III}}
\end{bmatrix}
-
\begin{bmatrix}
\underline{I}_1 \\
\underline{I}_2 \\
\underline{I}_3 \\
\underline{I}_4
\end{bmatrix}
\tag{1.125}
$$

Die direkte Lösung von Gl. (1.125) kann so erfolgen, dass das komplexe Gleichungs-system zunächst in eine reelle Matrizengleichung umgewandelt wird (s. Beispiel 1.16), die dann z. B. über den Gauß-Algorithmus zu lösen ist. Viele Taschenrechner verfügen aber über Programme zur unmittelbaren Lösung von komplexen Glei-chungssystemen.

Aber auch bei diesem Knotenpunkt-Potentialverfahren ist eine meist jedoch kleine Einschränkung in Kauf zu nehmen. Die aus den Leistungsfaktoren $\cos\varphi_i$ resultieren-den Phasenwinkel φ_i der Abnahmeströme $\underline{I}_i$, beziehen sich auf die bis dahin noch unbekannten Knotenpunktspannungen $\underline{U}_{\curlywedge i}$. Die Ströme müssen deshalb zunächst auf diejenige Speisespannung bezogen werden, welcher der Phasenwinkel Null zuge-ordnet wird. Wenn die Phasenwinkel aller Spannungen im Netz sich nur wenig von-einander unterscheiden, ist der hierdurch bedingte Fehler gering. Vergleicht man die Wirkleistungsflüsse, so weicht die mit reellen Größen durchgeführte Lastflussberech-nung meist nur geringfügig von jenen aus der komplex ausgeführten Berechnung ab, sofern mit einem Leistungsfaktor $\cos\varphi < 1$ gerechnet wird.

Sind die Knotenpunktspannungen aus Gl. (1.125) berechnet, ergibt sich (s. Bild 1.75) der aus dem Knoten i in den Knoten k fließende *Strom*

$$
\underline{I}_{ik} = (\underline{U}_{\curlywedge i} - \underline{U}_{\curlywedge k})\underline{Y}_{ik}
\tag{1.126}
$$

Mit dem konjugiert komplexen Strom $\underline{I}_{ik}^*$ findet man die aus Knoten i in Richtung Knoten k fließende *Scheinleistung*

$$
\underline{S}_{ik(i)} = 3\,\underline{U}_{\curlywedge i}\,\underline{I}_{ik}^* = P_{ik(i)} + j\,Q_{ik(i)}
\tag{1.127}
$$

und für die aus Knoten i in den Knoten k fließende *Scheinleistung*

$$
\underline{S}_{ik(k)} = 3\,\underline{U}_{\curlywedge k}\,\underline{I}_{ik}^* = P_{ik(k)} + j\,Q_{ik(k)}
\tag{1.128}
$$

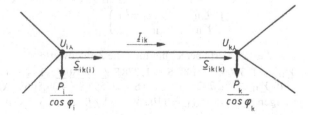

Bild 1.75
Netzzweig mit den Knotenpunkten i
und k

Die Differenz der Wirkleistungen liefert die *Übertragungsverluste*

$$P_{vik} = P_{ik(i)} - P_{ik(k)} \qquad\qquad (1.129)$$

auf der Strecke $\overline{ik}$.

Beispiel 1.16. Die zweiseitig gespeiste Leitung nach Bild 1.76a mit den phasengleichen Speisespannungen $U_{I\Delta} = U_{II\Delta} = U_N = 10\,\text{kV}$ besteht aus drei Einleiterkabeln NA2XSY 1* 120 mm² mit dem bezogenen Wirkwiderstand $R_L = 0,240\,\Omega/\text{km}$ und der bezogenen Reaktanz $X_L = 0,200\,\Omega/\text{km}$. Die Abnahmen in den beiden Netzknoten haben die Wirkleistungen $P_1 = 2,5\,\text{MW}$ und $P_2 = 1,9\,\text{MW}$ mit den einheitlichen Leistungsfaktoren $\cos\varphi_1 = \cos\varphi_2 = 0,9_{\,\text{ind}}$. Zu ermitteln sind der komplexe Lastfluss und die Summe der Übertragungsverluste. Zum Vergleich ist der Lastfluss mit reellen Größen nach Abschn. 1.3.2.5 zu berechnen.

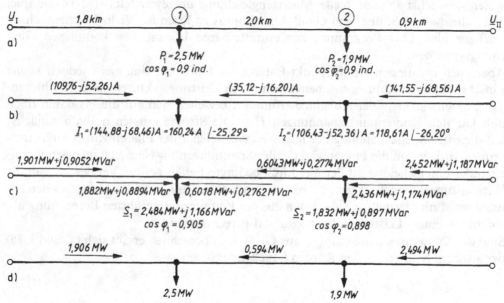

Bild 1.76 Zweiseitig gespeiste Leitung mit den Speisepunkten I und II und den Knotenpunkten 1 und 2 (a), die mit dem Knotenpunkt-Potentialverfahren ermittelten komplexen Streckenströme (b) und -leistungen (c) sowie der mit Gl. (1.114) mit reellen Größen ermittelte Wirkleistungsfluss (d)

Mit der bezogenen Impedanz $\underline{Z}_L = R_L + j\,X_L = (0,24 + j\,0,20)\,\Omega/\text{km}$ und den Streckenleitwerten $\underline{Y}_{ik} = 1/(\ell_{ik}\,\underline{Z}_L)$ ergibt sich nach Gl. (1.125) die komplexe Matrizengleichung

$$\begin{pmatrix} \underline{Y}_{I1} + \underline{Y}_{12} & -\underline{Y}_{12} \\ -\underline{Y}_{12} & \underline{Y}_{12} + \underline{Y}_{II2} \end{pmatrix} \begin{pmatrix} \underline{U}_{\lambda 1} \\ \underline{U}_{\lambda 2} \end{pmatrix} = \begin{pmatrix} \underline{Y}_{I1} & 0 \\ 0 & \underline{Y}_{II2} \end{pmatrix} \cdot \begin{pmatrix} \underline{U}_{\lambda I} \\ \underline{U}_{\lambda II} \end{pmatrix} - \begin{pmatrix} \underline{I}_1 \\ \underline{I}_2 \end{pmatrix}$$

$$= \begin{pmatrix} \underline{Y}_{I1} & \underline{U}_{\lambda I} & -\underline{I}_1 \\ \underline{Y}_{II2} & \underline{U}_{\lambda II} & -\underline{I}_2 \end{pmatrix}$$

Für die Leitwerte berechnet man die Zahlenwerte:

$\underline{Y}_{I1} = (1,366 - j\,1,138)\,\text{S} = 1,778\,\text{S}\,\underline{/-39,806°}$, $\underline{Y}_{12} = (1,230 - j\,1,025)\text{S} = 1,601\,\text{S}\,\underline{/-39,806°}$ und $\underline{Y}_{II2} = (2,732 - j\,2,277)\,\text{S} = 3,557\,\text{S}\,\underline{/-39,806°}$. Als Bezugsgrößen wird den Speisespannungen $\underline{U}_{\lambda I} = \underline{U}_{\lambda II} = (10\,\text{kV}/\sqrt{3})\,\underline{/0°} = 5773,5\,\text{V}$ der Phasenwinkel Null zugeordnet. Die

Stromstärken der Abnahmeleistungen $I_1 = P_1/\sqrt{3}\,U_N \cos\varphi_1) = 2,5\,\text{MW}/(\sqrt{3} \cdot 10\,\text{kV} \cdot 0,9) = 160,4\,\text{A}$ und entsprechend $I_2 = 1,9\,\text{MW}/(\sqrt{3} \cdot 10\,\text{kV} \cdot 0,9) = 121,9\,\text{A}$ werden auf die Speisespannungen $\underline{U}_{\curlywedge\text{I}} = \underline{U}_{\curlywedge\text{II}}$ bezogen, weil die Sternspannungen $\underline{U}_{\curlywedge 1}$ und $\underline{U}_{\curlywedge 2}$ in den beiden Knotenpunkten noch nicht bekannt sind.

Aus $\cos\varphi = 0,9_{\text{ind}}$ folgt, dass die Abnahmeströme der Bezugsspannung um den Phasenwinkel $\varphi = 25,84°$ nacheilen. Somit betragen die komplexen Abnahmeströme $\underline{I}_1 = 160,4\,\text{A}\ \underline{/-25,84°}$ und $\underline{I}_2 = 121,9\,\text{A}\ \underline{/-25,84°}$. Mit den Knotenpunktspannungen $\underline{U}_{\curlywedge 1} = U_{1\text{Re}} + \text{j}\,U_{1\text{Im}}$ und $\underline{U}_{\curlywedge 2} = U_{2\text{Re}} + \text{j}\,U_{2\text{Im}}$ findet man schließlich die komplexe Zahlenwertgleichung

$$
\begin{pmatrix} (2,596 - \text{j}\,2,163)\,\text{S} & (-1,230 + \text{j}\,1,025)\,\text{S} \\ (-1,230 + \text{j}\,1,025)\,\text{S} & (3,962 + \text{j}\,3,302)\,\text{S} \end{pmatrix} \begin{pmatrix} U_{1\text{Re}} + \text{j}\,U_{1\text{Im}} \\ U_{2\text{Re}} + \text{j}\,U_{2\text{Im}} \end{pmatrix}
$$
$$
= \begin{pmatrix} (7741,7 - \text{j}\,6501,8)\,\text{A} \\ (15666,8 - \text{j}\,13093,9)\,\text{A} \end{pmatrix}
$$

Wird z. B. die erste Zeile der Matrizengleichung aufgelöst, ergibt sich auf der linken Seite ein komplexer Ausdruck, dessen Realteil dem Realteil der rechten Seite entsprechen muss. Gleiches gilt für die Imaginärteile, so dass zwei Gleichungen entstehen:

$$2,596\,\text{S}\ U_{1\text{Re}} + 2,163\,\text{S}\ U_{1\text{Im}} - 1,230\,\text{S}\ U_{2\text{Re}} - 1,025\,\text{S}\ U_{2\text{Im}} = 7743,6\,\text{A}$$
$$-2,163\,\text{S}\ U_{1\text{Re}} + 2,596\,\text{S}\ U_{1\text{Im}} + 1,025\,\text{S}\ U_{2\text{Re}} - 1,230\,\text{S}\ U_{2\text{Im}} = -6503,5\,\text{A}$$

Entsprechend lassen sich auch für die zweite Zeile der komplexen Gleichung wieder zwei reelle Gleichungen aufstellen, so dass aus dem komplexen Gleichungssystem ein reelles Gleichungssystem doppelter Ordnung erstellt werden kann:

$$
\begin{bmatrix} 2,596\,\text{S} & 2,163\,\text{S} & -1,230\,\text{S} & -1,025\,\text{S} \\ -2,163\,\text{S} & 2,596\,\text{S} & 1,025\,\text{S} & -1,230\,\text{S} \\ -1,230\,\text{S} & -1,025\,\text{S} & 3,962\,\text{S} & 3,302\,\text{S} \\ 1,025\,\text{S} & -1,230\,\text{S} & -3,302\,\text{S} & 3,962\,\text{S} \end{bmatrix} \begin{bmatrix} U_{1\text{Re}} \\ U_{1\text{Im}} \\ U_{2\text{Re}} \\ U_{2\text{Im}} \end{bmatrix} = \begin{bmatrix} 7741,7\,\text{A} \\ -6501,8\,\text{A} \\ 15666,8\,\text{A} \\ -13093,9\,\text{A} \end{bmatrix}
$$

Die Lösung dieses Gleichungssystems liefert die *Knotenpunktspannungen*

$$\underline{U}_{\curlywedge 1} = U_{1\text{Re}} + \text{j}\,U_{1\text{Im}} = (5707,26 - \text{j}\,16,94)\,\text{V} = 5707,29\,\text{V}\ \underline{/-0,170°}$$

$$\underline{U}_{\curlywedge 2} = U_{2\text{Re}} + \text{j}\,U_{2\text{Im}} = (5730,59 - \text{j}\,10,67)\,\text{V} = 5730,60\,\text{V}\ \underline{/-0,107°}$$

deren Phasenwinkel gegenüber der Speisespannung recht gering sind. Hiermit berechnet man mit Gl. (1.126) die Streckenströme

$$\underline{I}_{\text{I1}} = (5773,5 - 5707,26 + \text{j}\,16,94)\,\text{V} \cdot 1,778\,\text{S}\ \underline{/-39,806°} = 121,57\,\text{A}\ \underline{/-25,46°}$$
$$= (109,76 - \text{j}\,52,26)\,\text{A}$$

$$\underline{I}_{\text{I2}} = (5773,5 - 5730,59 + \text{j}\,10,67)\,\text{V} \cdot 3,557\,\text{S}\ \underline{/-39,806°} = 157,28\,\text{A}\ \underline{/-25,84°}$$
$$= 141,55 - \text{j}\,68,56)\,\text{A}$$

$$\underline{I}_{21} = (5730,59 - \text{j}\,10,67 - 5707,26 + \text{j}\,16,94)\,\text{V} \cdot 1,601\,\text{S}\ \underline{/-39,806°}$$
$$= 38,68\,\text{A}\ \underline{/-24,76°} = (35,12 - \text{j}\,16,20)\,\text{A}$$

die in Bild 1.76 b eingetragen sind. Die Leistungsfaktoren weichen hierbei bis zu 0,5% vom vorgegebenen Wert $\cos\varphi = 0,9_{\text{ind}}$ ab. Mit den bekannten Strömen und Spannungen lassen sich nun die Leistungen berechnen. Man findet mit Gl. (1.127) für die aus dem Speisepunkt I in Richtung des Knotenpunkts 1 fließende Scheinleistung

$$\underline{S}_{11(I)} = 3\,\underline{U}_{\perp I}\,\underline{I}_{11}^* = 3 \cdot 5773,5\,\text{V} \cdot 121,57\,\text{A}\ \underline{/25{,}46°} = 2,106\,\text{MVA}\ \underline{/25{,}46°}$$
$$= 1,901\,\text{MW} + \text{j}\,0,9052\,\text{MVar}$$

und die auf der gleichen Strecke in den Knotenpunkt 1 einfließende Leistung

$$\underline{S}_{11(I)} = 3\,\underline{U}_{\perp 1}\,\underline{I}_{11}^* = 3 \cdot 5707,29\,\text{V}\ \underline{/-0{,}170°} \cdot 121,57\,\text{A}\ \underline{/25{,}46°}$$
$$= 2,082\,\text{MVA}\ \underline{/25{,}29°} = 1,882\,\text{MW} + \text{j}\,0,8894\,\text{MVar}$$

Entsprechend findet man die anderen Leistungen

$$\underline{S}_{112(II)} = 2,724\,\text{MVA}\ \underline{/25{,}84°} = 2,452\,\text{MW} + \text{j}\,1,187\,\text{MVar}$$

$$\underline{S}_{112(2)} = 2,704\,\text{MVA}\ \underline{/25{,}73°} = 2,436\,\text{MW} + \text{j}\,1,174\,\text{MVar}$$

$$\underline{S}_{21(2)} = 0,6650\,\text{MVA}\ \underline{/24{,}66°} = 0,6043\,\text{MW} + \text{j}\,0,2774\,\text{MVar}$$

$$\underline{S}_{21(1)} = 0,6622\,\text{MVA}\ \underline{/24{,}66°} = 0,6018\,\text{MW} + \text{j}\,0,2762\,\text{MVar}$$

Die Leistungsverteilung ist in Bild 1.76c dargestellt. Aus der Summe der Wirkleistungsdifferenzen der einzelnen Teilstrecken ergeben sich die *Übertragungsverluste*

$$P_V = (1,901 - 1,882)\text{MW} + (0,6043 - 0,6018)\text{MW}$$
$$+ (2,452 - 2,436)\text{MW} = 0,0375\,\text{MW} = 37,5\,\text{kW}$$

Die *Lastflussberechnung mit reellen Größen* nach Abschn. 1.3.2.5 und Gl. (1.115) liefert für die aus dem Speisepunkt I in Richtung Knotenpunkt 1 fließende *Wirkleistung*

$$P_{11} = \left[\sum_{II}^{1} (P\,L)\right]/l_{I\,II} = (1,9\,\text{MW} \cdot 0,9\,\text{km} + 2,5\,\text{MW} \cdot 2,9\,\text{km})/4,7\,\text{km} = 1,906\,\text{MW}$$

und aus dem Speisepunkt II in Richtung Knotenpunkt 2 fließende Wirkleistung

$$P_{112} = \sum P - P_{11} = 4,400\,\text{MW} - 1,906\,\text{MW} = 2,494\,\text{MW}$$

Hiermit ergibt sich die in Bild 1.76d eingetragene Wirkleistungsverteilung, der bei den Abnahmen wie auch auf allen Teilstrecken der Leistungsfaktor $\cos\varphi = 0,9_\text{ind}$ unterstellt wird. Der Vergleich mit Bild 1.76c veranschaulicht die sich aus den beiden Berechnungsverfahren ergebenden Unterschiede.

Iterative Lösung. Beim Knotenpunkt-Potentialverfahren ergibt sich das lineare Gleichungssystem (1.125), das (s. a. Beispiel 1.16) mittels Gauß-Algorithmus direkt lösbar ist. Dafür müssen aber – in der Regel kleine – Abweichungen in den Ergebnissen hingenommen werden. Das nachstehend beschriebene Verfahren vermeidet solche Einschränkungen. Da die zu ermittelnden Knotenpunktspannungen hierbei in quadratischer Form auftreten, ist ihre Berechnung nur in iterativer Weise möglich.

Aus dem Netzknoten k eines beliebig großen, vermaschten Netzes wird nach Bild 1.77 mit der Sternspannung $\underline{U}_k$ die Scheinleistung

$$\underline{S}_k = 3\,\underline{U}_k\,\underline{I}_k^* \tag{1.130}$$

abgenommen. Zur Vermeidung zu vieler Indizes sind in Gl. (1.130) und im folgenden alle Sternspannungen ohne sternförmigen Index ($\curlywedge$) geschrieben. Aus den benachbarten Netzknoten $i = (1$ bis $m)$ mit den Sternspannungen $\underline{U}_1$ bis $\underline{U}_m$ fließen die Ströme $\underline{I}_{1k}$ *bis* $\underline{I}_{mk}$ in den Knoten k ein. Es ist dann der *konjugiert komplexe Abnahmestrom*

$$\underline{I}_k^* = \underline{I}_{1k}^* + \underline{I}_{2k}^* + \ldots + \underline{I}_{mk}^* = \sum_{i=1}^{m} \underline{I}_{ik}^*$$

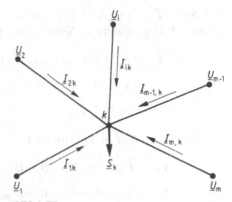

Bild 1.77
Netzknotenpunkt k mit der Abnahme-Scheinleistung $\underline{S}_k$ und mit m davon ausgehenden Leitungsstrecken

gleich der Summe der konjugiert komplexen Netzzweigströme und somit die *komplexe Leistung*

$$\underline{S}_k = 3\,\underline{U}_k \sum_{i=1}^{m} \underline{I}_{ik}^* \tag{1.131}$$

Mit $\underline{I}_{ik} = (\underline{U}_i - \underline{U}_k)\underline{Y}_{ik}$ und $\underline{I}_{ik}^* = (\underline{U}_i - \underline{U}_k)^*\underline{Y}_{ik}^*$ folgt aus Gl. (1.131) für die im Knoten k abgenommene *komplexe Leistung*

$$\underline{S}_k = 3\,\underline{U}_k \sum_{i=1}^{m} [(\underline{U}_i - \underline{U}_k)^*\underline{Y}_{ik}^*] = 3\,\underline{U}_k \sum_{i=1}^{m} (\underline{U}_i^*\,\underline{Y}_{ik}^*) - 3\,U_k^2 \sum_{i=1}^{m} \underline{Y}_{ik}^* \tag{1.132}$$

wenn $\underline{U}_k\,\underline{U}_k^* = U_k^2$ gesetzt wird. Mit den Streckenleitwerten $\underline{Y}_{ik} = Y_{ikRe} + \mathrm{j}\,Y_{ikIm}$ und den Sternspannungen $\underline{U}_i = U_{iRe} + \mathrm{j}\,U_{iIm}$ findet man für den Summenausdruck im ersten Summanden von Gl. (1.132)

$$3\sum_{i=1}^{m}(\underline{U}_i^*\,\underline{Y}_{ik}^*) = 3\sum_{i=1}^{m}[(U_{iRe} - \mathrm{j}\,U_{iIm})(Y_{ikRe} - \mathrm{j}\,Y_{ikIm})]$$

$$= 3\sum_{i=1}^{m}(U_{iRe}\,Y_{ikRe} - U_{iIm}\,Y_{ikIm}) - \mathrm{j}\,3\sum_{i=1}^{m}(U_{iRe}\,Y_{ikIm} + U_{iIm}\,Y_{ikRe})$$

$$= A - \mathrm{j}\,B \tag{1.133}$$

und für den Summenausdruck im zweiten Summanden

$$3\sum_{i=1}^{m}\underline{Y}_{ik}^* = 3\sum_{i=1}^{m}(Y_{ikRe} - \mathrm{j}\,Y_{ikIm}) = 3\sum_{i=1}^{m}Y_{ikRe} - \mathrm{j}\,3\sum_{i=1}^{m}Y_{ikIm} = M - \mathrm{j}\,N \tag{1.134}$$

Mit $\underline{S}_k = P_k + j\,Q_k$ und $\underline{U}_k = U_{kRe} + j\,U_{kIm}$ erhält man nach Gl. (1.132) für die im Knoten k abgenommene *Scheinleistung*

$$\underline{S}_k = P_k + j\,Q_k = (U_{kRe} + j\,U_{kIm})(A - j\,B) - (U_{kRe}^2 + U_{kIm}^2)(M - j\,N)$$
$$= U_{kRe}\,A + U_{kIm}\,B - U_{kRe}^2\,M - U_{kIm}^2\,M + j(U_{kIm}\,A - U_{kRe}\,B + U_{kRe}^2\,N$$
$$+ U_{kIm}^2\,N)$$

mit den *Wirk- und Blindleistungen*

$$P_k = U_{kRe}\,A + U_{kIm}\,B - U_{kRe}^2\,M - U_{kIm}^2\,M \tag{1.135}$$

$$Q_k = U_{kIm}\,A - U_{kRe}\,B + U_{kRe}^2\,N + U_{kIm}^2\,N \tag{1.136}$$

aus den beiden Gl. (1.135) und (1.136) findet man schließlich die *Real-* und *Imaginär-teile* der Sternspannung im Knotenpunkt k

$$U_{kRe} = (A/2\,M) + \sqrt{(A/2\,M)^2 - (U_{kIm}^2 - U_{kIm}\,B/M + P_k/M)} \tag{1.137}$$

$$U_{kIm} = -(A/2\,N) - \sqrt{(A/2\,N)^2 - (U_{kRe}^2 - U_{kRe}\,B/N - Q_k/N)} \tag{1.138}$$

mit $\quad A = 3\sum_{i=1}^{m}(U_{iRe}\,Y_{ikRe} - U_{iIm}\,Y_{ikIm}), \qquad B = 3\sum_{i=1}^{m}(U_{iRe}\,Y_{ikIm} + U_{iIm}\,Y_{ikRe})$

$$M = 3\sum_{i=1}^{m} Y_{ikRe} \text{ und } N = 3\sum_{i=1}^{m} Y_{ikIm} \quad \text{nach Gl. (1.133) und Gl. (1.134)}$$

Die Gl. (1.137) und (1.138) werden nun nacheinander auf jeden Netzknotenpunkt angewendet, denen zunächst gemeinsam eine beliebige Sternspannung zugeordnet wird. Es ist sinnvoll, eine Ausgangsspannung zu wählen, die bereits in der Nähe der sich später ergebenden Knotenpunktspannungen liegt, z. B. $U_{1Re} = U_{2Re} = \cdots$ $= U_{mRe} = 0,9\,U_N/\sqrt{3}$ und $U_{1Im} = U_{2Im} = \cdots = U_{mIm} = 0$. Die sich aus der ersten Berechnung ergebenden Real- und Imaginärteile der Knotenpunktspannungen werden erneut in die Gl. (1.137) und (1.138) eingesetzt. Dieser Berechnungszyklus wird solange wiederholt, bis sich die Knotenpunktspannungen im Rahmen einer vorher vorgegebenen Genauigkeit nicht mehr ändern (s. a. Beispiel 1.15). Die weitere Ermittlung des Lastflusses erfolgt dann wieder in der gleichen Weise, wie sie für das Knotenpunkt-Potentialverfahren beschrieben ist (s. a. Beispiel 1.16).

Beispiel 1.17. Der Lastfluss der zweiseitig gespeisten Leitung nach Bild 1.78, der im Beispiel 1.16 nach dem Knotenpunkt-Potentialverfahren berechnet wurde, soll nun mit der iterativen Lösung ermittelt werden. Mit dem einheitlichen Leistungsfaktor $\cos\varphi = 0,9_{ind}$ betragen die Abnahmeleistungen in den beiden Knotenpunkten $\underline{S}_1 = P_1 + j\,Q_1 = 2,500\,\text{MW} + j\,1,2108\,\text{MVar}$ und $\underline{S}_2 = P_2 + j\,Q_2 = 1,900\,\text{MW} + j\,0,9202\,\text{MVar}$. Die beiden Speisespannungen $\underline{U}_{\curlywedge I} = \underline{U}_{\curlywedge II} = 10\,\text{kV}/\sqrt{3}\ \underline{/0°} = 5773,5\,\text{V}$ sind die Bezugsgrößen, auf die sich alle anderen Winkel beziehen. Aus Beispiel 1.16 werden die Streckenleitwerte $\underline{Y}_{I1} = (1,366 - j\,1,138)\,\text{S} = 1,778\,\text{S}$ $\underline{/-39,806°}$, $\underline{Y}_{12} = (1,230 - j\,1,025)\,\text{S} = 1,601\,\text{S}\ \underline{/-39,806°}$ und $\underline{Y}_{II2} = 2,732 - j\,2,277)\,\text{S}$ $= 3,557\,\text{S}\ \underline{/-39,806°}$ übernommen.

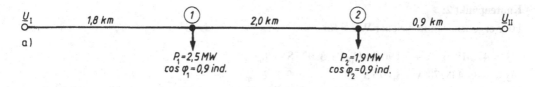

a)

$P_1=2,5\,MW$
$\cos\varphi_1=0,9\,ind.$

$P_2=1,9\,MW$
$\cos\varphi_2=0,9\,ind.$

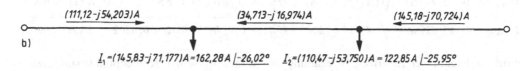

b)

$\underline{I}_1=(145,83-j71,177)A=162,28\,A\ \underline{|-26,02°}$ $\underline{I}_2=(110,47-j53,750)A=122,85\,A\ \underline{|-25,95°}$

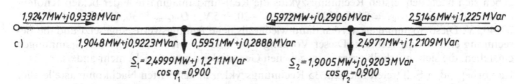

c)

$\underline{S}_1=2,4999\,MW+j\,1,211\,MVar$
$\cos\varphi_1=0,900$

$\underline{S}_2=1,9005\,MW+j\,0,9203\,MVar$
$\cos\varphi_2=0,900$

Bild 1.78 Zweiseitig gespeiste Leitung mit den Speisepunkten I und II und den Knotenpunkten 1 und 2 (a), sowie die mit der iterativen Lösung ermittelten komplexen Streckenströme (b) und -leistungen (c)

Für den *Knotenpunkt* 1 berechnet man die beiden Hilfsgrößen

$$M_1 = 3\sum_{i=1}^{2} Y_{ikRe} = 3(Y_{11Re} + Y_{12Re}) = 3\cdot(1,366\,\mathrm{S} + 1,230\,\mathrm{S}) = 7,788\,\mathrm{S}$$

$$N_1 = 3\sum_{i=1}^{2} Y_{ikIm} = 3(Y_{11Im} + Y_{12Im}) = 3\cdot(-1,138\,\mathrm{S} - 1,025\,\mathrm{S}) = -6,489\,\mathrm{S}$$

und entsprechend für den *Knotenpunkt* 2 : $M_2 = 11,889\,\mathrm{S}$ und $N_2 = -9,906\,\mathrm{S}$.

Zur iterativen Berechnung der beiden Knotenpunktspannungen lassen sich mit den Gl. (1.137) und (1.138) einschließlich der beiden Hilfsgrößen A und B nach Gl. (1.133) je Knotenpunkt vier Gleichungen entwickeln:

Knotenpunkt 1

$$A_1 = 3\sum_{i=1}^{2}(U_{iRe}\,Y_{ikRe} - U_{iIm}\,Y_{ikIm}) = 3[(U_{1Re}\,Y_{11Re} - U_{1Im}\,Y_{11Im}) + (U_{2Re}\,Y_{12Re} - U_{2Im}\,Y_{12Im})]$$

$$= 3\cdot[(5773,5\,\mathrm{V}\cdot 1,366\,\mathrm{S} + 0\cdot 1,138\,\mathrm{S}) + (U_{2Re}\cdot 1,230\,\mathrm{S} + U_{2Im}\cdot 1,025\,\mathrm{S})]$$

$$A_1 = 23.659,80\,\mathrm{A} + 3,690\,\mathrm{S}\cdot U_{2Re} + 3,075\,\mathrm{S}\cdot U_{2Im} \qquad\text{und}$$

$$B_1 = 3\sum_{i=1}^{2}(U_{iRe}\,Y_{ikIm} + U_{iIm}\,Y_{ikRe}) = 3[(U_{1Re}\,Y_{11Im} + U_{1Im}\,Y_{11Re}) + (U_{2Re}\,Y_{12Im} - U_{2Im}\,Y_{12Re})]$$

$$= 3\cdot[(-5773,5\,\mathrm{V}\cdot 1,138\,\mathrm{S} + 0\cdot 1,366\,\mathrm{S}) + (-U_{2Re}\cdot 1,025\,\mathrm{S} + U_{2Im}\cdot 1,230\,\mathrm{S})]$$

$$B_1 = -19.710,73\,\mathrm{A} - 3,075\,\mathrm{S}\cdot U_{2Re} + 3,690\,\mathrm{S}\cdot U_{2Im}$$

$$U_{1Re} = (A_1/15,576\,\mathrm{S}) + \sqrt{(A_1/15,576\,\mathrm{S})^2 - U_{1Im}^2 + U_{1Im}\,B_1/7,788\,\mathrm{S} - 2,5\cdot 10^6\,\mathrm{W}/7,788\,\mathrm{S}}$$

$$U_{1Im} = (A_1/12,978\,\mathrm{S}) - \sqrt{(A_1/12,978\,\mathrm{S})^2 - U_{1Re}^2 + U_{1Re}\,B_1/6,489\,\mathrm{S} + 1,2108\cdot 10^6\,\mathrm{VA}/6,489\,\mathrm{S}}$$

Knotenpunkt 2:

Hier ergeben sich in gleicher Weise für

$$A_2 = 47.319,61 \,\text{A} + 3,690 \,\text{S} \cdot U_{1\text{Re}} + 3,075 \,\text{S} \cdot U_{1\text{Im}}$$

$$B_2 = -39.438,78 \,\text{A} - 3,075 \,\text{S} \cdot U_{1\text{Re}} + 3,690 \,\text{S} \cdot U_{1\text{Im}}$$

$$U_{2\text{Re}} = (A_2/23,772 \,\text{S}) + \sqrt{(A_2/23,772 \,\text{S})^2 - U_{2\text{Im}}^2} + U_{2\text{Im}} \, B_2/11,886 \,\text{S} - 1,9 \cdot 10^6 \,\text{W}/11,886 \,\text{S}$$

$$U_{2\text{Im}} = (A_2/19,812 \,\text{S}) - \sqrt{(A_2/19,812 \,\text{S})^2 - U_{2\text{Re}}^2} + U_{2\text{Re}} \, B_2/9,906 \,\text{S} + 0,9202 \cdot 10^6 \,\text{VA}/9,906 \,\text{S}$$

Wird zu Beginn der iterativen Berechnung als Anfangswerte der Knotenpunktspannungen $U_{1\text{Re}} = U_{2\text{Re}} = 0,9 \cdot U_{1\text{Re}} = 0,9 \cdot 5773,5 \,\text{V} = 5196,15 \,\text{V}$ und $U_{1\text{Im}} = U_{2\text{Im}} = 0$ gesetzt, dann ergeben sich nach dem ersten Rechnungszyklus die Real- und Imaginärteile der beiden Knotenpunktspannungen $U_{1\text{Re}} = 5440,950 \,\text{V}$, $U_{1\text{Im}} = -20,265 \,\text{V}$, $U_{2\text{Re}} = 5636,658 \,\text{V}$ und $U_{2\text{Im}} = 20,405 \,\text{V}$. Diese Spannungen werden dann wieder als neue Anfangswerte eingesetzt und die Berechnung erneut durchgeführt. Dieser Vorgang wird solange wiederholt, bis sich Spannungen einstellen, die sich innerhalb einer vorgegebenen Genauigkeitsgrenze nicht mehr ändern.

Im vorliegenden Fall treten nach ca. 35 Rechnungszyklen in der dritten Nachkommastelle aller vier Spannungen keine Änderungen mehr auf, und man erhält für die *Knotenpunktspannungen*

$$\underline{U}_1 = U_{1\text{Re}} + \text{j} \, U_{1\text{Im}} = 5705,972 \,\text{V} - \text{j} \, 16,591 \,\text{V} = 5706,00 \,\text{V} \; \underline{/-0,1666°}$$

$$\underline{U}_2 = U_{2\text{Re}} + \text{j} \, U_{2\text{Im}} = 5729,416 \,\text{V} - \text{j} \, 10,855 \,\text{V} = 5729,43 \,\text{V} \; \underline{/-0,1086°}$$

Hiermit berechnet man mit Gl. (1.126) die Streckenströme

$$\underline{I}_{11} = (5773,5 - 5705,97 + \text{j} \, 16,59)\text{V} \cdot 1,778 \,\text{S} \; \underline{/-39,806°} = 123,635 \,\text{A} \; \underline{/-26,002°}$$

$$= (111,12 - \text{j} \, 54,20) \,\text{A}$$

$$\underline{I}_{112} = (5773,5 - 5729,42 + \text{j} \, 10,86)\text{V} \cdot 3,557 \,\text{S} \; \underline{/-39,806°} = 161,49 \,\text{A} \; \underline{/-25,973°}$$

$$= 145,18 - \text{j} \, 70,72) \,\text{A}$$

$$\underline{I}_{21} = (5729,42 - \text{j} \, 10,86 - 5705,97 + \text{j} \, 16,59)\text{V} \cdot 1,601 \,\text{S} \; \underline{/-39,806°}$$

$$= 38,64 \,\text{A} \; \underline{/-26,058°} = (34,71 - \text{j} \, 16,97) \,\text{A}$$

die in Bild 1.78 b eingetragen sind. Mit den bekannten Strömen und Spannungen lassen sich nun die Leistungen berechnen. Man findet mit Gl. (1.127) für die aus dem Speisepunkt I in Richtung des Knotenpunkts 1 fließende Scheinleistung

$$\underline{S}_{11(\text{I})} = 3 \underline{U}_{\chi\text{I}} \, \underline{I}_{11}^* = 3 \cdot 5773,5 \,\text{V} \cdot 123,635 \,\text{A} \; \underline{/26,002°} = 2,1414 \,\text{MVA} \; \underline{/26,002°}$$

$$= 1,9247 \,\text{MW} + \text{j} \, 0,9388 \,\text{MVar}$$

und die auf der gleichen Strecke in den Knotenpunkt 1 einfließende Leistung

$$\underline{S}_{11(1)} = 3 \underline{U}_{\chi 1} \, \underline{I}_{11}^* = 3 \cdot 5707,97 \,\text{V} \; \underline{/-0,1666°} \cdot 123,635 \,\text{A} \; \underline{/26,002°}$$

$$= 2,116 \,\text{MVA} \; \underline{/25,835°} + 1,9048 \,\text{MW} + \text{j} \, 0,9223 \,\text{MVar}$$

Entsprechend findet man die anderen Leistungen

$$\underline{S}_{\text{II2(II)}} = 2,4971\,\text{MVA} \,\underline{/\,25,973°} = 2,5146\,\text{MW} + \text{j}\,1,2250\,\text{MVar}$$

$$\underline{S}_{\text{II2(2)}} = 2,7758\,\text{MVA} \,\underline{/\,25,864°} = 2,4977\,\text{MW} + \text{j}\,1,2109\,\text{MVar}$$

$$\underline{S}_{21(2)} = 0,6642\,\text{MVA} \,\underline{/\,25,949°} = 0,5972\,\text{MW} + \text{j}\,0,2906\,\text{MVar}$$

$$\underline{S}_{21(1)} = 0,6616\,\text{MVA} \,\underline{/\,25,891°} = 0,5951\,\text{MW} + \text{j}\,0,2888\,\text{MVar}$$

Die Leistungsverteilung ist in Bild 1.78c dargestellt. Aus der Summe der Wirkleistungsdifferenzen der einzelnen Teilstrecken ergeben sich die *Übertragungsverluste*

$$P_V = (1,925 - 1,905)\,\text{MW} + (0,597 - 0,5958)\,\text{MW} + (2,515 - 2,498)\,\text{MW}$$
$$= 0,038\,\text{MW} = 38,0\,\text{kW}$$

1.3.3 Hochspannungs-Drehstromübertragung

Elektrische Energie wird über große Entfernungen ausnahmslos über Hoch- und Höchstspannungsleitungen geleitet. Anders als bei den Nieder- und Mittelspannungsleitungen, bei deren Berechnung in Abschn. 1.3.2 von kurzen Leitungslängen und daher von einer vereinfachten Ersatzschaltung ausgegangen werden kann, muss der rechnerischen Behandlung einer elektrischen Fernleitung mit hochgespanntem Drehstrom die genaue Leitungsnachbildung nach Bild 1.79 zugrunde gelegt werden. Dann wird die Leitung als eine Kette von differential kleinen Leitungselementen der Länge dx mit den zugehörigen elementaren *Längswiderständen* d$R = R'\,$dx und d$X = X'\,$d$x = \omega L'\,$dx und den elementaren *Querleitwerten* d$G = G'\,$dx und d$B_\text{C} = B'_\text{C}\,dx = \omega C'dx$ aufgefasst. *Induktivitätsbelag L'*, *Widerstandsbelag R'*, *Kapazitätsbelag C'* und *Ableitungsbelag G'* sind auf die Länge der Leitung bezogen und werden vorzugsweise als auf den Kilometer bezogene Werte angegeben (s. Abschn. 1.2.3).

Diese Leitungsnachbildung gestattet die Berechnung der Zeit- und Ortsabhängigkeit von Strom und Spannung längs der Leitung, so dass auch *nichtstationäre Vorgänge*, wie sie z. B. beim Ein- und Ausschalten vorliegen, erfasst werden. Wir beschränken uns jedoch auf den *eingeschwungenen Zustand* und somit auf das stationäre Betriebsverhalten einer Fernleitung.

1.3.3.1 Leitungsgleichungen. Beim Leitungselement nach Bild 1.79 ist der Einfachheit halber eine aus Hin- und Rückleiter bestehende Wechselstromleitung angenommen; jedoch gilt die Leitungsnachbildung in gleicher Weise für eine einphasig betrachtete Drehstromleitung, wenn die Leiterspannungen $\underline{U}$, $\underline{U}_1$ und $\underline{U}_2$ durch die entsprechenden Sternspannungen ersetzt werden. Weiter ist eine *homogene Leitung* vorausgesetzt, bei der sich die Leitungsbeläge längs

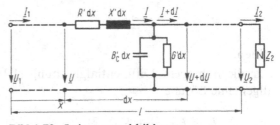

Bild 1.79 Leitungsnachbildung

der Leitung nicht ändern. Aus den Kirchhoffschen Gesetzen [42] folgt mit den eingetragenen Zählpfeilen und für sinusförmige Spannungen und Ströme die Spannungssumme $\underline{U} + d\underline{U} - \underline{U} + \underline{I}(R' \, dx + j\omega L' \, dx) = 0$ und daraus

$$d\underline{U}/dx = -\underline{I}(R' + j\omega L') \tag{1.139}$$

und nach weiterer Differentiation

$$\frac{d^2 \underline{U}}{dx^2} = -\frac{d\underline{I}}{dx}(R' + j\omega L') \tag{1.140}$$

Entsprechend gilt für die Stromsumme $\underline{I} - (\underline{I} + d\underline{I}) - \underline{U}(G' \, dx + j\omega C' \, dx) = 0$, wobei der elementare Spannungszeiger $d\underline{U}$ beim Ansatz des über die Querleitwerte fließenden Stromes unberücksichtigt bleiben kann. Es ergibt sich dann

$$d\underline{I}/dx = -\underline{U}(G' + j\omega C') \tag{1.141}$$

und weiter

$$\frac{d^2 \underline{I}}{dx^2} = -\frac{d\underline{U}}{dx}(G' + j\omega C') \tag{1.142}$$

Werden Gl. (1.141) in Gl. (1.140) und Gl. (1.139) in Gl. (1.142) eingesetzt, so erhält man die Differentialgleichungen

$$d^2 \underline{U}/dx^2 = (R' + j\omega L')(G' + j\omega C')\underline{U} = \gamma^2 \underline{U}$$
$$d^2 \underline{I}/dx^2 = (R' + j\omega L')(G' + j\omega C')\underline{I} = \gamma^2 \underline{I} \tag{1.143}$$

mit den komplexen *Ausbreitungskoeffizienten*

$$\underline{\gamma} = \sqrt{(R' + j\omega L')(G' + j\omega C')} = \alpha + j\beta \tag{1.144}$$

deren Realteil α als *Dämpfungskoeffizient* und deren Imaginärteil β als *Phasenkoeffizient* bezeichnet werden. Mit der Leitungslänge l multipliziert, erhält man das *Dämpfungsmaß* $a = \alpha l$ und das *Phasenmaß* $b = \beta l$, die das komplexe *Dämpfungsmaß*

$$\underline{g} = a + jb = \underline{\gamma} l \tag{1.145}$$

bilden.

Für die homogene Differentialgleichung (1.143) $d^2 \underline{U}/dx^2 - \gamma^2 \underline{U} = 0$ besteht die allgemeine Lösung

$$\underline{U} = \underline{K}_1 \, e^{\underline{\gamma} x} + \underline{K}_2 \, e^{-\underline{\gamma} x} \tag{1.146}$$

Daher folgt mit Gl. (1.139) für den Strom

$$\underline{I} = -\frac{\gamma}{R'+j\omega L'}(\underline{K}_1 e^{\gamma x} - \underline{K}_2 e^{-\gamma x}) \qquad (1.147)$$

Hierbei wird der Kehrwert von

$$\gamma/(R'+j\omega L') = \sqrt{(R'+j\omega L')(G'+j\omega C')}/(R'+j\omega L')$$

als *Wellenwiderstand der Leitung*

$$\underline{Z}_L = \sqrt{\frac{R'+j\omega L'}{G'+j\omega C'}} = Z_L e^{j\psi_L} = \underline{Z}_L \underline{/\psi_L} \qquad (1.148)$$

bezeichnet, wenn ψ_L den Winkel des Wellenwiderstandes angibt. Die komplexen Integrationskonstanten $\underline{K}_1$ und $\underline{K}_2$ findet man aus den Randbedingungen. Für $x = l$ mit $\underline{U} = \underline{U}_2$ und $\underline{I} = \underline{I}_2$ lauten dann Gl. (1.146) und (1.147)

$$\underline{U}_2 = \underline{K}_1 e^{\gamma l} + \underline{K}_2 e^{-\gamma l}$$
$$-\underline{I}_2 \underline{Z}_L = \underline{K}_1 e^{\gamma l} - \underline{K}_2 e^{-\gamma l}$$

aus denen sich die komplexen Konstanten

$$\underline{K}_1 = \frac{\underline{U}_2 - \underline{I}_2 \underline{Z}_L}{2} e^{-\gamma l} \quad \text{und} \quad \underline{K}_2 = \frac{\underline{U}_2 + \underline{I}_2 \underline{Z}_L}{2} e^{\gamma l}$$

ergeben. Nach Einsetzen in Gl. (1.146) und (1.147) erhält man nun die *Leitungsgleichungen*

$$\underline{U} = \frac{\underline{U}_2 + \underline{I}_2 \underline{Z}_L}{2} e^{\gamma(l-x)} + \frac{\underline{U}_2 - \underline{I}_2 \underline{Z}_L}{2} e^{-\gamma(l-x)} \qquad (1.149)$$

$$\underline{I} = \frac{\underline{I}_2 + \underline{U}_2/\underline{Z}_L}{2} e^{\gamma(l-x)} + \frac{\underline{I}_2 - \underline{U}_2/\underline{Z}_L}{2} e^{-\gamma(l-x)} \qquad (1.150)$$

Umgestellt lauten Gl. (1.149) und (1.150)

$$\underline{U} = \underline{U}_2 \frac{1}{2}[e^{\gamma(l-x)} + e^{-\gamma(l-x)}] + \underline{I}_2 \underline{Z}_L \frac{1}{2}[e^{\gamma(l-x)} - e^{-\gamma(l-x)}]$$

$$\underline{I} = \underline{I}_2 \frac{1}{2}[e^{\gamma(l-x)} + e^{-\gamma(l-x)}] + (\underline{U}_2/\underline{Z}_L)\frac{1}{2}[e^{\gamma(l-x)} - e^{-\gamma(l-x)}]$$

Man erkennt die *Hyperbelfunktionen*, so dass die *Leitungsgleichungen* auch in der Form

$$\underline{U} = \underline{U}_2 \cosh\gamma(l-x) + \underline{I}_2 \underline{Z}_L \sinh\gamma(l-x)$$
$$\underline{I} = \underline{I}_2 \cosh\gamma(l-x) + (\underline{U}_2/\underline{Z}_L)\sinh\gamma(l-x)$$

$$(1.151)$$

geschrieben werden können, wobei l die Leitungslänge, $\underline{U}_2$ und $\underline{I}_2$ die vorgegebenen Spannungs- und Stromzeiger am Ende der Leitung bedeuten.

1.3.3.2 Komplexes Spannungs- und Stromverhältnis.

Für den Leitungsanfang $x = 0$ sind $\underline{U} = \underline{U}_1$ und $\underline{I} = \underline{I}_1$. Die Quotienten aus den Anfangs- und Endwerten der Leitung werden mit den Verdrehwinkeln Θ und η definiert als

komplexes Spannungsverhältnis $\underline{U}_1/\underline{U}_2 = \underline{p}_u = p_u \, e^{j\Theta}$ (1.152)

und *komplexes Stromverhältnis* $\underline{I}_1/\underline{I}_2 = \underline{p}_i = p_i \, e^{j\eta}$ (1.153)

Da bei *Drehstromleitungen* die Sternspannungen $\underline{U}_{1\lambda} = \underline{U}_1/\sqrt{3}$ und $\underline{U}_{2\lambda} = \underline{U}_2/\sqrt{3}$ auftreten, gilt Gl. (1.152) auch für das Verhältnis der Außenleiterspannungen. Aus Gl. (1.149) und (1.150) findet man mit dem komplexen Dämpfungsmaß $\underline{g} = \underline{\gamma}\, l$ die komplexen Verhältnisse

$$\underline{p}_u = \frac{1}{2}\left[\left(1 + \frac{\underline{I}_2 \underline{Z}_L}{\underline{U}_2}\right)e^{\underline{g}} + \left(1 - \frac{\underline{I}_2 \underline{Z}_L}{\underline{U}_2}\right)e^{-\underline{g}}\right]$$

$$\underline{p}_i = \frac{1}{2}\left[\left(1 + \frac{\underline{U}_2}{\underline{I}_2 \underline{Z}_L}\right)e^{\underline{g}} + \left(1 - \frac{\underline{U}_2}{\underline{I}_2 \underline{Z}_L}\right)e^{-\underline{g}}\right]$$

(1.154)

Mit dem komplexen Belastungswiderstand am Leitungsende $\underline{Z}_2 = \underline{U}_2/\underline{I}_2$ wird nun der *Lastzeiger*

$$\underline{t} = \frac{\underline{Z}_L}{\underline{Z}_2} = \frac{Z_L \, e^{j\psi_L}}{Z_2 \, e^{j\varphi_2}} = \frac{Z_L}{Z_2}\, e^{j(\psi_L - \varphi_2)} = t\, e^{j\tau}$$

(1.155)

eingeführt, wobei das Vorzeichen des Phasenwinkels φ_2 so gewählt ist, dass sein Wert bei induktiver Verbraucherleistung positiv und bei kapazitiver Leistung negativ einzusetzen ist. τ ist der Winkel des Lastzeigers. Die komplexen Spannungs- und Stromverhältnisse nach Gl. (1.154) erhalten dann die Form

$$\underline{p}_u = \frac{1}{2}[(1 + \underline{t})\, e^{\underline{g}} + (1 - \underline{t})\, e^{-\underline{g}}]$$

$$\underline{p}_i = \frac{1}{2}\left[\left(1 + \frac{1}{\underline{t}}\right)e^{\underline{g}} + \left(1 - \frac{1}{\underline{t}}\right)e^{-\underline{g}}\right]$$

(1.156)

Durch die Einführung des Lastzeigers $\underline{t}$ lassen sich nun die drei ausgezeichneten Betriebsfälle

Leerlauf   mit $\underline{Z}_2 = \infty;$ $\underline{t} = 0$

Anpassung   mit $\underline{Z}_2 = \underline{Z}_L;$ $\underline{t} = 1 (\tau = 0)$

Kurzschluss mit $\underline{Z}_2 = 0;$ $\underline{t} = \infty$

leicht überblicken.

1.3.3.3 Verlustlose Leitung. Eine elektrische Energieversorgungsleitung ist praktisch nicht verlustlos auszuführen, jedoch ist für grundsätzliche Überlegungen, die nicht der quantitativen Betrachtung dienen, die Annahme einer verlustlosen Leitung mit $R' = 0$ und $G' = 0$ hilfreich. Nach Gl. (1.144) ergibt sich dann der komplexe *Ausbreitungskoeffizient*

$$\underline{\gamma} = \sqrt{j\omega L' j\omega C'} = j\omega \sqrt{L'C'} = j\beta$$

als rein imaginäre Größe. Der *Dämpfungskoeffizient* α ist Null. Für den *Wellenwiderstand* findet man aus Gl. (1.148)

$$\underline{Z}_L = \sqrt{L'/C'} = Z_L \tag{1.157}$$

Er ist für diesen Sonderfall ein reiner Wirkwiderstand. Das *komplexe Spannungsverhältnis* von Gl. (1.156) ist somit

$$\underline{p}_u = \frac{1}{2}[(1 + \underline{t})e^{j\beta l} + (1 - \underline{t})e^{-j\beta l}] = \frac{1}{2}[e^{j\beta l} + e^{-j\beta l} + \underline{t}(e^{j\beta l} - e^{-j\beta l})]$$

$$= \cos\beta l + \underline{t}\,j\sin\beta l = \cos b + \underline{t}\,j\sin b \tag{1.158}$$

und entsprechend das *komplexe Stromverhältnis*

$$\underline{p}_i = \cos b + \frac{1}{\underline{t}}\,j\sin b \tag{1.159}$$

Leerlauf. Es ist $\underline{Z}_2 = \infty$ und somit $\underline{t} = 0$. Hiermit wird nach Gl. (1.158)

$$\underline{p}_{ul} = \underline{U}_1/\underline{U}_2 = \cos b \tag{1.160}$$

Das komplexe Spannungsverhältnis ist in diesem Fall eine reelle Größe mit dem Betrag $\cos b < 1$. Die beiden Spannungszeiger $\underline{U}_1$ und $\underline{U}_2$ haben also die gleiche Phasenlage, wobei die Spannung am Leitungsende größer ist als am Leitungsanfang. Diese als *Ferrantieffekt* bekannte Spannungserhöhung am Ende einer leerlaufenden Leitung lässt sich auch anhand der vereinfachten Ersatzschaltung in Bild 1.80 nachweisen. Sie wird durch die Teilspannung bewirkt, die der kapazitive Ladestrom I_C an der Leitungsinduktivität hervorruft.

Anpassung. Ist der Verbraucherwiderstand am Ende der Leitung gleich dem Wellenwiderstand, also $\underline{Z}_2 = \underline{Z}_L$, spricht man von *Anpassung*. Bei der verlustlosen Leitung muss dann nach Gl. (1.157) eine reine Wirkleistung abgenommen werden. Mit $\underline{t} = 1$ ergibt sich aus Gl. (1.158) und Gl. (1.159)

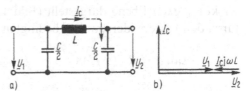

Bild 1.80 Leerlaufende Leitung Ersatzschaltung (a) und Zeiger-diagramm (b)

$$\underline{p}_u = \cos b + j\sin b = e^{jb} \quad \text{und} \quad \underline{p}_i = \cos b + j\sin b = e^{jb} \tag{1.161}$$

Es ist also $U_1 = U_2$ und $I_1 = I_2$, wobei die Zeiger $\underline{U}_1$ und $\underline{I}_1$ den Zeigern $\underline{U}_2$ und $\underline{I}_2$ um den gleichen Phasenwinkel $\Theta = \eta = b$ voreilen (Bild 1.81 b). Am Leitungseingang wird eine Scheinleistung eingespeist, die gleich der am Leitungsende abgenommenen Wirkleistung ist. Die Lei-

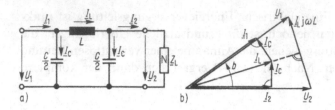

Bild 1.81
Angepasste Leitung
Ersatzschaltung (a) und Zeiger-
diagramm (b)

tung selbst tritt nicht als zusätzlicher Blindverbraucher in Erscheinung, womit dieser Betriebsfall für die Energieversorgung von besonderer Bedeutung ist (s. Abschn. 1.3.3.5 und 1.3.3.7).

Kurzschluss. Es ist $\underline{Z}_2 = 0$ und somit $\underline{t} = \infty$, so dass sich nach Gl. (1.159) das komplexe Stromverhältnis

$$\underline{p}_{ik} = \underline{I}_1/\underline{I}_2 = \cos b \tag{1.162}$$

ergibt. Man sieht, dass in diesem besonderen Fall $\underline{p}_{ik} = \underline{p}_{u1}$ ist. Die beiden Ströme haben gleiche
Phasenlage, wobei der Strom am Leitungsende größer ist als am Leitungsanfang (Bild 1.82 b).
Auf die Kurzschlussbetrachtung soll aber im folgenden nicht weiter eingegangen werden.

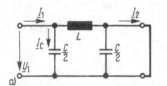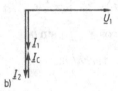

Bild 1.82
Kurzgeschlossene Leitung
Ersatzschaltung (a) und Zeiger-
diagramm (b)

1.3.3.4 Verlustarme Leitung.
Wenn sich bei einer elektrischen Energieversor-
gungsleitung auch $R' = 0$ und $G' = 0$ praktisch nicht verwirlichen lassen, so wird
man aber zur Vermeidung unerwünschter Übertragungsverluste $R' \ll \omega L'$ und
$G' \ll \omega C'$ anstreben. Bei den als Hochspannungsfreileitungen ausgeführten Fernleitungen kann dies in jedem Fall vorausgesetzt werden. Um zu brauchbaren Nähe-
rungswerten für den Wellenwiderstand $\underline{Z}_L$ und den komplexen Ausbreitungskoeffizienten γ zu gelangen, werden Verlustwinkel eingeführt.

Verlustwinkel. Wird der *bezogene Längswiderstand* der Leitung $\underline{Z}' = R' + j\omega L'$ in
der komplexen Ebene dargestellt (Bild 1.83 a), so ist der Winkel ϑ ein Maß für die
durch den Leiterwiderstand R' bedingten Verluste. Es ist dann

$$\tan \vartheta = R'/(\omega L') \tag{1.163}$$

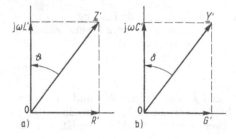

Bild 1.83
Verlustwinkel ϑ des Längswiderstands und Ver-
lustwinkel δ des Querleitwerts einer elektrischen
Leitung

In gleicher Weise wird für den *bezogenen Querleitwert* $\underline{Y}' = G' + \mathrm{j}\,\omega\,C'$ der Verlust-winkel δ eingeführt, und es gilt dann nach Bild 1.83 b

$$\tan\delta = G'/(\omega\,C') \tag{1.164}$$

Führt man diese Verlustwinkel in Gl. (1.144) und (1.148) ein, so lassen sich für die verlustarme Leitung Näherungswerte dadurch finden, dass für $R' \ll \omega\,L'$ hier $\tan\vartheta \approx \sin\vartheta \approx \vartheta$ und $\cos\vartheta \approx 1$ und entsprechend für $G' \ll \omega\,C'$ auch $\tan\delta \approx \sin\delta \approx \delta$ und $\cos\delta = 1$ gesetzt werden kann.

Ausbreitungskoeffizient. Es ist nun unter Berücksichtigung der Verlustwinkel der komplexe Ausbreitungskoeffizient

$$\underline{\gamma} = \sqrt{(R' + \mathrm{j}\,\omega\,L')(G' + \mathrm{j}\,\omega\,C')} = \sqrt[4]{[R'^2 + (\omega\,L')^2][G'^2 + (\omega\,C')^2]}\;\mathrm{e}^{\mathrm{j}\left(\frac{\pi}{2} - \frac{\vartheta+\delta}{2}\right)}$$

$$= \omega\,\sqrt{L'C'}\;\sqrt[4]{\left[\left(\frac{R'}{\omega\,L'}\right)^2 + 1\right]\left[\left(\frac{G'}{\omega\,C'}\right)^2 + 1\right]}\left[\cos\left(\frac{\pi}{2} - \frac{\vartheta+\delta}{2}\right)\right.$$

$$\left. + \mathrm{j}\sin\left(\frac{\pi}{2} - \frac{\vartheta+\delta}{2}\right)\right]$$

Hieraus folgt mit Gl. (1.163) und (1.164) sowie $1 + \tan^2\vartheta = 1/\cos^2\vartheta$ und $1 + \tan^2\delta = 1/\cos^2\delta$ für den komplexen Ausbreitungskoeffizienten der verlust-armen Leitung

$$\underline{\gamma} = \omega\,\sqrt{L'C'}\;\frac{\sin[(\vartheta + \delta)/2] + \mathrm{j}\cos[(\vartheta + \delta)/2]}{\sqrt{\cos\vartheta\cos\delta}} \tag{1.165}$$

In dieser Schreibweise ist der Ausbreitungskoeffizient das Produkt aus der Größe $\omega\,\sqrt{L'C'}$, die sich für die verlustlose Leitung ergibt, und einem Faktor, der von den Verlustwinkeln bestimmt wird. Für kleine Werte von ϑ und δ ist näherungsweise $\cos\vartheta\cos\delta \approx 1$, $\cos[(\vartheta + \delta)/2] \approx 1$ und $\sin[(\vartheta + \delta)/2] \approx (\vartheta + \delta)/2$. Weiter ist $\tan\vartheta = R'/(\omega\,L') \approx \vartheta$ und $\tan\delta = G'/(\omega\,C') \approx \delta$. Somit ist dann der komplexe *Ausbreitungskoeffizient der verlustarmen Leitung*

$$\underline{\gamma} = \omega\,\sqrt{L'C'}\left[\frac{1}{2}\left(\frac{R'}{\omega\,L'} + \frac{G'}{\omega\,C'}\right) + \mathrm{j}\right]$$

$$= \frac{1}{2}\left[\frac{R'}{\sqrt{L'/C'}} + G'\sqrt{L'/C'}\right] + \mathrm{j}\,\omega\,\sqrt{L'C'} \tag{1.166}$$

mit dem *Dämpfungskoeffizienten*

$$\alpha = \frac{1}{2}\left[\frac{R'}{\sqrt{L'/C'}} + G'\sqrt{L'/C'}\right] \tag{1.167}$$

und dem gleichen *Phasenkoeffizienten* wie bei der verlustlosen Leitung

$$\beta = \omega \sqrt{L'C'} \tag{1.168}$$

Wellenwiderstand. Es ist mit der gleichen Voraussetzung

$$\underline{Z}_L = \sqrt{\frac{R' + j\omega L'}{G' + j\omega C'}} = \sqrt[4]{\frac{R'^2 + (\omega L')^2}{G'^2 + (\omega C')^2}}\, e^{j\left(\frac{\pi}{2} - \vartheta\right)/2}\, e^{-j\left(\frac{\pi}{2} - \delta\right)/2}$$

$$= \sqrt{\frac{L'}{C'}} \sqrt[4]{\frac{(R'/\omega L')^2 + 1}{(G'/\omega C')^2 + 1}}\, e^{-j\frac{\vartheta - \delta}{2}}$$

Hieraus folgt mit der gleichen Umwandlung wie bei dem Ausbreitungskoeffzienten der komplexe *Wellenwiderstand*

$$\underline{Z}_L = \sqrt{\frac{L'}{C'}} \sqrt{\frac{\cos \delta}{\cos \vartheta}} \left(\cos\frac{\vartheta - \delta}{2} - j\sin\frac{\vartheta - \delta}{2} \right) \tag{1.169}$$

Mit der Näherung $\cos\vartheta \approx \cos\delta \approx 1$ ergibt sich der Betrag $Z_L = \sqrt{L'/C'}$, so dass für den *Wellenwiderstand der verlustarmen Leitung* gilt

$$\underline{Z}_L = \sqrt{L'/C'}\, e^{-j\frac{\vartheta - \delta}{2}} = Z_L\, e^{j\psi_L} \tag{1.170}$$

Der Winkel des Wellenwiderstands $\psi_L = -(\vartheta - \delta)/2 = -[(R'/\omega L') - (G'/\omega C')]/2$ hat bei Freileitungen einen negativen Wert, da immer $\delta \ll \vartheta$ ist; der Wellenwiderstand hat also eine kapazitive Komponente.

Komplexes Spannungs- und Stromverhältnis. Die beiden Gl. (1.156) können noch weiter vereinfacht werden. I. allg. ist das Dämpfungsmaß $a = \alpha l \ll 1$, so dass für $e^{\pm g} =$
$e^{\pm a \pm jb} = e^{\pm a}e^{\pm jb} \approx (1 \pm a)e^{\pm jb}$ gesetzt werden darf. Es sind dann mit dem Lastzeiger $\underline{t}$ nach Gl. (1.155) die komplexen Spannungs- und Stromverhältnisse

$$\underline{p}_u = \frac{1}{2}[(1 + a)(1 + \underline{t})\, e^{jb} + (1 - a)(1 - \underline{t})\, e^{-jb}]$$

$$\underline{p}_i = \frac{1}{2}\left[(1 + a)\left(1 + \frac{1}{\underline{t}}\right)e^{jb} + (1 - a)\left(1 - \frac{1}{\underline{t}}\right)e^{-jb}\right] \tag{1.171}$$

Beispiel 1.18. Am Ende einer 400 km langen Drehstrom-Freileitung für $U_N = 380\,\text{kV}$ mit den Belägen $R' = 0,0307\,\Omega/\text{km}$, $L' = 0,795\,\text{mH/km}$, $G' = 0,02\,\mu\text{S/km}$ und $C' = 14,5\,\text{nF/km}$ wird die Wirkleistung $P_2 = 375\,\text{MW}$ mit dem Leistungsfaktor $\cos\varphi_2 = 1$ abgenommen. Die Außenleiterspannung am Leitungsende beträgt $U_2 = 375\,\text{kV}$. Spannung $\underline{U}_1$ und Strom $\underline{I}_1$ am Leitungsanfang sind nach Betrag und Phasenlage gegenüber den Endwerten zu ermitteln.
Für die Verlustwinkel gilt nach Gl. (1.163) und (1.164)

$$\tan\vartheta = \frac{R'}{\omega L'} = \frac{0,0307\,\Omega/\text{km}}{(314\,\text{s}^{-1})\cdot 0,795\,\text{mH/km}} = 0,123 \quad \text{also} \quad \vartheta = 7°$$

$$\tan\delta = \frac{G'}{\omega C'} = \frac{0,02\,\mu\text{S/km}}{(314\,\text{s}^{-1})\cdot 14,5\,\text{nF/km}} = 0,0044 \quad \text{also} \quad \delta = 0,25°$$

Somit beträgt der Winkel des Wellenwiderstands $\psi_L = -(\vartheta - \delta)/2 = -(7° - 0,25°)/2 = -3,4°$, und es ist nach Gl. (1.170) der Wellenwiderstand

$$\underline{Z}_L = \sqrt{\frac{L'}{C'}}\,\angle\psi_L = \sqrt{\frac{0,795\,\text{mH/km}}{14,5\,\text{nF/km}}}\,\underline{/-3,4°} = 234\,\Omega\,\underline{/-3,4°}.$$

Den Verbraucherwiderstand $\underline{Z}_2 = Z_2 = U_2^2/P_2 = (375\,\text{kV})^2/(375\,\text{MW}) = 375\,\Omega$ findet man über die Abnahmeleistung. Der Lastzeiger nach Gl. (1.136) ist dann $\underline{t} = \underline{Z}_L/\underline{Z}_2$ $= 234\,\Omega\,\underline{/-3,4°}/(375\,\Omega\,\underline{/0°}) = 0,624\,\underline{/-3,4°} = 0,623 - \text{j}\,0,037$.

Aus dem Ausbreitungskoeffizienten nach Gl. (1.166) erhält man mit dem Dämpfungskoeffizienten α und der Leitungslänge l das Dämpfungsmaß

$$u = \alpha l = \frac{1}{2}\left(\frac{R'}{\sqrt{L'/C'}} + G'\sqrt{L'/C'}\right)l$$

$$= \frac{1}{2}\left[\frac{0,0307\,\Omega/\text{km}}{234\,\Omega} + (0,02\,\mu\text{S/km})234\,\Omega\right]400\,\text{km} = 0,027$$

und weiter mit dem Phasenkoeffizienten β das Phasenmaß

$$b = \beta l = \omega\sqrt{L'C'}l = 314\,\text{s}^{-1}\sqrt{(0,795\,\text{mH/km})14,5\,\text{nF/km}}\cdot 400\,\text{km}$$

$$= 0,426 \ \triangleq\ 24,4°$$

Hiermit ist das komplexe Dämpfungsmaß $\underline{g} = a + \text{j}\,b = 0,027 + \text{j}\,0,426$.
Für das komplexe Spannungsverhältnis nach Gl. (1.152) findet man

$$\underline{p}_u = \frac{1}{2}[(1+a)(1+\underline{t})\,\text{e}^{\text{j}b} + (1-a)(1-\underline{t})\,\text{e}^{-\text{j}b}]$$

$$= \frac{1}{2}[(1+0,027)(1+0,623-\text{j}\,0,037)\,\underline{/24,4°}$$

$$+ (1-0,027)(1-0,623+\text{j}\,0,037)\,\underline{/-24,4°}\,] = 0,978\,\underline{/15,9°}$$

Somit ist die Spannung $\underline{U}_1 = \underline{U}_2\underline{p}_u = 375\,\text{kV}\cdot 0,978\,\underline{/15,9°} = 367\,\text{kV}\,\underline{/15,9°}$. Die Eingangsspannung ist also kleiner als die Spannung am Leitungsende und eilt dieser um den Phasenwinkel $\Theta = 15,9°$ voraus. Nach Gl. (1.171) ergibt sich das komplexe Stromverhältnis

$$\underline{p}_i = \frac{1}{2}\left[(1+a)\left(1+\frac{1}{\underline{t}}\right)\text{e}^{\text{j}b} + (1-a)\left(1-\frac{1}{\underline{t}}\right)\text{e}^{-\text{j}b}\right]$$

$$= \frac{1}{2}\left[(1+0,027)\left(1+\frac{1}{0,623-\text{j}\,0,037}\right)\underline{/24,4°}\right.$$

$$\left. + (1-0,027)\left(1-\frac{1}{0,623-\text{j}\,0,037}\right)\underline{/-24,4°}\right] = 1,133\,\underline{/36,5°}$$

Mit dem Belastungsstrom $I_2 = P_2/\sqrt{3}\,U_2\cos\varphi_2) = 375\,\text{MW}/(\sqrt{3}\cdot 375\,\text{kV}\cdot 1) = 577\,\text{A}$ beträgt daher der Eingangsstrom $\underline{I}_1 = \underline{I}_2\underline{p}_i = 577\,\text{A}\cdot 1,133\ \underline{/36{,}5^\circ} = 654\,\text{A}\ \underline{/36{,}5^\circ}$. Er ist größer als der Belastungsstrom I_2 und eilt diesem um $\eta = 36{,}5^\circ$ voraus. Außerdem hat die Eingangsspannung $\underline{U}_1$ gegenüber dem Strom $\underline{I}_1$ den Phasenwinkel $\varphi_1 = \Theta - \eta = 15{,}9^\circ - 36{,}5^\circ = -20{,}6^\circ$. Somit ist $\cos\varphi_1 = 0{,}936$ kap. Es wird also am Leitungseingang die *Wirkleistung* $P_1 = \sqrt{3}\,U_1 I_1\cos\varphi_1 = \sqrt{3}\cdot 367\,\text{kV}\cdot 654\,\text{A}\cdot 0{,}936 = 389\,\text{MW}$ und die *kapazitive Blindleistung* $Q_1 = \sqrt{3}\,U_1 I_1\sin\varphi_1 = -\sqrt{3}\cdot 367\,\text{kV}\cdot 654\,\text{A}\cdot 0{,}352 = -146\,\text{MVar}$ eingespeist. Die Übertragungsleitung tritt in diesem Fall als beachtlicher kapazitiver Blindverbraucher in Erscheinung. Die *Übertragungsverluste* betragen $P_\text{v} = P_1 - P_2 = 389\,\text{MW} - 375\,\text{MW} = 14\,\text{MW}$, was dem Wirkungsgrad $\eta_\text{ü} = P_2/P_1 = 375\,\text{MW}/(389\,\text{MW}) = 0{,}964 = 96{,}4\%$ entspricht.

1.3.3.5 Natürliche Leistung. Nach Abschn. 1.3.3.3 zeichnet sich die angepasste Leitung mit den komplexen Widerständen $\underline{Z}_2 = \underline{Z}_\text{L}$ dadurch aus, dass der einspeisende Generator keine zusätzliche Blindleistung für die Leitung selbst bereitstellen muss. In jedem davon abweichenden Betriebsfall mit $\underline{Z}_2 \neq \underline{Z}_\text{L}$ wirkt die Leitung als induktiver oder kapazitiver Blindverbraucher (s. Beispiel 1.18). Da der Generator nur für eine ganz bestimmte Bemessungsleistung S_r ausgelegt ist, geht der Blindleistungsbedarf der Leitung auf Kosten der noch übertragbaren Wirkleistung. Daneben verursachen die Blindströme in den Leiterwiderständen unerwünschte Übertragungsverluste. Daher ist der Energietransport über eine angepasste Leitung anzustreben. Die in diesem Fall am Leitungsende abgenommene Leistung wird als *natürliche Leistung* bezeichnet. Sie stellt aber keine Grenzleistung dar, die nicht überschritten werden könnte.

Der Wellenwiderstand $\underline{Z}_\text{L}$ einer verlustarmen Leitung hat einen, wenn auch kleinen Blindanteil, und somit ist die natürliche Leistung genau genommen eine komplexe Leistung. Da aber der Wirkanteil stark überwiegt, kann hier wie bei der verlustlosen Leitung $\underline{Z}_\text{L} = Z_\text{L} = \sqrt{L'/C'}$ angenommen werden. Wenn weiter $U_2 = U_\text{N}$ gesetzt wird, folgt für die *natürliche Leistung* (Richtwerte s. Tabelle 1.84)

$$P_\text{nat} = U_\text{N}^2/Z_\text{L} \tag{1.172}$$

Wird eine Leistung $P_2 > P_\text{nat}$ übertragen, so tritt die Leitung als *induktiver* Blindverbraucher, bei $P_2 < P_\text{nat}$ dagegen als *kapazitiver* Blindverbraucher in Erscheinung.

Tabelle 1.84 Natürliche Leistungen von Freileitungen abhängig von der Nennspannung

Nennspannung U_N in kV	20	60	110	220	380	750
natürliche Leistung P_nat in MW	2,4	9,6	32	180	600	2200

Nun ist es allerdings unmöglich, die Vielzahl der Abnehmer zu veranlassen, ständig eine Leistungssumme in Höhe der natürlichen Leistung zu bilden. Die abgenommene Leistung P_2 ändert sich vielmehr fortlaufend. Um dennoch den günstigen Betriebszustand der Anpassung verwirklichen zu können, muss umgekehrt die natürliche Leistung der Verbraucherleistung angepasst werden.

Diese *Blindleistungskompensation* erreicht man durch Induktivitäten oder Kapazitäten, die am Anfang und Ende der Leitung zugeschaltet werden und somit gewissermaßen den Wellenwiderstand Z_L künstlich verändern. Ist beispielsweise $P_2 < P_\text{nat}$, so müsste nach Gl. (1.172) Z_L vergrößert werden, wenn die natürliche Leistung P_nat wieder gleich P_2 werden soll. Eine Vergrößerung von $Z_L = \sqrt{L'/C'}$ ist durch eine Verkleinerung der Betriebskapazität zu erreichen. Sie wird nach Bild 1.85 a durch Induktivitäten L_K bewirkt, die der Betriebskapazität parallel geschaltet werden. Anders betrachtet muss also am Anfang und Ende der Leitung induktive Blindleistung abgenommen werden. In der Praxis wird dies auch durch Drosselspulen erreicht, die über Tertiärwicklungen der Transformatoren (Bild 1.85 b) gespeist werden, wobei dann vorteilhaft auf kleinere Spannungen (z. B. 30 kV) übergegangen werden kann.

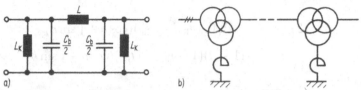

Bild 1.85 Blindleistungskompensation bei Übertragung einer Leistung $P_2 < P_{nat}$
  a) Ersatzschaltung mit eingezeichneter Kompensationsinduktivität L_K,
  b) Kompensationsdrosseln an den Tertiärwicklungen der Transformatoren

Beispiel 1.19. Die 400 km lange Freileitung für $U_N = 380$ kV nach Beispiel 1.18 soll die Wirkleistung $P_2 = 1,2\,P_{nat}$ mit dem Leistungsfaktor $\cos\varphi_2 - 1$ übertragen. Welche Blindleistung muss am Leitungsanfang eingespeist werden? Die Leitung soll vereinfachend als verlustlos ($\alpha = 0$) angenommen werden.

Mit dem Wellenwiderstand $Z_L = 234\,\Omega$ und der Spannung $U_2 = 375$ kV ergibt sich die natürliche Leistung $P_{nat} = U_2^2/Z_L = (375\,\text{kV})^2/(234\,\Omega) = 601$ MW (statt der Nennspannung U_N wurde hier der bekannte Werte U_2 eingesetzt). Die im Beispiel 1.18 gewählte Leistung $P_2 = 375$ Mw ist kleiner als die natürliche und hatte somit auch eine kapazitive Blindleistung zur Folge.

Jetzt soll aber $P_2 = 1,2\,P_{nat} = 1,2 \cdot 601$ MW $= 721$ MW mit $I_2 = P_2/(\sqrt{3}\,U_2\cos\varphi_2) =$ 721 MW$/(\sqrt{3} \cdot 375\,\text{kV} \cdot 1) = 1110$ A sein. Dann ist weiter der *Lastzeiger* $\underline{t} = \underline{Z}_L/\underline{Z}_2 = (U_2^2/\underline{Z}_2)/(U_2^2/\underline{Z}_L) - P_2/P_{nat} = 1,2$. Mit $b = 24,4°$ aus Beispiel 1.18 folgt nun aus Gl. (1.171) das komplexe Spannungsverhältnis

$$\underline{p}_u = \frac{1}{2}[(1+a)(1+\underline{t})\,\text{e}^{jb} + (1-a)(1-\underline{t})\,\text{e}^{-jb}]$$

$$= 0,5[(1+1,2)\,\underline{/24,4°} + (1-1,2)\,\underline{/-24,4°}] = 0,91 + \text{j}\,0,496 = 1,037\,\underline{/28,6°}$$

und das komplexe Stromverhältnis

$$\underline{p}_i = \frac{1}{2}\left[(1+a)\left(1+\frac{1}{\underline{t}}\right)\text{e}^{jb} + (1-a)\left(1-\frac{1}{\underline{t}}\right)\text{e}^{-jb}\right]$$

$$= 0,5\left[\left(1+\frac{1}{1,2}\right)\underline{/24,4°} + \left(1-\frac{1}{1,2}\right)\underline{/-24,4°}\right]$$

$$= 0,911 + \text{j}\,0,344 = 0,974\,\underline{/20,7°}$$

Der Strom $I_1 = p_i I_2 = 0,974 \cdot 1110$ A $= 1081$ A eilt der Spannung $U_1 = p_u U_2 = 1,037 \cdot 375$ kV $= 389$ kV um den Phasenwinkel $\varphi_1 = \Theta - \eta = 28,6° - 20,7° = 7,9°$ nach. Somit nimmt die Leitung wegen $P_2 > P_{nat}$ die *induktive Blindleistung* $Q_1 = \sqrt{3}\,U_1 I_1 \sin\varphi_1 = \sqrt{3} \cdot 389\,\text{kV} \cdot 1081\,\text{A} \cdot \sin(7,9°) = 100$ MVar auf.

1.3.3.6 Leitungsdiagramm. Aus Gl. (1.171) lässt sich ein Betriebsdiagramm für die verlustarme Leitung entwickeln, aus dem die komplexen Spannungs- und Stromverhältnisse in einfacher Weise abgelesen werden können. Der *Lastzeiger*

$$\underline{t} = t\,\mathrm{e}^{\mathrm{j}\tau} = t_{\mathrm{Re}} + \mathrm{j}\,t_{\mathrm{Im}} \tag{1.173}$$

hat den Realteil t_{Re} und den Imaginärteil t_{Im}. Dann ist nach Gl. (1.171) das komplexe Spannungsverhältnis

$$2\underline{p}_{\mathrm{u}} = (1 + a)(1 + t_{\mathrm{Re}} + \mathrm{j}\,t_{\mathrm{Im}})(\cos b + \mathrm{j}\,\sin b)$$
$$+ (1 - a)(1 - t_{\mathrm{Re}} - \mathrm{j}\,t_{\mathrm{Im}})(\cos b - \mathrm{j}\,\sin b)$$

oder

$$\underline{p}_{\mathrm{u}} = (1 + a\,t_{\mathrm{Re}})\cos b - t_{\mathrm{Im}}\sin b + \mathrm{j}\,[(t_{\mathrm{Re}} + a)\sin b + a\,t_{\mathrm{Im}}\cos b] \tag{1.174}$$

Diese Gleichung wird nun für verschiedene Belastungszustände diskutiert.

Leerlauf. Es ist $Z_2 = \infty$ und somit $\underline{t} = 0$ also $t_{\mathrm{Re}} = 0$ und $t_{\mathrm{Im}} = 0$. Somit folgt aus Gl. (1.174) das komplexe Spannungsverhältnis

$$\underline{p}_{\mathrm{u1}} = \cos b + \mathrm{j}\,a\sin b \tag{1.175}$$

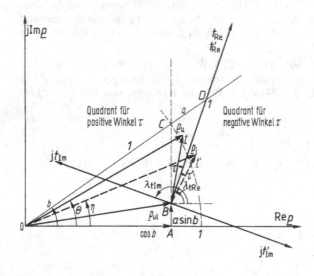

Dieser *Leerlaufzeiger* wird in der komplexen Ebene dargestellt (Bild 1.86).

Lastzeiger $\underline{t}$ reell. Dieser Fall gilt für alle Belastungswiderstände $\underline{Z}_2$, für die sich nach Gl. (1.155) der Winkel $\tau = 0$ ergibt. Es ist also immer der Imaginärteil $t_{\mathrm{Im}} = 0$, was jedoch nicht

Bild 1.86
$\underline{p}_{\mathrm{u}}, \underline{p}_{\mathrm{i}}$-Diagramm einer elektrischen Fernleitung

unbedingt bedeutet, dass reine Wirkleistung übertragen wird. Aus Gl. (1.174) folgt hierfür

$$(\underline{p}_{\mathrm{u}})_{t_{\mathrm{Im}}=0} = (1 + a\,t_{\mathrm{Re}})\cos b + \mathrm{j}(t_{\mathrm{Re}} + a)\sin b$$
$$= \cos b + \mathrm{j}\,a\sin b + a\,t_{\mathrm{Re}}\cos b + \mathrm{j}\,t_{\mathrm{Re}}\sin b$$

und unter Berücksichtigung von Gl. (1.175)

$$(\underline{p}_{\mathrm{u}})_{t_{\mathrm{Im}}=0} = \underline{p}_{\mathrm{u1}} + t_{\mathrm{Re}}(a\cos b + \mathrm{j}\sin b) \tag{1.176}$$

Für alle Belastungsfälle, für die also die Bedingung $t_{Im} = 0$ erfüllt ist, enden die Spitzen aller Zeiger $\underline{p}_u$ auf einer von der Spitze des Leerlaufzeigers $\underline{p}_{ul}$ ausgehenden Geraden (t_{Re}-Achse) mit der Steigung

$$\tan(\lambda_{t_{Re}}) = \sin b / (a \cos b) \tag{1.177}$$

wie in Bild 1.86 eingezeichnet.

Lastzeiger $\underline{t}$ imaginär. Nun ist der Realteil $t_{Re} = 0$, und es folgt aus Gl. (1.174)

$$(\underline{p}_u)_{t_{Re}=0} = \cos b - t_{Im} \sin b + j(a \sin b + a t_{Im} \cos b)$$

$$= \cos b + j a \sin b - t_{Im} \sin b + j a t_{Im} \cos b$$

und weiter mit Gl. (1.175)

$$(\underline{p}_u)_{t_{Re}=0} = \underline{p}_{ul} + t_{Im}(-\sin b + j a \cos b) \tag{1.178}$$

Für alle Belastungsfälle, für die also die Bedingung $t_{Re} = 0$ erfüllt ist, enden die Spitzen aller Zeiger $\underline{p}_u$ auf einer durch die Spitze des Leerlaufzeigers $\underline{p}_{ul}$ verlaufenden Geraden (t_{Im}-Achse) mit der Steigung

$$\tan(\lambda_{t_{Im}}) = -a \cos b / \sin b = -1 / \tan(\lambda_{t_{Re}}) \tag{1.179}$$

Die t_{Im}-Achse muss daher in Bild 1.86 senkrecht zur t_{Re}-Achse verlaufen. In der komplexen Ebene ist so ein Koordinatensystem für den Zeiger $\underline{t}$ entstanden, in das nun der Lastzeiger $\underline{t}$ eingezeichnet wird. Dabei wird der Winkel τ von der t_{Re}-Achse aus *linksdrehend positiv* und *rechtsdrehend negativ* gezählt. Den für das t_{Re}-t_{Im}-Koordinatensystem gültigen Maßstab liefert der Fall der Anpassung mit $\underline{t} = t_{Re} = 1$ und $\tau = 0$. Aus Gl. (1.176) findet man hierfür mit Gl. (1.175)

$$(\underline{p}_u)_{t_{Re}=1} = (1 + a)(\cos b + j \sin b) = (1 + a) e^{jb}$$

und somit den Wert 1 auf der t_{Re}-Achse. Die Maßstäbe auf der t_{Re}-Achse und der t_{Im}-Achse sind gleich, weil der Betrag des *Lastenzeigers* $t = \sqrt{t_{Re}^2 + t_{Im}^2}$ ausweist, dass die Ortskurven für $t = $ const im t_{Re}-t_{Im}-Koordinatensystem konzentrische Kreise ergeben.

Diagrammkonstruktion. Sind *Dämpfungsmaß a* und *Phasenmaß b* mit Gl. (1.166) ermittelt, so ist das Leitungsdiagramm in einfacher Weise mit Zirkel und Lineal konstruierbar. Hierbei ist wie folgt vorzugehen: Auf der rellen Achse ist der Wert 1 festzulegen und $\cos b$ abzutragen (Punkt A). Dann muss die Lotrechte in Punkt A errichtet und $a \sin b$ abgetragen werden (Punkt B). Der Schnittpunkt des Kreises um den Ursprung 0 mit dem Radius 1 mit der Lotrechten in Punkt A ergibt den Punkt C. Die Verlängerung der Strecke $\overline{OC}$ um das Dämpfungsmaß a liefert den Punkt D auf der t_{Re}-Achse, wobei die Strecke $\overline{BD}$ wieder dem Wert 1 im t_{Re}-t_{Im}-Koordinatensystem entspricht. Dann ist rechtwinklig zur t_{Re}-Achse durch den Punkt B die t_{Im}-Achse zu legen.

Das zunächst für das komplexe Spannungsverhältnis $\underline{p}_u$ entwickelte Diagramm in Bild 1.86 kann auch unmittelbar als $\underline{p}_i$-Diagramm verwendet werden, weil $\underline{p}_i$ in Gl. (1.171) die gleiche Form wie $\underline{p}_u$ annimmt, wenn für

$$\frac{1}{\underline{t}} = \underline{t}' = t'_{Re} + j\,t'_{Im} = \frac{1}{t}\,e^{-j\tau} = t'\,e^{j\tau'}$$

gesetzt wird. Das Leitungsdiagramm vermittelt in vorteilhafter Weise einen Überlick über die Auswirkungen der verschiedenen Einflussgrößen auf das Übertragungsverhalten einer Drehstrom-Fernleitung. Natürlich kann man zur Berechnung gesuchter Größen ebenso leicht ein Rechnerprogramm entwickeln.

Beispiel 1.20. Es sollen für die 400 km lange Drehstrom-Freileitung mit $U_N = 380\,\text{kV}$ nach Beispiel 1.18 die komplexen Verhältnisse $\underline{p}_u$ und $\underline{p}_i$ aus dem Leitungsdiagramm entnommen werden, wobei nun die Leistung $P_2 = 375\,\overline{\text{MW}}$ mit dem Leistungsfaktor $\cos\varphi_2 = 0,95$ ind. übertragen werden soll.

Mit den schon berechneten Werten für Dämpfungsmaß $a = 0,027$ und Phasenmaß $b = 0,426 \triangleq 24,4°$ findet man $\cos b = 0,91$ und $a\sin b = 0,027 \cdot \sin 24,4° = 0,011$. Weiter ergibt sich mit dem Winkel des Wellenwiderstands $\psi_L = -3,4°$ und dem Phasenwinkel $\varphi_2 = \arccos 0,95$ ind. $= 18,2°$ der Winkel des Lastzeigers $\tau = \psi_L - \varphi_2 = -3,4° - 18,2° = -21,6°$. Sein Betrag ist $t = Z_L/Z_2 = P_2 Z_L/(U_2^2 \cos\varphi_2) = 375\,\text{MW} \cdot 234\,\Omega/(375^2\,\text{kV}^2 \cdot 0,95) = 0,657$ und somit $t' = 1/t = 1/0,657 = 1,521$.

Zeichnet man den Lastzeiger $\underline{t}$ und seinen Kehrwert $1/\underline{t} = \underline{t}'$ in das in Bild 1.87 angegebene Leitungsdiagramm ein, wobei die Strecke $\overline{BD}$ den Maßstab für $t = 1$ festlegt, so entnimmt man für das komplexe Spannungsverhältnis $\underline{p}_u = 1,058\ \underline{/14,1°}$ und für das komplexe Stromverhältnis $\underline{p}_i = 0,94\ \underline{/40,5°}$.

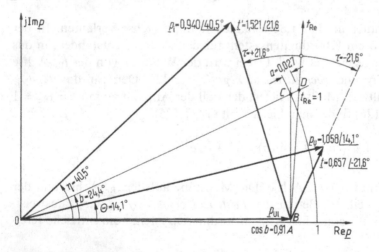

Bild 1.87
$\underline{p}_u$, $\underline{p}_i$-Diagramm der 380-kV-Drehstrom-Freileitung nach Beispiel 1.18

1.3.3.7 Komplexes Leistungsverhältnis. Geht man wieder davon aus, dass der Strom $\underline{I}$ der Spannung $\underline{U}$ um den Phasenwinkel $\varphi = \varphi_U - \varphi_I$ voreilt, so erhält man mit $\underline{U} = U\ \underline{/\varphi_U}$, $\underline{I} = I\ \underline{/\varphi_I}$ und $\underline{I}^* = I\ \underline{/-\varphi_I}$ sowie Wirkleistung P und Blindleistung Q nach [42] die komplexe *Drehstromleistung*

$$\underline{S} = \sqrt{3}\underline{U}\,\underline{I}^* = \sqrt{3}\,U\ \underline{/\varphi_U}\,I\ \underline{/-\varphi_I} = \sqrt{3}\,UI\ \underline{/\varphi_U - \varphi_I} = \sqrt{3}UI\ \underline{/\varphi}$$

$$= \sqrt{3}\,UI\cos\varphi + j\sqrt{3}\,UI\sin\varphi = P + jQ \tag{1.180}$$

Für negative Phasenwinkel φ ergibt sich also die *kapazitive Blindleistung Q* mit *negativem Zahlenwert.*

Hiermit und mit dem komplexen Spannungsverhältnis $\underline{p}_u$ nach Gl. (1.152) sowie dem konjugiert komplexen Stronmverhältnis $\underline{p}_i^*$ nach Gl. (1.153) ist das *komplexe Leistungsverhältnis* von eingespeister komplexer Drehstromleistung $\underline{S}_1$ und abgegebener Leistung $\underline{S}_2$

$$\underline{s} = \underline{S}_1/\underline{S}_2 = \sqrt{3}\underline{U}_1 I_1^*/(\sqrt{3}\,\underline{U}_2 I_2^*) = \underline{p}_u \underline{p}_i^* \tag{1.181}$$

Für den *Sonderfall der Anpassung,* also bei Übertragung der *natürlichen Leistung,* ist mit $\underline{t} = 1$ nach den Gl. (1.171) $\underline{p}_u \doteq (1+a)\,e^{jb}$ und $\underline{p}_i = (1+a)\,e^{jb}$. Hieraus folgt für das komplexe Leistungsverhältnis im Anpassungsfall

$$\underline{s} = (1+a)\,e^{jb}(1+a)\,e^{-jb} = (1+a)^2$$

Das Leistungsverhältnis ist reell; es wird also bei Abnahme einer reinen Wirkleistung am Leitungsende ebenfalls am Leitungsanfang eine reine Wirkleistung eingespeist, die lediglich um die Leitungsverluste größer ist.

Beispiel 1.21. Für die 400 km lange 380-kV-Leitung nach Beispiel 1.18 ist das komplexe Leistungsverhältnis zu berechnen.
Es ergeben sich für die Abnahmeleistung $P_2 = 720\,MW$ mit dem Leistungsfaktor $\cos\varphi_2 = 1$ nach Beispiel 1.19 die komplexen Verhältnisse $\underline{p}_u = 1,037\,\underline{/28,6°}$ und $\underline{p}_i = 0,974\,\underline{/20,7°}$. Daher beträgt das komplexe Leistungsverhältnis

$$\underline{s} = \underline{p}_u \underline{p}_i^* = 1,037\,\underline{/28,6°} \cdot 0,974\,\underline{/-20,7°} = 1,01\,\underline{/7,9°}$$

Mit $\underline{S}_2 = P_2 = 720\,MVA$ ergibt sich die Eingangsleistung

$$\underline{S}_1 = \underline{S}_2 \underline{s} = 720\,MVA \cdot 1,01\,\underline{/7,9°} = 720\,MW + j\,100\,MVar$$

Das positive Vorzeichen weist also die *induktive Blindleistung* $Q_1 = 100\,MVar$ aus. Die Wirkleistung P_1 ist gleich der abgenommenen Leistung P_2, weil die Werte für $\underline{p}_u$ und $\underline{p}_i$ für die verlustlose Leitung ermittelt wurden.

1.3.3.8 Stabilität der Energieübertragung. Stabilitätsprobleme können auftreten, wenn zwei oder mehr Synchrongeneratoren parallel arbeiten oder wenn eine Generator gegebenenfalls über eine Übertragungsleitung in ein *starres Netz* einspeist. Als starr wird dabei ein Netz angesehen, das an der betrachteten Einspeisestelle eine nach Betrag und Phasenlage konstante Spannung aufweist. Theoretisch ist ein solches Netz unbegrenzt aufnahmefähig für alle vom Generator gelieferte Wirk- und Blindleistung.

Zur einfachen Betrachtung sind im Bild 1.88 Generator und Übertragungsleitung verlustlos angenommen. Auch die Betriebskapazitäten sind außerachtgelassen. Die Leitungsreaktanz X_ℓ soll die Reaktanz des nicht dargestellten Transformators mit einschließen. Der in das Netz gespeiste Leitungsstrom $\underline{I}_2$ ist gleich dem negativen Generatorstrom $-\underline{I}_G = \underline{I}_2$. Da also keine Übertragungsverluste auftreten sollen, ist

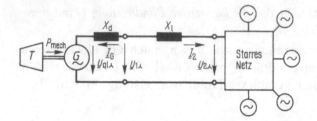

Bild 1.88
Ein durch die Turbine T angetriebener Drehstromgenerator G mit der synchronen Reaktanz X_d speist über einer Leitung mit der Reaktanz X_ℓ in ein starres Netz

die vom Generator in das Netz gelieferte Wirkleistung P_2 gleich der mechanischen Wellenleistung P_{mech} der Turbine. Im stationären Betrieb halten sich das Antriebsmoment der Turbine und das Gegenmoment des Generators das Gleichgewicht und bewirken somit den Gleichlauf des Maschinensatzes.

Der Synchrongenerator (s. Abschn. 5.5.2 und [7], [43], [44]) hat eine fest einstellbare *Leerlauf-Quellenspannung* $\underline{U}_{q\ell}$ (auch *Polradspannung* genannt), die allein vom Strom in der Erregerwicklung abhängt. Dagegen ist die *Klemmenspannung* $\underline{U}_1$ wegen der an der synchronen Reaktanz X_d auftretenden Teilspannung $\underline{I}_G j X_d = -\underline{I}_2 j X_d$ belastungsabhängig. $\underline{U}_{q\ell}$ und $\underline{U}_1$ schließen den *Polradwinkel* ϑ ein (Bild 1.89), der ein Maß für den Belastungszustand des Generators ist. Für $\underline{I}_G = 0$ (Leerlauf) ist $\underline{U}_{q\ell} = \underline{U}_1$ und somit $\vartheta = 0$. Die Generator-Klemmenspannung $\underline{U}_1$ ist infolge der durch den Leitungstrom $\underline{I}_2$ an der Leitungsreaktanz X_ℓ bedingten Teilspannung $\underline{I}_2 j X_\ell$ gegenüber der Netzspannung $\underline{U}_2$ um den Leitungswinkel Θ verdreht. Aus dem Zeigerdiagramm in Bild 1.89 folgt

$$\sin(\vartheta + \Theta) = \frac{I_2(X_d + X_\ell)\cos\varphi_2}{U_{q\ell}/\sqrt{3}}$$

und hieraus mit der Wirkleistung $P_2 = \sqrt{3}\, U_2 I_2 \cos\varphi_2$ für die *in das starre Netz gelieferte Wirkleistung*

$$P_2 = \frac{U_{q\ell}\, U_2}{X_d + X_\ell}\sin(\vartheta + \Theta) = P_{2max}\sin(\vartheta + \Theta) \tag{1.182}$$

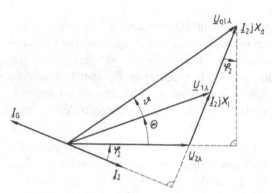

Bild 1.89 Zeigerdiagramm für die Schaltung
nach Bild 1.88

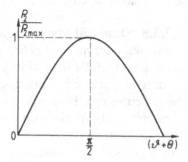

Bild 1.90
Abhängigkeit der übertragbaren Wirkleistung P_2 von der Summe aus Polradwinkel ϑ und Leitungswinkel Θ

Wird die Quellenspannung $U_{q\ell}$ konstant gehalten, so kann durch Vergrößerung des Antriebsmoments die Wirkleistungsabgabe an das Netz solange gesteigert werden, bis der *statische Stabilitätswinkel* $\vartheta + \Theta = \pi/2$ erreicht ist (Bild 1.90). Wird nun das Antriebsmoment weiter vergrößert, bleibt für $\vartheta + \Theta > \pi/2$ das Gegenmoment des Generators immer kleiner als das Antriebsmoment, der Maschinensatz kommt aus dem Gleichgewicht und beginnt schneller zu laufen. Der Generator „fällt außer Tritt".

Wird der Generator ohne Zwischenschaltung einer Leitung unmittelbar an das starre Netz angeschlossen, so müssen in Gl. (1.182) $X_\ell = 0$ und $\Theta = 0$ gesetzt werden. Der Generator könnte also in diesem Fall bis zum Polradwinkel $\vartheta = \pi/2$ belastet werden. Erfolgt dagegen die Energieübertragung über eine längere Leitung, so wird die Stabilitätsgrenze schon bei kleineren Polradwinkeln ϑ erreicht, weil nun ein Teil des statischen Stabilitätswinkels $\pi/2$ auf den Leitungswinkel Θ entfällt.

Auch sehr große Energieversorgungsnetze sind nicht als absolut starr anzusehen. Laststöße in einem solchen Netz, wie sie z. B. bei Lastabwurf oder bei Störungen auftreten, können bewirken, dass die Spannungszeiger $\underline{U}_{q\ell}$ und $\underline{U}_2$ kurzzeitig auseinanderpendeln und dabei gegebenenfalls unzulässig weit gegeneinander verdreht werden. Mit Rücksicht auf die *transiente* (früher dynamische) *Stabilität* kann deshalb der statische Stabilitätswinkel nicht voll ausgenutzt werden. I. allg. wird die Übertragungsleistung nach Gl. (1.182) $P_2 = 2/3 P_{2\text{max}}$ nicht überschritten, was etwa dem Phasenwinkel $\vartheta + \Theta = 40°$ entspricht.

Verbesserung der Stabilität. Soll z. B. die natürliche Leistung P_{max} übertragen werden, so ist der Phasenwinkel Θ zwischen den Spannungszeigern $\underline{U}_1$ und $\underline{U}_2$ der Leitung gleich dem Phasenmaß b. Hierbei kann etwa von einem Phasenkoeffizienten $\beta = 6°/(100\,\text{km})$ ausgegangen werden, so dass bei sehr langen Leitungen (z. B. 1000 km) mit verhältnismäßig großen Winkeln (z. B. 60°) zu rechnen ist, die im Hinblick auf die geforderte transiente Stabilität nicht vertretbar sind. Eine Verbesserung der Stabilitätsverhältnisse lässt sich dann durch *Reihenkondensatoren* C_R erreichen, die nach Bild 1.91 in die Leitung geschaltet werden und auf diese Weise die Leitungsreaktanz X_ℓ teilweise kompensieren. Somit vergrößert sich nach Gl. (1.182) die maximal übertragbare Leistung $P_{2\text{max}}$, so dass der für eine bestimmte Leistung P_2 gültige Betriebspunkt in Bild 1.90 wieder zu kleineren Phasenwinkeln $\vartheta + \Theta$ hin verschiebt.

Bild 1.91
Reihenkondensatoren C_R zur Verbesserung der Stabilitätsverhältnisse bei der Energieübertragung über eine Fernleitung

Blindleistung. Aus dem Zeigerdiagramm von Bild 1.89 entnimmt man die Spannungsgleichung

$$U_2 = U_{q\ell} \cos(\vartheta + \Theta) - I_2(X_d + X_\ell)\sin\varphi_2$$

und findet mit $Q_2 = \sqrt{3}\, U_2 I_2 \sin\varphi_2$ die *in das Netz gespeiste Blindleistung*

$$Q_2 = \frac{U_2[U_{q\ell}\cos(\vartheta + \Theta) - U_2]}{X_d + X_\ell} \qquad (1.183)$$

Für $U_{q\ell} \cos(\vartheta + \Theta) - U_2 > 0$ ergibt sich dann eine induktive und im umgekehrten Fall eine kapazitive Blindleistung. Für eine feste Quellenspannung $U_{q\ell}$ ist nach Gl. (1.183) die Einspeisung reiner Wirkleistung in das starre Netz nur für einen ganz bestimmten Phasenwinkel $(\vartheta + \Theta)$ möglich. Soll bei schwankender Wirkleistung P_2 keine oder eine bestimmte Blindleistung an das Netz abgegeben werden, so muss also die Quellenspannung $U_{q\ell}$ durch Verändern der Generatorerregung ständig nachgestellt werden.

1.3.4 Elektromagnetische Felder im Bereich elektrischer Anlagen

In der Nähe von Anlagen der elektrischen Energieversorgung, z. B. unter Freileitungen, oberhalb von Kabelgräben oder innerhalb von Schalt- und Umspannanlagen, bestehen niederfrequente elektrische und magnetische Felder. Seit vielen Jahren wird untersucht, welche biologischen Auswirkungen solche Felder auf den Menschen ausüben können. Bisher wird allgemein angenommen, dass von elektrischen Versorgungsanlagen ausgehende elektrische und magnetische Felder als für den Menschen unbedenklich einzustufen sind. Zum Schutz vor schädlichen Umwelteinwirkungen hat jedoch der Gesetzgeber [70] auch für Niederfrequenzanlagen Grenzwerte vorgeschrieben. Hiernach sollen die *Effektivwerte* der elektrischen Feldstärke 5 kV/m und der magnetischen Flussdichte 100 µT (50 Hz) nicht dauernd übersteigen. Ausnahmen bestehen für Bereiche, in denen sich Menschen nur kurzfristig aufhalten[1].

Bei Freileitungen und Kabeln werden diese Grenzwerte in der Regel meist weit unterschritten. Bild 1.92 zeigt Querprofile der Höchstwerte von elektrischen Feldstärken und magnetischen Flussdichten in Spannfeldmitte von Hoch- und Höchstspannungsfreileitungen. Bei mehreren Drehstromsystemen am Mast kann durch geschickte Anordnung der Leiter der verschiedenen Stromkreise die magnetische Flussdichte am Erdboden minimiert werden. Die magnetische Flussdichte oberhalb eines Kabelkanals veranschaulicht Bild 1.93. Ein von den Kabeln ausgehendes elektrisches Feld existiert hier nicht.

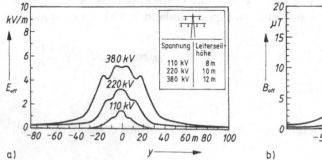
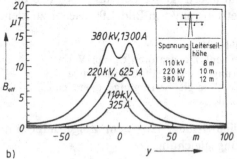

Bild 1.92 Elektrische Feldstärke E_{eff} (a) und magnetische Flussdichte B_{eff} (b) am Erdboden unterhalb von Freileitungen für unterschiedliche Nennspannungen [60]

Auch in seinem natürlichen Umfeld ist der Mensch seit jeher elektrischen und magnetischen Feldern ausgesetzt. Das Magnetfeld der Erde weist in unseren geografischen Breiten eine Fluss-

---

[1] Siehe Anhang, Abschn. 9.

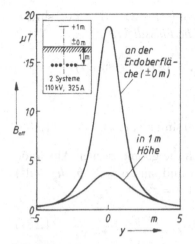

Bild 1.93
Magnetische Flussdichte B_{eff} am
Erdboden und in 1 m Höhe über
einem Kabelgraben [60]

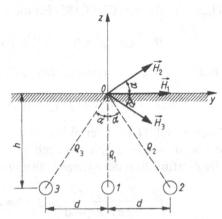

Bild 1.94
Magnetische Feldstärke H im Abstand h
von drei parallelen Leitern eines Drehstromsystems

dichte von rd. 40 µT auf. In der Atmosphäre bilden sich langsam pulsierende elektrische Felder
aus, die je nach Wetterlage 0,1 kV/m bis 0,4 kV/m am Erdboden betragen können. In Gewittern
können auch Werte bis 20 kV/m auftreten. Entscheidend für mögliche biologische Einflüsse ist
die Frequenz, weswegen die nach [70] für Hochfrequenzanlagen vorgeschriebenen Grenzwerte
weit unter denen für Niederfrequenzanlagen liegen. (s. Anhang 9)

Die Ermittlung der magnetischen Flussdichte im Nahbereich von Kabeln und Freileitungen ist
noch relativ einfach auszuführen, weil Linienleiter eine zweidimensionale Berechnung ermöglichen. Wesentlich komplizierter gestaltet sich die Berechnung dreidimensionaler Felder [56],
wenn die kompliziertere Leitungsführung dies erfordert. Die Berechnung der elektrischen Feldstärke ist allgemein recht aufwendig und sinnvoll nur mit Hilfe eines Rechners auszuführen.

Im folgenden werden die Berechnung an einer aus drei Leitern bestehenden Einebenenanordnung, wie sie z. B. bei parallel verlegten Kabeln oder einer Freileitung nach
Bild 1.23 b mit nur einem Drehstromsystem gegeben ist. Das Prinzip der Berechnung
lässt sich dann auch auf kompliziertere Anordnungen übertragen.

1.3.4.1 Magnetisches Feld.
Bei der in Bild 1.94 dargestellten Dreileiteranordnung
mit den Achsabständen $d_{12} = d_{13} = d$ und den Leiterströmen $i_1 = \hat{\imath}\cos\omega t$,
$i_2 = \hat{\imath}\cos(\omega t - 2\pi/3)$ und $i_3 = \hat{\imath}\cos(\omega t + 2\pi/3)$ tritt auf der Ebene im Abstand h
die größte magnetische Flussdichte B_{max} im Ursprung der eingezeichneten y-z-Koor-
dinaten auf. Die Stromsumme beträgt $i_1 + i_2 + i_3 = 0$. Mit den Einheitsvektoren $\vec{j}$
und $\vec{k}$ ergibt sich für $y = z = 0$ die Zeitfunktion der *magnetischen Feldstärke*

$$\vec{H} = \vec{H}_1 + \vec{H}_2 + \vec{H}_3 = \vec{j}\,[H_1 + (H_2 + H_3)\cos\alpha] + \vec{k}\,(H_2 - H_3)\sin\alpha \qquad (1.184)$$

Mit der Flussdichte $B = \mu_0 H$, den Feldstärken $H_1 = i_1/(2\pi\rho_1)$, $H_2 = i_2/(2\pi\rho_2)$,
$H_3 = i_3/(2\pi\rho_3)$ und den Radien $\rho_1 = h$, $\rho_2 = \rho_3 = h/\cos\alpha$ erhält man die Zeitfunktion der *magnetischen Flussdichte*

$$\vec{B} = (\mu_0/2\pi h)\cdot(\vec{j}\,[i_1 + (i_2 + i_3)\cos^2\alpha] + \vec{k}\,(i_2 - i_3)\cos\alpha\sin\alpha) \qquad (1.185)$$

Es ist $i_2 + i_3 = -i_1$ und $i_2 - i_3 = \hat{\imath}\,[\cos{(\omega t - 2\pi/3)} - \cos{(\omega t + 2\pi/3)}] = \hat{\imath}\,\sqrt{3}\sin\omega t$.
Hiermit folgt aus Gl. (1.185) für die zeitliche *magnetische Flussdichte*

$$\vec{B} = (\mu_0\,\hat{\imath}\,/2\,\pi\,h)\cdot(\vec{j}\,[1 - \cos^2\alpha]\cos\omega t + \vec{k}\,\sqrt{3}\cos\alpha\sin\alpha\sin\omega t)$$

und mit $1 - \cos^2\alpha = \sin^2\alpha$ und $\cos\alpha\sin\alpha = (\sin 2\alpha)/2$

$$\vec{B} = (\mu_0\,\hat{\imath}\,/2\,\pi\,h)\cdot(\vec{j}\,\sin^2\alpha\cos\omega t + \vec{k}\,(\sqrt{3}/2)\sin 2\alpha\sin\omega t) \qquad (1.186)$$

Wird in Gl. (1.186) der Winkel $\alpha = \arctan(d/h)$ durch die geometrischen Abstände d und h ersetzt, erhält man mit $\sin^2\alpha = d^2/(h^2 + d^2)$ und $\sin 2\alpha = 2\,d\,h/(h^2 + d^2)$ die Zeitfunktion der *magnetischen Flussdichte* im Punkt $y = z = 0$

$$\vec{B} = \frac{\mu_0\,\hat{\imath}\,d}{2\,\pi\,h(h^2 + d^2)}\,(\vec{j}\,d\cos\omega t + \vec{k}\,\sqrt{3}\,h\sin\omega t) \qquad (1.187)$$

Die Ortskurve der Flussdichte ergibt im y-z-Koordinatensystem abhängig vom Winkel ωt eine ellipsenähnliche Figur, deren Achsschnittpunkt im Koordinatenursprung und deren Längsachse auf der z-Koordinate liegen. Der größte Momentanwert ergibt sich also dann, wenn bei $\omega t = \pi/2$ in Gl. (1.187) $\cos\omega t = 0$ wird. Mit $\cos{(\pi/2)} = 0$ und $\sin{(\pi/2)} = 1$ erhält man den zeitlichen *Höchstwert der magnetischen Flussdichte*

$$B_{\max} = \mu_0\,\hat{\imath}\,\sqrt{3}\,d/[2\,\pi\,(h^2 + d^2)] \qquad (1.188)$$

Mit der Periodendauer T und $\omega T = 2\pi$ gilt für den *Effektivwert der magnetischen Flussdichte*

$$B_{\mathrm{eff}} = \sqrt{(1/T)\int\limits_0^T B^2\,\mathrm{d}t} = \sqrt{(1/2\,\pi)\int\limits_0^{2\pi} B^2\,\mathrm{d}\omega t}$$

Nach Gl. (1.187) folgt für das Integral

$$\int\limits_0^{2\pi} B^2\,\mathrm{d}\omega t = \left(\frac{\mu_0\,\hat{\imath}\,d}{2\,\pi\,h(h^2 + d^2)}\right)^2 [d^2\int\limits_0^{2\pi}\cos^2\omega t\,\mathrm{d}\omega t + 3\,h^2\int\limits_0^{2\pi}\sin^2\omega t\,\mathrm{d}\omega t]$$

bei dem die beiden Teilintegrale jeweils den Wert π ergeben. Mit $\omega T = 2\pi$ und dem Effektivwert der Stroms $I = \hat{\imath}\,/\sqrt{2}$ ist der *Effektivwert der magnetischen Flussdichte*

$$B_{\mathrm{eff}} = \frac{\mu_0\,I\,d}{2\,\pi\,h(h^2 + d^2)}\sqrt{(d^2 + 3\,h^2)} \qquad (1.189)$$

Für $d \ll h$ und $d^2 + 3\,h^2 \approx 3\,h^2$ deckt sich der Effektivwert nach Gl. (1.189) mit dem durch $\sqrt{2}$ dividierten Höchstwert nach Gl. (1.188). Der theoretische Sonderfall $d = 0$ bedeutet, dass nur noch ein einzelner Leiter existiert, in dem die Stromsumme

$\sum i = 0$ fließt. Das magnetische Feld außerhalb des Leiters verschwindet. Es leuchtet deshalb ein, dass z. B. gebündelt verlegte Kabel, bei denen der Leiterabstand d auf den kleinst möglichen Wert reduziert ist, an der Erdoberfläche keine nennenswerte magnetische Flussdichte bewirken.

Beispiel 1.22. Eine 110-kV-Leitung wird nach Bild 1.95 a einmal als Kabelsystem mit drei im Abstand $d_K = 16\,\mathrm{cm}$ und in der Tiefe $h_K = 1,0\,\mathrm{m}$ parallel verlegten Einleiterkabeln und zum anderen nach Bild 1.95 b als einsystemige Freileitung mit den Leiterabständen $d_F = 3,8\,\mathrm{m}$ ausgeführt. In Spannfeldmitte beträgt der Bodenabstand $h_F = 8,0\,\mathrm{m}$. Die Stromstärke beim Kabel ist $I_K = 325\,\mathrm{A}$ und bei der Freileitung $I_F = 380\,\mathrm{A}$. Die Werte sind so gewählt, dass die Rechenergebnisse mit den Bildern 1.92 und 1.93 verglichen werden können. Welche magnetischen Flussdichten sind an der Erdoberfläche in beiden Fällen zu erwarten?

Zu Vereinfachung der Rechnung wird $\mu_0/2\,\pi = 0,2\,\mu\mathrm{T}\cdot\mathrm{m/A}$ gesetzt.

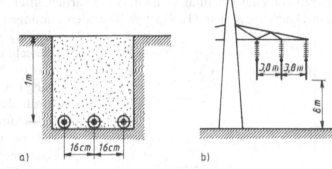

Bild 1.95
Kabelgraben mit drei parallelen Kabeln (a) und Freileitung mit Drehstromsystem in Einebenenanordnung

Kabel: Nach Gl. (1.188) findet man mit $\hat{\imath} = \sqrt{2}\,I_K = \sqrt{2}\cdot 325\,\mathrm{A} = 459,6\,\mathrm{A}$ den zeitlichen Höchstwert der magnetischen Flussdichte

$$B_{max} = \mu_0\,\sqrt{3}\,d_K/[2\,\pi\,(h_K^2 + d_K^2)]$$
$$= (0,2\,\mu\mathrm{Tm/A})\cdot 459,6\,\mathrm{A}\cdot\sqrt{3}\cdot 0,16\,\mathrm{m}/[(1,0\,\mathrm{m})^2 + (0,16\,\mathrm{m})^2] = 24,84\,\mu\mathrm{T}$$

und der Effektivwert $B_{eff} \approx B_{max}/\sqrt{2} = 24,84\,\mu\mathrm{T}/\sqrt{2} = 14,3\,\mu\mathrm{T}$, der den vorgeschriebenen Grenzwert von $100\,\mu\mathrm{T}$ weit unterschreitet.

Freileitung: Hier ergibt sich mit Gl. (1.188) und mit $\hat{\imath} = \sqrt{2}\,I_F = \sqrt{2}\cdot 380\,\mathrm{A} = 537,4\,\mathrm{A}$ der Höchstwert der magnetischen Flussdichte am Erdboden

$$B_{max} = \mu_0\,\hat{\imath}\,\sqrt{3}\,d_F/[2\,\pi\,(h_F^2 + d_F^2)]$$
$$= (0,2\,\mu\mathrm{Tm/A})\cdot 537,4\,\mathrm{A}\cdot\sqrt{3}\cdot 3,8\,\mathrm{m}/[(8,0\,\mathrm{m})^2 + (3,8\,\mathrm{m})^2] = 9,02\,\mu\mathrm{T}$$

mit dem Effektivwert nach Gl. (1.189)

$$B_{eff} = \frac{\mu_0\,I\,d_F}{2\,\pi\,h(h_F^2 + d_F^2)}\sqrt{(d_F^2 + 3\,h_F^2)}$$

$$= \frac{(0,2\,\mu\mathrm{Tm/A})\cdot 380\,\mathrm{A}\cdot 3,8\,\mathrm{m}}{8,0\,\mathrm{m}\cdot[(8,0\,\mathrm{m})^2 + (3,8\,\mathrm{m})^2]}\sqrt{(3,8\,\mathrm{m})^2 + 3\cdot(8,0\,\mathrm{m})^2} = 6,61\,\mu\mathrm{T}$$

der den Grenzwert ebenfalls weit unterschreitet (s. Anhang, Abschn. 9).

Das Verhältnis von maximaler und effektiver magnetischer Flussdichte beträgt hier $B_{max}/B_{eff} = 9,02\,\mu\mathrm{T}/6,61\,\mu\mathrm{T} = 1,364 < \sqrt{2}$.

1.3.4.2 Elektrisches Feld. Eventuelle biologische Auswirkungen auf den Menschen bleiben im wesentlichen auf Freileitungen sowie auf Schalt- und Umspannanlagen beschränkt. In der Nähe von Kabeln sind zu beachtende elektrische Felder nicht zu erwarten. Mittel- und Hochspannungskabel werden grundsätzlich als Radialfeldkabel (s. Abschn. 1.2.1) ausgeführt, bei denen geerdete Schirme, konzentrische Schutzleiter oder Metallmäntel das Feld im Kabel einschließen. Aber auch bei ungeschirmten Niederspannungskabeln sind Felder nur im Nahbereich vorhanden. Dies gilt insbesondere für gebündelte Verlegung oder bei Verdrillung der Adern bei Mehrleiterkabeln.

Die exakte Berechnung der elektrischen Feldstärke, z. B. unterhalb einer Freileitung, ist sehr aufwendig und sinnvoll nur numerisch mit Hilfe eines Rechners auszuführen. Hierzu muss das Potential nach Gl. (1.58) partiell differenziert werden, wobei die aus dem Gleichungssystem (1.59) zu ermittelnden Ladungen Q vorher einzusetzen sind.

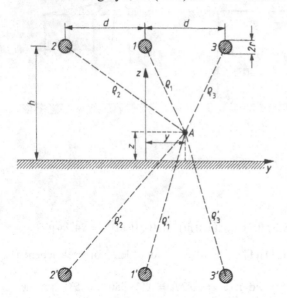

Im folgenden wird ein vereinfachtes Berechnungsverfahren angegeben, das die hinreichend genaue Ermittlung der elektrischen Feldstärke am Erdboden und die Ableitung einer Gleichung gestattet.

Hierbei wird nach Bild 1.96 wieder von einer Dreileiteranordnung, z. B. einer Freileitung mit in einer Ebene angeordneten Seilen, ausgegangen.

Bild 1.96
Drei parallele Leiter eines Drehstromsystems in der Höhe h über der Bezugsebene mit gespiegelten Ladungen zur Berechnung der elektrischen Feldstärke

Mit der Leitungslänge ℓ, den Radien $\rho_1, \rho_1', \rho_2, \rho_2', \rho_3$ und ρ_3' gilt mit Gl. (1.58) für das Potential im y-z-Koordinatensystem

$$\varphi = (1/2\,\pi\,\varepsilon_0\,\ell)[Q_1 \ln(\rho_1'/\rho_1) + Q_2 \ln(\rho_2'/\rho_2) + Q_3 \ln(\rho_3'/\rho_3)] \tag{1.190}$$

Vereinfachend werden die Ladungen Q_1, Q_2 und Q_3 durch das Produkt aus Betriebskapazität $C_b = 2\,\pi\,\varepsilon_0\,\ell/\ln(d_{gmi}/r)$ nach Gl. (1.69) und den jeweiligen Sternspannungen $u_{\angle 1}, u_{\angle 2}$ und $u_{\angle 3}$ ersetzt, was insbesondere bei verdrillten Leitungen wirklichkeitsnah ist. Hierbei sind d_{gmi} der geometrische Mittelwert der Leiterabstände nach Gl. (1.45) und r der Leiterradius. Es gilt dann für das Potential

$$\varphi = [1/\ln(d_{gmi}/r)][u_{\angle 1} \ln(\rho_1'/\rho_1) + u_{\angle 2} \ln(\rho_2'/\rho_2) + u_{\angle 3} \ln(\rho_3'/\rho_3)] \tag{1.191}$$

mit den Radien

$$\rho_1 = \sqrt{(h-z)^2 + y^2} \qquad \rho_1' = \sqrt{(h+z)^2 + y^2}$$

$$\rho_2 = \sqrt{(h-z)^2 + (d+y)^2} \qquad \rho_2' = \sqrt{(h+z)^2 + (d+y)^2}$$

$$\rho_3 = \sqrt{(h-z)^2 + (d-y)^2} \qquad \rho_3' = \sqrt{(h+z)^2 + (d+y)^2}$$

Da die elektrischen Verschiebungslinien senkrecht in die Bezugsebene einlaufen, interessiert hier lediglich die Feldstärke in z-Richtung. Wird also Gl. (1.191) partiell nach z differenziert und anschließend $z = 0$ gesetzt, findet man an der Oberfläche der Bezugsebene den *Betrag der elektrischen Feldstärke*

$$E(t) = \left| \frac{\delta\varphi}{\delta z} \right| = \left| \frac{2h}{\ln(d_{\mathrm{gmi}}/r)} \left[\frac{u_{\perp 1}}{h^2 + y^2} + \frac{u_{\perp 2}}{h^2 + (d+y)^2} + \frac{u_{\perp 3}}{h^2 + (d-y)^2} \right] \right| \qquad (1.192)$$

mit $u_{\perp 1} = \hat{u}_{\perp} \cos\omega t$, $u_{\perp 2} = \hat{u}_{\perp} \cos(\omega t - 2\pi/3)$ und $u_{\perp 3} = \hat{u}_{\perp} \cos(\omega t + 2\pi/3)$.
Die Diskussion der Gl. (1.192) zeigt, dass der größte Momentanwert der elektrischen Feldstärke bei $\omega t = \pi/2$ und $y = 1,25\,d$ auftritt, also bei $u_{\perp 1} = 0$, $u_{\perp 2} = -\hat{u}_{\perp}\sqrt{3}/2$ und $u_{\perp 3} = +\hat{u}_{\perp}\sqrt{3}/2$, so dass sich aus Gl. (1.192) der *Höchstwert der elektrischen Feldstärke*

$$E_{\max} = \frac{\sqrt{3}\,\hat{u}_{\perp}\,h}{\ln(d_{\mathrm{gmi}}/r)} \cdot \frac{5,0\,d^2}{(h^2 + 0,063\,d^2)(h^2 + 5,063\,d^2)} \qquad (1.193)$$

ergibt. Um eine handliche Gleichung zu erhalten, soll $h^2 + 0,063\,d^2 \approx h^2$ und $h^2 + 5,063\,d^2 \approx h^2 + 5\,d^2$ gesetzt werden. Es gilt dann hinreichend genau für den *Höchstwert der elektrischen Feldstärke*

$$E_{\max} = \frac{\sqrt{3}\,\hat{u}_{\perp}}{h[1 + h^2/(5\,d^2)] \cdot \ln(d_{\mathrm{gmi}}/r)} \qquad (1.194)$$

Beispiel 1.23. Für die 110-kV-Freileitung nach Bild 1.95 b mit dem Bodenabstand $h = 8,0\,\mathrm{m}$ in Spannfeldmitte, den Leiterabständen $d_{12} = d_{13} = 3,8\,\mathrm{m}$ und $d_{23} = 7,6\,\mathrm{m}$ und dem Leiterradius $r = 1,0\,\mathrm{cm}$ soll die elektrische Höchstfeldstärke am Erdboden berechnet werden. Nach Gl. (1.45) beträgt der mittlere geometrische Leiterabstand $d_{\mathrm{gmi}} = \sqrt[3]{d_{12}\,d_{23}\,d_{13}}$ $= \sqrt[3]{3,8\,\mathrm{m} \cdot 7,6\,\mathrm{m} \cdot 3,8\,\mathrm{m}} = 4,79\,\mathrm{m}$. Mit dem Scheitelwert der Sternspannung $\hat{u}_{\perp} = \sqrt{2} \cdot 110\,\mathrm{kV}/\sqrt{3} = 89,81\,\mathrm{kV}$ findet man mit Gl. (1.194) den Höchstwert der elektrischen Feldstärke am Erdboden

$$E_{\max} = \frac{\sqrt{3}\,\hat{u}_{\perp}}{h[1 + h^2/(5\,d^2)] \cdot \ln(d_{\mathrm{gmi}}/r)}$$

$$= \frac{\sqrt{3} \cdot 89,81\,\mathrm{kV}}{8,0\,\mathrm{m} \cdot [1 + (8,0\,\mathrm{m})^2/5 \cdot (3,8\,\mathrm{m})^2] \cdot \ln(479\,\mathrm{cm}/1,0\,\mathrm{cm})} = 1,67\,\mathrm{kV/m}$$

Der Vergleich mit Bild 1.92 a zeigt eine recht gute Übereinstimmung. Um den Effektivwert zu erhalten, muss E_{max} durch $\sqrt{2}$ dividiert werden. Man erhält mit $E_{eff} = 1,18\,kV/m$ einen Wert, der weit unter dem gesetzlich vorgeschriebenen Grenzwert von 5 kV/m liegt.

1.3.5 Hochspannungs-Gleichstromübertragung

Die elektrische Energieübertragung mit hochgespanntem Gleichstrom (HGÜ) wird eingesetzt, wenn sie der weitaus häufigeren Hochspannungs-Drehstromübertragung (HDÜ) technisch oder wirtschaftlich überlegen ist – z. B. bei *großen Transportentfernungen* (z. B. $\geq 1000\,km$), für die die Hochspannungs-Gleichstromübertragung trotz der verhältnismäßig teuren Stromrichterstationen wegen der im Vergleich zum Drehstrom aber billigeren Freileitungen kostengünstiger ist. Außerdem entfallen die Stabilitätsprobleme nach Abschn. 1.3.3.8 und die Kosten für ihre Bewältigung (z. B. Reihenkondensatoren).

Der *Energietransport über Seekabel* ist wegen der bei Drehstrom anfallenden kapazitiven Ladeleistung oberhalb einer Übertragungsstrecke von etwa 40 km ausschließlich mit Gleichstrom möglich. Aber auch bei *Landkabeln* soll die Hochspannungs-Gleichstromübertragung künftig zur Versorgung von Ballungsräumen eingesetzt werden, weil über ein Gleichstromkabel ein Mehrfaches der Übertragungsleistung eines entsprechenden Drehstromkabels transportiert werden kann (wichtig wegen des allgemeinen Mangels an Trassen).

Hochspannungs-Gleichstromübertragungen werden weiter zur *Kupplung asynchroner Netze* oder von *Netzen unterschiedlicher Frequenz* (z. B. 50 HZ/60 Hz) verwendet. Eine solche Netzkupplung bewirkt zusätzlich eine *Begrenzung des Kurzschlussstroms,* weil die Gleichstromverbindung keine Blindleistung übertragen kann. Bei Kurzschlüssen wird aber nach Abschn. 2 der Strom hauptsächlich durch induktive Blindwiderstände begrenzt. Zur Herabsetzung von Kurzschlussströmen können andererseits große Versorgungsnetze in gleichstromgekuppelte Teilnetze aufgelöst werden. Mit gleichem Ziel sind auch schon Kraftwerke großer Leistung über Hochspannungs-Gleichstromübertragungen in bestehende Netze eingebunden worden. Stellt die Gleichstromleitung allerdings die einzige Einspeisung dar, z. B. einer Insel (s. Schweden-Gotland), muss das gespeiste Netz mit einem Blindleistungsgenerator zur Deckung des Blindleistungsbedarfs ausgerüstet werden.

Bild 1.97 zeigt den schematischen Aufbau einer Hochspannungs-Gleichstromübertragung. Die 4 Stromrichtertransformatoren *Tr* einer Station sind wechselweise in Stern/Dreieck und Stern/Stern geschaltet. Durch die Verwendung von jeweils zwei Gleichrichterbrücken *GR* werden eine zwölfpulsige Rückwirkung auf das Drehstromnetz und eine Gleichspannung mit geringer Welligkeit erreicht. Die Stromrichter sind meist als Thyristorventile (früher in Quecksilberdampf-Technik) ausgeführt. Die Drehstrom-Filterkreise *DF* kompensieren die von den Stromrichtern benötigte Blindleistung und leiten außerdem die Oberschwingungen aus dem Drehstromnetz ab.

Auf der Gleichstromseite bestehen die Glättungseinrichtungen aus den Drosselspulen L_G zur Glättung des Stromes und den *passiven* Gleichspannungs-Filtern *GF,* die

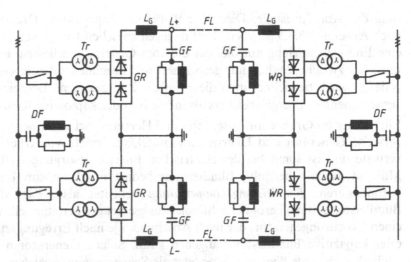

Bild 1.97 Hochspannungs-Gleichstromübertragung (HGÜ)
Tr Stromrichter-Transformator, *GR* Gleichrichter, *WR* Wechselrichter, *DF* Drehstrom-Filterkreis, *GF* Gleichspannungsfilter, L_G Glättungsdrosselspule, *FL* Freileitung

einerseits die von den Stromrichtern erzeugten Oberschwingungen von der Freileitung *FL* fernhalten und zum anderen von der Freileitung kommende Störungen weitgehend dämpfen sollen, um Schäden an den Stromrichtern zu vermeiden. Neuerdings werden auch *Aktivfilter* eingesetzt, bei denen eine Oberschwingung in Gegenphase zur Störung injiziert wird und diese bis auf einen kleinen Reststrom kompensiert.

Die Freileitung besteht aus zwei Leitern oder Leiterbündeln (s. Bild 1.26) mit symmetrischer Spannung gegen Erde (z. B. ±500 kV). In der gespeisten Station arbeiten die Stromrichter als Wechselrichter *WR*. Bei Ausfall eines Freileitungspols kann ein Teilbetrieb über den verbliebenen Pol mit Rückleitung über Erde aufrechterhalten werden. Eine Netzkupplung hat prinzipiell den gleichen Aufbau, jedoch entfällt die Freileitung. Gleich- und Wechselrichter sind räumlich in einer Station zusammengefasst [57].

Die bisher größte HGÜ-Anlage der Welt verbindet das Wasserkraftwerk Cabora Bassa am Sambesistrom mit dem Hochspannungsnetz von Südafrika über eine Entfernung von 1400 km und überträgt mit der Gleichspannung $U_- = ±533$ kV und dem Gleichstrom $I_- = 1800$ A die Leistung $P = 2 U_- I_- = 2 \cdot 533$ kV $\cdot 1800$ A $=$ 1919 MW.

1.3.6 Blindleistungskompensation

Wirkleistung ist die auf die Zeit bezogene Energie, die vom Verbraucher endgültig aufgenommen und in eine andere Energieform (Wärme, mechanische Arbeit) umgesetzt wird. Diese elektrische Energie fließt über die Leitung ausschließlich in Richtung der Abnahmestelle. Dies ist z. B. bei der angepassten Drehstrom-Freileitung nach Abschn. 1.3.3.5 gegeben. Tritt dagegen zwischen Einspeisung und Verbraucher eine Energiependelung auf, bei der die vom Generator gelieferte Energie vom Verbraucher zwischenzeitlich nur gespeichert und anschließend zum Generator zurückgeliefert wird, bezeichnet man diese auf die Zeit bezogene Energie je nach Art des verursachenden Energiespeichers als induktive oder kapazitive *Blindleistung.*

Ein solcher im Grunde nutzloser Hin- und Hertransport von Energie belastet unnötigerweise Generator und Übertragungsmittel, verursacht zusätzliche Übertragungsverluste und ist somit bei der elektrischen Energieversorgung i. allg. unerwünscht. Man ist deshalb bestrebt, Blindleistungsbedarf möglichst am Entstehungsort zu kompensieren. *Blindleistungskompensation* bedeutet also, dass die erforderliche Blindleistung durch gesonderte Blindleistungserzeuger bereitgestellt wird, z. B. durch einen Synchrongenerator, der nach Abschn. 5.5 je nach Erregungszustand induktive oder kapazitive Blindleistung abgeben kann. Solche Generatoren bezeichnet man auch als *rotierende Phasenschieber* oder als *Synchronphasenschieber.*

Die Abgabe induktiver Blindleistung bedeutet andererseits Aufnahme von kapazitiver Blindleistung. Folglich kann auch ein *Kondensator* nach Bild 1.98 die Blindleistung für eine Drosselspule liefern und umgekehrt.

Verteilungsnetze haben i. allg. einen induktiven Blindleistungsbedarf. Mit der Dreieckspannung $U_\triangle$, dem Leiterstrom I und dem Phasenwinkel φ hat dann die *Drehstrom-Blindleistung*

$$Q = \sqrt{3}\, U_\triangle\, I \sin \varphi \qquad (1.195)$$

einen positiven Wert (s. DIN 40110). Wird nach Bild 1.98 a zu dem aus Wirkwiderstand R und induktivem Blindwiderstand $X = \omega L$ bestehende Verbraucherwiderstand eine entsprechend bemessene Kapazität C parallel geschaltet, überlagert sich in Bild 1.98 b der gegenüber der Spannung $U_\triangle/\sqrt{3}$ um 90° voreilende kapazitive Strom $\underline{I}_C$ dem Verbraucherstrom $\underline{I}_v$ so, dass der mit der Spannung phasengleiche Summenstrom $\underline{I} = \underline{I}_R$ ist. Nach Gl. (1.195) ist somit die Blindleistung $Q = 0$.

Bei *Einzelkompensation* wird der jeweilige Blindstromverbraucher individuell kompensiert. Der Kondensator wird am betreffenden Gerät fest angeschlossen und mit diesem zusammen ein- und ausgeschaltet. Drehstrom-Asynchronmotoren nehmen allerdings bei Vollast eine größere Blindleistung auf als im Leerlauf. Um eine Überkompensation zu vermeiden, wird zweckmäßg bei Leerlauf auf $\cos \varphi = 1$ kompensiert. Die so bemessenen Kondensatoren decken dann auch bei Vollast die Hälfte des

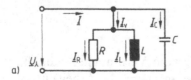

Bild 1.98
Einphasige Kompensation eines Verbrauchers mit Wirkwiderstand R und induktivem Blindwiderstand $X = \omega L$ durch den Kondensator mit der Kapazität C (a) sowie Zeigerdiagramm (b)

Blindstrombedarfs und bewirken einen Leistungsfaktor $\cos\varphi \approx 0,95$ ind. Bei *Gruppenkompensation* werden mehrere Verbraucher durch eine gemeinsame Kondensatorbatterie kompensiert.

Eine *Zentralkompensation* liegt z. B. vor, wenn nach Bild 1.99 die Kondensatoren den Blindleistungsbedarf eines ganzen Netzes, z. B. eines Werknetzes, zu decken haben. Meist ist hier eine stufenweise unterteilte Kondensatorbatterie mit einer selbsttätigen Steuerung unumgänglich. Überkompensation, wie sie z. B. mit festen Kapazitäten bei Schwachlast auftreten könnte, ist grundsätzlich zu vermeiden, weil die kapazitive Belastung zu einer unerwünschten Spannungserhöhung im Netz führen kann (s. Abschn. 1.3.3.3). Außerdem können bei Wegfall der schwingungsdämpfenden Last (Widerstand R in Bild 1.98) Oberschwingungen durch Parallelresonanz entstehen, bei der Schwingkreisströme auftreten, die zu einer Überlastung der Kondensatoren führen können. Eine Stromüberlastung kann nach Bild 1.99 durch Sicherungen verhindert werden. Es ist dann aber der Einbau von Entladewiderständen R_e erforderlich.

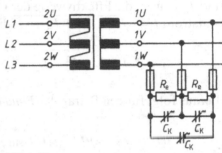

Bild 1.99
Zentrale Blindleistungs-Kompensation eines Netzes durch verstellbare Kondensatoren C_K mit Entladewiderständen R_e

Bei elektrischen Drehstrom-Fernleitungen wirkt nach Abschn. 1.3.3.5 die Leitung bei unternatürlicher Last als kapazitiver Blindverbraucher. Kompensiert wird nach Bild 1.85 durch zusätzliche Drosselspulen am Anfang und Ende der Leitung.

Beispiel 1.24. Ein Werksnetz mit der Dreieckspannung $U_\triangle = 400\,\text{V}$ soll nach Bild 1.99 durch im Dreieck geschaltete Kondensatoren zentral kompensiert werden. Bei Höchstlast beträgt die Wirkleistung $P_1 = 200\,\text{kW}$ mit $\cos\varphi_1 = 0,9$ ind., bei Schwachlast $P_2 = 20\,\text{kW}$ mit $\cos\varphi_2 = 0,7$ ind. In welchen Grenzen müssen die Kapzitäten C_K verstellbar sein, damit im gesamten Lastbereich eine Kompensation auf $\cos\varphi = 1$ möglich ist?

Bei Höchstlast beträgt die induktive Blindleistung $Q_1 = P_1 \tan\varphi_1 = 200\,\text{kW}\tan 25,8° = 96,9\,\text{kVar}$, bei Schwachlast $Q_2 = P_2 \tan\varphi_2 = 20\,\text{kW}\tan 45,6° = 20,4\,\text{kVar}$. Die induktive Blindleistung muss jeweils gleich der *kapazitiven Blindleistung* $Q_C = 3\,U_\triangle^2 \omega\,C_K$ sein. Hieraus folgt für die erforderliche Kapazität bei Höchstlast

$$C_{K1} = Q_1/(3\,U_\triangle^2 \omega) = 96,9\,\text{kVar}/[3 \cdot (400\,\text{V})^2 \cdot 314\,\text{s}^{-1}] = 643\,\mu\text{F}$$

und bei Schwachlast

$$C_{K2} = C_{K1}\,Q_2/Q_1 = 643\,\mu\text{F} \cdot 20,4\,\text{kVar}/(96,9\,\text{kVar}) = 135\,\mu\text{F}$$

Stromrichter belasten das Netz mit nicht sinusförmigen Strömen, die mit der Fourier-Analyse in sinusförmige Grund- und Oberschwingungen zerlegt werden können. An der Wirkleistung ist ausschließlich der *Grundschwingungsstrom* I_1 beteiligt. Bei einphasiger Betrachtung ist mit dem Effektivwert der *Sinusspannung U*, dem *Grundschwingungsgehalt* $g_i = I_1/I$ (auch Verzerrungsfaktor) und dem Phasenwinkel der

Grundschwingung φ_1 die *Wirkleistung*

$$P = U I_1 \cos \varphi_1 = S_1 \cos \varphi_1 = S g_i \cos \varphi_1 \tag{1.196}$$

mit der *Grundschwingungs-Scheinleistung* $S_1 = U I_1$. Entsprechend gilt für die *Grundschwingungs-Blindleistung*

$$Q_1 = U I_1 \sin \varphi_1 = S_1 \sin \varphi_1 = S g_i \sin \varphi_1 \tag{1.197}$$

Sind I_2, I_3 usw. die Effektivwerte der Oberschwingungsströme, dann ist mit dem Gesamtstrom $I = \sqrt{I_1^2 + I_2^2 + I_3^2 + \cdots}$ die totale *Scheinleistung*

$$S = U I = U \sqrt{I_1^2 + I_2^2 + I_3^2 + \cdots} = \sqrt{P^2 + Q^2} \tag{1.198}$$

Hieraus folgt für den Betrag der *Blindleistung*

$$|Q| = \sqrt{S^2 - P^2} = \sqrt{(U I_1 \sin \varphi_1)^2 + U^2(I_2^2 + I_3^2 + \cdots)} = \sqrt{Q_1^2 + D^2} \tag{1.199}$$

mit der *Verzerrungsleistung*

$$D = U \sqrt{I_2^2 + I_3^2 + \cdots} = S k_i \tag{1.200}$$

wobei das Verhältnis von Effektivwert der Oberschwingungen zum Effektivwert des Gesamtstroms als *Klirrfaktor* $k_i = \sqrt{I_2^2 + I_3^2 + \cdots}/I$ bezeichnet wird.

Bei Verwendung nur eines Leistungskondensators werden die Oberschwingungen meist verstärkt, da die Kondensatorkapazität zusammen mit der Netzinduktivität einen Parallelschwingkreis bildet. Liegt eine der Oberschwingungen in der Nähe der Eigenfrequenz, entstehen durch Resonanz sehr große Ströme und Spannungen dieser Frequenz, die die Oberschwingungen mit ihren nachteiligen Folgen (Störung von Tonfrequenzen, Rückwirkung auf die Steuerung der Stromrichter, Verminderung der Löschwirkung von Erdschlussspulen) verstärken und außerdem die Leistungskondensatoren durch Überlastung gefährden.

Nach Bild 1.97 bedient man sich hier mehrerer auf die Oberschwingungsfrequenzen abgestimmter Reihenschwingkreise (*Saugkreise*), die für die betreffenden Frequenzen einen Kurzschluss ergeben. Unterhalb der Resonanzfrequenz hat der Saugkreis kapazitives Verhalten, so dass er bei Grundfrequenz induktive Blindleistung abgibt und somit zur Blindleistungskompensation beiträgt.

2   Kurzschluss und Erdschluss

Die Verbraucher werden heute so störungsarm mit elektrischer Energie versorgt, dass längere Unterbrechungen zu den Ausnahmen gehören. Diese Versorgungssicherheit kann nur gewährleistet werden, wenn schon bei der Planung einer Anlage alle möglichen Fehler und ihre Ursachen und Wirkungen berücksichtigt werden. Die erforderlichen Berechnungen bestimmen neben anderen Gesichtspunkten, wie Verlustminimierung (s. Abschn. 6.1) und Spannungshaltung (s. Abschn. 1.3), v. a. die Kurzschluss- und Erdschlussströme und somit die technisch und wirtschaftlich günstigsten Schaltungen und Konstruktionen.

Kurzschluss und Erdschluss liegen vor, wenn die Betriebsisolation zu spannungsführenden Teilen leitend überbrückt wird. Die Ursachen hierfür sind zahlreich. So führen u. a. Übertemperaturen als Folge von unzulässig hohen Strömen zu Wärmedurchschlägen, Überspannungen zu elektrischen Durchschlägen [31]. In Freiluftanlagen und an Freileitungen sind Rauhreif, Eis, Schnee, Nässe und Nebel im Zusammenhang mit von Kohlestaub, Zement, Chemikalien u. a. verschmutzten Isolatoren weitere Störungsanlässe.

Bei den hier zu behandelnden Störungsfällen in Drehstromnetzen unterscheidet man *Einfachfehler* (Bild 2.1) und *Doppel-* bzw. *Mehrfachfehler* (Bild 2.2). Der dreisträngi-

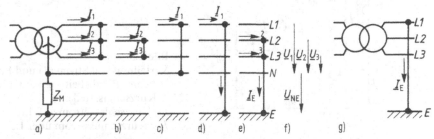

Bild 2.1   Einfachfehler in Drehstromnetzen
a) drei-, b) zwei-, c) einsträngiger Kurzschluss, d) Erdkurzschluss, e) zweisträngiger Kurzschluss mit Erdberührung, f) Spannungszählpfeile, g) Erdschluss im Netz mit isoliertem Sternpunkt

Bild 2.2
Mehrfachfehler in Drehstromnetzen
a) Dopplererdschluss, b) Erdschluss mit Leitungsunterbrechung

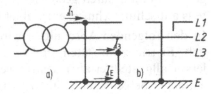

ge Kurzschluss mit metallischer Verbindung an der Fehlerstelle (satter Kurzschluss) ist ein *symmetrischer* Fehler, da die Widerstände in der Kurzschlussbahn gleichartig und gleich groß sind und einem symmetrischen Spannungssystem gegenüberstehen. Die Kurzschlussströme in den drei Strängen sind daher gleich groß und gegeneinander um 120° phasenverschoben. Alle übrigen Fehler sind *unsymmetrische* Fehler.

Von den satten Kurzschlüssen mit großen Stromstärken sind die Fehler mit Übergangswiderstand zur Fehlerstelle (nicht satte Fehler) zu unterscheiden. Ihre Fehlerstromstärke ist dann etwas kleiner. Der *Lichtbogenfehler,* sowohl als Kurzschluss als auch als Erdschluss möglich, ist wegen der Hitzeentwicklung besonders gefährlich. Andererseits lässt er sich rechnerisch nur schwer erfassen, da sich der *Lichtbogenwiderstand* einer genauen Berechnung entzieht. Geht man vereinfachend von einer konstanten Lichtbogenfeldstärke $E_{\text{Li}} = 2500\,\text{V/m}$ aus, so ergibt sich für den auf die Lichtbogenlänge bezogenen Lichtbogenwiderstand, wenn man ihn als unabhängig vom Lichtbogenstrom I annimmt, mit ausreichender Näherung

$$R'_{\text{Li}} = E_{\text{Li}}/I \tag{2.1}$$

Eine elektrische Anlage wird hinsichtlich ihrer Kurzschlussfestigkeit nach dem Fehler mit dem größten Kurzschlussstrom bemessen. Fehlerart und Fehlerort und somit die Impedanz in der Kurzschlussbahn bestimmen seine Größe. Beide Merkmale müssen bei Berechnungen berücksichtigt werden. Außerdem können Stromverteilung und Energierichtung beim Kurzschluss anders als im Normalbetrieb sein. Auch vom Kurzschluss nicht direkt betroffene Leitungen können Kurzschlussstrom führen, wie z. B. Leitung *II* in Bild 2.3.

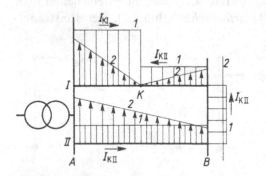

Bild 2.3
Verteilung von Strom (*1*) und Potential (*2*) auf einer Parallelleitung bei Kurzschluss
K Kurzschlussstelle
I_{k1} Kurzschlussstrom auf direktem Weg,
I_{k11} Kurzschlussstrom über Leitung *II*

Der Kurzschlussstrom hat *dynamische* Wirkungen wegen der Kraftwirkungen auf stromdurchflossene Leiter im magnetischen Feld (s. Abschn. 2.4.1). *Thermische* Wirkungen sind die Folge der Stromwärme (s. Abschn. 1.2.1.6 und 2.4.2). Beide Wirkungen muss man durch geeignete Maßnahmen begrenzen, die teils auf konstruktivem, teils auf schutztechnischem Gebiet liegen.

In den folgenden Abschnitten wird zunächst der dreisträngige Kurzschluss behandelt. Er tritt zwar selten direkt auf, meistens als Folge eines unsymmetrischen Fehlers; i. allg. stellt er aber den schwersten Kurzschlussfall dar. Außerdem lässt er sich einfacher berechnen als ein unsymmetrischer Fehler.

Für ausgedehnte, vermaschte Netze sind Kurzschlussberechnungen meist sehr umfangreich. Sie werden heute mit programmgesteuerten Rechnern durchgeführt (kaum noch auf Netzmodellen). Oft genügen programmierbare Taschenrechner [1], die auch umfangreiche Matrizengleichungen nach dem Maschenstrom- und Knotenpunktpotentialverfahren lösen. Datenverarbeitungsanlagen (z. T. auch PC) mit ihren großen Speicherkapazitäten in Festplatte, CD-ROM u. a. ermöglichen den Aufbau von umfangreichen Datenbanken sowie von Programmroutinen in Bibliotheken, so dass Fehlerberechnungen schnell wiederholt und Ergebnisse verglichen werden können. Dies ist eine wesentliche Erleichterung beim Bearbeiten von Schadensfällen, bei Fallstudien in der Planung sowie im allgemeinen Service.

2.1 Dreisträngiger Kurzschluss

Ein Kurzschluss der drei Stränge *L1, L2, L3* an einer Stelle des Netzes lässt bei gleichen Dreieckspannungen drei gleich große Ströme entstehen. Man braucht daher nur einen Strang zu untersuchen, wenn es um die Beurteilung der stationären Vorgänge geht. Bild 2.3 zeigt in einer einsträngigen Übersichtsschaltung Strom- und Potentialverteilung in Effektivwerten bei Kurzschluss in der Mitte von Leitung *I* im stationären Zustand bei Parallelbetrieb zweier gleichartiger Leitungen. Da der Fehlerort *K* hier von der Speiseschiene *A* über Leitung *II* dreimal so weit entfernt ist als auf direktem Weg, wird auch der gesamte Kurzschlussstrom im Verhältnis 1:3 geteilt. Punkt *K* kann als Sternpunkt auf der Verbraucherseite, an dem das Potential Null ist, aufgefasst werden.

Am Beispiel des dreisträngigen Kurzschlusses werden nun die zur Beschreibung der stationären und nichtstationären Vorgänge erforderlichen Größen und Faktoren hergeleitet [50], [59]. Es wird i. allg. das unbelastete Netz zugrunde gelegt, weil dieses die größten Kurzschlussströme liefert. (Zu den Bemessungsgrößen siehe auch IEC/EN 60 947-1).

2.1.1 Verlauf des Kurzschlussstroms

Der Kurzschluss entspricht i. allg. dem Einschalten eines Stromkreises mit Wirkwiderstand R und Induktivität L an Wechselspannung. Leitungskapazitäten und Kondensatoren werden i. allg. vernachlässigt, außer bei langen Höchstspannungsleitungen. Der Zeitpunkt des Kurzschlussbeginns bestimmt, ob der Kurzschlussstrom am Anfang symmetrisch oder unsymmetrisch zur Zeitachse verläuft; ob also ein Gleichstromglied auftritt oder nicht [42]. Ferner ist zu unterscheiden, ob die den Kurzschlussstrom treibende Spannung als starr angesehen werden kann oder ob sie infolge Ankerrückwirkung im Generator absinkt (s. Abschn. 5.5.2.2).

Im eingeschwungenen Zustand gehört zu einer symmetrisch zur Zeitachse verlaufenden Sinusspannung ein Sinusstrom, der mit Kreisfrequenz ω, Gesamtheit der in der Kurzschlussbahn liegenden Induktivitäten L von Generatoren, Transformatoren, Leitungen usw. und Gesamtheit der zugehörigen Wirkwiderstände R hier als Kurzschlussstrom I_k um den Phasenwinkel $\varphi_k = \arctan(\omega L/R)$ nacheilt. I. allg. tritt nun ein Kurzschluss zu einem Zeitpunkt ein, an dem der symmetrisch zur Zeitachse verlaufende Kurzschlussstrom bereits eine endliche Amplitude haben müsste. Bei Vernachlässigung des Betriebsstroms kann er in den drei Außenleitern aber stets nur mit dem Wert $i_k = 0$ einsetzen.

2.1.1.1 Generatorferner Kurzschluss.
In einem Kurzschlusskreis nach Bild 2.4a, der an einer starren Spannung $u = \hat{u} \sin(\omega t + \psi)$ liegt, soll ein Kurzschluss zu einem Zeitpunkt (Schalter S schließt) einsetzen (Kurzschlussbeginn), der dem Schaltphasenwinkel ψ in Bild 2.4b entspricht. Die Maschenregel liefert dann

$$R\, i_k + L\, \mathrm{d}i_k/\mathrm{d}t = \hat{u} \sin(\omega t + \psi)$$

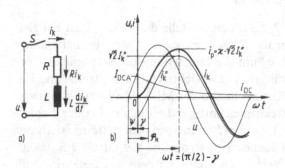

Bild 2.4
Kurzschlusskreis mit Wirkwiderstand R und Induktivität L
a) Ersatzschaltung
b) zeitlicher Verlauf von Strom und Spannung
S Schalter, i_k Zeitwert des Kurzschlussstroms, u Zeitwert der starren Spannung, i_k'' Wechselstromglied, i_{DC} Gleichstromglied, I_{DCA} Anfangswert von i_{DC}, φ_k Kurzschlusswinkel, ψ bzw. γ Schaltphasenwinkel von Spannung bzw. Strom

Die homogene Lösung dieser Differentialgleichung ergibt mit der Zeitkonstanten $\tau_{DC} = L/R$ das Gleichstromglied

$$i_{DC} = I_{DCA}\, \mathrm{e}^{-t/\tau_{DC}} \tag{2.2}$$

Die partikuläre Lösung liefert mit dem Schaltphasenwinkel γ des Stromes, der in Bild 2.4b z. B. einen negativen Wert aufweist, der Sternspannung $U_\curlywedge = U_\triangle/\sqrt{3}$ und dem Effektivwert I_k'' (s. Abschn. 2.1.1.2) den symmetrisch zur Zeitachse verlaufenden *Kurzschlusswechselstrom*

$$i_k'' = (\sqrt{2}\, U_\curlywedge/Z_k) \sin(\omega t + \gamma) = \sqrt{2}\, I_k'' \sin(\omega t + \gamma) \tag{2.3}$$

Die Summe beider Anteile ergibt den Kurzschlussstrom

$$i_k = i_k'' + i_{DC} \tag{2.4}$$

Den Anfangswert I_{DCA} des Gleichstromglieds erhält man aus der Bedingung $i_k = 0$ bei $t = 0$. Aus Gl. (2.4) folgt somit $i_{DC} = -i_k''$. Setzt man Gl. (2.2) und (2.3) für $t = 0$ ein, so erhält man mit Bild 2.4b unter Beachtung des dort negativen Werts für γ

$$I_{DCA} = -\sqrt{2}\, I_k'' \sin \gamma$$

und als *Gleichstromglied* aus Gl. (2.2)

$$i_{DC} = -\sqrt{2}\, I_k''\, \mathrm{e}^{-t/\tau_{DC}} \sin \gamma$$

Die Gesamtlösung für den Verlauf des *Kurzschlussstroms* folgt aus Gl. (2.4)

$$i_k = i_k'' + i_{DC} = \sqrt{2}\, I_k'' \left[\sin\left(\omega t + \gamma\right) - e^{-t/\tau_{DC}} \sin\gamma\right] \qquad (2.5)$$

Demnach erscheint kein Gleichstromglied i_{DC}, wenn der Kurzschluss mit den Randbedingungen $t = 0$, $\gamma = 0$ einsetzt, wenn also mit Bild 2.4 b $\varphi_k = \psi$ wird. In allen anderen Fällen mit $\psi \neq \varphi_k$ tritt ein Gleichstromglied auf, das aber nach der Zeit $t = 5\,\tau_{DC}$ praktisch abgeklungen ist.

Der Phasenwinkel des Kurzschlussstroms (*Kurzschlusswinkel*) ist nach Bild 2.4 (vgl. Abschn. 1.3.2)

$$\varphi_k = \psi - \gamma = \text{Arctan}\left(\omega L/R\right) \qquad (2.6)$$

2.1.1.2 Generatornaher Kurzschluss. Je näher ein Kurzschluss beim Generator liegt, um so größer ist der Kurzschlussstrom, der durch die Ständerwicklung des Generators fließt. In gleichem Maß wächst die Ankerrückwirkung, so dass die Quellenspannung des Generators sinkt; denn bei vorwiegend induktiver Phasenlage des Kurzschlussstroms führt die Ankerrückwirkung zu einer Verkleinerung der wirksamen Durchflutung (s. Abschn. 5.5.2.2).

Folglich nimmt auch der Kurzschlusswechselstrom i_k'' ab. Den Effektivwert zu Beginn des Kurzschlusses nennt man *Anfangskurzschlusswechselstrom* I_k''. Alle zeitlich nachfolgenden Ströme mit Ausnahme des Dauerkurzschlussstroms werden an ihm gemessen. Bild 2.5 a zeigt den Verlauf des Kurzschlussstroms eines Stranges für den Fall (s. a. Abschn. 5.5.2), dass kein Gleichstromglied, also $\gamma = 0$ in Gl. (2.5), auftritt.

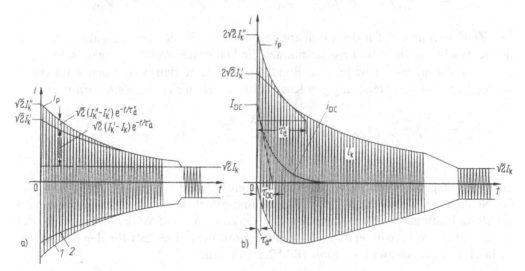

Bild 2.5   Zeitlicher Verlauf des generatornahen Kurzschlussstroms $i_k = f(t)$
a) ohne Gleichstromglied, b) mit Gleichstromglied
1 subtransienter Vorgang, *2* transienter Vorgang

Unabhängig von diesem Abklingvorgang infolge Ankerrückwirkung kann auch hier ein Gleichstromglied nach Abschn. 2.1.1.1 wirksam werden (s. Bild 2.5b). Die Dauer dieses Abklingvorgangs wird wiederum von der Zeitkonstanten τ_{DC} bestimmt. Beim symmetrisch zur Zeitachse verlaufenden Wechselstromglied unterscheidet man in beiden Fällen den infolge Wirbelstrombildung mit der Anfangszeitkonstanten τ_d'' schnell abklingenden *Anfangskurzschlusswechselstrom* I_k'' und den langsamer abnehmenden *Übergangskurzschlusswechselstrom* I_k', die schließlich in den *Dauerkurzschlussstrom* I_k übergehen. Diese Vorgänge sind in [7] beschrieben, so dass für die hier vorliegenden Untersuchungen nur ergänzende Angaben gemacht werden.

Zur Berechnung des Kurzschlussstromverlaufs werden folgende nach VDE 0530 eingeführte Bezeichnungen verwendet (s. a. Abschn. 5.5):

Anfangsblindwiderstand (subtransiente Reaktanz) X_d'' (x_d'')
Übergangsblindwiderstand (transiente Reaktanz) X_d' (x_d')
Ankerblindwiderstand (synchrone Reaktanz) X_d (x_d)
Anfangszeitkonstante τ_d''
Übergangszeitkonstante τ_d'
Gleichstromzeitkonstante τ_{DC}

Die Generatorhersteller geben die Blindwiderstände X_d'', X_d' und X_d (s. Abschn. 1.2.3.6) meist als relative Blindwiderstände x_d'', x_d' und x_d an, also bezogen auf die Bemessungsimpedanz Z_{rG} des Generators, so dass für einen Generator in Sternschaltung mit Bemessungsspannung $U_{\curlywedge r} = U_{rG}/\sqrt{3}$, Bemessungsstrom I_{rG} und Bemessungsscheinleistung S_{rG} des Generators je Strang gilt

$$ x_d'' = \frac{X_d''}{U_{\curlywedge r}/I_{rG}} = \frac{X_d''}{U_r^2/S_{rG}} = \frac{X_d''}{Z_{rG}}, \qquad x_d' = \frac{X_d'}{Z_{rG}}, \qquad x_d = \frac{X_d}{Z_{rG}} \tag{2.7} $$

Die *Zeitkonstanten* τ_d'' für den rasch abklingenden, τ_d' für den langsam abklingen Teil des Kurzschlussstroms und τ_{DC} bestimmen die Dauer des Abklingvorgangs. Sie hängen vom Verhältnis der wirksamen Blindwiderstände zu den wirksamen Wirkwiderständen ab. Für den dreisträngigen Kurzschluss ergeben sich die *Zeitkonstanten*

$$ \tau_d'' = \frac{|R_A + j X_d'' + \underline{Z}_n|}{|R_A + j X_d' + \underline{Z}_n|} \tau_{do}'', \quad \tau_d' = \frac{|R_A + j X_d' + \underline{Z}_n|}{|R_A + j X_d + \underline{Z}_n|} \tau_{do}', \quad \tau_{DC} = \frac{X_d'' + X_n}{\omega(R_A + R_n)} \tag{2.8} $$

aus den entsprechenden Leerlaufzeitkonstanten τ_{do}'' und τ_{do}' nach Tabelle 2.15, die bei Nenndrehzahl, offener Ständerwicklung und plötzlich kurzgeschlossener Erregerwicklung bestimmt werden. Impedanz Z_n, Reaktanz X_n und Wirkwiderstand R_n des Netzes sowie Ankerwiderstand R_A des Generators sind jeweils für den Strang berechnet. Für die *Kurzschlussströme* (Bild 2.5) gilt dann

$$ I_k'' = U_q'' / \sqrt{(R_A + R_n)^2 + (X_d'' + X_n)^2} \tag{2.9} $$

$$I'_k = U'_q / \sqrt{(R_A + R_n)^2 + (X'_d + X_n)^2} \tag{2.10}$$

$$I_k = U_q / \sqrt{(R_A + R_n)^2 + (X_d + X_n)^2} \tag{2.11}$$

Die Quellenspannungen U''_q, U'_q und U_q (s. Abschn. 5.5.2.2) werden nach dem gleichen Verfahren wie in Abschn. 2.1.2 ermittelt, indem man in der Reaktanz X in Gl. (2.17) jeweils die entsprechende Reaktanz X''_d, X'_d bzw. X_d berücksichtigt. Bei Leerlauf ($I = 0$) darf in Anlehnung an VDE 0102 je Strang $U''_q = U'_q = U_q = c U_N / \sqrt{3}$ gesetzt werden. Mittlere Werte für Reaktanzen und Zeitkonstanten sind Tabelle 2.15 zu entnehmen.

Somit lautet die vollständige, auf Bild 2.5 b zugeschnittene *Zeitfunktion des Kurzschlussstroms*

$$i_k = \sqrt{2}\{[(I''_k - I'_k)\,e^{-t/\tau''_d} + (I'_k - I_k)\,e^{-t/\tau'_d} + I_k]\sin(\omega t + \gamma) - I''_k\,e^{-t/\tau_{DC}}\sin\gamma\} \tag{2.12}$$

Im Fall starrer Speisespannung geht Gl. (2.12) wegen $I_k = I'_k = I''_k$ wieder in Gl. (2.5) über

2.1.1.3 Kurzschlussentfernung. Um einfach beurteilen zu können, wann mit starrer oder mit nichtstarrer Spannung zu rechnen ist, enthält VDE 0102 folgende Definition: „Ein generatornaher Kurzschluss (nichtstarre Spannung) liegt vor, wenn der vom Generator gelieferte Anfangs-Kurzschlusswechselstrom I''_k beim dreisträngigen Kurzschluss das Zweifache des Generatorbemessungsstroms I_{rG} erreicht oder überschreitet". Damit man aber die Ströme nicht auszurechnen braucht, hat man den Begriff der *„elektrischen Entfernung des Kurzschlusses"*

$$s = (X''_d + X_n)/X''_d \tag{2.13}$$

als Verhältnis von Gesamtblindwiderstand $X''_d + X_n$ zu subtransienter Reaktanz X''_d eingeführt (Bild 2.6). Die Verknüpfung der Definition in VDE 0102 mit Gl. (2.13) führt mit Gl. (2.9) sowie mit der Sternspannung $U_\curlywedge = U_\triangle / \sqrt{3}$ und der hier zulässigen Näherung $U''_q \approx U_\curlywedge$ (Spannungsdifferenz ΔU vernachlässigt; s. Abschn. 1.3) zu dem Ansatz

$$\frac{I''_k}{I_{rG}} = \frac{U_\triangle/\sqrt{3}}{X''_d + X_n} \bigg/ \frac{S_{rG}}{\sqrt{3}\,U_\triangle} = \frac{1}{X''_d + X_n} \cdot \frac{U_\triangle^2}{S_{rG}} = \frac{Z_{rG}}{X''_d + X_n} \tag{2.14}$$

Mit Gl. (2.7) erhält man aus Gl. (2.14) durch Umstellung

$$s = \frac{1}{I''_k/I_{rG}} \cdot \frac{1}{x''_d} \tag{2.15}$$

Bild 2.6
Kurzschlusskreis zur Bestimmung der Kurzschlussentfernung
U''_q Generatorquellenspannung (Anfangsspannung),
$U_{\curlywedge G}$ Sternspannung an den Generatorklemmen,
X''_d subtransiente Reaktanz des Generators,
X_n Netzreaktanz, K Kurzschlussstelle

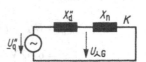

Soll also $I_k''/I_{rG} \geqq 2$ sein, so muss für die elektrische Entfernung gelten

$$s \leqq 0,5/x_d'' \tag{2.16}$$

Beispiel 2.1. Bis zu welcher Fehlerentfernung muss man mit nichtstarrer Spannung rechnen, wenn der speisende Generator eine Vollpolmaschine ist?

Tabelle 2.15 entnimmt man als relative subtransiente Reaktanz $x_d'' = 0,12$. Mit Gl. (2.16) muss demnach $s \leqq 0,5/x_d'' = 0,5/0,12$, also $s \leqq 4,16$ sein. Die Netzreaktanz X_n muss dann mit Gl. (2.13) $X_n \leqq s\,X_d'' - X_d'' = 4,16\ X_d'' - X_d'' = 3,16\,X_d''$ sein.

2.1.2   Anfangs-Kurzschlusswechselstrom

Der Anfangs-Kurzschlusswechselstrom $I_k'' = U_q''/Z_k$ nach Gl. (2.19) bildet die Grundlage jeder Kurzschlussberechnung, da er sich durch Anwendung des Ohmschen Gesetzes über die bei Kurzschlussbeginn gerade wirksame Quellenspannung, die Anfangsspannung U_q'', und die Gesamtimpedanz Z_k der Kurzschlussbahn leicht berechnen lässt. Die Anfangsspannung U_q'' wird von Größe und Phasenlage des Betriebsstroms unmittelbar vor Kurzschlusseinsatz bestimmt. Mit Bild 1.60a und der Summe der Wirkwiderstände $R = R_A + R_n$ und der Summe der Reaktanzen $X = X_d'' + X_n$ des Generators und des Netzes erhält man, wenn man hier $\underline{U}_1 = \underline{U}_q''$ und $\underline{U}_2 = \underline{U}_\curlywedge$ setzt (s. a. Abschn. 5.5), beim Phasenwinkel Θ die Anfangsspannung je Strang

$$\underline{U}_q'' = \underline{U}_\curlywedge + \underline{I}\,(R + jX) = U_q''\,\underline{/\Theta} \tag{2.17}$$

Der Spannungsunterschied in Gl. (2.17) beträgt in Energieverteilungsanlagen 3% bis 10%, so dass die Anfangsspannung U_q'' in Gl. (2.17) für $\Theta = 0$ Werte zwischen dem 1,03- bis 1,1fachen der Sternspannung $U_\curlywedge$ annehmen kann. Man gibt daher die Überhöhung der Anfangsspannung U_q'' gegenüber der Spannung an der Fehlerstelle vor Kurzschlussbeginn mit dem *Spannungsfaktor*

$$c = U_q''/U_\curlywedge = \sqrt{3}\ U_q''/U_\triangle \tag{2.18}$$

an. Der Spannungsfaktor wird bei induktiver Belastung um so größer, je kleiner der Leistungsfaktor der Übertragung ist. Wenn keine besonderen Angaben gemacht werden, ist für $U_\triangle$ die Nennspannung des Netzes U_N einzusetzen.

Beispiel 2.2. Eine Energieübertragung für die Nennspannung $U_N = U_\triangle = 10\,\text{kV}$ weist die Generatorreaktanz $X_d'' = 0,5\,\Omega$ (Ankerwiderstand R_A vernachlässigbar) und die Leitungsimpedanz $\underline{Z}_n = (0,4\,\Omega + j\,0,5)\,\Omega$ auf. Es ist bei dem Laststrom $I = 380\,\text{A}$ der Spannungsfaktor c für den Leistungsfaktor $\cos\varphi = 0,75$ und Phasenwinkel $\varphi = 41,4°$ induktiv zu bestimmen, wenn der Kurzschluss am Leitungsende auftritt.

Mit Gl. (2.17) sowie mit $R = R_n = 0,4\,\Omega$ und $jX = j\,(X_d'' + X_n) = j\,1\,\Omega$ errechnet man die Anfangsspannung

$$\underline{U}_q'' = \underline{U}_\curlywedge + \underline{I}\,(R + jX) = (10\,000\,\text{V}/\sqrt{3}) + 380\,\text{A}\ \underline{/-41,4°}\ (0,4\,\Omega + j\,1,0\,\Omega)$$

$$= 6142\,\text{V}\ \underline{/1,72°}$$

Der Spannungsfaktor ist mit Gl. (2.18)

$$c = \sqrt{3}\, U_q'' / U_\triangle = \sqrt{3} \cdot 6142\,\text{V} / (10\,000\,\text{V}) = 1{,}064$$

Meist ist von einem Netz nur die Nennspannung bekannt. Dann wird mit ihr als Außenleiterspannung $U_\triangle = U_N$ die Kurzschlussberechnung vorgenommen. Für den dreisträngigen Kurzschluss gilt dann

$$I_k'' = U_q'' / Z_k = c\, U_\triangle / (\sqrt{3}\, Z_k) = c\, U_N / (\sqrt{3}\, Z_k) \tag{2.19}$$

Z_k ist hierbei die Gesamtimpedanz in der Kurzschlussbahn.

DIN VDE 0102 empfiehlt, in Netzen **über 1 kV** mit dem Spannungsfaktor $c_{max} = 1{,}1$ und mit dem Leiterwiderstand R bei 20 °C zu rechnen, wenn der *größte Kurzschlusstrom* bestimmt werden soll. Mit dem Spannungsfaktor $c_{min} = 1{,}0$ und dem Leiterwiderstand R bei einer zu erwartenden höheren Temperatur (s. Abschn. 1.2.1.6) erhält man den *kleinsten Kurzschlussstrom*. In Netzen **bis 1 kV** kann der Spannungsfaktor nicht mehr genügend genau berechnet werden, weil zu den Wirkwiderständen der Übertragungsmittel kaum erfassbare, aber nicht vernachlässigbare Übergangswiderstände an vielen Kontaktstellen kommen (außer bei Kurzschluss an den Transformatorklemmen). Die tatsächliche wirksame Impedanz der Kurzschlussbahn ist dann stets größer als die gerechnete.
DIN VDE 0102 empfiehlt hier den Spannungsfaktor $c_{max} = 1{,}05$ und Leiterwirkwiderstände bei 20 °C in Netzen, die von 380 V auf 400 V umgestellt wurden, wenn der *größte Kurzschlusstrom* berechnet werden soll; $c_{max} = 1{,}1$ gilt für die Niederspannungsnetze mit der Toleranz 10 %. Der *kleinste Kurzschlusstrom* wird mit $c_{min} = 0{,}95$ bei höheren Leitertemperaturen (z. B. 80 °C) berechnet. Der größte Kurzschlusstrom bestimmt die mechanische Festigkeit einer Anlage (s. Abschn. 2.4). Mit dem *kleinsten Kurzschlusstrom* wird festgestellt, ob die Schutzeinrichtungen (Sicherungen und Schutzgeräte) sicher ansprechen können. Unabhängig hiervon ist zu untersuchen, ob drei-, zwei- oder einsträngiger Kurzschluss den größten bzw. kleinsten Kurzschlusstrom liefern. Hohe Anforderungen an die Schutzmaßnahmen nach DIN VDE 0100 und 0118 (Bergbau) verlangen u. U den Spannungsfaktor $c_{min} = 0{,}8$.
In allen Netzen gilt bei der Bestimmung des *kleinsten Kurzschlusstroms*: Es wird der geringste Kraftwerks- und Netzeinspeiseeinsatz (z. B. Nachtbetrieb) zugrunde gelegt; der Einfluss von Motoren wird vernächlässigt (s. Abschn. 2.1.5).

2.1.3 Stoßkurzschlussstrom und Stoßfaktor

Die in Bild 2.4 b unmittelbar nach Kurzschlussbeginn auftretende größte Amplitude heißt *Stoßkurzschlussstrom* i_p. Er wird zur Berechnung der mechanischen Festigkeit einer Anordnung mit Stromleitern benötigt. Aus Gl. (2.5) kann er mit genügender Genauigkeit berechnet werden, wenn man die hier zulässige Annahme trifft, dass die Amplitude i_p mit dem ersten Höchstwert $\hat{\imath}_k''$ des Anfangs-Kurzschlusswechselstroms zeitlich zusammenfällt. Mit $\omega t = (\pi/2) - \gamma$ (s. Zählpfeile in Bild 2.4 b) folgt aus Gl. (2.5)

$$i_p = \sqrt{2}\, I_k'' (1 - e^{-t/\tau_{DC}} \sin\gamma) \tag{2.20}$$

2.1.3.1 Stoßfaktor in Kurzschlusskreisen ohne Stromverzweigung. Der Klammerausdruck in Gl. (2.20) heißt *Stoßfaktor*

$$\kappa = 1 - e^{-t/\tau_{DC}} \sin\gamma \tag{2.21}$$

Sie gibt die erste Erhöhung des Kurzschlussstromes gegenüber dem Anfangs-Kurz-schlusswechselstrom in Abhängigkeit vom Kurzschlussbeginn und von der Zeitkon-stanten $\tau_{DC} = L/R$ an. Für den *Stoßkurzschlussstrom* schreibt man daher

$$i_p = \kappa\sqrt{2}\,I_k'' \tag{2.22}$$

Der Stoßfaktor κ kann theoretisch jeden Wert zwischen $\kappa = 1$ (für $L_k = 0$) und $\kappa = 2$ (für $R_k = 0$) annehmen. Beide Grenzfälle kommen praktisch nicht vor. Jedoch kann $\kappa = 1$ für den Schaltphasenwinkel des Stromes $\gamma = 0$ auftreten.

In Bild 2.7 kann man zum Verhältnis R_k/X_k der Kurzschlussbahn den Stoßfaktor κ mit genü-gender Genauigkeit für den ungünstigsten Fall des Kurzschlussbeginns beim Spannungsnull-durchgang ($\psi = 0$) ablesen. Nach VDE 0102 kann der Stoßfaktor nach der Näherungsglei-chung $\kappa \approx 1,02 + 0,98 \cdot e^{-3\,R_k/X_k}$ berechnet werden. Beim ein- und zweisträngigen Kurzschluss darf der gleiche Wert wie beim dreisträngigen eingesetzt werden.

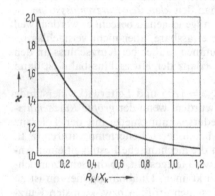

Bild 2.7
Stoßfaktor κ in Abhängigkeit vom Verhältnis Wirk- zu Blindwiderstand der Kurzschlussbahn
R_k wirksamer Wirkwiderstand
X_k wirksamer Blindwiderstand

Beispiel 2.3. Für eine elektrische Energieübertragung nach Bild 2.8 a mit der Ersatzschaltung von Bild 2.8 b und den Kenndaten Ersatzreaktanz des Speisenetzes $X_Q = 0,025\,\Omega$, Transformator-impedanz $\underline{Z}_T = R_T + jX_T = 0,03\,\Omega + 0,25\,\Omega$, Leitungsimpedanz $\underline{Z}_\ell = R_\ell + jX_\ell = 0,149\,\Omega + j0,095\,\Omega$ und Netzfrequenz $f = 50\,\text{Hz}$ ist der Stoßfaktor κ für den Fall zu bestimmen, dass der Kurzschluss am Leitungsende entsteht.

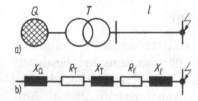

Bild 2.8
Schaltung (a) und Ersatzschaltung (b) zu Beispiel 2.3
X_Q Netzreaktanz, R_T Wirk-, X_T Blindwiderstand des Transformators, R_ℓ Wirk-, X_ℓ Blindwiderstand der Lei-tung

Aus Bild 2.7 liest man zu dem Verhältnis

$$\frac{R_k}{X_k} = \frac{R_T + R_\ell}{X_Q + X_T + X_\ell} = \frac{0,03\,\Omega + 0,149\,\Omega}{0,025\,\Omega + 0,25\,\Omega + 0,095\,\Omega} = 0,484$$

die Stoßziffer $\kappa = 1,25$ ab.

Zur Berechnung des Stoßfaktors nach Gl. (2.21) benötigt man bei der Kreisfrequenz $\omega = 2\pi f = 2\pi \cdot 50\,\mathrm{Hz} = 314,2\,\mathrm{s}^{-1}$ die Zeitkonstante

$$\tau_{DC} = \frac{L_k}{R_k} = \frac{1}{\omega} \cdot \frac{X_k}{R_k} = \frac{1}{314,2\,\mathrm{s}^{-1}} \cdot \frac{1}{0,484} = 6,58\,\mathrm{ms}$$

Mit Bild 2.8 b erhält man den Kurzschlusswinkel $\varphi_k = \mathrm{Arctan}(X_k/R_k) = \mathrm{Arctan}(1/0,484) = 64,17°$. Somit ist für den ungünstigsten Schaltaugenblick ($\psi = 0$) der Schaltphasenwinkel des Stromes

$$\gamma = -\varphi_k = -64,17°$$

Der Stoßkurzschlussstrom i_p tritt somit auf bei

$$\omega t = (\pi/2) - \gamma = 90° - (-64,17°) = 154,17°$$

Bei der Frequenz $f = 50\,\mathrm{Hz}$ und der Periodendauer $T = 1/f = 1/(50\,\mathrm{s}^{-1}) = 20\,\mathrm{ms}$ entspricht diesem Phasenwinkel die Zeit

$$t = T\frac{(\pi/2) - \gamma}{2\pi} = 20\,\mathrm{ms}\,\frac{90° + 64,17°}{360°} = 8,565\,\mathrm{ms}$$

Mit Gl. (2.21) erhält man nun den Stoßfaktor

$$\kappa = 1 - e^{-t/\tau_{DC}} \sin\gamma = 1 - e^{-8,565\,\mathrm{ms}/(6,58\,\mathrm{ms})} \sin(-64,17°) = 1,245$$

Der Vergleich dieser Rechnung und auch der mit der Näherungsgleichung für κ nach VDE 0102 mit Bild 2.7 zeigt, dass diese genügend genaue Ergebnisse liefert.

2.1.3.2 Stoßfaktor in Kurzschlusskreisen mit Stromverzweigung.

Kurzschlusskreise bestehen i. allg. aus Kombinationen von Reihen- und Parallelschaltungen von Impedanzen mit unterschiedlichen Phasenwinkeln. Der zeitliche Verlauf des Kurzschlussstroms an der Fehlerstelle ergibt sich dann aus der Überlagerung mehrerer, quantitativ verschiedener Vorgänge nach Gl. (2.5) bzw. (2.12). Im Beispiel einer Parallelschaltung nach Bild 2.9 gilt für den Kurzschlussbeginn im Spannungsnulldurch-

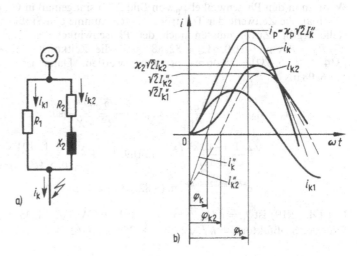

Bild 2.9
Ersatzschaltung (a) und zeitlicher Verlauf der Ströme (b) für Kurzschlusskreise mit Stromverzweigungen

gang die Überlagerung der Zeitfunktionen (s. Bild 2.9)

$$i_{k1} = (c\sqrt{2}\, U_\lambda / R_1)\sin\omega t \tag{2.23}$$

und $$i_{k2} = \frac{c\sqrt{2}\, U_\lambda}{\sqrt{R_2^2 + X_2^2}} [\sin(\omega t + (-\varphi_{k2})) - e^{-t/\tau_{DC2}}\sin(-\varphi_{k2})] \tag{2.24}$$

Der Stoßkurzschlussstrom i_p tritt zu einem zwischen den beiden Scheitelwerten $\hat{i}_{k1}$ und $\hat{i}_{k2}$ liegenden Zeitpunkt auf. Auch hier kann wieder mit genügender Genauigkeit angenommen werden, dass der Stoßkurzschlussstrom i_p der Fehlerstelle mit der ersten Amplitude des gesamten Anfangs-Kurzschlusswechselstroms I_k'' zusammenfällt. Im vorliegenden Fall entspricht diesem Zeitpunkt nach Bild 2.9 b der Phasenwinkel $\varphi_p = \varphi_k + 90°$. Hierbei ist für φ_k der Phasenwinkel des Kurzschlussstroms der Gesamtschaltung einzusetzen. Für den auf diese Weise errechneten Stoßkurzschlussstrom ist die Anlage an der Fehlerstelle mechanisch zu dimensionieren. Für jede andere Fehlerstelle muss der Ausgleichsvorgang neu berechnet werden. Einfacher und schneller können diese Vorgänge mit programmierbaren Rechnern ermittelt werden. Nach VDE 0102 muss in beliebig vermaschten Netzen aus Sicherheitsgründen der Stoßkurzschlussstrom zu $i_p = 1,15\,\kappa\sqrt{2}\,I_k''$ berechnet werden, wenn das Verhältnis R/X an der Fehlerstelle bekannt ist. Dabei soll der Faktor $1,15\,\kappa$ den Wert 1,8 in Niederspannungs- und 2,0 in Hochspannungsnetzen nicht überschreiten. Wenn das Verhältnis R/X im Netz einheitlich ist, wird dieses zur Bestimmung von κ zugrunde gelegt.

Beispiel 2.4. Für den Kurzschlusskreis nach Bild 2.9 a ist der Stoßfaktor bei dem eingezeichneten Fehler zu bestimmen, wenn folgende Daten gegeben sind: $R_1 = 1,5\,\Omega$, $R_2 = 0,5\,\Omega$, $X_2 = 4\,\Omega$, $U_\triangle = 10\,\text{kV}$, $f = 50\,\text{Hz}$, $c = 1,1$.
Aus der Impedanz der Parallelschaltung

$$\underline{Z}_p = \frac{1}{\dfrac{1}{R_1} + \dfrac{1}{R_2 + j\,X_2}} = \frac{1}{\dfrac{1}{1,5\,\Omega} + \dfrac{1}{(0,5 + j4)\,\Omega}} = 1,352\,\Omega\ \underline{/\,19{,}44°}$$

erhält man den Phasenwinkel des Kurzschlussstroms $\varphi_k = 19,44°$. Mit $\varphi_p = \varphi_k + 90°$ findet man den Phasenwinkel des Stoßkurzschlussstroms i_p (s. Bild 2.9 b) mit $\varphi_p = \varphi_k + 90° = 19,44°$ $+90° = 109,44°$. Diesem Phasenwinkel entspricht bei $f = 50\,\text{Hz}$ bzw. $T = 1/f = 1/(50\,\text{Hz} = 20\,\text{ms}$ die Zeit $t = T\varphi_p/360° = 20\,\text{ms}\cdot 109{,}44°/360° = 6,08\,\text{ms}$.
Wenn man den Phasenwinkel φ_p von Bild 2.9 b sinngemäß in Gl. (2.23) und (2.24) einsetzt, erhält man die Zeitwerte der Teilströme, deren Summe den Stoßkurzschlussstrom an der Fehlerstelle ergibt. Zuvor müssen noch der Phasenwinkel des Kurzschlussstroms $\varphi_{k2} = \text{Arctan}$ $X_2/R_2 = \text{Arctan}\,(4\,\Omega/0,5\,\Omega) = 82,88°$ und die Zeitkonstante $\tau_{DC2} = L_2/R_2 = X_2/(\omega = 4\,\Omega/$ $(314,2\,\text{s}^{-1}\cdot 0,5\,\Omega) = 25,46\,\text{ms}$ bestimmt werden. Dann ist der Stoßkurzschlussstrom bei $t = 6,08\,\text{ms}$

$$i_p = i_1 + i_2 = \frac{\sqrt{2}\,c\,U_\lambda}{R_1}\sin\varphi_p + \frac{\sqrt{2}\,c\,U_\lambda}{\sqrt{R_2^2 + X_2^2}}[\sin(\varphi_p - \varphi_{k2}) - e^{-t/\tau_{DC2}}\sin(-\varphi_{k2})]$$

$$= \frac{\sqrt{2}\cdot 1,1\cdot 10\,\text{kV}/\sqrt{3}}{1,5\,\Omega}\sin 109,44° + \frac{\sqrt{2}\cdot 1,1\cdot 10\,\text{kV}/\sqrt{3}}{\sqrt{0,5^2\,\Omega^2 + 4^2\,\Omega^2}}[\sin 26,57°$$

$$- e^{-6.08\,\text{ms}/25.46\,\text{ms}}\sin(-82,88°)] = 8,384\,\text{kA}$$

Mit Gl. (2.19) ist $I_k'' = c\,U_\triangle/(\sqrt{3}\,Z_k) = 1,1\cdot 10\,\text{kV}/(\sqrt{3}\cdot 1,352\,\Omega) = 4,697\,\text{kA}$. Aus Gl. (2.22) folgt der Stoßfaktor $\kappa = i_p/(\sqrt{2}\,I_k'') = 8,384\,\text{kA}/(\sqrt{2}\cdot 4,697\,\text{kA}) = 1,262$.

2.1.4   Dauerkurzschlussstrom und Dauerfaktor

Der *Dauerkurzschlussstrom* I_k ist der Effektivwert des Kurzschlusswechselstroms, der nach Beendigung aller Ausgleichsvorgänge bestehen bleibt (s. Bild 2.5). Seine praktische Bedeutung ist gegenüber den anderen Kurzschlussströmen gering. In der Selektivschutztechnik muss man ihn gelegentlich bestimmen, wenn er bei langen Ausschaltzeiten den Haltestrom der Überstromanregungen unterschreitet (s. Abschn. 3.4). Er kann mit Gl. (2.5) bzw. (2.11) oder (2.12) berechnet werden. Eine weniger aufwendige Methode benutzt das für die meisten Generatoren gültige Diagramm in Bild 2.10. In ihm wird in Abhängigkeit vom Verhältnis des analog zu Gl. (2.9) bestimmbaren Generator-Anfangskurzschlusswechselstroms $I''_{k(3)G}$ zum Bemessungsstrom I_{rG} des Generators der *Dauerfaktor* $\lambda = I''_{k(3)G}/I_{rG}$ abgelesen. Daher ist der *Dauerkurzschlussstrom*

$$I_{k(3)G} = \lambda I_{rG} \qquad\qquad (2.25)$$

Bild 2.10
Dauerfaktoren λ_{max} und λ_{min} beim drei- und zweisträngigen Kurzschluss für Vollpolgeneratoren (–) und Schenkelpolgeneratoren (-----)
$I''_{k(3)G}$ dreisträngiger Generator-Anfangskurzschlusswechselstrom, I_r Generatorbemessungsstrom, x_{dgs} relative, gesättigte synchrone Reaktanz
Die Dauerfaktoren für den zweisträngigen Kurzschluss erhält man, wenn man statt $I''_{k(3)G}/I_{rG}$ an der Abszisse 0,58 $I''_{k(2)G}/I_{rG}$ einsetzt

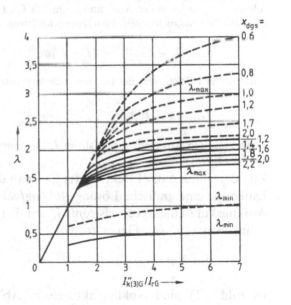

Hierbei muss für jeden beteiligten Generator entsprechend der Stromverteilung das Verhältnis $I''_{k(3)G}/I_{rG}$ und somit der Dauerfaktor λ bestimmt werden. Der Dauerkurzschlussstrom an der Fehlerstelle ist dann gleich der Summe der Stromanteile der einzelnen Generatoren.

Die Dauerfaktoren λ_{max} liefern den maximalen Dauerkurzschlussstrom und zwar bei Vollpolmaschinen für 1,3fache, bei Schenkelpolmaschinen für 1,6-fache Nennlasterregung. Ist die Übererregung geringer, kann man den Dauerfaktor linear verkleinern. Die Werte λ_{min} gelten bei Leerlauf des Generators. Für die relative, gesättigte synchrone Reaktanz x_{dgs} ist der Kehrwert des Leerlauf-Kurzschlussverhältnisses K_c einzusetzen (s. DIN VDE 0530).

2.1.5 Ausschaltstrom und Abklingfaktor

Jeder Kurzschluss soll so schnell wie möglich, jedoch selektiv abgeschaltet werden. Die Ausschaltzeiten liegen daher zwischen wenigen ms und mehreren s. Flinke Sicherungen können den Kurzschlussstrom vor Erreichen des Stoßkurzschlussstroms, bei $f = 50\,\text{Hz}$ also in weniger als 5 ms, unterbrechen. Moderne Leistungsschalter mit hochwertigen Schutzeinrichtungen unterbrechen etwa nach der Gesamtausschaltzeit 50 ms bis 100 ms.

Unter dem *Ausschaltwechselstrom* versteht man nun den Effektivwert des Kurzschlussstroms, der im Zeitpunkt der ersten Kontakttrennung über den Schalter fließt. Da bei kurzen Ausschaltzeiten das Gleichstromglied u. U. noch nicht abgeklungen ist, muss man zwischen dem *unsymmetrischen* (mit Gleichstromglied) und dem *symmetrischen* (ohne Gleichstromglied) Ausschaltstrom unterscheiden.

Bei Annahme starrer Speisespannung ist der Ausschaltwechselstrom I_a (also ohne Gleichstromglied) gleich dem Anfangs-Kurzschlusswechselstrom I_k''. Liegt jedoch ein generatornaher Kurzschluss vor, so kann der Ausschaltstrom mit Gl. (2.9) bis (2.12) berechnet werden. Aus ihnen folgt für den *symmetrischen Ausschaltwechselstrom*

$$I_a = (I_k'' - I_k')\,\mathrm{e}^{-t/\tau_d''} + (I_k' - I_k)\,\mathrm{e}^{-t/\tau_d'} + I_k \tag{2.26}$$

und für den Effektivwert des *unsymmetrischen Ausschaltstroms*

$$I_{a\,\text{unsym}} = \sqrt{I_a^2 + I_{DC}^2} \tag{2.27}$$

wenn man den Ausschaltwechselstrom I_a als reinen Blindstrom und das Gleichstromglied I_{DC} als Wirkstrom auffasst.

Zur Berechnung des Effektivwerts hat man daneben für Generatoren mit normalen Daten für eine grafische Lösung *Abklingfaktoren* μ ermittelt, die das Abklingen des Anfangskurzschlusswechselstroms I_k'' auf den symmetrischen Ausschaltwechselstrom I_a angeben, so dass je Generator gilt

$$I_{aG} = \mu\,I_{k(3)G}'' \tag{2.28}$$

In Bild 2.11 sind Abklingfaktoren in Abhängigkeit vom Kurzschlussverhältnis $I_{k(3)G}''/I_{rG}$ angegeben. Sie müssen für jeden am Kurzschluss beteiligten Generator ent-

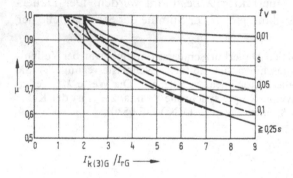

Bild 2.11
Abklingfaktoren μ bei verschiedenen Verzugszeiten t_v beim drei- und zweisträngigen Kurzschluß für Vollpolgeneratoren (——) und Schenkelpolgeneratoren (- - - - -). Die Abklingfaktoren für den zweisträngigen Kurzschluss erhält man, wenn man statt $I_{k(3)G}''/I_{rG}$ an der Abszisse 0,58 $I_{k(2)G}''/I_{rG}$ einsetzt

sprechend seinem Anteil I_k'' bestimmt werden. Bei mehrfach gespeisten Kurzschlüssen ist der gesamte Ausschaltwechselstrom gleich der Summe aller mit Gl. (2.28) berechneten Teilausschaltwechselströme. Parameter in Bild 2.11 ist die *Verzugszeit* t_v, die die kürzeste Zeit vom Kurzschlusseintritt bis zur Trennung der Kontakte des Leistungsschalters darstellt (s. DIN VDE 0102). I. allg. legt man Berechnungen die Verzugszeit $t_v = 0,1$ s zugrunde. Hierzu gibt VDE u. a. die Berechnungsformel $\mu = 0,62 + 0,72 e^{-0,32\, I_{KG}''/I_{rG}}$ für $t_v = 0,1$s an. Rechnet man jedoch mit starrer Speisespannung, so ist stets $\mu = 1$ zu setzen.

Bei Kurzschlüssen in Netzen mit Asynchronmotoren beteiligen sich auch diese mit ihrer gespeicherten magnetischen Energie an der Lieferung von Kurzschlussenergie, besonders wenn sie große Leistungen aufweisen, da die Netzspannung zusammenbricht. Wegen des fehlenden eigenen Erregerfeldes klingt ihr Anteil jedoch schneller ab als bei Synchronmaschinen. Dieses schnellere Abklingen berücksichtigt man durch den *Minderungsfaktor q* nach Bild 2.12, so dass für den Ausschaltwechselstrom eines Asynchronmotors gilt [44]

$$I_{aM} = q\,\mu\, I_{kM}'' \tag{2.29}$$

Auch hierzu gibt VDE u. a. Berechnungsformeln an; z. B. $q = 0,57 + 0,12 \ln (P_{rM}/p)$ für $t_v = 0,1s$.

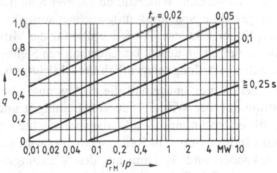

Bild 2.12
Minderungsfaktoren q von Asynchronmotoren bei verschiedenen Verzugszeiten t_v (nach DIN VDE 0102)
P_{rM} Wellenleistung in MW, p Polpaarzahl

2.1.6   Kurzschlussleistung und Ausschaltleistung

Zur Beschreibung von Geräten und Anlagen werden in der Kurzschlussberechnung als kennzeichnende Größe bei Drehstrom gelegentlich noch die dreiphasige *Anfangs-Kurzschlusswechselstromleistung*

$$S_k'' = \sqrt{3}\, U_N\, I_k'' \tag{2.30}$$

sowie die *symmetrische Ausschaltwechselstromleistung* an der Fehlerstelle

$$S_a = \sqrt{3}\, U_N\, I_a \tag{2.31}$$

benutzt. Aus Gl. (2.30) und (2.31) folgt mit Gl. (2.29) $S_a = \mu S_k''$. Bei Annahme starrer Speisespannung ist wegen $\mu = 1$ auch $S_a = S_k''$.

Die in Gl. (2.30) und (2.31) angegebenen Leistungen sind im physikalischen Sinn keine echten Leistungen, da mit U_r und I_k'' bzw. I_a Größen verknüpft werden, die an der Fehlerstelle nicht gleichzeitig auftreten; denn dort ist die Spannung praktisch Null, solange der Kurzschluss besteht. Andererseits kehrt die Spannung wieder, wenn Kurzschluss und somit Kurzschlussstrom beseitigt werden. Diese Leistungen, meist in MVA angegeben, eignen sich aber gut, die Beanspruchung einer Anlage oder eines Schalters durch Vergleich zu beschreiben oder vorgelagerte Netzteile durch eine Ersatzimpedanz zu berücksichtigen (s. Abschn. 2.1.7.5).

Von der Kurzschlussleistung ist die an der Fehlerstelle in Wärme umgesetzte Leistung streng zu unterscheiden; diese tritt häufig als *Lichtbogenleistung* $P_{Li} = I_k^2 R_{Li} = U_{Li} I_k$ auf. Sie ist eine Wirkleistung, die mit der Lichtbogenspannung U_{Li} oder dem Lichtbogenwiderstand R_{Li} nach Gl. (2.1) überschlägig bestimmt werden kann.

2.1.7 Widerstände in der Kurzschlussbahn

Zu Beginn einer Kurzschlussberechnung wird die Ersatzschaltung des Kurzschlusskreises mit den Wirk- und Blindwiderständen von Leitungen, Transformatoren, Generatoren, Drosseln, Motoren usw. aufgestellt. Stromwandler werden nicht berücksichtigt. Liegt ein Transformator in der Kurzschlussbahn, so muss man entscheiden, für welche Spannungsebene die Widerstände der Ersatzschaltung berechnet werden (s. Abschn. 1.2.3 und 1.2.4). Es liegt nahe, die auf der Fehlerseite herrschende Spannung zu wählen. Widerstände anderer Spannungsebenen müssen mit Gl. (1.88) auf die gewählte Spannung umgerechnet werden. Die Impedanz von Transformatoren mit Stufenschaltern [7] wird i. allg. für die Mittelstellung berechnet. In Höchstspannungsnetzen, in denen Transformatoren Stellbereiche bis $\pm 20\%$ haben, muss jedoch die Stufenstellung gelegentlich berücksichtigt werden.

Es gelten hier sinngemäß die in Abschn. 1.2 abgeleiteten Zusammenhänge zur Bestimmung der Widerstände von Leitungen und Transformatoren, wobei für Kurzschlussberechnungen i. allg. die vereinfachte Ersatzschaltung mit Wirkwiderstand R und Induktivität L in Reihe verwendet wird (s. Abschn. 2.1.1). Der Transformatorwirkwiderstand R_T kann aus den Wicklungsverlusten P_{kr} bei Bemessungsstrom I_r mit $P_{kr} = 3 I_r^2 R_T$ berechnet werden, wobei eine Sternschaltung vorausgesetzt wird.

2.1.7.1 Dreiwicklungs-Transformator. Hier muss man die Ersatzimpedanz der Wicklungen bestimmen, die am Kurzschluss beteiligt sind. Bezogen auf eine Spannungsebene erhält man durch Kurzschlussmessungen, bei denen jeweils eine Wicklung offen, also unberücksichtigt bleibt, die Impedanzen bei Sternschaltung (Bild 2.13)

$$\underline{Z}_{T12} = \underline{Z}_{T1} + \underline{Z}_{T2}, \quad \underline{Z}_{T23} = \underline{Z}_{T2} + \underline{Z}_{T3} \text{ und } \underline{Z}_{T31} = \underline{Z}_{T3} + \underline{Z}_{T1}$$

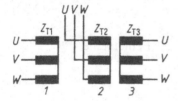

Bild 2.13
Ersatzschaltung des Dreiwicklungs-Transformators zur Bestimmung seiner Impedanzen

Daraus ergeben sich die Impedanzen des Dreiwicklungs-Transformators durch Subtraktion zweier Gleichungen und Einsetzen der dritten in die Differenz

$$\underline{Z}_{T1} = (\underline{Z}_{T12} + \underline{Z}_{T31} - \underline{Z}_{T23})/2$$
$$\underline{Z}_{T2} = (\underline{Z}_{T23} + \underline{Z}_{T12} - \underline{Z}_{T31})/2 \qquad (2.32)$$
$$\underline{Z}_{T3} = (\underline{Z}_{T31} + \underline{Z}_{T23} - \underline{Z}_{T12})/2$$

Gl. (2.32) gilt auch bei der Berechnung der Nullimpedanzen (s. Abschn. 2.2.3.1).

Beispiel 2.5. Für einen Dreiwicklungs-Transformator mit den Bemessungswerten der Scheinleistungen 60 MVA/40 MVA/20 MVA, der zugehörigen Spannungen 110 kV $\pm$ 12% in $\pm$ 9 Stufen/20 kV/10 kV und der relativen Kurzschlussspannungen zwischen jeweils zwei von drei Wicklungen $u_{kr12} = 0,14$, $u_{kr23} = 0,24$, $u_{kr31} = 0,16$ sind die drei Impedanzen Z_{T1}, Z_{T2} und Z_{T3} auf die Spannung 110 kV bezogen zu bestimmen.

Man findet die Impedanzen zwischen jeweils zwei Wicklungen nach Gl. (1.91), wobei jeweils der kleinere der beiden beteiligten Scheinleistungen eingesetzt werden muss,

$$Z_{T12} = u_{kr12}\, U_{rT}^2/S_{r2} = 0,14 \cdot 110^2 \,\text{kV}^2/(40\,\text{MVA}) = 42,35\,\Omega$$
$$Z_{T23} = u_{kr23}\, U_{rT}^2/S_{r3} = 0,24 \cdot 110^2 \,\text{kV}^2/(20\,\text{MVA}) = 145,2\,\Omega$$
$$Z_{T31} = u_{kr31}\, U_{rT}^2/S_{r3} = 0,16 \cdot 110^2 \,\text{kV}^2/(20\,\text{MVA}) = 96,8\,\Omega$$

und erhält die drei Scheinwiderstände des Dreiwicklungs-Transformators mit Gl. (2.32), gleiche Kurzschlusswinkel vorausgesetzt,

$$Z_{T1} = (Z_{T12} + Z_{T31} - Z_{T23})/2 = (42,35\,\Omega + 96,8\,\Omega - 145,2\,\Omega)/2 = -3,03\,\Omega$$
$$Z_{T2} = (Z_{T23} + Z_{T12} - Z_{T31})/2 = (145,2\,\Omega + 42,35\,\Omega - 96,8\,\Omega)/2 = 45,38\,\Omega$$
$$Z_{T3} = (Z_{T31} + Z_{T23} - Z_{T12})/2 = (96,8\,\Omega + 145,2\,\Omega - 42,35\,\Omega)/2 = 99,83\,\Omega$$

2.1.7.2 Kurzschlussstrombegrenzung.

Zur Begrenzung des Kurzschlussstroms und somit des Stoßkurzschlussstroms schaltet man gelegentlich Induktivitäten, meist als Luftspulen gebaut, in die gefährdeten Strombahnen. Im Normalbetrieb bewirkt eine Induktivität eine umso geringere Spannungsabsenkung auf der Verbraucherseite je größer der Leistungsfaktor $\cos\varphi_2$ ist, wie Bild 2.14 zeigt. Im Kurzschlussfall steigt

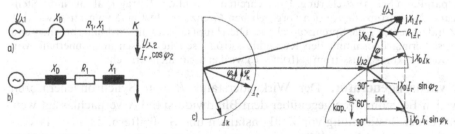

Bild 2.14 Wirkung von Kurzschlussstrom-Begrenzungsdrosseln
a) Schaltung, b) Ersatzschaltung, c) Zeigerdiagramm der Spannungen und Ströme bei Nennbetrieb ($\underline{I}$) und Kurzschluss ($\underline{I}_k$) unter Annahme gleicher Stromstärke $\underline{U}_{\lambda1}$ Spannung vor der Drossel, $\underline{U}_{\lambda2}$ Spannung hinter der Drossel an der Stelle K, R_1 Wirk-, X_1 Blindwiderstand der Leitung, X_D Blindwiderstand der Drossel, φ_2 Phasenwinkel im Normalbetrieb, φ_k Phasenwinkel des Kurzschlussstroms

jedoch der Phasenverschiebungswinkel φ_2 auf den *Kurzschlusswinkel* φ_k an. Die Spannung an der Fehlerstelle, z. B. $\underline{U}_{\curlywedge 2}$, verschwindet, so dass an der Drossel ein erheblicher Anteil der Speisespannung $\underline{U}_{\curlywedge 1}$ als Spannung in Längsrichtung vom Betrag $X_D I_k \sin \varphi_k$ auftritt, was einer Strombegrenzung gleichkommt.

Die Bemessungsdaten von Kurzschlussstrom-Begrenzungsdrosseln sind nach VDE 0532 genormt: die Bemessungsströme I_r nach der Reihe 160/250/400/630/1000/1600/2500 A, die zugehörigen relativen Kurzschlussspannungen u_D nach der Reihe 0,03/0,05/0,06/0,08/0,1. Der Wirkwiderstand kann vernachlässigt werden.

Die Reaktanz der Drossel ist dann

$$X_D = \frac{u_D\, U_{\curlywedge}}{I_{rD}} = \frac{u_D\, U_\triangle^2}{S_D} \qquad (2.33)$$

(mit Sternspannung $U_{\curlywedge}$, Außenleiterspannung $U_\triangle$ und Durchgangsleistung $S_D = \sqrt{3} U_\triangle I_{rD}$). Sie muss auch im Staffelplan des Distanzschutzes berücksichtigt werden (s. Abschn. 3.4.4.3).

Weitere Mittel zur Kurzschlussstrombegrenzung sind u. a. die Aufteilung des Netzes in Gruppen, die Aufteilung der Einspeisungen und Abgänge auf mehrere Sammelschienen (*Sammelschienentrennung*), die *Schnellentkupplung* von Netzen an kritischen Stellen, z. B. über den Kuppelschalter an Mehrfachsammelschienen in extrem kurzer Zeit (s. Abschn. 4.3.5), Wahl einer größeren Kurzschlussspannung an den Transformatoren (mit dem Nachteil, dass ein großer Teil der vom Generator gelieferten induktiven Blindleistung vom Transformatorblindwiderstand X_T gebunden wird und dem Netz nicht mehr zur Verfügung steht), Kupplung der Drehstromnetze über Hochgleichspannung (*HGÜ-Kupplung*; Gleichstromsysteme können keinen Blindstrom übertragen – s. Abschn. 1.3.5) und auch die *Resonanzkupplung*, bei der die auf 50 Hz abgestimmte Reihenschaltung einer Induktivität und einer Kapazität mit paralleler Sättigungsdrossel zwei Teilnetze verbindet.

Weitere Methoden sind: Abschaltung des Kurzschlussstroms in weniger als 5 ms durch passend bemessene Schmelzsicherungen (s. Abschn. 4.1.2.2). Sowie: Zwischenschaltung eines *resistiven supraleitenden Strombegrenzers*, dessen Widerstand sich mit der Kurzschlussstromstärke, folglich mit der Temperaturänderung ebenfalls ändert.

Eine Sonderform zur Vermeidung großer Stoßkurzschlussströme und ihrer mechanischen Wirkungen (s. Abschn. 2.4.1) stellt der „I_s-Begrenzer" (ABB Calor Emag AG) dar; er besteht zum einen aus einem im Isolierrohr sitzenden Hauptstrompfad mit Sprengkapsel, zum anderen aus einer dazu parallelen Schmelzsicherung. Überschreiten sowohl der Betrag i_k als auch die Steilheit des Kurzschlussstroms di_k/dt den vorgegebenen Grenzwert, löst eine vom Stromwandler gespeiste Zündeinrichtung die Sprengkapsel aus. Die Hauptstrombahn wird unterbrochen und die Schmelzsicherung übernimmt den Kurzschlussstrom, schaltet diesen aber innerhalb von 0,5 ms ab. Der Stoßkurzschlussstrom i_p (früher I_s) wird erst gar nicht erreicht.

2.1.7.3 Synchrongenerator.
Der Wirkwiderstand R von Synchrongeneratoren kann in vielen Berechnungen gegenüber dem Blindwiderstand X vernachlässigt werden außer bei der Bestimmung von Zeitkonstanten und Stoßziffern, da hier das Verhältnis R/X maßgebend ist. Bei Generatoren mit einer Scheinleistung $S_{rG} \geqq 2\,\text{MVA}$ kann man mit einem Wirkwiderstand $R_A \approx 0,07 X_d''$ rechnen, so dass man bei Klemmenkurzschluss die Stoßziffer $\kappa = 1,8$ erhält. Die subtransiente Reaktanz X_d'' ist mit relativer subtransienter Reaktanz x_d'', Bemessungsspannung (vgl. Fußnote S. 48) U_{rG} und Bemessungsscheinleistung S_{rG} des Generators nach Gl. (2.7)

$$X_d'' = x_d'' U_{rG}^2 / S_{rG} \qquad (2.34)$$

Sie dient zur Bestimmung des Anfangs-Kurzschlusswechselstrom I_k'', aus dem über die Hilfsgrößen Stoßziffer κ, Abklingfaktor μ und Minderungsfaktor q weitere Ströme bestimmt werden (s. Abschn. 2.1.3.1 und 2.15). Werte für die relative subtransiente Reaktanz enthält Tabelle 2.15 [18].

Tabelle 2.15 Mittlere Werte der relativen Blindwiderstände x und Zeitkonstanten τ (in s) von Synchronmaschinen (s. Gl. 2.8)

Bauart	x_d	x_q	x_d'	x_d''	x_q''	x_g	x_0	τ_{do}'	τ_{do}''	τ_{DC}
Vollpolmaschinen	1,6	1,5	0,2	0,12	0,12	0,1	0,04	10	0,05	0,2
Schenkelpolmaschinen										
mit Dämpferkäfig	1	0,6	0,3	0,2	0,2	0,2	0,06	6	0,05	0,2
ohne Dämpferkäfig	1	0,6	0,3	0,3	0,6	0,5	0,06	6	0,05	0,2
mit Polgitter	1	0,6	0,3	0,2	0,6	0,3	0,06	6	0,05	0,2

Arbeiten zwei und mehr Generatoren (Index 1,2, ...) parallel auf eine Sammelschiene, so kann man sie zu einem Ersatzgenerator mit der *Ersatz-Anfangsreaktanz*

$$1/X_{ers}'' = (1/X_{d1}'') + (1/X_{d2}'') + \cdots \qquad (2.35)$$

zusammenfassen. Die zugehörige *Ersatz-Anfangsspannung*

$$U_{q\,ers}'' = I_k'' X_{ers}'' = \frac{I_k''}{1/X_{ers}''} = \frac{(U_{q1}''/X_{d1}'') + (U_{q2}''/X_{d2}'') + \cdots}{(1/X_{d1}'') + (1/X_{d2}'') + \cdots} \qquad (2.36)$$

ergibt sich nach dem Verfahren der Ersatzspannungsquelle [42] mit dem Gesamtkurzschlussstrom der parallelen Generatoren

$$I_k'' = I_{k1}'' + I_{k2}'' + \cdots = (U_{q1}''/X_{d1}'') + (U_{q2}''/X_{d2}'') + \cdots$$

2.1.7.4 Asynchronmotor. Auch hier wird der Wirkwiderstand vernachlässigt. Als Blindwiderstand zu Beginn des Kurzschlusses wird meist mit Bemessungsspannung U_{rM}, Bemessungsstrom I_{rM}, Bemessungsscheinleistung S_{rM} und Anlaufstrom I_{An} $\approx$ (5 bis 7) I_{rM} die Anlaufreaktanz des Motors

$$X_M = \frac{U_{rM}}{\sqrt{3}\, I_{An}} = \frac{I_{rM}}{I_{An}} \cdot \frac{U_{rM}}{\sqrt{3}\, I_{rM}} = \frac{I_{rM}}{I_{An}} \cdot \frac{U_{rM}^2}{S_{rM}} \qquad (2.37)$$

eingesetzt.

2.1.7.5 Netzersatzimpedanz. In vielen Fällen würde die Kurzschlussberechnung unübersehbar, wenn man die Ersatzschaltung bis zu jedem speisenden Generator aufstellen würde (z. B. im Niederspannungsnetz). Daher fasst man vorgeschaltete

Netze zu einem Ersatznetz mit einem Ersatzgenerator starrer Spannung und einem meist induktiven (wegen $R \ll X$) Innenwiderstand X_Q zusammen. Die *Netzersatzimpedanz*

$$Z_Q = c\, U_N/(\sqrt{3}\, I''_{kQ}) = c\, U_N^2/S''_{kQ} = \sqrt{R_Q^2 + X_Q^2} \qquad (2.38)$$

ergibt sich aus dem Anfangskurzschlusswechselstrom I''_{kQ} bzw. der dreiphasigen Kurzschlusswechselstromleistung $S''_{kQ} = \sqrt{3}\, U_N\, I''_k$ an der Übergabestelle. Sind I''_{kQ} bzw. S''_{kQ} nicht bekannt, genügt es, den Ausschaltwechselstrom I_a bzw. die Ausschaltleistung S_a des Übergabeschalters zu verwenden. Der Wirkwiderstand kann mit $R_Q = 0,1\, X_Q$ berücksichtigt werden (DIN VDE 0102).

2.1.7.6 Kurzschlussberechnung mit Bezugsspannung 10 kV. Die Anwendung von Gl. (1.91), (2.33), (2.34), (2.37) und (2.38) und somit die gesamt Kurzschlussberechnung können vereinfacht werden, wenn man als Bezugsspannung $U_B = U_\triangle = 10$ kV wählt. Setzt man sie in kV und die Kurzschlusswechselstromleistungen in MVA in die genannten Gleichungen ein, so erhält man die Widerstände in Ω für 10 kV. Die Widerstände von Leitungen anderer Spannungsebenen müssen mit Gl. (1.88) auf 10 kV umgerechnet werden. Die Rückrechnung der Ströme auf die wirkliche Spannungsebene ist mit Gl. (1.90) wieder besonders einfach. Eine Umrechnung der Leistungen S''_k und S_a ist selbstverständlich nicht erforderlich.

2.1.7.7 Kurzschlussberechnung in vermaschten Netzen. Grundlage jeder Kurzschlussberechnung ist die Ersatzschaltung des Kurzschlusskreises. Durch Zusammenfassung von parallelen, in Reihe bzw. im Dreieck liegenden Widerständen und durch Zusammenlegen von Spannungsquellen kann man das vom Kurzschluss betroffene Netz so weit vereinfachen, dass eine zwei- oder sogar einseitig gespeiste Leitung entsteht. In vielen Fällen der Praxis reicht dieses Verfahren aus. Netze mit mehr als zwei Maschen erfordern jedoch schon größeren Zeitaufwand. In solchen Fällen bieten sich das Maschenstromverfahren, das Knotenpunktpotentialverfahren oder das Verfahren der tabellarischen Netzumwandlung an. Diese Verfahren werden nachfolgend beschrieben. Für sie lassen sich relativ leicht Rechenprogramme für einen PC erstellen. Bei wenigen Knotenpunkten genügen meist programmierbare Taschenrechner den Anforderungen.

Weit verzweigte Netzstrukturen mit veränderbaren Schaltzuständen werden in der Praxis oft mit am Markt angebotenen Menueprogrammen bearbeitet. Sie sind jedoch weniger lern- als kundenorientiert aufgebaut. Hierbei werden Netzkonfigurationen und Netzdaten in einer DV-Bibliothek und deren Routinen abrufbar gespeichert.

Maschenstromverfahren. Die hierbei aufretenden Matrizengleichungen der Form $[\underline{Z}][\underline{I}'] = [\underline{U}_q]$ können meist schon von programmierbaren Taschenrechnern gelöst werden [42]. In einer einphasigen Schaltung nach Bild 2.16 kann man wie folgt vorgehen:

– In die Schaltung trägt man Zählpfeile für die Quellenspannungen in vorgegebener und für die *Zweigströme* $\underline{I}''_{ki}$ in beliebiger Richtung ein.
– Bei z Zweigen und k Knoten müssen $m = z + 1 - k$ *Maschenströme* $\underline{I}'_i$ in einheitlichem Umlaufsinn so gewählt werden, dass jeder Zweigstrom wenigstens einmal erfasst wird.

Bild 2.16
Einphasige Ersatzschaltung eines Drehstromnetzes bei Kurzschluss in K (Maschenstromverfahren) ① ② ③ ④ Knotenpunkte, auch für die Tabellarische Netzumwandlung (① stets für die Kurzschlussstelle, ② für die Spannungsquellen; die übrigen Knotenziffern sind frei wählbar), $\underline{I}_1'$, $\underline{I}_2'$, $\underline{I}_3'$ Maschenströme, $\underline{U}_{q1}$, $\underline{U}_{q2}$, $\underline{U}_{q3}$, Quellenspannungen, $\underline{Z}_1$ bis $\underline{Z}_7$ Impedanzen der Kurzschlussbahn

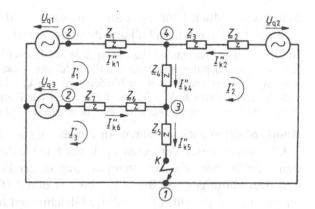

– Jetzt werden mit den Maschenströmen $m = z + 1 - k$ Spannungsgleichungen nach der Maschenregel aufgestellt. Die zugehörige Widerstandsmatrix $[\underline{Z}]$ hat folgende Gesetzmäßigkeit: In der *Hauptdiagonalen* stehen die Summen der Widerstände jener Maschen, die vom jeweiligen Maschenstrom durchlaufen werden. Die *Nebendiagonalen* enthalten die Summe der Widerstände, die von den Maschenströmen benachbarter Maschen durchflossen werden, die also benachbarte Maschen koppeln. Sind die Zählpfeile der Maschenströme an diesen Koppelwiderständen *gleichsinnig*, so erhält der Widerstand bzw. die Summe das *positive* Vorzeichen, andernfalls das *negative*. Der *Spaltenvektor* der rechten Seite enthält die Summe der Quellenspannungen $\underline{U}_q = c\,\underline{U}_\triangle/\sqrt{3}$ der jeweils betrachteten Masche. Die einzelnen Quellenspannungen haben *negative* Vorzeichen, wenn ihre Zählpfeile mit der Zählpfeilrichtung des Maschenstroms *übereinstimmen*; sie erhalten *positive* Vorzeichen, wenn die Zählrichtungen entgegengesetzt sind.

Somit gehört zu den drei Maschen in Bild 2.16 das Gleichungssystem

$$(\underline{Z}_1 + \underline{Z}_4 + \underline{Z}_6 + \underline{Z}_7)\underline{I}_1' + \qquad\qquad - \underline{Z}_4\underline{I}_2 \qquad - (\underline{Z}_6 + \underline{Z}_7)\underline{I}_3' = \underline{U}_{q1} - \underline{U}_{q3}$$

$$- \underline{Z}_4\,\underline{I}_1' + (\underline{Z}_2 + \underline{Z}_3 + \underline{Z}_4 + \underline{Z}_5)\underline{I}_2' \qquad - \underline{Z}_5 \qquad\quad \underline{I}_3' = -\underline{U}_{q2}$$

$$-(\underline{Z}_6 + \underline{Z}_7)\underline{I}_1' \qquad\qquad - \underline{Z}_5\underline{I}_2' + (\underline{Z}_5 + \underline{Z}_6 + \underline{Z}_7)\,\underline{I}_3' = \underline{U}_{q3}$$

oder in Matrizenschreibweise

$$\begin{bmatrix} \underline{Z}_1 + \underline{Z}_4 + \underline{Z}_6 + \underline{Z}_7 & -\underline{Z}_4 & -(\underline{Z}_6 + \underline{Z}_7) \\ -\underline{Z}_4 & \underline{Z}_2 + \underline{Z}_3 + \underline{Z}_4 + \underline{Z}_5 & -\underline{Z}_5 \\ -(\underline{Z}_6 + \underline{Z}_7) & -\underline{Z}_5 & \underline{Z}_5 + \underline{Z}_6 + \underline{Z}_7 \end{bmatrix} \cdot \begin{bmatrix} \underline{I}_1' \\ \underline{I}_2' \\ \underline{I}_3' \end{bmatrix}$$

$$= \begin{bmatrix} \underline{U}_{q1} - \underline{U}_{q3} \\ -\underline{U}_{q2} \\ \underline{U}_{q3} \end{bmatrix} \tag{2.39}$$

Die Lösung des Gleichungssystems liefert die Maschenströme $\underline{I}_1'$, $\underline{I}_2'$ und $\underline{I}_3'$, mit denen man die Zweigströme $\underline{I}_{k1}'' = \underline{I}_1'$, $\underline{I}_{k2}'' = -\underline{I}_2'$, $\underline{I}_{k4}'' = \underline{I}_1' - \underline{I}_2'$, $\underline{I}_{k5}'' = \underline{I}_3' - \underline{I}_2'$, $\underline{I}_{k6}'' = \underline{I}_3' - \underline{I}_1'$ berechnet.

Selbstverständlich kann man auch andere Verfahren anwenden, z. B. das Knoten-punktpotentialverfahren [42] und iterative Verfahren.

In Kurzschlussberechnungen kann man sehr oft den Wirkwidersand R gegenüber der Reaktanz X (z. B. in Hochspannungsnetzen mit Freileitungen) bzw. umgekehrt die Reaktanz X gegenüber dem Wirkwiderstand R (z. B. in Niederspannungskabelnetzen) vernachlässigen. Schon bei einem Verhältnis von $R/X = 3$ bzw. $X/R = 3$ ist der Rechenfehler nur noch 5%. Die komplexe Rechnung kann dann entfallen; die Ergebnisse liegen auf der sicheren Seite.

Knotenpunktpotentialverfahren. In Anlehnung an die Gesetzmäßigkeiten in Abschn. 1.3.2.6 kann dieses Verfahren auch bei Kurzschlussberechnungen angewendet werden. Hierbei wird die Matrizengleichung in der Form $[\underline{Y}_{ik}] \cdot [\underline{U}_{io}] = [\underline{U}_{qi} \underline{Y}_{ik}]$ mit den Bezeichnungen von Bild 2.17, das aus Bild 2.16 für Leitwerte (Admittanzen) entwickelt ist, aufgestellt. Die Zahl der Gleichungen bzw. die Ordnungszahl der Matrix ist hier $m = k - 1$, wenn man einem Knoten – hier Punkt $K = $ Punkt 1 – Potential Null (0) zuordnet und die Zählpfeile der Knotenspannungen $\underline{U}_{31}$, $\underline{U}_{41} \cdots$ wie in Bild 2.17 festlegt. Mit den Zusammenfassungen der Admittanzen $\underline{Y}_{23} = \underline{Y}_2 \underline{Y}_3 /$ $(\underline{Y}_2 + \underline{Y}_3)$ und $\underline{Y}_{67} = \underline{Y}_6 \underline{Y}_7 / (\underline{Y}_6 + \underline{Y}_7)$ lautet die Matrizengleichung

$$\begin{bmatrix} \underline{Y}_1 + \underline{Y}_{23} + \underline{Y}_4 & -\underline{Y}_4 \\ -\underline{Y}_4 & \underline{Y}_4 + \underline{Y}_5 + \underline{Y}_{67} \end{bmatrix} \cdot \begin{bmatrix} \underline{U}_{41} \\ \underline{U}_{31} \end{bmatrix} = \begin{bmatrix} \underline{U}_{q1} \underline{Y}_1 + \underline{U}_{q2} \underline{Y}_{23} \\ \underline{U}_{q3} \underline{Y}_{67} \end{bmatrix} \tag{2.40}$$

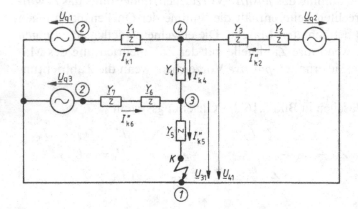

Bild 2.17
Einphasige Ersatzschaltung nach Bild 2.16 für Knoten-punktpotentialverfahren $\underline{Y}_1$ bis $\underline{Y}_7$ Admittanzen der Kurzschlussbahn, $\underline{U}_{31}$, $\underline{U}_{41}$ Spannungen der Knoten ③ und ④ gegen Knoten ① (Kurzschlusspunkt K hier identisch mit Knotenpunkt ①). Sonst wie Bild 2.16

Die Lösung dieses Gleichungssystems liefert die Knotenspannungen $\underline{U}_{41}$ und $\underline{U}_{31}$, mit denen man über die bekannten Quellenspannungen $\underline{U}_{q1}, \underline{U}_{q2}$ und $\underline{U}_{q3}$ die Kurzschlussströme $\underline{I}''_{k1} = (\underline{U}_{q1} - \underline{U}_{41}) \underline{Y}_1$, $\underline{I}''_{k2} = (\underline{U}_{q2} - \underline{U}_{41}) \underline{Y}_{23}$, $\underline{I}''_{k4} = (\underline{U}_{41} - \underline{U}_{31}) \underline{Y}_4$, $\underline{I}''_{k5} = \underline{U}_{31} \underline{Y}_5$, $\underline{I}''_{k6} = (\underline{U}_{q3} - \underline{U}_{31}) \underline{Y}_{67}$ berechnen kann.

Tabellarische Netzumwandlung. Es werden nacheinander die Sterngebilde eines einphasig dargestellten Netzwerks in äquivalente Vielecke umgewandelt. Ein Stern mit n Eckpunkten ergibt dann ein Vieleck mit $m = \binom{n}{2}$ *Eckimpedanzen*. So wird gemäß Bild 2.18 aus einem Vierstern mit den *Sternimpedanzen* $\underline{Z}_1$ bis $\underline{Z}_4$ nach der Umwandlung über das Binom $m = \binom{n}{2} = \binom{4}{2} = \left(\frac{4 \cdot 3}{2 \cdot 1}\right) = 6$ ein Vieleck mit 6 Eck-impedanzen $\underline{Z}_{43}$, $\underline{Z}_{42}$, $\underline{Z}_{41}$, $\underline{Z}_{32}$, $\underline{Z}_{31}$ und $\underline{Z}_{21}$. Sind $\underline{Z}_i$ und $\underline{Z}_k$ die Sternimpedanzen in den Eckpunkten i und k, so ergibt sich jeweils die entsprechende Eckimpedanz zwischen diesen Eckpunkten zu

$$\underline{Z}_{ik} = \underline{Z}_i \underline{Z}_k \sum_{\nu=1}^{n} \frac{1}{\underline{Z}_\nu} \qquad (2.41)$$

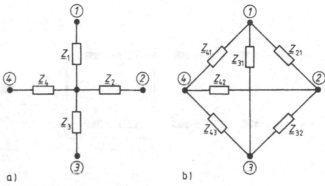

Bild 2.18 Stern-Vieleck-Umwandlung in Netzen
  a) Vierstern mit Sternimpedanzen $\underline{Z}_1$, $\underline{Z}_2$, $\underline{Z}_3$, und $\underline{Z}_4$
  b) Viereck mit Eckimpedanzen $\underline{Z}_{43}$, $\underline{Z}_{42}$, $\underline{Z}_{41}$, $\underline{Z}_{32}$, $\underline{Z}_{31}$, $\underline{Z}_{21}$
  ① bis ④ Knotenpunktsnummern

Für den Vierstern in Bild 2.18 erhält man dann die Eckimpedanzen

$$\underline{Z}_{21} = \underline{Z}_2 \underline{Z}_1 \left(\frac{1}{\underline{Z}_1} + \frac{1}{\underline{Z}_2} + \frac{1}{\underline{Z}_3} + \frac{1}{\underline{Z}_4} \right)$$

$$\underline{Z}_{32} = \underline{Z}_3 \underline{Z}_2 \left(\frac{1}{\underline{Z}_1} + \frac{1}{\underline{Z}_2} + \frac{1}{\underline{Z}_3} + \frac{1}{\underline{Z}_4} \right) \quad \text{usw.}$$

Es ergeben sich nach einer Stern-Vieleckumwandlung meistens mehr Eck- als Sternimpedanzen, jedoch entfällt jeweils ein Knoten. Fasst man parallele Impedanzen zusammen, wird auch die Anzahl der Gesamtimpedanzen kleiner bis die Kurzschlussimpedanz $\underline{Z}_k$ übrig bleibt.

Durch Anwendung des tabellarischen Rechnens wird das Verfahren übersichtlich formalisiert und kann deshalb auch als Menueprogramm erstellt werden. Zunächst werden alle möglichen Zweigimpedanzen in einer Liste erfasst, wobei man von der höchsten Knotenpunktziffer ausgeht. Bei z. B. 4 Knotenpunkten beginnt man mit der Folge 43, 42, 41, 32 usw. bis 21. Nicht vorhandene Verbindungen erhalten die Impedanz ∞. Dann wird der erste Vielstern, z. B. 43, 42, 41 in ein Vieleck umgewandelt; die sich aus der Umwandlung ergebenden Impedanzen mit den zwischen zwei Knotenpunkten bereits vorhandenen Impedanzen werden als Parallelschaltung zusammengefasst.

Bei einer Kurzschlussberechnung ist die Knotenpunktnummer *1* stets für den Kurzschlusspunkt (*K*) zu verwenden, *2* für die Spannungsquelle(n); die weiteren ab *3* sind frei einsetzbar.

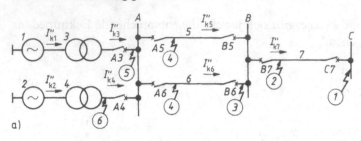

a)

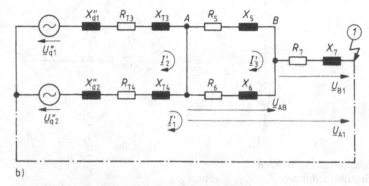

b)

Bild 2.19   Energieübertragung zu Beispiel 2.6
a) Einsträngige Übersichtsschaltung, b) Ersatzschaltung zu a) für Maschenstrom-
bzw. Knotenpunktpotentialverfahren für Fehlerstelle ①, $\underline{I}'_1$, $\underline{I}'_2$, $\underline{I}'_3$ Maschenströme,
$\underline{U}_{A1}$, $\underline{U}_{B1}$ Spannungen zwischen Knoten A bzw. B und Fehlerstelle ①, $\underline{U}_{AB}$ Spannung zwischen Knoten A und B, $\underline{U}''_{q1}$, $\underline{U}''_{q2}$ Quellenspannungen, R Wirk-, X Blindwiderstände in der Kurzschlussbahn, A, B, C Sammelschienen als Knotenpunkte

Im Beispiel 2.7 wird dieses Verfahren als eine Berechnungsvariante angewendet.

Beispiel 2.6. Die Energieübertragung nach Bild 2.19 a hat folgende technischen Daten:

Generator *1*: $S_{r1} = 37,5\,\text{MVA}$, $U_{rG1} = 10,5\,\text{kV}$, $\cos\varphi = 0,8\,\text{ind.}$, $x''_d = 0,1$,
Generator *2*: $S_{r2} = 31,5\,\text{MVA}$, sonst wie Generator *1*,
Transformator *3*: $S_{r3} = 40\,\text{MVA}$, $30\,\text{kV}/10,5\,\text{kV}$, $u_{kr3} = 0,08$, $u_{Rr3} = 0,01$,
Transformator *4*: $S_{r4} = 31,5\,\text{MVA}$, $30\,\text{kV}/10,5\,\text{kV}$, $u_{kr4} = 0,08$, $u_{Rr4} = 0,011$,
Leitung *5*: $\underline{Z}'_5 = R'_5 + \text{j}\,X'_5 = (0,075 + \text{j}\,0,12)\,\Omega/\text{km}$, $l_5 = 8\,\text{km}$ ($A = 240\,\text{mm}^2$ Cu, Dreimantel-
kabel),
Leitung *6*: wie Leitung *5*,
Leitung *7*: $\underline{Z}'_7 = R'_7 + \text{j}\,X'_7 = (0,202 + \text{j}\,0,126)\,\Omega/\text{km}$, $l_7 = 4\,\text{km}$ ($A = 150\,\text{mm}^2$ Al, Dreimantel-
kabel).

Die Kurzschlussberechnung soll für die Fehlerstelle (*1*) durchgeführt werden.

Nach Aufstellung der Ersatzschaltung in Bild 2.19 b werden die Widerstände in der Kurzschlussbahn berechnet. Mit Gl. (2.34) erhält man für die Generatoren die Blindwiderstände

$$X''_{d1} = x''_d\,U^2_{rG1}/S_{r1} = 0,1(30\,\text{kV})^2/(37,5\,\text{MVA}) = 2,4\,\Omega$$

$$X''_{d2} = x''_d\,U^2_{rG2}/S_{r2} = 0,1(30\,\text{kV})^2/(31,5\,\text{MVA}) = 2,857\,\Omega$$

Für die Transformatoren findet man mit Gl. (1.91) ($U_B = U_{rT}$) und der relativen Kurzschluss-
blindspannung $u_{Xr} = \sqrt{u^2_{kr} - u^2_{Rr}}$ die Widerstände

$$R_{T3} = u_{Rr3}\, U_{rT3}^2/S_{r3} = 0,01(30\,\text{kV})^2/(40\,\text{MVA}) = 0,225\,\Omega$$

$$X_{T3} = u_{Xr3}\, U_{rT3}^2/S_{r3} = 0,079\,(30\,\text{kV})^2/(40\,\text{MVA}) = 1,7859\,\Omega$$

$$R_{T4} = u_{Rr4}\, U_{rT4}^2/S_{r4} = 0,011(30\,\text{kV})^2/(31,5\,\text{MVA}) = 0,3143\,\Omega$$

$$X_{T4} = u_{Xr4}\, U_{rT4}^2/S_{r4} = 0,079(30\,\text{kV})^2/(31,5\,\text{MVA}) = 2,264\,\Omega$$

Für die Leitungen ergeben sich die Widerstände

$$R_5 = R_6 = R_5'\, l_5 = (0,075\,\Omega)\ 8\,\text{km} = 0,6\,\Omega$$

$$X_5 = X_6 = X_5'\, l_5 = (0,12\,\Omega/\text{km})\ 8\,\text{km} = 0,96\,\Omega$$

$$R_7 = R_7'\, l_7 = (0,202\,\Omega/\text{km})\ 4\,\text{km} = 0,808\,\Omega$$

$$X_7 = X_7'\, l_7 = (0,126\,\Omega/\text{km})\ 4\,\text{km} = 0,504\,\Omega$$

Verbindet man in der Ersatzschaltung Bild 2.19 b die Generatorsternpunkte mit der zu untersuchenden Kurzschlussstelle (hier strichpunktierte Linie zum Punkt (*1*)), so erhält man mit dem Maschenstromverfahren die komplexe Matrizengleichung

$$
\begin{bmatrix}
\begin{aligned} R_{T4}+R_6+R_7+ \\ \text{j}(X_{d2}''+X_{T4}+X_6+X_7) \end{aligned} & -R_{T4}- \\ \text{j}(X_{d2}''+X_{T4}) & -R_6-\text{j}X_6 \\
R_{14}-\text{j}(X_{d2}''+X_{T4}) & \begin{aligned} R_{T3}+R_{T4}+ \\ \text{j}(X_{d1}''+X_{d2}''+X_{T3}+X_{T4}) \end{aligned} & 0 \\
-R_6-\text{j}X_6 & 0 & \begin{aligned} R_5+R_6+ \\ \text{j}(X_5+X_6) \end{aligned}
\end{bmatrix}
\cdot
\begin{bmatrix} \underline{I}_1' \\ \underline{I}_2' \\ I_3' \end{bmatrix}
=
\begin{bmatrix} \underline{U}_{q2}'' \\ \underline{U}_{q1}''-\underline{U}_{q2}'' \\ 0 \end{bmatrix}
$$

mit den Zahlenwerten und mit $\underline{U}_{q2} = \underline{U}_{q1} = 1,1\cdot 30\ \text{kV}/\sqrt{3}$.

$$
\begin{bmatrix}
(1,7223+\text{j}6,5851)\,\Omega & (-0,3143-\text{j}5,1211)\,\Omega & (-0,6-\text{j}0,96)\,\Omega \\
(-0,3134-\text{j}5,1211)\,\Omega & (0,5393+\text{j}9,307)\ \Omega & 0 \\
(-0,6\quad -\text{j}0,96)\ \Omega & 0 & (1,2+\text{j}1,92)\,\Omega
\end{bmatrix}
\cdot
\begin{bmatrix} \underline{I}_1' \\ \underline{I}_2' \\ \underline{I}_3' \end{bmatrix}
$$

$$
=
\begin{bmatrix} \dfrac{1,1\cdot 30\,\text{kV}}{\sqrt{3}} \\ 0 \\ 0 \end{bmatrix}
$$

Diese komplexe Matrix wird in eine mit nur reellen Zahlenwerten umgewandelt

$$
\begin{bmatrix}
1,7223 & -6,5851 & -0,3143 & 5,1211 & -0,6 & 0,96 \\
6,5851 & 1,7223 & -5,1211 & -0,3143 & -0,96 & -0,6 \\
-0,3143 & 5,1211 & 0,5393 & -9,307 & 0 & 0 \\
-5,1211 & -0,3143 & 9,307 & 0,5393 & 0 & 0 \\
-0,6 & 0,96 & 0 & 0 & 1,2 & -1,92 \\
-0,96 & -0,6 & 0 & 0 & 1,92 & 1,2
\end{bmatrix}
\cdot
\begin{bmatrix} \{I_{1w}'\} \\ \{I_{1b}'\} \\ \{I_{2w}'\} \\ \{I_{2b}'\} \\ \{I_{3w}'\} \\ \{I_{3b}'\} \end{bmatrix}
$$

$$
=
\begin{bmatrix} 1,1\cdot 30\cdot 10^3/\sqrt{3} \\ 0 \\ 0 \\ 0 \\ 0 \\ 0 \end{bmatrix}
$$

Ihre Lösung, z. B. mit einem programmierbaren Taschenrechner, liefert die Maschenströme $\underline{I}'_1 = 1,914\,\text{kA} - \text{j}\,5,074\,\text{kA}$, $\underline{I}'_2 = 1,044\,\text{kA} - \text{j}\,2,796\,\text{kA}$, $\underline{I}'_3 = 0,957\,\text{kA} - \text{j}\,2,537\,\text{kA}$. Somit ergeben sich der Kurzschlussstrom $\underline{I}''_k$ an der Fehlerstelle (1) sowie die übrigen Kurzschlussströme

$$\underline{I}''_k = \underline{I}'_1 = 1,914\,\text{kA} - \text{j}\,5,074\,\text{kA} = 5,423\,\text{kA}\,\underline{/\!-69,34°},$$

$$\underline{I}''_{k3} = \underline{I}'_2 - 1,044\,\text{kA} - \text{j}\,2,796\,\text{kA} = 2,985\,\text{kA}\,\underline{/\!-69,52°},$$

$$\underline{I}''_{k4} = \underline{I}'_1 - \underline{I}'_2 = 0,870\,\text{kA} - \text{j}\,2,278\,\text{kA} = 2,438\,\text{kA}\,\underline{/\!-69,10°},$$

$$\underline{I}''_{k5} = \underline{I}'_3 = 0,957\,\text{kA} - \text{j}\,2,537\,\text{kA} = 2,712\,\text{kA}\,\underline{/\!-69,34°},$$

$$\underline{I}''_{k6} = \underline{I}'_1 - \underline{I}'_3 = 0,957\,\text{kA} - \text{j}\,2,537\,\text{kA} = 2,712\,\text{kA}\,\underline{/\!-69,34°}.$$

Die Kurzschlussstromanteile der Generatoren sind dann

$$\underline{I}''_{k1} = \underline{I}''_{k3} \cdot 30\,\text{kV}/(10,5\,\text{kV}) = 2,985\,\text{kA} \cdot 30\,\text{kV}/(10,5\,\text{kV}) = 8,53\,\text{kA},$$

$$\underline{I}''_{k2} = \underline{I}''_{k4} \cdot 30\,\text{kV}/(10,5\,\text{kV}) = 2,438\,\text{kA} \cdot 30\,\text{kV}/(10,5\,\text{kV}) = 6,966\,\text{kA}$$

Mit dem Phasenwinkel φ_k des Kurzschlussstroms I''_k nach Gl. (2.6) kann hier über das Verhältnis $R_k/X_k = 1/\tan\varphi_k = 1/\tan 69,31° = 0,378$ mit der zugehörigen Stoßziffer $\kappa = 1,327$ aus Bild 2.6 der *Stoßkurzschlussstrom*

$$i_p = \kappa\sqrt{2}\,I''_k = 1,327 \cdot \sqrt{2} \cdot 5,423\,\text{kA} = 10,19\,\text{kA}$$

berechnet werden.

Das Knotenpunktpotentialverfahren liefert mit Bild 2.19b und mit den Admittanzen $\underline{Y}_{13} = 1/[R_{T3} + \text{j}(X''_{d1} + X_{T3})] = 0,2386\,\text{S}\,\underline{/\!-86,93°}$, $\underline{Y}_{24} = 1/[R_{T4} + \text{j}(X''_{d2} + X_{T4})] = 0,1949\,\text{S}\,\underline{/\!-86,49°}$, $\underline{Y}_5 = 1/(R_5 + \text{j}\,X_5) = 0,8833\,\text{S}\,\underline{/\!-57,99°}$, $\underline{Y}_6 = \underline{Y}_5$, $\underline{Y}_7 = 1/(R_7 + \text{j}\,X_7) = 1,0501\,\text{S})\,\underline{/\!-31,95°}$ über die Matrizengleichung jetzt nur 2. Ordnung

$$\begin{bmatrix} \underline{Y}_5 + \underline{Y}_6 + \underline{Y}_7 & -(\underline{Y}_5 + \underline{Y}_6) \\ -(\underline{Y}_5 + \underline{Y}_6) & \underline{Y}_{13} + \underline{Y}_{24} + \underline{Y}_5 + \underline{Y}_6 \end{bmatrix} \cdot \begin{bmatrix} \underline{U}_{B1} \\ \underline{U}_{A1} \end{bmatrix} = \begin{bmatrix} 0 \\ U''_{q1}\,\underline{Y}_{13} + U''_{q2}\,\underline{Y}_{24} \end{bmatrix}$$

mit den Zahlenwerten

$$\begin{bmatrix} 1,8272 - \text{j}\,2,0538 & -(0,9362 - \text{j}\,1,498) \\ -(0,9362 - \text{j}\,1,498) & 0,9609 - \text{j}\,1,9308 \end{bmatrix} \cdot \begin{bmatrix} \underline{U}_{B1} \\ \underline{U}_{A1} \end{bmatrix} = \begin{bmatrix} 0 \\ \dfrac{1,1 \cdot 30 \cdot 10^3}{\sqrt{3}}(0,0247 - \text{j}\,0,4328) \end{bmatrix}$$

zunächst die Knotenspannungen $\underline{U}_{B1} = 4103,58\,\text{V} - \text{j}\,3135,76\,\text{V} = 5164,53\,\text{V}\,\underline{/\!-37,39°}$, $\underline{U}_{A1} = 7113,79\,\text{V} - \text{j}\,3739,71\,\text{V} = 8036,88\,\text{V}\,\underline{/\!-27,73°}$. Der Kurzschlussstrom an der Fehlerstelle ist dann $\underline{I}''_k = \underline{U}_{10}\,\underline{Y}_7 = 5,423\,\text{kA}\,\underline{/\!-69,34°}$. Die weiteren Ströme findet man durch analoge Ansätze.

Den Ausschaltwechselstrom erhält man aus den beiden Anteilen der Generatoren nach Abschn. 2.1.5 entweder über die Abklingfaktoren nach Bild 2.11 oder mit Gl. 2.26 (Ergebnisunterschiede möglich, aber zulässig). Generator *1* hat das Stromverhältnis $\underline{I}''_{kG1}/I_{rG1} = 8,53\,\text{kA}/(2,062\,kA) = 4,137$. Also ist der Abklingfaktor $\mu_1 = 0,82$ für die Verzugszeit $t_v = 0,1\,\text{s}$. Mit Gl. (2.28) ist dann der Ausschaltwechselstromanteil von Generator *1* $I_{a1} = \mu_1\,I''_{kG1} = 0,82 \cdot 8,53\,\text{kA} = 6,995\,\text{kA}$. Generator *2* hat das Stromverhältnis $I''_{kG2}/I_{rG2} = 6,996\,\text{kA}/(1,732\,kA) = 4,022$. Also ist der Abklingfaktor $\mu_2 = 0,83$ für die Verzugszeit $t_v = 0,1\,\text{s}$. Der Anteil am Ausschaltwechselstrom von Generator *2* ist somit $I_{a2} = \mu_2\,I''_{kG2} = 0,83 \cdot 6,966\,\text{kA} = 5,782\,\text{kA}$.

Auf die Spannungsebene der Fehlerstelle umgerechnet beträgt der Gesamtausschaltwechselstrom, gleiche Phasenlage der Teilströme vorausgesetzt, $I_a = (I_{a1} + I_{a2})(U_{rG}/U_{NA}) = (6,995 + 5,782)\,\text{kA} \cdot (10,5\,\text{kA}/30\,\text{kV}) = 4,472\,\text{kA}$.

Die symmetrische Ausschaltleistung ist mit Gl. (2.31) $S_a = \sqrt{3}\, U_N I_a = \sqrt{3} \cdot 30\,\text{kV} \cdot 4{,}472\,\text{kA}$ $= 232{,}37\,MVA \approx 232\,MVA$. Hiermit ist der Leistungsschalter $C7$ in Bild 2.19 a hinsichtlich seines Ausschaltwechselstroms bzw. seiner Ausschaltleistung dimensioniert. Zur Bemessung der übrigen Leistungsschalter muss man jeweils für jeden Schalter die Fehlerstelle suchen, die den größten Ausschaltwechselstrom über den Leistungsschalter fließen lässt, z. B. Fehlerstelle ⑥ für Schalter A4.

Tabelle 2.20 gibt eine Übersicht über diese Fehlerstellen im vorliegenden Beispiel. Bei der Berechnung der Ausschaltleistungen bzw. Ausschaltwechselströme der Leistungsschalter $B5$ und $B6$ muss man berücksichtigen, dass die Parallelschaltung 5 und 6 am Anfang oder Ende offen sein kann, dass also der gesamte, wenn auch kleinere Kurzschlussstrom nur über eine Leitung fließt. In der Praxis besteht kaum ein Unterschied zwischen dem Kurzschluss an den Stellen (4), (5) oder (6), da die Entfernungen sehr kurz sind. Daher legt man bei praktischen Berechnungen den Sammelschienenfehler zugrunde und ermittelt für jeden Leistungsschalter die Stromverteilung mit dem größten Anfangskurzschlusswechselstrom bzw. Ausschaltwechselstrom. Die Auswahl der Leistungsschalter wird in Abschn. 4.2.4.7 beschrieben.

Tabelle 2.20 Größte Ausschaltwechselströme bzw. Ausschaltleistungen in Beispiel 2.6

Leistungs- schalter	Fehlerstelle mit größten Kurzschlussstrom I_k'' bzw. Ausschaltwechselstrom I_a	größter Ausschalt- wechselstrom I_a in kA	Ausschalt- leistung[1] S_a in MVA
$C7$	(1) Leitung 5 und 6 parallel	$4{,}472 \approx 4{,}5$	233
$B7$	(2) Leitung 5 und 6 parallel	$5{,}148 \approx 5{,}2$	268
$B5$ und $B6$	(3) Leitung 5 oder 6 offen	$4{,}566 \approx 4{,}6$	237
$A5$ und $A6$	(4) Leitung 5 oder 6 beliebig	$5{,}929 \approx 5{,}9$	308
$A3$	(5) Leitung 5 oder 6 beliebig	$3{,}295 \approx 3{,}3$	171
$A4$	(6) Leitung 5 oder 6 beliebig	$3{,}295 \approx 3{,}3$	171

[1] s. Abschn. 2.1.6

Der Dauerkurzschlussstrom wird für jede Fehlerstelle mit Gl. (2.25) über die Anteile jedes Generators ermittelt. Mit den berechneten Stromverhältnissen I_{kG}''/I_{rG} jedes Generators ergeben sich aus Bild 2.10 die maximalen und minimalen Dauerfaktoren λ_{max} und λ_{min} für die Fehlerstellen (1), nämlich für Generator 1 mit $x_{dgs} = 1{,}4$ $\lambda_{max1} = 1{,}98$ und $\lambda_{min} = 0{,}495$. Somit sind der maximale Dauerkurzschlussstrom $I_{kG1max} = \lambda_{max1}\, I_{rG1} = 1{,}98 \cdot 2{,}062\,\text{kA} = 4{,}083\,\text{kA}$ und der minimale Dauerkurzschlussstrom $I_{kG1min} = \lambda_{min1}\, I_{rG1} = 0{,}495 \cdot 2{,}062\,\text{kA} = 1{,}02\,\text{kA}$. Für Generator 2 erhält man entsprechend $\lambda_{max2} = 1{,}96$, $\lambda_{min} = 0{,}48$ und somit $I_{kG2max} = \lambda_{max2}\, I_{r2} = 1{,}96 \cdot 1{,}732\,\text{kA} = 3{,}395\,\text{kA}$ bzw. $I_{kG2min} = \lambda_{min2}\, I_{r2} = 0{,}48 \cdot 1{,}732\,\text{kA} = 0{,}831\,\text{kA}$. Maximaler und minimaler Dauerkurzschlussstrom an der Fehlerstelle (1) sind daher, wieder auf die Spannung an der Fehlerstelle umgerechnet und gleiche Phasenlage vorausgesetzt, $I_{kmax} = (I_{kG1max} + I_{kG2max}) U_{rG}/U_{NA} = (4{,}083 + 3{,}395)\,\text{kA} \cdot 10{,}5\,\text{kV}/(30\,\text{kV}) = 2{,}617\,\text{kA}$ und $I_{kmin} = (I_{kG1min} + I_{kG2min}) U_{rG}/U_{NA} = (1{,}02 + 0{,}831)\,\text{kA} \cdot 10{,}5\,\text{kV}/(30\,\text{kV}) = 0{,}648\,\text{kA}$.

Der minimale Dauerkurzschlussstrom der beiden Generatoren ist also kleiner als ihr Bemessungsstrom. An der Fehlerstelle (1), d. h. im Kabel 7 mit $A = 150\,\text{mm}^2$ Cu ist auch der kleinste Dauerkurzschlussstrom $I_{kmin} = 0{,}648\,\text{kA}$ noch größer als der zulässige Belastungsstrom von 324 A nach Tabelle A 16 für NEKBA-Kabel, so dass die Schutzeinrichtungen dieser Leitungen angesprochen bleiben. In den Parallelkabeln 5 und 6 ist der kleinste Kurzschlussstrom mit $0{,}648\,\text{kA}/2 = 0{,}324\,\text{kA}$ aber schon kleiner als der zulässige Strom von 428 A mit dem Querschnitt $A = 240\,\text{mm}^2$ Cu.

Beispiel 2.7. Für ein Blockkraftwerk nach Bild 2.21 ist der dreisträngige Kurzschluss im allgemeinen Eigenbedarf (AEB) für die *Bezugsspannung* $U_B = 10\,\text{kV}$ zu berechnen.

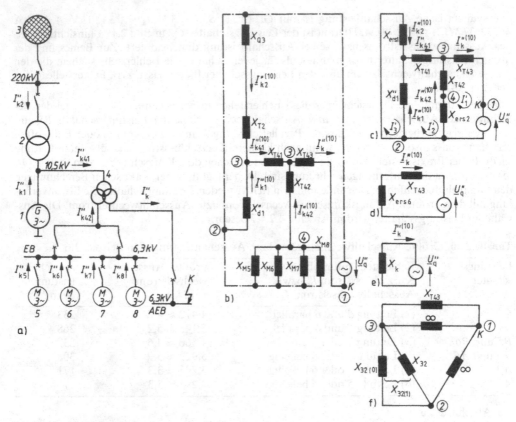

Bild 2.21 Kraftwerkschaltung zu Beispiel 2.7
a) einsträngiger Übersichtsschaltplan, b) Ersatzschaltung zu a) mit Ersatzspannungsquelle $\underline{U}_q''$, c) bis e) durch Zusammenfassung weiter vereinfachte Ersatzschaltung aus
b), f) Teilbild zur „Tabellarischen Netzumwandlung".
1 Generator, *2* Blocktransformator, *3* 220-kV-Netz, *4* Eigenbedarfstransformator,
5 bis *8* Motoren, ① bis ④ Knotenpunkte zur „Tabellarischen Netzumwandlung"
(③ hier wegen $X_{T41} = 0$ zweifach vorhanden)

Die technischen Daten sind:

Generator *1*: $S_{r1} = 214\,\text{MVA}$, $U_{r1} = 10,5\,\text{kV}$, $x_d'' = 0,12$

Transformator *2*: $S_{r2} = 200\,\text{MVA}$, $220\,\text{kV}/10,5\,\text{kV}$, $u_{kr} = 0,12$

220 kV-Netz am Übergabeschalter: $S_{kQ}'' = 8000\,\text{MVA}$

Eigenbedarfs-Transformator *4*: 36 MVA/18 MVA/18 MVA; 10,5 kV/6,3 kV/6,3 kV; $u_{kr12} = 0,12$, $u_{kr23} = 0,24$, $u_{kr31} = 0,12$

Asynchronmotoren *5* und *7*: $P_{r5} = P_{r7} = 2\,\text{MW}$, $\eta_{rM} = 0,95$, $\cos\varphi_{rM} = 0,92$, $n_{rM} = 1490$ min^{-1}, $I_{An} = 5,2\,I_{rM}$, $U_{rM} = 6,3\,\text{kV}$. Somit ist die Scheinleistung der beiden Motoren $S_{r5} = S_{r7} = P_{r5}/(\eta_{rM}\cos\varphi_{rM}) = 2\,\text{MW}/(0,95 \cdot 0,92) = 2,29\,\text{MVA}$.

Die Asynchronmotoren *6* und *8* seien jeweils die Zusammenfassung von je 4 Motoren mit den Daten: $P_{r6} = P_{r8} = 4 \cdot 0,42\,\text{MW}$, $\eta_{rM} = 0,93$, $\cos\varphi_{rM} = 0,84$, $n_{rM} = 980\,\text{mm}^{-1}$, Anlaufstrom $I_{An} = 4,5\,I_{rM}$, $U_{rM} = 6,3\,\text{kV}$. Die Scheinleistung ist dann $S_{r6} = S_{r8} = P_{r6}/(\eta_{rM}\cos\varphi_{rM})$ $= 4 \cdot 0,42\,\text{MW}/(0,93 \cdot 0,84) = 4 \cdot 0,54\,\text{MVA}$.

Da die Wirkwiderstände wegen $R \ll X$ vernachlässigt werden können, ergibt sich für die Reaktanzen auf 10 kV bezogen:

Generator mit Gl. (2.34)

$$X''_{d1} = x''_{d1}\, U^2_B/S_{r1} = 0,12(10\,\mathrm{kV})^2(214\,\mathrm{MVA}) = 0,0561\,\Omega$$

Blocktransformator mit Gl. (1.91) und $U_B = U_r$ sowie mit $u_{xr} = u_{kr}$

$$X_{T2} = u_r\, U^2_B/S_{r2} = 0,12(10\,\mathrm{kV})^2/(200\,\mathrm{MVA}) = 0,06\,\Omega$$

220 kV-Netz mit Gl. (2.38) (R_{Q3} vernachlässigt)

$$X_{Q3} = \frac{U^2_\triangle}{S''_{kQ}} = \frac{c\,U^2_B}{S''_{kQ}} = \frac{1,1(10\,\mathrm{kV})^2}{8000\,\mathrm{MVA}} = 0,0138\,\Omega$$

Eigenbedarfs-Transformator mit Gl. (2.32) und Gl. (1.91)

$$X_{T12} = u_{kr12}\, U^2_B/S_{r41} = 0,12(10\,\mathrm{kV})^2/(18\,\mathrm{MVA}) = 0,6667\,\Omega$$

$$X_{T23} = u_{kr23}\, U^2_B/S_{r42} = 0,24(10\,\mathrm{kV})^2/(18\,\mathrm{MVA}) = 1,333\,\Omega$$

$$X_{T31} = u_{kr31}\, U^2_B/S_{r43} = 0,12(10\,\mathrm{kV})^2/(18\,\mathrm{MVA}) = 0,6667\,\Omega$$

mit Gl. (2.32)

$$X_{T41} = (X_{T12} + X_{T31} - X_{T23})/2 = (0,6667 + 0,6667 - 1,333)\,\Omega/2 = 0$$

$$X_{T42} = (X_{T23} + X_{T12} - X_{T31})/2 = (1,333 + 0,6667 - 0,6667)\,\Omega/2 = 0,6667\,\Omega$$

$$X_{T43} = (X_{T31} + X_{T23} - X_{T12})/2 = (0,6667 + 1,333 - 0,6667)\,\Omega/2 = 0,6667\,\Omega$$

Asynchronmotor 5 bis 8 mit Gl. (2.37)

$$X_{M5} = X_{M7} = \frac{I_{rM}}{I_{An}} \cdot \frac{U^2_B}{S_{rM}} = \frac{1}{5,2} \cdot \frac{(10\,\mathrm{kV})^2}{2,29\,\mathrm{MVA}} = 8,398\,\Omega$$

$$X_{M6} = X_{M8} = \frac{I_{rM}}{I_{An}} \cdot \frac{U^2_B}{S_{rM}} = \frac{1}{4,5} \cdot \frac{(10\,\mathrm{kV})^2}{4 \cdot 0,54\,\mathrm{MVA}} = 10,29\,\Omega$$

Man denkt sich nun alle Spannungsquellen (1, 3, 5 bis 8) kurzgeschlossen und durch *eine* Ersatzspannungsquelle an der Fehlerquelle ersetzt, so dass sich die Ersatzschaltung nach Bild 2.21 b ergibt; sie wird zusammengefasst und vereinfacht. Auf Bild 2.21 c mit den Ersatzreaktanzen

$$X_{ers1} = X_{Q3} + X_{T2} = 0,0138\,\Omega + 0,06\,\Omega = 0,0738\,\Omega$$

$$X_{ers2} = \cfrac{1}{\dfrac{1}{X_{M5}} + \dfrac{1}{X_{M6}} + \dfrac{1}{X_{M7}} + \dfrac{1}{X_{M8}}}$$

$$= \cfrac{1}{\dfrac{1}{8,3977\,\Omega} + \dfrac{1}{10,2881\,\Omega} + \dfrac{1}{8,3977\,\Omega} + \dfrac{1}{10,2881\,\Omega}} = 2,3118\,\Omega$$

kann man das Maschenstromverfahren anwenden. Es liefert hier mit den Maschenströmen (im Uhrzeigersinn) I'_1, I'_2 und I'_3 die Matrizengleichung

$$\begin{bmatrix} (X_{\text{ers2}} + X_{\text{T42}} + X_{\text{T43}}) & -(X_{\text{ers2}} + X_{\text{T42}}) & 0 \\ -(X_{\text{ers2}} + X_{\text{T42}}) & (X_{\text{d1}}'' + X_{\text{T41}} + X_{\text{T42}} + X_{\text{ers2}}) & -X_{\text{d1}}'' \\ 0 & -X_{\text{d1}}'' & (X_{\text{d1}}'' + X_{\text{ers1}}) \end{bmatrix} \cdot \begin{bmatrix} I_1' \\ I_2' \\ I_3' \end{bmatrix} = \begin{bmatrix} U_{\text{q}} \\ 0 \\ 0 \end{bmatrix}$$

bzw. mit $U_{\text{q}} = c\, U_\triangle / \sqrt{3} = 1,1 \cdot 10\,\text{kV}/\sqrt{3}$ die Matrizengleichung in Zahlenwerten

$$\begin{bmatrix} 3,6452\,\Omega & -2,9785\,\Omega & 0 \\ -2,9785\,\Omega & 3,0346\,\Omega & -0,0561\,\Omega \\ 0 & -0,0561\,\Omega & 0,1299\,\Omega \end{bmatrix} \cdot \begin{bmatrix} \{I_1'\} \\ \{I_2'\} \\ \{I_3'\} \end{bmatrix} = \begin{bmatrix} 1,1 \cdot 10\,\text{kV}/\sqrt{3} \\ 0 \\ 0 \end{bmatrix}$$

Ihre Lösung – z. B. mit einem programmierbaren Taschenrechner [1] – ergibt die Maschenströme $I_1' = 9,096\,\text{kA}$, $I_2' = 8,999\,\text{kA}$, $I_3' = 3,887\,\text{kA}$. Der Kurzschlussstrom an der Fehlerstelle ist dann mit Bild 2.21 c bzw. b $I_k'' = I_1' = 9,096\,\text{kA}$. Die weitere Kurzschlussstromverteilung ergibt die Anteile $I_{\text{k1}}'' = I_2' - I_3' = 5,113\,\text{kA}$, $I_{\text{k2}}'' = I_3' = 3,887\,\text{kA}$, $I_{\text{k41}}'' = I_2' = 8,999\,\text{kA}$ und den Anteil aller Motoren $I_{\text{k42}}'' = I_1' - I_2' = 0,096\,\text{kA}$.

Der weitere Rechnungsgang entspricht Beispiel 2.6. Er wird daher nicht wiederholt. Ohne Anwendung der Matrizenrechnung erhält man die gleichen Werte durch weitere Zusammenfassung der Ersatzschaltung von Bild 2.21 c bis e.

Tabelle 2.22 Verteilung der Kurzschlussströme und Kurzschlussleistungen in Beispiel 2.7

Anteile an von	I_k'' in kA	$\dfrac{I_k''}{I_r}$	S_k'' in MVA	P_{rM}/p in MW	μ	q	I_a in kA	S_a in MVA
1 Generator	5,0995	0,413	88,33	–	1	–	5,0995	88,33
3 220 kV-Netz	3,8764	–	67,14	–	1	–	3,8764	67,14
5 Asynchron-Motor	0,03326	0,252	0,576	1,0	1	0,55	0,0183	0,317
7 Asynchron-Motor	0,03326	0,252	0,576	1,0	1	0,55	0,0183	0,317
6 Asynchron-Motor	0,02715	0,219	0,4703	0,133	1	0,33	0,009	0,156
8 Asynchron-Motor	0,02715	0,219	0,4703	0,133	1	0,33	0,009	0,156
Fehlerstelle auf 10 kV bezogen	9,096		157,6				9,031	156,4
Fehlerstelle auf 6,3 kV bezogen	14,4		157,6				14,4	156,4

Tabelle 2.22 zeigt die Ergebnisse. Bei ihrer Aufstellung werden zunächst die Anteile der 6 Quellen (*1, 3, 5* bis *8*) am Kurzschlussstrom I_k'' bestimmt (Spalte 2). Dann wird vom Generator und von den Motoren das auf eine gemeinsame Spannung bezogene Stromverhältnis I_k''/I_r (Spalte 3), das zur Ermittlung der Abklingfaktoren μ (Spalte 6) gebraucht wird, ermittelt. Die Kurzschlussleistungen S_k'' werden nach Gl. (2.30) berechnet. Der Minderungsfaktor q für die Motoren *5* und *7* ergibt sich mit ihrer Bemessungsleistung $P_{\text{rM}} = 2\,\text{MW}$ und der zur Bemessungsdrehzahl $n_{\text{rM}} = 1490\,\text{mm}^{-1}$ gehörenden Polpaarzahl $p = 2$ über Bild 2.12 für $t_{\text{v}} = 0,9\,\text{s}$ mit $P_{\text{rM}}/p = 2\,\text{MW}/2 = 1\,\text{MW}$ zu $q = 0,55$. Entsprechend erhält man für die Motoren *6* und *8* mit $P_{\text{rM}} = 0,4\,\text{MW}$ und $p = 3$ (wegen $n_{\text{rM}} = 980\,\text{min}^{-1}$) über $P_{\text{rM}}/p = 0,4\,\text{MW}/3 = 0,133\,\text{MW}$ den Minderungsfaktor $q = 0,33$. Die Anteile am Ausschaltstrom I_a und an der Ausschaltleistung S_a ergeben sich mit Gl. (2.28) bzw. (2.29) und (2.31) (s. Spalte 8 und 9).

Netz und Generator führen also bei diesem Kurzschluss weniger Strom als im Normalbetrieb, da der Eigenbedarfstransformator wegen der großen Kurzschlussspannungen stark drosselnd wirkt. In der Kraftwerkswarte wird man jedoch eine Verkleinerung des Leistungsfaktors $\cos\varphi$ feststellen.

An der Fehlerstelle erhält man wegen der Annahme $R = 0$ mit Gl. (2.22) für die wirkliche Spannung $6{,}3\,\text{kV}$ bei sinngemäßer Anwendung von Gl. (1.90) den Stoßkurzschlussstrom $i_\text{p} = \sqrt{2}\kappa\, I_\text{k}''\, U_\text{B}/U_\triangle = \sqrt{2}\cdot 1{,}8\cdot 9{,}096\,\text{kA}(10\,\text{kV}/6{,}3\,\text{kV}) = 36{,}75\,\text{kA}$. Die sich aus Bild 2.21 mit Gl. (1.90) ergebenden Kurzschlussströme zeigt Tabelle 2.23.

Tabelle 2.23 Tatsächliche Kurzschlussströme in kA in Beispiel 2.7

I_k1''	I_k2''	I_k41''	I_k42''	I_k5''	I_k6''	I_k7''	I_k8''	I_k''
4,857	0,185	8,548	0,192	0,0528	0,0431	0,0528	0,0431	14,4

Auf der Grundlage von Bild 2.21 c wird nun der Kurzschlussstrom I_k'' an der Fehlerstelle K bezogen auf $10\,\text{kV}$ mit dem Verfahren der Tabellarischen Netzumwandlung nach Abschn. 2.1.7.7 berechnet. Die Knotenpunkte ① für die Kurzschlussstelle K und ② für die Spannungsquellen 1, 3 sowie 5, 6, 7 und 8 sind festgelegt; die Knotenpunkte ③ und ④ sind frei bestimmbar. Da die Transformatorreaktanz $X_\text{T41} = 0$ ist, gibt es hier nur einen Knotenpunkt bei ③. Die parallelen Motorreaktanzen werden zu $X_\text{ers2} = 2{,}3118\,\Omega$ zusammengefasst. Somit entsteht die untenstehende Tabelle 2.24 mit den Ausgangswerten $X_{43(0)} = X_\text{T42} = 0{,}6667\,\Omega$, $X_{42(0)} = X_\text{ers2} = 2{,}3118\,\Omega$ und $X_{31(0)} = X_\text{T43} = 0{,}6667\,\Omega$.
Die *Zweigreaktanz* zwischen den Knoten ② und ③ ergibt sich aus der Parallelschaltung von $X_\text{d1}'' = 0{,}0561\,\Omega$ mit $X_\text{ers1} = X_\text{Q3} + X_\text{T2} = 0{,}0138\,\Omega + 0{,}06\,\Omega = 0{,}0738\,\Omega$ zu $X_{32(0)} = 0{,}03187\,\Omega$.
Die nicht vorhandenen Netzzweige 41 und 21 erhalten die Reaktanzen $X_{41(0)} = X_{21(0)} = \infty$. Mit Gl. (2.41) ist dann die Eckreaktanz

$$X_{32} = X_{43}\cdot X_{42}\left(\frac{1}{X_{43}}+\frac{1}{X_{42}}+\frac{1}{X_{41}}\right) = X_\text{T42} X_\text{ers2}\left(\frac{1}{X_\text{T42}}+\frac{1}{X_\text{ers2}}+\frac{1}{\infty}\right)$$

$$= 0{,}6667\,\Omega\cdot 2{,}312\,\Omega\left(\frac{1}{0{,}6667\,\Omega}+\frac{1}{2{,}3121\,\Omega}+\frac{1}{\infty}\right)$$

$$= 0{,}6667\,\Omega\cdot 2{,}3121\,\Omega\cdot 1{,}9324\,\frac{1}{\Omega} = 2{,}9788\,\Omega$$

In gleicher Weise findet man die weiteren Eckreaktanzen

$$X_{31} = X_{43}\,X_{41}\left(\frac{1}{X_{43}}+\frac{1}{X_{42}}+\frac{1}{X_{41}}\right) = X_\text{T42}\cdot\infty\left(\frac{1}{X_\text{T42}}+\frac{1}{X_\text{ers2}}+\frac{1}{\infty}\right) = \infty \quad\text{sowie}$$

$$X_{21} = X_{42}\,X_{41}\left(\frac{1}{X_{43}}+\frac{1}{X_{42}}+\frac{1}{X_{41}}\right) = X_\text{ers2}\cdot\infty\left(\frac{1}{X_\text{T42}}+\frac{1}{X_\text{ers2}}+\frac{1}{\infty}\right) = \infty.$$

Es bleibt das formal nicht erforderliche Teilbild 2.21 f, in welchem nun bei der 2. Umwandlung Knotenpunkt ③ aufgelöst wird. Zunächst erhält man in Tabelle 2.24 die Parallelreaktanz zwischen den Knotenpunkten ② und ③ mit
$X_{32(1)} = 0{,}03187\,\Omega \cdot 2{,}9788\,\Omega/(0{,}03187\,\Omega + 2{,}9788\,\Omega) = 0{,}03153\,\Omega$
und ebenso $X_{31(1)} = 0{,}6667\,\Omega$ und $X_{21(1)} = \infty$. Nach der zweiten Umwandlung ist die Kurzschlussreaktanz

$$X_\text{k} = X_{21(2)} = X_{32}\,X_{31}\left(\frac{1}{X_{32}}+\frac{1}{X_{31}}\right) = 0{,}03153\,\Omega\cdot 0{,}6667\,\Omega\left(\frac{1}{0{,}03153\,\Omega}+\frac{1}{0{,}6667\,\Omega}\right) = 0{,}6982\,\Omega$$

und hiermit der Anfangskurzschlusswechselstrom wieder wie vorher

$$I_\text{k}'' = cU/\sqrt{3}\,X_\text{k} = 1{,}1\cdot 10\,\text{kV}/\sqrt{3}\cdot 0{,}6982\,\Omega = 9{,}096\,\text{kA}.$$

Tafel 2.24   Tabellarische Netzumwandlung in Beispiel 2.7 mit Zahlenwerten (in Ω)

Mögliche Netz- zweige	Vorhandene Zweig- reaktanzen	1. Stern-Vieleck-Umwandlung Auflösung von Knoten 4		2. Stern-Vieleck-Umwandlung Auflösung von Knoten 3	
		Eckreaktanz	Parallelreaktanz	Eckreaktanz	Parallelreaktanz
4 3	0,6667				
4 2	2,3121				
4 1	∞				
3 2	0,03187	2,9788	0,031533		
3 1	0,6667	∞	0,6667		
2 1	∞	∞	∞	0,6982	0,6982
					$= X_k$

2.2   Symmetrische Komponenten

Weitaus häufiger als symmetrische Fehler sind unsymmetrische Fehler. Ihre Berechnung kann am einfachsten mit dem Verfahren der symmetrischen Komponenten durchgeführt werden [32]. Hierbei zerlegt man die unsymmetrischen Drehstromsysteme derart in Komponenten (*Analyse*), dass mehrere neue, aber symmetrische Drehstromsysteme entstehen, mit denen man wie gewohnt weiterrechnet. Die Zwischenergebnisse werden schließlich zur Gesamtlösung überlagert (*Synthese*). Für die Ableitung der Gesetzmäßigkeiten werden hier Spannungen verwendet. Für die Ströme gelten dieselben Gesetze.

2.2.1   Entstehung unsymmetrischer Dreiphasensysteme

Bei Drehstrom unterscheidet man Drei- und Vierleiternetze. Im Dreileiternetz muss zu jedem Zeitpunkt die Summe der drei Spannungen und Ströme Null sein. Im Vierleiternetz können dagegen noch Spannungen und Ströme am bzw. im vierten Leiter auftreten. Als vierter Leiter kommen Neutralleiter, Schutzleiter, Erdseile sowie das Erdreich infrage.

2.2.1.1 Dreileiternetz. Die Zeiger der drei Spannungen bzw. Ströme bilden hier stets geschlossene Dreiecke. Man bezeichnet dieses Drehstromsystem als unsymmetrisch, wenn seine Zeiger nicht mehr gleich groß und nicht mehr um 120° gegeneinander phasenverschoben sind.

Bild 2.25a zeigt das Zeigerdiagramm eines symmetrischen Dreiphasen-Spannungssystems, dessen Phasen *L1, L2, L3* im Uhrzeigersinn aufeinander folgen. Es wird *Mitsystem* genannt und mit dem Index *m* gekennzeichnet. Für die drei Spannungen gilt [42]

$$\underline{U}_{m1} = \underline{U}_m, \qquad \underline{U}_{m2} = \underline{a}^2\underline{U}_m \quad \text{und} \quad \underline{U}_{m3} = \underline{a}\,\underline{U}_m \tag{2.42}$$

$\underline{U}_{m1} = \underline{U}_m$ ist hierbei der Bezugszeiger. Außerdem werden zur einfacheren Kennzeichnung der Phasenlagen die Dreher

$$\underline{a} = \underline{/120°} = (-1 + j\sqrt{3})/2 \quad \text{und} \quad \underline{a}^2 = \underline{/240°} = (-1 - j\sqrt{3})/2 \tag{2.43}$$

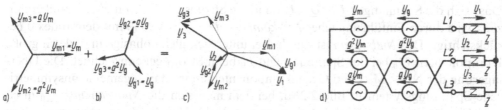

Bild 2.25 Entstehung eines unsymmetrischen Dreiphasensystems im Dreileiternetz mit Zeiger-diagrammen des Mitsystems (a), des Gegensystems (b), des unsymmetrischen Span-nungssystems (c) aus der Überlagerung von a) und b), d) dreisträngige Schaltung

eingeführt. Für spätere Berechnungen werden noch folgende, leicht nachprüfbare Zusammenhänge benötigt

$$\underline{a}^2 + \underline{a} + 1 = 0, \qquad \underline{a}^2 = 1/\underline{a}, \qquad \underline{a}^3 = 1 \qquad \underline{a}^4 = \underline{a},$$
$$\underline{a}^2 - \underline{a} = -j\sqrt{3} \quad \text{und} \quad \underline{a} - \underline{a}^2 = j\sqrt{3} \tag{2.44}$$

Ein symmetrisches Dreiphasen-Spannungssystem mit umgekehrter Phasenfolge (*L1, L2, L3* folgen linksherum aufeinander) ist in Bild 2.25 b dargestellt. Es würde einen Drehstrommotor in entgegengesetzter Drehrichtung als das Mitsystem laufen lassen. Dieses Spannungssystem wird daher *Gegensystem* genannt und mit dem Index g ge-kennzeichnet. Es wird durch die drei Spannungen

$$\underline{U}_{g1} = \underline{U}_g, \qquad \underline{U}_{g2} = \underline{a}\,\underline{U}_g \quad \text{und} \quad \underline{U}_{g3} = \underline{a}^2\,\underline{U}_g \tag{2.45}$$

beschrieben. Jetzt ist $\underline{U}_{g1} = \underline{U}_g$ der Bezugszeiger.

Die beiden Spannungen $\underline{U}_m$ und $\underline{U}_g$ können nach Betrag und Phasenlage beliebig voneinander abweichen. Überlagert man Mit- und Gegensystem in einer Schaltung nach Bild 2.25 d, so entstehen an den gleich groß und gleichartig angenommenen Wi-derständen $\underline{Z}$ die Spannungen

$$\underline{U}_1 = \underline{U}_{m1} + \underline{U}_{g1} = \quad \underline{U}_m + \underline{U}_g \tag{2.46}$$

$$\underline{U}_2 = \underline{U}_{m2} + \underline{U}_{g2} = \underline{a}^2\,\underline{U}_m + \underline{a}\,\underline{U}_g \tag{2.47}$$

$$\underline{U}_3 = \underline{U}_{m3} + \underline{U}_{g3} = \underline{a}\,\underline{U}_m + \underline{a}^2\,\underline{U}_g \tag{2.48}$$

deren Summe Null ergibt. Bild 2.25 c zeigt das Ergebnis der Überlagerung.

Das jeweils symmetrische Mit- und Gegensystem der Spannungen (bzw. Ströme) nennt man die *symmetrischen Komponenten* der Spannungen (bzw. Ströme). Man kann sich also im Dreileiter-Netz jedes unsymmetrische Dreiphasensystem der Spannungen (bzw. Ströme) aus einem Mit- und einem Gegensystem zusammengesetzt denken.

2.2.1.2 Vierleiternetz. Im Vierleiternetz kann auch der vierte Leiter, z. B. der Mit-telpunktleiter *N*, Strom $\underline{I}_M$ führen und zusätzlich eine Spannung $\underline{U}_M$ gegen den symmetrischen Sternpunkt annehmen. Es ist also i. allg.

$$\underline{U}_1 + \underline{U}_2 + \underline{U}_3 + \underline{U}_M = 0 \quad \text{und} \quad \underline{I}_1 + \underline{I}_2 + \underline{I}_3 + \underline{I}_M = 0$$

Dass sich die Spannungen $\underline{U}_1, \underline{U}_2, \underline{U}_3$ und die Ströme $\underline{I}_1, \underline{I}_2, \underline{I}_3$ nicht zu Null ergänzen, wird durch Einführung einer *Nullkomponente* $\underline{U}_0$ (bzw. $\underline{I}_0$) mit dem Index 0 berücksichtigt. Das *Nullsystem* ist durch drei unter sich gleichphasige und gleich große Komponenten $\underline{U}_0$ bei der Spannung und I_0 beim Strom gekennzeichnet. Die Überlagerung der Null-, Mit- und Gegenkomponenten ergibt das allgemeine unsymmetrische Spannungssystem in Bild 2.26 d, bei dem man sich die *Nullspannung* $\underline{U}_0$ in einem Einphasengenerator im 4. Leiter erzeugt denkt. Für die *Sternspannungen* gilt in Anlehnung an Gl. (2.46) und (2.49)

$$\underline{U}_1 = \underline{U}_0 + \underline{U}_{m1} + \underline{U}_{g1} = \underline{U}_0 + \quad \underline{U}_m + \quad \underline{U}_g \tag{2.49}$$

$$\underline{U}_2 = \underline{U}_0 + \underline{U}_{m2} + \underline{U}_{g2} = \underline{U}_0 + \underline{a}^2 \underline{U}_m + \underline{a} \ \underline{U}_g \tag{2.50}$$

$$\underline{U}_3 = \underline{U}_0 + \underline{U}_{m3} + \underline{U}_{g3} = \underline{U}_0 + \underline{a} \ \underline{U}_m + \underline{a}^2 \underline{U}_g \tag{2.51}$$

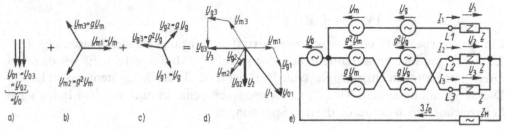

Bild 2.26 Entstehung eines unsymmetrischen Dreiphasensystems im Vierleiternetz mit Zeigerdiagrammen des Nullsystems (a), des Mitsystems (b), des Gegensystems (c), des unsymmetrischen Spannungssystems (d) aus der Überlagerung von a) bis c), e) dreisträngige Schaltung mit 4. Leiter

Als Matrizengleichung erhält man für Spannungen und Ströme [42]

$$\begin{bmatrix} \underline{U}_1 \\ \underline{U}_2 \\ \underline{U}_3 \end{bmatrix} = \begin{bmatrix} 1 & 1 & 1 \\ 1 & \underline{a}^2 & \underline{a} \\ 1 & \underline{a} & \underline{a}^2 \end{bmatrix} \cdot \begin{bmatrix} \underline{U}_0 \\ \underline{U}_m \\ \underline{U}_g \end{bmatrix} \text{ bzw. } \begin{bmatrix} \underline{I}_1 \\ \underline{I}_2 \\ \underline{I}_3 \end{bmatrix} = \begin{bmatrix} 1 & 1 & 1 \\ 1 & \underline{a}^2 & \underline{a} \\ 1 & \underline{a} & \underline{a}^2 \end{bmatrix} \cdot \begin{bmatrix} \underline{I}_0 \\ \underline{I}_m \\ \underline{I}_g \end{bmatrix} \tag{2.52}$$

Man kann sich also im Vierleiter-Netz jedes unsymmetrische Dreiphasen-Spannungs- bzw. Strom-System aus den symmetrischen Komponenten eines Null-, Mit- und Gegensystems zusammengesetzt denken. Ist der Strom im vierten Leiter Null, so tritt auch im Vierleiternetz kein Nullsystem auf.

2.2.2 Zerlegung unsymmetrischer Dreiphasen-Systeme in symmetrische Komponenten

Zu Beginn der meisten Berechnungen unsymmetrischer Fehler muss man unsymmetrische Belastungen in symmetrische Komponenten zerlegen. Dazu werden die in Abschn. 2.2.1 beschriebenen Vorgänge umgekehrt. Bezugsleiter soll wieder Leiter *L1* sein.

2.2.2.1 Dreileiternetz. Erweitert man Gl. (2.47) mit $\underline{a}$ und Gl. (2.48) mit $\underline{a}^2$, so erhält man durch Addition der erweiterten Gleichungen und Gl. (2.46) unter Berücksichtigung von Gl. (2.44)

$$\underline{U}_1 = \qquad\qquad = \underline{U}_m + \quad \underline{U}_g$$
$$\underline{a}\,\underline{U}_2 = \underline{a}^3\,\underline{U}_m + \underline{a}^2\,\underline{U}_g = \underline{U}_m + \underline{a}^2\,\underline{U}_g$$
$$\underline{a}^2\underline{U}_3 = \underline{a}^3\,\underline{U}_m + \underline{a}^4\,\underline{U}_g = \underline{U}_m + \underline{a}\,\underline{U}_g$$
$$\overline{\underline{U}_1 + \underline{a}\,\underline{U}_2 + \underline{a}^2\,\underline{U}_3 = 3\,\underline{U}_m + 0}$$

Somit lautet die Bestimmungsgleichung für die *Mitkomponente* der Spannung

$$\underline{U}_m = \frac{1}{3}(\underline{U}_1 + \underline{a}\,\underline{U}_2 + \underline{a}^2\,\underline{U}_3) \tag{2.53}$$

In ähnlicher Weise findet man durch Erweitern von Gl. (2.47) mit $\underline{a}^2$ und Gl. (2.48) mit $\underline{a}$ über

$$\underline{U}_1 = \qquad\qquad = \quad \underline{U}_m + \underline{U}_g$$
$$\underline{a}^2\,\underline{U}_2 = \underline{a}^4\,\underline{U}_m + \underline{a}^3\,\underline{U}_g = \underline{a}\,\underline{U}_m + \underline{U}_g$$
$$\underline{a}\,\underline{U}_3 = \underline{a}^2\,\underline{U}_m + \underline{a}^3\,\underline{U}_g = \underline{a}^2\,\underline{U}_m + \underline{U}_g$$
$$\overline{\underline{U}_1 + \underline{a}^2\,\underline{U}_2 + \underline{a}\,\underline{U}_3 = \quad 0 \quad + 3\,\underline{U}_g}$$

die Bestimmungsgleichung für die *Gegenkomponente* der Spannung

$$\underline{U}_g = \frac{1}{3}(\underline{U}_1 + \underline{a}^2\,\underline{U}_2 + \underline{a}\,\underline{U}_3) \tag{2.54}$$

Mit diesen auf den Leiter $L1$ bezogenen Spannungen $\underline{U}_m$ und $\underline{U}_g$ gewinnt man über Gl. (2.42) und (2.45) auch die Komponenten $\underline{U}_{m2}, \underline{U}_{m3}, \underline{U}_{g2}$ und $\underline{U}_{g3}$.

Gl. (2.53) und (2.54) enthalten auch die Anweisung zur grafischen Lösung. Man addiert zum Spannungszeiger $\underline{U}_1$ den um $\underline{a} = \angle 120°$ vorgedrehten Zeiger $\underline{U}_2$, dazu den um $\underline{a}^2 = \angle -120°$ zurückgedrehten Zeiger $\underline{U}_3$, verbindet den Endpunkt mit dem Fußpunkt von $\underline{U}_1$ und teilt die so erhaltene Strecke durch 3. Das Ergebnis ist der Spannungszeiger des Mitsystems $\underline{U}_{m1} = \underline{U}_m$. In analoger Weise gewinnt man das Gegensystem.

Die Verhältnisse $\underline{U}_g/\underline{U}_m$ und $\underline{I}_g/\underline{I}_m$ nennt man *Unsymmetriegrad*.

Beispiel 2.8. Das in Bild 2.27a dargestellte unsymmetrische Spannungssystem mit den Spannungen $\underline{U}_1 = 3,64\,\mathrm{kV}, \underline{U}_2 = \underline{U}_3 = -1,82\,\mathrm{kV}$ ist in seine symmetrischen Komponenten zu zerlegen.

Aus Gl. (2.53) ergibt sich die Mitkomponente der Spannung

$$\underline{U}_m = \frac{1}{3}(\underline{U}_1 + \underline{a}\,\underline{U}_2 + \underline{a}^2\,\underline{U}_3) = \frac{1}{3}[3,64 + \underline{a}(-1,82) + \underline{a}^2(-1,82)]\mathrm{kV} = 1,82\,\mathrm{kV}$$

Aus Gl. (2.54) folgt für die Gegenkomponente der Spannung

$$\underline{U}_g = \frac{1}{3}(\underline{U}_1 + \underline{a}^2\,\underline{U}_2 + \underline{a}\,\underline{U}_3) = \frac{1}{3}[3,64 + \underline{a}^2(-1,82) + \underline{a}(-1,82)]\mathrm{kV} = 1,82\,\mathrm{kV}$$

Bestimmung von Mit- und Gegensystem in Beispiel 2.8
a) unsymmetrische Spannungen $\underline{U}_1$, $\underline{U}_2$ und $\underline{U}_3$,
b) Mitsystem, c) Gegensystem

Bild 2.27 zeigt das vollständige Zeigerdiagramm der Komponenten. Es entspricht dem satten zweisträngigen Kurzschluss der Leiter *L2* und *L3*, bei dem $\underline{U}_{23} = 0$ wird.

2.2.2.2 Vierleiternetz. Die Bestimmungsgleichungen des Mit- und Gegensystems werden wie in Abschn. 2.2.2.1 ermittelt. Es gelten also auch hier Gl. (2.53) und (2.54). Das jetzt zusätzlich auftretende Nullsystem der Spannungen bzw. Ströme erhält man durch Addition von Gl. (2.49) bis (2.51)

$$\underline{U}_1 = \underline{U}_0 + \underline{U}_m + \underline{U}_g$$
$$\underline{U}_2 = \underline{U}_0 + a^2\,\underline{U}_m + a\,\underline{U}_g$$
$$\underline{U}_3 = \underline{U}_0 + a\,\underline{U}_m + a^2\,\underline{U}_g$$
$$\overline{\underline{U}_1 + \underline{U}_2 + \underline{U}_3 = 3\,\underline{U}_0 + 0 \quad + 0}$$

Die Bestimmungsgleichung der *Nullkomponente* der Spannung lautet somit

$$\underline{U}_0 = \frac{1}{3}(\underline{U}_1 + \underline{U}_2 + \underline{U}_3) \tag{2.55}$$

Als Matrizengleichung der Spannungen und Ströme erhält man [72]

$$\begin{bmatrix} \underline{U}_0 \\ \underline{U}_m \\ \underline{U}_g \end{bmatrix} = \frac{1}{3}\begin{bmatrix} 1 & 1 & 1 \\ 1 & a & a^2 \\ 1 & a^2 & a \end{bmatrix} \cdot \begin{bmatrix} \underline{U}_1 \\ \underline{U}_2 \\ \underline{U}_3 \end{bmatrix} \quad \text{bzw.} \quad \begin{bmatrix} \underline{I}_0 \\ \underline{I}_m \\ \underline{I}_g \end{bmatrix} = \frac{1}{3}\begin{bmatrix} 1 & 1 & 1 \\ 1 & a & a^2 \\ 1 & a^2 & a \end{bmatrix} \cdot \begin{bmatrix} \underline{I}_1 \\ \underline{I}_2 \\ \underline{I}_3 \end{bmatrix} \tag{2.56}$$

Der Faktor 1/3 besagt, dass im Vierleiternetz der Nullstrom $\underline{I}_0$ nur 1/3 des Stroms im vierten Leiter beträgt. Hierauf ist streng zu achten.

Beispiel 2.9. Zu dem in Bild 2.28a dargestellten, unsymmetrischen Spannungssystem mit $\underline{U}_1 = 0$, $\underline{U}_2 = 5,78\,\text{kV}\,\underline{/-120°}$ und $\underline{U}_3 = 5,78\,\text{kV}\,\underline{/120°}$ sind die symmetrischen Komponenten zu ermitteln. (Dieser Fall entspricht dem einsträngigen Kurzschluss zwischen Leiter *L1* und Mittelleiter *N* im wirksam geerdeten Netz für $\underline{Z}_0 = \underline{Z}_m = \underline{Z}_g$, was nicht immer zutrifft; – s. Abschn. 2.2.3.1.)

Mit Gl. (2.54) erhält man die Nullkomponente der Spannung

$$\underline{U}_0 = \frac{1}{3}(\underline{U}_1 + \underline{U}_2 + \underline{U}_3) = \frac{1}{3}(0 + 5,78\,\text{kV}\,\underline{/-120°} + 5,78\,\text{kV}\,\underline{/120°}) = -1,93\,\text{kV}$$

(Diese Spannung ist keine Verlagerungsspannung, da der Mittelpunkt nicht verschoben ist.)
Die Mitkomponente folgt mit Bild 2.28 aus Gl. (2.53)

$$\underline{U}_m = \frac{1}{3}(\underline{U}_1 + a\,\underline{U}_2 + a^2\,\underline{U}_3) = \frac{1}{3}(0 + a \cdot 5,78\,\text{kV}\,\underline{/-120°} + a^2 \cdot 5,78\,\text{kV}\,\underline{/120°})$$
$$= 3,85\,\text{kV}$$

die Gegenkomponente aus Gl. (2.54)

$$\underline{U}_g = \frac{1}{3}(\underline{U}_1 + \underline{a}^2\,\underline{U}_2 + \underline{a}\,\underline{U}_3) = \frac{1}{3}(0 + \underline{a}^2 \cdot 5,78\,\text{kV}\,\underline{/-120°} + \underline{a} \cdot 5,78\,\text{kV}\,\underline{/\,120°})$$

$$= -1,93\,\text{kV}$$

Bild 2.28 zeigt die vollständige Darstellung aller Komponenten, die auch grafisch gefunden werden können, wenn man der Anweisung von Abschn. 2.2.2.1 folgt.

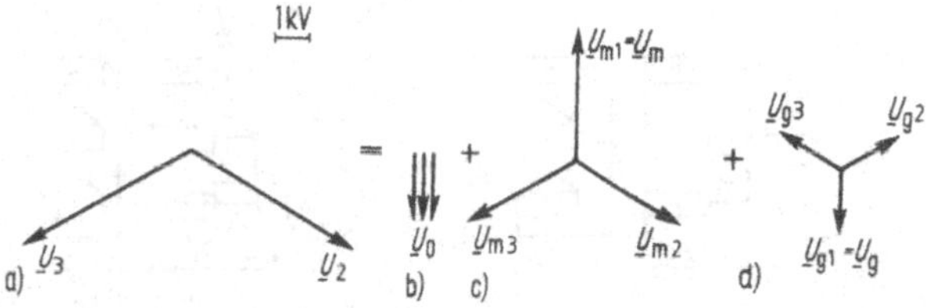

Bild 2.28
Bestimmung von Null-, Mit- und
Gegensystem in Beispiel 2.9
a) unsymmetrische Spannungen
$\underline{U}_2$ und $\underline{U}_3$, b) Null-, c) Mit-,
d) Gegensystem

2.2.3 Verknüpfung der symmetrischen Komponenten von Spannung und Strom

Um die symmetrischen Komponenten anwenden zu können, muss man ihr Zusammenwirken an Wechselstromwiderständen kennen. Daher werden zunächst diese Widerstände untersucht. Anschließend wird die Verknüpfung zu Leistungen behandelt.

2.2.3.1 Mit-, Gegen- und Nullimpedanz. Jedem der drei symmetrischen Systeme kann man eine Impedanz $\underline{Z}$ zuordnen. Diese bestimmt, wie groß der Strom $\underline{I}$ wird, wenn nur ein symmetrisches Spannungssystem $\underline{U}$ anliegt. Man definiert daher [42]

Mitimpedanz	$\underline{Z}_m = \underline{U}_m/\underline{I}_m$	(2.57)
Gegenimpedanz	$\underline{Z}_g = \underline{U}_g/\underline{I}_g$	(2.58)
Nullimpedanz	$\underline{Z}_0 = \underline{U}_0/\underline{I}_0$	(2.59)

Hier wird außerdem vorausgesetzt, dass Mit-, Gegen- und Nullimpedanz je Leiter jeweils unter sich gleich groß sind.

Mit-, Gegen- und Nullimpedanzen kann man messtechnisch bestimmen, indem man an die zu untersuchende Schaltung nacheinander ein Mit-, Gegen- und Nullsystem von Spannungen legt, die Ströme mißt und die Impedanzen mit Gl. (2.57) bis (2.59) berechnet. Bild 2.29 zeigt Messschaltungen zur Bestimmung der Nullimpedanz.

Bei symmetrisch aufgebauten Leitungen und Transformatoren ist die Mitimpedanz $\underline{Z}_m$ gleich der Gegenimpedanz $\underline{Z}_g$, da die Phasenfolge keinen Einfluss auf die Größe des Stromes hat. Bei drehenden Maschinen ist jedoch im eingeschwungenen Zustand die Gegenreaktanz X_g kleiner als die Mitreaktanz, da das mit doppelter Frequenz gegenüber dem Läufer umlaufende Drehfeld des Gegensystems im Läufer große Spannungen induziert, die große Ströme zur Folge haben [7]. Zu *Beginn* des Kurzschlusses ist die Gegenreaktanz einer Synchronmaschine etwa gleich dem Mittelwert aus der subtransienten Reaktanz der Längs- und Querachse (s. Abschn. 5.5.2)

$$X_{gG} = (X_d'' + X_q'')/2 \tag{2.60}$$

Mittlere Werte sind Tafel 2.15 zu entnehmen.

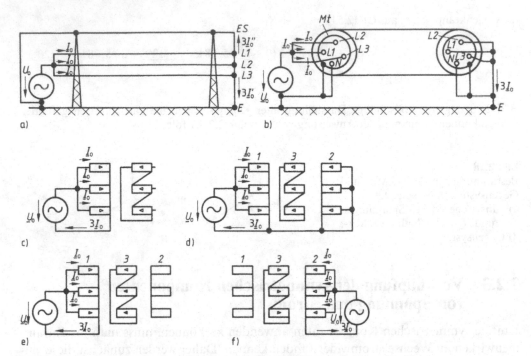

Bild 2.29 Messschaltungen zur Bestimmung der Nullimpedanz $\underline{Z}_0 = \underline{U}_0/\underline{I}_0$
a) einer Dreileiter-Freileitung mit Erdseil *ES* mit Rückführung des Nullstroms über Erdseil und Erde *E* im wirksam geerdeten Netz (vgl. Bild 2.26), b) eines Vierleiterkabels mit Rückführung des Nullstroms über den Neutralleiter *N*, den Kabelmantel *Mt* und Erde *E*, c) eines Transformators in Stern-Dreieck-Schaltung, d) bis f) eines Dreiwicklungs-Transformators in Stern-Stern-Dreieckschaltung zwischen jeweils 2 von 3 Wicklungen
1, 2, 3, Transformatorwicklungen

Während die Widerstände des vierten Leiters Mit- und Gegenimpedanz nicht beeinflussen, bestimmen sie entscheidend die *Nullimpedanz*. In der Schaltung von Bild 2.26 liegen die drei Außenleiterimpedanzen $\underline{Z}$ parallel und dann in Reihe mit dem Widerstand des vierten Leiters $\underline{Z}_M$. Für einen Umlauf längs einer Masche erhält man

$$\underline{U}_0 - \underline{I}_0 \underline{Z} - 3\underline{I}_0 \underline{Z}_M = 0$$

Somit folgt für die Nullimpedanz

$$\underline{Z}_0 = \underline{U}_0/\underline{I}_0 = \underline{Z} + 3\underline{Z}_M \tag{2.61}$$

Impedanzen des vierten Leiters müssen also mit dem dreifachen Wert in die Ersatzschaltung des Nullsystems eingeführt werden (s. a. Abschn. 2.2.3.3).

Die *Nullimpedanz von Drehstrom-Transformatoren* hängt von der Schaltung der Wicklungen und vom Kerntyp ab. Transformatoren in Dreieck-Stern-Schaltung haben eine Nullimpedanz von der Größenordnung der Mitimpedanz, da das Durchflutungsgleichgewicht zu den Strömen des Nullsystems von der Dreieckwicklung hergestellt wird. In Transformatoren der Schaltgruppe Stern-Stern ohne Dreieck-Ausgleichswicklung ist die Nullimpedanz dagegen wesentlich größer als die Mitimpedanz, da sich die drei gleichphasigen Flüsse über Luftwege schließen müssen, was einer großen Reaktanz entspricht. Vergleichsweise klein sind die Nullimpedanzen von Transformatoren in Yz- bzw. Dz-Schaltung, da die Streuung zwischen den von $\underline{I}_0$ durchflossenen Teilwicklungen sehr gering ist [7]. Die Ersatzschaltung des Nullsystems von Transformatoren mit mehr als zwei Wicklungen weicht von der des Mitsystems ab [19]. Richtwerte für die Nullreaktanz von Transformatoren liefert Tabelle 2.30. Die Berechnung der Nullimpedanz einer *Freileitung* wird in Abschn. 1.2.3.3 behandelt.

Tabelle 2.30 Auf die Mitreaktanz bezogene Nullreaktanzen X_0/X_m von Transformatoren [18]

Kerntyp	Schaltung Yd oder Dy	Yy ohne Ausgleichswicklung	Yy mit Ausgleichswicklung	Yz
Dreischenkelkern	0,6 bis 1	3 bis 10	1,8 bis 3	0,1 bis 0,15
Bankschaltung	1	10 bis 100	2 bis 5	0,1 bis 0,15

Nullreaktanzen von Generatoren sind i. allg. klein. Sie können sich nur auswirken, wenn der Generatorsternpunkt wirksam geerdet bzw. ein Mittelpunktsleiter angeschlossen ist. Beides kommt selten vor.

Beispiel 2.10. Man bestimme die Nullimpedanz der Schaltung in Bild 2.31.

Bild 2.31

Schaltung zur Bestimmung der Nullimpedanz in Beispiel 2.10
$\underline{Z}_\ell$ Leitungsimpedanz, C_E Erdkapazität je Strang
$\underline{I}_0$ Nullstrom, $\underline{U}_{q0}$ Nullquellenspannung

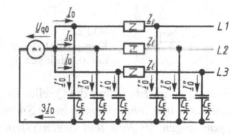

Die nicht dargestellten Leiterkapazitäten C_L sind, da sie eine Dreieckschaltung bilden, ohne Einfluss auf die Nullimpedanz. Über die beiden Maschengleichungen

$$\underline{U}_{q0} = \underline{I}_0' \frac{1}{j\,\omega\,C_E/2} \quad \text{und} \quad \underline{U}_{q0} = \underline{I}_0'' \left(\underline{Z}_\ell + \frac{1}{j\,\omega\,C_E/2} \right),$$

die man in die Knotenpunktgleichung $3\,\underline{I}_0' + 3\,\underline{I}_0'' = 3\,\underline{I}_0$ einsetzt, erhält man die Nullimpedanz

$$\underline{Z}_0 = \frac{\underline{U}_{q0}}{\underline{I}_0} = \frac{(\underline{Z}_\ell j\,\omega\,C_E/2) + 1}{(j\,\omega\,C_E/2)[(\underline{Z}_\ell j\,\omega\,C_E/2) + 2]} \tag{2.62}$$

Wenn man die Spannung an der Leitungsimpedanz $\underline{Z}_\ell$ vernachlässigen kann, erhält man mit $\underline{Z}_\ell = 0$ den für Erdschlussberechnungen meist zulässigen Ausdruck für die Nullimpedanz

$$\underline{Z}_0 = 1/(j\,\omega\,C_E) \tag{2.63}$$

2.2.3.2 Quellenspannung und Teilspannungen.
Will man an einer beliebigen Stelle des Netzes zwischen Spannungsquelle und Fehlerstelle (bzw. Verbraucher bei unsymmetrischer Last) die dort herrschenden Spannungen bestimmen, so muss man

die Teilspannungen $\underline{U}_z$ der symmetrischen Komponenten bis zu dieser Stelle berechnen. Es gilt mit Gl. (2.57) bis (2.59)

$$\underline{U}_{z0} = \underline{Z}_0 \underline{I}_0 \qquad \underline{U}_{zm} = \underline{Z}_m \underline{I}_m \qquad \underline{U}_{zg} = \underline{Z}_g \underline{I}_g \qquad (2.64)$$

Die tatsächlichen Spannungen an der fraglichen Stelle ergeben sich dort durch Zusammensetzung der symmetrischen Komponenten der Spannung, für die mit Bild 2.32 gilt

$$\underline{U}_0 = \underline{U}_{q0} - \underline{Z}_0 \underline{I}_0$$
bzw. für $\underline{U}_{q0} = 0 \qquad \underline{U}_0 = -\underline{Z}_0 \underline{I}_0 \qquad (2.65)$

$$\underline{U}_m = \underline{U}_{qm} - \underline{Z}_m \underline{I}_m \qquad (2.66)$$

$$\underline{U}_g = \underline{U}_{qg} - \underline{Z}_g \underline{I}_g$$
bzw. für $\underline{U}_{qg} = 0 \qquad \underline{U}_g = -\underline{Z}_g \underline{I}_g \qquad (2.67)$

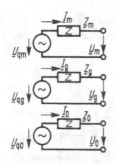

Bild 2.32
Komponenten-Ersatzschaltungen des Mit-, Gegen- und Nullsystems mit zugehörigen Spannungs-, Strom- und Widerstandskomponenten

$\underline{U}_{q0}$, $\underline{U}_{qm}$ und $\underline{U}_{qg}$ sind die Quellenspannungen der drei Systeme. *In den meisten Fällen kann man eine symmetrische Spannungsquelle annehmen. Dann sind die Quellenspannungen des Null- und Gegensystems Null, also $\underline{U}_{q0} = 0$ und $\underline{U}_{qg} = 0$. Eine Quellenspannung* tritt dann nur im Mitsystem auf.

2.2.3.3 Leistungen. Die komplexe Leistung

$$\underline{S} = P + \mathrm{j}\,Q = U\,I \cos\varphi + \mathrm{j}\,U\,I \sin\varphi = U\,I\,\underline{/\varphi}$$

lässt sich mit der komplexen Spannung $\underline{U} = U\,\underline{/\varphi_U}$, dem komplexen Strom $\underline{I} = I\,\underline{/\varphi_I}$, dem konjugiert komplexen Strom $\underline{I}^* = I\,\underline{/-\varphi_I}$ und dem Phasenverschiebungswinkel $\varphi = \varphi_U - \varphi_I$ aus

$$\underline{S} = \underline{U}\,\underline{I}^* \qquad (2.68)$$

berechnen [42].

Mit den konjugiert komplexen Strömen $\underline{I}^*_{m2} = \underline{a}\,\underline{I}_m$ und $\underline{I}^*_{m3} = \underline{a}^2\,\underline{I}_m$ für das Mitsystem, sowie $\underline{I}^*_{g2} = \underline{a}^2\,\underline{I}_g$ und $\underline{I}^*_{g3} = \underline{a}\,\underline{I}_g$ für das Gegensystem erhält man die komplexe Drehstromleistung aus der Summe der Wechselstromleistungen der 3 Stränge *L1, L2* und *L3*

$$\underline{S}_1 = \underline{U}_1 \underline{I}_1^* = (\underline{U}_0 + \underline{U}_m + \underline{U}_g)(\underline{I}_0^* + \underline{I}_m^* + \underline{I}_g^*)$$

$$\underline{S}_2 = \underline{U}_2 \underline{I}_2^* = (\underline{U}_0 + \underline{a}^2 \underline{U}_m + \underline{a}\,\underline{U}_g)(\underline{I}_0^* + \underline{a}\,\underline{I}_m^* + \underline{a}^2 \underline{I}_g^*)$$

$$\underline{S}_3 = \underline{U}_3 \underline{I}_3^* = (\underline{U}_0 + \underline{a}\,\underline{U}_m + \underline{a}^2\,\underline{U}_g)(\underline{I}_0^* + \underline{a}^2 \underline{I}_m^* + \underline{a}\,\underline{I}_g^*)$$

$$\underline{S} = \underline{S}_1 + \underline{S}_2 + \underline{S}_3 = 3\,\underline{U}_0 \underline{I}_0^* + 3\,\underline{U}_m \underline{I}_m^* + 3\,\underline{U}_g \underline{I}_g^*$$

denn alle übrigen Ausdrücke sind wegen $1 + \underline{a} + \underline{a}^2 = 0$ auch Null. Dann sind die komplexen Leistungen des

Nullsystems	$\underline{S}_0 = 3\,\underline{U}_0 \underline{I}_0^* = 3\,U_0 I_0 \underline{/\varphi_0}$	(2.69)
des Mitsystems	$\underline{S}_m = 3\,\underline{U}_m \underline{I}_m^* = 3\,U_m I_m \underline{/\varphi_m}$	(2.70)
des Gegensystems	$\underline{S}_g = 3\,\underline{U}_g \underline{I}_g^* = 3\,U_g I_g \underline{/\varphi_g}$	(2.71)
und die Summe	$\underline{S} = \underline{S}_0 + \underline{S}_m + \underline{S}_g$	(2.72)

ergibt die komplexe Drehstromleistung des unsymmetrischen Systems.

In ähnlicher Weise lassen sich symmetrische Komponenten für elektrische Energie und Drehmomente ableiten [7]

Beispiel 2.11. Eine Drehstromleitung mit dem Wirkwiderstand $R = 4\,\Omega$ ist in den Leitern $L2$ und $L3$ mit den Strömen $\underline{I}_2 = -\mathrm{j}\,500\,\text{A}$ und $\underline{I}_3 = \mathrm{j}\,500\,\text{A}\ (\underline{I}_1 = 0)$ belastet. Man bestimme die Verlustleistung (Wirkleistung) der Leitung für diesen Fall.

Mit $U_0 = I_0\,R$, $U_m = I_m\,R$ und $U_g = I_g\,R$ sowie $\varphi_0 = \varphi_m = \varphi_g = 0$ folgt aus Gl. (2.69) bis (2.71)

$$\underline{S} = 3\,U_0 I_0 \underline{/\varphi_0} + 3\,U_m I_m \underline{/\varphi_m} + 3\,U_g I_g \underline{/\varphi_g} = 3\,R(I_0^2 + I_m^2 + I_g^2) = P_v$$

Null-, Mit- und Gegensystem der Ströme ergeben sich aus Gl. (2.56)

$$\underline{I}_0 = \frac{1}{3}(\underline{I}_1 + \underline{I}_2 + \underline{I}_3) = \frac{1}{3}[0 - \mathrm{j}\,500\,\text{A} + \mathrm{j}\,500\,\text{A}] = 0$$

$$\underline{I}_m = \frac{1}{3}(\underline{I}_1 + \underline{a}\,\underline{I}_2 + \underline{a}^2\,\underline{I}_3) = \frac{1}{3}[0 + \underline{a}\,(-\mathrm{j}\,500\,\text{A}) + \underline{a}^2\,\mathrm{j}\,500\,\text{A}] = 289\,\text{A}$$

$$\underline{I}_g = \frac{1}{3}(\underline{I}_1 + \underline{a}^2\,\underline{I}_2 + \underline{a}\,\underline{I}_3) = \frac{1}{3}[0 + \underline{a}^2\,(-\mathrm{j}\,500\,\text{A}) + \underline{a}\,\mathrm{j}\,500\,\text{A}] = -289\,\text{A}.$$

Somit ist die Verlustleistung

$$P_v = 3\,R(I_0^2 + I_m^2 + I_g^2) = 3 \cdot 4\,\Omega\,[0 + 289^2\,\text{A}^2 + (-289)^2\,\text{A}^2] = 2000\,\text{kW}$$

Einfacher wäre hier allerdings der Ansatz

$$P_v = I_2^2\,R + I_3^2\,R = 500^2\,\text{A}^2 \cdot 4\,\Omega + 500^2\,\text{A}^2 \cdot 4\,\Omega = 2000\,\text{kW}$$

2.3 Unsymmetrische Fehler

Die Berechnung unsymmetrischer Fehler mit symmetrischen Komponenten verlangt eine neue Auffassung von der Ersatzschaltung der zu berechnenden Übertragung. Für Mit-, Gegen- und Nullsystem werden drei getrennte Ersatzschaltungen aufgestellt. Ihre Zusammenschaltung richtet sich nach den jeweils an der Fehlerstelle geltenden Bedingungen, die in den Ansatz zur Berechnung eingeführt werden. Die Rechnungen werden erheblich einfacher, wenn man in einer Übertragung den Wirkwiderstand gegenüber dem Blindwiderstand vernachlässigen kann. Für $R < 0,2\,X$ ist der Fehler in der Rechnung kleiner als 2%.

2.3.1 Zweisträngiger Kurzschluss

Der zweisträngige Kurzschluss mit Erdberührung stellt den allgemeinen Fall dar. Aus ihm lässt sich der rechnerische Sonderfall des zweisträngigen Kurzschlusses durch Einführen der Bedingung $Z_0 = \infty$ ableiten.

2.3.1.1 Mit Erdberührung. Der zweisträngige Kurzschluss, hier Berührung der Außenleiter $L2$ und $L3$ mit der Erde (s. Bild 2.1 e), weist an der Fehlerstelle die Bedingungen

$$\underline{I}_1 = 0, \qquad \underline{U}_2 = 0, \qquad \underline{U}_3 = 0 \tag{2.73}$$

aus. Für die Spannungskomponenten folgt aus Gl. (2.56)

$$\underline{U}_0 = \underline{U}_{m1} = \underline{U}_{g1} = \underline{U}_m = \underline{U}_g \tag{2.74}$$

Setzt man Gl. (2.65) bis (2.67) mit $\underline{U}_{q0} = \underline{U}_{qg} = 0$ in Gl. (2.52) für $\underline{I}_1 = 0$ ein, so ergibt sich

$$\underline{I}_1 = 0 = \underline{I}_0 + \underline{I}_m + \underline{I}_g = -\frac{\underline{U}_0}{\underline{Z}_0} + \frac{\underline{U}_{qm} - \underline{U}_m}{\underline{Z}_m} - \frac{\underline{U}_g}{\underline{Z}_g}$$

Mit Gl. (2.74) erhält man über

$$0 = -\underline{U}_0\left(\frac{1}{\underline{Z}_0} + \frac{1}{\underline{Z}_m} + \frac{1}{\underline{Z}_g}\right) + \frac{\underline{U}_{qm}}{\underline{Z}_m} = -\underline{U}_0\left(\frac{\underline{Z}_0\underline{Z}_m + \underline{Z}_0\underline{Z}_g + \underline{Z}_m\underline{Z}_g}{\underline{Z}_0\underline{Z}_m\underline{Z}_g}\right) + \frac{\underline{U}_{qm}}{\underline{Z}_m}$$

durch Auflösen nach $\underline{U}_0$ die Spannungskomponenten

$$\underline{U}_0 = \underline{U}_m = \underline{U}_g = \underline{U}_{qm}\frac{\underline{Z}_0\underline{Z}_g}{\underline{Z}_0\underline{Z}_m + \underline{Z}_0\underline{Z}_g + \underline{Z}_m\underline{Z}_g} \tag{2.75}$$

Gl. (2.49) liefert durch Einsetzen von Gl. (2.75) die Spannung des Leiters $L1$ an der Fehlerstelle

$$\underline{U}_1 = \underline{U}_0 + \underline{U}_m + \underline{U}_g = 3\,\underline{U}_0 = 3\,\underline{U}_m = 3\,\underline{U}_g$$

$$\underline{U}_1 = 3\,\underline{U}_{qm}\frac{\underline{Z}_0\underline{Z}_g}{\underline{Z}_0\underline{Z}_m + \underline{Z}_0\underline{Z}_g + \underline{Z}_m\underline{Z}_g} \tag{2.76}$$

Durch Einsetzen von Gl. (2.75) in Gl. (2.65) bis (2.67) erhält man die Stromkomponenten

$$\underline{I}_0 = -\frac{\underline{U}_0}{\underline{Z}_0} = -\underline{U}_{qm}\frac{\underline{Z}_g}{\underline{Z}_0\underline{Z}_m + \underline{Z}_0\underline{Z}_g + \underline{Z}_m\underline{Z}_g} \tag{2.77}$$

$$\underline{I}_m = \frac{\underline{U}_{qm} - \underline{U}_m}{\underline{Z}_m} = \frac{\underline{U}_{qm}}{\underline{Z}_m} - \frac{\underline{U}_{qm}}{\underline{Z}_m}\cdot\frac{\underline{Z}_0\cdot\underline{Z}_g}{\underline{Z}_0\underline{Z}_m + \underline{Z}_0\underline{Z}_g + \underline{Z}_m\underline{Z}_g}$$

$$= \underline{U}_{qm}\frac{\underline{Z}_0 + \underline{Z}_g}{\underline{Z}_0\underline{Z}_m + \underline{Z}_0\underline{Z}_g + \underline{Z}_m\underline{Z}_g} \tag{2.78}$$

$$\underline{I}_g = -\frac{\underline{U}_g}{\underline{Z}_g} = -\underline{U}_{qm}\frac{\underline{Z}_0}{\underline{Z}_0\underline{Z}_m + \underline{Z}_0\underline{Z}_g + \underline{Z}_m\underline{Z}_g} \tag{2.79}$$

Diese Stromkomponenten, in Gl. (2.52) eingesetzt, liefern die Fehlerströme in den Leitern *L2* und *L3*

$$\underline{I}_2 = \underline{I}_0 + \underline{a}^2\underline{I}_m + \underline{a}\,\underline{I}_g = -\mathrm{j}\sqrt{3}\,\underline{U}_{qm}\frac{\underline{Z}_0 + (1 + \underline{a}^2)\underline{Z}_g}{\underline{Z}_0\underline{Z}_m + \underline{Z}_0\underline{Z}_g + \underline{Z}_m\underline{Z}_g} \tag{2.80}$$

$$\underline{I}_3 = \underline{I}_0 + \underline{a}\,\underline{I}_m + \underline{a}^2\underline{I}_g = \mathrm{j}\sqrt{3}\,\underline{U}_{qm}\frac{\underline{Z}_0 + (1 + \underline{a})\underline{Z}_g}{\underline{Z}_0\underline{Z}_m + \underline{Z}_0\underline{Z}_g + \underline{Z}_m\underline{Z}_g} \tag{2.81}$$

Die Bedingungen $\underline{I}_1 = 0 = \underline{I}_0 + \underline{I}_m + \underline{I}_g$ und $\underline{U}_0 = \underline{U}_m = \underline{U}_g$ schreiben die Ersatzschaltung nach Bild 2.33 für diesen Fehler vor. Das zugehörige Zeigerdiagramm der Spannungen und Ströme mit willkürlich angenommenen Impedanzwinkeln zeigt Bild 2.34. $\underline{Z}_0, \underline{Z}_m$ und $\underline{Z}_g$ in Bild 2.33 sind hierbei die Gesamtheit der Komponentenwiderstände in der Kurzschlussbahn. Der Strom in der Erde ist mit Bild 2.1e

$$\underline{I}_E = \underline{I}_2 + \underline{I}_3 \tag{2.82}$$

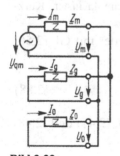

Bild 2.33 Komponenten-Ersatzschaltungen beim zweisträngigen Kurzschluss mit Erdberührung mit $\underline{U}_m = \underline{U}_g = \underline{U}_0$

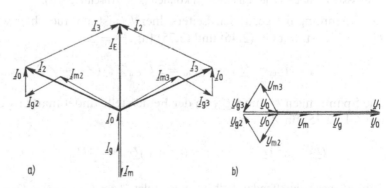

Bild 2.34 Zeigerdiagramme der Ströme (a) und Spannungen (b) beim zweisträngigen Kurzschluss zwischen *L2* und *L3* mit Erdberührung für $\underline{Z} = \mathrm{j}\,X$

2.3.1.2 Ohne Erdberührung. Der zweisträngige Kurzschluss ohne Erdberührung (s. Bild 2.1 b), hier der Außenleiter $L2$ und $L3$, weist an der Fehlerstelle die Bedingungen

$$\underline{I}_1 = 0, \qquad \underline{I}_2 = -\underline{I}_3, \qquad \underline{U}_2 = \underline{U}_3 \tag{2.83}$$

auf; denn die Eckpunkte $L2$ und $L3$ des Spannungsdreiecks fallen zusammen, da die Spannung U_{23} verschwindet. Wegen $\underline{I}_M = 0$ ist hier $\underline{U}_0 = 0$ und $\underline{I}_0 = 0$, d. h. die Nullimpedanz ist $\underline{Z}_0 = \infty$. Damit folgt aus Gl. (2.80) und (2.81) für die Ströme

$$\underline{I}_2 = -\mathrm{j}\sqrt{3}\,\underline{U}_{qm}/(\underline{Z}_m + \underline{Z}_g) \tag{2.84}$$

$$\underline{I}_3 = \mathrm{j}\sqrt{3}\,\underline{U}_{qm}/(\underline{Z}_m + \underline{Z}_g) \tag{2.85}$$

Wegen $I_2 = I_3 = I''_{k(2)}$ ist der Betrag des zweisträngigen *Anfangskurzschlusswechselstroms* mit Gl. (2.18)

$$I''_{k(2)} = \frac{\sqrt{3}\,U_{qm}}{|\underline{Z}_m + \underline{Z}_g|} = \frac{c\,U_\triangle}{|\underline{Z}_m + \underline{Z}_g|} \tag{2.86}$$

Wenn, wie in den meisten Fällen, $\underline{Z}_m = \underline{Z}_g = \underline{Z}$ gesetzt werden darf, folgt aus Gl. (2.87)

$$I''_{k(2)} = c\,U_\triangle/(2Z) \tag{2.87}$$

Im Vergleich zum dreisträngigen Kurzschluss ist mit Gl. (2.19) und $I''_k = I'_k = I_k$ (s. Abschn. 2.1.1.2) beim *generatorfernen* Kurzschluss mit $I''_{k(2)} = I_{k(2)}$ und $I''_{k(3)} = I_{k(3)}$

$$I''_{k(2)}/I''_{k(3)} = I_{k(2)}/I_{k(3)} = \sqrt{3}/2$$

Der zweisträngige Kurzschluss ist demnach die Berechnungsgrundlage zur Dimensionierung von Sicherungen und Schutzeinrichtungen; denn diese müssen auch beim kleinsten Kurzschlussstrom noch sicher ansprechen können (s. a. Abschn. 2.1.2).

Die Spannung des gesunden Leiters, hier $L1$, ist, da auch hier wieder mit Gl. (2.56) $\underline{U}_m = \underline{U}_g$ ist, mit Gl. (2.46) und (2.75) für $\underline{Z}_0 = \infty$

$$\underline{U}_1 = \underline{U}_m + \underline{U}_g = 2\,\underline{U}_m = 2\,\underline{U}_{qm}\,\underline{Z}_g/(\underline{Z}_m + \underline{Z}_g) \tag{2.88}$$

Die Spannungen $\underline{U}_2$ und $\underline{U}_3$ an der Fehlerstelle findet man aus Gl. (2.47) und (2.48) mit Gl. (2.75) für $Z_0 = \infty$

$$\underline{U}_2 = a^2\,\underline{U}_m + \underline{a}\,\underline{U}_g = (\underline{a}^2 + \underline{a})\underline{U}_m = -\underline{U}_{qm}\,\underline{Z}_g/(\underline{Z}_m + \underline{Z}_g) = \underline{U}_3 \tag{2.89}$$

Für den meist zutreffenden Fall $\underline{Z}_m = \underline{Z}_g$ folgt $\underline{U}_2 = \underline{U}_3 = -\underline{U}_{qm}/2$ und $\underline{U}_1 = \underline{U}_{qm}$, im Gegensatz zum zweisträngigen Kurzschluss mit Erdberührung, bei dem $\underline{U}_2 = \underline{U}_3 = 0$ sind und $\underline{U}_1$ wesentlich von der Nullimpedanz bestimmt wird.

In Bild 2.35 sind die Zeigerdiagramme der Spannungs- und Stromkomponenten für den häufigen Fall $\underline{Z}_m = \underline{Z}_g = Z \underline{/\varphi_k}$ dargestellt. Die Komponenten-Ersatzschaltung entspricht der in Bild 2.33 *ohne* Nullkomponente ($\underline{Z}_0 = \infty$). Den Verlauf der Spannungen zwischen Fehlerstelle K und Spannungsquelle Q zeigt Bild 2.36.

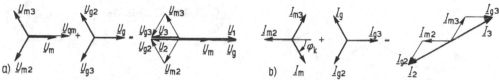

Bild 2.35 Zeigerdiagramm der symmetrischen Komponenten der Spannungen (a) und Ströme (b) für den zweisträngigen Kurzschluss der Außenleiter *L2* und *L3* mit einem Kurzschlusswinkel φ_k

Bild 2.36
Zeigerdiagramm der Spannungen zwischen Kurzschlussstelle K über beliebigen Netzpunkt Ne bis zur Spannungsquelle Q beim zweisträngigen Kurzschluss der Außenleiter *L2* und *L3*

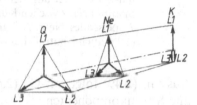

Die bei generatornahen Kurzschlüssen wirksamen Abklingfaktoren μ und Dauerfaktoren λ werden ähnlich wie beim dreisträngigen Kurzschluss aus Bild 2.10 bzw. 2.11 über das Verhältnis $I''_{k(2)G}/I_{rG}$ bestimmt, wobei zu beachten ist, dass der *zweisträngige* Dauerkurzschlussstrom $I_{k(2)G}$ das $\sqrt{3}\lambda$-fache des Generator-Bemessungsstroms ist.

2.3.2 Einsträngiger Kurzschluss

2.3.2.1 Ohne Übergangswiderstand. Für die in Bild 2.37 a dargestellte Übertragung mit *wirksamer* Sternpunkterdung (s. Abschn. 2.3.5) am Transformator *2* gelten an der Fehlerstelle bei sattem Kurzschluss (ohne Übergangswiderstand) zwischen Außenleiter *L1* und dem 4. Leiter (hier Erde) und bei sonst unbelasteter Leitung die Bedingungen

$$\underline{U}_1 = 0, \qquad \underline{I}_2 = 0, \qquad \underline{I}_3 = 0 \tag{2.90}$$

Aus Gl. (2.56) folgt daher durch Einsetzen von Gl. (2.90) für die Stromkomponenten

$$\underline{I}_0 = \frac{1}{3}(\underline{I}_1 + \underline{I}_2 + \underline{I}_3) = \frac{1}{3}\underline{I}_1$$

$$\underline{I}_m = \frac{1}{3}(\underline{I}_1 + \underline{a}\,\underline{I}_2 + \underline{a}^2\underline{I}_3) = \frac{1}{3}\underline{I}_1$$

$$\underline{I}_g = \frac{1}{3}(\underline{I}_1 + \underline{a}^2\underline{I}_2 + \underline{a}\,\underline{I}_3) = \frac{1}{3}\underline{I}_1$$

Es ist also

$$\underline{I}_0 = \underline{I}_m = \underline{I}_g = \frac{1}{3}\underline{I}_1 \tag{2.91}$$

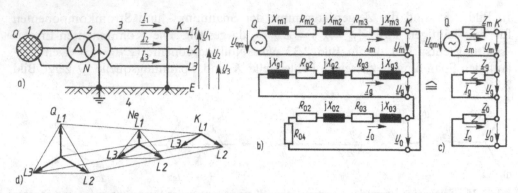

Bild 2.37 Energieübertragung mit Erdkurzschluss zwischen Außenleiter *L1* und Erde *E*
a) dreisträngige Schaltung, b) Komponenten-Ersatzschaltung zu a), c) Komponenten-Ersatzschaltung der zusammengefassten Impedanzen, d) Zeigerdiagramm der Spannungen zwischen Kurzschlussstelle *K* und Spannungsquelle *Q*
1 speisendes Netz, *2* Transformator mit geerdetem Sternpunkt, *3* Leitung, *4* Erde (oder auch Neutralleiter oder Schutzleiter), *K* Kurzschlussstelle, *Ne* Netz, *Q* Quelle

Aus Gl. (2.49) folgt mit Gl. (2.65) bis (2.67), (2.90) und (2.91) für die Spannungs- und Stromkomponenten

$$\underline{U}_1 = \underline{U}_0 + \underline{U}_m + \underline{U}_g = -\underline{Z}_0 \underline{I}_0 + \underline{U}_{qm} - \underline{Z}_m \underline{I}_m - \underline{Z}_g \underline{I}_g = 0$$

$$\underline{I}_0 = \underline{I}_m = \underline{I}_g = \frac{\underline{U}_{qm}}{\underline{Z}_0 + \underline{Z}_m + \underline{Z}_g} \tag{2.92}$$

Somit ist bei Annahme *starrer* Speisespannung (Abklingfaktor $\mu = 1$) mit Gl. (2.52) der einsträngige (Index (1)) Kurzschlussstrom

$$\underline{I}''_{k(1)} = \underline{I}_{k(1)} = \underline{I}_1 = 3\underline{I}_0 = 3\underline{I}_m = 3\underline{I}_g = \frac{3\underline{U}_{qm}}{\underline{Z}_0 + \underline{Z}_m + \underline{Z}_g} \tag{2.93}$$

Sein Betrag ist mit Gl. (2.18)

$$I''_{k(1)} = \frac{3\,U_{qm}}{|\underline{Z}_0 + \underline{Z}_m + \underline{Z}_g|} = \frac{c\sqrt{3}\,U_\triangle}{|\underline{Z}_0 + \underline{Z}_m + \underline{Z}_g|} \tag{2.94}$$

Man erkennt, dass die Nullimpedanz $\underline{Z}_0$ den einsträngigen Kurzschlussstrom wesentlich mitbestimmt.

Aus Gl. (2.65) bis (2.67) erhält man durch Einsetzen von Gl. (2.92) die symmetrischen Spannungskomponenten an der Fehlerstelle

$$\underline{U}_0 = -\underline{Z}_0 \underline{I}_0 = -\underline{U}_{qm} \frac{\underline{Z}_0}{\underline{Z}_0 + \underline{Z}_m + \underline{Z}_g} \tag{2.95}$$

$$\underline{U}_\mathrm{m} = \underline{U}_\mathrm{qm} - \underline{Z}_\mathrm{m} \underline{I}_\mathrm{m} = \underline{U}_\mathrm{qm} \frac{\underline{Z}_0 + \underline{Z}_\mathrm{g}}{\underline{Z}_0 + \underline{Z}_\mathrm{m} + \underline{Z}_\mathrm{g}} \tag{2.96}$$

$$\underline{U}_\mathrm{g} = -\underline{Z}_\mathrm{g} \underline{I}_\mathrm{g} = -\underline{U}_\mathrm{qm} \frac{\underline{Z}_\mathrm{g}}{\underline{Z}_0 + \underline{Z}_\mathrm{m} + \underline{Z}_\mathrm{g}} \tag{2.97}$$

Diese in Gl. (2.49) bis (2.51) eingesetzt, liefern die Spannungen an der Fehlerstelle

$$\underline{U}_2 = \underline{U}_0 + \underline{a}^2 \underline{U}_\mathrm{m} + \underline{a} \underline{U}_\mathrm{g} = \underline{U}_\mathrm{qm} \frac{(\underline{a}^2 - 1)\underline{Z}_0 + (\underline{a}^2 - \underline{a})\underline{Z}_\mathrm{g}}{\underline{Z}_0 + \underline{Z}_\mathrm{m} + \underline{Z}_\mathrm{g}} \tag{2.98}$$

$$\underline{U}_3 = \underline{U}_0 + \underline{a} \underline{U}_\mathrm{m} + \underline{a}^2 \underline{U}_\mathrm{g} = \underline{U}_\mathrm{qm} \frac{(\underline{a} - 1)\underline{Z}_0 + (\underline{a} - \underline{a}^2)\underline{Z}_\mathrm{g}}{\underline{Z}_0 + \underline{Z}_\mathrm{m} + \underline{Z}_\mathrm{g}} \tag{2.99}$$

Nur die Ersatzschaltung in Bild 2.37b erfüllt die Bedingungen $\underline{I}_0 = \underline{I}_\mathrm{m} = \underline{I}_\mathrm{g}$ und $\underline{U}_1 = \underline{U}_0 + \underline{U}_\mathrm{m} + \underline{U}_\mathrm{g} = 0$. Der Widerstand des 4. Leiters (hier z. B. der des Erdreichs 4) ist mit dem dreifachen Wert in die Rechnung einzusetzen (s. auch Gl. (2.61)). In Bild 2.38 sind die symmetrischen Komponenten von Spannung und Strom für einen in der Praxis oft angenommenen Fall mit $\underline{Z}_0 = \mathrm{j} X_0$, $\underline{Z}_\mathrm{m} = \mathrm{j} X_\mathrm{m}$ und $\underline{Z}_\mathrm{g} = \mathrm{j} X_\mathrm{g}$ sowie $X_0 > X_\mathrm{m}$ dargestellt.

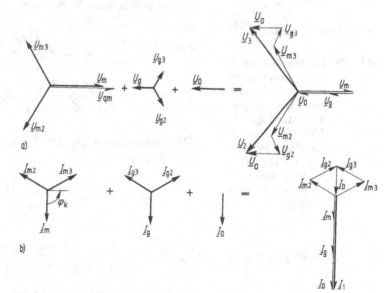

Bild 2.38
Zeigerdiagramm der symmetrischen Komponenten der Spannungen (a) und Ströme (b) beim einsträngigen Kurzschluss für $\underline{Z}_0 = \mathrm{j} X_0$, $\underline{Z}_\mathrm{m} = \mathrm{j} X_\mathrm{m}$, $\underline{Z}_\mathrm{g} = \mathrm{j} X_\mathrm{g}$

Mit Gl.. (2.98) und (2.99) kann man nachweisen, dass der von beiden Spannungen $\underline{U}_2$ und $\underline{U}_3$ eingeschlossene Winkel für $X_\mathrm{m} = X_\mathrm{g}$ Werte zwischen 60° (für $X_0/X_\mathrm{m} = \infty$) und 180° (für $X_0/X_\mathrm{m} = 0$) annehmen kann.

Vergleicht man den einsträngigen Kurzschluss nach Gl. (2.94) mit dem dreisträngigen nach Gl. (2.19), indem man dort die komplexe Schreibweise einführt und für die Impedanz der Kurzschlussbahn $\underline{Z}_\mathrm{k} = Z_\mathrm{k} \underline{/\varphi_\mathrm{k}} = \underline{Z}_\mathrm{m} = Z_\mathrm{m} \underline{/\varphi_\mathrm{m}}$ einsetzt, so erhält man die normierte Darstellung

$$\frac{I''_{k(1)}}{I''_{k(3)}} = \frac{\dfrac{c\sqrt{3}\,\underline{U}_\triangle}{\underline{Z}_0 + \underline{Z}_m + \underline{Z}_g}}{\dfrac{c\,\underline{U}_\triangle}{\sqrt{3}\,\underline{Z}_m}} = 3\,\frac{\underline{Z}_m}{\underline{Z}_0 + \underline{Z}_m + \underline{Z}_g} = \frac{3}{(\underline{Z}_0/\underline{Z}_m) + 1 + (\underline{Z}_g/\underline{Z}_m)} \qquad (2.100)$$

bzw. mit dem meist zulässigen Ansatz $\underline{Z}_g = \underline{Z}_m$

$$\frac{I''_{k(1)}}{I''_{k(3)}} = \frac{3}{2 + (\underline{Z}_0/\underline{Z}_m)} = \frac{3}{2 + (Z_0/Z_m)\;\underline{/\varphi_0 - \varphi_m}} \qquad (2.101)$$

Der einsträngige Kurzschlussstrom wird daher nur in dem seltenen Fall größer als der dreisträngige, wenn die Nullimpedanz Z_0 kleiner als die Mitimpedanz Z_m wird (s. Abschn. 2.2.3.1, Tabelle 2.30).

Analog kann man auch für die Spannungen nach Gl. (2.98) und (2.99) normierte Darstellungen finden, wenn man $c\,\underline{U}_\triangle$ als Bezugsgröße wählt.

2.3.2.2 Mit Übergangswiderstand.
Dieser nichtsatte Fehler führt nach Bild 2.39 mit dem Übergangswiderstand $\underline{Z}_ü$ an der Fehlerstelle *3* zu den Bedingungen

$$\underline{U}_1 = \underline{Z}_ü \underline{I}_1, \qquad \underline{I}_2 = 0, \qquad \underline{I}_3 = 0$$

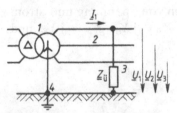

Mit dem gleichen Rechnungsgang wie in Abschn. 2.3.2.1 erhält man als Ströme

$$\underline{I}_m = \underline{I}_g = \underline{I}_0 = \frac{\underline{U}_{qm}}{\underline{Z}_0 + \underline{Z}_m + \underline{Z}_g + 3\underline{Z}_ü} \qquad (2.102)$$

$$\underline{I}_1 = \underline{I}''_{k(1)} = \frac{3\,\underline{U}_{qm}}{\underline{Z}_0 + \underline{Z}_m + \underline{Z}_g + 3\underline{Z}_ü} \qquad (2.103)$$

Bild 2.39 Energieübertragung beim einsträngigen Erdkurzschluss über einen Übergangswiderstand $\underline{Z}_ü$
1 Transformator mit geerdetem Sternpunkt, *2* Leitung, *3* Übergangswiderstand, *4* Sternpunkterdung

Die Spannungen an der Fehlerstelle sind jetzt mit Gl. (2.102)

$$\underline{U}_1 = \underline{Z}_ü \underline{I}_1 = \underline{U}_{qm}\frac{3\underline{Z}_ü}{\underline{Z}_0 + \underline{Z}_m + \underline{Z}_g + 3\underline{Z}_ü} \qquad (2.104)$$

$$\underline{U}_2 = \underline{U}_0 + \underline{a}^2\underline{U}_m + \underline{a}\,\underline{U}_g = \underline{U}_{qm}\frac{(\underline{a}^2 - 1)\underline{Z}_0 + (\underline{a}^2 - \underline{a})\underline{Z}_g + \underline{a}^2 \cdot 3\underline{Z}_ü}{\underline{Z}_0 + \underline{Z}_m + \underline{Z}_g + 3\underline{Z}_ü} \qquad (2.105)$$

$$\underline{U}_3 = \underline{U}_0 + \underline{a}\,\underline{U}_m + \underline{a}^2\underline{U}_g = \underline{U}_{qm}\frac{(\underline{a} - 1)\underline{Z}_0 + (\underline{a} - \underline{a}^2)\underline{Z}_g + \underline{a} \cdot 3\underline{Z}_ü}{\underline{Z}_0 + \underline{Z}_m + \underline{Z}_g + 3\underline{Z}_ü} \qquad (2.106)$$

Schaltet man zwischen Transformator-Sternpunkt und Erde eine Drossel oder einen Wirkwiderstand, so werden auch hier die Erdkurzschlussströme begrenzt. Die Induktivität, also die Reaktanz der Drossel bzw. der Wirkwiderstand gehen wieder mit dem *dreifachen* Wert in die Nullreaktanz bzw. Nullresistanz ein (s. auch Gl. (2.61)).

Bild 2.40
Energieübertragung
mit einsträngigem
Kurzschluss zu
Beispiel 2.12
a) dreisträngige Schal-
tung, b) Komponen-
ten-Ersatzschaltung zu
a), c) Zeigerdiagramm
der Leiterströme und
ihrer Komponenten
links von der Kurz-
schlussstelle *K*,
d) rechts von der
Kurzschlussstelle *K*
1 speisendes Netz,
2 Transformator mit
Dreieck-Ausgleichs-
wicklung, *3* Leitung,
4 Transformator,
5 Erder zu Transfor-
mator *4*, *6* Kurz-
schlussstelle mit Über-
gangswiderstand $R_\ddot{u}$

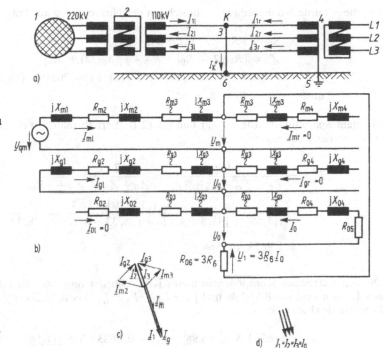

Beispiel 2.12. Für die Drehstromübertragung nach Bild 2.40 a mit einseitiger Speisung von links ist die Kurzschlussberechnung bei einem einsträngigen Erdkurzschluss in der Mitte der 110-kV-Leitung durchzuführen. Der Erderwiderstand am Transformator *4* sei $R_5 = 2\,\Omega$, der Übergangswiderstand an der Fehlerstelle $R_6 = R_u = 5\,\Omega$. Die übrigen Komponenten der Wirk- und Blindwiderstände der Übertragungsmittel sind auf 110 kV bezogen:

Netz: $X_{m1} = X_{g1} = 1,4\,\Omega$

Transformator *2*: $R_{m2} = R_{g2} = 2,2\,\Omega, R_{02} = 4,4\,\Omega$
                    $X_{m2} = X_{g2} = 20\,\Omega, X_{02} = 40\,\Omega$

Freileitung *3*: $R_{m3}/2 = R_{g3}/2 = 1,926\,\Omega, R_{03}/2 = 4,591\,\Omega$
                    $X_{m3}/2 = X_{g3}/2 = 6,93\,\Omega, X_{03}/2 = 21,8\,\Omega$

Transformator *4*: $R_{m4} = R_{g4} = 2\,\Omega, R_{04} = 4\,\Omega$
                    $X_{m4} = X_{g4} = 24\,\Omega, X_{04} = 20\,\Omega$

Bild 2.40 b zeigt die Ersatzschaltung zu diesem Fehler. Links von der Fehlerstelle *K* wirken nur die Mit- und Gegenkomponenten der Widerstände, da der vierte Leiter dort fehlt. Rechts von der Fehlerstelle wirken nur die Nullimpedanzen, da dort die Spannungsquelle fehlt und nur dort der 4. Leiter zwischen Transformator *4* und Fehlerstelle *K* besteht.
Gesamte wirksame Mit- und Gegenimpedanz sind hier

$$\underline{Z}_m = \underline{Z}_g = R_{m2} + (R_{m3}/2) + j(X_{m1} + X_{m2} + X_{m3}/2)$$
$$= 2,2\,\Omega + 1,926\,\Omega + j(1,4\,\Omega + 20\,\Omega + 6,93\,\Omega) = (4,126 + j\,28,33)\,\Omega$$

Für die gesamte Nullimpedanz ergibt sich mit der Nullresistanz am Transformatorerder 5

$$R_{05} = 3\,R_5 = 3 \cdot 2\,\Omega = 6\,\Omega$$

$$\underline{Z}_0 = (R_{03}/2) + R_{04} + R_{05} + j\,[(X_{03}/2) + X_{04}]$$

$$= 4{,}591\,\Omega + 4\,\Omega + 6\,\Omega + j\,(21{,}8\,\Omega + 20\,\Omega) = (14{,}591 + j\,41{,}8)\,\Omega$$

und $\underline{Z}_{\ddot{u}} = R_{\ddot{u}} = R_6 = 5\,\Omega$

Mit dem Spannungsfaktor $c = 1{,}1$ und Gl. (2.103) erhält man den einsträngigen Kurzschlussstrom an der Fehlerstelle

$$\underline{I}''_{k(1)} = \frac{3\,\underline{U}_{qm}}{\underline{Z}_0 + \underline{Z}_m + \underline{Z}_g + 3\,\underline{Z}_{\ddot{u}}} = \frac{3\,c\,\underline{U}_{\triangle}/\sqrt{3}}{\underline{Z}_0 + \underline{Z}_m + \underline{Z}_g + 3\,R_{\ddot{u}}}$$

$$= \frac{3 \cdot 1{,}1 \cdot 110\,\mathrm{kV}/\sqrt{3}}{(14{,}591 + j\,41{,}8 + 4{,}126 + j\,28{,}33 + 4{,}126 + j\,28{,}33 + 3 \cdot 5)\,\Omega}$$

$$= 1{,}987\,\mathrm{kA}\ \underline{/\!-68{,}98^\circ}$$

Die symmetrischen Komponenten dieses Kurzschlussstroms und die tatsächlichen Ströme in den Leitern sind mit Bild 2.40 und $\underline{I}_0 = \underline{I}_m = \underline{I}_g = \underline{I}_1/3 = 0{,}6623\,\mathrm{kA}\ \underline{/\!-68{,}98^\circ}$ links von der Fehlerstelle (Index ℓ):

$$\underline{I}_{m\ell} = 0{,}6623\,\mathrm{kA}\ \underline{/\!-68{,}98^\circ}, \quad \underline{I}_{g\ell} = 0{,}6623\,\mathrm{kA}\ \underline{/\!-68{,}98^\circ} \quad \text{und} \quad \underline{I}_{0\ell} = 0$$

$$\underline{I}_{1\ell} = \underline{I}_{0\ell} + \underline{I}_{m\ell} + \underline{I}_{g\ell} = 0{,}6623\,\mathrm{kA}\ \underline{/\!-68{,}98^\circ} + 0{,}6623\,\mathrm{kA}\ \underline{/\!-68{,}98^\circ}$$

$$= 1{,}3246\,\mathrm{kA}\ \underline{/\!-68{,}98^\circ}$$

$$\underline{I}_{2\ell} = \underline{I}_{0\ell} + \underline{a}^2\underline{I}_{m\ell} + \underline{a}\,\underline{I}_{g\ell} = (\underline{a}^2 + \underline{a})\underline{I}_{m\ell} = -\underline{I}_{m\ell} = -0{,}6623\,\mathrm{kA}\ \underline{/\!-68{,}98^\circ}$$

$$\underline{I}_{3\ell} = \underline{I}_{0\ell} + \underline{a}\,\underline{I}_{m\ell} + \underline{a}^2\underline{I}_{g\ell} = (\underline{a} + \underline{a}^2)\underline{I}_{m\ell} = -\underline{I}_{m\ell} = -0{,}6623\,\mathrm{kA}\ \underline{/\!-68{,}98^\circ}$$

rechts von der Fehlerstelle (Index r):

$$\underline{I}_{mr} = 0, \quad \underline{I}_{gr} = 0 \quad \text{und} \quad \underline{I}_{0r} = 0{,}6623\,\mathrm{kA}\ \underline{/\!-68{,}98^\circ}$$

$$\underline{I}_{1r} = \underline{I}_{0r} + \underline{I}_{mr} + \underline{I}_{gr} = 0{,}6623\,\mathrm{kA}\ \underline{/\!-68{,}98^\circ}, \quad \underline{I}_{2r} = \underline{I}_{3r} = \underline{I}_{1r} = 0{,}6623\,\mathrm{kA}\ \underline{/\!-68{,}98^\circ}$$

Die Spannungen an der Fehlerstelle erhält man aus Gl. (2.104) bis (2.106) sowie (2.18), also $\underline{U}_{qm} = 1{,}1 \cdot 110\,\mathrm{kV}/\sqrt{3} = 69{,}86\,\mathrm{kV}$,

$$\underline{U}_1 = \underline{Z}_{\ddot{u}}\underline{I}_1 = R_{\ddot{u}}\underline{I}''_{k(1)} = 5\,\Omega \cdot 1{,}987\,\mathrm{kA}\ \underline{/\!-68{,}98^\circ} = 9{,}935\,\mathrm{kV}\ \underline{/\!-68{,}98^\circ} = Z_{0\ddot{u}} \cdot I_{0r}$$

$$\underline{U}_2 = \underline{U}_{qm}\frac{(\underline{a}^2 - 1)\underline{Z}_0 + (\underline{a}^2 - \underline{a})\underline{Z}_g + \underline{a}^2\,3\,R_{\ddot{u}}}{\underline{Z}_0 + \underline{Z}_m + \underline{Z}_g + 3\,R_{\ddot{u}}}$$

$$= 69{,}86\,\mathrm{kV}\frac{[(\underline{a}^2 - 1)(14{,}591 + j\,41{,}8) + (\underline{a}^2 - \underline{a})(4{,}126 + j\,28{,}33) + \underline{a}^2 \cdot 3 \cdot 5]\,\Omega}{(14{,}591 + j\,41{,}8 + 4{,}126 + j\,28{,}33 + 4{,}126 + j\,28{,}33 + 15)\,\Omega}$$

$$= 73{,}27\,\mathrm{kV}\ \underline{/\!-128{,}63^\circ}$$

Für die Spannung $\underline{U}_3$ ergibt sich analog $\underline{U}_3 = 78,48\,\text{kV}\,\underline{/\,125,65°}$.
Bild 2.41 stellt das Zeigerdiagramm dieser Spannungen dar. Der
Mittelpunkt N' ist demnach gegenüber dem symmetrischen Stern-
punkt N um die *Verlagerungsspannung* $\underline{U}_\text{v}$ verschoben.

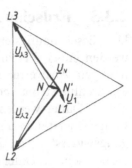

Bild 2.41
Zeigerdiagramm der Spannungen von Beispiel 2.12. $\underline{U}_{\lambda2}$, $\underline{U}_{\lambda3}$
symmetrische Sternspannungen, $\underline{U}_1$, $\underline{U}_2$, $\underline{U}_3$ unsymmetrische
Sternspannungen, $\underline{U}_\text{v}$ Verlagerungsspannung, N symmetrischer,
N' verlagerter Mittelpunkt

Sie ist $\underline{U}_\text{v} = \underline{U}_{\lambda2} - \underline{U}_2 = \dfrac{1,1\cdot 110}{\sqrt{3}}\,\text{kV}\,\underline{/-120°} - 73,27\,\text{kV}\,\underline{/-128,63°} = 11,31\,\text{kV}\,\underline{/-16,98°}$

Beispiel 2.12 kann in der in Bild 2.42 als Ersatzschaltungen dargestellten Weise variiert werden.

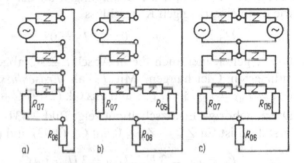

Bild 2.42
Komponenten-Ersatzschaltungen für
Abwandlungen von Beispiel 2.12
a) Sternpunkterdung nur an Transformator 2,
b) beide Transformator-Sternpunkte
geerdet,
c) wie b), jedoch zweiseitige Speisung

Beispiel 2.13. Ein Drehstromtransformator für 25 MVA, 110 kV/10 kV, $u_\text{kr} = 0,1$, Schaltung
Dy5, soll im Sternpunkt der Unterspannungsseite über eine Strombegrenzungsdrossel geerdet
werden. Der Erderwiderstand sei vernachlässigbar klein. Es ist die notwendige Reaktanz der
Drossel zu bestimmen, die den Erdkurzschlussstrom bei Klemmenkurzschluss am Transformator auf 5 kA begrenzt. Die Kurzschlussleistung des vorgeschalteten Netzes sei $S''_\text{kQ} =$
2200 MVA, der Anfangskurzschlusswechselstrom also $I''_\text{kQ} = 11,547\,\text{kA}$, die Speisespannung
starr, der Spannungsfaktor $c = 1,1$.
Mit Gl. (1.91) und (2.38) bestimmt man zunächst die Komponenten der Reaktanzen der Kurzschlussbahn. Für den Transformator ergibt sich

$$X_\text{mT} = X_\text{gT} = u_\text{kr}\,U_\text{r}^2/S_\text{r} = 0,1\cdot 10^2(\text{kV})^2/(25\,\text{MVA}) = 0,4\,\Omega$$
$$X_\text{0T} = 0,8\,X_\text{mT} = 0,8\cdot 0,4\,\Omega = 0,32\,\Omega$$

Für das vorgeschaltete Netz folgt mit Gl. (2.38)

$$X_\text{mQ} = X_\text{gQ} = c\,U_\text{N}^2/S''_\text{kQ} = 1,1\cdot 10^2(\text{kV})^2/(2200\,\text{MVA}) = 0,05\,\Omega$$

In die Nullreaktanz geht die des Transformators *und* die der Drossel ein, so dass $X_0 =$
$X_\text{0T} + X_\text{0D} = 0,32\,\Omega + X_\text{0D}$ gilt.
Mit $X_\text{m} = X_\text{g} = X_\text{mT} + X_\text{mQ} = 0,4\,\Omega + 0,05\,\Omega = 0,45\,\Omega$ und $I''_\text{k(1)} = 5\,\text{kA}$ erhält man somit aus
Gl. (2.94) die Nullreaktanz der Drossel $X_\text{0D} = (c\sqrt{3}U_\Delta/I_\text{k(1)}) - (X_\text{0T} + X_\text{m} + X_\text{g}) =$
$(1,1\cdot\sqrt{3}\cdot 10\,\text{kV}/5\,\text{kA}) - (0,32\,\Omega + 0,45\,\Omega + 0,45\,\Omega) = 2,59\,\Omega$. Die Reaktanz der Drossel
muss dann $X_\text{D} = X_\text{0D}/3 = 2,59\,\Omega/3 = 0,86\,\Omega$ betragen.

2.3.3   Erdschluss im Netz mit isoliertem Sternpunkt

Um diesen häufigsten Fehler in einer überschaubaren Form berechnen zu können, werden einige Vereinfachungen eingeführt, die sich allerdings nur aus der zahlenmäßigen Auswertung begründen lassen. Der Erdschlussstrom ist kleiner als der Kurzschlussstrom und meistens kleiner als der Bemessungsstrom der Übertragungsmittel. Daher werden hier Spannungsunterschiede auf der Leitung und somit ihre Längswiderstände und Querleitwerte vernachlässigt. Ebenso werden der Erdübergangswiderstand an der Fehlerstelle und die Transformatorimpedanzen i. allg. nicht berücksichtigt. Unter diesen Voraussetzungen darf man sich die Kapazitäten der Leitung an einer Stelle konzentriert und je Strang gleich groß vorstellen.

Nach Beispiel 2.10 und Gl. (2.63) sind unter diesen Voraussetzungen Mit- und Gegenimpedanz $\underline{Z}_m = \underline{Z}_g = 0$; die Nullimpedanz ist ohne Erdschlussspule 4 (Bild 2.43) aber $\underline{Z}_0 = 1/(j\omega C_E)$, die Bedingungen an der Fehlerstelle 3 lauten mit Bild 2.43a wie beim einsträngigen Kurzschluss

$$\underline{U}_1 = 0, \qquad \underline{I}_2 = 0, \qquad \underline{I}_3 = 0$$

Daher gelten hier auch die in Abschn. 2.3.2 abgeleiteten, hier entsprechend anders indizierten Gleichungen. Mit $\underline{I}_E$ als *Erdschlussstrom* folgt aus Gl. (2.93) $\underline{I}_{03} = \underline{I}_{m3} = \underline{I}_{g3} = \underline{I}_{13}/3 = \underline{I}_E/3$ und aus Gl. (2.49) $\underline{U}_{03} + \underline{U}_{m3} + \underline{U}_{g3} = 0$.

Die zugehörige Ersatzschaltung zeigt Bild 2.43b. Der Erdschlussstrom an der Fehlerstelle 3 ist für $\underline{Z}_m = \underline{Z}_g = 0$ mit Gl. (2.93) und (2.63)

$$\underline{I}_E = \underline{I}_{13} = 3\,\underline{U}_{qm}/\underline{Z}_0 = 3\,\underline{U}_{qm}\,j\omega\,C_E \tag{2.107}$$

Mit $U_{qm} = U_{\curlywedge} = U_{\triangle}/\sqrt{3}$ ist sein Betrag mit $c = 1$

$$I_E = 3\,U_{\curlywedge}\omega\,C_E = \sqrt{3}\,U_{\triangle}\omega\,C_E \tag{2.108}$$

In einem Netz mit mehreren Leitungen liegen wegen der Annahme $\underline{Z}_m = \underline{Z}_g = 0$ stets alle Kapazitäten C_E je Strang parallel. Zur Bestimmung des Erdschlussstroms eines Netzes sind daher die Erdkapazitäten eines Stranges jeder Leitung zu addieren und als Gesamtkapazität in Gl. (2.108) einzusetzen.

Die Zeigerdiagramme der Ströme an der Fehlerstelle (Index 3), an den Kapazitäten (Index 2) und im Transformator (Index 1) sind aus der Ersatzschaltung Bild 2.43b von der Fehlerstelle ausgehend zur Speisestelle entwickelt und in Bild 2.43c dargestellt. Solange die Erdschlussspule 4 fehlt, tritt im Transformator 1 kein Nullsystem der Ströme auf. Bei den Kapazitäten 2 fehlt das Gegensystem der Ströme, da es kurzgeschlossen ist. Es ergeben sich somit an der Fehlerstelle 3 die Stromkomponenten des Leiters $L1$

$$\underline{I}_{m13} = \underline{U}_{qm}\,j\omega\,C_E, \quad \underline{I}_{g13} = \underline{U}_{qm}\,j\omega\,C_E \quad \text{und} \quad \underline{I}_{03} = \underline{U}_{qm}\,j\omega\,C_E = \underline{U}_{qm}\,\omega\,C_E\ \underline{/90°}$$

an den Kapazitäten 2 die Stromkomponenten

$$\underline{I}_{m12} = \underline{U}_{qm}\,j\omega\,C_b, \quad \underline{I}_{g12} = 0 \quad \text{und} \quad \underline{I}_{02} = -\underline{U}_{qm}\,j\omega\,C_E = \underline{U}_{qm}\,\omega\,C_E\ \underline{/-90°}$$

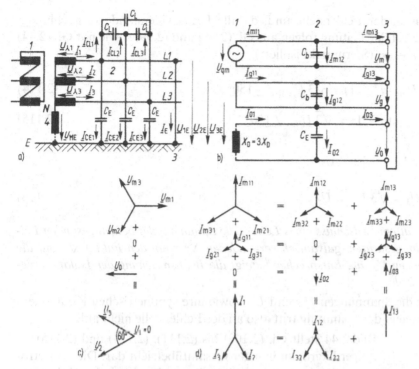

Bild 2.43 Energieübertragung bei alleiniger Berücksichtigung der Leitungskapazitäten bei Erdschluss des Leiters *L1*
a) dreisträngige Schaltung, b) Komponenten-Ersatzschaltung zu a), c) Zeigerdiagramme der Spannungen, d) Zeigerdiagramme der Ströme, jeweils an der Fehlerstelle; ohne Erdschlussspule
1 Transformator, *2* Leitung mit Erd- und Leiterkapazitäten C_E und C_L, *3* Erdschlussstelle, *4* Erdschlussspule

und am Speisetransformator *1* die Stromkomponenten

$$\underline{I}_{m11} = \underline{I}_{m12} + \underline{I}_{m13} = \underline{U}_{qm}\,j\,\omega\,(C_E + C_b) = \underline{U}_{qm}\,\omega\,(C_E + C_b)\;\underline{/90°}$$

$$\underline{I}_{g11} = \underline{I}_{g12} + \underline{I}_{g13} = \underline{U}_{qm}\,j\,\omega\,C_E = \underline{U}_{qm}\,\omega\,C_E\;\underline{/90°}$$

$$\underline{I}_{01} = \underline{I}_{02} + \underline{I}_{03} = 0$$

Die Ströme im Transformator sind dann

$$\underline{I}_{11} = \underline{I}_{01} + \underline{I}_{m11} + \underline{I}_{g11} = \underline{U}_{qm}\,\omega\,(3\,C_E + 3\,C_L)\;\underline{/90°} \tag{2.109}$$

$$\underline{I}_{21} = \underline{I}_{01} + \underline{a}^2\underline{I}_{m11} + \underline{a}\,\underline{I}_{g11} = \underline{U}_{qm}\,\omega\,(\sqrt{3}\,C_E\;\underline{/-60°} + 3\,C_L\;\underline{/-30°}) \tag{2.110}$$

$$\underline{I}_{31} = \underline{I}_{01} + \underline{a}\,\underline{I}_{m11} + \underline{a}^2\underline{I}_{g11} = \underline{U}_{qm}\,\omega\,(\sqrt{3}\,C_E\;\underline{/-120°} + 3\,C_L\;\underline{/-150°}) \tag{2.111}$$

oder $$I_1 = \sqrt{3}\,U_\triangle\,\omega\,(C_E + C_L) \tag{2.112}$$

$$I_2 = I_3 = U_\triangle\,\omega\,\sqrt{C_E^2 + 3\,C_L^2 + 3\,C_E\,C_L} \tag{2.113}$$

Die Spannungen an der Fehlerstelle und, da alle Längswiderstände vernachlässigt werden, auch die auf der Leitung folgen aus Gl. (2.98) und (2.99) sowie mit Gl. (2.44) oder auch für $\underline{Z}_0 \to \infty$ (Sternpunkt isoliert)

$$\underline{U}_2 = \underline{U}_{qm}(\underline{a}^2 - 1) = \sqrt{3}\,\underline{U}_{qm}\,\underline{/-150°} \qquad (2.114)$$

$$\underline{U}_3 = \underline{U}_{qm}(\underline{a} - 1) = \sqrt{3}\,\underline{U}_{qm}\,\underline{/150°} \qquad (2.115)$$

Mit Gl. (2.18) und $c = 1$ ist also

$$U_2 = U_3 = \sqrt{3}\,U_\lambda = U_\triangle \qquad (2.116)$$

Daher steigt bei sattem Erdschluss eines Leiters die Spannung der beiden gesunden Leiter gegen Erde im gesamten, galvanisch verbundenen Netz um den Faktor $\sqrt{3}$ auf die Außenleiterspannung $U_\triangle$ an. Entsprechend steigt die Beanspruchung der Isolation dieser Leiter gegen Erde.

Bild 2.43 d zeigt die Spannungen $\underline{U}_2$ und $\underline{U}_3$ sowie ihre symmetrischen Komponenten. Ein Gegensystem der Spannung tritt also an der Fehlerstelle nicht auf.

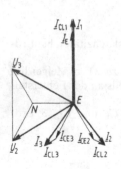

Bild 2.44 stellt Gl. (2.108) bis (2.111), (2.114) und (2.115) als Zeigerdiagramm in einer Gesamtübersicht dar. Die Ladeströme an den Leiterkapazitäten C_L werden durch den Erdschluss nicht beeinflusst, da die Leiterspannungen unverändert bleiben.

Bild 2.44
Zeigerdiagramm der Spannungen und Ströme bei Erdschluss des Leiters *L1*, $\underline{U}_2$, $\underline{U}_3$ Spannungen der gesunden Leiter gegen Erde, $\underline{I}_1, \underline{I}_2, \underline{I}_3$ Leiterströme, $\underline{I}_{CE2}, \underline{I}_{CE3}$ Ladeströme der Erdkapazitäten der gesunden Leiter, $\underline{I}_{CL1}, \underline{I}_{CL2}, \underline{I}_{CL3}$ Ladeströme der Leiterkapazitäten

2.3.3.1 Ladeleistung. Im gesunden Betrieb tritt an den Betriebskapazitäten C_b die Drehstrom-Ladeleistung

$$Q_c = 3\,U_\lambda^2\,\omega\,C_E + 3\,U_\triangle^2\,\omega\,C_L = U_\triangle^2\,\omega\,(C_E + 3\,C_L) = U_\triangle^2\,\omega\,C_b \qquad (2.117)$$

auf. Bei Erdschluss z. B. in Leiter *L1* ändern sich jedoch wegen der Spannungserhöhung gegen Erde an den gesunden Leitern und wegen $U_1 = 0$ in den einzelnen Strängen die Ladeleistungen auf

Strang *L1* : $Q_{c1} = 0 + U_\triangle^2\,\omega\,C_L$

Strang *L2* : $Q_{c2} = (\sqrt{3}\,U_\lambda)^2\,\omega\,C_E + U_\triangle^2\,\omega\,C_L = U_\triangle^2\,\omega\,(C_E + C_L)$

Strang *L3* : $Q_{c3} = (\sqrt{3}\,U_\lambda)^2\,\omega\,C_E + U_\triangle^2\,\omega\,C_L = U_\triangle^2\,\omega\,(C_E + C_L)$

$Q_{cE} = Q_{c1} + Q_{c2} + Q_{c3} = U_\triangle^2\,\omega\,(2\,C_E + 3\,C_L) = U_\triangle^2\,\omega\,(C_E + C_b)$

Im Erdschlussfall tritt also eine zusätzliche Ladeleistung (Blindleistung)

$$Q_z = Q_{cE} - Q_c = U_\triangle^2 \, \omega \, (C_E + C_b) - U_\triangle^2 \, \omega \, C_b = U_\triangle^2 \, \omega \, C_E \qquad (2.118)$$

auf, die zunächst vom Kraftwerk geliefert werden muss.

2.3.3.2 Erdschlusskompensation. Der Erdschluss im Drehstromnetz lässt die an der Fehlerstelle verschwundene Spannung zwischen Netzsternpunkt N und Erde E auftreten. Mit Bild 2.45 beträgt sie bei Erdschluss des Leiters $L1$

$$\underline{U}_{NE} = \underline{U}_1 \qquad (2.119)$$

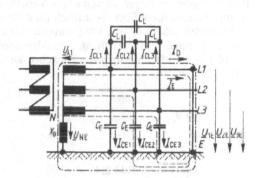

Bild 2.45
Energieübertragung wie Bild 2.43, jedoch mit Erdschlussspule bei Erdschluss des Leiters $L1$ (---) Erdschlussstrombahn, (-····-) Erdschlussspulenstrombahn, X_D Reaktanz der Erdschlussspule, $\underline{U}_{NE}$ Sternpunkt-Erde-Spannung, $\underline{I}_E$ Erdschlussstrom, I_D Erdschlussspulenstrom

Schaltet man nun zwischen Netzsternpunkt N und Erde E eine Induktivität L_D, so fließt mit dieser Spannung durch sie der induktive Erdschlussspulenstrom $\underline{I}_D$, der sich gemäß Bild 2.45 über die Erdschlussstelle schließt und dort den kapazitiven Erdschlussstrom bei passender Bemessung der Induktivität kompensieren kann. Im Fall vollständiger Kompensation gilt mit Gl. (2.108) und $I_D = U_\perp/(\omega L_D)$ die Kompensationsbedingung $I_E = I_D$, und man erhält die erforderliche *Induktivität der Erdschlussspule*

$$L_D = \frac{X_D}{\omega} = \frac{1}{3\,\omega^2\,C_E} \qquad (2.120)$$

Die gleiche Bedingung liefert Gl. (2.118) über den Ansatz $Q_z = Q_L$ mit $Q_L = U_\perp^2/(\omega L_D) = U_\triangle^2/(3\,\omega L_D) = U_\triangle^2 \,\omega\, C_E$. In der Ersatzschaltung von Bild 2.43 b erscheint der induktive Widerstand der Erdschlussspule, da sie in der Strombahn des 4. Leiters liegt, nur im Nullsystem, dort aber mit dem dreifachen Wert $X_0 = 3\,X_D$. Bei vollständiger Abstimmung der Erdschlussspule auf die Erdkapazitäten, also mit $3\,\omega L_D = 1/(\omega\,C_E)$, wird die resultierende Reaktanz des Nullsystems wegen der Parallelschaltung

$$\underline{Z}_0 = j\,X_0 = \frac{j\,3\,\omega\,L_D \cdot 1/j\,\omega\,C_E}{j\,3\,\omega\,L_D + (1/j\,\omega\,C_E)} = \frac{(1/\omega\,C_E)^2}{j[(1/\omega\,C_E) - (1/\omega\,C_E)]} = \infty$$

Um die Erdschlussspule verschiedenen Schaltzuständen des Netzes mit entsprechend geänderten Erdkapazitäten anpassen zu können, wird sie mit veränderbarer Induktivität hergestellt. Sie erhält Wicklungsanzapfungen oder einen Tauchkern mit kontinuierlich verstellbarem Luftspalt. Tauchkernerdschlussspulen eignen sich auch für automatische Abstimmungen auf den Resonanzfall. Zum Anschluss dürfen keine 1-adrigen Kabel mit Stahlschirm verwendet werden (Wirbelstromerwärmung).

In ausgedehnten Netzen, in denen die Längswiderstände nicht mehr vernachlässigbar klein sind, ist es zweckmäßig, mehrere Erdschlussspulen an getrennten Orten aufzustellen. In jedem Fall muss aber die Nullimpedanz des Transformators, an dessen Sternpunkt die Erdschlussspule angeschlossen wird, so klein sein, dass die Erdschlussspule im Erdschlussfall nahezu die Sternspannung $U_\lambda = U_\triangle/\sqrt{3}$ erhält.

Bisher wurde der Einfluss der Wirkwiderstände der Übertragungsmittel vernachlässigt. In Wirklichkeit ist aber der Erdschlussstrom nicht rein kapazitiv und der Spulenstrom nicht rein induktiv.

Bild 2.46 gibt im Zeigerdiagramm die Verhältnisse qualitativ wieder. Auch nach vollständiger Kompensation fließt über die Erdschlussstelle noch der *Wirkreststrom* $I_{rw} = \underline{I}_{Ew} + \underline{I}_{Dw}$. Seine rechnerische Erfassung ist ohne praktische Bedeutung, da der Querleitwert der Leitung, der ihn bestimmt, stark veränderlich ist. Aus Messungen weiß man, dass der Wirkreststrom etwa 5% bis 10% des Erdschlussstroms ausmachen kann. Er kann die Löschung von Erdschlusslichtbögen erschweren.

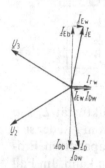

Bild 2.46
Zeigerdiagramm der Spannungen und Ströme bei Erdschluss des Leiters *L1* mit Berücksichtigung der Wirkanteile von Erdschluss- und Erdschlussspulenstrom
$\underline{I}_{Eb}$ Blind-, $\underline{I}_{Ew}$ Wirkanteil des Erdschlussstroms $\underline{I}_E$, $\underline{I}_{Db}$ Blind-, $\underline{I}_{Dw}$ Wirkanteil des Erdschlussspulenstroms $\underline{I}_D$, I_{rw} Wirkreststrom

Die große technische und wirtschaftliche Bedeutung der Erdschlussspule liegt darin, dass sie in Freileitungsnetzen Erdschlusslichtbögen bei genügend kleinen Restströmen zum Erlöschen bringt. Die Fehlerfolgen werden ohne Betriebsunterbrechung behoben. Bei Kabeln bleibt der Fehler häufig bestehen und somit die Spannungserhöhung nach Gl. (2.116); jedoch kann das erdschlussbehaftete Kabel noch einige Zeit in Betrieb bleiben, sofern der Wirkreststrom wieder genügend klein bleibt. Seine Kompensation erfordert aufwendige Techniken. Fehlabstimmungen der Erdschlussspule um $\pm 20\%$ führen in den meisten Fällen auch noch zur Löschung von Lichtbögen. In Netzen mit $U_N \geq 220\,\text{kV}$ wird die Erdschlusskompensation nicht angewendet, weil bei Erdschluss die Koronaverluste an den erdschlussfreien Leitern zu groß werden.

Genauer als die Berechnung des Erdschlussstroms mit Wirk- und Blindanteil ist die Messung während eines künstlich erzeugten Erdschlusses. Bild 2.47 zeigt die Messschaltung. Wirkreststrom I_{rw} und kapazitiver Blindanteil I_{Eb} des Erdschlussstroms werden über entsprechend geschaltete Leistungsmesser *8* und *9* ermittelt. Diese zeigen die bei Erdschluss zusätzlich zum Normalbetrieb auftretende Wirkrestleistung und kapazitive Blindleistung. Nach Umrechnung auf die Hochspannungsseite ergibt sich für den Wirkreststrom $I_{rw} = P/U_\lambda$, für den Blindstrom $I_{Eb} = Q\sqrt{3}/U_\triangle$, wenn die Erdschlussspule fehlt. Liefert die geometrische Summe nicht den am Strommesser *7* angezeigten Erdschlussstrom, kann man auf Oberschwingungen schließen, die vom Eisen in magnetischen Kreisen und von Stromrichtern herrühren.

Beispiel 2.14. Für das 30-kV-Netz mit Dreimantelkabeln in Bild 2.48 ist die Stromverteilung bei Erdschluss des Leiters *L1* im Abgang *2* zu berechnen. Die Leiterkapazitäten sind bei Dreimantelkabeln Null. Die Erdkapazitäten seien $C_{E1} = 1,4\,\mu\text{F}$, $C_{E2} = 2,1\,\mu\text{F}$.

Bild 2.47
Messschaltung zur Bestimmung des Erdschlussstroms und seiner Wirk- und Blind-
anteile
1 Leistungsschalter zum Aufschalten des
künstlichen Erdschlusses bei *2, 3* Stromwandler, *4* Dreiphasen-Erdungsspannungs-
wandlersatz, *5* Spannungsmesser (U_{ME}), *6*
Spannungsmesser ($U_\triangle$), *7* Strommesser (I_E),
8 Wirkleistungsmesser (*P* bzw. I_r), *9* Blindlei-
stungsmesser (*Q* bzw. I_{Eb}), *10* Schutzerdung,
11 Betriebserdung

Achtung: Die Übersetzungsverhältnisse des
Spannungswandlersatzes *4* sind bei Erdschluss und im Normalbetrieb unterschied-
lich! Im Erdschlussfall gilt $(U_\triangle/\sqrt{3})/100$ V.

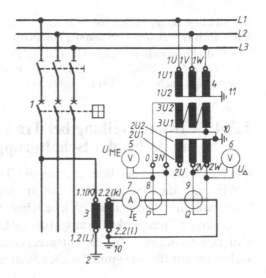

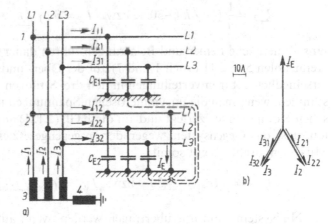

Bild 2.48
Hochspannungsnetz zu Beispiel
2.14 mit Erdschluss
a) dreisträngige Schaltung nur
mit Erdkapazitäten,
b) Zeigerdiagramm der Ströme
1 erdschlussfreier Abgang, *2* Abgang mit Erdschluss des Leiters
L1, *3* speisender Transformator,
4 Erdschlussspule

Anschließend ist die Erdschlussspule zu dimensionieren und die Stromverteilung bei vollständiger Kompensation zu bestimmen.
Mit der gesamten Erdkapazität $C_E = C_{E1} + C_{E2} = 1,4\,\mu F + 2,1\,\mu F = 3,5\,\mu F$ beträgt der Erdschlussstrom nach Gl. (2.108) $I_E = \sqrt{3}\,U_\triangle\,\omega\,C_E = \sqrt{3}\cdot 30\,kV \cdot 314,2\,s^{-1}\cdot 3,5\,\mu F = 57,1$ A. Die
weiteren Ströme erhält man mit Gl. (2.113) für $C_L = 0$

$$I_{21} = I_{31} = U_\triangle\,\omega\,C_{E1} = 30\,kV \cdot 314,2\,s^{-1}\cdot 1,4\,\mu F = 13,2\,A$$

$$I_{22} = I_{32} = U_\triangle\,\omega\,C_{E2} = 30\,kV \cdot 314,2\,s^{-1}\cdot 2,1\,\mu F = 19,8\,A$$

Probe: Es muss mit Bild 2.48 gelten

$$I_E = (I_{21} + I_{22})\sqrt{3} = (13,2\,A + 19,8\,A)\sqrt{3} = 57,1\,A$$

Ferner betragen mit Bild 2.46 ohne Erdschlussspule die Ströme $I_2 = I_{21} + I_{22} = I_{31} + I_{32} =$
$13,2\,A + 19,8\,A = 33\,A$, $I_{11} = 0$ und $I_{12} = I_E = 57,1\,A$ sowie $I_1 = I_{11} + I_{12} = 0 + 57,1\,A =$
$57,1\,A$.

Bei Anschluss einer Erdschlussspule wird der Strom im erdschlussbehafteten Leiter $I_{12} = 0$ und somit auch $I_1 = 0$, wenn vollständig kompensiert wird. Die übrigen Ströme ändern sich nicht. Die Erdschlussspule ist nach Gl. (2.118) für eine induktive Blindleistung von mindestens $Q_D = U_\triangle^2 \, \omega \, C_E = (30\,\text{kV})^2 \cdot 314,2\,\text{s}^{-1} \cdot 3,5\,\mu\text{F} = 990\,\text{kVar}$ auszulegen. Ihre Bemessungsspannung beträgt nach Gl. (2.119) $U_r = 30\,\text{kV}/\sqrt{3} = 17,3\,\text{kV}$.

2.3.4　Stromverteilung bei Transformatoren mit drehender Schaltgruppe

Die Kennzahl k in der Bezeichnung der Transformatorschaltgruppe (z. B. $k = 5$ bei YNd5) gibt das Vielfache von 30° an, um das die Unterspannung gegenüber der Oberspannung, bezogen auf gleiche Klemmen, nacheilt. N besagt, dass der oberspannungsseitige Sternpunkt herausgeführt ist. Mit Index 1 für die Ober- und 2 für die Unterspannung bzw. für die entsprechenden Ströme, sowie mit $\ddot{u}$ als Übersetzungsverhältnis gilt für ein symmetrisches System

$$\underline{U}_2 = \frac{1}{\ddot{u}} \, \underline{U}_1 \; \underline{/k\,(-30°)} \quad \text{bzw.} \quad \underline{I}_2 = \ddot{u}\,\underline{I}_1 \; \underline{/k\,(-30°)} \tag{2.121}$$

Unsymmetrische Fehler und Belastungen führen daher in Transformatoren mit den Kennzahlen 5 und 11 (auch 1 und 7) auf der Ober- und Unterspannungsseite zu unterschiedlichen Stromverteilungen in den drei Strängen. Man kann diese einfach bestimmen, wenn man die unsymmetrischen Spannungen und Ströme in ihre symmetrischen Komponenten zerlegt und auf diese Gl. (2.121) anwendet. Hierbei ist zu beachten, dass das Gegensystem wegen der entgegengesetzten Phasenfolge entgegen dem Mitsystem dreht. Es gilt somit

$$\underline{U}_{g2} = \frac{1}{\ddot{u}} \, \underline{U}_{g1} \; \underline{/k \cdot 30°} \quad \text{bzw.} \quad \underline{I}_{g2} = \ddot{u}\,\underline{I}_{g1} \; \underline{/k \cdot 30°} \tag{2.122}$$

Ein Nullsystem kann nur übertragen werden, wenn auf beiden Seiten der 4. Leiter zur Verfügung steht, was praktisch aber kaum vorkommt.

Beispiel 2.15. Für einen Drehstromtransformator der Schaltgruppe Dyn5 (n besagt, dass der unterspannungsseitige Sternpunkt herausgeführt ist) mit der Übersetzung 20 kV/0,4 kV ist die ober- und unterspannungsseitige Stromverteilung beim zwei- und einsträngigen Kurzschluss der Leiter ($L2$ und $L3$ bzw. $L1$ und N) auf der Niederspannungsseite zu bestimmen. Der Kurzschlussstrom soll in beiden Fällen 5000 A betragen.

Zweisträngiger Kurzschluss der Leiter L2 und L3: Bild 2.49 entnimmt man die symmetrischen Komponenten des Stromes und dreht sie gemäß Gl. (2.121) und (2.122) auf die Primärseite. Mit $k = 5$ beträgt der Phasenverschiebungswinkel −150° für das Mit- und +150° für das Gegensystem (s. Bild 2.49). Aus Abschn. 2.3.1 folgt für die Stromkomponenten der Unterspannungsseite

$$I_{m12} = I_{g12} = I_k''/\sqrt{3} = 5000\,\text{A}/\sqrt{3} = 2890\,\text{A}$$

sowie der Oberspannungsseite mit $\ddot{u} = 20\,\text{kV}/0,4\,\text{kV}$

$$I_{m11} = I_{g11} = I_{m12}/\ddot{u} = I_{g12}/\ddot{u} = 2890\,\text{A} \cdot 0,4\,\text{kV}/(20\,\text{kV}) = 57,8\,\text{A}.$$

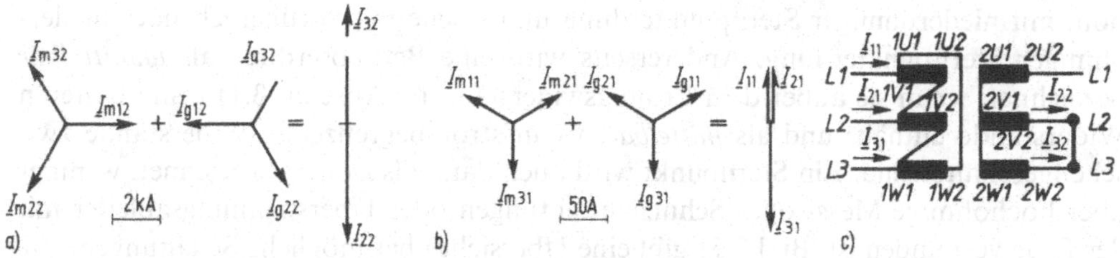

Bild 2.49 Drehung der Ströme in einem Transformator der Schaltgruppe Dy5 beim zweisträngigen Kurzschluss zwischen den Leitern *L2* und *L3*
a) Ströme der Sekundärseite (zweiter Index 2), b) der Primärseite (zweiter Index 1),
c) Schaltung des Transformators

Die Zusammensetzung erfolgt nach Bild 2.49. Man erhält somit für die Unterspannungsseite $I_{12} = 0$, $I_{22} = I_{32} = 5000\,\text{A}$, für die Oberspannungsseite $I_{11} = 57,8\,\text{A}$, $I_{21} = 57,8\,\text{A}$, $I_{31} = 115,6\,\text{A}$ und für die Ströme in der Dreieckwicklung $I_{1UV} = 0$, $I_{1VW} = 57,8\,\text{A}$, $I_{1WU} = 57,8\,\text{A}$.

Einsträngiger Kurzschluss der Leiter L1 und N: Aus Bild 2.50 folgt mit Gl. (2.92) für die Unterspannungsseite $I_{m12} = I_{g12} = I_{02} = 5000\,\text{A}/3 = 1666\,\text{A}$. Wegen der Dreieckschaltung werden nur Mit- und Gegensystem auf die Oberspannungsseite übertragen. Dort sind mit $\ddot{u} = 20\,\text{kV}/0,4\,\text{kV}$ die Stromkomponenten

$$I_{m11} = I_{g11} = I_{m12}/\ddot{u} = 1666\,\text{A} \cdot 0,4\,\text{kV}/(20\,\text{kV}) = 33,3\,\text{A}$$

Die Zusammensetzung zeigt Bild 2.50. Für die Ströme folgt auf der Unterspannungsseite $I_{12} = 5000\,\text{A}$, $I_{22} = I_{32} = 0$, auf der Oberspannungsseite $I_{11} = |\underline{I}_{m11} + \underline{I}_{g11}| = \sqrt{3}\,I_{m11} = 57,8\,\text{A}$ und $I_{21} = |\underline{a}^2\,\underline{I}_{m11} + \underline{a}\,\underline{I}_{g11}| = 57,8\,\text{A}$ und für die Ströme in der Dreieckwicklung $I_{1UV} = 57,8\,\text{A}$, $I_{1VW} = I_{1WU} = 0$.

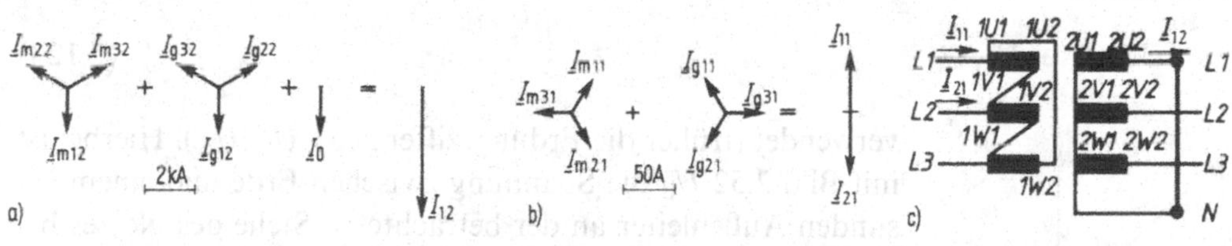

Bild 2.50 Drehung der Ströme in einem Transformator der Schaltgruppe Dy5 beim einsträngigen Kurschluss zwischen den Leitern *L1* und *N*
a) Ströme der Sekundärseite, b) der Primärseite, c) Schaltung des Transformators

2.3.5 Sternpunktschaltung in Drehstromnetzen

Für den gesunden Betrieb mit symmetrischer Last sowie für symmetrische Fehler ist es gleichgültig, ob der Netzsternpunkt unmittelbar oder über einen Widerstand geerdet wird oder ob er unbeschaltet (isoliert) bleibt. Bei unsymmetrischen Fehlern mit Erdberührung gewinnt die Sternpunktschaltung entscheidende Bedeutung, wie der Vergleich zwischen einsträngigem Kurzschluss und Erdschluss zeigt (s. Abschn. 2.3.2 und 2.3.3). Sie bestimmt die Größe der einsträngigen Kurzschlussströme, die betriebsfrequente Spannungsverlagerung, also auch Spannungserhöhungen, und die Größe der transienten Überspannungen wesentlich mit. Nach DIN VDE 0111 bis 0141 unterscheidet man Netze mit isoliertem Sternpunkt, mit Erdschlusskompensa-

tion, mit niederohmiger Sternpunkterdung und solche mit vorübergehender niederohmiger Sternpunkterdung. Andererseits wird eine Betriebserdung als *unmittelbar*
bezeichnet, wenn sie außer dem Erdungswiderstand (s. Abschn. 3.1) keine weiteren
Widerstände enthält, und als *mittelbar*, wenn strombegrenzende Widerstände zwischengeschaltet sind. Ein Sternpunkt wird auch dann als isoliert bezeichnet, wenn er
über hochohmige Mess- oder Schutzeinrichtungen oder Überspannungsableiter mit
der Erde verbunden ist. Bild 2.51 gibt eine Übersicht über mögliche Schaltungen.

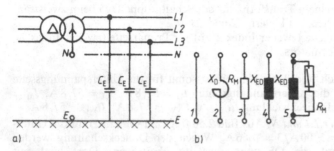

Bild 2.51 Sternpunktschaltungen in Drehstromnetzen a) dreiphasige Schaltung, b) Stern-
punkt-Erdeverbindungen. *1* unmittelbare, *2* und *3* mittelbare Erdung, *2* mit Kurzschlussstrombegrenzungsdrossel X_D, *3* mit Wirkwiderstand R_M, *4* Erdschlussspule
X_{ED}, *5* Kurzerdung mit Erdschlussspule X_{ED} und Wirkwiderstand R_M, C_E Erdkapazität, *N* Mittelleiter nur in Netzen mit $U_N < 1\,\mathrm{kV}$

Zur Kennzeichnung der Art der Sternpunktschaltung wird nach VDE 0111 der *Erdfehlerfaktor*

$$f_E = U_E / U_\lambda \tag{2.123}$$

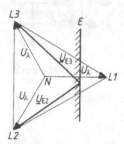

Bild 2.52
Spannungszeiger bei
Erdkurzschluss mit
dem Erdfehlerfaktor
$f_E = 1,4$

verwendet (früher die Erdungsziffer $z_E = U_E / U_\triangle$). Hierbei ist
mit Bild 2.52 U_E die Spannung zwischen Erde und einem gesunden Außenleiter an der betrachteten Stelle des Netzes bei
Erdschluss eines Leiters und U_λ die Leiter-Erde-Spannung
an der selben Stelle im ungestörten Betrieb. Je größer der
Erdfehlerfaktor f_E ist, um so größer ist die Spannungsbeanspruchung der gesunden Leiter gegen Erde bei Erdschluss bzw. Erdkurzschluss (s. a. Abschn. 2.3.3). Für die
Leiter-Erde-Spannung U_E in Gl. (2.123) ist die Spannung U_2
oder U_3 nach Gl. (2.98) oder (2.99) einzusetzen, die den größten Erdfehlerfaktor f_E liefert.

Unterschiedliche Werte ergeben sich jedoch nur, wenn man
die Wirkwiderstände in der Kurzschlussbahn berücksichtigt.

Tabelle 2.53 Kennzeichen und Anwendungen von Sternpunktschaltungen

Schaltung nach Bild 2.51 b	Erdfehler- faktor f_E	Anwendung	Folgerungen
1	0,88 bis 1,4	Niederspannungsnetz $U_N < 1\,kV$	Abschaltung in Schnellzeit durch Sicherungen oder Selektivschutz erforderlich.
		Höchstspannungsnetz $U_N \geq 110\,kV$	Bei $U_N > 110\,kV$ Einsparung an Isolation.
2 und *3*	0,88 bis etwa 1,4	vorzugsweise Mittel- spannungs-Kabel- netze, $U_N = 10\,kV$ bis 30 kV	Abschaltung in Schnellzeit durch Selektivschutz; Strom- begrenzung zur Schonung der Kabel; Schaltung *3* wird bevor- zugt.
4	$> 1,4$ praktisch $\sqrt{3}$	Freileitungs- und Kabelnetze mit $U_N = 10\,kV$ bis 110 kV; meist mit Erdschlusskompen- sation	Abschaltung nicht sofort erfor- derlich. Lichtbögen an Frei- leitungen werden gelöscht, wenn Erdschlussspule vorhanden. Höhere Isolation gegen Erde erforderlich wegen Spannungs- verlagerung. Gefahr des Doppel- erdschlusses.
5	zunächst wie bei *4*, nach Kurz- erdung $< 1,4$	Kabelnetze mit $U_N = 10\,kV$ bis 110 kV	Zunächst wie bei *4*. Nach Kurzerdung Abschaltung in Schnellzeit erforderlich.

Ein Netz gilt als *wirksam geerdet*, wenn der Erdfehlerfaktor f_E an keiner Stelle des Netzes den Wert 1,4 überschreitet, gleichgültig ob der Sternpunkt unmittelbar oder mittelbar geerdet ist. Dann ist $X_0/X_m \leq 5$.

Ein Netz gilt als *nicht wirksam geerdet*, wenn der Erdfehlerfaktor f_E an einer beliebi- gen Stelle den Wert 1,4 überschreitet. Das trifft für Netze mit freiem bzw. über Erd- schlussspulen geerdeten Sternpunkt stets zu, aber auch für $X_0/X_m > 6$.

Tabelle 2.53 gibt eine Übersicht über die Kennzeichen und Anwendungen der ver- schiedenen Sternpunktschaltungen sowie die Folgerungen. In jedem Fall ist VDE 0141 zu beachten.

Während in Niederspannungsnetzen der öffentlichen Energieversorgung alle Sternpunkte nach Bild 2.51 b, 1 geerdet werden, sind es in Höchstspannungsnetzen nur so viele durch Rechnung ausgewählte Sternpunkte, wie zur Kurzschlussstrombegrenzung einerseits und zum eindeutigen Ansprechen der Distanzschutzeinrichtungen andererseits (s. Abschn. 3.4.4.1) notwendig sind. Grundlage der Berechnung bildet das in Abschn. 2.1.7.7 beschriebene Verfahren unter Verwen- dung von programmierbaren Rechnern, wenn Maschennetze vorliegen. In zunehmendem Maß werden auch Isoliertransformatoren anstelle von Spartransformatoren eingesetzt, da bei jenen mehr frei verfügbare Sternpunkte bereitstehen.

Beispiel 2.16. Wie groß ist der Erdfehlerfaktor bei einem Erdkurzschluss an der Klemme eines Drehstromtransformators in Yy-Schaltung ohne Ausgleichswicklung, wenn die Nullreaktanz das 5-fache der Mitreaktanz beträgt im Vergleich zu einem Transformator in Dy-Schaltung, dessen Nullreaktanz das 0,8-fache der Mitreaktanz ist?

Mit Gl. (2.98) erält man für die Schaltung Yy mit $X_0 = 5X_m = 5X_g$ und $c = 1$

$$\underline{U}_2 = \underline{U}_{qm} \frac{(\underline{a}^2 - 1)\,j\,X_0 + (\underline{a}^2 - \underline{a})\,j\,X_g}{j\,X_0 + j\,X_m + j\,X_g} = \underline{U}_{qm} \frac{j\,X_m(5(\underline{a}^2 - 1) + (\underline{a}^2 - \underline{a}))}{j\,7X_m}$$

$$= 1,38 \; \underline{/-141°} \; \underline{U}_{qm}$$

Mit $U_E = U_2$ und $U_{qm} = U_\triangle/\sqrt{3}$ ist dann der Erdfehlerfaktor $f_E = U_E/U_\curlywedge = U_\triangle 1,38/U_\triangle$ $= 1,38$.

Der gleiche Rechnungsgang liefert für die Schaltung Dy mit $X_0 = 0,8X_m = 0,8X_g$ und $c = 1$ die Spannung $\underline{U}_2 = \underline{U}_{qm} \cdot 0,966 \; \underline{/-116,33°}$ und den Erdfehlerfaktor $f_E = 0,966$.

Transformatoren der Schaltung Yy ohne Ausgleichswicklung sind aber i. allg. zur wirksamen Erdung eines Netzes nicht brauchbar, weil bei außen liegenden Fehlern zur Nullimpedanz des Transformators noch die der Leitung hinzukommt. Der Erdfehlerfaktor steigt dann über den Grenzwert 1,4 an.

Die Spannungsbeanspruchung der gesunden Leiter gegen Erde beträgt bei der Schaltung Yy das 1,38-fache des Normalbetriebs, bei der Schaltung Dy aber nur das 0,966fache. Stattdessen ist der Kurzschlussstrom bei der Schaltung Dy größer (hier 2,5fach, wie man mit Gl. (2.94) nachrechnen kann).

In Höchstspannungsnetzen ($U_N \geq 220\,kV$) sind die Isolationskosten so groß, dass ein möglichst kleiner Erdfehlerfaktor angestrebt wird, obwohl dann der Erdkurzschlussstrom größer wird, so dass der Netzschutz schnell abschalten muss.

2.4   Wirkungen des Kurzschlussstroms

Abmessungen und konstruktive Ausführung einer Energieübertragungsanlage werden außer von den Spannungen, der zulässigen Stromdichte und der Spannungsfestigkeit im Normalbetrieb von der Festigkeit gegenüber den Wirkungen des Lichtbogens, der Stromkräfte und der zusätzlichen Stromwärme im Fehlerfall bestimmt. Die Wirkungen des Lichtbogens mit seinen Kerntemperaturen um 10 000 °C und gefährlichen Anteilen an ultraviolettem Licht lassen sich nicht rechnerisch, sondern nur über Modellversuche erfassen. Lichtbögen haben in Freiluftanlagen wegen der leichteren Wärmeabfuhr geringere Folgen als in Innenraumanlagen. Bei Strömen ab 3 kA bis 5 kA wird der Lichtbogen von der Speisestelle in Energierichtung weggedrückt, auch gegen den thermischen Auftrieb. Er läuft dabei mit großer Geschwindigkeit – z. T. mit 100 m/s bei großen Strömen – bis zum nächsten Hindernis, z. B. einer Wand oder Decke. Daher werden in Schaltanlagen Lichtbogenschutzwände und -decken eingebaut [17].

2.4.1   Mechanische Beanspruchung durch Stromkräfte

Die bei Stromfluss durch parallele Leiter wirksamen Stromkräfte werden mit dem elektrodynamischen Kraftgesetz berechnet. Mit Bild 2.54 a, dem Leiterabstand d, den Leiterströmen i_1 und i_2, der Induktion B und der Leiterlänge l gilt für die *Kraft* [42], wenn $l \gg d$ ist.

$$F_t = i_1 B_2 l = \frac{\mu_0}{2\,\pi} \cdot \frac{l}{d}\, i_1 i_2 \tag{2.124}$$

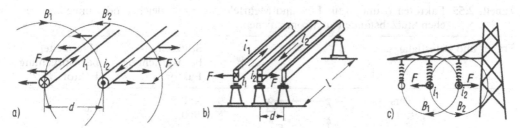

Bild 2.54 Kraftwirkungen F auf stromdurchflossene Leiter bei Einebenenanordnung
a) parallele Leiter, b) Sammelschienen, c) Freileitungsseile

Hierbei beträgt die Induktionskonstante in Luft $\mu_0 = 4\,\pi \cdot 10^{-7}$ Vs/Am.

Bild 2.54 b und c zeigen weitere Beispiele für Kraftwirkungen. Für die Ströme i_1 und i_2 in Gl. (2.124) ist zur Bestimmung der größten Beanspruchung der *wirksame* Stoßkurz-schlussstrom i_p einzusetzen. Aus Gl. (2.124) folgt somit für die größtmögliche Kraft

$$F_H = \frac{\mu_0}{2\,\pi} \cdot \frac{l}{d}\, i_p^2 \tag{2.125}$$

Hierbei ist nach DIN VDE 0103 bzw. DIN EN 60865-1 beim zweisträngigen Kurz-schluss der zweisträngige Stoßkurzschlussstrom $i_{p(2)}$ einzusetzen, beim dreisträngigen Kurzschluss der Wert $0{,}93\, i_{p(3)}$, wobei i_p nach Gl. (2.22) bestimmt wird. Der Faktor $0{,}93 = (\sqrt{3}/2)^2$ berücksichtigt den größtmöglichen Kraftbelag, der am mittleren Lei-ter einer Einebenenanordnung in Drehstromanlagen auftritt.

2.4.1.1 Mechanische Festigkeit von Stromschienen. Die nach Bild 2.54 b auf Stützern angebrachten Schienen können die in Tabelle 2.55 gezeigten Befestigungs-arten aufweisen. Bei gleichmäßig verteilter Stromkraft ist mit der Kraft F_H nach Gl. (2.125) und dem Abstand l zwischen zwei Stützern in Schienenlängsrichtung das Biege-moment

$$M = F_H\, l/8 \tag{2.126}$$

Mit dem Widerstandsmoment W ist dann die *Biegespannung* des Hauptleiters

$$\sigma_H = \frac{\nu_\sigma\, \beta\, M}{W} = \nu_\sigma\, \beta\, \frac{F_H\, l}{8\, W} \tag{2.127}$$

Sie kann in Anlagen mit 3-poliger KU (s. Abschn. 3.4.4.5) bis zu 1,8-fach größer sein.

Tabelle 2.55 Faktoren α und β für Ein- und Mehrfeldträger mit gleichen oder ungefähr gleichen Stützabständen an Stromschienen

Träger und Befestigungsart			Stützpunkt-beanspruchung Faktor α	Hauptleiter-beanspruchung Faktor β
Einfeld-träger	beiderseits gestützt		A: 0,5 B: 0,5	1,0
	A eingespannt B gestützt		A: 0,625 B: 0,375	0,73
	beiderseits eingespannt		A: 0,5 B: 0,5	0,5
Mehrfeld-träger mit n gleichen oder unge-fähr glei-chen Stütz-abständen durchlaufend biegesteif	$n = 2$		A: 0,375 B: 1,25	0,73
	$n = 3$		A: 0,4 B: 1,1	Innenfeld 0,5 Endfeld 0,73
	$n > 3$		A: 0,5 B: 1,0	

Sie muss stets kleiner als die zulässige Biegespannung σ_{zul} sein. Der Frequenzfaktor ν_σ berücksichtigt den Einfluss der periodisch wirkenden Stromkraft. Die größten Leiterbeanspruchungen ergeben sich in Drehstromanlagen sowohl beim drei- als auch zweisträngigen Kurzschluss mit $\nu_\sigma = 1$, in Gleichstromanlagen mit $\nu_\sigma = 2$. Der Faktor β für Hauptleiterbeanspruchungen ist Tabelle 2.55 zu entnehmen.

Das Widerstandsmoment W in Gl. (2.127) ist abhängig von der Wirkungsrichtung der Kraft. Mit den Abmessungen von Bild 2.56a gilt in den beiden Achsen $y - y$ und $x - x$ mit der jeweils senkrecht ($\perp$) wirkenden Kraft für Rechteckprofile

$$W_y = a^2 b/6 \quad (F \perp y - y) \qquad \text{und} \qquad W_x = ab^2/6 \quad (F \perp x - x) \quad (2.128)$$

Für Rohrprofile nach Bild 2.56b ist das *Widerstandsmoment*

$$W = \frac{\pi}{32} \cdot \frac{d_a^4 - d_i^4}{d_a} \quad (2.129)$$

Für massive Rundleiter ist in Gl. (2.129) $d_i = 0$ zu setzen. Für die zulässige Leiterbeanspruchung $\sigma_{zul} \leq q \cdot R_{p0,2}$ ist nach DIN VDE 0103 der Plastizitätsfaktor $q = 1,5$ sowie die Streckgrenze $R_{p0,2}$ nach Tabelle A18 bzw. DIN 40500 und 40501 einzusetzen.

Bei Schienen, die aus mehreren Teilleitern bestehen (Bild 2.57), setzt sich die Biegebeanspruchung aus der Hauptleiterbiegespannung σ_H nach Gl. (2.127) und der *Teilleiter*biegespannung

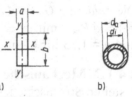

$$\sigma_T = \nu_\sigma \beta M / W_T = \nu_\sigma \cdot 0,5 F_T l_T / (8 W_T)$$

$$= \nu_\sigma F_T l_T / (16 W_T) \qquad (2.130)$$

Bild 2.56
Zur Bestimmung des Widerstandsmoments von Rechteckschienen (a) und Rohren (b)

mit dem bei Teilleitern stets gleichen Faktor $\beta = 0,5$ (s. Tabelle 2.55), dem Zwischenstückabstand l_T und dem Teilleiterwiderstandsmoment W_T nach Gl. (2.128) zur resultierenden Leiterbeanspruchung $\sigma_{res} = \sigma_H + \sigma_T$ zusammen. Das Hauptleiterwiderstandsmoment ist dabei die Summe der Teilleiter-Widerstandsmomente W_T, wenn kein oder nur ein Zwischenstück eingesetzt ist. Bei zwei und mehr Zwischenstücken wird das Hauptleiter-Widerstandsmoment größer. Die Kraft F_T zwischen den Teilleitern erhält man aus Gl. (2.125), wenn man für l den Zwischenstückabstand l_T, für d den wirksamen Teilleitermittenabstand d_T nach Tabelle 2.58 und für i_p den Teilleiter-Stoßkurzschlussstrom i_p/n mit der Anzahl n der Teilleiter einsetzt. Der Faktor 0,93 entfällt hier.

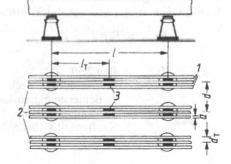

Bild 2.57
Stromschienen mit Haupt- und Teilleitern bei Drehstrom
1 Teilleiter, *2* Hauptleiter, *3* Zwischenstücke, *l* Stützerlängsabstand, l_T Zwischenstückabstand, *d* Hauptleitermittenabstand, d_T Teilleiterabstand, *a* Teilleiterdicke

Tabelle 2.58 Wirksamer Teilleitermittenabstand d_T in mm bei Rechteckstromschienen mit Teilleitern (nach DIN VDE 0103)

Querschnitt $A = ab$ in mm²	b a	40	50	60	80	100	120	160	200
	5	20	24	27	33	40	–	–	–
	10	28	31	34	41	47	54	67	80
	5	–	13	15	18	22	–	–	–
	10	17	19	20	23	27	30	37	43
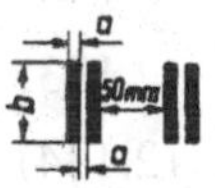	5	–	14	15	18	20	–	–	–
	10	17,4	18	20	22	25	27	32	–

Die *zulässige Gesamtbiegespannung* der Haupt- und Teilleiter ist dann $\sigma_{res} = (\sigma_H + \sigma_T) \leq q\,R_{p0,2}$ mit $\sigma_T \leq R_{p0,2}$ und dem Plastizitätsfaktor $q = 1,5$ für Rechteckprofile und $q = 1,83$ für U- und I-Profile. Werte für $R_{p0,2}$ sind Tabelle A 18 zu entnehmen.

2.4.1.2 Mechanische Festigkeit von Stützern. Die Kraft auf einen Stützer bei biegesteifen Stromschienen (Stützpunktbeanspruchung)

$$F_S = \nu_F\,\alpha\,F_H \tag{2.131}$$

errechnet man mit der Kraft F_H von Gl. (2.125). Der Frequenzfaktor ν_F berücksichtigt die periodisch auftretende Stromkraft am Auflager des Stützers, der Faktor α die Stützpunktbefestigung nach Tabelle 2.55. I. allg. erhält man mit dem Höchstwert $R'_{p0,2}$ der Streckgrenze nach Tabelle A 18 die größte Stützerbeanspruchung für die Bedingungen

$$\nu_F = 1, \qquad \text{wenn} \qquad \sigma_H + \sigma_T \geq 0,8\,R'_{p0.2}$$

$$\text{und} \qquad \nu_F = \frac{0,8\,R'_{p0,2}}{\sigma_H + \sigma_T}, \qquad \text{wenn} \qquad \sigma_H + \sigma_T < 0,8\,R'_{p0.2}$$

Die mit Gl. (2.131) berechnete Stützerbeanspruchung muss stets kleiner als die vom Hersteller zugelassene Bemessungsgrenzlast (Umbruchkraft) F_r (s. Tabelle A 10) sein, die man sich an der Stützeroberkante angreifend denkt. Mit Bild 2.59 muss gelten

$$F_S\,h_S \leq F_r\,h_r \tag{2.132}$$

Bild 2.59
Stützer mit Rechteckschiene
F_r Bemessungsgrenzlast, F_S Kraft an der Stromschiene, h_r Höhe der Stützoberkante, h_S Höhe des angenommenen Kraftangriffspunkts, h Höhe des Kraftangriffs über Stützeroberkante

2.4.2   Thermische Beanspruchung durch Stromwärme

Die thermische Beanspruchung der vom Überstrom bzw. Kurzschlussstrom durchflossenen Übertragungsmittel muss stets kleiner als die thermische Festigkeit dieser Betriebsmittel sein. Maßgebend für die Erwärmung ist der *thermisch wirksame Kurzzeitstrom* I_{th} während der *Kurzschlussdauer* t_k. Nach VDE 0103 ist I_{th} der betriebsfrequente Effektivwert des Kurzschlussstroms konstanter Amplitude, der bei der Stromflussdauer t_k die gleiche Wärmemenge erzeugt wie der während dieser Zeit sich ändernde Kurzschlussstrom [s. a. Gl. (2.5) und (2.12)]. Elektrische Betriebsmittel haben eine ausreichende thermische Festigkeit, wenn mit *Bemessung-Kurzzeitstrom* I_{thr} und *Bemessungs-Kurzschlussdauer* t_{kr} erfüllt sind

$$I_{th} \leq I_{thr} \quad \text{für} \quad t_k \geq t_{kr} \tag{2.133}$$

$$\text{und} \qquad I_{th} \leq I_{thr}\sqrt{t_{kr}/t_k} \quad \text{für} \quad t_k \geq t_{kr} \tag{2.134}$$

Beide Werte werden vom Hersteller des Betriebsmittels angegeben, oft als Einsekundenstrom, neuerdings auch als Dreisekundenstrom. I_{thr} ist dabei der betriebsfrequente Effektivwert, dessen Wirkung ein elektrisches Betriebsmittel während der zugehörigen Kurzschlussdauer t_{kr} aushält, ohne Schaden zu nehmen.

Stromleiter sind thermisch ausreichend kurzschlussfest, wenn nach Gl. (1.14) das Produkt $S_{th}^2 t_k$ den zulässigen Wert nicht überschreitet und folglich die *thermisch wirksame Kurzzeitstromdichte*

$$S_{th} = I_{th}/A \leqq S_{thr}\sqrt{t_{kr}/t_k}\,/\sqrt{\eta_{th}} \qquad (2.135)$$

eingehalten ist. Der *Kurzerwärmungsfaktor* η_{th} (s. Gl. 1.15), der den Wärmeabfluss vom Leiter in die Isolation während der Kurzschlussdauer t_k berücksichtigt, ist bei Verwendung von Massekabeln (s. Abschn. 1.2.1) Bild 1.15 zu entnehmen; bei allen anderen Stromleitern ist $\eta_{th} = 1$ zu ersetzen. Werte für die *Bemessungs-Kurzzeitstromdichte* S_{thr} liefert Bild 2.60, wenn man bei einer angenommenen Anfangstemperatur ϑ_A für die Endtemperatur ϑ_E die in Tabelle A 17 angegebene Temperatur ϑ_k einsetzt. Die Kennlinien in Bild 2.60 folgen der nach $S = S_{thr}$ umgestellten Gl. (1.13)

$$S_{thr} = \sqrt{\frac{\gamma_{20}\,c}{\alpha_{20}\,t_{kr}}\ln\frac{1 + \alpha_{20}(\vartheta_E - 20\,°C)}{1 + \alpha_{20}(\vartheta_A - 20\,°C)}} \qquad (2.136)$$

Mit ihr und Gl. (2.135) kann man durch weitere Umstellungen den thermisch erforderlichen Mindestquerschnitt

$$A \geqq I_{th}\sqrt{\eta_{th}}\,/(S_{thr}\sqrt{t_{kr}/t_k}) \qquad (2.137)$$

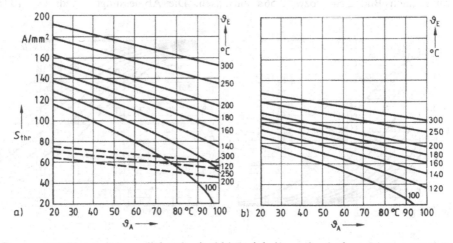

Bild 2.60 Bemessungs-Kurzzeitstromdichte S_{thr} in Abhängigkeit von der Anfangstemperatur ϑ_A
ϑ_E Endtemperatur bei Kurzschluss für $t_{kr} = 1$ s
a) für Kupfer (—) und Stahl (---),
b) für Aluminium, Aldrey und Al/St
Höchstzulässige Werte für die Endtemperatur ϑ_E siehe Tafel A 17 unter ϑ_k

bzw. die zulässige Kurzschlussdauer (Höchstausschaltzeit)

$$t_k \leqq \left(\frac{S_{thr}\,A}{I_{th}}\right)^2 \frac{t_{kr}}{\eta_{th}} \tag{2.138}$$

berechnen.

Zur Bestimmung des thermisch wirksamen Kurzzeitstroms kann man das für die Stromwärme maßgebende Integral $\int\limits_{0}^{T_k} i_k^2\,dt$ auf die handlichere Form

$$I_{th} = I_{k(3)}'' \sqrt{m+n} \tag{2.139}$$

mit der Trennung der Einflussgrößen des Gleich- und Wechselstromglieds zurückführen. Zahlenwerte für den *Stoßzifferbeiwert* m und den *Anfangskurzschlussbeiwert* n sind Bild 2.61 zu entnehmen oder mit der Gleichung

$$m = (e^{4f\,t_k\ln(\kappa-1)} - 1)/2f\,t_k\ln(\kappa - 1) \tag{2.140}$$

zu berechnen. (n ist praktisch meistens 1). Folgen mehrere Schaltvorgänge aufeinander, so sind die nach Gl. (2.139) ermittelten Einzelwerte zum resultierenden thermisch wirksamen Kurzzeitstrom

$$I_{th} = \sqrt{\frac{1}{t_k}\sum_{\nu=1}^{\nu=n} I_{th\nu}^2\,t_{k\nu}} \quad \text{mit} \quad t_k = \sum_{\nu=1}^{\nu=n} t_{k\nu} \tag{2.141}$$

zusammensetzen.

Beispiel 2.17. Der allgemeine Eigenbedarf AEB in Beispiel 2.7 soll eine Sammelschienenanordnung nach Bild 2.54b bzw. 2.56a aufweisen. Die Abmessungen sind: $l = 1100\,\text{mm}$, $d =$

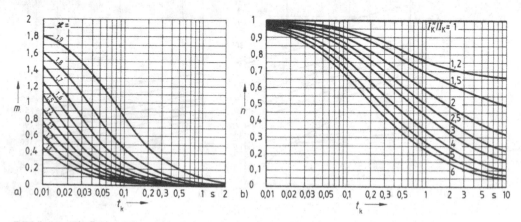

Bild 2.61 Einflussgrößen bei thermischer Beanspruchung in Abhängigkeit von der Kurzschlussdauer t_k
a) Stoßzifferbeiwert m des Gleichstromglieds bei verschiedenen Stoßziffern κ,
b) Anfangskurzschlussbeiwert n des Wechselstromglieds bei verschiedenen Kurzschlussstromverhältnissen I_k''/I_k

$250\,\text{mm}$, $b = 60\,\text{mm}$, $a = 10\,\text{mm}$, $h_{\text{N}} = 165\,\text{mm}$, $h_{\text{S}} = 200\,\text{mm}$. Es sind mechanische und thermische Festigkeit für Cu-Schienen E-Cu F25 und zum Vergleich für Al-Schienen E-Al F8 zu überprüfen. Die Kurzschlussdauer t_{k} soll vom Selektivschutz auf höchstens 1 s begrenzt werden.

Mit Gl. (2.125) und der Annahme des dreisträngigen Kurzschlusses ($i_{\text{p}} = 0,93\, i_{\text{p(3)}}$) erhält man, da in Beispiel 2.7 wegen $R = 0$ der Stoßfaktor $\kappa = 1,8$ angenommen ist, die Kraft

$$F_{\text{H}} = \frac{\mu_0}{2\,\pi} \cdot \frac{l}{d} (0,93 \cdot i_{\text{p(3)}})^2$$

$$= \frac{0,4\,\pi \cdot 10^{-6}\,\text{Vs/Am}}{2\,\pi} \cdot \frac{1100\,\text{mm}}{250\,\text{mm}} (0,93 \cdot 1,8 \cdot \sqrt{2} \cdot 14,44\,\text{kA})^2 = 1028\,\text{N}$$

Aus Gl. (2.126) folgt das Biegemoment $M = F_{\text{H}}\, l/8 = 1028\,\text{N} \cdot 1,1\,\text{m}/8 = 141,3\,\text{Nm}$ und aus Gl. (2.128) das Widerstandsmoment $W = a^2 b/6 = 10^2\,\text{mm}^2 \cdot 60\,\text{mm}/6 = 1000\,\text{mm}^3$.

Mit den Frequenzfaktor $\nu_\sigma = 1$ und dem Stützpunktfaktor $\beta = 0,73$ nach Tabelle 2.55 für das am meisten gefährdete Endfeld dieser Mehrfeldträgeranordnung ist die Biegebeanspruchung nach Gl. (2.127)

$$\sigma_{\text{H}} = \nu_\sigma \beta \frac{F_{\text{H}} l}{8\,W} = 1 \cdot 0,73\, \frac{1028\,\text{N} \cdot 1,1\,\text{m}}{8 \cdot 1000\,\text{mm}^3} = 103,2\, \frac{\text{N}}{\text{mm}^2}$$

Bei Kupferschienen wird mit Tabelle A 18 und mit $q = 1,5$ die zulässige Biegespannung $\sigma_{\text{zul}} = q R_{\text{p0,2}} = 1,5 \cdot 200\,\text{N/mm}^2 = 300\,\text{N/mm}^2$ nicht erreicht. Aluminiumschienen mit $\sigma_{\text{zul}} = q R_{\text{p0,2}} = 1,5 \cdot 50\,\text{N/mm}^2 = 75\,\text{N/mm}^2$ würden jedoch mechanisch überlastet werden.

Die Stützerbeanspruchung beträgt mit dem hier wegen $\sigma_{\text{H}} < 0,8\, R'_{\text{p0,2}}$ vorliegenden Frequenzfaktor $\nu_{\text{F}} = 0,8\, R'_{\text{p0,2}}/\sigma_{\text{H}} = 0,8 \cdot 290\,(\text{N/mm}^2)/(103,2\,\text{N/mm}^2) = 2,249$ durch Einsetzen in Gl. (2.131) und (2.132) für Kupferschienen mit dem Stützpunktfaktor $\alpha = 1$ nach Tabelle 2.55 für den ungünstigsten Fall $F_{\text{S}}\, h_{\text{S}} = \nu_{\text{F}}\, \alpha\, F_{\text{H}}\, h_{\text{S}} = 2,249 \cdot 1 \cdot 1028\,\text{N} \cdot 200\,\text{mm} = 462,3\,\text{Nm}$. Dieser Wert ist kleiner als die zulässige Beanspruchung $F_{\text{r}}\, h_{\text{r}} = 3750\,\text{N} \cdot 165\,\text{mm} = 619\,\text{Nm}$, wenn man Stützer der Gruppe A nach Tafel A 10 nimmt, so dass Gl. (2.132) erfüllt ist.

Die Berechnung der thermischen Festigkeit verlangt zunächst die Bestimmung des Stoßzifferbeiwerts m und des Anfangskurzschlussbeiwerts n für Gl. (2.138). Aus Bild 2.61 a bzw. mit Gl. (2.140) folgt mit der Kurzschlussdauer $t_{\text{k}} = 1$ s und der Stoßziffer $\kappa = 1,8$ der Stoßzifferbeiwert $m = 0,04$. An der Fehlerstelle beträgt nach Beispiel 2.7 der Anfangskurzschlusswechselstrom 14,44 kA. Der Dauerkurzschlussstrom an der Fehlerstelle setzt sich aus dem Anteil des 220-kV-Netzes und des Generators zusammen. Aus dem Netz kommt wegen des Abklingfaktors $\mu = 1$ (s. Tabelle 2.23) der Anteil $I_{\text{kn}} = I''_{\text{k1}} \cdot 220\,\text{kV}/(6,3\,\text{kV}) = 0,1768\,\text{kA} \cdot 220\,\text{kV}/(6,3\,\text{kV}) = 6,173\,\text{kA}$; aus dem Generator $\lambda_{\text{max}} = 0,4$ wegen $I''_{\text{k}}/I_{\text{rG}} = 4,873\,\text{kA}/(11,77\,\text{kA}) = 0,414$ der Anteil $I_{\text{kG}} = \lambda_{\text{max}} I_{\text{rG}} \cdot 10,5\,\text{kV}/(6,3\,\text{kV}) = 0,4 \cdot 11,77\,\text{kA} \cdot 10,5\,\text{kA}/(6,3\,\text{kV}) = 7,847\,\text{kA}$. Somit ist an der Fehlerstelle $I_{\text{k}} = I_{\text{kn}} + I_{\text{kG}} = 6,173\,\text{kA} + 7,847\,\text{kA} = 14,02\,\text{kA}$. Aus Bild 2.61 b folgt daher mit dem Kurzschlussstromverhältnis $I''_{\text{k}}/I_{\text{k}} = 14,44\,\text{kA}/(14,02\,\text{kA}) = 1,03$ der Anfangskurzschlussbeiwert $n = 0,98$. Der thermisch wirksame Kurzzeitstrom ist dann mit Gl. (2.139) $I_{\text{th}} = I''_{\text{k}} \sqrt{m + n} = 14,44\,\text{kA} \sqrt{0,04 + 0,98} = 14,58\,\text{kA}$. Bei dem Schienenquerschnitt $A = b\, a = 60\,\text{mm} \cdot 10\,\text{mm} = 600\,\text{mm}^2$ ist die thermisch wirksame Stromdichte $S_{\text{th}} = I_{\text{th}}/A = 14,58\,\text{kA}/(600\,\text{mm}^2) = 24,3\,\text{A/mm}^2$.

Für Kupferschienen ist mit $\vartheta_{\text{r}} = 65\,°\text{C}$ und $\vartheta_{\text{k}} = 200\,°\text{C}$ (s. Tabelle A 17) aus Bild 2.60 die Bemessungskurzzeit-Stromdichte $S_{\text{rth}} = 140\,\text{A/mm}^2$ bei $t_{\text{rk}} = 1$ s. Somit ist die Forderung nach Gl. (2.134) wegen $24,3\,\text{A/mm}^2 < 140\,(\text{A/mm}^2)\sqrt{1\,\text{s}/1\,\text{s}}/\sqrt{1}$ erfüllt. Für Aluminiumschienen ist mit $\vartheta_{\text{r}} = 65\,°\text{C}, \vartheta_{\text{k}} = 180\,°\text{C}$ und $S_{\text{rth}} = 85\,\text{A/mm}^2$ ebenfalls Gl. (2.135) eingehalten.

Beispiel 2.18. Das in Beispiel 1.11 ermittelte Dreileiterkabel NYSEY mit $A = 240\,\text{mm}^2$ Cu ist auf seine thermische Kurzschlussfestigkeit zu untersuchen. Hierbei wird angenommen, dass das 10-kV-Netz über einen 40-MVA-Transformator mit $u_{\text{kr}} = 0,11$ aus den 110-kV-Netz mit

$I''_{kQ} = 21\,\text{kA}(S''_{KQ} = 4000\,\text{MVA})$ eingespeist wird. Die Verzugszeit des Transformator-Überstromzeitschutzes sei $t_v = 2,5\,\text{s}$, die darunter liegende ungerichtete Endzeit des Distanzschutzes $t_e = 2,0\,\text{s}$ (s. a. Abschn. 3.4.4).

Als kritische Fehlerstelle nimmt man bei dieser Aufgabenstellung den Kabelanfang an, da dort der größte Kurzschlussstrom fließt. Die Kabelimpedanz spielt praktisch keine Rolle mehr, so dass die Ersatzschaltung von Bild 2.62 mit $R \ll X$ gilt. Als Kurzschlussdauer t_k wählt man aus Sicherheitsgründen die Transformator-Überstromzeit 2,5 s.

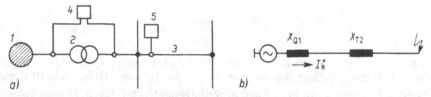

Bild 2.62 Energieübertragung zu Beispiel 2.18 Kurzschlussfestigkeit von Kabeln
a) einsträngiges Übersichtsschaltbild, b) Ersatzschaltung
1 110 kV-Netz, *2* Netztransformator, *3* NYSEY-Kabel, *4* Transformator-Differential- und Überstromzeitschutz, *5* Distanzschutz

Mit Gl. (2.38) und (1.91) erhält man bezogen auf 10 kV für die Reaktanzen der Kurzschlussbahn $X_{Q1} = 1,1\,U_N^2/S''_{kQ1} = 1,1 \cdot 10^2\,\text{kV}^2/(4000\,\text{MVA}) = 0,028\,\Omega$ und $X_{T2} = u_{kr}\,U_r^2/S_{r2} = 0,11 \cdot 10^2\,\text{kV}^2/(40\,\text{MVA}) = 0,275\,\Omega$. Aus der Kurzschlussreaktanz $X_k = X_{Q1} + X_{T2} = 0,028\,\Omega + 0,275\,\Omega = 0,303\,\Omega$ ergibt sich mit Gl. (2.19) der Anfangskurzschlusswechselstrom $I''_k = c\,U_\triangle/(\sqrt{3} \cdot X_k) = 1,1 \cdot 10\,\text{kV}/(\sqrt{3} \cdot 0,303\,\Omega) = 20,96\,\text{kA}$. Aus Bild 2.61 liest man die Einflussgrößen $m \approx 0$ (rechnerisch ist mit Gl. (1.137) $m = 0,0179$) bei der Kurzschlussdauer $T_k = 2,5\,\text{s}$ und der Stoßziffer $\kappa = 1,8$ wegen $R \ll X$ (s. Bild 2.7) sowie $n = 1$ bei dem Kurzschlussverhältnis $I''_k/I_k = 1$ wegen $\mu = 1$ (starre Spannung) ab. Mit Gl. (2.139) folgt für den Kurzzeitstrom $I_{th} = I''_{k(3)}\sqrt{m+n} = 20,96\,\text{kA}\,\sqrt{0+1} = 20,96\,\text{kA}$ und die Stromdichte ist $S_{th} = I_{th}/A = 20,96\,\text{kA}/240\,\text{mm}^2 = 87,33\,\text{A/mm}^2$. Zulässig ist nach Tabelle A 17 mit $\vartheta_r = 70\,°\text{C}$ und $\vartheta_k = 160\,°\text{C}$ und nach Bild 2.60 für NYSEY-Kabel die Bemessungs-Kurzzeitstromdichte $S_{rth} = 120\,\text{A/mm}^2$. Hierbei ist die Bemessungskurzschlussdauer $t_{rk} = 1\,\text{s}$.

Mit dem Kurzerwärmungsfaktor $\eta_{th} = 1$ für PVC-Kabel ist Gl. (2.135)

$$S_{th} = 87,33\,\frac{A}{\text{mm}^2} \leqq S_{rth}\,\sqrt{\frac{t_{rk}}{t_k}} \cdot \frac{1}{\sqrt{\eta_{th}}} = 120\,\frac{A}{\text{mm}^2}\,\sqrt{\frac{1\,\text{s}}{2,5\,\text{s}}} \cdot \frac{1}{\sqrt{1}} = 75,89\,\text{A/mm}^2$$

nicht erfüllt. Entweder muss der Kabelquerschnitt auf $A = 300\,\text{mm}^2$ vergrößert werden (unhandlicher Querschnitt) oder die Verzugszeit des Transformator-Überstromzeitschutzes muss herabgesetzt werden (z. B. auf 2 s). Die Entscheidung richtet sich nach den jeweils vorliegenden Betriebsverhältnissen.

Die Anwendung von Gl. (2.137) liefert ebenfalls den Mindestquerschnitt

$$A \geqq 20,96\,\text{kA}\sqrt{1}/(120\,\text{A/mm}^2)\sqrt{1\,\text{s}/2,5\,\text{s}} = 276\,\text{mm}^2$$

also den nächstgrößeren Normquerschnitt $A = 300\,\text{mm}^2$ Cu. Wird aber der Querschnitt $A = 240\,\text{mm}^2$ Cu vorgegeben, so ergibt sich mit Gl. (2.138) die zulässige Höchstausschaltzeit zu

$$t_k \leqq \left(\frac{120\,(\text{A/mm}^2)\,240\,\text{mm}^2}{20,96\,\text{kA}}\right)^2 \frac{1\,\text{s}}{1} = 1,89\,\text{s}$$

praktisch ist also der Überstromzeitschutz auf die Ausschaltzeit $t_a = 2\,\text{s}$ einzustellen (s. Bild 3.22).

3 Schutzeinrichtungen

Elektrische Anlagen müssen gegen die thermischen und dynamischen Wirkungen auftretender Fehler (s. Abschn. 2) sowie gegen die Wirkungen elektrischer Durchschläge [31] geschützt werden, um die Zerstörungen so klein wie möglich zu halten und die Versorgung mit elektrischer Energie so zuverlässig wie möglich zu machen. Es muss aber auch verhindert werden, dass Menschen und Tiere durch Berührungsspannungen und Lichtbögen Schaden erleiden. Diesen Zwecken dient der im folgenden beschriebene Anlagenschutz [45], [62].

Schutzmaßnahmen setzen das Vorhandensein von Erdern voraus, so dass diese zuerst behandelt werden. Anschließend werden Möglichkeiten zum Schutz des Menschen, der Überspannungsschutz und schließlich der Schutz der Übertragungsmittel betrachtet.

3.1 Erder und Erdungsanlagen

Der Erder ist ein im Erdreich liegender metallischer Leiter (meist verzinktes Eisen) mit einer oder mehreren Anschlussstellen. Über Erdungsleitungen werden zum Betriebsstromkreis gehörende Netzteile (z. B. Transformator-Sternpunkte, Erdschlusslöschspulen) oder auch nicht zum Betriebsstromkreis gehörende Netzteile (z. B. Schutzleiter, Metallgehäuse, Kabelmäntel) an Erder angeschlossen. Richtiges Erden bestimmt die Sicherheit von Mensch und Betrieb. Daher sind die Vorschriften DIN VDE 0100, 0101 und 0141 stets genauestens zu beachten [37].

3.1.1 Elektrisches Verhalten des Erders

Ein Erder wird durch seinen Ausbreitungswiderstand (Erderwiderstand) R_E, den das Erdreich zwischen ihm und einem genügend weit entfernten Messpunkt (mindestens 20 m) aufweist, beschrieben. Am Beispiel eines Halbkugelerders, der eine idealisierte Form darstellt, soll R_E bestimmt werden. Mit den Bezeichnungen in Bild 3.1 a bildet die Summe aller durch Halbkugelschalen mit dem Radius r und der Dicke dr gebildeten Teilwiderstände den Erderwiderstand

$$R_E = \int_{D/2}^{\infty} \frac{\rho_E}{2\pi r^2}\, dr = -\frac{\rho_E}{2\pi r}\Big|_{D/2}^{\infty} = \frac{\rho_E}{\pi D} \qquad (3.1)$$

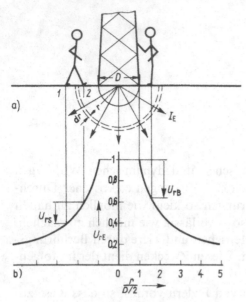

a)

b)

$\frac{r}{D/2}$ ⟶

Bild 3.1 Relative Schrittspannung U_{rS} und
relative Berührungsspannung U_{rB}
beim Halbkugelerder
a) Mast mit Erder,
b) Potentialverteilung

$$U_{rE} = \frac{\varphi}{U_E} = \frac{D}{2} \cdot \frac{1}{r}$$ (3.4)

Richtwerte für den von der Bodenfeuchtigkeit abhängigen spezifischen Widerstand des Erdreichs ρ_E sind Tabelle 3.6 zu entnehmen.

Für einen Halbkugelerder mit dem beliebigen Radius r erhält man aus Gl. (3.1) den Ausbreitungswiderstand $R_E = \rho_E/(2\pi r)$ und durch Multiplikation mit dem Erdschlussstrom I_E das Potential

$$\varphi = I_E \rho_E/(2\pi r)$$ (3.2)

gegenüber dem theoretisch unendlich weit angenommenen Bezugspotential. Für den Radius $r = D/2$ findet man die *Erdungsspannung* des Halbkugelerders

$$U_E = I_E R_E = I_E \rho_E/(\pi D)$$ (3.3)

Aus Gl. (3.2) und (3.3) ergibt sich für die Verteilung der relativen Spannung im Erdreich (Potential φ bezogen auf die Erdungsspannung U_E)

Bild 3.1 b zeigt den Kurvenverlauf dieser relativen Spannung, der zur senkrechten Erderachse rotationssymmetrisch ist. In unmittelbarer Erdernähe fällt die Spannung stärker ab als in größerer Entfernung, weil der Strom in Erdernähe einen kleineren Querschnitt und somit einen größeren Teilwiderstand vorfindet. Dort können daher gefährliche *Schrittspannungen* U_S und *Berührungsspannungen* U_B auftreten. Daher muss die Erdungsspannung durch einen möglichst kleinen Erderwiderstand R_E kleingehalten werden.

Für den Ausbreitungswiderstand zwischen dem Erderrand und einem beliebigen Standort *1* folgt mit den Integrationsgrenzen $D/2$ und r_1 aus Gl. (3.1) der *Standortwiderstand*

$$R_x = \frac{\rho_E}{2\pi}\left[\frac{1}{D/2} - \frac{1}{r_1}\right] = R_E\left[1 - \frac{D/2}{r_1}\right]$$ (3.5)

Dann ist die *Standortspannung*

$$U_x = I_E R_x = I_E R_E\left(1 - \frac{D/2}{r_1}\right) = U_E\left(1 - \frac{D/2}{r_1}\right)$$ (3.6)

und die auf U_E bezogene, also normierte Standortspannung

$$U_{rx} = \frac{U_x}{U_E} = 1 - \frac{D/2}{r_1} \tag{3.7}$$

Schließlich ist die Schrittspannung U_S die Differenz der mit der Schrittweite $s = r_1 - r_2$ (nach DIN VDE 0141 ist $s = 1\,\mathrm{m}$ einzusetzen) abgegriffenen Standortspannungen bei *1* und *2*

$$\begin{aligned} U_S = U_{x1} - U_{x2} &= U_E \left[1 - \frac{D/2}{r_1} - \left(1 - \frac{D/2}{r_2} \right) \right] \\ &= U_E \frac{D}{2} \left(\frac{1}{r_2} - \frac{1}{r_1} \right) = U_E \frac{D}{2} \left(\frac{s}{r_2(r_2 + s)} \right) \end{aligned} \tag{3.8}$$

Beispiel 3.1. Bei Erdarbeiten zerstört ein Bagger die Isolation eines Hochspannungskabels und verursacht einen Erdschluss. Infolge unvollständiger Erdschlusskompensation fließt der Erdschlussreststrom $I_{Er} = 20\,\mathrm{A}$ über den Bagger zur Erde. Der in feuchtem Erdreich mit $\rho_E = 100\,\Omega\mathrm{m}$ stehende 4 m lange und 3 m breite Bagger kann als Halbkugelerder mit dem Durchmesser $D = 3\,\mathrm{m}$ aufgefasst werden. Wie groß ist die maximale Schrittspannung und in welcher Entfernung von Halbkugelermitte ist die Schrittspannung auf 50 V abgesunken? Gl. (3.1) liefert den „Ausbreitungswiderstand" des Baggers $R_E = \rho_F/(\pi D) = 100\,\Omega\mathrm{m}/(\pi\,3\,\mathrm{m}) = 10,6\,\Omega$ und Gl. (3.3) die Erdungsspannung $U_E = I_{Er}\,R_E = 20\,\mathrm{A} \cdot 10,6\,\Omega = 212\,\mathrm{V}$. Mit der Schrittweite $s = 1\,\mathrm{m}$, gemessen vom Halbkugelrand, also mit $r_2 = D/2 = 3\,\mathrm{m}/2 = 1,5\,\mathrm{m}$ erhält man aus Gl. (3.8) die maximale Schrittspannung

$$U_S = U_E\,r_2 \left(\frac{s}{r_2(r_2 + s)} \right) = 212\,\mathrm{V} \cdot 1,5\,\mathrm{m}\,\frac{1\,\mathrm{m}}{1,5\,\mathrm{m}(1,5\,\mathrm{m} + 1\,\mathrm{m})} = 84,8\,\mathrm{V}$$

Dieselbe Gleichung liefert für die zulässige Schrittspannung $U_S = 50\,\mathrm{V}$ nach Umstellung den Abstand

$$r_2 = -\frac{s}{2} + \sqrt{\frac{s^2}{4} + \frac{U_E}{U_S}\frac{D}{2}s} = -\frac{1\,\mathrm{m}}{2} + \sqrt{\frac{1\,\mathrm{m}^2}{4} + \frac{212\,\mathrm{V}}{50\,\mathrm{V}}1,5\,\mathrm{m} \cdot 1\,\mathrm{m}} = 2,07\,\mathrm{m}$$

Für den Baggerführer (und andere in der Nähe befindliche Personen) besteht also um so mehr Gefahr beim Aussteigen, je größer der Fehlerstrom über den Bagger ist, besonders weil Erdschlüsse in erdschlusskompensierten Netzen nicht sofort abgeschaltet werden.

3.1.2 Erderarten

In der Praxis haben sich Stab- und Banderder sowie ihre Kombinationen als Strahlen-, Maschen- oder Ringerder durchgesetzt. Staberder werden als Rohr- oder Kreuzprofil senkrecht ins Erdreich getrieben. Ihre Länge kann mehrere Meter betragen (*Tiefenerder*). Banderder bestehen aus feuerverzinkten Stahlbändern, Kupferbändern oder Kupferseilen (Freileitungsseilen). Tabelle 3.2 gibt eine Übersicht über die häufig verwendeten Erderarten mit den Bestimmungsgleichungen für ihre Kenngrößen.

Tabelle 3.2   Erderarten mit Ausbreitungswiderstand und Potentialgleichung

Erderart	Ausbreitungs-widerstand R_E	Potentialverteilung φ_x [3])

Staberder[1]), [2])

$$\frac{\rho_E}{2\pi l}\ln\frac{4l}{d} \quad (3.9)$$

$$\frac{I_E\,\rho_E}{2\pi l}\ln\left[\frac{l}{x}+\sqrt{1+\left(\frac{l}{x}\right)^2}\right] \quad (3.10)$$

mit $x \geq d/2$

Banderder[2])

$$\frac{\rho_E}{\pi l}\ln\frac{2l}{d} \quad (3.11)$$

$$\frac{I_E\,\rho_E}{\pi l}\ln\left[\frac{l}{2\sqrt{h^2+x^2}}+\sqrt{1+\left(\frac{l}{2\sqrt{h^2+x^2}}\right)^2}\right] \quad (3.12)$$

Maschenerder

$$\frac{\rho_E}{2\sqrt{A}} \quad (3.13)$$

mit $A = ab$

$$\frac{I_E\,\rho_E}{\pi\sqrt{A}}\,\mathrm{Arc\,sin}\,\frac{\sqrt{A}}{2x} \quad (3.14)$$

mit $x > \sqrt{A}/2$ (Bogenmaß)

Ringerder[2])

$$\frac{\rho_E}{15 D}\ln\frac{8D}{d} \quad (3.15)$$

$$\frac{I_E\,\rho_E}{\pi D}\,\mathrm{Arc\,sin}\,\frac{D}{2x} \quad (3.16)$$

mit $x > D/2$ (Bogenmaß)

---

[1]) l ist die wirksame Länge; sie beginnt erst unterhalb der gefrorenen oder ausgetrockneten Erdschichten (0,5 m bis 1 m).

[2]) d ist die halbe Bandbreite eines Bandes oder der Seildurchmesser. Die Legetiefe h muss ebenfalls unter der Frostgrenze liegen (beim Banderder x senkrecht zur Papierebene).

[3]) Verlauf von φ_x ist ab Erderrand hyperbolisch abnehmend bis zum theoretisch unendlich weit entfernten Gegenerder.

Über Gl. (3.3) und die Gleichungen der Potentialverteilungen in Tabelle 3.2 kann man berechnen, in welcher Entfernung x von einem bestimmten Erder die Sondenspannung U_{So} 95% der Erdungsspannung U_E beträgt (entspricht einer Genauigkeit von 5%). Dabei kommt man, wie auch bei der Messung, auf Werte unter 20 m. Aus Sicherheitsgründen werden jedoch Messsondenabstände $l > 20$ m (s. Bild 3.4) zugrundegelegt.

Erder aus Mehrfachringen, Maschen und gekreuzten Banderdern (*Strahlenerder*) bewirken eine *Potentialsteuerung*, die die Schritt- und Berührungsspannung verringert (s. Bild 3.3). Das ist besonders dann erforderlich, wenn in Netzen über 1 kV die Berührungsspannung U_B den nach DIN VDE 0141 zulässigen Wert überschreitet.

Durch Parallelschaltung von zwei und mehr Erdern wird der Gesamterdungswiderstand kleiner. Sorgt man dafür, dass die Potentiallinien der Teilerder sich nicht schneiden, indem man den Abstand der Erder groß genug wählt (etwa 20 m und mehr), so gilt in erster Näherung das Gesetz über die Parallelschaltung von Widerständen.

Bild 3.3
Potentialverteilung φ,
Schrittspannung U_S,
Berührungsspannung
U_B, Erdungsspannung
U_E, rechts ohne, links
mit Steuererder
1 Haupterder, *2* Steuererder (z. B. Strahlen-,
Ring-, Maschenerder),
3 zu erdendes Gerät
(z. B. Transormator-
gehäuse, -sternpunkt,
Schaltgerüst u. a.),
4 Fehlerstelle zur Erde

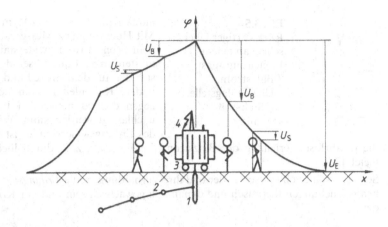

Die Vorausbestimmung des Erdungswiderstands verlangt die Messung des spezifischen Erdwiderstands ρ_E, z. B. näherungsweise durch Messung des Ausbreitungswiderstands R_E eines definierten Erders nach Tabelle 3.2 und Auflösung der zugehörigen Gleichung nach ρ_E. Bild 3.4 zeigt eine Schaltung zur Messung des Erdungswiderstands R_E von Erdern geringer Ausdehnung (wenige Meter). Dieser ist dann mit Sondenspannung U_{So} und Erderstrom I_E

$$R_E = U_{So}/I_E \tag{3.17}$$

Für Einzelheiten wird auf DIN VDE 0141 und die Literatur verwiesen [37].

Der *Stoß-Erdungswiderstand* R_{St} stellt sich dem Blitzstrom I_{St} (Scheitelwert) in Mast- und Gerüsterdungen entgegen. Wenn die Spannung an ihm die Stehstoßspannung U_{rS} der Isolation

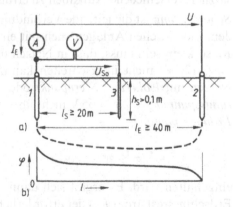

Bild 3.4
Messung des Ausbreitungswiderstands von Erdern geringer Ausdehnung (mehrere Meter)
a) Messschaltung, b) Potentialverteilung im Erdreich
1 zu messender Erder, *2* Hilfserder zum Schließen des Stromkreises, *3* Sonde zur Messung der größten Spannung, I_E Erderstrom in Erder *2*, U_{So} Sondenspannung, h_S Sondentiefe, I_E Abstand Erder *1* von Hilfserder *2*, I_S Abstand Sonde *3* von Erder *1*, φ Potential im Erdreich

überschreitet, können „rückwärtige" Überschläge (s. Abschn. 3.3.1.6) vom Mast bzw. Gerüst zum Leiter zu Schäden führen (s. Bild 3.5). Der rückwärtige Überschlag wird vermieden, wenn der Stoßausbreitungswiderstand der Bedingung

$$R_{St} \leq U_{St}/I_{St} \tag{3.18}$$

genügt. Bei Erdern geringer Ausdehnung ist der Stoßausbreitungswiderstand R_{St} etwa gleich dem Erdungswiderstand R_E. Unterschiede zeigen sich bei Freileitungen mit Erdseil. Die Mast-

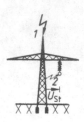

Bild 3.5
Rückwärtiger Überschlag an einem Freileitungsmast
1 Blitzstrom,
2 Überschlagstelle,
U_{St} Stehstoßspannung

induktivität kann zu 1 µH/m angenommen werden. Mit Hochfrequenz-Messgeräten ($f = 25$ kHz) kann man den Erdungswiderstand von Freileitungsmasterdungen ohne Lösen des Erdseils messen, weil sich der aus dem Erdseil und den Masterdungen gebildete Kettenleiter dann hochohmig verhält und gegen den zu messenden Erdungswiderstand vernachlässigt werden kann. Wichtiger als der Betrag des Erdungswiderstandes ist in Blitz-Schutzanlagen die gefahrlose Verteilung des Blitzstroms im Erdreich, z. B. durch lückenlosen Potentialausgleich [25].

Selbstverständlich müssen Erder und ihre Verbindungen, die *Erdungsleitungen*, den Kurzschußbeanspruchungen thermisch und dynamisch gewachsen sein und vor Korrosion geschützt werden.

Tabelle 3.6 Bereiche für den spezifischen Erdwiderstand ρ_E (Mittelwerte in Klammern)

Bodenart[1])	Moor	Lehm, Ton, Humus	Sand	Kies, Granit	verwitt. Gestein
ρ_E in Ωm	5 bis 40 (20)	20 bis 200 (100)	200 bis 2500 (1000)	2000 bis 3000	1000 bis 3000

[1]) Fundamenterder im Beton von Gebäuden werden näherungsweise (mit V als Volumen des Erderfundaments) als Halbkugelerder mit $D = 1,57 \cdot \sqrt[3]{V}$ so behandelt, als ob sie im umgebenden Erdreich lägen [25].

3.1.3 Erdungsarten

In elektrischen Anlagen kennt man Schutzerdung und Betriebserdung, die grundsätzlich verschiedene Aufgaben zu erfüllen haben.

Schutzerdung ist die leitende Verbindung von nicht zum Betriebsstromkreis gehörenden, metallischen Anlagenteilen mit einer Erdungsanlage, deren Erdungswiderstand R_E so klein sein muss, dass in Netzen unter 1 kV die Berührungsspannungen 50 V $\sim$ bzw. 120 V$_-$ nicht überschreiten kann. Bei Betriebsspannungen über 1 kV darf in Netzen mit *isoliertem Sternpunkt* oder *Erdschlusskompensation* die zulässige *Berührungsspannung* $U_{Bzul} = 65$ V nicht überschritten werden. Dies gilt als erfüllt, wenn die *Erdungsspannung*

$$U_E \leq 2\, U_{Bzul} \tag{3.19}$$

eingehalten wird. Es ergibt sich dann mit dem Erdschlussstrom I_E (ebenso für den Erdschlussreststrom I_{Er}) der erforderliche *Erdungswiderstand*

$$R_E \leq 130\,\text{V}/I_E \tag{3.20}$$

In Netzen mit *niederohmiger Sternpunkterdung* entstehen meist große Erdkurzschlussströme, die nach Gl. (3.20) sehr kleine Erdungswiderstände erfordern würden, die aber i. allg. in Schnellzeit ausgeschaltet werden. Deshalb ist nach DIN VDE 0141 die zulässige Berührungsspannung U_{Bzul} abhängig von der Fehlerdauer t_F. Für

$t_F \geq 3\,\text{s}$ ist $U_{Bzul} = 65\,\text{V}$, für $t_F < 3\,\text{s}$ nimmt die zulässige Berührungsspannung zu (z. B. $t_F = 150\,\text{ms}$, $U_{Bzul} = 500\,\text{V}$). Auch hier ist mit Gl. (3.19) der erforderliche Erdungswiderstand

$$R_E \leq 2\,U_{Bzul}/I_{k(1)} \tag{3.21}$$

Können Gl. (3.20) und Gl. (3.21) nicht eingehalten werden, sind zusätzliche Maßnahmen nach DIN VDE 0141 anzuwenden. Die zumutbare Einwirkzeit t_E des Stroms sollte die in Bild 3.7 angegebenen Werte nicht überschreiten.

Betriebserdung nennt man die Erdung eines zum Betriebsstromkreis gehörenden Netzpunkts. Sie bestimmt das Betriebsverhalten eines Netzes oder einer Schaltung. Zu den Betriebserdungen zählen Erdungen von Transformatorsternpunkten, Neutralleitern, Erdschlusslöschspulen, oberspannungsseitigen Sternpunkten von Spannungswandlern und Generatorschutzeinrichtungen. Übersteigt die Erdungsspannung 130 V, so ist die Betriebserdung von der Schutzerdung räumlich zu trennen und über isolierte Leitungen anzuschließen. Außerhalb dieser Anlagen darf die Berührungsspannung nicht größer als 50 V bzw. 65 V werden. Notfalls sind Umzäunungen oder Potentialsteuerungen der Erdungsanlagen erforderlich (s. Bild 3.3).

Erdungsanlage nennt man die Zusammenschaltung von Erdern mit Erdungsleitungen. Die Anschlussstellen sind so vorzusehen, dass alle zu erdenden Geräte wie Schalter, Transformatoren, Wandler, aber auch Mäntel und Bewehrungen von Kabeln auf kurzem Weg und in einfacher Weise angeschlossen werden können.

Metallische Außenzäune dürfen nicht an die Erdungsanlage von Umspannanlagen oder Kraftwerken angeschlossen werden, damit unzulässige Berührungsspannungen vermieden werden; andernfalls sind *Steuererder* nach Bild 3.3 vorzusehen. Schutz- und Betriebserdung dürfen nicht o. w. zusammengeschaltet werden (DIN VDE 0141).

Beispiel 3.2. Eine Hochspannungsschaltanlage hat einen Maschenerder mit den Abmessungen Länge $a = 60\,\text{m}$, Breite $b = 60\,\text{m}$, Maschenweite jeweils 10 m. Der spezifische Erdwiderstand beträgt $\rho_E = 100\,\Omega\text{m}$. Wie groß ist das Potential am Maschenerderrand $x = 30\,\text{m}$ und in welchem Abstand von diesem muss ein Metallzaun aufgestellt werden, damit die Schrittspannung unmittelbar außerhalb am Zaun 50 V unterschreitet, wenn die Schrittlänge $s = 1\,\text{m}$ angenommen wird und der erwartete einsträngige Kurzschlussstrom $I_k'' = I_E = 5\,\text{kA}$ ist? Mit Gl. (3.14) und $x_0 = 60\,\text{m}/2 = 30\,\text{m}$ erhält man das noch relativ hohe Potential am Erderrand (Bogenmaß beachten)

$$\varphi_{x_0} = \frac{I_E\,\rho_E}{\pi\,\sqrt{ab}}\,\text{Arcsin}\,\frac{\sqrt{ab}}{2\,x} = \frac{5\,\text{kA} \cdot 100\,\Omega\text{m}}{\pi\,\sqrt{60\,\text{m} \cdot 60\,\text{m}}}\,\text{Arcsin}\,\frac{\sqrt{60\,\text{m} \cdot 60\,\text{m}}}{2 \cdot 30\,\text{m}} = 4167\,\text{V}$$

gegen einen unendlich weit entfernten Erder. Für die beiden 1 m voneinander entfernten Orte x_1 und x_2 findet man die beiden Potentialgleichungen $\varphi_{x_1} = 2653\,\text{V}\,\text{Arcsin}(30/x_1)$ und $\varphi_{x_2} = 2653\,\text{V}\,\text{Arcsin}(30/x_2)$.

Ihre Differenz $\Delta\varphi = \varphi_1 - \varphi_2$ darf 50 V nicht überschreiten. Die Lösung (explizit nicht möglich, wohl aber iterativ) liefert die beiden Orte $x_1 = 45,4\,\text{m}$ und $x_2 = 46,4\,\text{m}$ als Entfernung von der Erdermitte. Zwischen Maschenerderrand und Metallzaun muss also ein Schutzstreifen von mindestens $45,4\,\text{m} - 30\,\text{m} = 15,4\,\text{m}$ vorgesehen werden.

3.2   Schutz des Menschen

Man unterscheidet den *Schutz gegen direktes Berühren* aktiver Anlagenteile und den *Schutz bei indirektem Berühren*, der wirksam wird, wenn nichtaktive, aber leitfähige Anlagenteile infolge von Fehlern gefährliche Berührungsspannungen annehmen. Die anzuwendenden Schutzmaßnahmen richten sich nach den gewählten Netzarten gemäß IEC (Internationale Elektrotechnische Kommission) und CENELEC (Europäisches Komitee für elektrotechnische Normung). Man unterscheidet TN-, TT- und IT-Systeme. Der 1. Buchstabe kennzeichnet die Behandlung des Netzsternpunkts (s. Abschn. 2.3.5), der 2. die des berührbaren Körpers, wobei T für terre (französich = Erde), N für Neutralleiter und I für Isolation stehen. Ein nachgestelltes S besagt, dass Schutz- (P) und Neutralleiter (N) in der Anlage getrennt (separated), ein nachgestelltes C, dass sie in einem Leiter kombiniert (combined) sind (s. Bild 3.9).

In Netzen über 1 kV wird der Schutz gegen direktes Berühren durch Umhüllungen, Kapselungen, Wände, Absperrungen usw. verwirklicht. Der Schutz bei indirektem Berühren wird hergestellt durch Einrichtungen zum Freischalten und Sichern gegen Wiedereinschalten, durch Erden berührbarer Körper, durch Abdecken benachbarter aktiver Teile usw. (s. DIN VDE 0101, 0105 und 0141).

In Netzen unter 1 kV steht zum Schutz gegen direktes Berühren als grundsätzliche Maßnahme die *Kleinspannung* (< 50 V bei Wechsel- und < 120 V bei Gleichspannung) zur Verfügung. Eine weitere Maßnahme ist die Abdeckung bzw. Umhüllung, die fingersicher bzw. handrückensicher gegen Berühren ist. Hierbei ist *Fingersicherheit* gewährleistet, wenn beim Bedienen eines druckbetätigten Gerätes innerhalb einer Kreisfläche mit 30 mm Radius und 80 mm Tiefe keine spannungsführenden Teile berührbar sind. *Handrückensicherheit* ist gewährleistet, wenn eine Prüfkugel mit 50 mm Durchmesser keine spannungsführenden Teile erreicht. Weitere Maßnahmen sind: Aufbau von Hindernissen, Einhaltung von Abständen. Eine zusätzliche Maßnahme ist immer der Einbau eines *Fehlerstromschutzschalters* (FI-Schalter).

Die Maßnahmen zum Schutz bei indirektem Berühren, die meist zur Abschaltung zwingen, richten sich nach der Netzart. Im TN-System sind *Überstromschutzeinrichtungen* (Sicherung, Leitungsschutzschalter, Typ L, s. Abschn. 4.1.2) und *Fehlerstrom-Schutzschalter* (s. Abschn. 3.2.4) üblich. Im TT- und IT-System (beide praktisch oh-

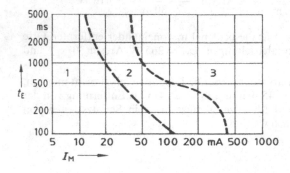

Bild 3.7
Zumutbare Einwirkzeit t_E in Abhängigkeit vom Körperstrom I_M nach IEC 479
1 Bereich der Wahrnehmung ohne Schäden, *2* ohne Organschäden, jedoch kurzzeitiger Herzstillstand und Atemschwierigkeiten sind möglich, *3* Herzkammerflimmern bis Herz- und Atemstillstand, innere Verbrennungen [5]

ne Bedeutung) kommt zusätzlich der *Fehlerspannungs-Schutzschalter* hinzu. Die *Iso-lationsüberwachungseinrichtung* wird nur im IT-System (s. Abschn. 3.2.3) eingesetzt.

In allen Systemen können die Maßnahmen *Potentialausgleich* zwischen gleichzeitig berührbaren Körpern ortsfester Betriebsmittel, *Schutzisolierung*, nichtleitende Räume, *Schutztrennung* u. a. angewendet werden. Grundsätzlich sind Schutzmaßnahmen vorzusehen, wenn die Berührungsspannung $U_B > 50$ V bei Wechselspannung und > 120 V bei Gleichspannung wird, um Gefährdungen, wie sie Bild 3.7 zeigt, aus-zuschließen.

Ein aktuelles Kapitel ist der Schutz des Menschen vor den Wirkungen von magnetischen und elektrischen Feldern, wenn diese die zulässigen Grenzwerte überschreiten [70]. Man unterschei-det *nieder*frequente (Frequenz zwischen 0 und 30 kHz) und *hoch*frequente (Frequenz zwischen 30 kHz und 300 GHz) Felder, weil sich im Hochfrequenzbereich elektrisches und magnetisches Feld zum *elektromagnetischen Feld* untrennbar verbinden. Letzteres besitzt große Reichweiten (Funk) und es kann Materialien erwärmen (Mikrowellen, Medizin). In der elektrischen Ener-gieverteilung mit Betriebsfrequenzen von $16^2/_3$ Hz, 50 Hz bzw. 60 Hz kann es bei ausreichend großer *elektrischer* Feldstärke zum Aufrichten der Haare und zu Hautkribbeln kommen; im Gefahrenfall, der wegen einzuhaltender Vorschriften (DIN VDE) vermeidbar ist, kann es zu Überschlägen am Körper z. T. mit Stromfluss durch diesen mit den möglichen Folgen wie Ver-brennungen (außen und innen), Schock, Herztod u. a. kommen. *Magnetische* Felder der Ener-gietechnik durchdringen auch den menschlichen Körper; sie gefährden i. allg. nur Träger von Herzschrittmachern und Metallimplantaten unmittelbar. Dies gilt auch bei der Anwendung von Kernspintomografen in der Medizin. Die wichtigste Schutzmaßnahme im Bereich der Wir-kungen elektrischer, magnetischer und elektromagnetischer Felder ist daher die Abgrenzung solcher Bereiche durch Zäune, Gitter, Wände o. ä. Einschlägige Bestimmungen schreiben dies ohnehin vor (s. Abschn. 4.38).

Die Berechnung elektrischer und magnetischer Felder, ihre räumliche Verteilung sowie der Ver-gleich mit zulässigen Grenzwerten werden in Abschn. 1.2.3 und 1.3.4 behandelt (s. a. Anhang 9).

Nachfolgend wird eine Auswahl an Schutzmaßnahmen vorgestellt. Weitere sind DIN VDE 0100 bzw. dem Anhang 8 zu entnehmen.

3.2.1 Unfallstromkreis

Bild 3.8 zeigt ein Beispiel eines Unfallstromkreises, bei dem infolge des Gehäuse-schlusses des Leiters *L1* am Drehstrommotor *1* der Mensch *3* gegen seinen Standort *4* die Berührungsspannung U_B abgreift. U_F ist die Fehlerspannung zwischen dem „Körper" *1* und der Bezugserde (bzw. einem anderen „Körper") im Fehlerfall [5].

Zur Beurteilung einer Gefahr wird zwar die Berührungsspannung U_B herangezogen, entschei-dend ist aber der Strom durch den Körper und somit der *Körperwiderstand*. Dieser ist jedoch nicht konstant, sondern hängt von den Eigenschaften der Haut und ihrer Vorbehandlung, ein-schließlich Temperatur, von der Einwirkdauer und der Höhe der Spannung, sowie von der Grö-ße der Berührungsfläche am Körper und der Körpergeografie der Strombahn (z. B. Hand-Hand, Hand-Fuß, usw.) ab.

Im Einschaltaugenblick ist der Körperwiderstand rein ohmisch, nach dem Ausgleichsvorgang werden die Körperkapazitäten wirksam. Der Impedanzwinkel bleibt aber so klein (etwa 10°), dass man i. allg. mit Wirkwiderständen rechnet. Als Richtwert kann man für den Körperwider-stand 2 kΩ bis 3 kΩ annehmen. Man muss aber damit rechnen, dass er, z. B. unter dem Einfluss von Kochsalzlösungen an den Berührungsflächen, erheblich kleiner sein kann. Wechselströme von etwa 2 mA rufen Prickeln hervor, über 2 mA setzt deutlicher Schmerz ein, bei etwa 10 mA verkrampfen die Muskeln, so dass man spannungsführende Leiter nicht mehr loslassen kann.

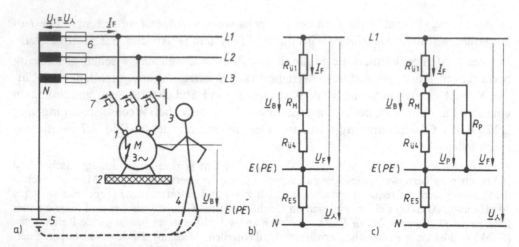

Bild 3.8   Unfallstromkreis
a) Schaltung mit Gehäuseschluss,
b) Ersatzschaltung für Grundplatte *2* aus Isolierstoff,
c) Ersatzschaltung für Grundplatte *2* aus Leitermaterial
1 Motor mit Gehäuseschluss, *2* Grundplatte, *3* Mensch, *4* Standort, *5* Betriebserdung, *6* Sicherungen, *7* Motorschutzschalter
U_1 Spannung am Unfallstromkreis, I_F Fehlerstrom, $R_{ü1}$ Übergangswiderstand an
der Fehlerstelle *1*, R_M Körperwiderstand des Menschen, $R_{ü4}$ Übergangswiderstand
am Standort, R_p Erdübergangswiderstand der Grundplatte, R_{E5} Erdungswiderstand
des Transformatorsternpunkts *5*
L1, L2, L3, E, N, PE Bezeichnungen nach DIN 40705

20 mA Körperstrom können tödlich sein, z. B. infolge Herzkammerflimmerns. Längere Einwirkdauer führt zu thermischen Zerstörungen in der Körperstrombahn. Bei Hochspannung treten Lichtbögen entlang der Körperoberfläche auf und verursachen Verbrennungen [5]. Die
Empfindlichkeit des Körpers gegen Gleichstrom ist deutlich geringer. Das folgende Beispiel erläutert die Verhältnisse für Wechselstrom.

Beispiel 3.3. In einem Vierleiternetz für 400 V/230 V habe ein Drehstromgerät *1* nach Bild 3.8 einen Gehäuseschluss des Leiters *L1*. Es werden als Widerstandswerte vorausgesetzt die Übergangswiderstände $R_{ü1} = 60\,\Omega$, $R_{ü4} = 4000\,\Omega$ am Standort des Menschen *4*, sowie dessen Körperwiderstand $R_M = 2000\,\Omega$. Der Erdungswiderstand *5* sei $R_{E5} = 0,5\,\Omega$.

a) Wie groß ist die Berührungsspannung U_B, wenn die Grundplatte *2* aus Isolierstoff besteht?

Es gilt die Ersatzschaltung in Bild 3.8 b. Wenn man, was hier zulässig ist, die Widerstände des
Transformators, der Leitungen und der Erde vernachlässigt, beträgt mit $U_\curlywedge = 400\,\text{V}/\sqrt{3}$ die
Berührungsspannung

$$U_B = U_\curlywedge \frac{R_M}{R_{ü1} + R_M + R_{ü4} + R_{E5}} = 230\,\text{V}\; \frac{2000\,\Omega}{60\,\Omega + 2000\,\Omega + 4000\,\Omega + 0,5\,\Omega} = 75,9\,\text{V}$$

b) Wie ändert sich die Berührungsspannung, wenn die Grundplatte leitend ist und gegen die
Bezugserde den Widerstand $R_p = 50\,\Omega$ hat?

Mit der Ersatzschaltung in Bild 3.8 c erhält man die Berührungsspannung

$$U_B = U_\curlywedge \frac{R_M R_p}{(R_{ü1} + R_{E5})(R_M + R_{ü4} + R_p) + R_p(R_M + R_{ü4})} = 34,5\,\text{V}\quad,$$

die aber nur scheinbar ungefährlich ist, weil sich z. B. die Übergangswiderstände unkontrollierbar ändern können. Für $R_{\ddot{u}1} = 0$ wird die Berührungsspannung in Fall a) $U_B = 76,7$ V und in Fall b) $U_B = 75,9$ V, also unzulässig groß.

3.2.2 Schutz bei indirektem Berühren im TN-System

Bild 3.9 zeigt als häufigste Schutzmaßnahme in Niederspannungsnetzen den Überstromschutz (früher Nullung genannt). Sie verlangt einen vom Anschlusskasten ab getrennt gelegten, geerdeten und gelbgrün gekennzeichneten Schutzleiter PE.

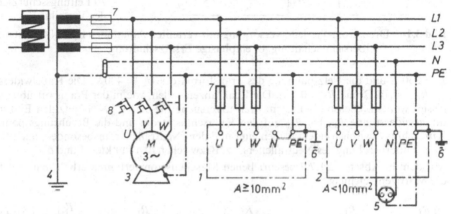

Bild 3.9 Überstromschutz im TN-S-System mit getrenntem Schutzleiter PE (s. DIN VDE 0100)
1 Unterverteilung für Querschnitte $A \geq 10\,\text{mm}^2$, *2* für Querschnitte $A < 10\,\text{mm}^2$, *3* Motor, *4* Betriebserdung, *5* Steckdose mit Schutzkontakt, *6* Zusatzerdung, *7* Sicherungen, *8* Motorschutzschalter
L1, L2, L3, N, PE Bezeichnungen nach DIN 40 705

Jeder Gehäuseschluss eines Geräts führt zum einsträngigen Kurzschluss, den das nächstvorgeschaltete Überstromschutzgerät (Sicherung, Leitungsschutzschalter, Relais) abschalten muss. (Diese Schutzmaßnahme sollte heute zumindest an sensiblen Orten wie Küche, Bad, Hobbyraum durch eine FI-Schaltung nach Abschn. 3.2.4 ergänzt werden.)

Voraussetzung für eine wirksame Abschaltung ist eine genügend kleine Nullimpedanz der fehlerhaften Strecke einschließlich Transformator (s. a. Abschn. 2.3.2). Sie ist erreicht, wenn nach DIN VDE 0100 die Forderung $Z_S I_a \leq U_{LE}$ erfüllt ist. Z_S ist der Schleifenwiderstand der Fehlerstrecke, I_a der für die Ausschaltzeiten 0,2 s (für Stromkreise bis 35 A Nennstrom und für ortsveränderliche Handbetriebsmittel) und 5 s (für alle anderen Stromkreise) vorgeschriebene Ausschaltstrom und U_{LE} die Spannung gegen geerdete Leiter (meist Sternspannung $U_\curlywedge$). Einmalige Erdung des Transformatorsternpunkts und somit des Neutralleiters genügt daher meistens nicht. Der Neutralleiter N wird (s. Bild 3.9) stets von der Schutzleiterklemme PE abgenommen. Die eventuell fehlende Brücke zwischen den Klemmen N und PE fällt sofort auf, weil die Sternspannung (meist 230 V) nicht zur Verfügung steht.

Beispiel 3.4. Der Neutralleiter einer Drehstrom-Niederspannungsübertragung nach Bild 3.10 mit dem Kabelquerschnitt $4 \times 95\,\text{mm}^2$ Cu, mit verteilten Abnahmen in den Punkten *2, 3* und *4* im einheitlichen Abstand $l = 53$ m wird an den Abnahmestellen zusätzlich über die Erdungswiderstände $R_{E5} = R_{E6} = R_{E7} = 5\,\Omega$ geerdet. Der Transformatorsternpunkt ist über den Erdungswiderstand $R_{E8} = 2\,\Omega$ geerdet. Der Bemessungsstrom der NH-Sicherung *1* beträgt

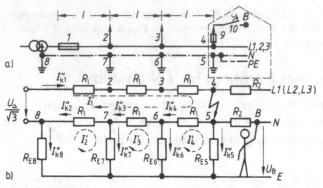

1 NH-Sicherung,
2 bis 4 Abnahmestellen,
5 bis 7 Orte der Zusatz-
erdung,
8 Transformator-Sternpunkt-
erdung,
9 Sicherung im Haus-
anschlusskasten,
10 Leitungsschutzschalter in
der Verteilung

Bild 3.10 Drehstrom-Vierleiterversorgung mit verteilten Abnahmen im TN-S-System
a) Übersichtsschaltung, b) einphasige Ersatzschaltung

$I_r = 250$ A und die Netzspannung des Transformators $U_\triangle = 400$ V. Die Kabelwiderstände seien $R_1 = 0,01\,\Omega$ und $R_2 = 0,1\,\Omega$. Die Reaktanzen sollen, wie in der Praxis oft üblich, vernachlässigt werden, ebenso die Lasten. Man untersuche für dieses TN-S-Netz den Einfluss der Erdungswiderstände R_{E5} bis R_{E8} auf den Kurzschlussstrom und die Berührungsspannung beim Kurzschluss zwischen einem Außenleiter und dem Neutralleiter, insbesondere auch für den Fall einer Unterbrechung des Neutralleiters – z. B. zwischen den Punkten 5 und 6.

Mit dem in Abschn. 2.1.7.7 beschriebenen Maschenstromverfahren erhält man mit Bild 3.10 b die Matrizengleichung

$$\begin{bmatrix} 6\,R_1 & -R_1 & -R_1 & -R_1 \\ -R_1 & (R_{E1}+R_{E7}+R_{E8}) & -R_{E7} & 0 \\ -R_1 & -R_{E7} & (R_1+R_{E6}+R_{E7}) & -R_{E6} \\ -R_1 & 0 & -R_{E6} & (R_1+R_{E5}+R_{E6}) \end{bmatrix} \cdot \begin{bmatrix} I_1' \\ I_2' \\ I_3' \\ I_4' \end{bmatrix} = \begin{bmatrix} U_\triangle/\sqrt{3} \\ 0 \\ 0 \\ 0 \end{bmatrix}$$

bzw. in Zahlen

$$\begin{bmatrix} 0,06 & -0,01 & -0,01 & -0,01 \\ -0,01 & 7,01 & -5 & 0 \\ -0,01 & -5 & 10,01 & -5 \\ -0,01 & 0 & -5 & 10,01 \end{bmatrix} \cdot \begin{bmatrix} \{I_1'\} \\ \{I_2'\} \\ \{I_3'\} \\ \{I_4'\} \end{bmatrix} = \begin{bmatrix} 400/\sqrt{3} \\ 0 \\ 0 \\ 0 \end{bmatrix}$$

Ihre Lösung liefert die Maschenströme $I_1' = 3859$ A, $I_2' = 20,937$ A, $I_3' = 21,636$ A, $I_4' = 14,662$ A. Ihre Überlagerung nach Bild 3.10 b ergibt die Kurzschlussströme $I_{k1}'' = I_1' = 3859$ A, $I_{k2}'' = I_1' - I_2' = 3838$ A, $I_{k3}'' = I_1' - I_3' = 3837$ A, $I_{k4}'' = I_1' - I_4' = 3844$ A, $I_{k5}'' = I_4' = 14,662$ A, $I_{k6}'' = I_3' - I_4' = 6,974$ A, $I_{k7}'' = I_2' - I_3' = 0,699$ A, $I_{k8}'' = -I_2' = -20,937$ A.

Die NH-Sicherung mit dem Bemessungsstrom $I_r = 250$ A schaltet den Kurzschlussstrom $I_{k1}'' = 3859$ A nach der Kennlinie in Bild 4.5 a in der Zeit $t_V = 0,2$ s ab. Im Punkt B beträgt die Berührungsspannung für Menschen $U_B = I_{k5}'' R_{E5} = 14,662$ A $\cdot 5\,\Omega = 73,3$ V; sie bleibt aber nicht bestehen. Die Überstromschutzeinrichtung mit NH-Sicherungen ist zulässig.

Anders liegt der Fall, wenn der Neutralleiter N unterbrochen wird. Die Matrizengleichung lautet für die Unterbrechung zwischen den Punkten 5 und 6 (Maschenstrom I_4' entfällt, I_1' übernimmt seine Bahn)

$$\begin{bmatrix} (5\,R_1+R_{E5}+R_{E6}) & -R_1 & -(R_1+R_{E6}) \\ -R_1 & (R_1+R_{E7}+R_{E8}) & -R_{E7} \\ -(R_1+R_{E6}) & -R_{E7} & (R_1+R_{E6}+R_{E7}) \end{bmatrix} \cdot \begin{bmatrix} I_1' \\ I_2' \\ I_3' \end{bmatrix} = \begin{bmatrix} U_\triangle/\sqrt{3} \\ 0 \\ 0 \end{bmatrix}$$

Ihre Lösung liefert die Maschenströme $I_1' = 37,591\,\text{A}$, $I_2' = 20,93\,\text{A}$, $I_3' = 29,269\,\text{A}$. Man erhält die Kurzschlussströme $I_{k1}'' = 37,591\,\text{A}$, $I_{k2}'' = 16,661\,\text{A}$, $I_{k3}'' = 8,322\,\text{A}$, $(I_{k4}'' = 0)$, $I_{k5}'' = 37,591\,\text{A}$, $I_{k6}'' = -8,322\,\text{A}$, $I_{k7}'' = -8,339\,\text{A}$, $I_{k8}'' = -20,93\,\text{A}$.

Der Kurzschlussstrom $I_{k1}'' = 37,591\,\text{A}$ kann jetzt die NH-Sicherung mit dem Bemessungsstrom $I_r = 250\,\text{A}$ nicht auslösen. In Punkt *5* bleibt die Berührungsspannung gegen Erde $U_B = I_{k5}'' R_E = 37,591\,\text{A} \cdot 5\,\Omega = 188\,\text{V}$ bestehen, wenn sie nicht mit anderen Schutzeinrichtungen beseitigt wird.

Daher müssen Neutralleiter bzw. Schutzleiter bis hinter die Leitungsschutzschalter, denen erst die Gerätesteckdosen mit Schutzkontakt folgen, *isoliert* und *berührungssicher* gelegt werden. Liegt der Kurzschluss hinter dem Leitungsschutzschalter, so wird er von diesem abgeschaltet, auch wenn der Neutralleiter im Kabel unterbrochen ist, sofern nur ausreichend niederohmige Erdungen vorliegen (für den LS-Schalter gilt $I_r \leq 25\,\text{A}$).

Es wird empfohlen, das Beispiel mit anderen Unterbrechungsstellen bzw. mit geänderten Erdungsbedingungen durchzuarbeiten.

3.2.3 Schutz bei indirektem Berühren im IT-System

Bei dieser Schutzmaßnahme nach Bild 3.11 werden alle nicht zum Betriebsstromkreis gehörenden metallischen Teile untereinander sowie mit leitenden Gebäudeteilen verbunden. Berührt nun ein Mensch bei einem Gehäuseschluss eines elektrischen Geräts ein solches Metallteil, so greift er keine oder nur eine geringe Spannung ab, da er schon das gleiche oder annähernd gleiche Potential hat. Der Erdungswiderstand R_{Eges} dieser *Isolations-Überwachungseinrichtung* (früher Schutzleitungssystem genannt) muss hier die Forderung $R_{Eges}\,I_F \leq U_B$ erfüllen; dann muss bei einem Gehäuseschluss eines Gerätes nicht abgeschaltet werden. Offene bzw. hochohmige Erdung des Transformatorsternpunktes ist zulässig. Der Isolationswiderstand wird von der Messeinrichtung *5* überwacht. Isolationsfehler werden gemeldet.

Bild 3.11
Isolations-Überwachungseinrichtung im I T-Netz
1 Motor, *2* Wasserleitung, *3* Gasleitung, *4* metallene Bauteile, *5* Impedanzüberwachung, *6* Betriebserdung, *PE* Schutzleiter Sicherungen und Motorschutzschalter wie in Bild 3.9

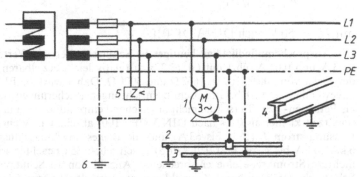

3.2.4 Fehlerstrom-Schutzschaltung (FI-Schaltung)

Die Fehlerstrom-Schutzschaltung nach Bild 3.12 überwacht die Summe der Ströme in einem Summenstromwandler *4*. Im fehlerfreien Betrieb ist diese stets Null. Bei Gehäuseschluss eines geerdeten Geräts fließt jedoch der Fehlerstrom über das Erdreich zum Sternpunkt des Transformators zurück. Im Summenstromwandler *4* tritt dieser Strom auf der Sekundärseite auf und lässt das Stromrelais *5* ansprechen. Dieses löst

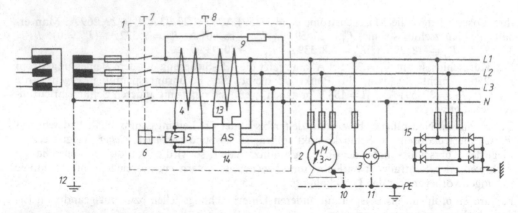

Bild 3.12 Fehlerstrom-Schutzschaltung mit zusätzlicher Allstrom-Sensorschaltung
1 Fehlerstrom-Schutzschalter (FI-Schalter) im TN-S-Netz, *2* Drehstrommotor (mit Gehäuseschluss), *3* Steckdose, *4* Summenstromwandler zur Erfassung der Sinus-Ströme, *5* Auslösestromrelais, *6* Schaltschloss, *7* Handschalter, *8* Prüftaster, *9* Widerstand zur Prüfstrombegrenzung, *10* und *11* Geräteerdungen, *12* Betriebserdung, *13* Summenstromwandler zur Erfassung von glatten Gleichfehlerströmen mit *14* Allstromsensor, *15* Drehstrom-Gleichrichter-Brückenschaltung (mit angenommenem Fehler), L1, L2, L3, N, PE Bezeichnungen nach DIN 40705

die Verklinkung im Schaltschloss *6* des FI-Schalters *3*, der die Energiezufuhr in Schnellzeit unterbricht. Auslösung erfolgt bei Wechsel- und bei pulsierenden Gleich-Fehlerströmen, die innerhalb jeder Periode wenigstens eine Halbperiode Null werden (s. a. DIN VDE 0664). Für jeden Geräteerder (*9* und *10*) gilt mit dem Bemessungs-fehlerstrom I_{Fr} (Auslösestrom) des FI-Schalters die Forderung

$$R_E \leq U_B / I_{Fr} \tag{3.22}$$

mit $U_B = 50\,\mathrm{V}$ nach DIN VDE 0100.

Die Ansprechempfindlichkeit heutiger FI-Schutzschalter mit Werten für I_{Fr} von 0,5 A, 0,3 A, 0,03 A und 0,01 A führt mit Gl. (3.22) zu relativ leicht erzielbaren Ausbreitungswiderständen der Erder von 100 Ω, 167 Ω, 1667 Ω und 5000 Ω. Daher wird die FI-Schutzschaltung stets dann angewendet, wenn Überstromschutzeinrichtungen (Sicherungen oder Leitungsschutzschalter) als Personen- bzw. Tierschutz nicht ausreichend empfindlich sind und nicht schnell genug (Ausschaltzeit kleiner als 0,2 s nach DIN VDE 0100) abschalten. Weitere Kenndaten sind der Bemessungsstrom I_r (16 A bis 63 A) und die Bemessungskurzschlussfestigkeit, durch I_k (3 kA/6 kA/10 kA bis $\cos\varphi_k = 0,9/0,7/0,5$) beschrieben. Zu beachten ist, dass die Auftrennung in mehrere Stromkreise eine entsprechende Anzahl von FI-Schutzschaltern erfordert. Der FI-Schutzschalter kann keine Kurzschlüsse zwischen den Leitern *L1, L2, L3* und *N* erfassen, da auch dann die Summe der Ströme im Summenwandler Null ist. Hierfür sind zusätzlich Sicherungen oder Leitungsschutzschalter oder Kombinationen aus Fehler- und Überstromschutz, sogenannte FI/LS-Schalter vorzusehen. Die FI-Schutzschaltung ist nach Anhang 8 in allen Netzen erlaubt. *Selektivität* erzielt man mit FI-Schutzschaltern, deren Auslösung zeitlich verzögert ist.

3.3   Überspannungsschutz

Der Schutz elektrischer Betriebsmittel gegen Überspannungen setzt die Kenntnis von Ursache, Größe und zeitlichem Verlauf der Überspannungen voraus. Erst danach kann man beurteilen, welche Maßnahmen anzuwenden sind. S. hierzu auch [31].

Nach DIN VDE 0111 unterscheidet man *Spannungserhöhungen* und *innere* bzw. *äußere Überspannungen*. Spannungserhöhung nennt man das vorübergehende Ansteigen der Spannung von Betriebsfrequenz über die größte, dauernd zulässige Betriebsspannung (s. Tabelle 4.22). Die Überspannung ist eine meist kurzfristig zwischen den Leitern oder gegen Erde auftretende Spannung, die die höchstzulässige Betriebsspannung überschreitet, jedoch nicht Betriebsfrequenz, aber beliebige Kurvenform hat. Innere Überspannungen können als Folge von gewollten oder ungewollten Schaltvorgängen, zu denen auch Erdschluss und Kurzschluss zählen, sowie durch Resonanzwirkungen entstehen.

Äußere Überspannungen kommen durch Einwirkungen von Gewittern zustande. Parallele Leitungen beeinflussen sich gegenseitig durch induktive oder kapazitive Kopplung, so dass hier Überspannungen auftreten können.

Als Wert einer Überspannung wird ihr Scheitelwert (evtl. auch ihr Effektivwert) und nicht die Differenz zur Betriebsspannung angegeben.

3.3.1   Entstehung von Überspannungen

3.3.1.1 Spannungserhöhungen bei Betriebsfrequenz. DIN 57111/VDE 0111 legt die höchstzulässigen Spannungen für Betriebsmittel fest (s. Tabelle 4.8 und 4.18). Diese müssen daher entsprechend isoliert werden. Spannungsbeanspruchungen dieser Höhe und mehr können nach einem Lastabwurf auftreten, da dann die Teilspannungen an den Leitungswiderständen entfallen. Ferner stellt der durch einen Erdschluss in nicht wirksam geerdeten Netzen verursachte Spannungsanstieg der gesunden Leiter gegen Erde eine Spannungserhöhung dar (s. Abschn. 2.3.3), so dass Isolatoren von Schienen und Freileitungen sowie die Isolation von Kabeln gegen Erde höher beansprucht werden als im Normalbetrieb. Tritt bei dieser Gelegenheit noch ein Lastabwurf ein, so kann die Spannungserhöhung die 1,5-fache Leiterspannung erreichen.

Resonanzüberspannungen bei Betriebsfrequenz kommen selten vor. Sie können an den Blindwiderständen von Schwingkreisen aus Induktivitäten und Kapazitäten des Netzes entstehen, wenn ein entsprechender Schaltzustand vorliegt ([42]).

3.3.1.2 Gegenseitige Beeinflussung paralleler Leitungen. Spannungen können von einem Stromkreis auf einen anderen übertragen werden, besonders wenn Leitungen über eine längere Strecke parallel laufen. Im gesunden Betrieb ist die gegenseitige Beeinflussung gering, vor allem, wenn die Leitungen verdrillt sind (s. Abschn. 1.2.3.2). Man muss zwischen dem Fall der elektromagnetisch (induktiv) und dem der elektrostatisch (kapazitiv) übertragenen Spannung unterscheiden.

Bei Erdschluss oder Doppelerdschluss fließen große, gleichphasige Nullströme (s. Abschn. 2.3.3) in allen drei Leitern und über Erde zurück. Dadurch werden in be-

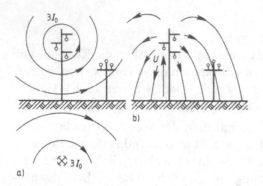

Bild 3.13 Beeinflussung eines fremden Netzes
a) induktiv, Rückstrom über Erde,
b) kapazitiv

nachbarten Leitungen durch das übergreifende magnetische Feld (Bild 3.13 a) des Nullstroms u. U. hohe Spannungen induziert (Gegeninduktion).

Bei Erdschluss im nicht wirksam geerdeten Netz (s. Abschn. 2.3.3) wird das Drehstromsystem gegen Erde um die Verlagerungsspannung U_v (meist ist $U_v = U_\perp$) angehoben. Das zur Erde sich ausbreitende elektrische Feld (Bild 3.13 b) erfasst benachbarte Leitungen und überträgt Spannungen durch Influenz. Ist die Erdkapazität C_E des beeinflussten Netzes zu gering, um den influenzierten Ladestrom zur Erde abzuleiten, können dort erhebliche Überspannungen auftreten.

Grundsätzlich sind zwei Bereiche der gegenseitigen Beeinflussung zu unterscheiden. Der eine Bereich umfasst den gegenseitigen Einfluss von Energieleitungen, hier besonders der von in Betrieb befindlichen auf abgeschaltete Leitungen. Um Montagepersonal bei Arbeiten an diesen Leitungen vor gefährlichen Spannungen zu schützen, müssen außer Betrieb befindliche Leiter an beiden Enden und in Sichtnähe an der Arbeitsstelle, vor allem beiderseits einer vorhandenen oder zu erwartenden Schnittstelle, gut, d. h. niederohmig, geerdet werden (s. Abschn. 4.3.8).

Außerdem werden z. B. Fernmeldeanlagen (also auch Leitungen) durch Starkstromanlagen beeinflusst. Hier sind die umfangreichen Vorschriften DIN VDE 0228 anzuwenden. Dort wird wieder zwischen der Gefährdung durch unzulässig hohe Induktionsspannungen bzw. Influenzspannungen und Geräuschspannungen, die ebenfalls induktiv bzw. kapazitiv übertragen werden können, unterschieden. Es wird auch eine Gleichung zur näherungsweisen Bestimmung der induzierten Längsspannung angegeben.

3.3.1.3 Kippschwingungen.
Hierunter versteht man Schwingungen in elektrischen Kreisen aus Kapazitäten und Induktivitäten mit Eisenkern, bei denen sich wegen der Krümmung der Magnetisierungskennlinie nicht immer ein stabiler Arbeitspunkt im Strom-Spannungs-Diagramm einstellen kann, weil die Induktivität stromabhängig ist und somit die Eigenfrequenz des Schwingkreises verändert.

In der Praxis treten solche Schwingkreise auf, wenn z. B. induktive Spannungswandler nur mit einer Sammelschiene oder einer kurzen Leitung, also mit kleinen Kapazitäten, zusammengeschaltet sind. Die Leiterspannungen bleiben von den Kippschwingungen unbeeinflusst, die Sternspannungen können jedoch sogar wesentlich größer als die Leiterspannungen werden; außerdem sind sie stark verzerrt und verursachen entsprechend große und stark verzerrte Magnetisierungsströme der Spannungswandler, die dadurch thermisch überlastet werden. Falsch eingestellte Erdschlusslöschspulen sind u. U. ebenfalls Anlass zu Kippschwingungen.

3.3.1.4 Schaltüberspannungen. Diese können bei der Ausschaltung von Stromkreisen, die Induktivität und Kapazität enthalten, entstehen, z. B. beim Ausschalten leerlaufender Leitungen (kapazitive Ströme) oder Transformatoren (induktive Ströme), beim Einschalten langer Höchstspannungsfreileitungen (auch nach einer KU; s. Abschn. 3.4.4.5), beim Ansprechen von HH-Sicherungen, sowie bei Erdschlüssen in Netzen mit nicht abgestimmter Erdschlusskompensation. Schaltüberspannungen sind meist unerheblich, wenn Last- oder Kurzschlussströme abgeschaltet werden; sie können jedoch gefährliche Werte annehmen, wenn kapazitive Ströme oder kleine induktive Ströme abgeschaltet werden müssen. Schaltüberspannungen können das Zwei- bis Dreifache des Scheitelwerts der Außenleiterspannung bzw. der Leiter-Erde-Spannung annehmen; ihre Dauer liegt bei einigen ms [31].

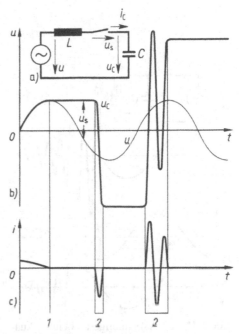

Bild 3.14 Überspannungen durch Rückzündungen im Schalter beim Ausschalten kapazitiver Ströme. a) Schaltung, b) Spannungsverlauf, c) Stromverlauf
1 Löschung des betriebsfrequenten Ladestroms, *2* Rückzündungen im Schalter

Beim Abschalten kapazitiver Ströme versucht die Kapazität C, die augenblickliche Spannung zu halten. Vernachlässigt man in Bild 3.14 die Spannung an der kleinen Induktivität L, so tritt mit der Netzspannung u und der Kondensatorspannung u_C am geöffneten Schalter die Spannung $u_S = u - u_C$ auf. Sie steigt nach Bild 3.14b mit Betriebsfrequenz etwa auf den doppelten Scheitelwert der Netzspannung an. Gelingt es nicht, die Schaltstrecke gegen diese Spannung u_S zu festigen, tritt Neuzündung (Rückzündung) mit Strömen steiler Flanken ein. Die Kapazität wird wieder umgeladen, diesmal auf eine höhere Spannung. Diese führt zu Überspannungen an der Kapazität. Es ist demnach Aufgabe des unterbrechenden Schalters, in der ersten Viertelperiode nach Unterbrechung des Stromkreises den entsprechenden Lichtbogen zu löschen (s. a. Abschn. 4.2.4).

Kritischer wird es, wenn der nun schnell löschende Schalter kleine induktive Ströme i_L, z. B. Magnetisierungsströme von Transformatoren, ausschalten soll, da eine große zeitliche Stromänderung di/dt eine hohe Spannung $u_L = L\,di/dt$ an der Induktivität L zur Folge hat. Diese Spannung erscheint, mit der Netzspannung u überlagert, an der Schaltstrecke (Bild 3.15a) und bewirkt, wenn sie genügend groß ist, eine Rückzündung. Praktisch wird aber der induktive Strom i_L nicht schlagartig unterbrochen, da stets die Kapazität C parallel liegt, die die Spannung mitübernimmt, aber einen Schwingungsvorgang mit der Resonanzkreisfeldfrequenz $\omega_0 = 1/\sqrt{LC}$

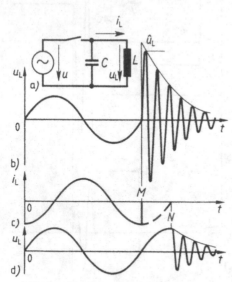

Bild 3.15 Überspannungen beim Ausschalten kleiner induktiver Ströme durch Stromabriss im Schalter. a) Schaltung, b) Spannungsverlauf bei Stromabriss im Strommaximum M, c) Stromverlauf, d) Spannungsverlauf bei Stromunterbrechung im Stromnulldurchgang N

bewirkt. Ist die Kapazität klein, wie z. B. in einer Wicklung, können an ihr hohe Spannungen $u_C = (1/C) \int i\,dt$ auftreten. Bild 3.15b zeigt den Ausschaltvorgang im ungünstigsten Augenblick, nämlich im Strommaximum bei M. Die Spannung am Schwingkreis kann man aus der Energiegleichung $C u_C^2/2 = L i_a^2/2$, die in dieser Form beim Ausschaltstrom i_a für den beliebigen Augenblick der Ausschaltung (vergl. Abschn. 2.1.5) gilt, gewinnen. Zunächst ist die Spannung an der Kapazität

$$\hat{u}_C = \sqrt{L/C}\, i_a \tag{3.23}$$

Mit der Eigenfrequenz des LC-Schwingkreises

$$f_0 = 1/(2\pi\sqrt{LC}) \tag{3.24}$$

und mit dem maximalen Strom

$$i_{a\,max} = \hat{i} = \hat{u}/(\omega L) = \hat{u}/(2\pi f L) \tag{3.25}$$

im ungünstigsten Augenblick bei M in Bild 3.15 erhält man durch Einsetzen von Gl. (3.24) und (3.23) die maximale Überspannung

$$\hat{u}_C = \hat{u}_L = \sqrt{L/C}\,\hat{u}/(2\pi f L) = \hat{u} f_0/f \tag{3.26}$$

In allen anderen Schaltaugenblicken ist die auftretende Überspannung kleiner.

Aus beiden Grundschaltungen ergibt sich, dass kapazitive Ströme möglichst schnell, induktive Ströme jedoch nicht abrupt unterbrochen werden sollen. Diese widersprüchlichen Forderungen kann ein Schaltgerät nur schwer erfüllen. Leistungsschalter mit stromabhängiger Lichtbogenkühlung (s. Abschn. 4.2.4) vermeiden das Auftreten solcher Überspannungen durch Kleinhalten des Abreißstroms.

Beispiel 3.5. Ein Drehstromtransformator mit der Bemessungsscheinleistung $S_r = 31,5\,\mathrm{MVA}$, der Übersetzung 110 kV/10 kV, der Frequenz $f = 50\,\mathrm{Hz}$ ($\omega = 314,2\,\mathrm{s}^{-1}$) und dem Leerlaufstrom $I_0 = 0,06\,I_r$ wird auf der 110-kV-Seite von einem Leistungsschalter bei Leerlauf ausgeschaltet. Welche maximale Überspannung kann am Leistungsschalter etwa auftreten, wenn die Wicklungs- und Isolatorkapazität mit $C = 10\,\mathrm{nF}$ angenommen werden kann?

Vernachlässigt man in der vollständigen Ersatzschaltung des Transformators (s. [7]) die Wirkwiderstände R_1 und R_2', die Streuinduktivitäten $X_{1\sigma}$ und $X_{2\sigma}'$ und den Eisenverlustwiderstand R_{Fe}, so erhält man die Schaltung nach Bild 3.15a mit $C = 10\,\mathrm{nF}$ als Wicklungs- und Isolatorkapazität und über den Transformatorbemessungsstrom $I_r = S_r/(\sqrt{3}\,U_r) = 31,5\,\mathrm{MVA}/(\sqrt{3}\,110\,\mathrm{kV}) = 165\,\mathrm{A}$ und den Leerlaufstrom $I_0 = 0,06\,I_r = 0,06 \cdot 165\,\mathrm{A} = 9,9\,\mathrm{A}$ die Hauptinduktivität $L = X/\omega = (U_r/\sqrt{3})/(I_0\,\omega) = (110\,\mathrm{kV}/\sqrt{3})/(9,9\,\mathrm{A} \cdot 314,2\,\mathrm{s}^{-1}) = 20,42\,\mathrm{H}$, sowie weiter mit Gl. (3.24) die Resonanzfrequenz $f_0 = (1/2\pi)/\sqrt{LC} = (1/2\pi)/\sqrt{20,42\,H \cdot 10\,nF}$ $= 352\,Hz$ und schließlich mit Gl. (3.26) die maximale Überspannung $\hat{u}_L = \hat{u}f_0/f$ $= \sqrt{2}\,(110\,kV/\sqrt{3}) \cdot (352\,Hz/50\,Hz) = 633\,kV$.

Diese Spannung kann an der Schaltstrecke auftreten. Der Leistungsschalter muss sie *isolieren*, andernfalls tritt nach dem 1. Stromnulldurchgang eine Rückzündung auf, und der Strom i fließt im Lichtbogen bis zum nächsten Stromnulldurchgang weiter.

3.3.1.5 Atmosphärische Überspannungen.

Sie werden, da sie durch äußere Einflüsse hervorgerufen werden, auch *äußere Überspannungen* oder *Blitzüberspannungen* genannt. Sie treten vor allem in Freiluftschaltanlagen und auf Freileitungen auf. Hier muss man zwei Arten der Einwirkung unterscheiden: Gerät eine Leitung in den Bereich einer Gewitterwolke, so nimmt sie durch Influenz einen Teil der Gegenladung auf. Entlädt sich nun die Wolke durch Blitzschlag (nicht in die Leitung), so wird die Ladung auf der Leitung frei. Sie sucht ihren Ausgleich in Form einer Wanderwelle (s. [31]) mit hoher Spannung und steiler Stirn, die an (auch entfernten) Stellen schwacher Isolation Überschläge verursachen kann.

Weit gefährlicher sind Blitzschläge unmittelbar in die Leitung. Es muss hierbei mit Strömen von 1 kA bis 100 kA bei Stirnsteilheiten (s. [31]) von etwa 40 kA/µs gerechnet werden. Auch Blitzschläge ins Erdseil oder in den Mast können zu Überschlägen zum Betriebsstromkreis führen, wenn der Erderwiderstand am Mast so groß ist, dass das Potential des Mastes gegenüber der Leitung über die Isolationsfestigkeit der Strecke angehoben wird. Man spricht dann von *rückwärtigen Überschlägen*. Die Maste sollten daher stets durch Erdseile verbunden werden, damit sich der Strom verteilen kann. Jede Masterdung sollte neben einem kleinen Ausbreitungswiderstand gegen stationäre Vorgänge auch einen kleinen *Stoßausbreitungswiderstand* R_{St} (wirksamer Widerstand gegenüber dem Stromstoß) aufweisen. Läge dieser z. B. bei 20 Ω, so würde ein Mast bei dem Blitzstrom 30 kA auf das Potential 600 kV gehoben, d. h., die Isolatoren würden mit dieser Spannung beansprucht.

3.3.2 Schutzeinrichtungen gegen Überspannungen

Überspannungen müssen unverzögert bekämpft werden, bevor Isolationen durchschlagen und Geräte zerstört oder beschädigt werden. Daher scheiden Überspannungsrelais, die einen Leistungsschalter auslösen, wegen der relativ langen Auslösezeit (etwa 100 ms) als Schutzeinrichtung aus. Der Schutz soll vor allem beim Anstieg der Spannung eingreifen. Überspannungsschutzeinrichtungen müssen nach dem Ansprechen sofort wieder betriebsbereit sein. Betriebsfrequente Spannungserhöhungen kann man mit Spannungsreglern an Generatoren und Transformatoren sowie mit Kompensationsdrosseln weitgehend beseitigen. Schaltüberspannungen werden von modernen Leistungsschaltern verhindert. Die Erdung des Netzsternpunkts über Widerstände (Wirkwiderstände oder Induktivitäten) ist eine weitere Maßnahme. Ist die Reaktanz der Drossel klein, entfällt jedoch die Kompensationswirkung bei Erdschluss (s. Abschn. 2.3.3), da jeder Fehler gegen Erde zum Erdkurzschluss führt, der unverzögert abgeschaltet werden sollte. In Freileitungsnetzen wird die Kurzunterbrechung (s. Abschn. 3.4.4.5) erfolgreich eingesetzt, um Lichtbögen als Folge von Erdschlüssen oder atmosphärischen Überspannungen zu beseitigen. Resonanzerscheinungen mit Oberschwingungen können vermieden werden, wenn man für rein sinusförmige Spannungen sorgt. Resonanzerscheinungen bei Betriebsfrequenz sind an

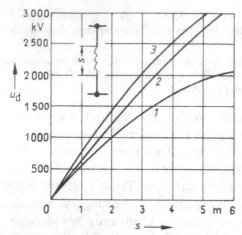

Bild 3.16 Kennlinie der Durchschlagspannung u_d einer Stabfunkenstrecke gegen Erde für konstante Kurvenform
1 für 50 Hz, *2* für 1,2/50-µs-Welle positiv, *3* für 1,2/50-µs-Welle negativ *s* Elektrodenabstand

Spannungswandlern bei Unterbrechung eines Stranges möglich. Spannungswandler sollten daher stets allpolig abgeschaltet werden. Wirkbelastung der als offenes Dreieck geschalteten Hilfswicklung $e - n$ bewirkt eine zusätzliche Dämpfung der Resonanzschwingungen.

Ist trotz der aufgeführten Maßnahmen mit gefährlichen Überspannungen zu rechnen, so müssen *Überspannungsableiter* (s. Abschn. 3.3.2.2 und [31]), die Überspannungen am Einbauort nach oben begrenzen, eingesetzt werden. Zusammen mit Erdseilen bieten sie vor allem gegen äußere Überspannungen sehr weitgehenden Schutz.

3.3.2.1 Funkenstrecke. Eine Funkenstrecke besteht aus zwei, einander im Abstand bis etwa 6000 mm gegenüberstehenden Elektroden, von denen eine meist geerdet ist, damit die Überspannung zur Erde abgeleitet werden kann. Die Durchschlagspannung ist sowohl von der Kurvenform als auch von der Polarität der auflaufenden Überspannung abhängig (s. Bild 3.16 [31]). Nachteilig ist, dass die Funkenstrecke einen Ansprechverzug von einigen µs hat, so dass die von ihr zugelassene Überspannung um so höher ist, je steiler ihre Stirn (s. [31]) ist. Eine Funkenstrecke mit einer Kennlinie nach Bild 3.16 würde bei dem Elektrodenabstand $s = 1,5$ m sinusförmige Überspannungen von etwa 800 kV Scheitelspannung abschneiden, positive Stoßspannungen der Form 1,2/50 µs aber erst bei 930 kV, negative bei 1070 kV. Spricht eine Funkenstrecke an, so bedeutet dies im erdschlusskompensierten Netz Erdschluss, in wirksam geerdeten Netz Erdkurzschluss.

3.3.2.2 Überspannungsableiter. Konventionelle Überspannungsableiter (Ventilableiter) bestehen im Prinzip aus mehrfach unterteilten Löschfunkenstrecken und spannungsabhängigen Widerständen aus z. B. keramisch gebundenen Siliziumkarbidscheiben in Reihenschaltung. Das eine Ende der Reihenschaltung wird an den Hochspannung führenden Punkt, das andere Ende an eine gute Erde (s. Abschn. 3.1) gelegt. Diese Ableitwiderstände müssen u. a. einen Ableitstoßstrom von etwa 5 kA bei einer Wellenform mit 8 µs Stirnzeit und 20 µs Rückenhalbwertzeit bzw. einen Hochstromstoß von etwa 65 kA bei einer Wellenform 4 µs/20 µs aushalten (vgl. hierzu [31]). Alle Bausteine des Ableiters befinden sich in einem abgedichteten Gehäuse aus Porzellan, Gießharz oder Glas, meist mit einer Überdruckmembran, die bei einem zu großen inneren Überdruck von etwa 2 bar bis 3 bar, z. B. als Folge von intermittierenden Erdschlüssen oder von stromstarken Blitzeinschlägen, zerreißt; denn auch Überspannungsableiter müssen kurzschlussfest sein.

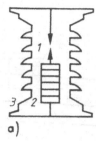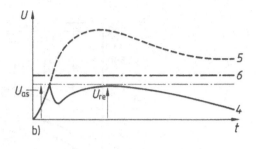

a)   b)   t

Bild 3.17 Ventilableiter
a) Prinzipschaltung, b) Spannungen an einer zu schützenden Strecke
1 Funkenstrecke; entfällt bei MO-Ableitern, *2* spannungsabhängiger Widerstand,
3 Isoliergehäuse, *4* Spannung am Überspannungsableiter, *5* an der Strecke ohne
Überspannungsableiter, *6* Schutzpegel nach DIN VDE 57111. U_{as} Ansprechstoßspannung, U_{re} Restspannung

In der Prinzipschaltung von Bild 3.17a schaltet die Funkenstrecke *1* die spannungsabhängigen
Widerstände *2* erst zu, wenn die Ansprechstoßspannung U_{as} in Bild 3.17b überschritten ist.
Diese Widerstände müssen dafür sorgen, dass die nach dem Ansprechen verbleibende Restspannung U_{re} möglichst klein wird, jedoch auch so groß bleibt, dass der Scheitelwert der wiederkehrenden Betriebsspannung unter ihr liegt und die Löschung der Funkenstrecke nicht be-
hindert. Wenn die Überspannung abgeklungen ist, fließt infolge der Betriebsspannung noch ein
Nachstrom, der aber im nächsten Nulldurchgang erlischt. Der Ableiter wird wieder zum Nicht-
leiter. Bild 3.17b zeigt die Koordination der Spannungen.

Metalloxid-Ableiter (MO-Ableiter) enthalten spannungsabhängige Widerstände aus Zinkoxid,
die bei Betriebsspannung so kleine Leckströme führen, dass Trennfunkenstrecken nicht mehr
erforderlich sind.

Bei Betriebsspannungen über 20 kV werden i. allg. zwei und mehr Teilableiter in Reihe geschaltet, d. h. übereinandergesetzt. Ableiter für Netzspannungen über 60 kV erhalten am Kopfende
Schirmringe (wie in Bild 1.34) zum Einstellen der Ansprechstoßspannung. In Bild 3.18 sind
Schutzkennlinien von Überspannungsableitern, die z. B. am Ende einer Freileitung in einer
Kopfstation eingebaut sind, angegeben. Bei einer auf der Leitung auftretenden Überspannung
von 1 MV wird ein Ableiter der Bemessungsspannung 110 kV die Überspannung in der Station
auf etwa 340 kV begrenzen. Die Schutzkennlinie des Ableiters muss also jeweils unterhalb des
Schutzpegels *2* der betreffenden Bemessungsspannung liegen.

Die Reihenschaltung mehrerer Teilableiter bedeutet in der Ersatzschaltung von Bild
3.19a eine Reihenschaltung von Kapazitäten *1* mit zusätzlichen Erdkapazitäten *2* an
den Verknüpfungspunkten. Daher ist die Spannungsverteilung *4* gegen Erde wie bei
einer Isolatorkette nicht linear (s. Bild 3.19b), und die erdfernste Kapazität hat die
größte Spannung. Die Zündspannung der Gesamtfunkenstrecke ist auch nicht gleich
der Summe der Zündspannungen der Einzelableiter. Gleichmäßige Spannungsverteilung *5* erzielt man durch angepasste Parallelwiderstände *3* in jedem Ableiter.

Als wichtigste elektrische Daten für Überspannungsableiter gelten: Löschspannung in kV, An-
sprechwechselspannung in kV, Ansprechschaltstoßspannung mit 150 µs bis 300 µs Stirnzeit,
Ansprechblitzstoßspannung bei der 1,2-µs/50-µs-Welle, Restspannung in kV bei verschiedenen
Ableitstoßströmen in kA.

3.3.2.3 Koordination der Isolation. Hierunter versteht man die Abstimmung aller Maßnahmen
gegen Auswirkungen von betriebsfrequenten Spannungserhöhungen sowie von Überspannungen, so dass Durch- bzw. Überschläge an Betriebsmitteln vermieden oder, falls sie schon unver-
meidbar sind, auf solche Strecken in der Anlage abgeleitet werden, an denen der zu erwartende

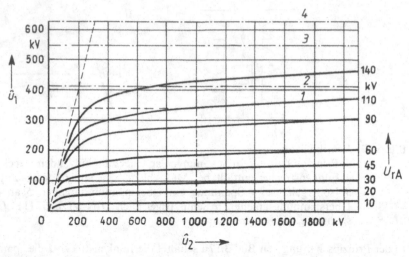

Bild 3.18 Schutzkennlinien (—) und Schutzpegel (--) von Überspannungsableitern
1 Schutzkennlinie für 110 kV, 2 Schutzpegel (415 kV) bei Nennspannung 110 kV,
3 Unterer Stoßpegel (550 kV, 1/50 µs) bei Nennspannung 110 kV, 4 Oberer Stoßpegel
(630 kV, 1/50 µs) bei Nennspannung 110 kV des Netzes
(---) Beispiel (s. Text), $\hat{u}_1$ Spannung in der Station, $\hat{u}_2$ Spannung auf der Leitung,
U_{rA} Ableiterbemessungsspannung

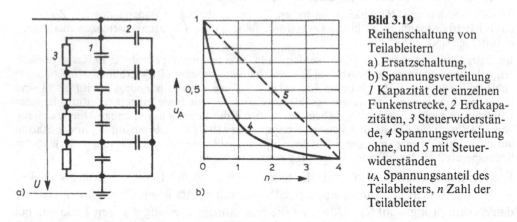

Bild 3.19
Reihenschaltung von
Teilableitern
a) Ersatzschaltung,
b) Spannungsverteilung
1 Kapazität der einzelnen
Funkenstrecke, 2 Erdkapa-
zitäten, 3 Steuerwiderstän-
de, 4 Spannungsverteilung
ohne, und 5 mit Steuer-
widerständen
u_A Spannungsanteil des
Teilableiters, n Zahl der
Teilableiter

Schaden betriebstechnisch und wirtschaftlich möglichst gering sein wird oder nicht auftritt,
z. B. auf Luftstrecken, an denen *Selbstheilung* der Isolation Luft eintritt. Solche Maßnahmen
sind Bemessung der *Isolationspegel* (Isolationsabstufung) von Betriebsmitteln und ihre Anwendung unter Berücksichtigung der Eigenschaften von Überspannungsableitern, Wahl der zu erdenden Sternpunkte von Transformatoren sowie Festlegung der Aufstellungsorte von Erdschlussspulen.

Während des Betriebs können folgende Spannungsbeanspruchungen an Betriebsmitteln auftreten: 1. Wechselspannung bei Betriebsbedingungen, 2. zeitweilige Spannungserhöhungen bei Betriebsfrequenz, 3. Blitzüberspannungen und 4. Schaltüberspannungen. Die zulässigen Höchstwerte, deren Einhaltung durch Prüfungen (s. [31]) mit *Bemessungs-Stehspannungen* nachgewiesen werden müssen, sind u. a. in Tabelle 4.22 angegeben. Die Steh-Spannung ist dabei die
Spannung, die ein Betriebsmittel in bestimmter Anzahl von Spannungsstößen bzw. in begrenzter Zeitdauer bei Wechselspannungen konstanter Amplitude aushalten muss, ohne Schaden zu

nehmen. Somit werden *Stehwechselspannung* U_{rW}, *Stehblitzstoßspannung* U_{rB} und *Stehschalt-stoßspannung* U_{rS} als kennzeichnende Bemessungsgrößen angegeben.

Will man unvermeidbare Überschläge an bestimmten Stellen erzwingen, sie also von anderen Betriebsmitteln fernhalten, setzt man *Pegelfunkenstrecken* (Hörner, Ringe wie in Bild 1.34 oder Kugeln) ein. Sie sind also Hilfsmittel zur Koordination der Isolation. Daher sind die Isolationspegel z. B. in der Stufung so zu wählen, dass offene Trennstrecken von Trennschaltern zuletzt, Freileitungsisolatoren jedoch zuerst überschlagen.

Verwendet man Überspannungsleiter, so ist deren *Schutzpegel* (d. i. die Spannungsgrenze, die am Einbauort der Überspannungsschutzgeräte nicht überschritten wird) so gewählt, dass ihre Ansprechstoßspannung sicher unterhalb der *Stehstoßspannung* U_{rS}, also bei $0,7\,U_{rS}$ bis $0,8\,U_{rS}$ des unteren Stoßpegels des zu schützenden Betriebsmittels liegt.

3.3.2.4 Einsatz von Überspannungsableitern.

Die Auswahl der Überspannungsableiter richtet sich nach der höchsten betriebsfrequenten Spannung am Einbauort, die die Werte von Tabelle 4.22 nicht überschreiten darf.

In nichtwirksam geerdeten Netzen (s. Abschn. 2.3.5) muss die Spannungserhöhung der gesunden Leiter bei Erdschluss berücksichtigt werden, da der Ableiter dann noch nicht ansprechen darf. In wirksam geerdeten Netzen werden die Ableiter für das 0,8-fache der Leiterspannung ausgelegt. Der Ableitstoßstrom kann in vielen Fällen zu 5 kA angenommen werden; es sind aber auch Werte von 10 kA möglich, jeweils bezogen auf eine Kurvenform des Ableitstroms mit 10 µs Stirnzeit und 20 µs Rückenhalbwertzeit (s. [3]).

Bild 3.20 zeigt mögliche Einbauorte für Überspannungsableiter. Sie werden parallel zum Betriebsmittel in dessen unmittelbarer Nähe aufgestellt, damit der begrenzte Schutzbereich die Betriebsmittel noch einschließt.

DIN VDE 0675 empfiehlt als maximale Leitungslängen zwischen dem zu schützenden Betriebsmittel und dem Einbauort des Ableiters 10 m bis 15 m bei Nennspannungen von 1 kV bis 30 kV, 15 m bis 20 m bei Nennspannungen von 45 kV bis 110 kV und 20 m bis 30 m bei Nennspannungen von 220 kV bis 380 kV.

In Drehstromnetzen ist nicht jeder Transformator-Sternpunkt unmittelbar oder mittelbar (z. B. über Erdschlussspulen) geerdet (s. Abschn. 2.3.3.2). Da die freien Sternpunkte Überspannungen gegen Erde annehmen können, bietet sich hier der Einsatz von Überspannungsableitern an. Im nicht wirksam geerdeten Netz ist dort die Löschspannung des Ableiters mit $0,6\,U_\triangle$ bis $0,65\,U_\triangle$ zu wählen, da die Verlagerungsspannung U_v das

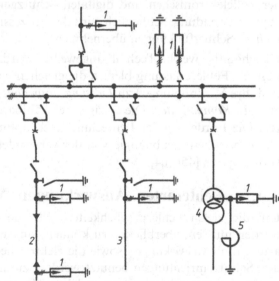

Bild 3.20 Einbauorte für Überspannungsableiter
1 Überspannungsableiter, *2* Kabel,
3 Freileitung, *4* Transformator,
5 Erdschlussspule, *6* Sammelschienen

$(1/\sqrt{3})$-fache $(0,58\,U_\triangle)$ der Leiterspannung $U_\triangle$ annehmen kann (s. Abschn. 2.3.2, Beisp. 2.13). Überspannungsableiter werden aber auch parallel zur Erdschlussspule geschaltet, weil an ihr nach Abschalten von Netzteilen (Kapazitäten) während eines Erdschlusses Überspannungen auftreten können. Im wirksam geerdeten Netz beträgt die Verlagerungsspannung höchstens das 0,4-fache von $U_\triangle$, so dass die Löschspannung etwas höher eingestellt wird.

3.4   Schutz der Übertragungseinrichtungen

Alle auftretenden Fehler, die schwerwiegende Folgen für die Energieversorgung haben können, müssen *schnell* (in $< 0,1$ s) und *selektiv* (nur die fehlerhaft Strecke wird herausgetrennt) abgeschaltet werden. Meist geht Selektivität vor Schnelligkeit. Die dazu erforderlichen Selektivschutzeinrichtungen müssen den fehlerhaften Betriebszustand vom Normalbetrieb unterscheiden können. Als Kriterium stehen hierfür die elektrischen Größen Spannung, Strom, Frequenz, ihre Abweichungen von Vorgabewerten sowie ihre Verknüpfungen in Form von Widerstand, Energie bzw. Leistung zur Verfügung. Zentrale Bauglieder des Schutzes sind die Schutzgeräte (früher Relais genannt; Relais sind aber Einzelbausteine) in verschiedensten Ausführungen. Sie geben ihre Schaltbefehle an Leistungsschalter, damit diese den Fehler von der Spannungsquelle trennen. Fehler, die keine schweren Störungen erwarten lassen (z. B. Erdschluss im kompensierten Netz, Läufererdschluss im Generator) werden von den zuständigen Schutzgeräten meist nur gemeldet.

Elektromechanische Schutzrelais sind in Schaltanlagen nur noch selten anzutreffen. Brückenschaltungen mit Halbleitergleichrichtern und massearmen polarisierten Drehspulrelais (s. Abschn. 3.4.3) haben sich durchgesetzt. Die nächste Generation der vollelektronischen und digitalen Schutzgeräte (s. Abschn. 3.4.9) findet immer mehr Anwendung. Schließlich wird der Prozessrechner (s. Abschn 3.4.10) als *Schutzrechner* Schutzfunktionen übernehmen.

Gleichgültig, welche Technik angewendet wird, die von außen vorgegebenen Kriterien zur Fehlererfassung bleiben die gleichen wie bisher: *Spannung, Strom, Frequenz* und ihre Verknüpfungen zu *Leistung, Impedanz, Phasenverschiebung* bzw. ihre Zerlegung in *Komponenten*. Die einzige, frei wählbare Größe ist die *Auslösezeit* des Schutzes. Die Forderung der Leittechnik nach optimalen *Auslösekennlinien* des Schutzes bleibt bestehen, unabhängig von der verwendeten Gerätetechnik; sie muss aber zuverlässig sein [45], [64].

3.4.1   Fehlerarten, Auswirkungen, Messkriterien

Um die vielen Fehlermöglichkeiten, die von Selektiv-Schutzeinrichtungen erfasst werden müssen, überblicken zu können, sind in Tabelle 3.21 die häufigsten Fehlerarten, ihre Auswirkungen sowie die elektrischen Größen, die als Messkriterien von den Schutzeinrichtungen benutzt werden, zusammengestellt. Die Kreuze ($\times$) in der Spalte Fehlerort besagen, an welchen Übertragungsmitteln die genannten Fehler i. allg. auftreten. Bis auf die Überlastung können alle Fehler auch Lichtbogenfehler sein, was den Schutzeinrichtungen die Fehlererfassung wegen des Lichtbogenwiderstands (s. Abschn. 2) sehr erschwert (s. a. Bild 3.27).

Tabelle 3.21 Fehlerarten, Auswirkungen, Messkriterien.
Fehlerort: L Leitung, T Transformator, G Generator, M Motor

Nr.	Fehlerart	L	T	G	M	Auswirkungen	Messkriterien
1	einsträngiger Kurzschluss	×	×			thermische und dynamische Bean-	$I_{k(1)}$, $U < U_r$, I_d, $Z_k < Z_r$
2	zweisträngiger Kurzschluss	×	×	×	×	spruchung durch	$I_{k(2)}$, $U < U_r$, I_d, $Z_k < Z_r$
3	dreisträngiger Kurzschluss	×	×	×	×	Kurzschlussstrom und Stoßkurz-	$I_{k(3)}$, $U < U_r$, I_d, $Z_k < Z_r$
4	zweisträngiger Kurzschluss mit Erdberührung	×	×	×	×	schlussstrom	$I_{k(2)}$, $U < U_r$, U_0, I_0, I_d, $Z_k < Z_r$
5	Doppelerdschluss	×	×	×	×	Spannungserhöhungen, sonst wie bei 1 bis 4	I_k, I_E, U_0, I_0
6	Leiterunterbrechung	×	×	×	×	Schieflast, Überlastung	I, I_g
7	Erdschluss	×				Spannungserhöhungen, Lichtbögen als Anlass zu weiteren Fehlern	I_E, U_0
8	Gehäuseschluss, bei geerdeten Gehäusen Erdschluss		×	×	×	Spannungserhöhungen, Lichtbögen und Eisenbrand als Anlass zu weiteren Fehlern	I_E, U_0
9	Windungsschluss		×	×	×	dynamische und thermische Bean-	I_k, evtl. U, I_g, U_0
10	Wicklungsschluss		×	×	×	spruchung, Lichtbögen, Eisenbrand	I_k, I_d
11	Überlast	×	×	×	×	unzulässige Erwärmung, Isolationsschäden	$I > I_r$, ϑ
12	Überspannung	×	×	×	×	Isolationsschäden, Anlass zu weiteren Fehlern	U
13	Zwischensystemfehler	×				wie bei 1 bis 4	I_k, U

In Tabelle 3.21 bedeuten die Formelzeichen

I	Strom, allgemein	$I_{k(2)}$	zweisträngiger Kurzschlussstrom	U	Spannung, allgemein
I_d	Differenzstrom			U_r	Bemessungsspannung
I_E	Erdschlussstrom	$I_{k(3)}$	dreisträngiger Kurzschlussstrom	U_0	Nullspannung
I_g	Gegenkomponente des Stroms			Z_k	Kurzschlussimpedanz
I_k	Kurzschlussstrom, allgemein	I_r	Bemessungsstrom	Z_r	Bemessungsimpedanz
$I_{k(1)}$	einsträngiger Kurzschlussstrom	I_0	Nullstrom	ϑ	Temperatur

Unter *Windungsschluss* versteht man die leitende Verbindung zwischen Windungen eines Wicklungsstrangs. *Wicklungsschluss* ist die leitende Verbindung zwischen zwei oder drei Leitern innerhalb einer Drehstromwicklung. *Überlast* nennt man die Überschreitung des Bemessungsstroms bzw. der Bemessungsleistung eines Betriebsmittels. Die übrigen Fehlerarten und die Formelzeichen der Messgrößen sind in Abschn. 2.1 und 2.3 erläutert.

3.4.2   Grundlagen der Schutzgerätetechnik

Schutzgeräte, gelegentlich noch Relais genannt, sind *Sekundärgeräte* (Niederspannungsgeräte), die die Einwirkung von Spannung oder Strom oder von beiden in den genannten Verknüpfungen in Schließen oder Öffnen anderer Strom- bzw. Signalkreise umsetzen. Die Schutzeinrichtung für ein Objekt – Leitung, Generator, Transformator, Motor usw. – kann auch aus mehreren Schutzkomponenten bestehen. Schutzgeräte werden zur Überwachung bzw. zur Messung elektrischer Größen fast ausnahmslos an Strom- oder Spannungswandler oder an beide angeschlossen. Diese Sekundärtechnik verlangt eine weitgehende Normung der Kenngrößen, damit Schutzgeräte an Wandler oder Steckmodule an Geräte ohne Zwischenwandler angeschlossen werden können. Dies kann durch *Klemmen* oder *Stecken* erfolgen. Grundsätzliche Funktionsanforderungen und -beschreibungen gelten sowohl für elektromagnetische Relais als auch für vollelektronische und digitale Schutzgeräte.

Da die Gerätetechnik der vielen Konstruktionsformen hier nicht in Einzelheiten besprochen werden kann, werden nur einige Grundtypen behandelt. Im übrigen werden weitgehend Block- und Übersichtsschaltbilder bzw. Funktionsschemata verwendet.

3.4.2.1 Kenngrößen der Schutzgeräte. Der Ausgang aller Schutzgeräte weist zumindest ein Relais in elektromagnetischer Ausführung nach Bild 3.23 b aus, so dass auch hier die wichtigsten Daten genannt sein müssen. Schutzgeräte für Spannungsanschluss werden durch die *Bemessungsspannung* U_r (bei Anschluss an Spannungswandler 100 V, gelegentlich 2 V), solche für Stromanschluss durch den *Bemessungsstrom* I_r (bei Anschluss an Stromwandler 5 A oder 1 A, gelegentlich 150 mA) gekennzeichnet. Als *Ansprechwert* bezeichnet man den Betrag von Spannung oder Strom oder Verknüpfungen von beiden, bei denen das Relais sicher seinen Kontakt o. ä. betätigt. Beim *Abfallwert* geht das Relais wieder in seine Ausgangsstellung zurück. Der Quotient aus Abfall- und Ansprechwert heißt *Rückfallverhältnis*.

Wichtig für die Schutztechnik sind die Zeitbegriffe. In Bild 3.22 ist ein Zeitdiagramm für eine Fehlerabschaltung mit Angabe der wichtigsten Zeiten dargestellt. Daneben gibt es noch die *Staffelzeit* t_{St}, die den Unterschied der Auslösezeiten hintereinanderliegender Schutzgeräte einer Übertragung angibt. Die *Endzeit* t_e ist die längste Arbeitszeit eines zeitverzögerten Schutzes.

Schutzgeräte haben wie Messgeräte einen Eigenverbrauch. Bei Wechselstromgeräten wird die Scheinleistung in VA, bezogen auf Bemessungsspannung oder Bemessungsstrom, angegeben.

Die Kontakte der Relais sind nach *Dauerstrom, Einschaltstrom, Ausschaltstrom* und *Kontakt-Bemessungsspannung* bemessen. Beim Ausschaltstrom muss man zwischen Wirklast und induktiver Last in Gleich- oder Wechselstromkreisen unterscheiden.

Bild 3.22
Zeitdiagramm einer Fehlerabschaltung
t_v Verzugszeit, Dauer des Fehlers,
t_k Kurzschlussdauer
t_g Grundzeit des unverzögerten Schutzgerätes,
t_a Auslösezeit (vom Ansprechen des Schutzgerätes bis
zur Abgabe des Auslösebefehls),

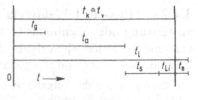

t_ℓ Laufzeit des Schutzgerätes, t_s Schaltereigenzeit, t_{Li} Dauer der Lichtbogenlösung im Schalter,
t_n Nachlaufzeit (vom Ende des Fehlers bis zum Stillstand des Schutzgerätes)

Der zulässige Ausschaltgleichstrom ist wesentlich kleiner als der Ausschaltwechsel-strom, da bei jenem der natürliche Nulldurchgang fehlt. Nach dem Verwendungs-zweck unterscheidet man die Kontaktarten *Schließer, Öffner, Wechsler* und *Wischer*.

3.4.2.2 Strom- und Spannungsrelais.

Bild 3.23a zeigt schematisch den Aufbau ei-nes oft verwendeten *elektromagnetischen* Drehankerrelais, dessen Anker *2* gegen eine Rückzugfeder *4* bewegt wird, sobald das von der Erregerspule *1* verursachte Drehmo-ment größer als das Rückzugsmoment der Feder wird. Mit der Rückzugfeder kann der Ansprechwert des Relais eingestellt
werden. In ähnlicher Weise arbeitet das Klappankerrelais in Bild 3.23b. Der grundsätzliche Aufbau ist beim Strom- und Spannungsrelais gleich, nur die Wicklungen unterscheiden sich in Quer-schnitt wegen der Stromstärke I und Windungszahl N; für die Kraftwirkung ($\sim \Theta \cdot I$) muss lediglich eine ausreichen-de Durchflutung Θ erzeugt werden. Das Rückfallverhältnis von Relais, beson-ders von Stromrelais, muss mindestens 0,85 und größer sein. Soll z. B. ein Über-stromrelais nach Bild 3.23a beim 1,2-fa-chen Bemessungsstrom ansprechen, bei Bemessungsstrom aber sicher abgefallen

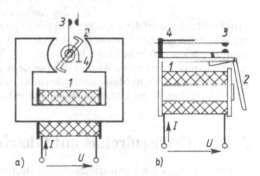

Bild 3.23 Elektromagnetische Relais
a) Drehankerrelais,
b) Klappankerrelais
1 Erregerspule, *2* Anker,
3 Kontakt, *4* Rückzugfeder

sein, so muss es ein Rückfallverhältnis von mehr als $1 : 1,2 = 0,833$ aufweisen. Elek-tronische bzw. digitale Relais erreichen Werte bis 0,99.

Thermische Relais findet man in der Schutztechnik u. a. als *Bimetallrelais* mit hyperbolischer Auslösekennlinie als Stromrelais. Je größer der Strom ist, um so kürzer ist die Auslösezeit. Nachteil dieser Relais ist der relativ hohe Eigenverbrauch von 20 VA und mehr. Sie werden zu-nehmend durch elektronische Schutzgeräte ersetzt.

3.4.2.3 Zeitrelais.

Zeitrelais nennt man Relais, die nach einer festen oder einstell-baren Zeit einen Befehl weiterleiten. Die Vielfalt der Anwendungsbereiche hat zu vie-len Ausführungsformen geführt. Sie werden heute weitgehend als elektronische Zeit-schalter gebaut, da diese klein sind und geringen Eigenverbrauch aufweisen.

3.4.2.4 Hilfs- und Melderelais. *Hilfsrelais* sind Spannungsrelais in Klappanker-ausführung oder Kleinrelais (z. B. Reedrelais), wenn nicht kontaktlose Steuerungen verwendet werden [8]. Aufgabe der Hilfsrelais ist es u. a., Kontakte zu vervielfachen bzw. die Schaltung von stromstarken Schaltkreisen zu übernehmen.

Melderelais haben die Aufgabe, Art und Ort von Fehlern sowie deren Abschaltung möglichst zentral zu melden. Sie werden in größeren Anlagen zu Meldetableaus zusammengefasst oder sie liefern ihre Informationen über die Datenverarbeitungsanlage auf die Bildschirme der Über-wachung (s. Bild 4.60).

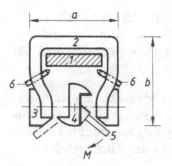

Bild 3.24
Kurzschlussanzeiger
1 Stromschiene, *2* Eisenkreis, *3* Tragrahmen, *4* Drehanker mit Signalfarbe auf der Anzeigefläche mit Anzeigefahne, *5* Anzeigefahne und Rückstellhebel im nicht angesprochenen Zustand, *6* Feststellschrauben, *M* Melderichtung

Kurzschlussanzeiger, in Bild 3.24 schematisch dargestellt, sind eine einfache, aber nützliche Art der optischen Anzeige von Über bzw. Kurzschlussströmen. Nach Überschreiten des senkrecht zur Bildebene durch die Schiene *1* fließenden Mindeststroms wird der Z-Anker *4* in die Lage mit kleinstem Luftspalt gedreht (gestrichelte La-ge), die Anzeigefahne *5* schwenkt also um und eine rote Fläche wird sichtbar. Dieses Gerät be-wirkt noch keine Abschaltung. Würde man in Bild 3.32a an die Stellen *1, 2* und *3* solche Kurz-schlussanzeiger setzen, so würden sie bei dem eingezeichneten Fehler bei *1* und *2* ansprechen, nicht aber bei *3*. Diese Meldemethode funktioniert nur im einseitig gespeisten Netz. Neben die-sen rein mechanischen gibt es noch hydromechanische Kurzschlussanzeiger.

3.4.3   Drehspulrelais mit Gleichrichterbrücken

Drehspulrelais sind polarisierte Relais mit Permanentmagnet in Kleinbauform mit dem grundsätzlichen Aufbau nach Bild 3.25. Sie haben die elektrodynamischen Re-lais weitgehend abgelöst, weil sie geringere Abmessungen, kleine bewegte Massen und kurze Auslösezeiten ermöglichen und weil sie sehr gute Rückfallverhältnisse (et-wa 0,98) aufweisen. Ihr Eigenverbrauch liegt im mW-Bereich. Die mit Drehspulrelais zu erfassenden elektrischen Größen müssen jedoch gleichgerichtet werden, wenn sie Wechselgrößen sind. Mit dem Drehmoment $M \sim I B$ (mit Induktion B des Dauer-magneten *2* und Strom I in der Drehspule *1*) ist nämlich die Drehrichtung der Dreh-spule *1* von der Richtung des Stromes I abhängig.

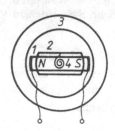

Bild 3.25
Drehspulrelais
1 Drehspule,
2 Permanentmagnet,
3 magnetischer Rückschluss,
4 Rückzugfeder

3.4.3.1 Impedanzmessung. Will man die Impedanz einer Leitung o. ä. überwachen bzw. messen, muss der Quotient aus Spannung und Strom am Einbauort der Schutzeinrichtung gebildet wer-den. Bild 3.26 zeigt die Schaltung zur Quotientenbildung aus Span-

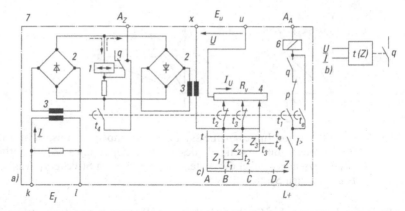

Bild 3.26 Schaltung (a) zur Quotientenbildung U/I mit Schaltkurzzeichen (b) und Staffelplan (c) entsprechend Bild 3.34
A, B, C, D Bezeichnung der Stationen, Z_1 bis Z_3 Impedanzen der Entfernung von A, *1* Drehspulrelais mit Kontakt q, *2* Gleichrichterbrücken, *3* Zwischenwandler, *4* Widerstand R_v zum Einstellen der Kipppunkte, *5* t_1 bis t_4, t_e zeitverzögerte Kontakte des Zeitschalters, *6* Auslöserelais, *7* Gehäuse- bzw. Modulbegrenzung, $I \rangle$ Überstromanregung, I_u Stromabbild der Spannung U, I Strom, E_I Eingang für den Strom vom Stromwandler, E_U Eingang für die Spannung vom Spannungswandler, A_Z Ausgang Impedanzentscheid mit Kontakt q (schließt zeitabhängig von der Impedanz), A_A Ausgang Auslösung, p Kontakt des Leistungsrichtungsmoduls nach Bild 3.28 (öffnet bei Sperrrichtung)

nung U und Strom I. Hierbei ist U die Sekundärspannung des Spannungswandlers, I_u der von ihr getriebene Strom, I ist das über parallel zur Sekundärseite des Stromwandlers gewonnene Abbild des Stromes. Bei einem Kurzschluss misst demnach diese Schaltung die Entfernung l zum Fehler aus der an seinem Einbauort verbliebenen Kurzschlussspannung U_k und dem Kurzschlussstrom I_k als distanzproportionale Größe Impedanz $Z'l = U_k/I_k$.

Für $I = I_u$ bleibt das Drehspulrelais *1* stromlos und daher in seiner Ruhestellung, die allerdings durch eine Feder *4* in Bild 3.25 nach einer Seite des Kontakts vororientiert sein kann. Für $I > I_u$ gibt das Relais nach der rechten, für $I < I_u$ nach der anderen Seite Kontakt. Da der Strom I_u der Spannung U proportional ist, wird das Drehspulrelais bei einem bestimmten Verhältnis U/I umgeschlagen (kippen), da in dem Querzweig mit dem Drehspulrelais entweder der gleichgerichtete Strom der Stromseite I oder der gleichgerichtete, aber durch das Drehspulrelais entgegengesetzt fließende Strom I_u der Spannungsseite U überwiegt. Die Impedanzbrückenschaltung stellt also fest, ob die gemessene Impedanz $Z = U/I$ unterhalb oder oberhalb eines vorher eingestellten Kipppunkts liegt. Der Kipppunkt kann mit dem Widerstand R_v (*4*) verändert werden, was in einem Distanzschutzgerät ein Zeitwerk mit Öffnern *5* stufenweise vornimmt.

Da die Impedanzmessung vom Kurzschlusswinkel φ_k unabhängig ist, ergibt sich als Ortskurve für die Impedanz ein Kreis mit dem Radius Z (Bild 3.27a). Liegt die von der Brückenschaltung gemessene Impedanz der Fehlerstrecke innerhalb des Kreises,

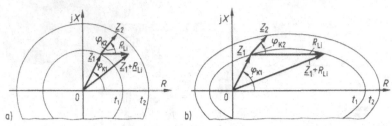

Bild 3.27 Ortskurven von Impedanzmesssystemen, a) Impedanzkreis, b) Impedanzellipse.
Z_1 Impedanz der ersten, Z_2 des zweiten Kippunktes, R_{Li} Lichtbogenwiderstand,
φ_{k1} Kurzschlusswinkel der ersten, φ_{k2} der zweiten Strecke, t_1 Auslösezeit der ersten,
t_2 der zweiten Stufe

schließt der Kontakt des Drehspulrelais. Ist die gemessene Impedanz noch größer als
die mit den Schleifern am Vorwiderstand R_v in Bild 3.26 vorgebene, bleibt der Kontakt des Drehspulrelais noch offen. Nach einer am Zeitwerk einstellbaren Staffelzeit
(etwa 0,5 s) vergrößert das mit dem Fehlerbeginn gestartete Zeitwerk durch Öffnen
eines Zeitkontaktes (5 in Bild 3.26) den Widerstand im Spannungspfad. Es gilt jetzt
die neue Ortskurve der 2. Stufe. Liegt die Fehlerimpedanz in dieser Stufe, schließt
der Kontakt des Drehspulrelais.

Lichtbögen können die Impedanzmessung dann merklich verfälschen, wenn ihr Wirkwiderstand im Verhältnis zur eingestellten Impedanz des Kippunkts vergleichbar groß wird. Es wird
mit dem Lichtbogenwiderstand R_{Li} der Impedanz-Messbrücke ein größerer Gesamtwiderstand
$Z + R_{Li}$ vorgetäuscht. Wie Bild 3.27 a zeigt, wird der Auslösepunkt über die 1. Stufe hinaus auf
die Auslösezeit der 2. Stufe, eventuell noch weiter, verschoben. Eine *Lichtbogenreserve* kann
man in die Impedanzmessung einfügen, wenn man den Kreis in Richtung des Wirkwiderstands
um das zu erwartende Maß R_{Li} verschiebt oder wenn man eine elliptische Ortskurve nach Bild
3.27 b verwendet. In Kabelnetzen ist der Lichtbogeneinfluss allerdings geringer als in Freileitungsnetzen, da in jenen die Leiterabstände gering sind.

3.4.3.2 Leistungsrichtungs-Messung.
Die Richtung der Kurzschlussleistung wird
mit der Schaltung nach Bild 3.28 bestimmt. Im rechten Zwischenwandler *3* wird magnetisch die geometrische Summe, im linken Zwischenwandler die geometrische Differenz der beiden zu verknüpfenden Größen Strom und Spannung durch entsprechende Schaltung der Ein- und Ausgänge gebildet. Das Zeigerdiagramm in Bild
3.28 b zeigt die geometrischen Zusammensetzungen mit den Strömen I und I_u für einen induktiven Phasenwinkel φ_k der Fehlerstrecke. Nach der Gleichrichtung wird im
Drehspulrelais *1* der Differenzstrom I_d wirksam. Dieser ändert seine Richtung, wenn
der Strom I gegenüber der Spannung U seine Richtung ändert. Im Zeigerdiagramm
tauschen die Zeiger $I_u + I$ und $I_u - I$ die Plätze. Entsprechend ändert I_d seine Richtung und das Drehspulrelais schlägt in die andere Lage um. Große induktive Phasenwinkel φ_k der Fehlerstrecke führen am Drehspulrelais zu kleinen Strömen I_d, wie
man aus Bild 3.28 b ersehen kann. Gerade im Kurzschlussfall mit oft kleiner Spannung muss ein eindeutiger Richtungsentscheid möglich sein. Diesen erzielt man
durch Vordrehen der den Strom I abbildenden Spannung U_1 um $\varphi = 30°$ bis $50°$
mit dem Kondensator C.

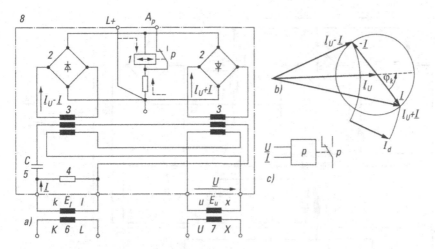

Bild 3.28 Messung der Leistungsrichtung
a) Schaltung, b) Zeigerdiagramm, c) Schaltkurzzeichen
1 Drehspulrelais, *2* Gleichrichterbrücken, *3* Zwischenwandler zur Summen- und Differenzbildung, *4* Parallelwiderstand zum Abbilden des Stromes als Spannung, *5* Kondensator C zum Vordrehen des abgebildeten Stromes (s. Bild 3.28b), *6* Hauptstromwandler, *7* Spannungswandler, *8* Modulbegrenzung
I Strom, I_u Strom im Spannungspfad, I_d Strom im Drehspulrelais, φ_k Kurzschlusswinkel der Leitung, E_I Eingang für den Strom vom Stromwandler, E_U Eingang für die Spannung vom Spannungswandler, A_p Ausgang Richtungsentscheid, p zugehöriger Kontakt (öffnet bei Sperrichtung)

3.4.3.3 Differenzmessung.
Die dritte wichtige Anwendung des Drehspulrelais mit Gleichrichterbrücken stellt das Differentialrelais nach der Prinzipschaltung von Bild 3.29 dar. In ihr werden die Ströme zwischen Eingang und Ausgang eines Übertragungsmittels (Leitung, Generator, Transformator) miteinander verglichen. Der Schutzbereich, innerhalb dessen alle dort auftretenden Fehler erfasst werden, wird hierbei von den beiden Drehstromwandlersätzen *6* eingegrenzt; denn im fehlerfreien Betrieb und bei Kurzschlüssen außerhalb des Schutzbereichs sind die sekundären Wandlerströme I_1 und I_2 gleich groß – sofern die Übersetzungsverhältnisse der Stromwandler *6* passend gewählt sind – und heben sich im Differenzkreis *5* zu Null auf ($I_d = 0$). Bei einem Kurzschluss innerhalb des Schutzbereichs ist der Strom I_1 auf der Speiseseite größer als I_2. Der Differenzstrom $\underline{I}_d = \underline{I}_1 - \underline{I}_2$ erscheint im Auslösewandler *5* und veranlasst, dass das Drehspulrelais *1* über die Auslösebrücke *2* seinen Kontakt schließt, sobald der Ansprechwert des Drehspulrelais überschritten wird. Dieser lässt sich durch Vorspannung der Rückzugfeder *4* in Bild 3.25 auf Werte zwischen etwa dem 0,1- bis 0,5fachen des Relais-Bemessungsstroms (5 A oder 1 A) einstellen.

Damit Differenzströme, die u. a. durch unvermeidliche Ungenauigkeiten der Stromwandlerübersetzungen infolge Eisensättigung, besonders bei stromstarken Kurzschlüssen außerhalb des Schutzbereichs oder durch Transformatoren mit veränderbarer Übersetzung bei Abweichung von der Mittelstellung entstehen, nicht zu unerwünschten Auslösungen führen, wird der Differentialschutz durch einen zusätzlichen Haltestromkreis mit Stabilisierungswandler *4* und Gleichrichterbrücke *3*, der einen haltenden Strom durch das Drehspulrelais schickt, stabilisiert.

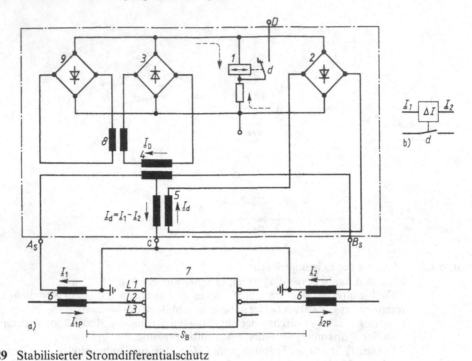

Bild 3.29 Stabilisierter Stromdifferentialschutz
a) Wirkschaltplan, b) Schaltkurzzeichen
1 Drehspulrelais, *2* Gleichrichterbrücke der Auslöseseite, *3* Gleichrichterbrücke der Stabilisierungsseite, *4* Stabilisierungs-Zwischenwandler, *5* Auslösezwischenwandler, *6* je drei Hauptstromwandler der Eingangs- und Ausgangsseite (*A* und *B*), *7* Schutzobjekt, *8* Mischwandler zur Kennlinienabflachung, *9* Gleichrichterbrücke zu *8*
$\underline{I}_1$ Strom der Eingangsseite, $\underline{I}_2$ Strom der Ausgangsseite, $\underline{I}_{1p}$ Primärstrom der Eingangsseite, $\underline{I}_{2p}$ Primärstrom der Ausgangsseite, $\underline{I}_d$ Differenzstrom auf der Auslöseseite, I_D Durchgangsstrom, S_B Schutzbereich

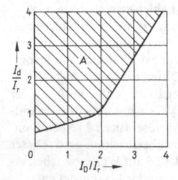

Bild 3.30
Auslösekennlinie eines stabilisierten Stromdifferentialschutzes
I_r sekundärer Bemessungsstrom des Differentialschutzgerätes, *A* Auslösebereich, I_d Differenzstrom, I_D Durchgangsstrom (s. Bild 3.29)

Auf diese Weise entsteht die grundsätzliche Auslösekennlinie nach Bild 3.30. Die Abflachung der Kennlinie im Anfangsbereich wird durch einen Mischwandler *8* erreicht, der über seine Gleichrichterbrücke *9* solange einen im Auslösesinn fließenden Strom über das Drehspulrelais schickt, bis der Mischwandler, dessen Kern einen scharfen Magnetisierungsknick aufweist, in die Sättigung kommt. Der dann noch gelieferte Stromanteil ist so gering, dass die Kennlinie nun steiler ansteigt.

3.4.4   Leitungs- und Netzschutz

Niederspannungsleitungen werden auch heute noch vorwiegend durch Schmelzsicherungen geschützt, weil diese Schutzart wirtschaftlich ist und weitgehende Selektivität erreicht wird, indem Sicherungen mit zur Speisestelle steigendem Bemessungsstrom hintereinandergeschaltet werden.

In Hochspannungsnetzen mit ihren großen Ausschaltleistungen reicht die mit Sicherungen zu erzielende Selektivität nicht mehr aus, zumal Sicherungen nur mit begrenzter Ausschaltleistung hergestellt werden können. Daher haben sich in Hochspannungsnetzen der Überstromzeitschutz und vor allem der Distanzschutz weitgehend durchgesetzt. Daneben erhalten nicht wirksam geerdete Netze meist noch Erdschlussmesseinrichtungen, die erdschlussbehaftete Leitungen auswählen und melden.

3.4.4.1 Schutzanregungen. Jede Schutzeinrichtung muss, wenn sie Fehler erfassen und abschalten soll, angeregt (gestartet) werden. Hierzu kann man die elektrischen Kenngrößen Spannung, Strom, Frequenz und ihre Verknüpfungen (auch Ableitungen nach der Zeit) nutzen.

Die *Überstromanregung*, z. B. mit den Bausteinen nach Bild 3.23 a erfasst Kurzschluss- und Überströme, die eindeutig über dem zulässigen Betriebsstrom liegen. Sie kann i. allg. auf Ansprechwerte zwischen $0,8 I_r$ bis $2 I_r$ (Bemessungsstrom I_r des Relais) eingestellt werden. Das Rückfallverhältnis (s. Abschn. 3.4.2.2) bestimmt den Einstellwert.

Im nichtwirksam geerdeten Netz genügen i. allg. zwei Überstromanregungen in den Leitern *L1* und *L3*; somit genügen auch 2 Stromwandler. In wirksam geerdeten Netzen müssen 3 Überstromanregungen in den 3 Leitern vorgesehen werden, damit auch einsträngige Kurzschlüsse, z. B. *L2-E* erfasst werden. In einigen Fällen wird auch die Sternpunktleitung der drei Stromwandler (4. Leiter) über eine weitere Überstromanregung (Nullstromanregung) mit Ansprechbereichen zwischen $0,4 I_r$ bis $1 I_r$ geführt, um eine sichere Nullstromerfassung bei Fehlern gegen Erde zu gewährleisten.

Die *Unterspannungsanregung* bzw. die *Überspannungsanregung* arbeitet im Prinzip wie die Überstromanregung. Beide sind meist zwischen $0,3 U_r$ bis $1 U_r$ bzw. $0,8 U_r$ bis $2 U_r$ einstellbar (Bemessungsspannung U_r des Relais).

Die *Frequenzanregung* überwacht das Unter- bzw. Überschreiten der Netzfrequenz f sowie ggf. deren zeitliche Änderung df/dt. Das ist im Verbundnetz sehr wichtig, da schon geringe Abweichungen vom Sollwert (s. Abschn. 5.6.1) erhebliche Folgen haben.

Die *Unterimpedanzanregung* überwacht die Leitungsimpedanz in den drei Strängen. Ihre Schaltung entspricht im Prinzip der von Bild 3.26a ohne Zeitwerk bzw. Bild 3.54. Strom und Spannung stehen dauernd an, so dass das Startkommando z. B. für den Distanzschutz nahezu unverzögert abgegeben wird. Die Unterimpedanzanregung erfüllt zwei Aufgaben:

1. Bei Schwachlastbetrieb des Kraftwerks kann der Kurzschlussstrom kleiner als der Bemessungsstrom des Schutzobjekts sein, die Spannung bricht aber trotzdem ein.

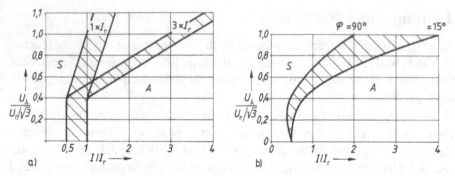

Bild 3.31 Auslösekennlinien von Unterimpedanzanregungen
a) abhängig vom Kurzschlussstrom, b) vom Kurzschlusswinkel
I_r Bemessungsstrom, U_r Bemessungsspannung, U_λ Sekundärspannung je Strang am
Relaisort, φ Phasenverschiebungswinkel zwischen Spannung und Strom
A Auslösebereich, S Sperrbereich

2. In wirksam geerdeten Netzen können beim einsträngigen Kurzschluss auch die
nicht vom Fehler betroffenen Leiter so große Anteile des Kurzschlussstroms führen,
dass die Überstromanregungen im Zuge dieser Leitungen ansprechen können und einen anderen Fehler, als in Wirklichkeit vorliegt, vortäuschen.

In beiden Fällen erfasst die Unterimpedanzanregung durch Messung des Quotienten
aus Spannung U und Strom I am Schutzgeräteort den Fehler und gibt dem Distanzschutz das Startkommando. Sie muss die Kennlinien nach Bild 3.31 erfüllen.

So können in Bild 2.40a die drei Überstromanregungen an den beiden Enden der Leitung *3* in
L1, *L2* und *L3* ansprechen, obwohl nur ein einsträngiger Kurzschluss in Leiter *1* vorliegt. Um
diese beiden Fälle sicher zu erfassen, stellt man die Überstromanregungen so hoch ein, dass der
einsträngige Kurzschlussstrom in der fehlerhaften Leitung *L1* erfasst wird, die Stromanteile in
den Leitern *L2* und *L3* aber nicht. Zusätzlich wird eine Unterimpedanzanregung mit einer
Kennlinie nach Bild 3.31a erforderlich. Ihr Einstellbereich kann seitlich verschoben werden, die
einstellbare Neigung der Kennlinie verändert die Empfindlichkeit. Für hochbelastbare Doppel-
leitungen verwendet man oft Unterimpedanzanregungen mit Winkelabhängigkeit nach Bild
3.31b. Sie berücksichtigt, dass der Phasenverschiebungswinkel φ zwischen Strom und Spannung bei Kurzschluss wesentlich größer (50° bis 85°) als bei Normabetrieb (15° bis 35°) ist.

3.4.4.2 Überstromschutz.
Die Wirkungsweise des Überstromschutzes mit Zeitstaf-
felung kann aus Bild 3.32 ersehen werden. Bei der einseitig gespeisten Übertragung
(Bild 3.32a) müssen die Auslösezeiten t_a der Überstromschutzgeräte der einzelnen
Strecken so gegeneinander gestaffelt werden, dass bei einem Fehler, z. B. bei F_1, auf
der Leitung das von der Einspeiseseite gesehen dem Fehler am nächsten liegende
Schutzgerät (hier *2*) zuerst den zugehörigen Leistungsschalter auslöst. Es ergibt sich
aber nach dem eingezeichneten Staffelplan der Nachteil, dass die Auslösezeiten zur
Speisequelle um die *Staffelzeit* t_{St} (etwa 0,5 s) höher gewählt werden müssen, obwohl
bei Kurzschlüssen in der Nähe der Einspeisung die größeren Kurzschlussströme auftreten (s. Abschn. 2.1.2).

Bei der zweiseitig gespeisten Leitung (Bild 3.32b) ist mit Überstrom-Zeitschutz auch
mit Zeitstaffelung keine Selektivität zu erreichen. Als zweites Kriterium muss die
Richtung der Kurzschlussleistung eingeführt werden. Ein Überstrom-Zeitschutz mit

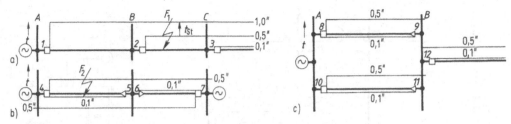

Bild 3.32 Staffelplan mit Überstrom- und Überstromrichtungsschutz
a) einseitig gespeiste, b) zweiseitig gespeiste Energieübertragung, c) einseitig gespeiste Parallelleitung
1 bis *12* Schaltorte mit Überstromzeitschutz (□) oder Überstromrichtungsschutz (◁) gemäß Bild 3.33, t_{St} Staffelzeit

nachgeschaltetem Richtungsmessglied (*Überstrom-Richtungsschutz*) nach Bild 3.28 erfüllt diese Forderung. Bei dem angenommenen Fehler F_2 sprechen die Überstromsysteme aller Schutzgeräte *4* bis *7* an, jedoch nur der Überstrom-Richtungsschutz *5* mißt den Fehler in Auslöserichtung, schaltet also in Schnellzeit (kürzeste einstellbare Auslösezeit, meist 0,1 s) ab, während Schutzgerät *6* den Fehler in Sperrichtung liegend feststellt und die Auslösung seines Leistungsschalters sperrt. Wenn Schutzgerät *5* ausgelöst hat, ist die rechte Speisequelle abgetrennt, und es muss nur noch Schutzgerät *4* die fehlerhafte Strecke abtrennen. Die Staffelzeit $t_{St} = 0,5\,\text{s} - 0,1\,\text{s} = 0,4\,\text{s}$ zwischen Schutzgerät *4* und *5* ist notwendig, um zunächst dem Richtungsschutz Zeit zum *Richtungsentscheid* und dem Leistungsschalter Zeit zur Auslösung zu lassen. Bild 3.32c zeigt den Einsatz von Überstromzeit- und Überstrom-Richtungsschutz sowie deren Zeitstaffelung zum Schutz von Parallel-Leitungen.

In Bild 3.33 sind Überstromzeitschutz und Überstrom-Richtungsschutz in Blockschaltbildern einander gegenübergestellt. Danach wird die Auslösung beim Überstrom-Richtungsschutz erst freigegeben, wenn Zeit- *und* Richtungsgliedkontakt geschlossen sind (UND-Verknüpfung).

Bild 3.33
Überstromschutz (Funktionsschaltbild)
a) Überstromzeitschutz,
b) Überstromrichtungsschutz
1 Überstrommeßgerät,
2 Zeitschalter, *3* Richtungsmessgerät, *4* Stromwandler,
5 Spannungswandler,
6 Leistungsschalter,

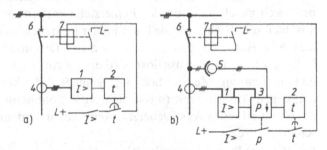

3.4.4.3 Distanzschutz.
Wie man aus den Zeitkennlinien der Schutzeinrichtungen in Bild 3.32 ablesen kann, sind die Auslösezeiten des Überstromzeitschutzes, z. B. *4* und *7* mit 0,5 s immer noch relativ hoch. Will man jede gestörte Leitungsstrecke in Schnellzeit ($\leq 0,1\,\text{s}$) abschalten, muss neben dem Überstrom und der Kurzschlussleistungs-Richtung noch die Fehlerentfernung (Distanz) als 3. Kriterium eingeführt werden, die nach der in Abschn. 3.4.3 beschriebenen Schaltung in Bild 3.26 gemessen

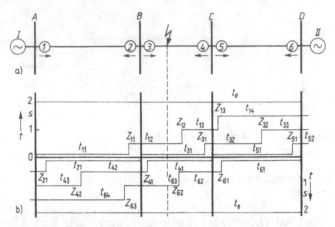

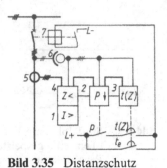

Bild 3.35 Distanzschutz (Funktionsschaltung)
1 Überstromanregung, *2* Richtungsglied, *3* impedanzabhängiges Zeitglied, *4* Unterimpedanzanregung, *5* Stromwandler, *6* Spannungswandler, *7* Schaltschloss

Bild 3.34 Distanzschutz einer Energieübertragung
a) Übersichtsschaltplan, b) Zeitstaffelplan
I und *II* Einspeisungen, *A* bis *D* Sammelschienen, ①, ② usw. Distanzschutzgeräte, → Wirkungsrichtung des Richtungsglieds Z_{i1} erste, Z_{i2} zweite, Z_{i3} dritte Kippimpedanz, t_{i1} Schnellzeit, t_{i2} bis t_{i4} Stufenzeiten, t_e richtungs- und impedanzunabhängige Endzeit

werden kann. Es ergibt sich für jedes Distanzschutzgerät eine mehrstufige Auslösekennlinie nach Bild 3.34, deren Stufenzahl von der Anzahl der Zeitkontakte *5* in Bild 3.26 abhängt.

Sprechen z. B. bei einem Kurzschluss zwischen den Stationen *B* und *C* in Bild 3.34 alle Distanzschutzgeräte infolge Überstrom an, so messen nur die Distanzschutzgeräte *3* und *4* die kürzeste Fehlerentfernung *und* die Kurzschluss-Leistungsrichtung jeweils in die Leitung hinein. Somit lösen nur diese Schutzgeräte in Schnellzeit ($\leq 0,1$ s) aus; die fehlerbehaftete Strecke ist selektiv herausgetrennt. Distanzschutzgerät *5*, das praktisch gleich weit von der Fehlerstelle entfernt ist wie Distanzrelais *4*, löst nicht aus, weil sein Richtungsglied den Fehler in Sperrichtung mißt und somit seinen Kontakt *p* in Bild 3.35, das die Funktion des Distanzschutzes im Blockschaltbild darstellt, geöffnet lässt. Ausgelöst wird erst, wenn Richtungsgliedkontakt *p und* der impedanzabhängige Zeitkontakt $t(Z)$ schließen. Zeitkontakt t_e gibt nach der höchsten zulässigen Ausschaltzeit (meist mehrere s) unabhängig von Richtung und Impedanz noch einmal einen Auslösebefehl, wenn aus irgendeinem Grund nicht selektiv abgeschaltet wurde.

Bei Kurzschlüssen in unmittelbarer Nähe der Sammelschiene schaltet der Distanzschutz der Gegenseite erst in der 2. Stufe (t_2) ab, da man bei der Einstellung des ersten Kippunktes Z_1 mit Rücksicht auf die Messgenauigkeit des Impedanzmessglieds einen angemessenen Sicherheitsabstand (beim 1. Kippunkt etwa 90% der Leitungsimpedanz) einhalten muss. Die Stufenkennlinie im Zeitstaffelplan entsteht dadurch, dass der Widerstand R_v in Bild 3.26 von einem bei Kurzschlussbeginn gestarteten Zeitschalter mit mehreren, um die Staffelzeit t_{St} (etwa 0,5 s) versetzten Zeitkontakten

(Öffner) stufenweise vergrößert wird. Der Spannungsanteil an der rechten Brücke in
Bild 3.26 wird daher stufenweise verkleinert, bis das Drehspulrelais kippt und seinen
Kontakt $t(Z)$ in Bild 3.35 schließt. (Elektronische und digitale Schutzeinrichtungen
realisieren ähnliche Kennlinien).

Die Zeiten t_2 bis t_4 sind jeweils Reservezeiten, die dann wirksam werden, wenn die darunter liegenden Auslösezeiten aus irgendeinem Grund nicht zur Auslösung geführt haben.

Beispiel 3.6. Zum Schutz der Freileitung in Beispiel 2.12 sollen an ihren Enden bei den Transformatoren *2* und *4* Distanzschutzeinrichtungen mit Überstrom- und Unterimpedanzanregung
eingesetzt werden. Die Freileitung soll aus Einfachseilen mit der Bezeichnung 264-Al 1/
34 ST 1 A (s. Tafel A 20) bestehen und 36 km lang sein. Die bezogenen Widerstände seien
$R' = 0,107\,\Omega/km$ und $X' = 0,385\,\Omega/km$. Die Stromwandler an beiden Enden haben die Übersetzung 600 A/5 A, die Spannungswandler die Übersetzung $(110\,kV/\sqrt{3})/(100\,V/\sqrt{3})/(100\,V/3)$.
Auf welche Sekundärwerte sind die Überstrom- und Unterimpedanzanregungen einzustellen?

Für den Distanzschutz ist der jeweils ungünstigste Fehlerort zu ermitteln, also der Ort, bei dem
die Kurzschlussströme am größten werden. Wie schon Bild 2.40 erkennen lässt, fließt bei diesem Erdkurzschluss in allen drei Strängen und z. T. auch in Erde ein Kurzschlussstrom, so dass
eine zu niedrig eingestellte Überstromanregung dem Distanzschutz fälschlicherweise einen dreisträngigen Kurzschluss vortäuschen kann. Im vorliegenden Fall wird zunächst der ungünstige
Fehlerort auf Leiter *1* in unmittelbarer Nähe des Transformators *4* angenommen. Somit verschiebt sich in Bild 2.40b die Verbindungslinie zwischen Mit-, Gegen- und Nullsystem nach
rechts vor die Widerstände R_{m4}, R_{g4} und R_{04}. Mit Gl. (2.103) ist dann der einsträngige Kurzschlussstrom mit $U_{qm} = c\,U_\triangle/\sqrt{3}$ und $\underline{Z}_g = \underline{Z}_m = 2\underline{Z}_m$

$$\begin{aligned} I''_{k(1)} &= \frac{3\,c\,U_\triangle/\sqrt{3}}{\underline{Z}_0 + \underline{Z}_m + \underline{Z}_g + 3\underline{Z}_{\ddot{u}}} \\ &= \frac{3\,c\,U_\triangle/\sqrt{3}}{R_{04} + j\,X_{04} + R_{05} + R_{06} + 2(j\,X_{m1} + R_{m2} + j\,X_{m2} + R_{m3} + j\,X_{m3})} \\ &= \frac{3\cdot 1,1\cdot 110\,kV/\sqrt{3}}{[4+j\,20+6+15+2(j\,1,4+2,2+j\,20+3,852+j\,13,86)]\Omega} \\ &= 2,142\,kA\ \underline{/-67,71°} \end{aligned}$$

Mit analogen Rechengängen zu Beispiel 2.12, die hier nicht wiederholt werden, findet man die
symmetrischen Komponenten der Kurzschlussströme links von der Fehlerstelle (Index *l*)
$\underline{I}_{mt} = \underline{I}_{gl} = 0,7141\,kA\ \underline{/-67,71°}$ und $\underline{I}_{0l} = 0$ und somit über Gl. (2.52) die dort fließenden
Kurzschlussströme der Leiter *L1, L2* und *L3*

$$\underline{I}_{1l} = \underline{I}_{0l} + \underline{I}_{ml} + \underline{I}_{gl} = 1,4282\,kA\ \underline{/-67,71°}$$
$$\underline{I}_{2l} = \underline{I}_{0l} + \underline{a}^2\underline{I}_{ml} + \underline{a}\,\underline{I}_{gl} = (\underline{a}^2+\underline{a})\underline{I}_{ml} = -\underline{I}_{ml} = -0,7141\,kA\ \underline{/-67,71°}$$
und $\qquad \underline{I}_{3l} = \underline{I}_{0l} + \underline{a}\,\underline{I}_{ml} + \underline{a}^2\underline{I}_{gl} = (\underline{a}+\underline{a}^2)\underline{I}_{ml} = -\underline{I}_{ml} = -0,7141\,kA\ \underline{/-67,71°}$

Rechts von der Fehlerstelle (Index *r*) erhält man jetzt mit $\underline{I}_{mr} = 0$ und $\underline{I}_{gr} = 0$ über
$\underline{I}_{0r} = 0,7141\,kA\ \underline{/-67,71°}$ die Kurzschlussströme am Schutzgeräteinbauort $\underline{I}_{1r} = \underline{I}_{2r} = \underline{I}_{3r} =$
$0,7141\,kA\ \underline{/-67,71°}$ entsprechend dem vorherigen Rechengang.

Die Spannungen an der dem Schutzgeräteort entsprechenden Fehlerstelle sind mit Gl. (2.104) bis
(2.106) $\underline{U}_1 = 10,711\,kV\ \underline{/-67,71°}$, $\underline{U}_2 = 59,68\,kV\ \underline{/-115,74°}$ und $\underline{U}_3 = 72,06\,kV\ \underline{/111,08°}$.
Diesen Spannungen entsprechen mit dem Übersetzungsverhältnis der Spannungswandler $\ddot{u}_U$ die
Sekundärwerte am Transformator *4* $U_{1s} = U_1/\ddot{u}_U = 10,711\,kV/[(110\,kV/\sqrt{3})/(100\,V/\sqrt{3})]$
$= 9,737\,V$, $U_{2s}/U_2/\ddot{u}_U = 59,68\,kV/1100 = 54,26\,V$ und $U_{3s} = U_3/\ddot{u}_U = 72,06\,kV/1100 =$

65, 509 V. Mit dem Übersetzungsverhältnis der Stromwandler $\ddot{u}_1 = 600\,\text{A}/5\,\text{A}$ sind die Sekundärströme an der gleichen Stelle $I_{1s} = I_{2s} = I_{3s} = (I''_{k(1)}/3)/\ddot{u}_1 = 0,7\,\text{kA}/(600\,\text{A}/5\,\text{A}) = 5,951\,\text{A}$. Das Stromverhältnis an der Schutzeinbaustelle ist also $I/I_r = I_{1s}/I_r = 5,951\,\text{A}/(5\,\text{A}) = 1,19$ in den drei Strängen. Aus der Kennlinie nach Bild 3.31a folgt, dass der Arbeitspunkt der Unterimpedanzanregung für den fehlerhaften Strang $L1$ mit $U_1/(U_r/\sqrt{3}) = 9,737\,\text{V}/[(100/\sqrt{3})\,\text{V}] = 0,169$ unterhalb, die Arbeitspunkte für die fehlerfreien Stänge $L2$ mit $U_2/U_r/\sqrt{3} = 54,26\,\text{V}/[(100/\sqrt{3})\,\text{V}] = 0,94$ und $L3$ mit $U_3/(U_r/\sqrt{3}) = 65,51\,\text{V}/[(100/\sqrt{3})\,\text{V}] = 1,14$ oberhalb der einzustellenden Kennlinie liegen müssen. Das verlangt die Einstellung der Unterimpedanzanregung auf das Stromverhältnis (Abszisse) $I/I_r = 1$ und auf die Empfindlichkeit $3\,I_r$ (Parameter). Die Überstromanregungen werden wegen des Stromverhältnisses 1,203 auf den Ansprechwert $1,5\,I_r = 1,5 \cdot 5\,\text{A} = 7,5\,\text{A}$ eingestellt, damit zwei- und dreisträngiger Kurzschluss noch von ihnen erfasst werden.

Die Einstelldaten für den Distanzschutz am linken Ende der Freileitung bei Transformator *2* werden in gleicher Weise durch Berechnung der dort anstehenden Sekundärspannungen und -ströme ermittelt. Sodann kann die Rechnung für den Fehlerort in der Nähe des linken Transformators *2* wiederholt werden. Neue Berechnungen sind erforderlich, wenn andere Erdungspunkte gewählt werden.

Ein weiteres Beispiel soll nun die Aufstellung eines Staffelplans erläutern.

Beispiel 3.7. Für ein 20-kV-Netz nach Bild 3.34a ist ein Staffelplan zu entwerfen. Die Einstellwerte des Distanzschutzes sind in einer Tabelle anzugeben. Die Leitungsimpedanzen der 3 Abschnitte sind $Z_{AB} = 0,38\,\Omega$, $Z_{BC} = 0,26\,\Omega$, $Z_{CD} = 0,33\,\Omega$; ihr Kurzschlusswinkel sei gleich groß.

Der Staffelplan wird grundsätzlich mit Primärimpedanzen gezeichnet. Der erste Kippunkt Z_{11} des von Station *A* aus messenden Distanzschutzgerätes wird auf $Z_{11} = 0,9\,Z_{AB}$ eingestellt. Die 2. Stufe mit t_{12} endet etwa 15% vor dem Kippunkt Z_{31} von Distanzschutzgerät *3* in Station *B*, gemessen von Station *A* aus, damit im Rahmen der Messgenauigkeit des Distanzschutzes keine Überschneidung der Kennlinien eintritt. Die 3. und letzte Stufe Z_{13} wird aus dem gleichen Grund auf etwa das 0,8-fache der Impedanz zwischen *A* und dem 2. Kippunkt Z_{32} von Distanzschutzgerät *3* eingestellt. In ähnlicher Weise geht man bei den übrigen Distanzschutzgeräten vor. Die oberhalb der Impedanzachse eingezeichneten Zeitkennlinien in Bild 3.34b gelten für die Kurzschlussleistungs-Richtung von *I* nach *II*, die unterhalb eingezeichneten für die Gegenrichtung. Abschließend wird an jedem Distanzschutz noch die allen Schutzgeräten gemeinsame ungerichtete Endzeit t_e eingestellt, die unabhängig von Impedanz und Richtung als letzte Reservezeit arbeitet.

Dem maßstabsgetreuen Staffelplan entnimmt man nun die Einstelldaten der einzelnen Distanzschutzgeräte. Dabei ist noch zu beachten, dass die Impedanzen mit dem Übersetzungsverhältnis des Stromwandlers $\ddot{u}_I$ und des Spannungswandlers $\ddot{u}_U$, die den Transformationsfaktor $k_{\ddot{u}} = \ddot{u}_I/\ddot{u}_U$ ergeben, auf Sekundärwerte

$$Z_s = Z_p\,\ddot{u}_I/\ddot{u}_U = Z_p\,k_{\ddot{u}}$$

umgerechnet werden müssen. Mit der für alle Distanzschutzgeräte hier gültigen Spannungswandler-Übersetzung 20 000 V/100 V und der in Tabelle 3.36 festgelegten Stromwandler-Übersetzung ergibt sich z. B. für den Kippunkt Z_{11} bei Staffelung auf 90% der Strecke AB die Sekundärimpedanz $Z_{11s} = 0,9\,Z_{AB}\,\ddot{u}_I/\ddot{u}_U = 0,9 \cdot 0,38\,\Omega(300\,\text{A}/5\,\text{A})/(20\,000\,\text{V}/100\,\text{V}) = 0,1\,\Omega$. Alle weiteren Impedanzen der Kippunkte werden nun mit einem Maßstab im Staffelplan abgegriffen und auf Sekundärwerte umgerechnet. So entsteht in Tabelle 3.36 mit sämtlichen Einstellwerten.

Tabelle 3.36 Einstelldaten des Distanzschutzes in Beispiel 3.7

Relais	$\ddot{u}_U$ kV/V	$\ddot{u}_I$ A/A	$k_{\ddot{u}}$	Z_{s1} in Ω	Z_{s2} in Ω	Z_{s3} in Ω	t_1 in s	t_2 in s	t_3 in s	t_4 in s	t_e in s
1	20/100	300/5	0,3	0,10	0,16	0,20	0,1	0,5	1,0	1,5	2,0
2	20/100	300/5	0,3	0,10	Endwert	Endwert	0,1	0,5	0,5	0,5	2,0
3	20/100	300/5	0,3	0,07	0,13	Endwert	0,1	0,5	1,0	1,0	2,0
4	20/100	300/5	0,3	0,07	0,14	Endwert	0,1	0,5	1,0	1,0	2,0
5	20/100	200/5	0,2	0,06	Endwert	Endwert	0,1	0,5	0,5	0,5	2,0
6	20/100	200/5	0,2	0,06	0,09	0,13	0,1	0,5	1,0	1,5	2,0

3.4.4.4 Erdschlussschutz. Da der Erdschlussstrom I_E in nicht wirksam geerdeten Netzen meist unter dem Bemessungsstrom der Leitungen liegt (s. Abschn. 2.3.3), wird der Erdschluss selbst und die erdschlussbehaftete Leitung meist nicht selektiv abgeschaltet, sondern nur gemeldet. Daß ein Erdschluss im Netz vorliegt, wird wegen $\underline{U}_1 = 0$ bei Erdschluss des Leiters $L1$ von der auftretenden Nullspannung $3\,\underline{U}_0$ angezeigt, wenn man sie an den Klemmen der offenen Dreieckwicklung $3\,U(e) - 3\,N(n)$ des Spannungswandlers 1 in der Schaltung von Bild 3.37 abnimmt und einem Spannungsrelais 2 aufschaltet (s. a. Beispiel 4.7). Die Spannungsmesser 5 und 6, die im Normalbetrieb die Sternspannung $U_\perp$ messen, zeigen bei Erdschluss $L1$-E die Leiterspannung $U_\triangle$ an; der Spannungsmesser 4 geht dagegen auf Null zurück.

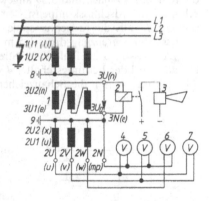

Bild 3.37
Erdschlussmeldeschaltung
1 Dreiphasiger Erdungs-Spannungswandlersatz, *2* Erdschlussmelderelais, *3* Hupe, *4* bis *6* Spannungsmesser für Leiter-Erde-Spannung, *7* Spannungsmesser für Leiterspannung, *8* Betriebserdung, *9* Schutzerdung

Um in einem Netz feststellen zu können, welche Leitung Erdschluss hat, müssen Nullspannung und Erdschlussstrom in einem Richtungsglied verknüpft werden. Bild 3.38 zeigt die Prinzipschaltung eines *Erdschluss-Richtungsschutzes*. Eine Erdschlussrichtungsmessschaltung im Abgang *2* des Netzes von Bild 2.48 a würde den Erdschluss in Vorwärtsrichtung, eine gleiche im Abgang *1* in Rückwärtsrichtung feststellen. Der Erdschlussstrom I_E wird in jeder Leitung von drei sekundär parallelgeschalteten Stromwandlern *1* oder von einem Kabelumbauwandler *2* (Ringstromwandler) erfasst. In nichtkompensierten Netzen wird ein Kondensator C in den Spannungspfad eingeschaltet, um das Drehmoment des Richtungsgliedes zu vergrößern, da in diesen Netzen zwischen Erdschlussstrom und Verlagerungsspannung der Phasenwinkel $90°$ besteht, der in einem wattmetrisch aufgebauten Messsystem kein „Drehmoment" zulässt. In kompensierten Netzen steht jedoch nur der Wirkreststrom (s. Abschn. 2.3.3.2)

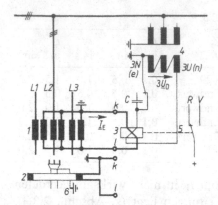

Bild 3.38
Erdschlussrichtungsmessung
1 Stromwandler in Summenschaltung (wahlweise
2 Kabelumbauwandler), *3* Erdschlussrichtungsmessgerät, *4* Spannungswandler mit offener Dreieckwicklung, *5* Wechsler für Erdschlussmeldung in Vorwärtsrichtung (*V*) und Rückwärtsrichtung (*R*), *6* Rückführung, um Unsymmetrieströme im vierten Leiter
(Mantel/Schirm) im Normalbetrieb unwirksam zu
machen, *C* Kondensator

zur Verfügung. Er ist zwar in Phase mit der Nullspannung $3\underline{U}_0$, jedoch ist sein Betrag,
sofern voll kompensiert ist, oft so klein, dass eine Richtungsentscheidung an der Empfindlichkeit der Richtungsmessung scheitert. U. U. muss der Wirkreststrom durch
Wirkbelastung der Verlagerungsspannung künstlich erhöht werden.

Kurzerdung. Die Erdschlusserfassung ist in erdschlusskompensierten Kabelnetzen u. a. dann
problematisch, wenn die Wirkreststromverteilung (s. Bild 2.46) dem Erdschlussrichtungsmessgerät keine ausreichenden Ansprechwerte liefert. Die Suche nach der Erdschlussstelle kann zu
lange dauern, so dass die Gefahr des Doppelerdschlusses zu groß wird. In solchen Fällen kann
die Kurzerdung nach Bild 3.39 angewendet werden. Etwa 10 s bis 15 s nach Eintritt eines Erdschlusses im erdschlusskompensierten Netz ($f_E > 1{,}4$) schaltet das Steuergerät *8* den Leistungsschalter *4*, falls die Erdschlussspule den Erdschluss nicht beseitigt hat, und somit die Kurzschlussstrombegrenzungsdrossel *5* mit $X_D < X_{ED}$ ein, so dass der jetzt fließende einsträngige
Kurzschlussstrom die fehlerhafte Strecke in Schnellzeit abschaltet. Nach einigen weiteren Sekunden wird der Leistungsschalter *4* vom Steuergerät *8* wieder geöffnet. Bei Kurzerdung ohne
Abschaltung weisen die Schauzeichen der angeregten Erdschlussmesseinrichtungen den Weg
zur Fehlerstelle.

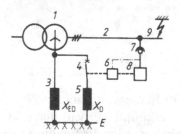

Bild 3.39
Schaltung zur Kurzerdung
1 Netztransformator, *2* Netz mit Erdschlussspule, *3* Erdschlussspule mit Reaktanz X_{ED}, *4* Kurzerdungsschalter,
5 Kurzschlussstrombegrenzungsdrossel mit Reaktanz X_D,
6 Schalterantrieb, *7* Erdungsspannungswandler, *8* Steuergerät, *9* Erdschlussstelle eines Leiter *L1* oder *L2* oder *L3*

Pulsierende Verstimmung der Erdschlusskompensation durch rhythmisches Ein- und Ausschalten eines parallel zur Erdschlussspule liegenden Kondensators ist eine weitere Methode, die erdschlussbehaftete Leitung in Strahlennetzen zu finden. Der Kondensator wird so bemessen, dass
eine Verstimmung der Erdschlusskompensation um etwa 5% bis 10% eintritt. Da der Erdschlussspulenstrom I_D über den erdschlussbehafteten Leiter der Leitung zur Erde zurückfließt
(s. Bild 2.45), erscheint der rhythmisch pulsierende Strom im Strommesser dieses Stranges. Die
Pulsfrequenz kann bei etwa 1 Hz liegen. In Netzen mit großen Last- und kleinen Erdschluss-
strömen ist das Verfahren nicht mehr zweckmäßig, da der Verstimmungsstrom relativ groß gewählt werden muss; dann aber arbeitet die Erdschlusskompensation nicht mehr einwandfrei.

3.4.4.5 Kurzunterbrechung (KU). Viele Kurzschlüsse sind Lichtbogenfehler, die man besonders in Freileitungsnetzen oft dadurch beseitigen kann, dass man die Energiezufuhr zur Fehlerstelle an einem oder mehreren Leistungsschaltern für kurze Zeit (etwa 200 ms bis 500 ms) unterbricht. Nach dieser *spannungslosen Pause* schaltet man die Spannung wieder zu. Ist der Fehler verschwunden, können Leitung bzw. Netz in Betrieb bleiben. Bleibt der Fehler aber bestehen, wird die fehlerhafte Leitung vom normalen Selektivschutz abgeschaltet. Die Steuerung des Aus- und Wiedereinschaltbefehls übernimmt eine *Kurzunterbrechungsautomatik*, an der u. a. die *Pausenzeit* t_p (spannungslose Pause) eingestellt wird. Die untere Grenze der Pausenzeit wird durch die Entionisierungszeit der Lichtbogenstrecke bestimmt; die obere Grenze dagegen von der Forderung, dass die durch KU getrennten Netzteile nicht asynchron werden dürfen. Bei der *einsträngigen* KU (nur der eine fehlerhafte Leiter wird unterbrochen) kann die Pausenzeit größer als bei der *dreisträngigen* KU sein, da die beiden Teilnetze über die beiden anderen Leiter noch synchron gehalten werden können. Einpolige KU ist nur in wirksam geerdeten Netzen ab 220 kV üblich, zumal sie Leistungsschalter mit getrennt schaltbaren Polen erfordert (Erfolgsquote etwa 85%).

Bild 3.40a zeigt das vereinfachte Funktionsschema, Bild 3.40b das Zeitdiagramm einer Kurzunterbrechung. Der Netzschutz startet bei Beginn des Fehlers *1* die KU-Automatik und schaltet nach der Eigenzeit den Leistungsschalter aus (*2*). Nach der Pausenzeit t_p wird der Leistungsschalter wieder eingeschaltet. Bleibt der Fehler bestehen, schaltet das Netzschutzgerät den Fehler mit der vorher festgelegten Auslösezeit t_a endgültig ab.

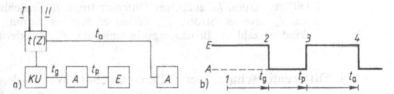

Bild 3.40   Kurzunterbrechung
a) Funktionsschema, b) Zeitdiagramm
$t(Z)$ Distanzschutz, *KU* Kurzunterbrechungsautomatik, *A* Leistungsschalter AUS, *E* Leistungsschalter EIN. *1* Beginn des Fehlers, *2* Beginn der Pausenzeit, *3* Wiedereinschaltung, *4* endgültige Ausschaltung, t_g Grundzeit (Schnellzeit), t_p Pausenzeit, t_a Auslösezeit

3.4.5   Generatorschutz

Der Generatorschutz hat die Aufgabe, innere Fehler (s. Tabelle 3.21) zu erfassen und ihre Folgen durch Entregung und netzseitige Abschaltung des Generators zu begrenzen. Außerdem muss der Generator gegen äußere Fehler, die mehrere Sekunden anstehen, geschützt werden, wiederum durch Abschalten und Entregungen. Bild 3.41 zeigt in einem Blockschaltbild die Zuordnung der einzelnen Schutzeinrichtungen zum Generator sowie ihre Schalt- und Meldefunktionen (Auslöseschema). Unten sind jeweils die Eingänge für die Messkriterien und oben die Ausgänge mit den Schaltbefehlen angegeben.

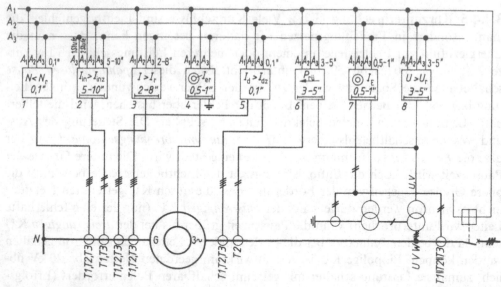

Bild 3.41 Generatorschutz (Blockschaltplan)
1 Windungsschluss-Schutz, *2* Schieflast (Unsymmetrie)-Schutz, *3* Überstrom-Zeit-Schutz, *4* Läufer (Rotor)-Erdschluss-Schutz, *5* Differential (Vergleichs-)-Schutz, *6* Rückleistungs-Schutz, *7* Ständer (Stator)-Erdschluss-Schutz, *8* Spannungssteigerungs-Schutz
A_1 Auslösung Generatorschalter, A_2 Auslösung Entregungsschalter, A_3 Meldung/Prozess *T1, T2, T3* Stromwandler in den Strängen *L1, L2, L3*
I_d Differenzstrom, I_{dz} zulässiger Differenzstrom, I_E Erdschlussstrom, I_{err} Erregerstrom, I_{in} inverser Strom, I_{inz} zulässiger inverser Strom, I_r Bemessungsstrom, N Windungszahl, N_r Bemessungswindungszahl, P_{ru} Rückleistung, U_r Bemessungsspannung

3.4.5.1 Differentialschutz.
Der Differentialschutz (Vergleichsschutz) schaltet alle zwei- und dreisträngigen Kurzschlüsse, die *innerhalb* des Schutzbereichs liegen, also auch Wicklungsschlüsse sowie Doppelerdschlüsse, wenn sich ein Erdschlusspunkt innerhalb des Schutzbereichs befindet, in Schnellzeit ab. Bild 3.42 zeigt das Prinzipschaltbild eines dreisträngigen Differentialschutzes mit der Stromverteilung bei ei-

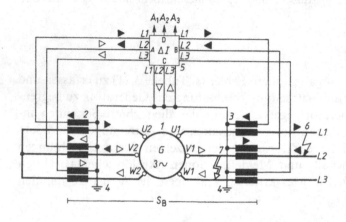

Bild 3.42
Generator-Differentialschutz
1 Drehstromgenerator,
2 Stromwandler auf der Sternpunktseite, *3* auf der Klemmenseite, *4* Schutzerdung, *5* Differentialschutzgerät (s. a. Bild 3.29 mit den Eingängen *A* und *B*, dem Differenzkreis *C* und dem Auslösekreis *D*), *6* zweisträngiger Kurzschluss außerhalb (▶), *7* innerhalb (▷) des Schutzbereiches S_B

nem zweisträngigen Kurzschluss innerhalb (▷) und außerhalb (▶) des Schutzbereichs. Die Bauelemente *4, 5, 6* und *8* aus Bild 3.29 sind für jeden Strang einmal vorhanden und werden an den Stellen *A, B* und *C* über Gleichrichter in die Brückenschaltung eingegeben. Der innen liegende Fehler wird sofort abgeschaltet, da der Differenzstromkreis (Ausgang *C*) jetzt, im Gegensatz zum äußeren Fehler, Strom führt. Der Primärstrom der Stromwandler ist dem Generatorbemessungsstrom angepasst, damit die Empfindlichkeit des Differentialschutzes (Bemessungsstrom 5 A oder 1 A) voll ausgenutzt wird.

Beispiel 3.8. Ein Drehstromgenerator mit der Bemessungsscheinleistung $S_r = 50\,\text{MVA}$ bei der Bemessungsspannung $U_r = 10,5\,\text{kV}$ wird mit einem Differentialschutz bestückt, der beim 0,1fachen seines Bemessungsstroms ansprechen soll. Bei wieviel Prozent des Generatorbemessungsstroms spricht der Differentialschutz an?

Bei dem Generatorbemessungsstrom

$$I_r = \frac{S_r}{\sqrt{3}\,U_r} = \frac{50\,\text{MVA}}{\sqrt{3}\cdot 10,5\,\text{kV}} = 2750\,\text{A}$$

wird man Stromwandler der Normübersetzung 3000 A/5 A wählen. Der Ansprechwert des Differentialschutzes mit dem Bemessungsstrom des Relais $I_{rRel} = 5\,\text{A}$ beträgt $I_{dan} = 0,1\,I_{rRel} = 0,1 \cdot 5\,\text{A} = 0,5\,\text{A}$. Diesem Strom entspricht auf der Oberspannungsseite der primäre Ansprechstrom $I_{danp} = \ddot{u}_I\,I_{dan} = (3000\,\text{A}/5\,\text{A}) \cdot 0,5\,\text{A} = 300\,\text{A}$. Bezogen auf den Generatorbemessungsstrom $I_r = 2750\,\text{A}$ bedeuten diese 300 A eine Erhöhung des Ansprechwerts auf 10,9 %. Der Schutz ist also wegen der nicht genauen Anpassung des Stromwandler-Primärstroms etwas unempfindlicher geworden.

Der Differentialschutz kann auch auf den aus Generator *und* Transformator (z. B. nach Bild 3.43 a) bestehenden Block mit nur einem Differentialschutzgerät angewendet werden. Wegen der verschiedenen Spannungsebenen einerseits und der Transformatorschaltung Yd andererseits muss gegebenenfalls eine Schaltgruppen- und Übersetzungsanpassung z. B. als Anpassungswandler nach Abschn. 3.4.6.3 eingeschaltet werden.

3.4.5.2 Überstromzeitschutz.
Dieser schützt den Generator vor thermischer Überlastung durch zu großen Betriebsstrom. Außerdem ist er als Reserveschutz für alle übrigen Schutzeinrichtungen anzusehen. Die Auslösezeiten müssen relativ hoch gewählt werden (etwa 3 s bis 8 s), da der Generator bei außenliegenden Fehlern erst als letztes Glied der Energieversorgung abgeschaltet werden soll. Sonst entspricht die Wirkungsweise der des Überstromschutzes bei Leitungen.

3.4.5.3 Ständererdschlussschutz.
Wenn überhaupt im Generator ein elektrischer Fehler auftritt, so ist er meist ein Erdschluss. Der dabei fließende Fehlerstrom ist zwar klein im Vergleich zum Kurzschlussstrom; er kann aber als Lichtbogen-Erdschluss Wicklungsschlüsse u. ä. verursachen und das Blechpaket zerstören. Ein Erdschluss im Ständer muss daher schnell erfasst und abgeschaltet werden. Als Messkriterien stehen die Verlagerungsspannung U_v (s. Abschn. 2.3.2) und der Erdschlussstrom I_E zur Verfügung, wobei der Erdschlussstrom von der Verlagerungsspannung und den Erdkapazitäten der Ständerwicklung und des angeschlossenen, galvanisch verbundenen Netzes bestimmt wird. Hier müssen zwei Generatorschaltungen unterschieden werden: die *Blockschaltung* und die *Sammelschienenschaltung* [s. Abschn. 5.1.2].

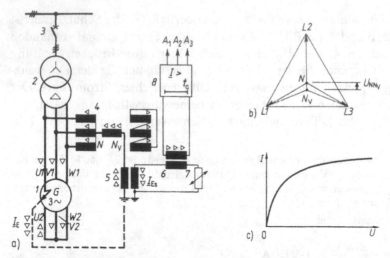

Bild 3.43 Ständererdschlussschutz bei Blockschaltung
a) Schaltung (Trennschalter aus Gründen der Übersichtlichkeit hier weggelassen),
b) Zeigerdiagramm mit künstlicher Verlagerungsspannung, c) Kennlinie des spannungsabhängigen Widerstands
1 Drehstromgenerator mit Erdschluss, *2* Transformator, *3* Netzschalter, *4* Sternpunkttransformator mit Zusatzwicklung $N N_v$, *5* Einphasentransformator zur Gewinnung der wirksamen Verlagerungsspannung, *6* Stromwandler, *7* spannungsabhängiger Widerstand, *8* Stromrelais (A_1 bis A_3 s. Bild 3.41)
▷ Stromverteilung bei Erdschluss im Ständer, I_E Erdschlussstrom, I_{Es} sekundärer
Erdschlussstrom, $\underline{U}_{NNv}$ Verlagerungsspannung ($\underline{U}_v$)

Bei der Blockschaltung nach Bild 3.43 a wird über die Zusatzwicklung NN_v im Sternpunkttransformator *4* künstlich eine dauernd wirksame Verlagerungsspannung U_{NNv}
(etwa 2% bis 10%) gemäß Bild 3.43 b eingeführt, die dann am Einphasentransformator
5 als Mindestspannung ansteht. (Die Dreieckspannung wird hierdurch nicht beeinflusst). Auf diese Weise kann auch ein Erdschluss im Generatorsternpunkt erfasst wer-

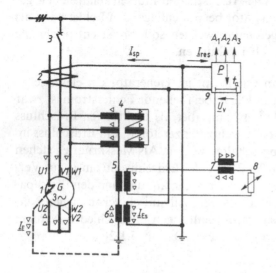

Bild 3.44
Ständererdschlussschutz bei Sammelschienenschaltung
1 Drehstromgenerator, *2* Summenstromwandler, *3* Netzschalter, *4* Sternpunkttransformator, *5* Einphasentransformator
(wie Bild 3.43), *6* Stromwandler, *7* Strom-
Spannungswandler, *8* spannungsabhängiger Widerstand, *9* Erdschlussrichtungsmessgerät (A_1 bis A_3 s. Bild 3.41),
▷ Stromverteilung bei Erdschluss im Ständer

I_E Erdschlussstrom, I_{Es} sekundärer Erdschlussstrom, $\underline{U}_v$ Verlagerungsspannung

den; denn ohne die künstliche Verlagerungsspannung U_{NNv} wäre bei diesem Fehler die Verlagerungsspannung $U_{\mathrm{v}} = 0$. Es wird daher jeder Erdschluss zwischen Generatorsternpunkt und Unterspannungswicklung des Blocktransformators 2 erfasst. Die bei Erdschluss wirksame Verlagerungsspannung wird auf der Sekundärseite des Einphasentransformators 5 auf einen spannungsabhängigen Widerstand 7 (z. B. Eisenwasserstoffwiderstand oder elektronische Schaltung) mit einer Kennlinie nach Bild 3.43 c geschaltet, so dass auch kleine Verlagerungsspannungen zu einem ausreichend großen Strom in dem über den Auslösewandler 6 angeschlossenen Stromrelais 8 führen.

Bei Generatoren, die direkt auf eine Netzsammelschiene arbeiten (Sammelschienen-Schaltung), bringt die Messung der bei Erdschluss auftretenden Verlagerungsspannung U_{v} keine Selektivität. Hier muss, wie beim Netzschutz, das Richtungskriterium eingeführt werden. Bild 3.44 zeigt die grundsätzliche Messschaltung mit der Stromverteilung für einen innerhalb ($\triangleright$) und außerhalb ($\blacktriangleright$) des Schutzbereichs liegenden Erdschluss $L1$-E.

In dem Richtungsmessgerät 9 wird der aus dem Stromwandler 6 gewonnene Erdschlussstrom mit der am Einphasentransformator 5 abgenommenen und über einen spannungsabhängigen Widerstand 8 (Kennlinie nach Bild 3.43 c) verstärkten Verlagerungsspannung verknüpft. Beim Erdschluss außerhalb des Schutzbereichs F_2 liefert der Summenstromwandler 2 (drei sekundär parallel geschaltete Stromwandler großer Genauigkeit) bei passend gewählter Übersetzung einen Sperrstrom I_{sp}, der größer als der sekundäre Erdschlussstrom I_{ES} und diesem entgegengerichtet ist. Da der Summenstromwandler 2 beim innenliegenden Erdschluss den Erdschlussstrom des vorgeschalteten Netzes führt, ist somit Selektivität gewährleistet.

3.4.5.4 Läufererdschlussschutz. Der gesamte, normalerweise erdfreie Läuferkreis wird gegen Erde an eine kleine Wechselspannung (z. B. 24 V) gelegt. Tritt im Läufer ein Erdschluss auf, so fließt über den nunmehr geschlossenen Stromkreis ein Strom, der von einem Strom- oder Spannungsrelais erfasst werden kann.

3.4.5.5 Schieflastschutz. Unsymmetrische Belastung ist, wenn sie längere Zeit vorliegt, gefährlich für den Läufer, da sich dort wegen des auftretenden Gegensystems Induktionsströme mit doppelter Netzfrequenz ausbilden und eine zusätzliche Erwärmung verursachen. Die Gegenkomponente I_{g} des Stromes, bezogen auf den Bemessungsstrom I_{r} des Generators, nennt man Schieflast. Diese kann man mit der *Drehfeldscheider*schaltung nach Bild 3.45 erfassen, wenn man einem Stromrelais 3 die Summe der Leiterströme als inversen Strom

$$\underline{I}_{\mathrm{in}} = \underline{I}_1 + \underline{I}_3 \,\underline{/60°} \tag{3.27}$$

zuführt. Mit Gl. (2.56) und $\underline{I}_0 = 0$ folgt nämlich für diesen inversen Strom

$$\underline{I}_{\mathrm{in}} = \underline{I}_{\mathrm{m}} + \underline{I}_{\mathrm{g}} + \underline{a}\,\underline{I}_{\mathrm{m}} \,\underline{/60°} + \underline{a}^2 \underline{I}_{\mathrm{g}} \,\underline{/60°} = \underline{I}_{\mathrm{m}}(1 + \underline{a}\,\underline{/60°})$$
$$+ \underline{I}_{\mathrm{g}}(1 + \underline{a}^2 \,\underline{/60°}) = \sqrt{3}\,\underline{I}_{\mathrm{g}} \,\underline{/-30°} \tag{3.28}$$

Die Messgröße $\underline{I}_{\mathrm{in}}$ ist also dem Gegensystem des Stromes proportional. In der Messschaltung werden die Generatorströme $\underline{I}_1$ und $\underline{I}_3$ über Zwischenwandler 1 und 2 und Widerstände R_1

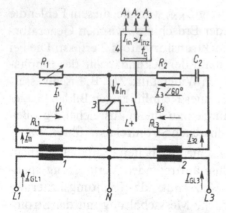

Bild 3.45
Schieflast (Drehfeldscheiderschaltung)
1 Stromwandler im Strang *L1*, *2* im Strang *L3*,
3 Stromrelais, *4* Kontaktvervielfachung mit drei
Ausgängen A_1 bis A_3, R_{L1} Widerstand zum Abbilden des Stromes I_{11} als Spannung U_1, R_{L3} Widerstand zum Abbilden des Stromes I_{32} als Spannung U_3, R_2, C_2 60°-Schaltung, I_{GL1}, I_{GL3} Generatorströme der Stränge *L1* und *L3*, I_{in}
inverser Strom, I_{inz} zulässiger inverser Strom

und R_3 in proportionale Spannungen U_1 und U_3 umgewandelt. Die Spannung U_1 verursacht
den Strom I_1, die Spannung U_3 den um 60° vorgedrehten Strom $I_3 \angle 60°$.

3.4.5.6 Windungsschlussschutz.
Bei einem Windungsschluss entstehen in den
kurzgeschlossenen Windungen unzulässig große Kreisströme, die außerhalb der Fehlerstelle von den Stromwandlern des Differentialschutzes nicht erfasst werden können. Die Spannungen sind aber wegen der fehlenden Windungen unsymmetrisch. Es
tritt gemäß Bild 3.46 b ein Nullsystem der Spannungen auf. Die Nullspannung $3\,U_0$
wird an der offenen Dreieckwicklung des Sternpunkttransformators *2* gebildet, wie
Bild 3.46 a zeigt. Ein in die Sternpunktverbindung geschalteter Stromwandler *5* würde den Ausgleichsstrom messen. Der Tiefpass *3* blockt die auch im gesunden Betrieb
zwischen den beiden Sternpunkten vorhandene 3. Harmonische ab.

Generatoren großer Leistung ($S_r > 100\,\text{MVA}$) haben meistens eine Doppelsternwicklung. Zwischen den beiden Sternpunkten tritt bei Windungsschluss eine Spannung auf, die als Fehlerkri-
terium über einen Spannungswandler auf ein Spannungsrelais gegeben wird. Bei bestimmten
Wicklungsarten darf man die Sternpunkte auch über einen Stromwandler verbinden. Der bei
Windungsschluss fließende Ausgleichsstrom wird auf der Sekundärseite einem Stromrelais zugeführt und als Abschaltkriterium benutzt.

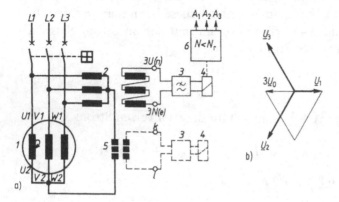

Bild 3.46
Windungsschlussschutz
a) Schaltung,
b) Zeigerdiagramm bei
   Windungsschluss
1 Drehstromgenerator,
2 Spannungswandler,
3 Tiefpass, *4* Spannungs- bzw.
Stromrelais, *5* Stromwandler,
6 Kontaktvervielfachung mit
drei Ausgängen A_1 bis A_3

3.4.5.7 Entregungseinrichtungen. Wenn eine der beschriebenen Generator-Schutzeinrichtungen zur Auslösung führt, genügt es nicht, nur den Netzschalter zu öffnen, sondern es muss auch die Generatorspannung in möglichst kurzer Zeit abgesenkt werden, damit der Fehler nicht weiter gespeist wird. Als *Entregungszeit* zählt die Zeit, die verstreicht, bis die Generatorspannung vom Bemessungswert auf 10% abgeklungen ist. Aufgabe der Entregungseinrichtung ist es, dem magnetischen Feld von Generator und Erregermaschine die noch vorhandene Energie zu entziehen und an anderer Stelle in eine andere Energieform umzuwandeln – z. B. in Wärme durch Einschalten von Wirkwiderständen in die Erregerkreise von Generator und Erregermaschine, sobald eine Generator-Schutzeinrichtung auslöst.

Eine von mehreren Möglichkeiten zur Entregung stellt die Schwingungsentregung nach Bild 3.47 a dar. Wird der Entregungsschalter *Q1* vom Generatorschutz geöffnet, so tritt am Schwingwiderstand R_s eine Spannung U_s auf, die über die Nebenschlusswicklung *E1E2* der Erregermaschine *G* einen nun entgegengesetzten Strom I_{Eg} schickt. Dadurch wird der Erreger-

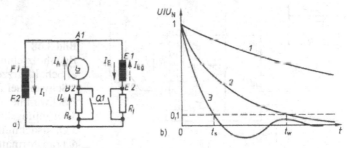

Bild 3.47 Entregungseinrichtung
a) Schaltung einer Schwingungsentregung, b) Abklingkurven der Generatorspannung bei Leerlauf
I_l Läuferstrom (Induktorstrom), I_A Ankerstrom der Erregermaschine, I_E Erregerstrom, I_{Eg} Gegenerregerstrom, R_s Schwingwiderstand, U_s Spannung am Schwingwiderstand, *Q1* Entregungsschalter, R_f Entregungswiderstand im Feldkreis, t_w Dauer der Widerstandsentregung, t_s Dauer der Schwingungsentregung
1 Abklingkurve ohne Entregungseinrichtung, *2* Abklingkurve nur mit Widerstand R_f, *3* Abklingkurve mit den Widerständen R_s und R_f (Schwingungsentregung)

strom I_E zu Null gemacht bzw. umgekehrt und das Feld im Generator abgebaut. Durch passende Bemessung des Schwingwiderstands R_s und des Entregungswiderstandes R_f im Feldkreis kann man die Generatorspannung in Form einer Schwingung *3* nach Bild 3.47 b absenken; je schneller, um so besser.

Bei bürstenlosen Erregerschaltungen mit rotierenden Gleichrichtern (s. Bild 5.12 b) kann nur noch im stehenden Teil *ST* der Erregermaschine *EM* entregt werden (s. Abschn. 5.5.1.3).

3.4.6 Transformatorschutz

Zum Schutz von Transformatoren werden teilweise die gleichen oder ähnliche Schutzeinrichtungen wie bei Generatoren verwendet, da auch die gleichen inneren Fehler, wie Kurzschluss, Windungsschluss und Gehäuseschluss (Erdschluss), auftreten können. Gegen äußere Fehler mit Kurzschlussströmen wird der Transformator vom Überstromzeitschutz, der wie beim Generator und bei der Leitung wirkt, geschützt. Übliche Schutzeinrichtungen gegen innere Fehler sind Gehäuseschlussschutz, Buchholzschutz, Überstromschutz und Differentialschutz. Auf weitere Schutzeinrichtungen, wie Temperaturwächter, Ölüberwachungsschutz, thermischer Überstromschutz, wird hier nicht eingegangen.

3.4.6.1 Gehäuseschlussschutz. Das isoliert aufgestellte Transformatorgehäuse wird über einen Stromwandler gegen Erde geschaltet. Der beim Gehäuseschluss zur Erde fließende Strom wird auf der Sekundärseite des Stromwandlers einem entsprechend empfindlichen Stromrelais zugeführt.

3.4.6.2 Buchholzschutz. Buchholzrelais nach Bild 3.48 haben normalerweise zwei Schwimmer *1* und *2*, die den Ölstand in zwei Empfindlichkeitsstufen überwachen. Spricht die 1. Stufe an, erfolgt Warnung, spricht die 2. Stufe an, wird der Transformator abgeschaltet. Die Strömungsklappe *3* erfasst die bei Fehlern unter Öl stets auf-

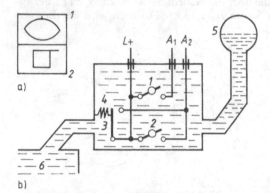

Bild 3.48
Buchholzschutz
a) Schaltkurzzeichen, b) Prinzipschaltung
1 Schwimmer für Warnung (1. Stufe),
2 Schwimmer für Auslösung (2. Stufe),
3 Strömungsklappe, *4* Rückzugfeder,
5 Ölausdehnungsgefäß,
6 Transformatorgehäuse
A_1 und A_2 s. Bild 3.41

tretenden Ölgase (ihre Analyse lässt auf Fehlerursachen schließen). Auch hierdurch wird der Transformator abgeschaltet. Die Empfindlichkeit der Strömungsklappe kann mit der Rückzugfeder *4* eingestellt werden.

3.4.6.3 Differentialschutz. Der Differentialschutz (Vergleichschutz) von Transformatoren arbeitet im Prinzip mit der Schaltung nach Bild 3.29, also ähnlich dem Generator-Differentialschutz. Im Gegensatz zu diesem erfasst der Transformator-Differentialschutz auch den Windungsschluss, da Ströme verschiedener Kreise verglichen werden (Ober- und Unterspannungsseite). Außerdem muss hier in den Sekundärkreis ein Anpassungswandler *3* eingeschaltet werden, wie die Prinzipschaltung in Bild 3.49 zeigt; er kann bei elektronischen Relais auch im Differentialschutzgerät integriert sein. Einmal gleicht er die unterschiedlichen Übersetzungsverhältnisse der ober- und unterspannungsseitigen Stromwandler aus, da deren Primärbemessungsstrom nur in Ausnahmefällen den Bemessungsströmen des Transformators entspricht, weil jene meist nach Normwerten ausgewählt werden müssen. Zum anderen muss der Anpassungswandler u. U. drehende Schaltgruppen des Haupttransformators (z. B. Yd5) nachbilden. Hierbei muss das Differentialschutzgerät grundsätzlich auf der Dreieckseite liegen, damit bei einem Doppelerdschluss mit einem Erdschlusspunkt innerhalb des Schutzbereichs für den betroffenen Stromwandler *2* ein geschlossener Stromkreis vorliegt.

Bild 3.49
Transformator-Differential-Schutz
(Funktionsplan)
1 Drehstrom-Transformator, *2* Stromwandler der Ober- und Unterspannungsseite, *3* Anpassungswandler (wenn
erforderlich), *4* Sperrzusatz, *5* Differentialschutzgerät, *6* Kontaktvervielfacher,

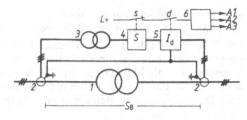

I_d Differenzstrom, A_1 Auslösung der Ober-, A_2 der Unterspannungsseite, A_3 Meldung/Prozess

Jeder Transformator-Differentialschutz muss gegen den u. U. großen Einschaltstrom
(rush) des leerlaufenden Transformators stabilisiert werden, da der nur von der Einspeiseseite gelieferte Magnetisierungsstrom über die dortigen Stromwandler im Differentialschutzgerät *5* als Differenzstrom I_d auftreten und eine sofortige, aber unerwünschte Wiederabschaltung des Transformators bewirken würde. Es wird ein innerer Fehler vorgetäuscht. Als Kriterium zur Unterscheidung bietet sich an, dass der
Einschaltstrom von Transformatoren einen hohen Anteil an Teilschwingungen 2.
Ordnung enthält. Ein Sperrzusatz *4* in Bild 3.49, der über einen Hochpass die 2. Teil-
schwingung aussiebt, in Reihe mit dem Auslösekreis des Differentialschutzgerätes *5*
geschaltet, verhindert die Auslösung des Differentialschutzes durch Öffnen des Kon-
taktes *s*, wenn der Anteil dieser Oberschwingung das normale Maß überschreitet.
Hierbei sind die Oberschwingungen aufgrund der Sättigung der Hauptstromwandler
zu berücksichtigen.

Beispiel 3.9. Ein Drehstromtransformator mit der Bemessungsleistung $S_r = 31,5\,\text{MVA}$, der
Schaltgruppe YNd5 und den Spannungsübersetzungsverhältnis $\ddot{u}_U = 30\,\text{kV}/6,3\,\text{kV}$ soll einen
Differentialschutz erhalten. Das Differentialschutzgerät soll den Bemessungsstrom 5 A haben.
Man bestimme die wichtigsten technischen Daten der Hauptstromwandler und des Anpas-
sungswandlers.

Zuerst werden die Bemessungsströme des Transformators ermittelt

$$I_{r1} = \frac{S_r}{\sqrt{3} \cdot U_{r1}} = \frac{31,5\,\text{MVA}}{\sqrt{3} \cdot 30\,\text{kV}} = 607\,\text{A}$$

$$I_{r2} = \frac{S_r}{\sqrt{3} \cdot U_{r2}} = \frac{31,5\,\text{MVA}}{\sqrt{3} \cdot 6,3\,\text{kV}} = 2890\,\text{A}$$

Zu diesen Strömen werden Stromwandler mit den genormten Übersetzungsverhältnissen
600 A/5 A und 3000 A/5 A (s. Bild 3.50) ausgewählt. Die Beträge der Sekundärströme sind für Nor-
malbetrieb somit $I_{s1} = 607\,\text{A}(5\,\text{A}/600\,\text{A}) = 5,07\,\text{A}$ und $I_{s2} = 2890\,\text{A}(5\,\text{A}/3000\,\text{A}) = 4,82\,\text{A}$.

Bild 3.50
Stromverteilung (nur Beträge) im
Anpassungswandler von Beispiel
3.9. *1* Drehstrom-Transformator
(Schutzobjekt), *2* Stromwandler,
3 Anpassungswandler, *4* Differentialschutzgerät, *A, B* und *C* sekundäre Stromeingänge, *D* Ausgang
für Auslösung und Meldung wie
in Bild 3.49

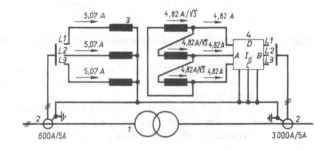

Das Strom-Übersetzungsverhältnis des Anpassungswandlers (Zwischenwandlers) lautet demnach 5,07 A/4,82 A. Seine Schaltgruppe muss ebenfalls YNd5 sein.

Der Überstromfaktor p (s. a. Abschn. 4.3.6.2) der Hauptstromwandler und auch des Anpassungswandlers muss wegen der zu fordernden Genauigkeit der Übersetzung im Überstrombereich größer als 10 sein ($p > 10$). Die Bemessungsleistung beider Geräte richtet sich nach der Bürde durch den Differentialschutz und die Verbindungsleitungen, wobei der Anpassungswandler wiederum eine Belastung der Hauptstromwandler darstellt. Die Klassengenauigkeit reicht mit 1% aus.

3.4.7 Sammelschienenschutz

Sammelschienen werden normalerweise als Punkt einer Energieübertragung vom normalen Leitungsschutz miterfasst (z. B. Sammelschiene B in Bild 3.34 vom Distanzschutz, allerdings meist erst in der 2. Stufe).

Der *Sammelschienen-Differentialschutz* hat sehr kurze Ausschaltzeiten. Er arbeitet im Prinzip nach der Schaltung in Bild 3.51 und vergleicht die Ströme der Einspeisungen und Abgänge durch Summenbildung. Daher auch die Bezeichnung *Vergleichsschutz*. Im Normalbetrieb (⟶▷) ist die Summe der Ströme Null, beim Kurzschluss in

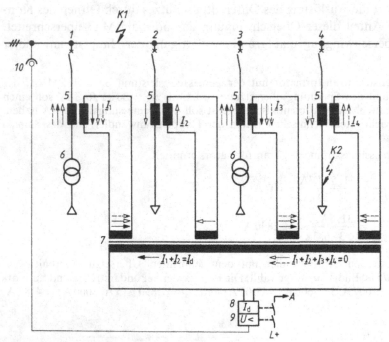

Bild 3.51 Sammelschienen-Differentialschutz (einpolige Prinzipschaltung; hier ohne Trennschalter)
1, 3 Einspeisefeld, *2, 4* Abgangsfeld, *5* Stromwandler, *6* Einspeisetransformatoren, *7* Summenstromwandler, *8* Differentialschutzgerät, *9* Unterspannungsrelais, *10* Spannungswandler
$\underline{I}_1$ bis $\underline{I}_4$ Sekundärströme der 4 Felder, $\underline{I}_d$ Differenzstrom, ⟶ Stromverteilung bei Sammelschienenkurzschluss *K1*, ---> bei Kurzschluss im Abgang *4* bei *K2*, ⟶▷ bei Normalbetrieb, *A* Auslösung der Einspeisung (hier Feld *1* und *3*)

einem Abgang (- - ->), z. B. *K2*, ebenfalls, beim Sammelschienenfehler (—▶), z. B. *K1*, ist die Summe jedoch ungleich Null. Auch dieser Differentialschutz muss stabilisiert werden, damit Übersetzungsungenauigkeiten der Stromwandler im Sättigungs-bereich bei Fehlern außerhalb des Schutzbereichs nicht zu einem auslösenden Diffe-renzstrom I_d führen. Um Fehlauslösungen zu vermeiden, wird auch noch die Span-nung der Sammelschiene auf Grenzwertunterschreitung abgefragt. Erst dann wird die Auslösung *A* auf die Leistungsschalter der einspeisenden Felder (*1* und *3* in Bild 3.51) freigegeben.

Ein anderes Verfahren zum Schutz von Sammelschienen fragt die Richtungsglieder der Distanzschutzgeräte in allen Feldern ab; wenn diese nämlich *alle zur* Sammel-schiene „zeigen", liegt ein Sammschienenfehler vor. Ist nur ein Richtungsglied ent-gegengesetzt gerichtet, darf nicht ausgelöst werden (logische UND-Verknüpfung). Die Richtung wird in modernen Schutzeinrichtungen elektronisch abgefragt.

In wirksam geerdeten Netzen führen beim einsträngigen Kurzschluss die Überstromanregungen der Transformatoren, die zur Begrenzung des Kurzschlussstroms nicht im Sternpunkt geerdet sind (s. Abschn. 2.3.5), u. U. keinen ausreichend großen Anregestrom. Hier sind Sonderschal-tungen zu beachten.

3.4.8   Gesamtstaffelplan

In einem mehrseitig gespeisten Netz müssen die Auslösezeiten *aller* Selektivschutz-einrichtungen aufeinander abgestimmt werden. Der Gesamtstaffelplan gibt hierüber Auskunft. Bei seiner Aufstellung werden die Auslösezeiten des Überstrom- und Überstromrichtungsschutzes der Leitungen, Transformatoren, Motoren und Gene-ratoren, sowie die gerichteten Endzeiten des Distanzschutzes (t_4 in Bild 3.26) zugrun-de gelegt, die bei Kurzschluss wirksam werden. Die ungerichtete Endzeit (t_5 in Bild 3.26) muss auf jeden Fall unter der Ausschaltzeit des Übergabeschalters des Netzes liegen. Differential- und Distanzschutzeinrichtungen schalten bei richtiger Einstel-lung die fehlerhaften Strecken ohnehin in Schnellzeit ($< 0,1$ s) selektiv ab. Bild 3.52 zeigt einen Staffelplan für ein Netz mit einer leistungsstarken Einspeisung *Q* und zwei Generatoren *G*.

Die Auslösezeit des Leistungsschalters in *A2* sei mit 2,5 s vorgegeben. Dann müssen die Endzei-ten der Schutzgeräte in den Abgängen der Sammelschiene *A* unter 2,5 s, also bei 2,0 s liegen, die Zeit der Schutzgeräte in den Abgängen von Sammelschiene *B* in Richtung *C* bis auf den direkten Verbraucher *B5* unter 2,0 s, also in der gerichteten Endzeit des Distanzschutzes bei $t_4 = 1,5$ s. Die ungerichtete Endzeit kann auf $t_5 = 2,0$ s gelegt werden. Die Überstromauslösungen der Schutzgeräte in den Motorenabgängen *B5* und *C5* können auf 0,1 s gestellt werden. Die Distanz-schutzgeräte in *C2* und *C4* werden wie die in *B2* und *B4* eingestellt. Die Überstromzeit der Gene-ratoren, die ohnehin einen selektiven und schnellen Differentialschutz haben, kann weit über der Auslösezeit des Netzes *Q* liegen, z. B. bei 4 s, damit die Generatoren möglichst lange in Betrieb bleiben, wenn der Fehler außerhalb des Schutzbereichs ihres Differentialschutzes liegt.

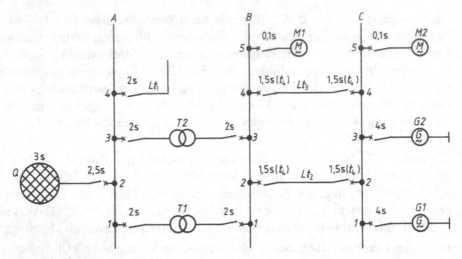

Bild 3.52 Gesamtstaffelplan eines Netzes
A, B, C Sammelschienen, G_1, G_2 Generatoren, Lt_1, Lt_2, Lt_3 Leitungen, M_1, M_2 Motoren, Q Netz (Quelle), t_4 gerichtete Endzeit des Distanzschutzes (s. Bild 3.26)

3.4.9 Elektronischer Schutz

Unter elektronischem Schutz, auch *statischer Schutz* genannt, versteht man Schutzeinrichtungen mit ausschließlich elektronischen Bausteinen auf Leiterplatten in Einschubtechnik, also ohne elektromechanische Bausteine; hier vor allem ohne die gegen Fremdschichten so empfindlichen Kontakte, die bei Schutzrelais ja nur im Fehlerfall, also höchst selten, betätigt werden. Die Elektronik hat inzwischen die Fragen nach *Zuverlässigkeit* und elektromagnetischer Verträglichkeit (EMV) gelöst. Ein weiterer Vorteil der elektronischen Schutzeinrichtungen ist ihr sehr geringer Eigenverbrauch von 1 VA und weniger. Somit können nicht nur Wandler mit kleineren Leistungen verwendet werden, man kann diese auch mit linearisierter Kennlinie (mit Luftspalt) bauen, was gerade beim Distanzschutz wichtig ist (s. Abschn. 4.3.6.2). Nachteilig sind beim elektronischen Schutz die Notwendigkeit der Eigenversorgung mit einer Hilfsspannung, die nicht in jeder Station zur Verfügung steht, sowie die Gefahr der Beeinflussung der Mess- und Hilfsleistungen durch Störspannungen, von Schalt- und Blitzüberspannungen herrührend, gegen deren Spannungsspitzen die Elektronikbauelemente sehr empfindlich sind. Vorteilhaft ist dagegen wieder, dass man mit elektronischen Schaltungen nahezu jede gewünschte Auslösekennlinie erzeugen kann, was wiederum für den Distanzschutz von Bedeutung ist. Da die umfangreichen Schaltungen im Rahmen dieses Buches nicht beschrieben werden können, sollen hier nur einige typische Messschaltungen behandelt werden. Außerdem wird auf Herstellerbeschreibungen verwiesen. Auch werden Grundlagen aus [8] verwendet.

3.4.9.1 Anregeschaltungen. In der *Überstromanregung* nach Bild 3.53a wird der Strom über einen Übertrager mit Luftspalt im Eisenkern *1* zur Verringerung der Hauptinduktivität an einem einstellbaren Widerstand *2* als stromproportionale

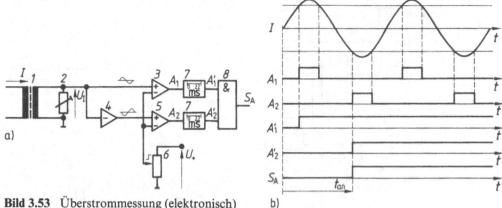

Bild 3.53 Überstrommessung (elektronisch)   b)
a) Schaltung, b) Signalverläufe
1 Übertrager mit Luftspalt, *2* Abbildwiderstand, *3* und *5* Triggerstufe, *4* Umkehrstufe, *6* Spannungsteiler, *7* Verzögerungsglieder, *8* UND-Glied
U_+ stabilisierte Spannung, U_1 dem Strom I proportionale Spannung, A_1, A_2 Ausgänge mit Rechteckimpulsen, A_1', A_2' Ausgänge mit kontinuierlichem Signal, S_A Ansprechsignal, t_{an} Anregzeit

Spannung U_1 abgebildet. Der Triggerstufe *3* wird sie direkt, der Triggerstufe *5* aber über eine Umkehrstufe *4* zugeführt. Mit der stabilisierten Bezugsspannung U_+ am Spannungsteiler *6* wird der Ansprechwert der Triggerstufen festgelegt. Die Verzögerungsglieder *7* bewirken nach Aufschaltung auf das UND-Glied (s. [8]) *8* durch Impulsverlängerung ein konstantes Ausgangssignal S_A mit der sehr kurzen *Anregezeit* t_{an}. Bild 3.53b zeigt die Signalverläufe. Durch Nachschalten eines Zeitschalters (hier nicht dargestellt) entsteht der Überstromzeitschutz.

In Bild 3.54a wird mit dem Blockschaltbild und in Bild 3.54b mit der Kennlinie die Funktion einer *statischen Unterimpedanzanregung* mit zusätzlicher Überstromanregung für ein erdschlusskompensiertes Netz ($f_E = \sqrt{3}$) im Vergleich zu der in Abschn. 3.4.4.1 beschriebenen erklärt. Tritt z. B. ein Kurzschluss der Leiter *L1* und *L2* auf (s. Abschn. 2.3.1), überschreiten also die Leiterströme I_1 und I_2 den eingestellten Fußpunktstrom I_F in Bild 3.54b, unterschreitet weiterhin die Außenleiterspannung U_{12} die eingestellte, zum Fußpunktstrom I_F gehörende Fußpunktspannung U_F, so wird über das erste UND-Glied ein logisches Signal auf das ODER-Glied gegeben, so dass der Distanzschutz angeregt wird. Ist der Kurzschlussstrom größer als der Durchstoßstrom I_{DK} (hier durchstößt die Kennlinie den Bemessungswert der Spannung), erfolgt auch eine Anregung. Die Logik ist weiterhin so aufgebaut, dass hier bei einem Erdschluss (s. Abschn. 2.3.3), bei dem der Erdschlussstrom zwar den Fußpunktstrom I_F überschreiten kann, die Außenleiterspannungen aber erhalten bleiben, keine Anregung eintritt. Durch Einbau weiterer logischer Bausteine kann die Anregung auch vom Kurzschlusswinkel φ_k abhängig gemacht werden, was in Höchstspannungsnetzen sehr wichtig ist. Für wirksam geerdete Netze bzw. Netze mit strombegrenzender Sternpunkterdung (s. Abschn. 2.3.5) sind die für diesen Fehlerfall typischen Kenngrößen logisch zu verknüpfen.

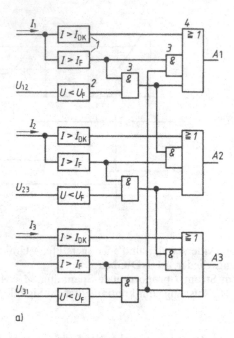

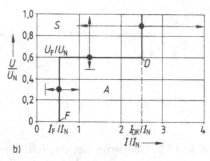

1 Stromschwellwertschalter, *2* Spannungsschwellwertschalter, *3* UND-Glied, *4* ODER-Glied
I_1, I_2, I_3 Leiterströme, U_{12}, U_{23}, U_{31} Außenleiterspannungen (Sekundärwerte), *F* Fußpunkt, I_F Fußpunktstrom, U_F Fußpunktspannung, *D* Durchstoßpunkt, I_{DK} Durchstoßstrom

Bild 3.54 Elektronische Unterimpedanzanregung, dreipolig
a) Blockschaltplan, b) Ansprechkennlinie

3.4.9.2 Elektronischer Erdschlussschutz. Bild 3.55 zeigt die Prinzipschaltung der Ausgangslogik dieses Schutzes, nachdem schon die Spannung U_{en} der offenen Dreieckwicklung des Spannungswandlers, die dem Summenstrom proportionale Spannung U_I und die Versorgungsspannung U_B durch Rechteckformer in digitale Größen

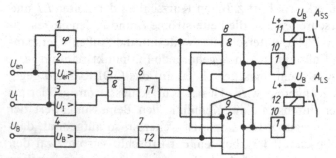

Bild 3.55 Elektronischer Erdschlussrichtungsschutz (Prinzipschaltung der Ausgangslogik)
1 bis *4* Schwellwertschalter (Trigger) für Mess- und Versorgungsgrößen, *5* UND-Glied, *6* und *7* Zeitschalter, *8* UND-Glied, *9* UND-Glied mit Negation, *10* Negationsglied, *11* Hilfsrelais mit Ausgang A_{SS} der Richtung Sammelschiene, *12* Hilfsrelais mit Ausgang A_{LS} der Richtung Leitungsseite
U_{en} Spannung der offenen Dreieckwicklung am Spannungswandler, U_I dem Summenstrom proportionale Spannung, U_B Versorgungsspannung

umgeformt worden sind. In den Schwellwertschaltern (Triggern) für diese drei Größen und für den Phasenwinkel φ (*1* bis *4*) wird ihr Mindestansprechwert abgefragt. Erst dann wird die Messung freigegeben. Sind Spannung U_{en} und die stromproportionale Spannung U_I genügend groß, wird über das UND-Glied das Zeitwerk *6* gestartet; das Zeitwerk T_2 startet, wenn die Versorgungsspannung U_B genügend groß ist. In einer logischen UND-Verknüpfung bei *8* und *9* wird dann festgestellt, ob der Erdschluss in Richtung Sammelschiene (A_{SS}) oder Leitungsseite (A_{LS}) liegt.

3.4.9.3 Elektronisch-digitale Schutzkonzepte. Die elektronisch-digitale Schutzgerätetechnik führt in Verbindung mit moderner Kommunikationstechnik zu Schutzkonzepten, die zwar wie bisher Fehler an Energieversorgungseinrichtungen (z. B. Leitungen, Transformatoren, Generatoren u. a.) schnell und selektiv abschalten; darüber hinaus können elektronisch-digitale Schutzgeräte die für den Schutz eines Objektes relevanten Daten wie Strom und Spannung vor einer Störung, den zeitlichen Beginn und das Ende einer Störung, die Fehlerart und evtl. den Fehlerort speichern und im LC-Display (s. Bild 3.57) bzw. auf den PC-Arbeitsplätzen vor Ort oder in der Zentrale als Protokoll abfragbar sichtbar machen. Hinzu kommt, dass diese Schutzgeräte sich selbst überwachen und interne Störungen sofort melden.

Bild 3.56 stellt eine Anwendung dieses Schutzkonzepts auf eine Schaltanlage mit einer Einspeisung (*3*), zwei Abnehmern (*2*) und (*4*) und einem Messfeld (*1*), vergleichbar mit Bild 4.34, dar. Die Schutzgeräte *4* überwachen mit den Eingangsgrößen (E) Strom I vom Stromwandler *1* und Spannung U vom Spannungswandler *2* ihren jeweiligen Abgang *2* bis *4* direkt, den jeweils anderen indirekt als Reserveschutz (vergl. Bild 3.34). Bei einem Fehler im Abgang (*2*) würde das dortige Schutzgerät *4* diesen naheliegenden Fehler *F* in *Schnellzeit* t_1 abschalten. Den dann neuen Netzzustand konnte man bisher nur vor Ort feststellen oder telefonisch erfragen, falls die betreffende Station besetzt war. Jetzt kann man sofort nach der automatischen Störungsmeldung die geänderte Netzkonstellation mit den relevanten Prozessdaten wie o. a. in Bild oder Text sichtbar machen, auswerten und Maßnahmen einleiten.

Voraussetzung hierzu ist eine Vernetzung des Kommunikationssystems über BUS-Systeme *14*, *15* (Profibus, Ethernet u. a.) mit Kupferdraht- oder Lichtwellenleiterverbindungen (LWL). Danach ist auch eine Fernbedienung vom PC-Arbeitsplatz *9* oder *10* möglich. Selbstverständlich ist hierbei die personelle und sachliche Hierarchie der Schalt- und Bedienberechtigung einzuhalten (s. a. Vorschriften DIN VDE 0105/ BGV).

In ähnlicher Weise können Schutzkonzepte für den Generatorschutz nach Bild 3.41 in Kraftwerken oder für den Transformatorschutz nach Bild 3.49 in Umspannstationen erstellt werden.

Bild 3.57 zeigt die Frontseite eines digitalen Distanzschutzgerätes mit Bedien- und Informationsoberfläche für Pos. *4* in Bild 3.56. Andere Schutzgeräte (z. B. bei Differential-, Überstrom-, Erdschlussschutz) sind ähnlich strukturiert.

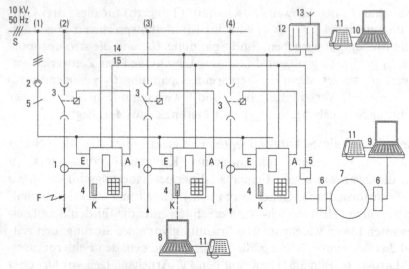

Bild 3.56 Systemlösung (1-polige Darstellung) mit Schutzeinrichtungen für Abgänge und mit Kommunikationseinrichtungen in einer Schaltanlage
(*1*) Messfeld, (*2*) und (*4*) Abnehmer, (*3*) Einspeisung an der Sammelschiene *S*, *1* Stromwandler, *2* Sammelschienenspannungswandler (s. Bild 4.46b), *3* Leistungsschalter (Einschubtechnik) mit Auslösemagnet, *4* Schutzgerät (z. B. Distanzschutz) mit Messeingang E, Schaltbefehlausgang A, Kommunikationsschnittstelle K für Bedienung, Datenein- und -ausgabe, *5* Umsetzer, *6* Modem zur Anpassung unterschiedlicher Netzebenen, *7* Nachbarenergieversorgungsnetz, *8* PC-Arbeitsplatz vor Ort, *9* PC-Arbeitsplatz in einer Nachbarstation, *10* PC-Arbeitsplatz in der Zentrale für Beobachtung und Bedienung, *11* Fernsprechanlage (s. a. Bild 4.61), *12* Koppler/Zentraleinheit für Datenfluss, *13* Funkuhrantenne für Zeitsynchronisation, *14* Stationsbus (Profibus, Ethernet o. a.), *15* Netzbus

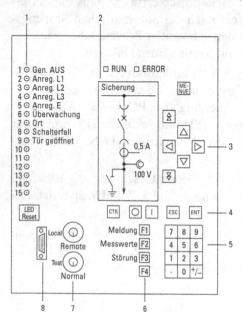

Bild 3.57
Digitales Distanzschutzgerät; Bedienoberfläche
1 Anzeigeleiste mit frei parametrierbaren LED (Leuchtdioden) für Prozess- und Geräteinformationen, *2* LCD (Liquid Christal Display) zur Anzeige von Schaltungsgrafiken oder Texten, *3* Navigationstasten, *4* Ebene mit div. Tasten zur Steuerung der Schaltgeräte, *5* Numerische Eingabetasten, *6* Funktionstasten, frei programmierbar für häufig vorkommende Bedienschritte, *7* Schlüsselschalter für Umschaltung Vorort-(Local) und Fernsteuerung (Remote), sowie für Umschaltung zwischen verriegeltem (Normal) und unverriegeltem (Test) Betrieb, *8* Bedienschnittstelle (RS 232); weitere Schnittstellen für verschiedene Bussysteme auf der Rückseite

3.4.10 Prozessrechner und Schutzeinrichtung

Große Schalt- und Umspannanlagen verfügen heute i. allg. über Prozessrechner, die im on-line-Betrieb bzw. off-line-Betrieb Lastverteilungen im Sinne niedriger Übertratungsverluste und wirtschaftlicher Erzeugerkosten untersuchen (s. Abschn. 6) und optimale Netzstrukturen ermitteln können. Diese Rechner können Kurzschlüsse u. a. Fehler zur Bestimmung von Einstelldaten des Schutzes (s. Tabelle 3.36) berechnen. Schutzgeräte in Digitaltechnik (s. Abschn. 3.4.9) mit Bedien- und Störabfrageschnittstelle einerseits (meist Frontseite) und Service/Modemschnittstellen (meist Rückseite) andererseits ermöglichen Protokolle (IEC 60870-5-103, Profibus, Ethernet u. a.), Fernbedienung von unbesetzten Stationen sowie Störfallaufklärung (Art, Ort, Ausschaltzeit u. a.) sowohl vor Ort als auch in der Leitzentrale; denn die aktuellen Daten, auch die kurz vor Eintritt der Störung, werden gespeichert und können abgefragt und verarbeitet werden (s. Abschn. 4.3.7.4).

In der höchsten Automatisierungsstufe können Prozessrechner Energieversorgungsnetze vollständig leiten, wobei Parallelrechner mit Dauerselbstüberwachung auch noch die Funktionalität der Schutzeinrichtungen überwachen. *Integrierte Leit- und Schutztechnik* nennt man diesen Aufgabenbereich.

4 Schaltanlagen

Schaltanlage nennt man die Zusammenfassung aller für die Verteilung elektrischer Energie an die Verbraucher erforderlichen *Betriebsmittel* in einem abgegrenzten Raum. Man unterscheidet *Innenraum-* und *Freiluftanlagen*. Werden Transformatoren eingesetzt, spricht man von *Umspannanlagen*. Die zur Zusammenschaltung erforderlichen Betriebsmittel, wie Leistungsschalter, Trennschalter, Schutzeinrichtungen, Überspannungsableiter, Strom- und Spannungswandler, Messgeräte, Sammelschienen und deren Abstützungen, Verbindungsleitungen, Schraub-, Steck- und Federzugverbindungen usw. müssen allen während des Betriebs am Einbauort vorkommenden Belastungen, also auch den Kurzschlussbelastungen, gewachsen sein. Montage, Betrieb und Revision von Schaltanlagen und Teilen davon setzen verbindliche Schaltpläne nach DIN 40 700 bis 40 719 bzw. 40 900 u. a. voraus.

Die Fülle der Konstruktionsformen von Schaltanlagen und deren Betriebsmittel lässt im Rahmen dieses Buches keine ausführlichen Beschreibungen der Gerätetechnik zu, so dass wir uns auf wenige Systembetrachtungen beschränken. Ferner kann auf die Installationstechnik nicht eingegangen werden. Hochspannungsanlagen werden ausführlicher als Niederspannungsanlagen behandelt.

4.1 Schaltgeräte für Niederspannung

Die wichtigsten Betriebsmittel einer Schaltanlage sind die Schaltgeräte. Sie stellen die bewegliche Verbindung der einzelnen Anlagenteile dar. Schütze werden hier nicht behandelt.

4.1.1 Aufgabe der Schaltgeräte

Schaltgeräte verbinden, trennen oder unterbrechen Strompfade. Im geöffneten Zustand müssen sie eine durchschlagsichere Isolierstrecke an der Trennstelle sowie zwischen benachbarten Leitern bilden. Im geschlossenen Zustand müssen sie alle im Betrieb vorkommenden Ströme, für die sie bemessen sind, führen können, also auch Kurzschlussströme. Die dabei auftretenden *thermischen* und *dynamischen* Beanspruchungen müssen sie ohne Schaden überstehen. Jedoch sollten stets Schutzeinrichtungen eingesetzt werden, die diese Beanspruchung der Geräte auf ein wirtschaftlich vertretbares Maß begrenzen.

Nur bestimmte Schaltgeräte können Stromkreise unterbrechen, wenn dort Betriebs- oder gar Kurzschlussströme fließen, da vor allem der bei Schaltvorgängen auftretende Lichtbogen gelöscht werden muss. Daher ist bei der Planung die Auswahl der Schaltgeräte nach der Aufgabenstellung von besonderer Bedeutung.

4.1.2 Einteilung der Schaltgeräte

Nach VDE 0660 unterscheidet man *Schalter, Anlasser* und *Steller, Steckvorrichtungen, Sicherungen* und *Zubehör*.

4.1.2.1 Schalter. Dies sind Schaltgeräte zum willkürlichen oder selbsttätigen Ein- und Ausschalten von Stromkreisen. Sämtliche zum Verbinden oder Unterbrechen erforderliche Teile sitzen fest auf einem Sockel. Für die Energieversorgung im Niederspannungsbereich ist die Gliederung der Schalter nach ihrem *Schaltvermögen* üblich. Danach unterscheidet man *Trennschalter* (Leerschalter), *Lastschalter, Motorschalter* und *Leistungsschalter*. Trennschalter dienen zum Schalten von stromlosen Kreisen. Lastschalter haben ein *Bemessungs-Ein-* und *Bemessungs-Ausschaltvermögen* bis etwa zum doppelten Bemessungsstrom.

Unter *Bemessungsstrom* versteht man hier den Effektivwert des Wechselstroms, mit dem das Gerät in normaler Atmosphäre bei gelegentlichem Schalten belastet werden kann, ohne dass seine Grenztemperatur und seine Grenzerwärmung überschritten werden. Motorschalter haben ein Bemessungs-Ein- und -Ausschaltvermögen, das sich nach dem Anlaufstrom der Motoren richtet. Leistungsschalter müssen hinsichtlich ihres Bemessungs-Ein- bzw. -Ausschaltvermögens die Forderungen der Kurzschlussbelastung erfüllen.

Dieser kurzen Übersicht steht in der Praxis eine sehr große Zahl von Konstruktionsformen gegenüber. Bild 4.1 zeigt einige Ausführungsbeispiele.

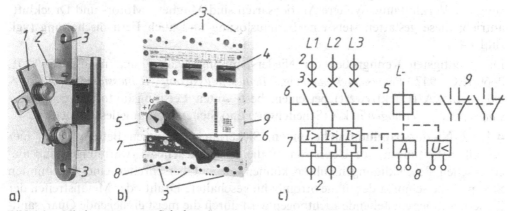

Bild 4.1 Niederspannungs-Schaltgeräte
a) einpoliger Trennschalter, b) dreipoliger Leistungsschalter (Moeller), c) Funktionsschaltung zu b)
1 Trennmesser mit Ringöse zur Schaltstangenbetätigung, *2* festes Schaltstück, *3* Anschlussstücke (in Bild b) verdeckt, *4* Schaltkammern mit Kontakten und Lichtbogenlöscheinrichtungen, *5* Schaltschloss mit mechanisch und elektrisch lösbarer Klinkensperre, *6* Schaltgriff für Drehschalter (auch Druck- und Kippschalter möglich), *7* Anrege- und Messblock zum Einbau von Modulen, *8* Module für Arbeitsstrom- und Unterspannungs-Auslöser sowie Datenfernübertragung, *9* Hilfsschalter

Für den Last- und Leistungsschalter ist das Hauptproblem die Löschung des beim Trennen der Kontakte auftretenden Lichtbogens. Diese Vorgänge werden in Abschn. 4.2.4 näher beschrieben. Jedoch werden in Niederspannungsschaltgeräten Druckluft, Gas oder Flüssigkeit als Löschmittel selten verwendet. Der Lichtbogen wird hier meist in Lichtbogenkammern, die die Trennstelle der Kontakte kaminartig umfassen, gelöscht. Sie verstärken den *thermischen Auftrieb,* der Lichtbogen wird länger und sein Spannungsbedarf bis zum Abreißen erhöht. In die Lichtbogenkammer eingebaute *Löschbleche* kühlen und entionisieren den Lichtbogen, so dass eine Wiederzündung (Rückzündung) nach dem Nulldurchgang des Stroms weitgehend vermieden wird. Zusätzlich können *Magnetblasspulen,* die vom zu unterbrechenden Strom durchflossen und vor die Lichtbogenkammer gesetzt werden, mit ihrem Magnetfeld den Lichtbogen verstärkt in die Kammer treiben. Weiterhin vermeiden Trennwände zwischen den Lichtbogenkammern jedes Stranges Überschläge zu benachbarten Kammern.

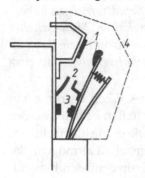

Bild 4.2 zeigt schematisch eine Schaltstückanordnung, bei der die Hauptschaltstücke *3,* die den Dauerstrom führen, vor Abbrand durch den Betriebsstrom geschützt sind. Die dreiteilige Schaltstückanordnung unterbricht den Strompfad stufenweise. Das Abreißschaltstück *1* unterbricht zuletzt und übernimmt den Lichtbogen. Die Verschleißteile des Abreißstücks sind auswechselbar.

Bild 4.2
Schaltstückanordnung eines Leistungsschalters
1 Abreißschaltstück, *2* Zwischenschaltstück, *3* Hauptschaltstück, *4* Lichtbogenkammer

Als Antrieb für Niederspannungsschalter überwiegt der Handantrieb. Falls Schutzeinrichtungen eingebaut sind, schalten diese über eine beim Einschalten gespannte Feder, deren Verklinkung im Schaltschloss gelöst wird, aus. *Arbeitsstromauslöser* (elektromagnetische Spannungsrelais) am Schaltschloss ermöglichen die Fernauslösung der Verklinkung. Weitere Antriebsarten sind Magnet-, Motor- und Druckluftantrieb; diese gestatten stets eine Fernauslösung und auch Ferneinschaltung (vgl. Bild 4.42).

Die wichtigsten Kenngrößen der Niederspannungsschalter sind nach DIN VDE 0660/IEC 947 *Bemessungsspannung, Bemessungsstrom, Bemessungsausschaltvermögen* in kA (Effektivwert) bei einem bestimmten Leistungsfaktor $\cos \varphi$, *Bemessungseinschaltvermögen* in kA (Scheitelwert) und Steuerspannung des Antriebs.

4.1.2.2 Niederspannungssicherungen. Sicherungen schützen Betriebsmittel, hier vor allem Leitungen, vor Überströmen, die zu gefährlichen Erwärmungen und mechanischen Beschädigungen führen können. Beim Überschreiten einer bestimmten Stromstärke schmilzt der in die Strombahn geschaltete Draht oder Metallstreifen der Sicherung. Der entstehende Lichtbogen wird durch die meist einliegende Quarzsandfüllung gelöscht. Der auf dem Schmelzeinsatz angegebene *Bemessungsstrom* ist der Strom, den dieser dauernd führen kann, ohne sich zu verändern und ohne dass die zugelassene Temperaturerhöhung überschritten wird. Der *Nichtauslösestrom* (I_{nt} nach DIN VDE 0100) ist der Strom, den die Sicherung während der Prüfdauer führen kann, ohne zu schmelzen. Die Strom-Zeit-Kennlinie (Auslösekennlinie) kennzeichnet das Verhalten des Schmelzeinsatzes. Die Ausschaltzeit hängt von der Temperatur und somit von der Stromstärke ab.

Im Schaltanlagenbau werden folgende Sicherungsarten verwendet:

Leitungsschutzsicherungen. LS-Sicherungen kennt man als Schraubsicherungen nach DIN VDE 0635 mit geschlossenem Schmelzeinsatz bis 200 A Bemessungsstrom und 750 V Bemessungsspannung. Sie werden vorwiegend in Installationsanlagen und Hilfsstromkreisen (s. Abschn. 4.3.6) verwendet.

Leitungsschutzschalter (Sicherungsautomaten). LS-Schalter mit dem Schaltzeichen nach Bild 4.3 b haben in vielen Fällen die Schmelzsicherung verdrängt, da sie nach dem Ansprechen nicht ausgewechselt werden müssen. Außerdem gibt es sie auch mit Meldekontakt *5*, der das Ansprechen sofort fernmeldet. Leitungsschutzschalter enthalten einen *thermischen* (Bimetall-)*Auslöser 3* als *Überlastschutz* (Überstromschutz) und eine *elektromagnetische Schnellauslösung 4* als *Kurzschlussschutz.* Je nach Anwendung werden sie mit unterschiedlichen Auslösekennlinien (*B, C, D, U*) nach DIN VDE 0641 ausgestattet. Bild 4.3 zeigt mit zulässigen Streubereichen die gängigen Auslösekennlinien *B* (Ersatz für *L*) für Haushalte und *C* für andere Anlagen, beide mit thermischem Überlastschutz *1* und Kurzschlussschutz *2* für Leitungen; sie können auch für Geräte angewendet werden. Beide Schutzsysteme entriegeln mechanisch das Schaltschloss im Ansprechfall, auch bei Festhalten des Betätigungshebels in Ein-Stellung. Man spricht von *Freiauslösung.* Sie werden meist auf Hutschienen montiert. Voraussetzung für den richtigen Einsatz ist die Kurzschlussberechnung gem. Abschn. 2.

Bild 4.3
Leitungsschutzschalter (Sicherungsautomaten) nach DIN VDE 0641
a) Auslösekennlinien mit Streubereichen nach IEC/EN 60 898,
b) Schaltzeichen
B Auslösecharakteristik für Haushalt o. ä. (Ersatz für *L*)
C Auslösecharakteristik für andere Anlagen
1 Überlastschutz ab 1.13 bis $1,45 \times I_r$, *2* Kurzschlussschutz ab 3 bis $5 \times I_r$ bei Typ *B*, ab 5 bis $10 \times I_r$ bei Typ *C*, *3* thermische, *4* magnetische Auslösung, *5* Meldekontakt (nur auf Wunsch)
I Auslösestrom, I_r Bemessungsstrom, t_a Ausschaltzeit des Leitungsschutzschalters

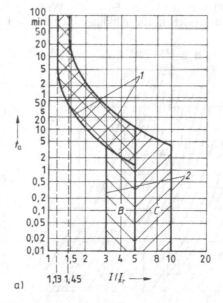

Das Schaltvermögen ist nach DIN VDE 0641 u. a. auf 6 kA bzw. 10 kA bei einem Leistungsfaktor $\cos\varphi = 0,6$ bis $0,7$ bzw. $0,5$ bis $0,6$ festgelegt. Steigt der Kurzschlussstrom über diese Werte an, ist eine derart bemessene Schutzeinrichtung (Leistungsschalter oder Schmelzsicherung) vorzuschalten, dass diese gemeinsam mit dem LS-Schalter abschaltet (Back-up-Schutz).

Niederspannungs-Hochleistungs-Sicherungen. NH-Sicherungen werden als Aufstecksicherungen mit Messerkontakten nach DIN VDE 0660 für Nennströme von 6 A bis

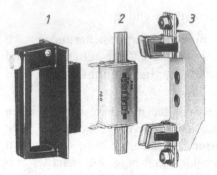

Bild 4.4   NH-Sicherung (2) mit Sicherungsunterteil (3) und Aufsteckgriff (1), meist mit Lichtbogenschutzhandschuh kombiniert

1250 A, nach der Normreihe R10 abgestuft (s. Abschn. 4.2.4.7) und Nennspannung 500 V (Bild 4.4) zum Schutz von Leitungen in Hauptstromkreisen sowie in größeren Verteilungen und als Vorsicherung vor Leistungsschaltern mit nicht ausreichendem Auschaltvermögen verwendet. NH-Sicherungen können Kurzschlussströme bis etwa 100 kA sicher ausschalten. Liegt die Schmelzzeit unter 5 ms bei der Netzfrequenz $f = 50$ Hz, also der Periodendauer $T = 20$ ms, so wirkt die NH-Sicherung als Strombegrenzung, so dass nicht einmal der gefürchtete Stoßkurzschlussstrom i_p erreicht wird (s. Bild 2.4). In Bild 4.5a sind die Strom-Zeit-Kennlinien, in Bild 4.5b die Strombegrenzungskennlinien von NH-Sicherungen angegeben. Hierbei ist I_p der (von der Sicherung nicht beeinflusste) prospektive Kurzschlussstrom nach DIN VDE 0636 (er kann gleich I_k'' gesetzt werden). Die Anwendung dieser Kennlinie zeigt folgendes Beispiel.

Beispiel 4.1. Die Kurzschlussberechnung einer Energieübertragung liefert den Anfangskurzschlusswechselstrom $I_k'' = I_p = 20$ kA. An der Fehlerstelle ist eine NH-Sicherung mit dem Nennstrom 100 A eingeschaltet. Es ist die Wirkung der Strombegrenzung für verschiedene Stoßziffern zu untersuchen. Der Abklingfaktor ist $\mu = 1$.

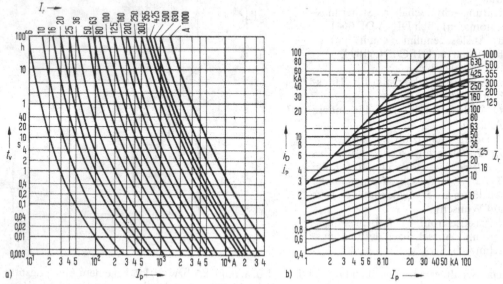

Bild 4.5   Schutzwertkennlinien von NH-Sicherungen
a) Strom-Zeitkennlinien, b) Begrenzungskennlinien
i_D Durchlassstrom, I_r Bemessungsstrom der Sicherung, I_p (prospektiver) Ausschaltstrom nach DIN VDE 0636, i_p Stoßkurzschlussstrom, t_v Verzugszeit
1 obere Grenze des Stoßkurzschlussstroms i_p (Stoßfaktor $\kappa \approx 1,9$)

Aus Gl. (2.22) ergibt sich für den Stoßfaktor $\kappa = 1,8$ der Stoßkurzschlussstrom $i_p = \kappa \sqrt{2}\,I_k'' =$ $1,8 \cdot \sqrt{2} \cdot 20\,\text{kA} = 50,9\,\text{kA}$. Aus Bild 4.5b folgt aber, dass der Kurzschlussstrom auf den Durchlassstrom (Scheitelwert) $i_D = 12\,\text{kA}$ begrenzt wird (gestrichelt eingezeichnet). Tritt kein Gleichstromglied auf, ist also $\kappa = 1$, so ist die Strombegrenzung dennoch wirksam, da der Stoßkurzschlussstrom $i_p = 1 \cdot \sqrt{2} \cdot 20\,\text{kA} = 28,3\,\text{kA}$ immer noch größer als der Durchlassstrom ist. Bei gleichem Stoßfaktor $\kappa = 1$ kann dieselbe Sicherung den Kurzschlussstrom $I_k'' = 5\,\text{kA}$ jedoch nicht mehr begrenzen, da der Schnittpunkt aus diesem Wert und dem Bemessungsstrom der Sicherung 100 A oberhalb der Parameterkennlinie $\kappa = 1$ liegt. Die Ausschaltzeit liegt für beide erstgenannten Fälle unter 3 ms (s. Bild 4.5a).

4.1.2.3 Sicherungstrennschalter. Um Sicherungen gefahrlos auswechseln zu können, setzt man sie in einen Trennschalter ein, der bis etwa 90° aufklappbar ist. So entsteht gleichzeitig eine sichtbare Trennstrecke (Bild 4.6). Man trifft sie (1-polig und 3-polig) z. B. in Verteilerschränken an Straßen an. Mit Lichtbogenkammern und Abreißhörnern wird aus ihm ein *Sicherungslasttrennschalter,* der auch unter Last schalten kann, aber keinen Kurzschluss.

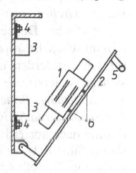

Bild 4.6
Sicherungstrennschalter für Niederspannung (Schema, s. Anhang 5.)
1 NH-Sicherung, *2* Klappdeckel mit Haltevorrichtung für NH-Sicherung *1*, ausklinkbar zum gefahrlosen Wechsel der Sicherung, *3* feststehende Schaltstücke, *4* Anschlussfahnen, *5* Griff zum Trennen, *6* isolierte Grifflaschen

4.2 Schaltgeräte für Hochspannung

Die grundsätzlichen Betrachtungen in Abschn. 4.1 gelten auch für Hochspannungs-Schaltgeräte. Diese sind jedoch höheren Beanspruchungen ausgesetzt, da die Übertragungsleistungen wesentlich größer sind. Daher sind die Anforderungen an die Leistungsschalter besonders groß. Für Hochspannungs-Schaltgeräte gilt DIN VDE 0670.

4.2.1 Einteilung der Schaltgeräte

Im Schaltanlagenbau ist folgende Einteilung üblich: *Trennschalter* zum Herstellen einer sichtbaren Trennstrecke zwischen ausgeschalteten und unter Spannung stehenden Anlagenteilen, *Lasttrennschalter* zum Ein- und Ausschalten von Betriebsströmen des Normalbetriebs bei einem Leistungsfaktor $\cos\varphi \geq 0,65$, *Leistungsschalter* zum Ein- und Ausschalten von Betriebs- und Kurzschlussströmen und *Hochspannungs-Hochleistungs-Sicherungen* als reine Schutzgeräte gegen Kurzschlusswirkungen.

Alle Schaltgeräte werden durch *Bemessungsgrößen* gekennzeichnet. Die wichtigsten sind *Bemessungsspannung, Bemessungsstrom, Bemessungs-Stehwechselspannung* und *Bemessungs-Kurzzeitstrom* (meist auf 3 s bezogen), üblicherweise in kA angegeben.

4.2.2 Trennschalter

Trennschalter müssen grundsätzlich leistungslos schalten; sie weisen daher keine Einrichtungen zum Löschen des Lichtbogens auf. Die Schaltstücke werden sichtbar in einer Luftstrecke getrennt.

Trennschalter haben die Aufgabe, Anlagenteile für Revisionen, Erweiterungen usw. sichtbar abzutrennen, damit diese Arbeiten im spannungslosen Zustand durchgeführt werden können. Vorher muss der Strom aber von einem Leistungsschalter unterbrochen werden. Um Fehlschaltungen zu vermeiden, werden Trennschalter und Leistungsschalter häufig mechanisch oder elektrisch gegeneinander verriegelt (s. Abschn. 4.3.6.4) oder von einer Programmsteuerung, die Irrtümer ausschließt, geschaltet (s. Abschn. 4.3.6.2). Trennschalter werden stets auf *der* Seite eingebaut, von der Spannung ansteht, bei zweiseitiger Speisung also auf beiden Seiten des Leistungsschalters.

Typische Bauformen sind im Mittelspannungsbereich *Hebeltrennschalter,* im Bereich bis Nennspannung 110 kV *Dreh-* oder *Klapptrennschalter,* im Höchstspannungsbereich *Greifer-* oder *Scherentrennschalter.* Bild 4.7 a bis d zeigt einige Bauformen in schematischer Darstellung. Alle Konstruktionsformen müssen den thermischen und dynamischen Beanspruchungen im Normalbetrieb und im Kurzschlussfall gewachsen sein. Außerdem müssen die drei Schalterpole untereinander und gegen Erde eine sichere Isolierstrecke gewährleisten. Die wichtigsten Kenngrößen sind daher *Bemessungsspannung, Bemessungs-Stehwechselspannung, Bemessungsstrom,* zulässige *Stoßkurzschlussstromfestigkeit* und zulässiger *Bemessungskurzzeitstrom* (3 sec). Die Forderung nach ausreichender mechanischer Festigkeit gegenüber dem Stoßkurzschlussstrom führt u. U. zu einem größeren Bemessungsstrom als für Normalbetrieb erforderlich ist. Tabelle 4.8 gibt Richtwerte für die Zuordnung der Kenndaten von Trennschaltern. Für den Antrieb kommen Hand-, Motor- und Druckluftbetätigung in Frage. Die Schaltgeschwindigkeit ist jedoch relativ langsam.

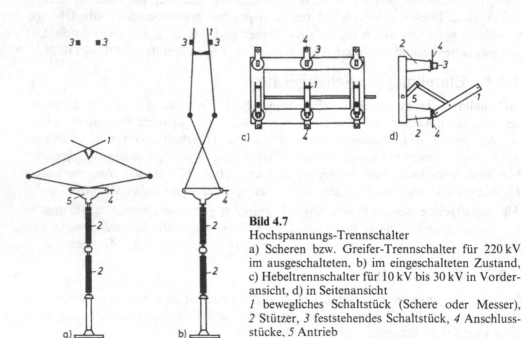

Bild 4.7
Hochspannungs-Trennschalter
a) Scheren bzw. Greifer-Trennschalter für 220 kV im ausgeschalteten, b) im eingeschalteten Zustand, c) Hebeltrennschalter für 10 kV bis 30 kV in Vorderansicht, d) in Seitenansicht
1 bewegliches Schaltstück (Schere oder Messer), *2* Stützer, *3* feststehendes Schaltstück, *4* Anschlussstücke, *5* Antrieb

Tabelle 4.8 Richtwerte für die Zuordnung von Bemessungsstoßstrom i_{pr}, Bemessungskurzzeitstrom I_{thr} und Bemessungsstrom I_r bei dreipoligen Trennschaltern verschiedener Bemessungsspannungen U_r sowie bei dreipoligen Lasttrennschaltern für Mittelspannung 10 kV bis 30 kV

U_N/U_r in kV	i_{pr} in kA	I_{thr} in kA	I_r [2]) in A
10/12 [1]) bzw. 20/24 bzw. 30/36	40	16	400
	63	25	630
	100	40	630 bis 2000
	125	50	1250 bis 3150
110/123	50	20	1250
	63	25	1250 bis 2000
	100	40	1600 bis 2500
220/250	50	20	1250 bis 2000
	80	31,5	1250 bis 2000
380/420	80	31,5	2000
	100	40	2000

[1]) Der jeweils zweite Wert bei U_N/U_r ist die nach DIN VDE 0670/IEC 947 zulässige höchste Betriebsspannung von Betriebsmitteln in Schaltanlagen (Bemessungsspannung).
[2]) Bei Lasttrennschaltern auch Bemessungsausschaltstrom I_{ar}.

4.2.3 Lasttrennschalter

In Mittelspannungsschaltanlagen (10 kV bis 30 kV) bedeutet der Einsatz eines Leistungsschalters und der zugehörigen Trennschalter je Abgang und Einspeisung (s. Bild 4.34) dann einen erheblichen Aufwand, wenn die Betriebsströme relativ klein sind. In diesen Fällen können Schaltgeräte mit geringerem Schaltvermögen eingesetzt werden als es die Kurzschlussverhältnisse verlangen, nämlich Lasttrennschalter. Sie sind Trennschalter mit einer sichtbaren Trennstrecke und einer Lichtbogen-Löscheinrichtung an den Stützern des Einschlagkontaktes.

Bei der in Bild 4.9 dargestellten Ausführung befindet sich zwischen den beiden Hauptmessern 7 jedes Pols ein Abreißmesser 6, das beim Ausschalten als letztes den Strom mit hoher Schaltgeschwindigkeit unterbricht, wenn eine Rückholfeder in der Schaltkammer 2 den Abreißkontakt 3 zurückzieht. Die das Abreißmesser bzw. den Abreißkontakt umfassenden Löschbacken geben infolge der Hitze des Lichtbogens Gas ab, das den Lichtbogen kühlt und die Löschung erleichtert.

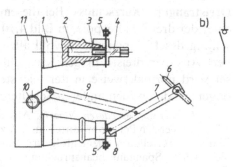

Bild 4.9
Lasttrennschalter für 10 kV oder 20 kV
a) Schnittbild, b) Schaltkurzzeichen
1 oberer Schützer, *2* Löschkammer, *3* Abreißkontakt, *4* oberer Hauptkontakt (Einschlagkontakt), *5* Anschlussstücke, *6* Abreißmesser, *7* Hauptmesser, *8* unterer Hauptkontakt, *9* Schalthebel, *10* Schalterwelle, *11* Schalterrahmen

In wichtigen Schaltanlagen werden Trenner häufig durch Lasttrennschalter ersetzt, um die etwas aufwendigen Verriegelungsschaltungen (s. Abschn. 4.3.6.4) zu vermeiden, mit denen man Fehlschaltungen (z. B. Ziehen eines Trennschalters unter Last) verhindern kann. Außerdem werden Lasttrennschalter zum Schalten von Transformatoren (Bild 4.33), Ringleitungen (Bild 4.35) und Hochspannungsmotoren verwendet.

Den Kurzschlussschutz durch Abschalten übernehmen Hochspannungs-Hochleistungs-Sicherungen (s. Abschn. 4.2.5), die oft auf den gleichen Rahmen gesetzt werden. Schlagbolzen, die nach dem Ansprechen der Sicherung aus dieser herausspringen, können über ein Gestänge auf das Schaltschloss des Lasttrennschalters wirken und ihn dann allpolig ausschalten. Lasttrennschalter werden als Haupt- und Übergabeschalter in kleinen Verteilungsanlagen des Mittelspannungsbereichs verwendet. In Ortsnetzen schalten sie Leerlauf- und Betriebsströme von Transformatoren. Lasttrennschalter können mit Antriebselementen (Motor-, Druckluftantrieb) für die Fernschaltung ausgerüstet werden.

Die wichtigsten Kenngrößen der Lasttrennschalter sind *Bemessungsspannung*, *Bemessungs-Stehwechselspannung*, *Bemessungsstrom*, *Bemessungsausschaltvermögen* bei einem bestimmten *Leistungsfaktor* (meist $\cos \varphi = 0,65$ ind.), *Bemessungseinschaltvermögen*, *Bemessungskurzzeitstrom* und *Bemessungsstoßstromfestigkeit*.

4.2.4   Leistungsschalter

Leistungsschalter haben die Aufgabe, Stromkreise mit allen im Normalbetrieb und im Störungsfall (Kurzschluss, Erdschluss usw.) vorkommenden Strömen beliebiger Phasenlage willkürlich oder selbsttätig ein- und auszuschalten. Unter *willkürlicher* Schaltung versteht man den Eingriff durch das Bedienungspersonal; unter *selbsttätiger* Schaltung die Betätigung durch Schutzeinrichtungen oder automatische Steuereinrichtungen (z. B. KU-Schaltungen, Rechner usw.). In Anlagen mit Kurzunterbrechung KU muss der Leistungsschalter die Schaltfolge AUS-EIN-AUS bewältigen. Nicht jeder Schalter ist hierzu geeignet (s. a. Bild 3.40).

4.2.4.1 Schaltaufgaben bei Wechselstrom. Neben dem Einschalten von Stromkreisen unter verschiedensten Bedingungen muss der Leistungsschalter einige Ausschaltvorgänge beherrschen, die mit direkten oder synthetischen Prüfschaltungen (s. Abschn. 4.2.7) untersucht werden [41].

Dreisträngiger Kurzschluss. Bei diesem zunächst symmetrischen Fehler unterbricht einer der drei Schalterpole, in Bild 4.10 der Pol *L1*, bei *1* zuerst den Strom durch Löschung des Lichtbogens, obwohl alle drei Schalterpole mechanisch gleichzeitig öffnen. Aus dem dreisträngigen Kurzschluss ist nun ein zweisträngiger geworden. Dieser wird normalerweise in der nächsten Viertelperiode durch Löschung des Lichtbogens in den beiden anderen Schalterpolen beseitigt, wie Bild 4.10 b bei *2* zeigt.

Im *nicht wirksam geerdeten Netz* (s. Abschn. 2.3.5) wird der Kurzschlusspunkt K nach Löschung des ersten Pols vom Mittelpunkt N zum Punkt K' in der Mitte der Dreieckseite *L2L3* in Bild 4.10c verschoben. Demzufolge tritt am erstlöschenden Schalterpol für $f_E = \sqrt{3}$ mit $1,5\, U_\perp$ die höchste Spannungsbeanspruchung auf. Dagegen werden die beiden zuletzt löschenden Schalterpole weniger von der Spannung als vom zeitlich länger fließenden Strom beansprucht.

a) Ersatzschaltung, b) Spannungs- und Stromverlauf in den drei Strängen *L1, L2, L3*, c) Zeigerdiagramm der Spannungen X_k Kurzschlussreaktanz, C_b Betriebskapazität, S Leistungsschalter, K Kurzschlussstelle, K' Kurzschlusspunkt beim zweisträngigen Kurzschluss, U_λ symmetrische Sternspannung, u_w wiederkehrende Spannung (Zeitwert) *1* Schalterpol *L1* löscht, *2* Schalterpole *L2* und *L3* löschen

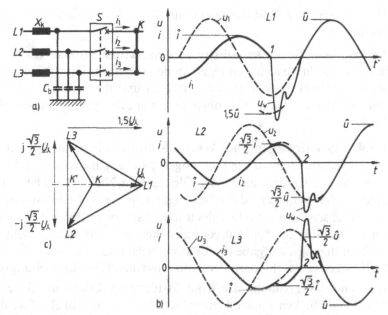

Bild 4.10 Ausschaltung eines dreisträngigen Kurzschlusses

Im *wirksam geerdeten Netz* tritt für $f_E = 1$ am erstlöschenden Schalterpol beim dreisträngigen Kurzschluss mit Erdberührung nur die Sternspannung U_λ auf. Liegt keine Erdberührung vor, kann in seltenen Fällen die Spannung höher sein. Für größere Erdfehlerfaktoren f_E sind die Spannungsbeanspruchungen entsprechend größer.

Kurzunterbrechung. Leistungsschalter für Kurzunterbrechung KU erhalten einen Antrieb, der die Schaltfolge AUS-EIN-AUS durchführen kann. Näheres s. Abschn. 3.4.4.5.

Abstandskurzschluss. Dies ist ein Kurzschluss in der Entfernung von einem bis einigen km vom Leistungsschalter der speisenden Station. Der Kurzschlussstrom ist nur wenig kleiner als bei einem Fehler unmittelbar hinter dem Leistungsschalter; zwar ist die Spannung dort nicht Null, aber die wiederkehrende Spannung (Einschwingspannung) kann mit hoher Eigenfrequenz und deshalb mit großen Anfangssteilheiten (s. Abschn. 4.2.4.2) vor allem am erstlöschenden Schalterpol auftreten. Die Schaltstrecke wird dann stärker von der Spannung als vom Strom beansprucht.

Phasenopposition. Hierunter versteht man den Zustand zweier nicht mehr synchroner Netze zu einem Zeitpunkt, in dem die Sternspannungen $\underline{U}_\lambda$ jedes Teilnetzes je Strang gerade um 180° gegeneinander verdreht sind, z. B. während des Synchronisierens im Kraftwerk. An der Schaltstrecke des Kuppelschalters tritt je Strang dann die doppelte Sternspannung $2\,U_\lambda$ auf.

Doppelerdschluss. Bei diesem Fehler nach Bild 2.2a wird z. B. der Schalterpol *L3* von einem Strom der Größenordnung des zweisträngigen Kurzschlussstroms durchflossen, wenn die Erdübergangswiderstände nicht zu groß sind. Nach Löschung des Lichtbogens im Schalterpol *L1* wird bei Vernachlässigung der Spannung im Erdreich der Schalterpol *L3* mit der Spannung $U_{31} = U_\triangle = \sqrt{3}\,U_\curlywedge$, also der Leiterspannung, beansprucht.

Ausschaltung kleiner kapazitiver oder induktiver Ströme. Kleine kapazitive Ströme treten in leerlaufenden Leitungen an deren Betriebskapazitäten auf, kleine induktive Ströme in unbelasteten Transformatoren und ihren Zuleitungen. Die Ausschaltung solcher Ströme kann zu hohen Spannungsbeanspruchungen führen (s. Abschn. 3.3.1).

4.2.4.2 Schaltvorgang bei Wechsel- und Drehstrom. Bei der Unterbrechung eines Gleichstroms muss die Lichtbogenspannung im Schaltgerät größer als die Quellenspannung werden, damit der Gleichstrom Null wird. Die stets vorhandenen Induktivitäten behindern die Löschung, da sie die Differenzspannung $L\,\mathrm{d}i/\mathrm{d}t$ liefern. Ein Wechselstrom erreicht jedoch innerhalb einer Periode zweimal den Nulldurchgang. Der über der Schaltstrecke anstehende Lichtbogen erlischt im Augenblick des Nulldurchgangs. Aufgabe des Leistungsschalters ist es nun, eine Wiederzündung des Lichtbogens zu verhindern. Deshalb muss man seine Entstehungsursache kennen.

Während der Trennung der Kontaktstücke wird die Anzahl der Kontaktstellen an den Schaltstücken immer kleiner. Kurz vor dem Abheben ist die Stromdichte im Gebiet der *Stromenge* so groß, dass sich eine Schmelzbrücke bildet, die den Beginn des Lichtbogens darstellt (Bild 4.11). Der Stromkreis bleibt so lange geschlossen, wie der Lichtbogen brennt. Hierzu ist eine ausreichende Lichtbogenspannung u_{Li}

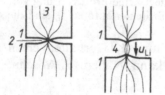

Bild 4.11
Schema einer Schaltstrecke
a) kurz vor, b) kurz nach der Trennung
1 Schaltstücke, *2* Gebiet der Stromenge, *3* Strömungsfeld,
4 Lichtbogen mit Lichtbogenspannung u_{Li}

erforderlich. Sie steigt mit zunehmender Schaltstückentfernung an. Die *Wiederzündung* (Rückzündung) des Lichtbogens kann demnach durch Erhöhung des Spannungsbedarfs am Lichtbogen verhindert werden, so dass die wiederkehrende Spannung u_{w} zur Zündung eines neuen Lichtbogens nicht mehr ausreicht. Das geschieht durch Kühlung des Lichtbogens mit gasförmigen oder flüssigen Löschmitteln (s. Abschn. 4.2.4.4), bis die Schaltstrecke entionisiert und somit elektrisch verfestigt ist. Hier wird dem Lichtbogen Energie entzogen. Da aber der Strom vom äußeren Kreis nahezu konstant gehalten wird, muss die Lichtbogenspannung ansteigen. Reicht die Netzspannung nicht mehr aus, um diesen Bedarf zu decken, so erlischt der Lichtbogen; der Schaltvorgang ist beendet. Mit der Lichtbogenspannung steigt auch die Lichtbogenleistung P_{Li} (Bild 4.12). Die während des Schaltvorgangs in Wärme umgesetzte Lichtbogenenergie (schraffierte Fläche) nennt man *Schaltarbeit* *W*. Sie (und nicht die symmetrische Ausschaltleistung S_{a}) beansprucht die Schaltstrecke durch Wärme- und Druckwirkung.

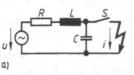

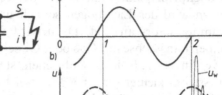

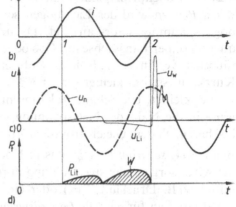

Bild 4.12
Ausschaltvorgang im stark induktiven Wechselstromkreis
a) Ersatzschaltung, b) Stromverlauf, c) Verlauf von Netzspannung u_n, Lichtbogenspannung u_{Li} und wiederkehrender Spannung u_w, d) Verlauf der Lichtbogenleistung P_{Lit}
1 Schaltstücktrennung, *2* Lichtbogenlöschung, *W* Schaltarbeit

4.2.4.3 Wiederkehrende Spannung.

Die Löschfähigkeit eines Leistungsschalters hängt besonders von der Form der wiederkehrenden Spannung (Einschwingspannung) u_w am Einbauort ab. Bei dem in Bild 4.12 dargestellten Einschwingvorgang ist angenommen, dass der Strom im zweiten Nulldurchgang *2* nach der Trennung der Kontakte *1* erlischt. Die Spannung über der Schaltstrecke geht von der Lichtbogenspannung u_{Li} in den Zeitwert u_n der Netzspannung über; d. h., die Netzkapazität C wird von der Lichtbogenspannung auf die Netzspannung umgeladen. Dies geschieht wegen der stets vorhandenen Induktivität L und der Dämpfungswiderstände R als freie, gedämpfte Schwingung [42]. Bild 4.13 zeigt den Einschwingvorgang in vergrößerter Darstellung. Er wird durch den *Amplitudenfaktor* $\hat{u}_w/\hat{u}_n$ und die *Einschwingperiodendauer* T_e bzw. die *Einschwingfrequenz* des Netzes $f_e = 1/(2\pi\sqrt{LC}) = 1/T_e$ beschrieben. Das Ausschalten wird demnach umso schwieriger sein, je größer Amplitudenfaktor *und* Einschwingfrequenz der wiederkehrenden Spannung sind. Umgekehrt werden die Löschbedingungen erleichtert, wenn Strom und Spannung des Kurzschlusskreises weniger als 90° ($\varphi_k < 90°$) phasenverschoben sind, weil dann die wiederkehrende Spannung nicht mehr auf den Scheitelwert $\hat{u}_n$ der Netzspannung einschwingen muss.

Der Amplitudenfaktor $\hat{u}_w/\hat{u}_n$ liegt in praktischen Fällen zwischen 1,8 und 1,0; die Eigenfrequenz f_e reicht von 500 Hz in Höchstspannungsnetzen bis zu 50 kHz an Kraftwerks-Sammelschienen. Die Steilheit der Einschwingspannung kann 1000 V/µs betragen.

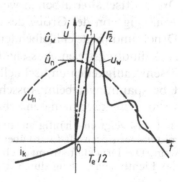

Bild 4.13
Wiederkehrende Spannung und Festigkeit einer Schaltstrecke
u_n Netzspannung, u_w wiederkehrende Spannung, i_k Kurzschlussstrom, T_e Einschwingperiodendauer, F_1 und F_2 Linien der wiederkehrenden Festigkeit

4.2.4.4 Löschprinzipien. Man unterscheidet zwei Löschprinzipien: Beim *Gleichstrom-Prinzip* wird der Lichtbogen schnell und intensiv gekühlt, damit die Lichtbogenspannung sofort ansteigt. Dazu wird der Lichtbogen in der Schaltkammer quer zu seiner Längsachse mit Gas oder Öl beblasen. Wird der Lichtbogen zusätzlich räumlich verlängert, z. B. in Löschblechen, steigt also sein Widerstand, so wird der Kurzschlussstrom kleiner, und bei Wechselstrom wird außerdem der Kurzschlusswinkel kleiner. Die Schaltstrecke löscht den Lichtbogen, wenn die Lichtbogenspannung in die Nähe der Netzspannung gelangt. Magnetblasschalter und Sicherungen löschen nach dem Gleichstrom-Prinzip.

Beim *Wechselstrom-Prinzip,* das in Hochspannungs-Schaltgeräten meistens verwendet wird, sorgen intensive Kühlung durch flüssige (z. B. Öl) oder gasförmige Löschmittel (z. B. Druckluft, SF_6) oder ein Vakuum von weniger als 10^{-4} mbar in der Schaltkammer für schnelle *Entionisierung* der Schaltstrecke bei den Nulldurchgängen des Stroms. Hierdurch wird die Schaltstrecke elektrisch verfestigt. Die wiederkehrende Spannung u_w baut sich an der Kapazität C des Netzes und somit an der über den Kurzschluss K parallel liegenden Schaltstrecke (s. Bild 4.12) auf.

Nimmt man z. B. an, die Kennlinie der wiederkehrenden Spannungsfestigkeit der Schaltstrecke (Bild 4.13) verliefe nach Kurve F_2, so würde im 1. Schnittpunkt mit der wiederkehrenden Spannung u_w eine Wiederzündung erfolgen. Der Strom fließt dann bis zum nächsten Nulldurchgang (eine Halbschwingung). Liegt die wiederkehrende Festigkeit höher, folgt also Kurve F_1, so kommt es nicht zur Wiederzündung. Es liegt daher nahe, auch die Anstiegsteilheit und die Höhe der wiederkehrenden Spannung zu beeinflussen – z. B. durch einen parallel zur Schaltstrecke liegenden Widerstand, der nach dem Löschen unter leichteren Schaltbedingungen von einer 2. Schaltstrecke ausgeschaltet wird.

In der Höchstspannungstechnik hat sich die Mehrfach-Unterbrechung bewährt. Dabei wird jeder Pol in mehrere in Reihe liegende Schaltstrecken unterteilt, die alle gleichzeitig öffnen. Jede Schaltstrecke unterbricht zwar den vollen Strom, auf die einzelnen Schaltstrecken entfällt jedoch nur ein Teil der wiederkehrenden Spannung (Bild 4.15). Damit die Spannung gleichmäßig auf jede Schaltstrecke verteilt wird, schaltet man parallel zu jeder Schaltstrecke Kondensatoren *9,* deren Kapazität wesentlich größer als die natürlichen Kapazitäten der Schaltstrecken ist.

4.2.4.5 Ausführungsarten. Die zur Löschung des Lichtbogens verfügbaren flüssigen und gasförmigen (bis zum Vakuum) Löschmittel, die stets den Lichtbogen kühlen und die Schaltstrecke entionisieren müssen, haben zu vier typischen Ausführungsarten von Leistungsschaltern geführt.

Druckluftschalter arbeiten weitgehend mit stromunabhängiger Löschung; d. h., unabhängig von der Größe des Ausschaltstroms I_a strömt Druckluft mit konstantem Druck und in gleichbleibender Menge in die Schaltkammer bzw. Schaltstrecke. Zum rückzündungsfreien Ausschalten von kapazitiven Strömen sind große Schaltstiftgeschwindigkeiten und schneller Druckaufbau in der Löschkammer zu fordern. Um Überspannungen beim Ausschalten kleiner induktiver Ströme (s. Abschn. 3.3.1.4) zu vermeiden, kann man den Schalter mit Dämpfungswiderständen ausrüsten.

Bild 4.14 zeigt eine häufig anzutreffende Ausführung mit Druckluft als Lösch- und Antriebsmittel. Der Löschstift *1* wird über einen Antriebshebel *12* vom Druckluftantrieb nach unten bewegt. Die Druckluft strömt nach Öffnen des Blasventils *8* in die Löschkammer *3* vorwiegend am Lichtbogen entlang durch den Schalldämpfer und Kühler *5* der heißen, ionisierten Luft nach draußen. Ein Teil des Löschmittels Luft gelangt durch den hohlen Löschstift *1* nach unten ins Freie. Hierbei wird der Fußpunkt des Lichtbogens besonders stark gekühlt, so dass schließlich der Lichtbogen in den ersten beiden Nulldurchgängen löscht. Die Schaltarbeit bleibt klein, wenn die Lichtbogenlänge klein gehalten wird. Der Schaltstückabstand muss jedoch so groß werden, dass die wiederkehrende Spannung (s. Abschn. 4.2.4.3) nicht zur Wiederzündung führt.

SF₆-Leistungsschalter benutzen Schwelhexafluorid SF_6 als gasförmige Isolier- und Löschmittel. Es hat eine gegenüber Luft bei gleichem Druck bis zu dreifach größere elektrische Festigkeit, die sich z. T. aus der Elektronegativität des Gases [31], das freie und somit leitfähige Elektronen an die Moleküle bindet, ergibt. Entscheidend für das Löschvermögen von SF_6 ist seine gute Wärmeleitfähigkeit, die im Bereich des Stromnulldurchgangs den Lichtbogen rasch kühlt und entionisiert.

Bei dem in Bild 4.15 mit zwei in Reihe liegenden, horizontalen Schaltkammern *3* ausgerüsteten Leistungsschalter wird erst während der Ausschaltbewegung SF_6 im beweglichen Schaltzylinder *5* auf den für die Lichtbogenlöschung

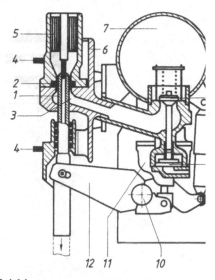

Bild 4.14
Leistungsschalter mit Druckluft als Antrieb und Löschmittel sowie mit sichtbarer Trennstrecke
1 beweglicher Schaltstift (Löschstift), *2* feststehender Ringkontakt, *3* Löschkammer, *4* Anschlussbolzen, *5* Dämpferkammer, *6* Gießharzisolator, *7* Druckluftbehälter, *8* Blasventil zur Löschkammer, *9* Blasventilantrieb, *10* Schalterwelle, *11* Druckluftantrieb, *12* Antriebshebel

notwendigen Druck verdichtet. Nach Freigabe des Düsenmunds *4* entspannt sich das Gas in den Schalterkessel und kühlt dabei die Schaltstrecke, so dass der Stromfluss in einem der ersten Nulldurchgänge unterbrochen wird. Vor und nach der Ausschaltung weist das SF_6-Gas in der Schaltkammer nur den für die Isolierung notwendigen Druck auf. Dieser kann so niedrig (etwa 6 bar) gewählt werden, dass eine Heizung zur Vermeidung der Gasverflüssigung nicht erforderlich ist. Die Schaltstrecke in Bild 4.15 kann vertikal und horizontal angeordnet werden. Das Ausschaltvermögen *einer* Schaltkammer beträgt heute schon 40 kA bei der Spannung 245 kV. Mehrere Schaltkammern in Reihe erhöhen das Ausschaltvermögen.

Flüssigkeitsschalter. *Ölarme Leistungsschalter* arbeiten vorwiegend mit *stromabhängiger* Löschung und erzeugen die zur Stromunterbrechung erforderliche Löschmittelmenge mit Hilfe der Lichtbogenenergie selbst. Hierbei treten mehrere vom Strom erzeugte Löscheffekte auf. Beim *Wasserstoffeffekt* entsteht bei der Zersetzung der Schaltflüssigkeit durch den Lichtbogen Wasserstoffgas, das wegen seiner guten Wärmeleitfähigkeit den Lichtbogen kühlt. Beim *Strömungseffekt* entsteht in der Löschkammer als Folge des Stromes mit Wärme und Druck eine Flüssigkeitsströmung, die etwa die gleiche Wirkung wie die Druckluft im Druckluftschalter hat; nur tritt hier die Löschflüssigkeit nicht nach außen in den freien Raum. Der *Expansionseffekt* kann folgendermaßen erklärt werden: Die hohe Lichtbogentemperatur lässt um den Lichtbogenkern einen Mantel aus überhitztem Dampf entstehen. Da nun im Null-

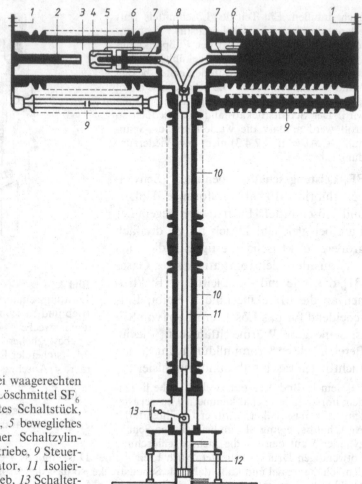

Bild 4.15
Leistungsschalter mit zwei waagerechten
Schaltkammern und mit Löschmittel SF$_6$
1 Anschlussstücke, *2* festes Schaltstück,
3 Schaltkammer, *4* Düse, *5* bewegliches
Schaltstück, *6* beweglicher Schaltzylinder, *7* Schaltstange, *8* Getriebe, *9* Steuer-
kondensator, *10* Erdisolator, *11* Isolier-
stange, *12* Hydraulikantrieb, *13* Schalter-
stellungsmelder

durchgang des Stromes Lichtbogenleistung und somit Druckerzeugung zurück-
gehen, wird das Gleichgewicht zwischen Druck und Temperatur an der Grenze zwischen Dampf und Flüssigkeit gestört. Durch die explosionsartig sich anschließende
Nachverdampfung werden Flüssigkeitstropfen bis in den Lichtbogenkern gedrückt,
wo sie intensiv kühlend wirken.

Die drei genannten Effekte treten meist gemeinsam auf. Bei kleinen Ausschalströmen wirkt
sich der Wasserstoffeffekt besonders aus. Größere Ausschalströme werden hauptsächlich vom
Strömungs- und Expansionseffekt bewältigt.

Von den vielen Ausführungsarten mit flüssigen Löschmitteln soll hier die Wirkungsweise des
ölarmen Leistungsschalters nach Bild 4.16 beschrieben werden. Die hohe Temperatur des
Lichtbogens zersetzt einen Teil des Öls zu einem Gas, das wegen des begrenzten Volumens der
Löschkammer unter hohen Druck gerät. Nach Öffnung der Querströmkanäle in der Löschkammer 3 entsteht eine senkrecht zur Lichtbogenachse gerichtete Abströmung der Schaltgase
in den druckfreien Raum 5 oberhalb der Löschkammer. Eine weitere stromunabhängige, durch
den Volumenausgleich während der Bewegung des Schaltstifts 1 nach unten hervorgerufene Öl-

Bild 4.16
Leistungsschalter (ölarm) mit Öl als Löschmittel
1 beweglicher Schaltstift, *2* fester Rundkontakt, *3* Löschkammer mit Querströmkanälen, *4* Anschlussbolzen, *5* Druckausgleichskammer, *6* Löschkammermantel, *7* Kontaktrollen, *8* Befestigungsflansch, *9* Löschmittel Öl, *10* Ölablassschraube, *11* Ölstandsanzeiger, *12* Antriebsgestänge

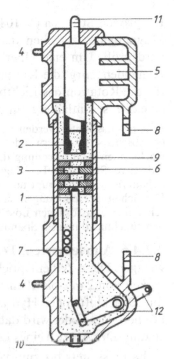

strömung aus dem Schalterunterteil, unterstützt die Löschmittelströmung durch Überlagerung. So wird beim Ausschalten kleiner Ströme weniger Druck und folglich weniger Löschmittel Gas erzeugt; denn die für die Stromunterbrechung wesentliche Gasdichte in der Schaltkammer *3* ist der zuvor vom Lichtbogen erzeugten Gasmenge direkt und dem für diese Gasmenge zur Verfügung stehendem Volumen umgekehrt proportional. Selbstverständlich darf hier im Gegensatz zum Druckluftschalter kein Löschmittel nach außen dringen.

Vakuumleistungsschalter wurden u. a. für sehr große Schaltspielzahlen (100 mal Kurzschlussstrom, 20000 mal Bemessungsstrom, 1000 mal Kurzunterbrechung mit 2 kA) auch bei großen Strömen für Mittelspannung bis 70 kV entwickelt. Die Schaltkammer *3* in Bild 4.17 besteht aus einem hochevakuierten Gehäuse *4* und *8*, in dem sich ein fester Kontakt (Elektrode) *1* und ein vom Antrieb *11* bewegter Kontakt *2* gegenüberstehen. Der Metallfaltenbalg *5* bildet den hermetischen Abschluss zwischen Außenluft und Kammerinnerem. Die hohe dielektrische Festigkeit des Vakuums (mindestens 10^{-4} bar bis 10^{-9} bar) erlaubt kleine Abstände (10 mm) der Kontakte *1* und *2*. Wegen der geringen Lichtbogenlänge und des niedrigen Lichtbogenwiderstands, der vom verdampfenden Kontaktmaterial (CuCr-Sinterwerkstoff) gebildet wird, ist die Schaltarbeit (s. Abschn. 4.2.4.2) klein. Im Nulldurchgang kondensiert der Metalldampf größtenteils wieder auf den Elektroden, so dass der Schaltstückabbrand gering ist.

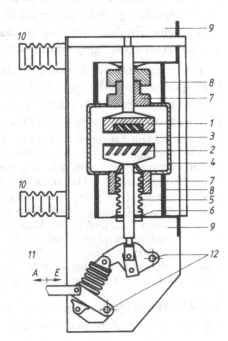

Bild 4.17
Vakuum-Leistungsschalter
1 feststehender Kontakt (Schnittbild), *2* beweglicher Kontakt (Draufsicht), jeweils mit schrägen Axialschlitzen und mit Kontaktauflage aus CuCr-Sinterwerkstoff, *3* Vakuumschaltkammer (Kontaktabstand 10 mm bei etwa 1 pbar), *4* Metallzylinder, *5* Metallfaltenbalg, *6* Ringkontakt, *7* metallische Abschirmung, *8* Keramikzylinder, *9* Anschlussstücke, *10* Stützisolatoren, *11* Antriebsgestänge, *12* feste Drehachsen. *A* Aus-, *E* Einschaltrichtung

Bei großen Strömen (> 10 kA) wird der Lichtbogen unter dem Einfluss des eigenen Magnetfeldes zwischen den Kontakten *1* und *2* stark gebündelt; die Stromdichte wird groß. Um eine Überhitzung der Kontakte an den Lichtbogenfußpunkten zu vermeiden, sorgt die Kontaktgeometrie mit den schrägen Axialschlitzen bei *1* und *2* für die Rotation des Lichtbogens, der dann kurz vor dem Nulldurchgang wieder in eine diffuse Entladung mit geringer Stromdichte übergeht.

Flüssigkeitsschalter werden vorwiegend im Mittelspannungsbereich bis Nennspannung 30 kV (s. Abschn. 4.3.5.4) verwendet, da die Grenze des Ausschaltvermögens von der mit dem Strom wachsenden Beanspruchung der Schaltkammer durch die Schaltarbeit bestimmt wird. Kleine induktive Ströme, z. B. Magnetisierungsströme von Transformatoren, werden von diesen Schaltern nicht so abrupt unterbrochen, da die stromabhängige Löschwirkung dann gering ist. Die Schaltüberspannungen sind daher i. allg. geringer als bei Druckluftschaltern. Leistungsschalter mit gasförmigen Löschmitteln (Druckluft, SF_6), besonders aber Vakuumschalter, werden zunehmend in allen Spannungsebenen verwendet.

4.2.4.6 Antriebsarten. Leistungsschalter unterbrechen Stromkreise in 100 ms und weniger. Diese Zeit entspricht, gemessen am Schaltkontaktweg, einer *Schaltgeschwindigkeit* von 2 m/s bis 10 m/s. Dazu sind erhebliche Schaltkräfte erforderlich, die nur mit Druckluft- oder Hydraulikantrieben oder Federkraftspeichern erreicht werden können. Die Feder wird dabei entweder von Hand oder von einem Motorantrieb gespannt. Der Antrieb eines Leistungsschalters muss drei Forderungen erfüllen:

1. Es muss stets bis zum völligen Eingriff der Kontakte eingeschaltet werden, weil nur aus der Einschaltstellung ordnungsgemäß ausgeschaltet und gelöscht werden kann. Diese Bedingung wird durch entsprechende Verklinkung in einem kräftigen Antrieb erfüllt.

2. Eine Ausschaltung muss in jedem Fall möglich sein, auch wenn der Antrieb die Einschaltstellung noch nicht erreicht hat. Daher wird zwischen Antrieb und Schaltstrecke eine Freilaufkupplung geschaltet, die die Ausschaltbewegung des Schalters von der Antriebsstellung unabhängig macht (*Freiauslösung*).

3. Ein eingeschalteter Leistungsschalter muss stets ausschaltbereit sein. Beim Federkraftspeicher muss die Ausschaltfeder daher dauernd gespannt sein. Beim Druckluftantrieb muss der Luftdruck im Kessel ausreichen. Zeigt die stets notwendige Drucküberwachung einen zu geringen Druck an, so muss sie den Ausschaltvorgang sperren.

Der Antrieb von Leistungsschaltern für Kurzunterbrechung KU (s. Abschn. 3.4.4.5) muss innerhalb etwa 0,5 s bis 1 s die Schaltfolge AUS-EIN-AUS unter Kurzschlussbedingungen durchführen können. Hierzu sind Auslöse-, Verklinkungs- und Steuerorgane erforderlich. Praktisch kommt hier nur der Druckluftantrieb in Frage.

Der Druckluftantrieb sollte nur in größeren Schaltanlagen verwendet werden, in denen eine zentrale Druckluftanlage wirtschaftlich vertretbar ist. Die Betriebsdrücke liegen je nach Schalterart zwischen 5 bar und 16 bar. Man kann dann auch die Trennschalter bzw. Lasttrennschalter mit Druckluftantrieben ausrüsten, so dass die vollständige Fernbedienung von einer Schaltwarte möglich ist (s. Abschn. 4.3.7). Außerdem lassen sich dann elektropneumatische Verriegelungen aufbauen (s. Abschn. 4.3.6.4). Die für den Schaltvorgang benötigte Druckluft wird von entsprechenden, elektromagnetisch betätigten Druckluftventilen freigegeben (s. Bild 4.49).

4.2.4.7 Wichtige Kenngrößen. Von den vielen Kenngrößen des Leistungsschalters sind die wichtigsten *Bemessungsspannung* (Höchstwert), *Bemessungs-Stehwechsel-*

spannung, Frequenz, Bemessungseinschwingspannung bei Klemmenkurzschluss, *Bemessungsstrom, Bemessungskurzschlussausschaltstrom* (größter Kurzschlussstrom mit den beiden Anteilen Effektivwert der Wechselstromkomponente und zugehöriger Gleichstromkomponente – s. Bild 2.40 b; früher Nennausschaltleistung), *Bemessungskurzschlusseinschaltstrom, Bemessungskurzzeitstrom* (1-s-Strom, heute 3-s-Strom), *Einschaltzeit, Ausschaltzeit.*

Kenngrößen für Bemessungsströme, Bemessungsleistungen (auch Bemessungsgrößen für Transformatoren und Motoren) usw. werden in der Elektrotechnik weitgehend nach der *Normreihe* R10 angegeben. Diese Normzahlen sind vereinbarte, aufgerundete Glieder dezimalgeometrischer Reihen mit dem Faktor $10^{1/10} \approx 1,2589$. So entsteht die Folge 1–1,25–1,6–2–2,5–3,15–4–5–6,3–8–10–12,5–16 usw.

Tabelle 4.18 Zuordnung von Bemessungskurzschlussausschaltstrom I_{ar} und Bemessungsstrom I_r bei Leistungsschaltern verschiedener Bemessungsspannungen U_r nach DIN VDE 0670 (Richtwerte)

U_N/U_r in kV[2])	I_{ar} in kA	I_r in A
	8	400
10/12[1]) bzw.	12,5	630 bis 1250
20/24 bzw.	16	630 bis 1600
30/36	25	630 bis 2500
	40	1250 bis 4000
110/123	12,5 / 25 / 40	1250 bis 2000
220/245 bzw. 380/420	20 / 31,5 / 40 / 50	1250 bis 4000

[1]) siehe Tabelle 4.8
[2]) Der jeweils zweite Wert bei U_N/U_r ist die nach DIN VDE 0670 zulässige höchste Betriebsspannung: die Bemessungsspannung.

Hat man einen Leistungsschalter hinsichtlich seines Ausschaltvermögens aufgrund der Kurzschlussberechnung ausgewählt, so ergibt sich häufig ein Bemessungsstrom des Leistungsschalters, der weit über dem Betriebsstrom liegt, wie man Tabelle 4.18 entnehmen kann. Der Ausschaltstrom ist dann die bestimmende Größe. Sie erreicht in Höchstspannungsnetzen z. T. schon 60 kA.

4.2.5 Hochspannungs-Hochleistungs-Sicherungen

Hochspannungs-Hochleistungs-Sicherungen, kurz HH-Sicherungen genannt, unterbrechen Stromkreise bei Überlast und Kurzschluss. Sie werden vorwiegend in einseitig gespeisten Stromkreisen zum Schutz eines Abnehmers verwendet, wenn sich der Einsatz eines Leistungsschalters aus wirtschaftlichen Gründen nicht vertreten lässt, z. B. beim Schutz von Spannungswandlern.

4.2.5.1 Wirkungsweise. HH-Sicherungen enthalten ebenfalls einen oder mehrere Schmelzleiter und eine Quarzsandfüllung zur Kühlung des Lichtbogens. Bild 4.19 zeigt einen Ausschaltvorgang in einem Kurzschlusskreis mit einer Schmelzsicherung. Der im Punkt *1* beginnende Kurzschlussstrom (vgl. Bild 2.4) führt hier im Punkt *2* zum Abschmelzen des Schmelzleiters, bevor der Stoßkurzschlussstrom i_p erreicht wird.

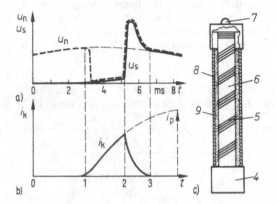

Bild 4.19
Ausschaltvorgang einer Sicherung
a) Verlauf der Netzspannung u_n (---)
und der Sicherungsspannung u_s (—),
b) Verlauf des Kurzschlussstroms i_k,
c) Schnittbild einer HH-Sicherung
1 Kurzschlussbeginn, *2* Schmelzzeitpunkt, *3* Kurzschlussende, *4* Kontaktkappen, *5* Schmelzleiter, *6* Keramikkörper, *7* Schlagstift im angesprochenen Zustand, *8* Porzellanrohr, *9* Sand
i_p Stoßkurzschlussstrom

Danach klingt der Kurzschlussstrom steil nach einer Expotentialfunktion ab. Die Spannung u_s am Schmelzleiter nimmt mit dem Kurzschlussstrom zwischen Punkt *1* und *2* zunächst leicht zu; nach dem Schmelzen steigt sie nun als Spannung über dem Lichtbogen zwischen den Kontaktkappen *4* steil an. Die Netzinduktivität liefert den Anteil der Spannung, der nicht vor der Netzspannung u_n gedeckt werden kann. Die Löschzeit beträgt meistens weniger als 5 ms, wodurch der Kurzschlussstrom begrenzt wird, wie Beispiel 4.2 zeigt.

Mit kleiner werdendem Kurzschlussstrom wird die Löschzeit immer länger, so dass schließlich der Strom nicht mehr begrenzt wird und die Löschung erst nach einer oder mehreren Halbschwingungen eintritt.

Beispiel 4.2. Eine HH-Sicherung mit dem Bemessungsstrom $I_r = 10$ A liegt in einem Kurzschlusskreis mit dem erwarteten Kurzschlussstrom $I_k = 6$ kA bei starrer Speisespannung ($\mu = 1$). Es ist die Schutzwirkung zu untersuchen.

Aus Bild 4.20a ersieht man bei dem hier nicht mehr ablesbaren Kurzschlussstrom $I_k = 6$ kA, dass die Ausschaltzeit wesentlich kleiner als 0,01 s ist, wahrscheinlich sogar in den Bereich des Stromanstiegs fällt. Diese Frage beantwortet Bild 4.20b, aus dem man abliest, dass die 10-A-Sicherung den Kurzschlussstrom auf etwa 0,8 kA begrenzt. Vergleicht man diesen Wert mit dem Kurzschlussstrom, so kann man bei Zugrundelegung von Bild 4.20a erkennen, dass die Ausschaltzeit unter 1 ms liegt. Schmelzsicherungen sind i. allg. sehr viel „schneller" als jedes Schutzgerät, aber nur seriell selektiv.

4.2.5.2 Ausführungsarten. Nach Bild 4.19c befindet sich in einem Porzellanrohr mit beiderseitig angebrachten Kontaktkappen *4* auf einem Keramikrohr *6* spiralenförmig aufgewickelt ein Schmelzleiter *5*, dessen Querschnitt von der Mitte zu den Kontaktkappen hin zunimmt, so dass der Schmelzvorgang in der Mitte des Rohres beginnt. Dadurch wird die zur Löschung erforderliche Lichtbogenlänge erreicht. Für größere Nennströme werden mehrere Schmelzleiter parallelgeschaltet, da das Ab-

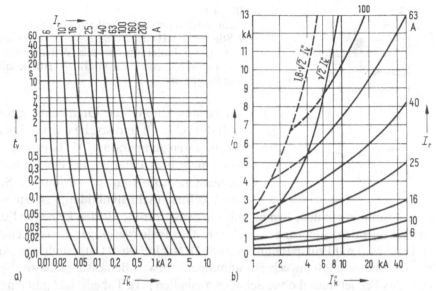

Bild 4.20 Schutzwertkennlinien von HH-Sicherungen
a) Strom-Zeitkennlinien, b) Strombegrenzungskennlinien
i_D Durchlassstrom, t_v Verzugszeit (Schmelzzeit), I_r Bemessungsstrom der Sicherung,
I_k'' Anfangs-Kurzschlusswechselstrom

schmelzen dieser dann dünneren Drähte aus Feinsilber schneller vor sich geht. In
den Keramikträger kann parallel zum Schmelzleiter ein Widerstandsdraht eingebaut
werden, der nach dem Abschmelzen einen über eine Feder gehaltenen Schlagbolzen
7 freigibt. Er wird zum Melden und Auslösen von Schaltern, vornehmlich von Lasttrennschaltern (s. Abschn. 4.2.3 und 4.2.6), benutzt.

Wichtige Kenndaten (s. a. VDE 0670) sind *Bemessungsstrom, Bemessungsausschaltstrom, Bemessungsspannung* (Leiterspannung) sowie *Schutzwertkennlinien* nach Bild
4.20.

4.2.6 Sicherungstrennschalter

Dieses Schaltgerät verbindet die Aufgabe des Trennschalters mit der der Sicherung.
Die Stelle des beweglichen Messers beim Trennschalter nimmt die durch Halter und
Haltebügel eingespannte Sicherung ein. Bild 4.21 zeigt einen dreipoligen Sicherungstrennschalter mit angebautem Hilfsschalter. Das Schaltgestänge *7* wird im Auslöse-
fall vom Schlagbolzen *6* der Sicherung betätigt.

4.2.7 Prüfung von Schaltgeräten

Das Einhalten der in Tabelle 4.8 und 4.18 angegebenen Stromkenngrößen sowie das
Isoliervermögen und die mechanische Funktion von Schaltgeräten u. a. m. müssen in
Prüfungen nach DIN VDE 0670 nachgewiesen werden. Es genügen ggfs. Typprüfun-
gen mit Prüfbericht. Bei der Prüfung mit Bemessungsstrom I_r dürfen z. B. die Schalt-

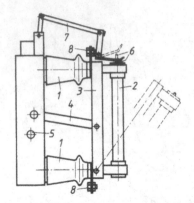

Bild 4.21
Sicherungstrennschalter mit Hilfsschalter
1 Stützer, *2* HH-Sicherung, *3* Sicherungsträger, *4* Schub-stange, *5* Schalterantriebswelle, *6* Schlagstift (gestrichelt im angesprochenen Zustand), *7* Hilfsschalter, *8* Anschlussfahnen

stücke aus Kupfer die Grenztemperatur 75 °C in Luft, 80 °C in Öl und solche aus versilbertem Kupfer die Grenztemperatur 105 °C in Luft und 90 °C in Öl nicht überschreiten. Bei der Prüfung mit dem Bemessungsstoßstrom i_{pr} dürfen die Schaltgeräte nicht öffnen (Schleifenbildung ist zu vermeiden), und zusammen mit dem Bemessungskurzzeitstrom I_{thr} dürfen keine die Funktion beeinträchtigenden Änderungen eintreten. Das Isoliervermögen Leiter-Leiter und Leiter-Erde wird mit Prüfspannungen nach DIN VDE 0670 festgestellt. Die dort angegebenen Bemessungstehwechselspannungen bzw. Bemessungsstehstoßspannungen muss das Betriebsmittel ohne Schaden aushalten [31]. Tabelle 4.22 gibt eine Übersicht über Prüfspannungen und Mindestabstände. Treten z. B. in einer Anlage der Nennspannung 20 kV möglicherweise Blitzstoßspannungen von 100 kV an offenen Trenn-

Tabelle 4.22 Mindestabstände a_I für Innenraum- und a_F für Freiluftanlagen (Leiter-Leiter und Leiter-Erde) sowie Bemessungs-Stehwechselspannung U_{rW}, Bemessungs-Stehblitzstoßspannung U_{rB} und Bemessungs-Stehschaltstoßspannung U_{rS} (ab 300 kV) bei verschiedenen Bemessungsspannungen U_r (s. Tabelle 4.8) und Erdfehlerfaktoren f_E nach DIN VDE 0111

f_E	U_N/U_r [4]) in kV	U_{rW} in kV	$U_{rB}(U_{rS})$	a_I in mm	a_F in mm
	10/12 N [1])	28	75	115	150
	10/12 S	28	60	90	150
>1,4	20/24 N	50	125	215	215
	20/24 S	50	95	160	160
	30/36 N	70	170	325	325
	30/36 S	70	145	270	270
>1,4	110/123	185	550	1100	
<1,4	110/123	185	450	950	
>1,4	220/245	460	1050	2200	
<1,4	220/245	395	950	1850	
	380/420	1050	1425 (1050)		3100 [2])
	380/420	950	1050 (950)		2900 [3])

[1]) Kennbuchstabe N für gewittergefährdete Anlagen ohne Überspannungsableiter, S für Anlagen ohne Gefahr atmosphärischer Überspannungen (z. B. Kabelnetze).
[2]) für Abstand Leiter-Leiter
[3]) für Abstand Leiter-Erde
[4]) der jeweils zweite Wert U_r ist der nach DIN VDE 0670 zulässige Höchstwert

strecken von Trennschaltern auf, so ist nach DIN VDE 0111 eine Isolation vorzusehen, die der Stoßspannung 125 kV standhält. Baut man jedoch an entsprechenden
Stellen Überspannungsleiter (s. Abschn. 3.3.2) ein, so kann man den kostengünstige-
ren Isolationspegel 24 S wählen, weil der Ableiterschutzpegel dann niedriger liegt als
der Stoßpegel.

Große Bedeutung hat die Prüfung des Ausschaltvermögens von Leistungsschaltern in *Hochlei-
stungs-Prüffeldern,* in denen der Ausschaltvorgang simuliert wird. In der *synthetischen Prüfung*
nach Bild 4.23 wird bei geschlossenen Schaltern *7* und *8* mit Draufschalter *4* der Hochstrom im
Prüfling *8* eingeleitet, nachdem der Generator *3* mit Motor *1* auf Nenndrehzahl gebracht und
mit der Kupplung *2* vom Antriebsnetz getrennt wurde. Prüfling *8* wird ausgeschaltet und un-

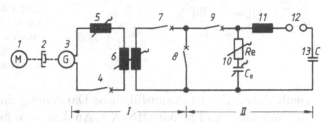

Bild 4.23
Schaltung zur synthetischen
Prüfung des Schaltvermögens
von Leistungsschaltern
1 Antriebsmotor, *2* Kupplung, *3* Kurzschlussstromgenerator, *4* Draufschalter, *5* Kurzschlussstrombegrenzungsdrossel, *6* Prüftransformator, *7* Hilfsschalter zum Trennen von Hochstrom-
(*I*) und Hochspannungskreis (*II*), *8* Prüfling, *9* Hilfsschalter zum Zuschalten des Hochspan-
nungskreises, *10* RC-Glied zum Einstellen der Einschwingungsspannung und Einschwingfrequenz, *11* Schwingkreisinduktivität, *12* Zündfunkenstrecke, *13* Ladekondensator

mittelbar vor dem entscheidenden Nulldurchgang mit Hilfsschalter *9* werden der Hochspan-
nungskreis *II* eingeschaltet und die Funkenstrecke *12* gezündet; Hilfsschalter *7* trennt den
Hochstromkreis ab. Der Prüfling hängt im Bereich des Stromnulldurchgangs nur am Hoch-
spannungskreis *II*, in dem Spannung und Strom bei passender Abstimmung der gesamten
Schaltung mit den Werten einer direkten Prüfung übereinstimmen. Die zeitgerechte und genaue
Schaltung der Schalter *7, 8, 9* und der Funkenstrecke übernimmt eine elektronische Steuerung.

4.3 Planung, Aufbau und Betrieb von Schaltanlagen

4.3.1 Schaltplantechnik

Um die vielfältigen Aufgaben von der Planung bis zur Inbetriebsetzung einer Schaltanlage übersichtlich darstellen und lösen zu können, bedient man sich u. a. verschiedener Arten von Schaltplänen. Die in ihnen zu verwendenden Schaltzeichen und ihre
jeweils zweckmäßigen Zusammenschaltungen sind den Normblättern DIN 40 900
und DIN-Taschenbuch 514 (s. Anhang) zu entnehmen. Danach unterscheidet man
ein- und mehrpolige Darstellungen sowie Schaltpläne, die die Arbeitsweise erläutern,
und solche, die die Geräteverbindungen vorschreiben. Auf jeden Fall sollten heute
alle Schaltpläne mikrofilm- bzw. CAD-gerecht gezeichnet und beschriftet werden.
Nachfolgend werden die vier wichtigsten Schaltpläne für Schaltanlagen beschrieben
und die Kennbuchstaben angegeben.

Übersichtsschaltplan. Er ist die vereinfachte Darstellung einer Schaltung, bei der nur
die wesentlichen Teile berücksichtigt werden. Er zeigt Funktion und Gliederung ei-

ner elektrischen Einrichtung. Er wird i. allg. einpolig dargestellt und soll folgende
Angaben enthalten: Spannung, Stromart, Frequenz, Leistung, Zahl und Art der Betriebsmittel und ggfs. weitere Kenndaten wie Kurzschlussstrom, Wandlerübersetz-
zung, Klassengenauigkeit usw. Bild 4.24 zeigt ein Beispiel.

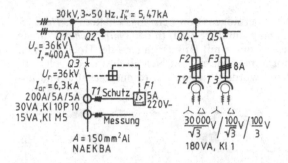

Bild 4.24
Einsträngiger Übersichtsschaltplan eines
30-kV-Abgangs mit Überstromzeitschutz
und   Sammelschienen-Spannungswand-
lern (passend zu Beispiel 2.7)

Stromlaufplan. Dies ist die ausführliche Darstellung einer Schaltung mit allen Einzelheiten möglichst im Format DIN A 3. An ihm kann man den Funktionsablauf über
die Strombahnen feststellen. Außerdem ist er Grundlage für Prüfung und Wartung
von Anlagen. Um eine bessere Übersicht zu erzielen, wird der Stromlaufplan ggfs.
von links nach rechts in Funktionsgruppen aufgeteilt, z. B. in Messung, Anregung,
Meldung, Auslösung usw. Bild 4.25 zeigt den Stromlaufplan zum Überstromzeit-

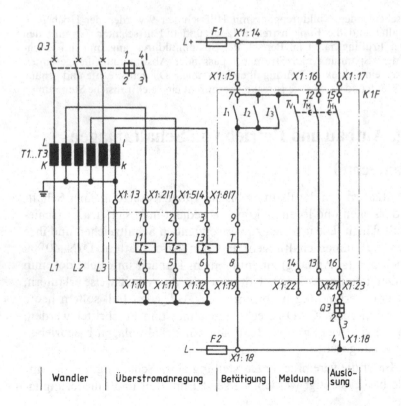

Bild 4.25
Stromlaufplan des
Überstromzeitschut-
zes in Bild 4.24

Bild 4.26
Anordnungsplan zum Überstromzeitschutz von Bild 4.24
(unverbindliche Maße)
K1F Überstromzeitrelais, *X1* Klemmenleiste

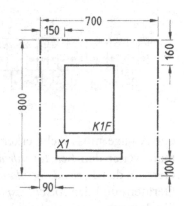

schutz in Bild 4.24 mit Numerierung der Strombahnen. Aus dem Stromlaufplan geht nicht unbedingt die räumliche Lage der einzelnen Geräte hervor.

Anordnungsplan. Wenn der Stromlaufplan fertiggestellt ist und somit auch die Liste der ein- bzw. aufzubauenden Geräte bekannt ist, kann die räumliche Lage dieser Geräte in einem Anordnungsplan (Bild 4.26) festgelegt werden. Die Geräte erhalten die gleichen Gerätebezeichnungen nach Anhang 7 wie in den übrigen Plänen. Die Geräte werden untereinander i. allg. über Klemmenleisten, deren räumliche Lage ebenfalls festgelegt sein muss, verbunden.

Verdrahtungsplan. Er stellt die Verbindungen zwischen den Betriebsmitteln einer Anlage dar und zeigt die inneren und/oder äußeren Verbindungen. Die Wirkungsweise

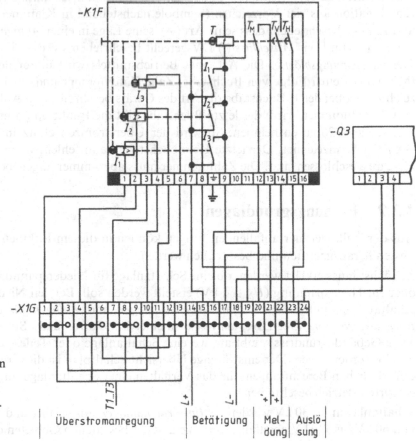

Bild 4.27
Verbindungsplan mit Geräteverdrahtungsplan zum Überstromzeitrelais F1 von Bild 4.24

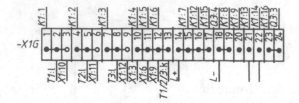

Bild 4.28
Anschlussplan der Klemmenleiste zum
Überstromzeitschutz von Bild 4.24

der Anlage muss nicht erkennbar sein. Bei den Verdrahtungsplänen unterscheidet man weiter den *Geräteverdrahtungsplan* (er zeigt die Verbindungen innerhalb eines Geräts), den *Verbindungsplan* (er zeigt die Verbindungen zwischen den verschiedenen Geräten) und den *Anschlussplan* (er zeigt die Anschlusspunkte einer Einrichtung und die daran angeschlossenen inneren und äußeren Verbindungen). In der Praxis kommen oft Mischpläne vor. Bild 4.27 zeigt den zum Überstromzeitschutz in Bild 4.25 gehörenden Verbindungsplan mit Geräteverdrahtungsplan ohne innere Klemmenbezeichnungen und Bild 4.28 den Anschlussplan für die Klemmenleiste $X1G$ mit Zielbezeichnungen (Adressen) für die Verbindungsleitungen. Es werden Schraub-, Feder- oder Schneidekontaktklemmen verwendet.

Kennbuchstaben für elektrische Betriebsmittel. Jedes Betriebsmittel wird mit einer Kombination aus vier Vorzeichen (Symbole nachstehend in Klammern), Buchstabe und Zahl so beschrieben, dass seine Art (−), seine Lage in einer *Anlage* (=), sein Einbauort (+) und sein *Anschluss* (:) DV-gerecht beschrieben werden. Es entstehen die 4 *Kennzeichnungsblöcke*. Die Art eines Betriebsmittels wird hinter dem Zeichen − (Minus) mit einer Folge von Buchstabe, Zahl, Zählnummer und Buchstabe gekennzeichnet, wobei der 1. Buchstabe die Art des Geräts beschreibt und Anhang 7, Tabelle A 25 entnommen wird; der letzte Buchstabe gibt die Funktion an und ist Anhang 7, Tabelle A 26 zu entnehmen. So wird der Überstromzeitschutz in Bild 4.27 mit −*K1F* gekennzeichnet. Der letzte Kennbuchstabe kann fehlen, wenn Mißverständnisse ausgeschlossen sind. Die Zählnummer muss aber immer angegeben werden.

4.3.2 Planungsgrundlagen

Aus der Fülle der hier anfallenden Fragen können in diesem Rahmen nur die wichtigsten herausgegriffen und besprochen werden.

Zunächst muss erklärt werden, ob eine Schaltanlage für Niederspannung ($U_\triangle \leqq 1\,\text{kV}$) oder für Hochspannung ($U_\triangle > 1\,\text{kV}$) erstellt werden soll. Bei den Niederspannungsschaltanlagen unterscheidet man *Industrieanlagen* und *Anlagen für die öffentliche Energieversorgung*. Der *Lageplan* in Form einer Landkarte, eines Straßenplans oder eines Gebäudegrundrisses gibt an, wo eine Schaltanlage oder Teile von ihr untergebracht werden sollen. Der einsträngige Übersichtsschaltplan ist die Grundlage für die erforderlichen Berechnungen, die das Verhalten einer Schaltanlage im gesunden und gestörten Betrieb beschreiben.

Schaltanlagen bis 30 kV werden als *Innenraumanlagen* ausgeführt und Schaltanlagen von 60 kV bis 110 kV ebenfalls, wenn sie in dicht besiedelten Gebieten oder in Gebie-

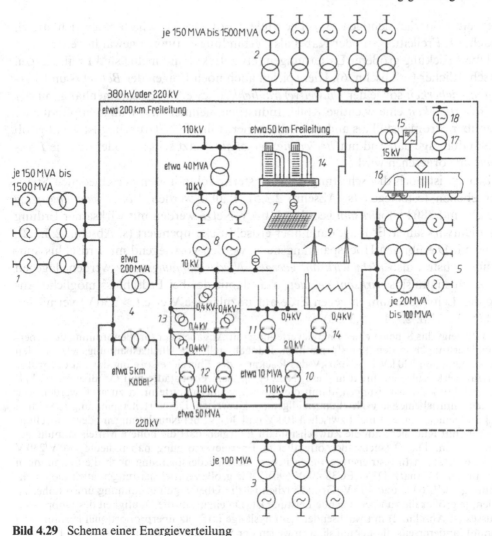

Bild 4.29 Schema einer Energieverteilung
1 und *2* Großkraftwerke (Steinkohle, Braunkohle, Kernenergie) für mehrere 1000 MVA, *3* Wasserkraftwerk für etwa 500 MVA, *4* Umspannwerk 220 kV/110 kV, je Transformator etwa 200 MVA, *5* Mittleres Kraftwerk für etwa 200 MVA, *6* Industriekraftwerk mit etwa 100 MVA, *7* Solarkraftwerk (fotovoltaisch), *8* Städtisches Kraftwerk mit etwa 100 MVA (BHKW, GUD), *9* Windkraftwerk, *10* Überlandumspannwerk, *11* Umspannwerk zur Versorgung ländlicher Ortsnetze, je Transformator etwa 400 kVA, *12* Umspannwerk 110 kV/10 kV zur Großstadtversorgung, je Transformator etwa 50 MVA, *13* Stadtnetz mit Ortsnetztransformatoren, *14* Industrieabnehmer mit eigener Einspeisung von mehreren MVA, *15* Transformator mit Umrichter 50 Hz/16,7 Hz für Bahneinspeisung, *16* Elektrolokomotive, *17* Wechselstrom-Bahntransformator für 16,7 Hz, *18* Wechselstrom-Bahngenerator für 16,7 Hz, etwa 50 MVA (16,7 Hz > 50 Hz/3 zur Vermeidung von Resonanzen an Umformern)

ten mit starker Luftverschmutzung stehen. In zunehmendem Maß wird die SF6-Technik (s. Abschn. 4.3.5.5) angewendet. Schaltanlagen ab 110 kV werden meistens als *Freiluft-Schaltanlagen* erstellt. Hierbei sind Witterungseinflüsse auf die Isolationsfestigkeit zu berücksichtigen (31). Die äußere Form einer Schaltanlage richtet sich danach, ob Freileitungen oder Kabel als Verbindungsleitungen gewählt werden. Für die Überbrückung größerer Entfernungen (etwa 10 km und mehr) sind Freileitungen wirtschaftlicher (s. Abschn. 6). Hier spielen auch noch Fragen der *Betriebs-* und *Versorgungssicherheit* sowie der *Umweltverträglichkeit* jeweils in Zusammenhang mit der *Wirtschaftlichkeit* eine wichtige Rolle. Industrieabnehmer sind i. allg. empfindlicher gegenüber Stromausfall als andere Verbraucher. Für die Netzführung ist wichtig, ob die Schaltanlage dauernd mit *Bedienungspersonal* besetzt sein soll oder ob eine *Fernsteuerung* vorgesehen wird.

Schließlich ist noch die Schaltung der Netzsternpunkte in den verschiedenen Spannungsebenen festzulegen (s. Abschn. 2.3.5). I. allg. werden *Höchstspannungsnetze* (220 kV und 380 kV) *wirksam* geerdet; 110-kV-Netze werden mit wirksamer Erdung *oder* nichtwirksamer Erdung, dann aber erdschlusskompensiert (s. Abschn. 2.3.3.2), betrieben. Die übrigen Hochspannungsnetze werden vorwiegend mit Erdschlussspulen ausgerüstet, also *nicht wirksam geerdet. Niederspannungsnetze* werden dagegen nahezu ausnahmslos *wirksam geerdet,* u. a. damit der bei Erdschluss mögliche Anstieg der Leiterspannungen gegen Erde auf unzulässige Werte ($\gg 230$ V) vermieden wird (s. Abschn. 2.3.3 u. 3.3.2.3).

Bild 4.29 zeigt das Schema einer Energieverteilung mit Angaben der Größenordnung der Übertragungsleistungen in den Transformatoren. Danach stellt das Höchstspannungsnetz mit den Nennspannungen 220 kV bzw. 380 kV das Rückgrat der Energieversorgung dar, da die größeren Kraftwerkseinheiten direkt in dieses Netz einspeisen. Großstädte und Großbetriebe erhalten meist 110-kV-Einspeisungen, damit die Zuleitungsquerschnitte nicht zu groß werden, wie die Querschnittsbemessungsgleichungen allgemein ausweisen. Die Verteilerspannung in Städten und Landgemeinden liegt meist zwischen 10 kV und 30 kV. Bei Neuplanungen oder Umstellungen sollte mit Rücksicht auf die Zuwachsrate an Energiebedarf die höhere Mittelspannung gewählt werden. Die Ortsnetze der öffentlichen Energieversorgung haben heute 400 V/230 V (Vierleiternetz). In Industrienetzen treten neben diese Niederspannung noch die Spannungen 500 V und 660 V (nach DIN IEC38 400V/690V), für große Antriebsleistungen auch die Hochspannung 5 kV, 6 kV und 10 kV. Grundsätzlich ist die Übertragungsspannung umso höher zu wählen, je größer die zu übertragende Leistung ist. Da einerseits die Häufigkeit des Doppelerdschlusses (s. Abschn. 2) mit wachsender Leitungslänge im Netz überproportional (Erfahrung!) zunimmt, andererseits die Leitungslängen wegen der Spannungsdifferenz (s. Abschn. 1.3.2) begrenzt werden müssen, sind zusätzliche Umspannanlagen in die Lastschwerpunkte zu setzen.

4.3.3   Schaltanlagen für Niederspannung

Man unterscheidet hier *Installationsanlagen* für Licht- und Kraftverteilungen (diese werden hier nicht behandelt) und *Industrieanlagen.* Diese verlangen eine hohe Versorgungssicherheit. Für solche Anlagen kommen *offene* und *gekapselte* Bauformen in Frage; allerdings treten die offenen Schaltanlagen im Niederspannungsbereich mehr in den Hintergrund, da die gekapselten Schaltanlagen als industriemäßiges Serienprodukt aus Einheitsbausteinen wirtschaftlicher erstellt werden können. Von den vielen Ausführungsarten sollen einige typische beschrieben werden.

Isolierstoffgekapselte Anlagen. Sie haben den Vorteil des vollkommenen Berührungsschutzes. Sie werden aus Isolierstoff-Baukästen zusammengesetzt, deren Abmessun-

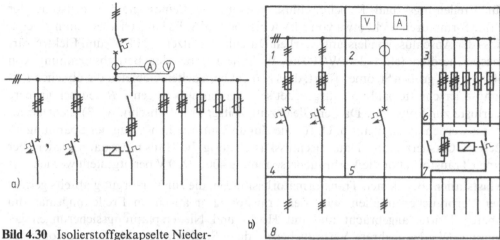

a)

b)

Bild 4.30 Isolierstoffgekapselte Nieder-
spannungs-Schaltanlage (Verteiler)
a) einsträngiger Übersichtsschaltplan, b) Verteilertafel aus Baukästen
1 bis *3* Sammelschienenkästen, *2* mit Messgeräten, *4* Abgangskasten mit Leistungsschalter und Sicherungen, *5* Einspeisekasten mit Leistungsschalter, *6* Sicherungs-
kasten für Kleinabnehmer, *7* Kasten mit Schütz und Sicherungen, *8* Isolierstoffsockel

gen so gewählt sind, dass bei der Zusammensetzung verschiedener Baukastengrößen
stets eine rechteckige Verteilertafel entsteht. Bild 4.30b zeigt den schematischen Aufbau einer solchen Anlage, die nach dem Übersichtsschaltplan Bild 4.30a zusammengesetzt ist. Ausbrechbare Flansche an den Seiten gestatten ein leichtes und schnelles
Zusammenschalten. Die abnehmbaren Deckel sind aus durchsichtigem Kunststoff.
Daneben wird auf die Herstellerlisten verwiesen, aus denen hervorgeht, welche Geräte in welche Gehäuse passen.

Gekapselte Anlagen. Diese sind in ähnlicher Weise wie
die isolierstoffgekapselten Anlagen aus Einheits-Guß-
kästen aufgebaut, so dass viele Kombinationsmöglichkeiten bestehen (Bild 4.31). Gußgekapselte Anlagen werden bevorzugt in Betrieben mit rauhen Bedingungen eingesetzt (Kesselhäuser, Stahlwerke, Bergbau usw.).

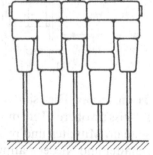

Schaltschränke. In Industrieanlagen verwendet man,
ebenfalls nach dem Baukastenprinzip, geschlossene
Schaltschränke aus Stahlblech. Schaltschränke besitzen
ausfahrbare Schubkästen, die alle Befehls-, Schalt- und
Messgeräte fertig geschaltet enthalten. Die Schubkästen
können bei Störungen daher in kürzester Zeit aus-

Bild 4.31 Gußgekapselte
Nierspannungs-
Verteilung

gewechselt werden. Kurzschlussfeste Steckverbindungen werden bevorzugt..

4.3.4 Ortsnetzstationen

Ortsnetzstationen nennt man die Schaltanlagen, in denen die Mittelspannung (10 kV
bis 30 kV) in die Verbraucherspannung 400 V/230 V transformiert wird. Sie werden

für Freileitungs- und Kabelanschluss gebaut. Die Bemessungsscheinleistung der Transformatoren reicht etwa von 5 kVA bis 1600 kVA. Es hat sich aber schon gezeigt, dass der Anschluss von leistungsstarken Durchlauferhitzern (24 kW) und Elektrowärmespeicheröfen (etwa 25 kW/100 m² Wohnfläche) bei der Betriebsspannung von 400 V zu so großen Strömen führt, dass in dicht besiedelten Gebieten die üblichen Leitungsquerschnitte bald voll ausgelastet sein werden, was wegen I^2R deutlich größere Verluste zur Folge hat. Da der Gleichzeitigkeitsgrad (s. Abschn. 6.1.3) nicht beeinflusst werden kann, bleibt u. U. für die Zukunft nur die Erhöhung der Spannung im Bereich Ortsnetzstation-Hausanschlusskasten übrig. Im Haus muss dann wieder über einen Transformator die Verbraucherspannung 400 V/230 V bereitgestellt werden.

Maststation. Bei kleinen Transformatorleistungen, die zur Versorgung abseits gelegener Verbraucher anfallen, wird der Transformator an einem Freileitungsmast im oberen Drittel angebracht und mit Hoch- und Niederspannungssicherungen geschützt. Werden mehrere Verbraucher an diese Station angeschlossen, so sollte auf der Niederspannungsseite in zugänglicher Höhe eine Schalttafel mit Transformatorschalter, Sicherungstrennschaltern und Strommessgeräten mit Maximumanzeige angebracht werden (Bild 4.32).

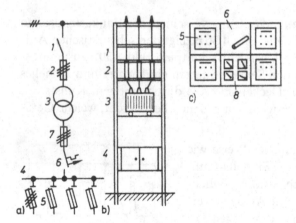

Bild 4.32
Maststation für Niederspannung
a) einsträngiger Übersichtsschaltplan,
b) Vorderansicht (U-Mast, T-Mast oder Gittermast), c) geöffnete Niederspannungsverteilung
1 Hochspannungstrennschalter, *2* HH-Sicherung, *3* Transformator auf Bühne (bis etwa 160 kVA), *4* Niederspannungs-Verteilertafel, *6* Transformator-Leistungsschalter, *7* NH-Sicherung, *8* Messgeräte

Turmstation. Dies sind Innenraumstationen in Massivbauweise für Freileitungsanschluss im oberen Teil, mit Lasttrennschalter und Sicherungen für die Hochspannungsseite im Mittelteil und mit dem Transformator im unteren Teil des Turms. Lasttrennschalter und Niederspannungs-Sicherungstrennschalter sollten von außen bedient werden können. Die wirtschaftliche Größe von Turmstationen beginnt bei etwa 100 kVA; sie gleichen im Schaltungsaufbau der Maststation, aber ihre Bedeutung sinkt.

Station mit Kabelanschluss. Stationen dieser Art können in stahlblechgekapselter Ausführung oder in Massivbauweise erstellt werden. Da sie in größerer Anzahl vorkommen, wird eine weitgehende Vereinheitlichung angestrebt. Wegen der nicht immer verfügbaren Grundstücke werden sie heute zunehmend als *Unterflur-Stationen,* also unterhalb des Straßenniveaus liegend, gebaut. Der normale Energiefluss verläuft hier von der Oberspannung zur Unterspannung.

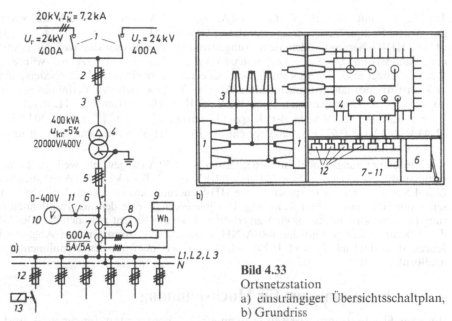

Bild 4.33
Ortsnetzstation
a) einsträngiger Übersichtsschaltplan,
b) Grundriss

1 und *3* Lasttrennschalter, *2* HH-Sicherung, *4* Ortsnetztransformator, *5* NH-Sicherung, *6* Niederspannungsschalter mit Überstromauslöser, *7* Zweikernstromwandler für Messung und Zählung, *8* Strommesser mit thermischer Maximumanzeige, *9* Drehstromzähler, *10* Spannungsmesser, *11* Spannungsmesserumschalter zum Abfragen aller Stern- und Leiterspannungen, *12* Niederspannungsabgänge mit NHSicherungen, *13* Schütz zum Einschalten der Straßenbeleuchtung o. ä.

In zunehmender Zahl werden solche Stationen am Fuß von *Windgeneratoren* aufgestellt, bei denen der Energiefluss meist von der Niederspannung (400 V) zur Hochspannung (10 kV oder 20 kV) des Überlandnetzes erfolgt. Wegen der Frequenz- und Spannungshaltung werden zwar Wechselrichter zwischengeschaltet (s. Abschn. 5), der Schaltungsaufbau ist aber analog Bild 4.32 bzw. 4.33. Die Verhältnisse bei *Solaranlagen* entsprechender Leistung sind ähnlich (s. a. Abschn. 5.4).

Bild 4.33 a zeigt den einsträngigen Übersichtsschaltplan einer Ortsnetzstation, Bild 4.33 b eine Ausführungsmöglichkeit. Die Lasttrennschalter *1* und *3* gestatten eine größere Freizügigkeit in der Auftrennung der Leitungen während des Betriebs als einfache Trennschalter. Die HH-Sicherungen *2* schützen Lasttrennschalter *3* und Transformator *4* vor den Wirkungen des Kurzschlusses. Die NH-Sicherungen *5* auf der Unterspannungsseite des Transformators sind auf den dort fließenden Bemessungsstrom abgestimmt und schützen alle nachfolgenden Geräte bei Kurzschlüssen auf der Niederspannungsseite bis zu den NH-Sicherungen *12* der Abgänge. Von hier ab übernehmen diese, im Nennstrom mindestens eine Stufe kleiner bemessenen NH-Sicherungen den selektiven Kurzschlussschutz. Beim Aufbau der Ortsnetze muss darauf geachtet werden, dass Hoch- und Niederspannungsteil gegeneinander abgeschottet sind.

Beispiel 4.3. In der Ortsnetzstation nach Bild 4.33 sind die Hochspannungsschaltgeräte einschließlich Sicherungen zu dimensionieren, wenn der auf der 20-kV-Seite anstehende Anfangskurzschluss-Wechselstrom $I_k'' = 7,2$ kA beträgt und die Stoßziffer $\kappa = 1,8$ angenommen werden kann. Die Transformatorverluste seien $P_{kr} = 5,6$ kW. Der Bemessungsstrom der größten NH-Sicherung in den Niederspannungsabgängen *12* sei 100 A, die Verzugszeit des Schutzes vor der 20-kV-Sammelschiene $t_v = 2$ s. Der Kurzschluss ist generatorfern.

Mit dem Stoßkurzschlussstrom nach Gl. (2.22) $i_p = \kappa \sqrt{2} I_k'' = 1,8 \cdot \sqrt{2} \cdot 7,2$ kA $= 18,3$ kA und dem Bemessungsstrom nach Bild 4.33 $I_r = 400$ A wird zunächst ein Lasttrennschalter nach

Tabelle 4.8 mit $U_r = 20\,\text{kV}$, $i_{pr} = 40\,\text{kA}$, $I_{th} = 16\,\text{kA}$ und $I_r = 400\,\text{A}$ ausgewählt. Seine thermische Festigkeit reicht aus, weil Gl. (2.134) mit $7,2\,\text{kA} \leq 16\,\text{kA}\sqrt{1\,\text{s}/2\,\text{s}} = 11,3\,\text{kA}$ erfüllt ist. Die HH-Sicherung mit dem Bemessungsstrom 16 A (so ausgewählt, weil der Transformatorbemessungsstrom $I_r = S_r/(\sqrt{3}\,U_r) = 400\,\text{kVA}/(\sqrt{3} \cdot 20\,\text{kV}) = 11,55\,\text{A}$ ist) würde nach Bild 4.20 in weniger als $t_v = 0,01\,\text{s}$ abschalten. Bei einem Kurzschluss auf der Niederspannungsseite in Transformatornähe tritt nach dem in Abschn. 2.1 beschriebenen Verfahren mit Spannungsfaktor $c = 1$ und Netzspannung $U_\triangle = 400\,\text{V}$ der Kurzschlussstrom $I''_k = 11,16\,\text{kA}$ auf. Ihm entspricht auf der 20-kV-Seite der Kurzschlussstrom $I''^{(20)}_{k(3)} = I''^{(0.4)}_{k(3)}(0,4\,\text{kV}/20\,\text{kV}) = 11,16\,\text{kA}$ $(0,4\,\text{kV}/20\,\text{kV}) = 0,223\,\text{kA}$. Jetzt spricht die 16-A-HH-Sicherung immer noch in weniger als $t_v = 0,01\,\text{s}$ an.

Die Niederspannungs-Hochleistungssicherung NH 630 A (so gewählt, weil der Transformatorbemessungsstrom hier $I_r = S_r/(\sqrt{3}\,U_r) = 400\,\text{kVA}/(\sqrt{3} \cdot 0,4\,\text{kV}) = 577\,\text{A}$ ist) spricht aber nach Bild 4.5 in $t_v \approx 0,1\,\text{s}$, also später als die HH-Sicherung, an. Es besteht keine Selektivität zwischen der HH- und der NH-Sicherung. Der Bemessungsstrom der auszuwählenden HH-Sicherung ist daher auf mindestens 40 A zu erhöhen. Dagegen besteht zwischen der 630-A-Sicherung des Transformators *4* und der 100-A-NH-Sicherung des stromstärksten Abgangs bei einem Kurzschluss dort mit $I''_k = 11,16\,\text{kA}$ Selektivität, wie man mit den Kennlinien von Bild 4.5 nachprüfen kann.

4.3.5 Schaltanlagen für Hochspannung

Bei den Hochspannungsschaltanlagen unterscheidet man *Innenraum-* und *Freiluft-Schaltanlagen*. Gliedert man nach dem Aufgabegebiet, so unterscheidet man *Verteileranlagen, Umspannanlagen* und *Eigenbedarfsanlagen*. Während Verteileranlagen für nur eine Spannung ausgelegt sind, bestehen Umspannanlagen aus zwei Schaltanlagen mit zwei verschiedenen Spannungen. Eigenbedarfsanlagen sind stets einem Kraftwerk zugeordnet. Andererseits kann man Schaltanlagen auch nach der Art der Isolierung einteilen in *luftisolierte, gasisolierte* (SF$_6$) und *gießharzisolierte* Anlagen. Trotz dieser Unterscheidungen weisen alle Schaltanlagen eine weitgehende Vereinheitlichung der Schaltung der Haupt- und Hilfsstromkreise auf. Teilt man eine Schaltanlage in Felder ein, so kann man 4 Arten unterscheiden: *Einspeisefeld, Abgangsfeld, Kuppelfeld* und *Messfeld*. Anhand von Bild 4.34 werden nachstehend die Schaltungen dieser Felder beschrieben.

4.3.5.1 Schaltung des Einspeise- und Abgangsfeldes. Von der Sammelschiene aus gesehen hat sich die Gerätefolge Trennschalter-Leistungsschalter-Stromwandler als Grundkonzeption durchgesetzt. Zusätzlich kann ein weiterer Trennschalter, z. B. als Kabeltrennschalter, folgen. Bild 4.34 zeigt die Grundschaltungen mit Einfach-, Doppel- und Dreifachsammelschiene sowie eine Hilfsschienenschaltung und eine Schaltung mit zwei Leistungsschaltern, wie sie in Eigenbedarfsanlagen mit Umschaltautomatik verwendet werden.

In kleinen Schaltanlagen reichen Einfachsammelschienen aus. Größere Schaltanlagen, die ohne Unterbrechung des Betriebs überholt werden sollen, erhalten mindestens ein Doppelsammelschienensystem oder eine Hilfsschienenschaltung nach Bild 4.34 b oder d. In Gebieten mit großer Energiedichte muss man gelegentlich zur Vergrößerung der Kurzschlussimpedanz Netztrennungen vornehmen, wobei parallele Leitungen getrennt werden, so dass sie nur noch über Umwege galvanisch verbunden sind. Dazu werden auch Doppel- und Mehrfachsammelschienen benötigt. Die Umschaltung der einzelnen Abzweige von Sammelschiene *I* auf Sammelschiene *II* (oder umgekehrt) erfolgt während des Betriebs mit Hilfe des Kuppelfeldes *4* oder über Feld *3* in

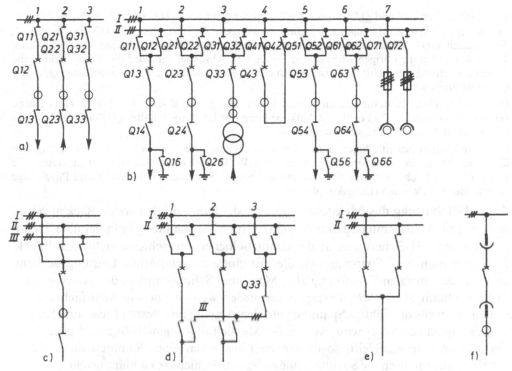

Bild 4.34 Grundschaltungen der Hauptstromkreise in Schaltanlagen
a) Einfach-Sammelschienen-Schaltung, b) Doppel-Sammelschienen-Schaltung mit einer Einspeisung (*3*), vier Abgangsfeldern (*1, 2, 5, 6*), einem Kuppelfeld (*4*) und einem Messfeld (*7*) in einer Umspannanlage, c) Dreifach-Sammelschienen-Schaltung, d) Hilfssammelschienen-Schaltung (*III* Hilfsschiene), e) Zwei-Leistungsschalter-Schaltung, f) Einfachsammelschiene mit ausfahrbarem Leistungsschalter ohne Trennschalter, vorzugsweise mit Vakuumschaltern (mit Steckkontakten).

Bild 4.34d mit der Hilfsschiene. Die Einspeisefelder sind räumlich so anzuordnen, dass sich der Strom in der Sammelschiene nach beiden Seiten gleichmäßig verteilt. Bei Anwendung ausfahrbarer Leistungsschalter kann man auf Trennschalter verzichten (s. Bild 4.34f).

4.3.5.2 Schaltung des Kuppelfeldes.
Will man während des Betriebs einen *Sammelschienenwechsel* derart vornehmen, dass alle Felder von Sammelschiene *I* ohne Unterbrechung der Energiezufuhr auf Sammelschiene *II* (bzw. umgekehrt) geschaltet werden, so muss man mit dem Leistungsschalter im Kuppelfeld (*Q43* in Bild 4.34b) auf beiden Sammelschienen gleiches Potential erzwingen; denn Trennschalter können nur leistungslos schalten. Während des Umschaltvorgangs schließt zwar der eine Trennschalter einen Stromkreis, und der andere des gleichen Feldes (z. B. *Q11* und *Q12*) unterbricht anschließend den Strom, beides jedoch bei vernachlässigbarer kleiner Spannung zwischen den Schaltstücken jedes Pols (Potentialgleichheit).

Beispiel 4.4. In der Schaltanlage von Bild 4.34b ist ein Sammelschienenwechsel so vorzunehmen, dass alle Abzweige ohne Energieunterbrechung von Sammelschiene *I* auf Sammelschiene *II* umgeschaltet werden. Die erforderlichen Schalthandlungen sind in der richtigen Reihenfolge anzugeben.

1. Trennschalter *Q41* und *Q42* einschalten. 2. Leistungsschalter *Q43* einschalten. Hiermit ist die Potentialgleichheit beider Sammelschienen erzwungen. 3. Trennschalter *Q12* einschalten. 4. Trennschalter *Q11* ausschalten. Somit ist Abzweig *1* umgeschaltet. In gleicher Weise wie unter 3. und 4. werden die übrigen Abzweige umgeschaltet. Abschließend wird das Kuppelfeld in die Ausgangsstellung gebracht: 5. Leistungsschalter *Q43* ausschalten. 6. Trennschalter *Q41* und *Q42* ausschalten.

In ähnlicher Weise kann die Sammelschiene in der Anlage von Bild 4.34d über die Hilfsschiene III gewechselt werden. Neben dieser Aufgabe kann der Leistungsschalter *Q33* der gleichen Anlage jeden anderen Leistungsschalter ersetzen.

In ausgedehnten Schaltanlagen muss man u. U. ein weiteres Kuppelfeld vorsehen, da auch längs der Sammelschiene Spannungen an ihren Wirk- und Blindwiderständen auftreten, die nicht mehr vernachlässigbar klein sind und auf beiden Systemen nach Betrag und Phasenlage verschieden sein können (Längskupplung).

4.3.5.3 Schaltung des Messfeldes.
Im Messfeld, das auf den ersten Blick anzeigen soll, ob eine Anlage unter Spannung steht, werden die Spannungswandler über Trennschalter und HH-Sicherungen an die Sammelschienen angeschlossen (Bild 4.34b, Feld 7). Wählt man diese Spannungswandler für eine genügend große Leistung, so kann man sie zur zentralen Versorgung aller Mess- und Schutzgeräte in den Abgängen benutzen. Damit aber *Rückspannungen* vermieden werden und bei Mehrfachsammelschienen jeweils die richtige Spannung auf den Abgang und dessen Mess- und Schutzeinrichtungen geschaltet wird, werden die Messleitungen gemäß Bild 4.35 über Trennerhilfskontakte geschleift, so dass nach Einschalten eines Sammelschienentrennschalters automatisch die Spannung dieser Sammelschiene sekundär ansteht.

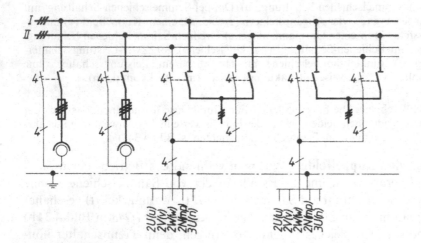

Bild 4.35
Schaltung der Messleitungen von Spannungswandlern des Messfeldes als Ringleitung mit 4 geschalteten Leitungen
[2 *U*(*u*), 2 *V*(*v*), 2 *W*(*w*), 2 *N*(*mp*), 3 *U*(*n*)]

4.3.5.4 Innenraumanlagen von 1 kV bis 30 kV/36 kV.
Man unterscheidet die *offene* (Bild 4.36) und die *gekapselte Bauform* (Bild 4.37). Für beide sind Standardtypen entwickelt worden. Die offene Bauform wird in Zellenbauart in abgeschlossenen Räumen durch Aneinanderreihung der einzelnen Zellen, meist schon in der Fabrik erstellt, zusammengesetzt. In Bild 4.36 sollen *lichtbogenfeste Trennwände 4* aus Stahlblech, Hartgips o. ä. zwischen den einzelnen Zellen sowie zwischen Sammelschiene und Trennschalterraum, in manchen Fällen auch zwischen Trennschaltern

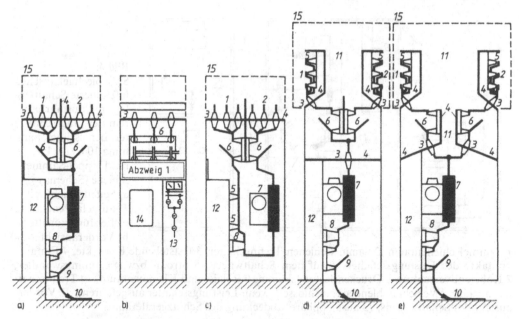

Bild 4.36 Luftisolierte Innenraum-Schaltanlagen für 10 kV/12 kV bis 30 kV/36 kV
a) Einspeise- oder Abgangsfeld (Seitenansicht), b) Vorderansicht von a), c) Kuppelfeld, d) Einspeise- oder Abgangsfeld mit Druckentlastungskamin für die Sammelschienentrennschalter und zusätzlicher Lichtbogenschutzdecke für den Leistungsschalterraum, e) wie d), jedoch mit zusätzlichem Druckentlastungskamin für den
Leistungsschalter bei großen Kurzschlussleistungen
1 vorderes, *2* hinteres Sammelschienensystem, *3* Hochspannungsdurchführungen,
4 Lichtbogenschutzdecken bzw. -wände, *5* Stützer, *6* Sammelschienentrennschalter, *7* Leistungsschalter, *8* Stromwandler, *9* Kabeltrennschalter, *10* Kabel, *11* Druckentlastungskamin, *12* Raum für Mess-, Steuer- und Schutzeinrichtungen sowie
Klemmenleisten, *13* Blindschaltbild, *14* Sichtfenster für Mess- und Schutzgeräte,
15 Konturen einer möglichen Stahlblechkapselung

und Leistungsschalter, den Einwirkbereich des Lichtbogens einengen und auf den
Ort der Störung begrenzen. Jede Lichtbogentrennwand mehr erfordert entsprechend
mehr Durchführungen *3* (s. [31]) zum Herstellen der Verbindungen zwischen Sammelschienen, Trennschaltern und Leistungsschaltern. Die Bedienungstafeln oder
-schränke *12* für die Antriebe, Schutzrelais, Messgeräte und Klemmen usw. müssen
von der Hochspannung berührungssicher getrennt zugänglich sein.

Die *gekapselte Bauform,* die sich immer mehr durchsetzt, ist durch einen vollkommenen äußeren Berührungsschutz gekennzeichnet. Sie wird ebenfalls aus Zellenbau-
steinen zu Reihen zusammengesetzt. Auch hier ist die Schottung zwischen Sammel-
schienen- und Leistungsschalterraum ebenso wie die Druckentlastungsöffnung vorzusehen. Besser, wenn auch teurer, ist die vollkommene Isolation aller spannungsführenden Teile mit Gießharz o. ä.. Vorrangig ist in jedem Fall der Personenschutz.
Die Ausführung der Anlagen nach den Richtlinien der Pehla (Gesellschaft für elektrische Hochleistungsprüfungen) ist daher notwendig. Die Leistungsschalter werden
weitgehend auf *Schaltwagen* montiert, so dass man sie ohne Verschraubungstechnik

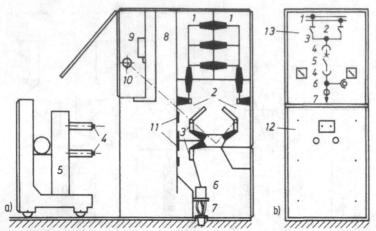

Bild 4.37
Stahlblechgekapselte, luftisolierte Schaltanlage mit ausfahrbarem Leistungsschalter, Bemessungsspannung 10 kV/12 kV, mit Doppel-Sammelschiene (Schema)
a) Seitenansicht mit ausgefahrenem Leistungsschalter,
b) Vorderansicht

1 Sammelschienenraum, *2* Sammelschienen-Trennschalter, *3* feststehende Kontakte, *4* Einfahrkontakte des Leistungsschalters *5* auf dem Schaltwagen, *6* Strom- bzw. Spannungswandler, *7* Kabelendverschluss, *8* Druckentlastungskamin, *9* Relais- und Klemmenraum, *10* Trennschalterantrieb, *11* Verschlussblenden (geschlossen, wenn Leistungsschalter ausgefahren), *12* Vorderansicht des Schaltwagens, *13* ausklappbare Abdeckung des Schutzgeräteraums

ein- und ausfahren kann. Die Stecktechnik setzt sich auch bei Hochspannungsanschlüssen immer mehr durch (z. B. bei Transformatoren). Bild 4.37 zeigt ein Ausführungsbeispiel mit Doppelsammelschiene. Bei einer Einfachsammelschienenanordnung ersetzen die *Einfahrkontakte* den Sammelschienen- und Kabeltrennschalter. Mechanische Verriegelungen verhindern das Ein- und Ausfahren des Schaltwagens bei eingeschaltetem Leistungsschalter, was dem Ziehen eines Trennschalters unter Last gleichkäme. Die Antriebsmittel, Schutzeinrichtungen, Messgeräte und Klemmen müssen auch hier von der Hochspannung getrennt zugänglich sein.

Beispiel 4.5. Zu der in Beispiel 2.6 behandelten Energieübertragung ist die Schaltanlage der Station *B* zu entwerfen. Es sollen neben 2 Einspeisungen 4 Abgänge, 1 Kuppel- und 1 Messfeld

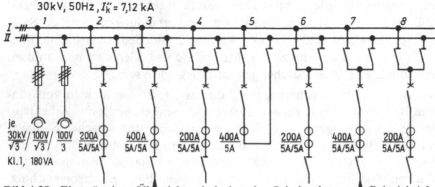

Bild 4.38 Einsträngiger Übersichtsschaltplan der Schaltanlage von Beispiel 4.5 mit Doppel-Sammelschiene *I* und *II*, zwei Einspeisungen (*3* und *7*), vier Abgängen (*2, 4, 6, 8*), einem Kuppelfeld (*5*) und einem Messfeld (*1*); Stromwandlerkenngrößen s. Abschn. 4.3.6.2

vorgesehen werden. Die wichtigsten technischen Daten der einzusetzenden Geräte sind in den einsträngigen Übesichtsschaltplan einzutragen bzw. in einer Tabelle anzugeben.
Bild 4.38 zeigt den verlangten Übersichtsschaltplan. Die Schaltanlage erhält demnach ein Doppelsammelschienensystem mit 8 Feldern. Aus Gründen der Einheitlichkeit wählt man i. allg. für alle Felder gleiche Trennschalter und Leistungsschalter, auch wenn die Kurzschlussberechnung Geräte mit unterschiedlichen technischen Daten zulässt. Mit der Wahl des Bemessungskurzschlussausschaltstroms der Leistungsschalter liegt die untere Grenze ihrer Bemessungsströme fest (s. Abschn. 4.2.4). Alle Stromwandler, außer im Kuppelfeld, sind Zweikernwandler: Kern *1* für Messung, Kern *2* für Selektivschutz. Sollte in einem Abzweig noch eine Zählung notwendig sein, muss ein dritter, ggfs. beglaubigter Kern nur für diese bereitgestellt werden. Das Messfeld erhält je Sammelschiene einen Satz (drei Stück) *Einphasen-Erdungsspannungswandler* nach Bild 4.46 b. Tabelle 4.39 gibt eine Übersicht über die wichtigsten technischen Daten der verwendeten Geräte. Auswählen kann man z. T. nur mit Hilfe von Herstellerlisten bzw. Handbüchern. Weiterhin müssen noch die Profile der Sammelschiene nach Tabelle A 24 und die Stützer nach der Festigkeitsrechnung (s. Abschn. 2.4.1) bestimmt werden.

Tabelle 4.39 Kenndaten der Schaltanlage in Beispiel 4.5

Trenn-schalter	Bemessungsspannung[1]) 30 kV/36 kV, Bemessungsstrom 400 A, Druckluftantrieb nach Bild 4.49 a
Leistungs-schalter	Bemessungsspannung 30 kV/36 kV, Bemessungskurzschlussausschaltvermögen 8 kA, Bemessungsstrom 400 A, Druckluftantrieb wie oben
Strom-wandler	Bemessungsspannung 30 kV/36 kV, Übersetzung 400 A/5 A/5 A, Durchführungswandler Kern *1*: 15 VA, M 5 (bisher $p < 5$, Messkern) Kern *2*: 30 VA, Klasse 10 P 10 (bisher $p > 10$, Schutzkern) thermischer Grenzstrom 100 I_r, dynamischer Grenzstrom 250 I_r
Spannungs-wandler	Bemessungsspannung 30 kV/36 kV, Übersetzung $\dfrac{30\,kV}{\sqrt{3}} \left/ \dfrac{100\,V}{\sqrt{3}} \right/ \dfrac{100\,V}{3}$, 180 VA, Kl. 1
Sammel-schienen	30 mm × 5 mm, Kupfer, auf Stützern Gruppe A
Bauform	Innenraumanlage als offene Bauform, z. B. nach Bild 4.36

[1]) vgl. hierzu Isolationspegel in Abschn. 3.3.2.3 und 4.2

Nicht berücksichtigt sind in diesem Beispiel Erweiterungsmöglichkeiten. Hierauf muss der Planer achten. Kommt eine Einspeisung hinzu, erhöht sich vor allem der Kurzschlussstrom I_k''. Auf weitere Einzelheiten des Materialbedarfs kann hier nicht eingegangen werden.

4.3.5.5 Innenraumanlagen von 60 kV bis etwa 250 kV.
Schaltanlagen dieses Spannungsbereichs erfordern wegen der bei Luftisolierung großen Isolationsabstände einen großen Aufwand an umbautem Raum. Sie werden für Freileitungs- und Kabelanschluss gebaut, wobei der Kabelanschluss in Großstädten oft unvermeidlich ist.
Die kleinsten Abmessungen ergeben sich bei Anwendung konventioneller Techniken, wenn man Greifer- bzw. Scherentrennschalter (s. Bild 4.7a und b) verwendet. Bild 4.40c und d zeigt ein Ausführungsbeispiel für die Spannung 110 kV mit den raumsparenden Bausteinen Scherentrennschalter *1* (seitlich gegeneinander versetzt), SF$_6$-Leistungsschalter *3* und Strom- und Spannungswandlern *4* und *5*. Die Verbindung zwischen den einzelnen Geräten wird meistens in Kupfer- oder Aluminiumrohr ausgeführt, um die Randfeldstärken klein zu halten. Große dynamische Be-

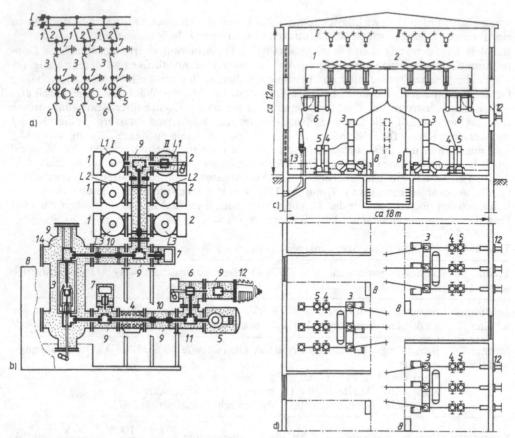

Bild 4.40 Innenraumschaltanlage für $U_N/U_r = 110\,\text{kV}/123\,\text{kV}$ mit Doppelsammelschiene
a) einsträngiger Übersichtsplan, b) Aufriss einer metallgekapselten und SF$_6$-isolierten Schaltanlage (3 Schalterpole hintereinander), c) Aufriss, d) Grundriss einer konventionellen, luftisolierten Anlage in zweireihig versetzter Anordnung
1 Trenner von Sammelschiene *I*, *2* von Sammelschiene *II*, *3* Leistungsschalter, *4* Strom-, *5* Spannungswandler (beide oft im gemeinsamen Gehäuse), , *6* Abgangstrennschalter, *7* Arbeitserder, *8* Schaltschränke am Bedienungsgang, *9* druckfeste Kapselung, *10* Verbindungsrohr, *11* T-Verteiler, *12* Freiluftdurchführung (wahlweise Kabelendverschluss), *13* Kabelanschluss, *14* Isoliergas SF$_6$

anspruchungen treten i. allg. nicht auf, da die Leiterabstände aus Isolationsgründen groß und die magnetischen Feldstärken entsprechend klein sind. Bei allen Schaltanlagen sind vor allem die Mindestabstände und Gangbreiten nach DIN VDE 0101 einzuhalten (s. Tabelle 4.22).

Erheblich kleinere Abmessungen haben vollständig und druckfest gekapselte Hochspannungsschaltfelder mit unbrennbarem und ungiftigem Schwefelhexafluorid SF$_6$ als gasförmigem Isolier- und Löschmittel (s. [31]). Die Raumersparnis beträgt bis zu 85%. Die Schaltanlagen werden nach dem Baukastenprinzip zusammengesetzt. Alle Geräte von der Sammelschiene über den Leistungsschalter bis zum Abgangstrennschalter sind in Aluminium druckfest gekapselt und befinden sich unter einem Gasdruck von etwa 2,5 bar bis 5 bar je nach Spannungshöhe. Bild 4.40 b zeigt ein entsprechendes Ausführungsbeispiel in SF$_6$-Technik (Schema). Als Verbindungselemente dienen T- (*11*), Kreuz- und Rohrbausteine (*10*) mit Steckkontakten.

4.3.5.6 Freiluft-Schaltanlagen. Schaltenanlagen für Spannungen ab 110 kV können wirtschaftlicher als Freiluft-Schaltanlagen (luftisoliert) erstellt werden, wenn die umgebende Atmosphäre keine Innenraumanlage verlangt. Für die verwendeten Geräte, vor allem die Isolatoren, müssen Freiluftausführungen vorgesehen werden, damit die Betriebssicherheit unter den möglichen klimatischen Bedingungen optimal wird. Die Leistungsschalter sind meist SF$_6$-Schalter.

Bild 4.41 zeigt als Beispiel aus mehreren Möglichkeiten die *Diagonalbauweise* mit Einsäulen-Greifertrennschaltern als Sammelschienentrennschalter 6. Diese stehen bei diagonaler Anordnung in den Schnittpunkten der unten liegenden Sammelschienen *I* und *II* und der oben liegenden Abzweige *12*. Auf diese Weise kann man ein Sammelschienensystem spannungsfrei schalten, so dass die zugehörigen Trennschalter für Revisionszwecke von unten zugänglich sind.

Die sehr wichtige Erdungsanlage [37] wird i. allg. als Maschenerder (s. Abschn. 3.1.2) aufgebaut, an die die einzelnen Geräte und Gerüste sowie Fundamente, Transportschienen usw. angeschlossen werden. Im wirksam geerdeten Netz (s. Abschn. 2.3.5) mit seinen großen Erdkurzschlussströmen muss die Erdungsanlage den Forderungen von DIN VDE 0141 genügen, wo u. a. die zulässigen Schritt- und Berührungsspannungen (s. Abschn. 3.1.1) vorgeschrieben sind.

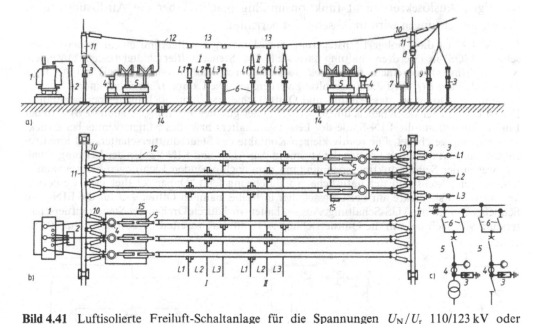

Bild 4.41 Luftisolierte Freiluft-Schaltanlage für die Spannungen U_N/U_r 110/123 kV oder 220/250 kV in Diagonalbauweise mit unten liegenden Sammelschienen *I* und *II*
a) Aufriss, b) Grundriss, c) einpoliger Übersichtsschaltplan
1 Transformator, *2* Unterspannungsabgang, *3* Überspannungsableiter, *4* kombinierte Strom-/Spannungswandler, *5* Leistungsschalter, *6* Einsäulen-Greifer- bzw. Scherentrennschalter, *7* Abgangs-Drehtrennschalter, *8* Sperre, *9* Koppelkondensator für Trägerfrequenztelefonie auf Hochspannungsleitungen, *10* Abspannisolatoren, *11* Portal, *12* Verbindungsleitung mit Doppelseil, *13* feststehende Trennschalterkontakte, *14* Kabelkanal, *15* Schaltschränke

4.3.6 Hilfsstromkreise in Schaltanlagen

Unter Hilfsstromkreisen versteht man die Zusammenschaltung aller Geräte, die zum Messen, Zählen, Betätigen, Auslösen, Melden, Regeln usw., also für die *Leittechnik* erforderlich sind. Mit der Entwicklung dieser Technik ist die Betriebssicherheit in entscheidendem Maße gestiegen. Aus der Fülle der Schaltungen dieser *Sekundärtechnik* werden hier einige allgemeingültige beschrieben.

4.3.6.1 Gleichstrom-Hilfskreis. Für die Fernsteuerung von Schaltgeräten sowie für die Auslösung durch Schutzeinrichtungen und die Meldung von Schalterstellungen und Störungen muss eine gesicherte, vom gestörten Netz unabhängige Spannung zu Verfügung stehen. Das ist in größeren Schaltanlagen die aus Batterien gewonnene Gleichspannung. Um den Strom und damit den Querschnitt der Hilfsleitungen klein zu halten, verwendet man vorzugsweise Spannungen von 60 V, 110 V oder 220 V. Die Hilfsstromkreise jedes Feldes sollten, aufgeteilt in Betätigungs-, Melde- und Auslösekreis, getrennt abgesichert werden, damit z. B. ein Fehler im Meldekreis den wichtigen Auslösekreis nicht funktionsunfähig macht. Über die Auslösung durch Schutzeinrichtungen wird in Abschn. 3.4 berichtet.

In Bild 4.42 ist die 2-polige Fernsteuerung eines Leistungsschalters mit einem Steuerquittierschalter (SQS) in Überdrehschaltung dargestellt. Der Steuerquittierschalter besteht aus einem *Steuerteil* (links) und einem *Quittierteil* (rechts). Durch Drehung des Knebels um 90° nach rechts (Stellung *EQ*) wird die Einschaltung vorbereitet. Die Lampe *H* im Schaltknebel leuchtet auf und zeigt somit an, dass Haupt- und Quittierschalterstellung noch nicht übereinstimmen. Durch Überdrehen des Knebels um 30° bis 45° in der gleichen Richtung (Stellung *EB*) wird der Einschaltbefehl auf die EIN-Spule des Leistungsschalters bzw. des Magnetventils bei Druckluftsteuerung geschaltet. Die relativ kleinen Kontakte des Steuerquittierschalters mit ihren geringen Kontaktabständen können die Ströme in den AUS- und EIN-Spulen des Leistungsschalters wegen der Selbstinduktionsspannung mit dem nachfolgenden Lichtbogen nicht ausschalten, da bei Gleichstrom der natürliche Nulldurchgang fehlt. Daher schaltet man wesentlich kräftigere Hilfskontakte am Leistungsschalter in Reihe, nämlich Öffner *1–3* für die EIN- und Schließer *2–4* für die AUS-Schaltung. Ausgeschaltet wird durch Drehen des Steuerquittierschalters um 90° nach links in die Quittierstellung *AQ* und durch weiteres Überdrehen um 30° bis

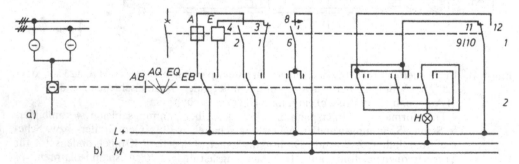

Bild 4.42 Fernsteuerung mit Steuerquittierschalter in Dunkelschaltung
a) Blindschaltbild, b) Wirkschaltplan
1 Leistungsschalter mit Hilfskontakten und EIN- und AUS-Spule (*E* und *A*), *2* Steuerquittierschalter mit den Stellungen *AB* Betätigung AUS, *AQ* Quittierung AUS, *EB* Betätigung EIN, *EQ* Quittierung EIN, *H* Lampe mit Vorwiderstand für Stellungsmeldung, *M* Meldeleitung

45° in die Steuerstellung *AB*. Die Überdrehstellungen *AB* und *EB* sind Taststellungen mit Rückzug in die Quittierstellung.

4.3.6.2 Stromwandler für Schaltanlagen.

Stromwandler müssen sowohl den Anforderungen des Normalbetriebs als auch denen des Kurzschlusses gewachsen sein. Wegen der manchmal großen Entfernungen in Schaltanlagen wählt man Stromwandler mit dem sekundären Bemessungsstrom 1 A statt 5 A, da bei 1 A die Bebürdung des Wandlers durch die Impedanz Z der Hilfsleitungen wegen $S = I^2 Z$ klein bleibt.

Das Produkt aus der Bemessungsscheinleistung S_r und dem *Bemessungsüberstromfaktor* (auch Genauigkeitsgrenzfaktor) p ist bei Stromwandlern etwa konstant. Daher lässt die Überbürdung eines Stromwandlers über seine Bemessungsleistung hinaus vor allem den *Überstromfaktor p* (beim p-fachen Bemessungsstrom soll der Gesamtfehler $F \leq 10\%$ beim Schutzkern, $F \geq 15\%$ beim Messkern sein) etwa proportional absinken. Das hat für den Selektivschutz erhebliche Nachteile, weil der Sekundärstrom deutlich kleiner als der Sollwert werden kann, wenn der Bemessungsstrom überschritten wird, was bei Kurzschluss meistens der Fall ist. Beim Distanzschutz (s. Abschn. 3.4.4) wird dann der Quotient $Z = U/I$ zu groß eingemessen und der Fehlerort erscheint *scheinbar* weiter entfernt. Beim Differentialschutz (s. Abschn. 3.4.5 und 3.4.6) würden beim Fehler außerhalb des Schutzbereichs unerwünschte Differenzströme auftreten und eine Fehlauslösung verursachen können; sie wird für $\ddot{u}_1\, p > I_k''/I_r$ vermieden.

Bild 4.43 erläutert den Einfluss des Überstromfaktors p an den beiden Fällen $p = 10$ und $p = 5$. Bei der Kennlinie für $p = 5$ wäre der Fehler in der Übersetzung beim 10fachen Bemessungsstrom bereits auf 30% angewachsen. Mit 10fachen Bemessungsströmen muss man aber im Kurzschlussfall rechnen. Daher erhalten Stromwandler für Schutzeinrichtungen je nach Anforderung an die Schutzeinrichtung den Überstromfaktor $p > 10$ bis $p > 250$ in Klasse 1. Messwandler erhalten dagegen einen möglichst kleinen Überstromfaktor, um die Messgeräte durch die Sättigungserscheinung des Wandlers zu schonen [DIN VDE 0414]. Die hier verwendeten Kurzzeichen besagen:

M5 für den Messkern: Gesamtfehler mindestens 15% beim 5-fachen Bemessungsstrom

10P10 für den Schutzkern: Gesamtfehler maximal 10% beim 10-fachen Bemessungsstrom

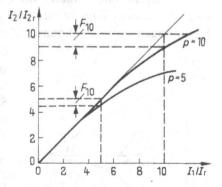

Bild 4.43
Stromwandler-Kennlinien für Überstromfaktor $p = 10$ und $p = 5$ bei Schutzkernen
I_1 Primärstrom, I_2 Sekundärstrom, F_0 Übersetzungsfehler 10% beim p-fachen Bemessungsstrom

Beispiel 4.6. Ein Drehstromwandlersatz nach Bild 4.44a mit der Übersetzung $\ddot{u} = 200\,\text{A}/5\,\text{A}$, der Bemessungsleistung 30 VA, dem Überstromfaktor $p = 10$ in Klasse 1 je Wandler wird über die Entferung $l = 70\,\text{m}$ mit einem Distanzschutz mit dem Bemessungsstrom 5 A, dem Bemessungsverbrauch 20 VA im Strompfad (und der hier nicht heranzuziehenden Bemessungsspannung 100 V) verbunden. Es ist der tatsächliche Überstromfaktor zu bestimmen, wenn die Stromwandlerleitungen den Querschnitt $A = 1,5\,\text{mm}^2$ Cu aufweisen.

Die 70 m lange Stromwandlerleitung stellt mit ihrem überwiegenden Wirkwiderstand $R = l/(\gamma A) = 70\,\text{m}/[(56\,\text{m}/\Omega\,\text{mm}^2)\,1,5\,\text{mm}^2] = 0{,}833\,\Omega$ für jeden Stromwandler die Bürde

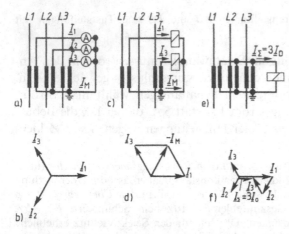

a) b) c) d) e) f)

Bild 4.44
Stromwandler-Schaltungen in Schaltanlagen
a) Drehstrom-Dreileiter-Schaltung mit Zeigerdiagramm bei Symmetrie (b),
c) Drehstrom-Zweileiter-Schaltung mit Zeigerdiagramm bei Symmetrie (d),
e) Drehstrom-Summenschaltung mit Zeigerdiagramm bei Unsymmetrie (f)

$S = I^2 R = (5\,\text{A})^2 \cdot 0,833\,\Omega = 20,83\,\text{VA}$ dar. Hinzu kommt noch die schwach induktive Bürde des Distanzschutzes mit 20 VA, so dass in erster Näherung die Gesamtbürde $(20,83 + 20)\text{VA} \approx 40\,\text{VA}$ für den Stromwandler auftritt. Bei Nennbetrieb ist das Produkt $S_\text{r}\,p = 30\,\text{VA} \cdot 10 = 300\,\text{VA}$. Bei Überbürdung mit 40 VA sinkt der tatsächliche Überstromfaktor auf $p = 300\,\text{VA}/(40\,\text{VA}) = 7,5$; d. h., bereits beim 7,5fachen Bemessungsstrom beträgt gemäß Bild 4.43 der Übersetzungsfehler 10%. Entweder muss der Querschnitt der Stromwandlerleitungen auf $A = 4\,\text{mm}^2$ Cu erhöht werden, oder, da eine Erhöhung der Bemessungsleistung der Stromwandler von 30 VA auf die nächste Bemessungsgröße 60 VA nicht sinnvoll ist, der Bemessungsstrom der Stromwandler und des Schutzes von vornherein auf 1 A festgelegt werden. Elektronische und v. a. digital aufgebaute Schutzeinrichtungen haben einen wesentlich geringeren Eigenverbrauch (< 1 VA).

Bild 4.44 zeigt 3 wichtige Drehstrom-Schaltungen von Stromwandlern und die zugehörigen Zeigerdiagramme bei angenommener Belastung.

4.3.6.3 Spannungswandler für Schaltanlagen. Aus dem Zeigerdiagramm in Bild 4.45 ersieht man, dass im Drehstromnetz 10 nach Betrag und Phase unterschiedliche Spannungen auftreten können. Zur Messung dieser Spannungen werden verschiedene Spannungswandlerschaltungen verwendet. Bild 4.46 zeigt die wichtigsten Drehstrom-Schaltungen. Das Wandlergehäuse und *ein* Punkt jeder Schaltung der Sekundärseite müssen *schutzgeerdet* werden, die hochspannungsseitige Erde in Bild 4.46 b ist eine Betriebserdung (s. Abschn. 3.1.3).

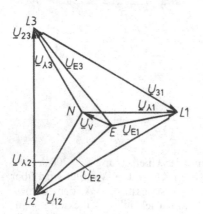

Bild 4.45
Zeigerdiagramm der im Drehstromnetz vorkommenden Spannungen
$\underline{U}_{12}$, $\underline{U}_{23}$, $\underline{U}_{31}$ Leiterspannungen, $\underline{U}_{\lambda 1}$, $\underline{U}_{\lambda 2}$, $\underline{U}_{\lambda 3}$ Symmetrische Sternspannungen $\underline{U}_{E1}$, $\underline{U}_{E2}$, $\underline{U}_{E3}$ Leiter-Erde-Spannungen, $\underline{U}_\text{v}$ Sternpunkt-Erde-Spannung (Verlagerungsspannung)

Die Schaltung nach Bild 4.46a liefert die 3 Leiterspannungen U_{12}, U_{23}, U_{31}. Sie kann daher nur zur Messung symmetrischer Belastungen verwendet werden. Unsymmetrische Belastungen und Fehler werden mit der Schaltung nach Bild 4.46 b erfasst. Sie wird aus drei *einpolig isolierten Einphasen-Erdungsspannungswandlern* aufgebaut, die je 2 Sekundärwicklungen (erster Index

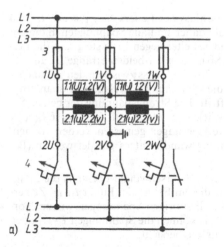

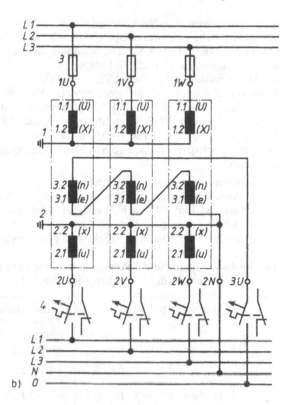

Bild 4.46
Spannungswandler-Schaltungen in
Schaltanlagen
a) Zweiwandler-Schaltung, b) Drei-
phasen-Erdungsspannungswandler-
Schaltung. *1* Betriebserdung, *2* Schutzerdung *1.1–1.2* (*U–V* bzw. *U–X*) Hoch-
spannungswicklungen, *2.1–2.2* (*u–v* bzw.
u–x) Messwicklungen, *3.1–3.2* (*e–n*)
Hilfswicklungen zur Erdschlusserfassung, *3* HH-Sicherungen, *4* Leitungsschutzschalter mit Meldekontakt

2 bzw. *3*) *2.1–2.2* und *3.1–3.2* besitzen. Das Übersetzungsverhältnis je Spannungswandler ist so
gewählt, dass im Normalbetrieb (Symmetrie) an jeder Hilfswicklung *3.1–3.2* jeweils um 120°
phasenverschoben die Spannung $U_{3.1-2} = (100\,\text{V}/3) = 33,33\,\text{V}$
auftritt; an der Sekundärwicklung *2.1–2.2* jeweils die Spannung
$U_{2.2-1} = U_{2N-2U} = U_{2N-2V} = U_{2N-2W} = 100\,\text{V}/\sqrt{3} = 57,8\,\text{V}$. Spannungswandler mit kapazitiver Spannungsteilung auf der Ober-
spannungseite werden in Höchstspannungsnetzen ab 110 kV neben
induktiven eingesetzt, weil sie wegen ihrer Kapazitäten (einige nF)
verhältnismäßig blitzspannungsfest sind [31]. Die Anforderungen
an die Klassengenauigkeit entsprechen denen der Stromwandler
im entsprechenden Einsatzbereich. Bild 4.47 zeigt den Aufbau.

Bild 4.47
Kapazitiver Spannungswandler (einphasig)
1 kapazitiver Spannungsteiler mit Kondensatoren C_1 bis C_n für
Hochspannung, *2* Ankoppelkondensator C_K für Mittelspannung,
3 Drossel, *4* induktiver Spannungswandler mit Sekundärwicklungen wie in Bild 4.46, *5* Ferroresonanzschutz, *6* Schutzfunken-
strecke

Beispiel 4.7. Anhand einer tabellarisch angelegten Übersicht sind
im Vergleich zum Normalbetrieb alle Spannungen der Primär- und Sekundärwicklungen eines
Spannungswandlersatzes nach Bild 4.46b bei sattem Erdschluss des Leiters *L1* im nicht wirksam geerdeten Netz und bei sattem einsträngigem Kurzschluss zwischen den Leitern *L1* und *N*

im wirksam geerdeten Netz anzugeben. Bei sattem Erdschluss des Leiters $L1$ ist wegen $U_1 = 0$ der magnetische Fluss des entsprechenden Stranges Null; daher sind alle Spannungen in diesem Strang Null (s. Tabelle 4.48). Die Spannung der gesunden Leiter gegen Erde steigt auf die Leiterspannung (s. Abschn. 2.3.3). Entsprechend geht die Spannung der beiden Stränge $L2$ und $L3$ der Hilfswicklung 3.1–3.2 auf $U_{3.1-2} = (100\,\text{V}/3)\sqrt3 = 57,8\,\text{V}$, so dass zwischen den Sekundärklemmen $2N$ und $3U$ als geometrische Summe die Spannung (Verlagerungsspannung) $U_\text{v} = U_{2\text{N}-3\text{U}} = \sqrt3 \cdot 57,8\,\text{V} = 100\,V$ phasenrichtig auftritt. Die Strangspannung der beiden Sekundärwicklungen 2.1–2.2 der Stränge $L2$ und $L3$ wächst ebenfalls auf $U_{2.2-1} = U_{2.\text{N}-\text{V}} = U_{2.\text{N}-\text{W}} = \sqrt3 \cdot 57,8\,\text{V} = 100\,\text{V}$. Damit die Spannungsverlagerungen gemessen werden können, muss der hochspannungsseitige Sternpunkt des Spannungswandlersatzes geerdet werden (Betriebserdung).

Beim satten einsträngigen Kurzschluss der Leiter $L1$ und N verschwindet ebenfalls die Spannung in den Wicklungen des Stranges $L1$. Da jedoch bei diesem Fehler der Punkt $L1$ im Zeigerdiagramm von Bild 4.45 nach N verlagert wird, bleiben die übrigen Spannungen wie im Normalbetrieb bestehen. Ist jedoch der Erdfehlerfaktor $f_\text{E} > 1$, können die Spannungen $U_{2.2-1}$ auch größer als $100\,\text{V}/\sqrt3$ werden. Tabelle 4.48 gibt die verlangte Übersicht.

Tabelle 4.48 Primär- und Sekundärspannungen am Spannungswandlersatz nach Bild 4.46 bei verschiedenen Fehlern nach Beispiel 4.7

| | Normalbetrieb | | | Erdschluss des Leiters $L1$ im nicht wirksam geerdeten Netz $f_\text{E} > 1,4$ hier $= \sqrt3$ | | | Einsträniger Kurzschluss zwischen $L1$ und N im wirksam geerdeten Netz $f_\text{E} \le 1,4$ hier $= 1$ | | |
	$L1$	$L2$	$L3$	$L1$	$L2$	$L3$	$L1$	$L2$	$L3$
$U_{1.2-1}$	$U_\Delta/\sqrt3$	$U_\Delta/\sqrt3$	$U_\Delta/\sqrt3$	0	U_Δ	U_Δ	0	$U_\Delta/\sqrt3$	$U_\Delta/\sqrt3$
$U_{2.2-1}$	$\frac{100}{\sqrt3}$ V	$\frac{100}{\sqrt3}$ V	$\frac{100}{\sqrt3}$ V	0	100 V	100 V	0	$\frac{100}{\sqrt3}$ V	$\frac{100}{\sqrt3}$ V
$U_{3.1-2}$	$\frac{100}{3}$ V	$\frac{100}{3}$ V	$\frac{100}{3}$ V	0	$\frac{100}{\sqrt3}$ V	$\frac{100}{\sqrt3}$ V	0	$\frac{100}{3}$ V	$\frac{100}{3}$ V
$U_{2.\text{U}-\text{V}}$	100 V			100 V			100 V$/\sqrt3$		
$U_{2.\text{V}-\text{W}}$	100 V			100 V			100 V		
$U_{2.\text{W}-\text{U}}$	100 V			100 V			100 V$/\sqrt3$		
$U_{2.\text{N}-3\text{U}}$	0			100 V			100 V$/\sqrt3$		

In Nieder- und Mittelspannungsnetzen werden Spannungswandler oberspannungsseitig mit NH- bzw. HH-Sicherungen geschützt. In Höchstspannungsnetzen, für die es keine Sicherungen gibt, sollten die Spannungswandler in der Schnellzeitstufe des Distanz- oder Differentialschutzes liegen. Auf der Unterspannungseite empfiehlt sich die Verwendung von Selbstschaltern (LS-Schalter, s. Abschn. 4.1.2.2) mit Meldekontakt, der Störungen sofort meldet, damit Fehlmessungen und Fehlauslösungen vermieden werden. *Kombiwandler* sind Strom- und Spannungswandler im gemeinsamen Gehäuse (ab 110 kV); so spart man einen teuren Porzellankörper, ein Standgerüst und somit Platz.

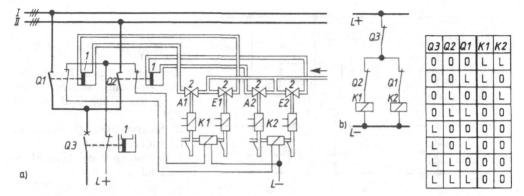

Q3	Q2	Q1	K1	K2
0	0	0	L	L
0	0	L	L	0
0	L	0	0	L
0	L	L	0	0
L	0	0	0	0
L	0	L	0	0
L	L	0	0	0
L	L	L	0	0

Bild 4.49 Elektropneumatische Trennschalterverriegelung
a) Wirkschaltplan, b) Stromlaufplan
1 Druckluftantrieb, *2* Druckluftventile mit Magnetantrieb,
E1 und *E2* EIN-Magnete, *A1* und *A2* AUS-Magnete,
K1 und *K2* Sperrmagnete

Bild 4.50
Funktions-
tabelle zur
Schaltung in
Bild 4.49

4.3.6.4 Verriegelungs-Schaltung.
Um Fehlschaltungen mit Trennschaltern („Ziehen unter Last") zu verhindern, verwendet man u. a. Verriegelungs-Schaltungen. Bei handbetätigten Trennschaltern ist die rein *mechanische* Verriegelung angebracht. In Anlagen mit Drucklaftsteuerung verriegelt man die elektromagnetisch betätigten Steuerventile. Das kann in der Schaltung nach Bild 4.49 durch einen Sperrmagneten *K1* bzw. *K2* geschehen, der die Trennschaltung nur dann freigibt, wenn der Sperrmagnet Strom führt. Wenn z. B. der Trennschalter *Q1* eingeschaltet ist, ist der Sperrmagnet *K2* stromlos und der Trennschalter *Q2* kann nicht eingeschaltet werden.

Auch wenn die Schaltung des Stromlaufplans nach Bild 4.49 b einfach ist, wird nachstehend beschrieben, wie man diese Schaltung mit der *Schaltalgebra* berechnen kann. Die zugehörigen Grundlagen sind [8] zu entnehmen. Für die drei Schalter *Q1*, *Q2* und *Q3* in Bild 4.49 a stellt man zunächst die *Funktionstabelle* auf, die 2^3 Kombinationsmöglichkeiten der Schaltzustände enthält. Unter *K1* und *K2* in der Funktionstabelle von Bild 4.50 gibt man die *Schaltfunktion*, d. h. die Zustände der Sperrmagnetstellung, in Tabellenform an. Sperrmagnet *K1* darf nur Strom führen, also die Freigabe zum Schalten von Trennschalter *Q1* erteilen, wenn *Q3*, *Q2* und *Q1* ausgeschaltet sind oder wenn nur *Q1* eingeschaltet ist.

Analoges gilt für Sperrmagnet *K2*. Aus der Tabelle in Bild 4.50 folgt unter Berücksichtigung der Rechenregeln der Schaltalgebra für die Ausgangsfunktion

$$K1 = \overline{Q3} \wedge \overline{Q2} \wedge \overline{Q1} \vee \overline{Q3} \wedge \overline{Q2} \wedge Q1 = \overline{Q2} \wedge \overline{Q3} \text{ (disjunktive Normalform)}$$

$$K2 = \overline{Q3} \wedge \overline{Q2} \wedge \overline{Q1} \vee \overline{Q3} \wedge Q2 \wedge \overline{Q1} = \overline{Q1} \wedge \overline{Q3}$$

Die überstrichenen Buchstaben bedeuten hierbei „Öffner" am entsprechenden Schaltgerät, die nicht überstrichenen bedeuten „Schließer". Beiden Schaltfunktionen ist also der Öffner $\overline{Q3}$ gemeinsam, was im Schaltbild 4.49 b berücksichtigt ist. Zunächst aber bedeutet $\overline{Q2} \wedge \overline{Q3}$ (lies: Q2 nicht und Q3 nicht) eine Reihenschaltung, ebenso $\overline{Q1} \wedge \overline{Q3}$.

Meistens enthalten Schaltanlagen ein Kuppelfeld, das dann in die Verriegelung einbezogen werden muss. Bild 4.51 zeigt eine Verriegelungsschaltung zwischen dem Kuppelfeld *4* und dem Abzweig *5* in Bild 4.34 unter Einbeziehung des Kabeltrennschalter *Q54* und des Erdungstrennschalters *Q56*.

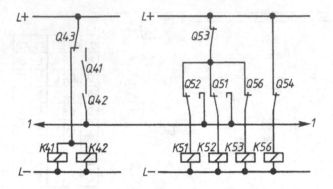

Bild 4.51
Stromlaufplan einer Trennschalterverriegelung zwischen Abzweig und Kuppelfeld in Bild 4.34
K_{ii} Sperrmagnete, Q_{ii} Hilfskontakte an den Schaltern
1 Ringleitung zu den benachbarten Feldern

Q3	Q2	Q1	E1	A1	E2	A2
0	0	0	L	–	L	–
0	0	L	–	L	0	–
0	L	0	0	–	–	L
0	L	L	–	0	–	0
L	0	0	0	–	0	–
L	0	L	–	0	0	–
L	L	0	0	–	–	0
L	L	L	–	0	–	0

a)

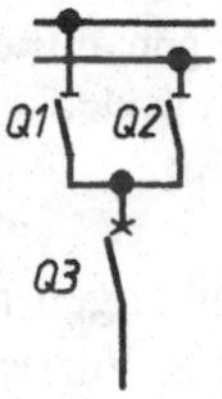

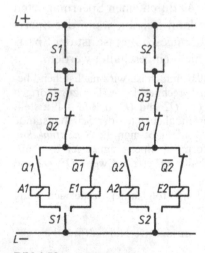

b)

Bild 4.52
Funktionstabelle a) und Schaltung b) zu Beispiel 4.8
Q1 und *Q2* Trennschalter, *Q3* Leistungsschalter, *E1*
EIN-Spule von *Q1*, *E2* von *Q2*, *A1* AUS-Spule von *Q1*,
A2 von *Q2*

Bild 4.53
Stromlaufplan der elektrischen Verriegelung in Beispiel 4.8. *Q1* und *Q2*
Hilfskontakte an den Trennschaltern, *Q3* am Leistungsschalter, *S1*
und *S2* Steuerschalter, sonst wie Bild 4.52

Die rein *elektrische Verriegelung* der EIN- und AUS-Spulen ist eine weitere Form. In der Schaltung nach Bild 4.49 entfallen dann die Sperrmagnete. Zunehmend werden Speicher-Programmierte-Steuerungen SPS eingesetzt.

Beispiel 4.8. Für einen Abzweig mit 2 Sammelschienen-Trennschaltern und einem Leistungsschalter ist eine rein elektrische Verriegelungs-Schaltung zu entwerfen.

Da der Leistungsschalter beliebig geschaltet werden darf, benötigt man nur die Schaltfunktionen *E1* (EIN von Trennschalter *Q1*), *A1* (AUS von Trennschalter *Q1*), *E2* (EIN von Trennschalter *Q2*) und *A2* (AUS von Trennschalter *Q2*). Sie werden in die Funktionstabelle Bild 4.52 rechts eingetragen. Für die EIN-Funktion folgt aus der ersten Zeile, da nur dort ein L-Signal besteht,

$$E1 = \overline{Q3} \wedge \overline{Q2} \wedge \overline{Q1} \quad \text{und} \quad E2 = \overline{Q3} \wedge \overline{Q2} \wedge \overline{Q1}$$

und für die AUS-Funktion aus der 2. bzw. 3. Zeile

$$A1 = \overline{Q3} \wedge \overline{Q2} \wedge \overline{Q1} \quad \text{und} \quad A2 = \overline{Q3} \wedge \overline{Q2} \wedge \overline{Q1}$$

Für den Trennschalter *Q1* ergibt sich aus den zugehörigen Funktionen *E1* und *A1*, dass im EIN- und AUS-Schaltkreis ein Öffner $\overline{Q3}$ von Trennschalter *Q3* und ein Öffner von Trennschalter $Q2(\overline{Q2})$ in Reihe ($\wedge$) zu schalten sind. Lediglich im Einschaltkreis erscheint ein weiterer Öffner $\overline{Q1}$ vom Trennschalter *Q1* in Reihenschaltung; im Ausschaltkreis ein Schließer *Q1* von Trennschalter *Q1*. Für den

Trennschalter *Q2* ergeben sich analoge Ergebnisse. Berücksichtigt man noch die Steuerkontakte des Steuerquittierschalters (vgl. Bild 4.42) zum zweipoligen EIN- und AUS-Schalten, so ergibt sich der in Bild 4.53 gezeichnete Stromlaufplan, allerdings ohne den Steuerkreis des Leistungsschalters.

Weitergehende elektrische Verriegelungen, die noch das Kuppelfeld mit weiteren 2 Trennschaltern und 1 Leistungsschalter einschließen, können ebenfalls über die Funktionstabelle errechnet werden. Bei 6 Schaltern gibt es dann $2^6 = 64$ Kombinationsmöglichkeiten und bezogen auf die Trennschalter 8 Schaltfunktionen. Auf Verriegelungsschaltungen kann man verzichten, wenn man anstelle der Trennschalter Lasttrennschalter einbaut.

4.3.7 Schaltwarten und Leitsysteme

Die Schaltwarte eines Kraftwerks, einer Schalt- oder Umspannanlage ist die zentrale Leitstelle, von der aus der Betriebszustand eines Kraftwerks oder Netzes überwacht und gegebenenfalls verändert wird. In der Schaltwarte werden daher alle hierzu erforderlichen Befehls-, Mess- und Meldegeräte zusammengefasst. Die Schutzeinrichtungen, wie Überstrom-, Distanz-, Differentialschutz usw. werden zweckmäßigerweise in einem getrennten Raum hinter der Schaltwarte untergebracht. Sie ist somit wesentlicher Teil der *Leittechnik,* die Messung, Netzschutz, Fernwirktechnik, Rundsteuertechnik, Warten, Prozessrechner einschließlich Software umfasst. In größeren Schaltwarten sollte der Leitstelleningenieur Rückgriff auf die wichtigsten Kenngrößen im Netz wie Spannungen, Ströme, Zeiten, Energieflüsse *vor* einem „Ereignis" wie Erdschluss oder Kurzschluss o. a. haben (Normalbetrieb) und *nach* diesem Ereignis (Fehlerbetrieb). Diese Daten können nämlich in Mess- und Schutzeinrichtungen zum Zweck der *Rückdokumentation* zeitsynchron gespeichert und abgerufen werden. Um die Übersicht über den Betriebszustand eines Kraftwerks oder einer Schaltanlage bzw. eines ganzen Netzes zu erhöhen, empfiehlt sich in größeren Anlagen mit zentraler Fernsteuerung der Aufbau eines Blindschaltbildes; d. i. entweder eine getrennte Tafel mit z. B. Mosaikschaltbildern oder mit einem oder mehreren Bildschirmen, auf denen das örtliche und regionale Netz in Details abgebildet wird. Bild 4.54 zeigt den möglichen Grundriss einer Schaltwarte.

Außer diesen Gesichtspunkten sind noch Größe, Gestaltung, Beleuchtung, Heizung und Belüftung von Bedeutung. Auf Einzelheiten muss hier verzichtet werden.

4.3.7.1 Schalttafel. Schalttafeln enthalten Strom-, Spannungs- und Leistungsmesser, sowie Steuerquittierschalter, Meldeleuchten u. ä. innerhalb des Blindschaltbildes in der grundsätzli-

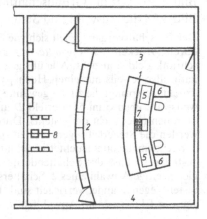

Bild 4.54
Grundriss einer Schaltwarte
1 Steuerpult, *2* Rückmeldetafel mit Netzbild als Blindschaltbild oder auf Farbbildschirmen nach Bild 4.60, *3* Mess- und Meldetafel, *4* Tafel für schreibende Messgeräte, *5* Anwahl- und Steuerfeld für Fernsteuerung, *6* Fernsprechanlagen, *7* zentrale Überwachungsgeräte, *8* Tafeln für Schutzeinrichtungen, Fernmess- und Fernwirkeinrichtungen

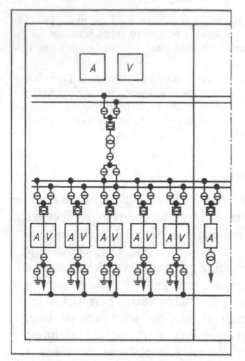

Bild 4.55 Schalttafel in Hochbauform für eine Umspannanlage mit Doppel-Sammelschiene

chen Anordnung von Bild 4.55. Die Tafeln werden kleiner, wenn die Steuerspannung klein gewählt wird und gleichzeitig Übersetzerrelais zwischengeschaltet werden, die die Schaltbefehle an die Schaltgeräte weitergeben, weil dann die Steuerquittierschalter nur die geringe Schaltleistung der Übersetzerrelais schalten müssen und somit raumsparend gebaut werden können (Bild 4.56). Man spricht dann von einer *indirekten Steuerung.* Eine solche Tafel könnte in der Schaltwarte von Bild 4.54 in der mit *2* bezeichneten Tafel untergebracht werden. Das Pult *1* könnte dort dann kleiner gehalten werden.

4.3.7.2 Zentralfeldsteuerung.

In großen Schaltanlagen würde der Schaltwärter bei einer Schalttafel eine nur geringe Gesamtübersicht haben, wenn er beim Schalten stets in geringem Abstand vor der Tafel steht. Die Zentralfeldsteuerung im Pult (*5* in Bild 4.54) vermeidet diesen Nachteil, da alle Schalthandlungen vom Sitzplatz am Pult ausgeführt werden; allerdings erfordert sie eine *Rückmeldetafel* (*2* in Bild 4.54 und Feld *B* in Bild 4.56) mit dem einsträngigen Übersichtsschaltplan (*Blindschaltbild/Bildschirm*) der Schaltanlage bzw. des Netzes, in dem die Schaltzustände der Trennschalter und Leistungsschalter dann von *Zeiger-* oder *Leuchtmeldern,* bei Bildschirmen von farbigen (roten oder grünen) Balken oder Punkten angezeigt werden. Da sich keine Befehlsgeräte in der Rückmeldetafel befinden, kann man diese hoch bauen, so dass umfangreiche Netze dargestellt werden können.

Bild 4.56 zeigt die Grundschaltung einer Zentralfeldsteuerung, die in Anlehnung an Bild 4.38 die Auswahl und Steuerung des Trenners *Q42* in Feld *4* gestattet.

Der Einschaltvorgang spielt sich wie folgt ab: Im Anwahlfeld *C* des Steuerpults wird Abzweig *4* durch Drücken der *Anwahltaste 4* angewählt, weil das zugehörige *Abzweigrelais* im Relaisschrank Feld *E* anzieht. Alle übrigen Abzweiganwahltasten sind gegen Taste *4* verriegelt. Man kann also jeweils nur einen Hochspannungsabzweig anwählen. Wird eine 2. Anwahltaste gedrückt, so springt die zuerst gewählte wieder zurück. Die gedrückten Anwahltasten leuchten jeweils auf, ebenso im Mutterfeld *D* alle Schalteranwahltasten, die im gewählten Abzweig vorkommen (hier nicht dargestellt). Durch Betätigen der Schalteranwahltaste *2* im Mutterfeld *D* werden die Steuerleitungen vom entsprechenden *Schalteranwahlrelais K42* durchgeschaltet. An der Rückmeldetafel leuchtet im Blindschaltbild das entsprechende Symbol auf (hier nicht dargestellt), so dass der Schaltende noch einmal sieht, welchen Schalter er angewählt hat. Die gleichzeitige Anwahl eines 2. Schalters ist auch hier nicht möglich, da auch die Schalteranwahltasten gegeneinander verriegelt sind. Der Schaltende kann nur den Trenner *Q42* durch Betätigen der EIN-Taste im Anwahlfeld *C* einschalten. Mit der Löschtaste im gleichen Feld werden

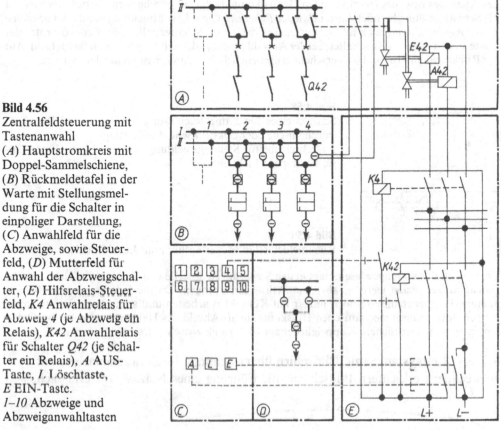

Bild 4.56
Zentralfeldsteuerung mit
Tastenanwahl
(*A*) Hauptstromkreis mit
Doppel-Sammelschiene,
(*B*) Rückmeldetafel in der
Warte mit Stellungsmel-
dung für die Schalter in
einpoliger Darstellung,
(*C*) Anwahlfeld für die
Abzweige, sowie Steuer-
feld, (*D*) Mutterfeld für
Anwahl der Abzweigschal-
ter, (*E*) Hilfsrelais-Steuer-
feld, *K4* Anwahlrelais für
Abzweig *4* (je Abzweig ein
Relais), *K42* Anwahlrelais
für Schalter *Q42* (je Schal-
ter ein Relais), *A* AUS-
Taste, *L* Löschtaste,
E EIN-Taste.
1–10 Abzweige und
Abzweiganwahltasten

alle gedrückten Tasten zurückgeholt, so dass auch schon eine Fehlwahl rückgängig gemacht
werden kann.

Das Mutterfeld kann man auch mit einer *Programmsteuerung* ausrüsten, in die man über Tasten
die beabsichtigten Schaltschritte in beliebiger Reihenfolge eingibt. Die Programmsteuerung be-
sorgt dann die Schalthandlung (z. B. den Sammelschienenwechsel) in der richtigen, d. h. schalt-
fehlerfreien Reihenfolge. Auf Verriegelungen (s. Abschn. 4.3.6.4) kann man dann verzichten.

4.3.7.3 Mosaikschaltbild.
Wenn man in einem Netz oder einer Schaltanlage häu-
fig mit Änderungen oder Erweiterungen rechnen muss, sollte man Bedienungs- und
Rückmeldetafel aus Mosaikbausteinen aufbauen, mit
denen das vollständige Blindschaltbild einsträngig großflächig nachgebildet und jederzeit geändert werden
kann. Im Blindschaltbild kann man die Steuerquittierschalter unterbringen (Bild 4.57). In Neuanlagen wird
diese Technik kaum noch verwendet. Siehe Bild 4.60.

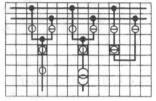

Eine *Zentralfeldsteuerung* nach Abschn. 4.3.7.2 enthält eine
Rückmeldetafel (Feld *B* in Bild 4.56) mit Schaltbild der Station
oder des Netzes entweder als Mosaiktafel oder mit Farbbild-
schirm. Für die Schalterstellungsanzeige kann man dann Leucht-

Bild 4.57
Schalttafel in Mosaiktechnik mit eingebauten Steuer-
quittierschaltern

melder, die in 2 Farben aufleuchten (rot für AUS und grün für EIN), verwenden. Bei der Anwahl des Abzweigs bzw. des zu schaltenden Geräts kommen die entsprechenden Farben *blinkend*. Ist die Schalthandlung beendet, kommt wieder *Ruhelicht*. Diese Leuchtmeldung kann man über eine *Leuchtmeldeschaltung* nach Bild 4.58 erreichen, die je nach Schalterstellung entweder die rote oder grüne Linse (*2* oder *3*) vorschaltet; bei der Anwahl pulsierend, nach dem Schalten feststehend. Auf der Rückmeldetafel in Bild 4.59 erscheinen die dem Schaltzustand entsprechenden Farben.

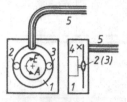
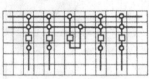

Bild 4.58
Schema einer Leuchtmeldeschaltung für Blind- und Ruhelicht (mechanische oder elektronische Ausführung)
1 Drehscheibe für Stellungsmeldung, *2* grüne Linse, *3* rote Linse, *4* Lampe, *5* Lichtleitfaser

Bild 4.59
Rückmeldetafel in Mosaiktechnik mit Leuchtmeldern

Es sei noch darauf hingewiesen, dass in den Steuerungen anstelle von Relais heute elektronische Bausteine verwendet werden, also kontaktlose Steuerungen. Da die Schaltgeräte der Schaltanlagen-Hauptstromkreise noch immer mit Kontakten arbeiten und somit auch die für Steuerungen notwendigen mechanischen Hilfskontakte als Abbild des Hauptstromkreises bereitstellen, müssen betriebssichere Koppelglieder zur Elektronik zwischengeschaltet werden.

4.3.7.4 Leitsysteme mit Bildschirmüberwachung.
In Zusammenarbeit mit Prozessrechnern erleichtern Bildschirme die Führung eines Netzes ganz erheblich, weil

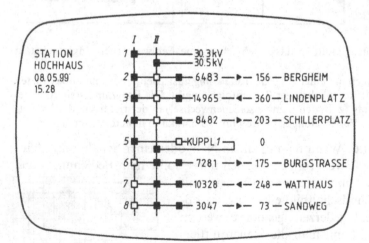

Bild 4.60   Bildschirmdarstellung der Schaltanlage in Bild 4.38
I, II Sammelschienen, *1* bis *8* Schaltfelder mit geschlossenen (■ grün) und offenen (□ rot) Trennschaltern bzw. Leistungsschaltern sowie Leistungsrichtung (▶ blau) Leistungsangaben in MW (6843 usw.) und Stromangaben in A (156 usw.) in den Feldern *2* bis *8*, Spannungsangaben oben an den Sammelschienen, Stationsname, Datum und Uhrzeit oben links

auf ihnen sowohl der Übersichtsschaltplan (z. B. Bild 4.29) oder Ausschnitte davon, aber auch einzelne Stationen (z. B. nach Bild 4.38) oder einzelne Stränge dargestellt werden können. In den beiden letztgenannten Darstellungen kann man dann sogar Schaltzustände und Lastflüsse (Strom, Leistung nach Betrag und Richtung) sichtbar machen. Auf diese Weise fällt die Entscheidung für Schalthandlungen von der Leitstelle aus leichter. Bei Störungen im Netz kann man den jeweils aktuellen Bezirk automatisch aufrufen lassen. Bild 4.60 zeigt schematisch die Bildschirmdarstellung von Bild 4.38 mit Spannungsangabe, Lastfluss in MW und Strom in A mit den Schaltzuständen zu einem bestimmten Zeitpunkt. Schaltzustände und Zahlenangaben werden mehrfarbig wiedergegeben.

Bild 4.61 zeigt das Schema eines mikroprozessorgeführten Leitsystems für größere Schaltanlagen. Bei der Anwendung dieser Technik unterscheidet man verschiedene

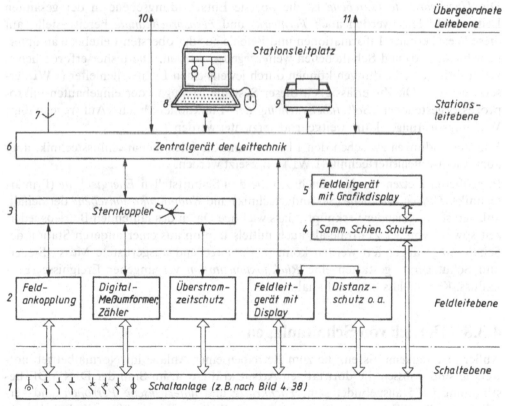

Bild 4.61 Mikroprozessorgesteuertes Leitsystem einer Schaltanlage (Schema nach Siemens AG)
> ↕ serielle Verbindung, ⇕ parallele Verbindung
> *1* Schaltanlage, z. B. nach Bild 4.38, *2* Mess-, Zähl- und Schutzgeräte mit Feldleit- und Ankopplungsgerät zur nächsten Ebene, *3* Sternkoppler als Datensammler und Weitergabestelle, *4* Sammelschienenschutz der Station, *5* Feldleitgerät, *6* Zentralgerät der Leittechnik, *7* Funkuhrempfangsort, *8* PC-Arbeitsplatz der Station, *9* Drucker, *10* Fernwirkverbindung, *11* Fernsprechverbindung

Funktionsebenen. In der Schaltebene findet man die Schaltgeräte (z. B. Trenner, Leistungsschalter) der Schaltanlage (s. Bild 4.38). Die *Feldleitebene* enthält die messenden und Befehle weitergebenden Geräte von Messung, Zählung, Schutz, Regelung usw. Das in dieser Ebene untergebrachte Feldleitgerät gestattet ggfs. eine Bedienung der Geräte vor Ort.

Die in der Hierarchie darüber liegende *Stationsebene* enthält das *Zentrale Leittechnikgerät* mit dem *Stationsleitplatz;* der Bediener wird über ein Menue geführt. Fehlschaltungen werden ausgeschlossen, weil vorher eingestellte Bedingungen erfüllt sein müssen (programmgesteuerte Verriegelung). In der Stationsebene werden Informationen bzw. Daten gesammelt (gespeichert) und abrufbereit gehalten. So können Daten wie Spannung, Strom o. a. vor oder während eines Ereignisses, wie es Erdschluss oder Kurzschluss sind, abgefragt und ggfs. ausgedruckt werden. Die ist für die *Fehleranalyse* wichtig.

Die *Übergeordnete Leitebene* ist die oberste Entscheidungsebene in der gesamten Leittechnik. Hier werden auch *Fernwirk-* und *Fernsprechkanäle* bereitgestellt; auf diese Weise können Informationen und Befehle aus der obersten Leitebene an untergeordnete Feld- und Schaltebenen weitergegeben werden. Die bisher erforderlichen vieldrahtigen Verbindungen können durch jeweils einen Lichtwellenleiter (LWL) ersetzt werden. Die Zuverlässigkeit dieser Systeme ist wegen der eingebauten mikroprozessorgesteuerten *Selbstüberwachung* der Funktionen hoch. Auf regelmäßige Wartungsprüfungen kann weitgehend verzichtet werden.

Für Verbindungen zwischen den Ebenen kann die Klemmenanschlusstechnik, aber auch Lichtwellenleitertechnik (LWL) eingesetzt werden.

In größeren Netzen werden zunehmen die drei Schnittstellen *Energieebene* (Primärtechnik), *Hilfsenergieebene* (Sekundärtechnik) und *Kommunikationsebene* der Schaltanlagen so miteinander verknüpft, dass wichtige Daten des laufenden Betriebs jederzeit sowohl von der Zentrale als auch mittels Laptop aus einer anderen Station der Schaltanlage abgerufen werden können. Entsprechend ausgerüstete Mess-, Steuer- und Schutzgeräte gestatten eine *Rückdokumentation* vergangener Ereignisse (Erdschluss, Kurzschluss o. a.) auf analoge Art.

4.3.8　Betrieb von Schaltanlagen

Außer in Fachkenntnissen, die zum Betreiben einer Anlage im Normalbetrieb notwendig sind, müssen die dort tätigen Arbeitskräfte u. a. im Sinn der DIN VDE-Bestimmung 0105 ausgebildet sein. *Fachkräfte* und *unterwiesene Personen* sind verpflichtet, alle Sicherheitsbestimmungen einzuhalten. Regelmäßig wiederkehrende Unterweisungen sind dringend geboten. Kenntnisse in der Unfallverhütung und Brandbekämpfung sind zweckmäßig. Mängel, die für Personen und Sachen Gefahr bringen, sind unverzüglich zu beseitigen. Falls dies nicht sofort möglich ist, muss die Gefahrenstelle durch Abschranken, Schilder usw. zunächst eingegrenzt werden.

Zur gefahrlosen Bedienung von „Starkstromanlagen" müssen die erforderlichen Hilfsmittel nach DIN VDE 0105, z. B. Betätigungsstangen, Schaltpläne, Merkblät-

Bild 4.62 Warnschilder nach DIN 40008
  a) für dauerhafte Anbringung außen an Zugängen von Anlagen (Freileitungsmaste, Umspannanlagen usw.), b) für vorübergehende Anbringung in Anlagen, c) für vorübergehende Anbringung als Personenschutz bei Arbeiten an Anlage

ter, Warnschilder nach DIN 40008 (s. Bild 4.62), manchmal auch Schutzkleidung verwendet werden.

Ein wichtiger Punkt ist das *Herstellen und Sicherstellen des spannungsfreien Zustands vor Arbeitsbeginn und Freigabe zur Arbeit.* Hier muss zuerst das Bedienungspersonal von der vorgesehenen Arbeit verständigt werden. Sodann hat sich das Aufsichtspersonal über den Schaltzustand zu informieren. Vor Beginn der Arbeit sind jetzt folgende Maßnahmen in nur dieser Reihenfolge durchzuführen:

1. freischalten, 2. gegen Wiedereinschalten sichern, 3. Spannungsfreiheit feststellen, 4. erden und kurzschließen, 5. benachbarte, unter Spannung stehende Teile abdecken oder abschranken (s. a. Abschn. 3.3.1.2). Einzelheiten und Sonderfälle sind in VDE 0105 nachzulesen.

Die Spannungsfreiheit nach 3. wird mit einem Spannungsprüfer so festgestellt, dass unmittelbar vor der Arbeit der Spannungsprüfer auf seine einwandfreie Funktion geprüft wird; dann wird mit ihm die Spannungsfreiheit festgestellt, anschließend wird er aus Sicherheitsgründen erneut auf einwandfreie Funktion überprüft.

Erden und Kurzschließen nach Punkt 4. kann man in Drehstromanlagen u. a. mit Erdungsschaltern (Arbeitserdern) oder mit vierarmigen Erdungsseilen, deren Querschnitt und Anschlussstücke mechanisch und thermisch kurzschlussfest (s. Abschn. 2.4) sind. Vorrichtungen zum Erden und Kurzschließen müssen immer *zuerst* mit der Erdungsanlage und danach mit den zu erdenden Leitern verbunden werden. Hierzu sind Isolierstangen zu benutzen.

5   Kraftwerke

Elektrische Energie wird hauptsächlich in *Wärme-* und *Wasserkraftwerken* erzeugt. Zu den Wärmekraftwerken zählen die *Dampfkraftwerke* einschließlich der *Kernenergie-Kraftwerke* sowie die *Gasturbinen-* und *Dieselkraftwerke*.

In *Dampfkraftwerken* wird die chemische Energie fossiler Brennstoffe (Steinkohle, Braunkohle, Torf, Öl und Erdgas) oder die bei der Spaltung von Atomkernen freiwerdende Wärmeenergie zur Erzeugung von Wasserdampf benutzt, mit dem aus Dampfturbinen und Synchrongeneratoren bestehende Maschinensätze angetrieben werden. Sie sind nach Art ihrer Dampferzeugungsanlagen, *Dampfkessel* oder *Kernreaktoren,* zu unterscheiden. Abgesehen von Ländern mit hohem Wasserkraftanteil, wie Norwegen, Schweiz, wird heute der Hauptteil des elektrischen Energiebedarfs durch konventionelle Dampfkraftwerke gedeckt. Der Anteil der Kernenergie beträgt derzeit rd. ein Drittel der Stromversorgung in Deutschland. Wegen der geringen Akzeptanz ist mit einem weiteren Ausbau nicht zu rechnen, vielmehr ist z. Zt. in Deutschland von einem Ausstieg aus dieser Technik in den nächsten Jahrzehnten auszugehen. Weltweit sind 437 Kernkraftwerke in Betrieb, hiervon 109 in den USA und 56 in Frankreich.

In *Gasturbinen-* und *Dieselkraftwerken* wird unter Umgehung der Dampferzeugung die bei der Verbrennung von Gas oder Öl freiwerdende Energie unmittelbar in Gasturbinen bzw. Dieselmotoren zum Antrieb von Generatoren ausgenutzt. Gasturbinenkraftwerke haben als Spitzenkraftwerke und im kombinierten Gas- und Dampfkreislauf (GUD-Verfahren) Bedeutung. Dieselkraftwerke bleiben i. allg. auf kleine Leistungen zur Notstromversorgung beschränkt. Lediglich in Ölförderländern sind Dieselkraftwerke mit vergleichsweise großer Leistung in Betrieb.

Die Windenergie kann die konventionellen Kraftwerke nicht gänzlich ersetzen und muss als additive Stromerzeugung gesehen werden, die wie die Wasserkraft (rd. 4%) künftig einen geringen Prozentsatz an der Gesamtstromerzeugung ausmachen wird. In Deutschland sind z. Zt. etwa 15 000 MW installiert. Auf Windkraftwerke wird im Abschn. 5.4 eingegangen und ebenso auf Solarkraftwerke, die vermutlich auf viele Kleinanlagen beschränkt bleiben werden.

Brennstoffzellen in Mikro-Kraftwerken mit nur wenigen Watt bis zum Kleinkraftwerk mit z. B. 250 kW gewinnen zunehmend an Bedeutung. Sie tragen so zur Dezentralisierung der Stromerzeugungsanlagen bei. Anders als die von der Wetterlage und der Tageszeit abhängigen Wind- und Photovoltaik-Anlagen können die immer verfügbaren Brennstoffzellen-Kraftwerke auch von einer Leitstelle aus zur Stromproduktion gesteuert werden. Viele kleine Kraftwerke dieser Art bilden dann ein größeres „virtuelles Kraftwerk", das vom Energieversorger betrieben und über ein dezentrales Energiemanagement-System (DEMS) gesteuert werden könnte. Der bestehende Kraftwerkspark würde so ökonomisch und ökologisch sinnvoll erweitert. Zur Zeit aber haben die Brennstoffzellen für die elektrische Energieversorgung noch keine wirtschaftliche Bedeutung. Auf sie wird deshalb hier nicht weiter eingegangen.

5.1 Dampfkraftwerke

5.1.1 Innerer Aufbau

Der innere Aufbau eines Dampfkraftwerkes, z. B. mit Dampfkessel, wird an Bild 5.1 erläutert. Es ist hierbei weitgehend gleichgültig, auf welche Weise (Dampfkessel oder Kernreaktor) Dampf erzeugt wird. Da auf Kernkraftwerke in Abschn. 5.1.3 eingegangen wird, soll zunächst der Schwerpunkt mehr auf dem Dampfkessel-Kraftwerk liegen.

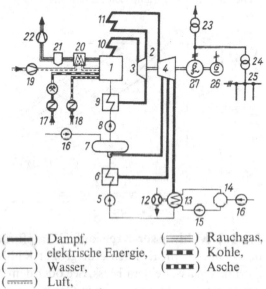

Bild 5.1
Grundschaltbild eines Blockkraftwerks
1 Kessel, *2* Turbine, *3* Hochdruckteil,
4 Niederdruckteil, *5* Kondensatpumpe,
6 Niederdruckvorwärmer, *7* Speisewasserbehälter, *8* Kesselspeisepumpe,
9 Hochdruckvorwärmer, *10* Überhitzer, *11* Zwischenüberhitzer, *12* Strahlwasserpumpe zur Luftabsaugung,
13 Kondensator, *14* Kühlturm,
15 Kühlwasserpumpe, *16* Zusatzwasserpumpe, *17* Brennstoffzufuhr,
18 Ascheabzug, *19* Frischluftgebläse,
20 Luftvorwärmer, *21* Entstauber,
22 Rauchgasgebläse, *23* Aufspanntransformator, *24* Eigenbedarfstransformator, *25* Eigenbedarf, *26* Erregermaschine, *27* Drehstromgenerator

(▬▬) Dampf,   (≡≡≡) Rauchgas,
(───) elektrische Energie,   (■■■) Kohle,
(───) Wasser,   (▪▪▪▪) Asche
(┄┄┄) Luft,

5.1.1.1 Dampf-Wasser-Kreislauf. Der aus dem Kessel *1* kommende überhitzte Frischdampf, z. B. mit der Temperatur $\vartheta = 530\,°C$ und dem Druck $p = 190\,bar$, wird dem Hochdruckteil *3* der Dampfturbine zugeführt und hier teilweise entspannt. Vor Eintritt in den Mittel- und Niederdruckteil *4* der Turbine wird er i. allg. wieder durch den Kessel geleitet, dort etwa mit dem Druck $p = 40\,bar$ erneut auf die Ausgangstemperatur erhitzt (Zwischenüberhitzer *11*) und schließlich nach seinem Austritt aus dem Niederdruckteil der Turbine im *Kondensator 13* bei Unterdruck (0,025 bar bis 0,035 bar bei Frischwasserkühlung) durch indirekte Kühlung wieder zu Wasser kondensiert. Das Kondensat wird mit der Kondensatpumpe *5* über den Entgaser in den Speisewasserbehälter *7* gefördert und durch die Speisepumpe *8* wieder in den Kessel *1* gedrückt. Solche *Kondensationskraftwerke* herrschen für die elektrische Energieerzeugung vor.

Gegendruckturbinen werden dagegen eingesetzt, wenn neben dem Bedarf an elektrischer Energie noch ein erheblicher Wärme- und Dampfbedarf vorliegt. Der der Turbine entnommene Dampf kann in einem Wärmetauscher seine Energie z. B. an ein Fernwärmenetz abgeben und als Prozessdampf in Industrieanlagen unmittelbar verwendet werden. Durch eine solche *Kraft-Wärme-Kopplung,* bei der Strom und Wärme in *einer* Anlage erzeugt werden, lässt sich die Brennstoffausnutzung beträchtlich steigern. Statt einer Nutzung von etwa 42% beim Kondensationsbetrieb kann man mit Kraft-Wärme-Kopplung durch die zweifache Verwendung der Wärme selbst in Kleinanlagen einen Nutzungsgrad bis 85% erreichen.

Der Wärmeverbrauch des Dampf-Wasser-Kreislaufs wird durch *Regenerativvorwärmung* verbessert, bei der ein Teil des Dampfes aus Hoch-, Mittel- und Niederdruckteil der Turbine abgezweigt und den Vorwärmern zugeleitet wird, um das Speisewasser schon vor Eintritt in den Kessel, z. B. auf 240 °C, aufzuwärmen. Bild 5.2 zeigt den Einfluss von Druck und Temperatur vor der Turbine auf den spezifischen Wärmeverbrauch und den *Wirkungsgrad* ohne, mit einfacher und mit zweifacher Zwischenüberhitzung.

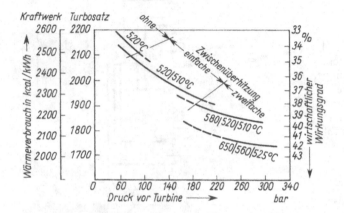

Bild 5.2
Beste Wärmeverbrauchszahlen großer Blockkraftwerke (Frischwasserkühlung 10 °C). Der Wirkungsgrad gilt für die gesamte Energieumwandlung von der Kohle bis zur Generatorklemme

5.1.1.2 Kühlwasser-Kreislauf. Dampfkraftwerke bedürfen zum Niederschlagen des Dampfes im Kondensator großer Kühlwassermengen. Bei *Frischwasserkühlung* wird das Wasser einem Fluss, See oder dem Meer entnommen und anschließend wieder zugeführt. In wasserarmen Gegenden muss das *Kühlwasser im Kreislauf* geführt und in zwischengeschalteten Kühltürmen abgekühlt werden. Es brauchen dann lediglich die durch Verdunstung und Abschlämmung entstehenden Wasserverluste nachgeliefert zu werden. Der Kühlwasserbedarf bestimmt den Standort eines Kraftwerks entscheidend mit.

5.1.1.3 Feuerung. Kohlekraftwerke sind heute fast ausschließlich für *Kohlenstaubfeuerung* eingerichtet, bei der die Kohle in Mühlen zerkleinert und als Staub in den Kessel eingeblasen wird (Flammentemperatur 1400 °C bis 1500 °C). Eine Weiterentwicklung ist die *Wirbelschichtfeuerung,* bei der die durcheinander wirbelnden Brennstoffteilchen durch den aus dem Kesselboden kommenden Luftstrom bis zur völligen Verbrennung in der Schwebe gehalten werden. Sie erlaubt den Einsatz sonst nicht verwertbarer hochschwefelhaltiger und ballastreicher Kohle. Besonders vorteilhaft ist hierbei, dass man der Kohle gekörnte Zusatzstoffe, z. B. gemahlenen Kalk, beimengen kann, die mit den Verunreinigungen des Brennstoffs (z. B. Schwefel) chemisch reagieren und sie der Asche zuführen. Durch die vergleichsweise niedrige Feuerungstemperatur von 850 °C entstehen geringere Mengen an Stickoxiden als bei konventioneller Feuerung. Wirbelschichtfeuerungen sind somit weitgehend frei von schädlichen Abgasen. Man plant, die in den Rauchgasen enthaltene Wärmeenergie entweder für Fernwärmezwecke zu nutzen oder das Gas bei druckbetriebener Wirbelschichtfeuerung nach der Entstaubung einer Gasturbine zuzuführen.

Druckwirbelschicht-Kraftwerke mit Kombikreislauf weisen Wirkungsgrade bis 46,8% auf.

Die entstehenden *Rauchgase* werden i. allg. vom Rauchgasgebläse abgesaugt und in den Schornstein gedrückt. Hierbei durchströmen sie nach Bild 5.1 vorher den *Luftvorwärmer 20,* in dem ein großer Teil der im Rauchgas verbliebenen Wärme an die Frischluft abgegeben und so dem Kessel *1* wieder zugeführt wird. In dem meist als elektrostatischer Filter gebauten *Staubabscheider 21* werden dann 99% und mehr des im Rauchgas enthaltenen Staubes abgeschieden. Zur Verringerung der Schadstoff-Emission wird eine Rauchgas-Entschwefelungs-Anlage (REA) nachgeschaltet, die bis 90% des SO_2-Gehalts binden kann.

5.1.2 Konventionelle Dampfkraftwerke

5.1.2.1 Dampferzeuger. Der für die Turbine benötigte Dampf wird im *Dampfkessel* erzeugt, in dem das Speisewasser vorgewärmt (Ekonomiser), verdampft und schließlich überhitzt wird. Weiter wird im Kessel der Dampf zwischen Hoch- und Mitteldruckteil (z. T. auch zwischen Mittel- und Niederdruckteil) zwischenüberhitzt.

Dampfkraftwerke großer Leistung sind ausschließlich mit *Zwangsdurchlaufkesseln* nach Bild 5.3 ausgerüstet, wobei meist mit unterkritischen Drücken (kritischer Druck 221 bar), z. T. aber auch mit überkritischen Drücken bis 300 bar, und Dampftemperaturen bis 650 °C hinter dem Überhitzer *5* gearbeitet wird. Dampfkessel sind vielfach für Mischfeuerung (Kohle-Öl-Gas) eingerichtet.

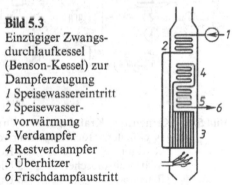

Bild 5.3
Einzügiger Zwangsdurchlaufkessel
(Benson-Kessel) zur Dampferzeugung
1 Speisewassereintritt
2 Speisewasservorwärmung
3 Verdampfer
4 Restverdampfer
5 Überhitzer
6 Frischdampfaustritt

5.1.2.2 Äußerer Aufbau. Die bauliche Gestaltung eines Kraftwerks, die räumliche Zuordnung von Brennstofflagerung (Kohlebunker), Kessel einschließlich Schornstein, Speisewasserbehälter, Maschinensätzen usw. sind mannigfachen Variationen unterworfen. Grundsätzlich wird dabei aber zwischen dem *Sammelschienenkraftwerk* und dem *Blockkraftwerk* unterschieden.

Die Sammelschienenbauweise wird heute noch in Industriekraftwerken bis etwa 30 MW ausgeführt. Hier arbeiten mehrere Dampferzeuger auf eine gemeinsame Dampfsammelschiene, aus der die Turbinen versorgt werden. Die Generatoren speisen gegebenenfalls auch ohne zwischengeschaltete Umspanner auf *eine* elektrische Sammelschiene, an die dann die einzelnen Verbraucher angeschlossen sind.

Kraftwerke für die öffentliche Stromversorgung werden heute ausschließlich in *Blockbauweise* erstellt, wobei jeweils Dampferzeuger, Maschinensatz und Umspanner eine bauliche Einheit, also ein in sich geschlossenes Teilkraftwerk, bilden. In der dem Kraftwerk meist angeschlossenen Freiluft-Schaltstation ist die Zusammenschaltung der einzelnen Blöcke auf der Hauptsammelschiene möglich. Teilweise geht die

elektrische Energie aber auch unmittelbar in eine an den Maschinenumspanner ange-
schlossene Freileitung.

Die Entwicklung von Turbinen und Generatoren großer Leistungen führt zu immer
größeren Kraftwerksblöcken. So sind heute Einheitenleistungen bis 1000 MW bei
konventionellen Kraftwerken und solche von 1400 MW bei Kernkraftwerken (z. B.
Biblis) in Betrieb. Die Wirkungsgrade moderner Dampfkraftwerke mit großen
Blockleistungen liegen zwischen 46% und 48%.

5.1.3 Kernenergie-Kraftwerke

Die zur Zeit für die elektrischen Energieversorgung wichtigsten Reaktortypen sind
der *Druckwasserreaktor,* der *Siedewasserreaktor* und der graphitmoderierte *gasgekühlte Hochtemperaturreaktor* (s. Bild 5.4).

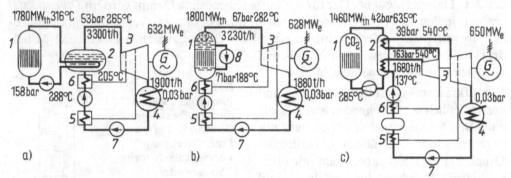

Bild 5.4   Kernenergie-Kraftwerke mit Druckwasserreaktor (a), Siedewasserreaktor (b) und
gasgekühltem Hochtemperaturreaktor (c)
1 Reaktor   *4* Kondensator
2 Wärmeaustauscher   *5* Niederdruckvorwärmer   *7* Kondensatpumpe
3 Turbosatz   *6* Hochdruckvorwärmer   *8* interne Umwälzpumpe

Beim Kraftwerk mit Druckwasserreaktor (Bild 5.4 a), der für Leicht- oder Schwer-
wasser ausgeführt sein kann, wird das den Reaktor *1* durchfließende Kühlwasser unter so hohem Druck (z. B. 158 bar) umgepumpt, dass es auch bei Temperaturen um
300 °C nicht siedet. Es durchströmt dabei einen Wärmeaustauscher *2,* in dem die
Wärmeenergie an einen zweiten Kreislauf abgegeben wird, ohne dass redioaktive
Stoffe mit übertragen werden. Der im Wäremeaustauscher *2* erzeugte Dampf wird in
der Turbine *3* entspannt und anschließend im Kondensator *4* niedergeschlagen. Das
Kondensat wird in den Dampferzeuger *2* zurückgepumpt, wobei auch hier, wie beim
Dampfkesselkraftwerk (s. Abschn. 5.1.1.1) eine Speisewasservorwärmung *5, 6* (Regenerativvorwärmung) zwischengeschaltet wird. Demgegenüber erfolgt beim *Siedewasserreaktor* (Bild 5.4 b) die Dampferzeugung unmittelbar im Reaktorbehälter *1,* in
dem man den Reaktor mit so niedrigem Druck betreibt, dass das Wasser siedet. Der
entstehende *Nassdampf* wird der Turbine *3* unmittelbar zugeführt, die somit zum ra-
dioaktiven Teil der Anlage gehört und deshalb innerhalb der Abschirmung stehen
muss. Die Radioaktivität klingt nach Stillsetzen der Anlage aber so schnell ab, dass

man die Turbine bei Instandsetzungsarbeiten ohne Gefahr für den Menschen öffnen kann. Kernkraftwerke haben einen Wirkungsgrad von rd. 35%.

Im Vergleich zu Dampfkesselkraftwerken arbeiten Druck- und Siedewasserreaktoren mit verhältnismäßig niedrigen Dampfdrücken und -temperaturen, z. B. 53 bar und 265 °C. Der geringere Energieinhalt des Nassdampfs gegenüber Heißdampf erfordert Turbinen mit größeren Volumenströmen als in konventionellen Kraftwerken. Man hat deshalb auch schon eine zusätzliche Überhitzung durch fossile Brennstoffe eingeführt.

Höhere Dampftemperaturen ermöglicht der *Hochtemperaturreaktor*. Dies ist ein graphitmoderierter Reaktor, der mit Helium, Neon, Kohlendioxid oder flüssigem Natrium (Siedetemperatur 883 °C) gekühlt wird. Das Kühlmittel gibt nach Bild 5.4c seine Energie im Wärmeaustauscher *2* an den Dampf-Wasser-Kreislauf der Turbine *3* ab, wobei auch eine Zwischenüberhitzung *5, 6* vorgesehen werden kann.

Die angeführten Kernreaktoren gewinnen Wärmeenergie aus der Spaltung von Uran U 235 durch langsame (thermische) Neutronen, das allerdings nur zu 0,7% im natürlichen Uran U 238 vorhanden ist. Um eine Kettenreaktion in Leichtwasserreaktoren (H_2O) zu ermöglichen, muss deshalb der Prozentsatz von Uran U 235 auf z. B. 3% erhöht, das natürliche Uran also *angereichert* werden. Um das in viel größeren Mengen vorhandene und unmittelbar nicht spaltbare Uran U 238 ebenfalls ausnutzen zu können, wird im *Brutreaktor* neben der Stromerzeugung natürliches Uran in spaltbares Material umgewandelt. Uran U 238 hat die Eigenschaft, *schnelle Neutronen* einzufangen und das ebenfalls als Reaktorbrennstoff geeignete, aber hochgiftige Plutonium Pu 239 zu bilden. Ein ähnlicher Prozess ist mit dem in der Erdrinde häufiger vorkommenden Element Thorium Th 232 möglich. Durch langsame Neutronen wird hierbei das dritte als Kernbrennstoff geeignete Element Uran U 233 gewonnen. Dieser Prozess könnte künftig in Verbindung mit *Fusions-Brutreaktoren* Bedeutung gewinnen.

5.1.4 Dampfturbinen

Die Umwandlung der Wärmeenergie des Dampfes in mechanische Energie zum Antrieb des Synchrongenerators erfolgt – zumindest bei thermischen Kraftwerken großer Leistung – ausschließlich über Dampfturbinen. Sie werden im Gegensatz zu Kolbenmaschinen kontinuierlich vom Dampf durchströmt, der über radial auf der Turbinenwelle angeordnete Laufschaufeln (Laufschaufelkranz) unmittelbar Drehbewegung erzeugt.

Man unterscheidet nach der Bauart *Kondensationsturbinen* mit ungesteuerter und ohne ungesteuerte Anzapfung für Vorwärmzwecke des Speisewassers, die ausschließlich zur Erzeugung großer Leistungen dienen und die den Dampf durch Nachschalten eines Kondensators bis auf einen Druck von 0,06 bar bis 0,025 bar expandieren, und *Gegendruckturbinen*, die meistens noch den Wärmebedarf eines Industriebetriebs oder eines öffentlichen Fernheiznetzes decken.

Die Kondensationsturbine ist die Kraftwerksturbine für große Leistungen mit normalen Drehzahlen von 3000 min^{-1} bei 50 Hz. In Kernkraftwerken mit großen Blockleistungen (etwa über 600 MW), in denen die Turbinen z. T. für niedrige Dampfdrücke und -temperaturen (s. a. Abschn. 5.1.3) ausgelegt sein müssen, sind auch Drehzahlen von 1500 min^{-1} zum Antrieb vierpoliger Synchrongeneratoren vorgesehen. Heute gibt es bereits Einwellenturbinen mit Leistungen um 1000 MW. Als überhaupt ausführbare Grenzleistung werden 4000 MW angesehen.

5.2   Gasturbinen-Kraftwerke

Bedenkt man, dass Gas lediglich ein bestimmter Aggregatzustand eines Stoffes ist, so unterscheiden sich Gasturbinen von Dampfturbinen nur dadurch, dass sie i. allg. mit hoch überhitzten Dämpfen (z. B. Heißluft) betrieben werden. Die Gaseintrittstemperaturen, mit denen zur Erlangung wirtschaftlicher Wirkungsgrade gearbeitet werden muss, liegen zwischen 900 °C und 1200 °C.

5.2.1   Bauarten

Bei Gasturbinen mit *offenem Prozess* (offene Gasturbine) wird nach Bild 5.5 Luft angesaugt und durch den mit der Turbine gekoppelten Verdichter *1* in die Brennkammer *2* gedrückt, in der der Brennstoff (Öl, Erdgas, Gichtgas) verbrannt wird. Etwa zwei Drittel der Turbinenleistung wird hierbei dem Verdichter zugeführt. Das entstehende heiße Verbrennungsgas, das durch eingemischte Sekundärluft auf die zulässige Eintrittstemperatur (1100 °C) heruntergekühlt wird, expandiert in der Turbine *4* und geht mit Abgastemperaturen von 500 °C bis 600 °C in den Abgaskamin. Es kann deshalb noch im Wärmeaustauscher *3* zur Luftvorwärmung benutzt werden, wodurch der Wirkungsgrad der Gesamtanlage, der ohne Vorwärmung bei etwa 22% liegt, auf Werte bis 40% verbessert wird.

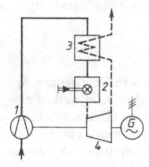

Bei der *geschlossenen Gasturbine* wird das Arbeitsmittel, z. B. Luft oder Helium, in einem geschlossenen Kreislauf gehalten, wobei die Erwärmung des Gases im Gegensatz zur offenen Gasturbine über Wärmetauscher erfolgen muss.

Bild 5.5
Schaltschema der einwelligen offenen Gasturbine mit internem Wärmeaustauscher
1 Verdichter, *2* Brennkammer, *3* Wärmeaustauscher, *4* Turbine

5.2.2   Anwendungsbereiche

Gasturbinen-Kraftwerke werden heute für Leistungen bis 240 MW gebaut. *Offene Gasturbinen* eignen sich wegen ihrer niedrigen Anlagekosten (s. Abschn. 6.3.1), kurzen Anfahrzeiten (etwa 10 min bis Vollast, bei Vorwärmung sogar kürzer als 2 min) und wegen der niedrigen Wirkungsgrade besonders für *Spitzenkraftwerke* und *Reserveanlagen*. Da sie nur einen sehr geringen Kühlwasserbedarf haben, ist ihre Aufstellung in der Nähe von Verbraucherschwerpunkten unabhängig von Wasservorkommen möglich. Gasturbinen werden gegenwärtig fast ausnahmslos mit Destillaten (z. B. leichtes Heizöl) oder Erdgas betrieben, das sich als Brennstoff besonders gut eignet, da es hauptsächlich aus Methan (88%) besteht und völlig rauchlos verbrennt. Es erfüllt somit die strengsten Auflagen bezüglich der Emission.

Bild 5.6a zeigt die erste in Deutschland ausgeführte, vollautomatisch betriebene *Luftspeicheranlage* (Huntorf, E.ON). Im Speicherbetrieb treibt die elektrische Maschine *4* als Motor bei abgekuppelter Gasturbine *3* den Verdichter *5* und drückt die komprimierte Luft mit einem Druck bis 75 bar in einen unterirdischen Speicher *1* (etwa 300 000 m³), der durch künstliches Aussolen eines Salzstocks entstanden ist. Zur Energieabgabe wird der Verdichter ab- und die Turbine angekuppelt, die nun den Generator *4* antreibt, der die Spitzenleistung 290 MW abgeben kann. Der Speicherinhalt kann hierbei nicht völlig verbraucht, sondern nur bis auf einen Mindestdruck von etwa 55 bar heruntergefahren werden. Im Gegensatz zu diesem *Gleichraumverfahren* kann beim *Gleichdruckverfahren* nach Bild 5.6b der Luftspeicherinhalt nahezu ganz ausgenutzt werden. Deshalb sind wesentlich geringere Speichervolumina in einer Tiefe von etwa 500 m erforderlich. Der konstante Luftdruck wird durch ein Wasserpolster mit oberirdischem Ausgleichsbecken *8* gehalten. Festdruckspeicher lassen sich wegen der Wasserhaltung nicht in Salzstöcken anlegen, sondern müssen in unterirdische Gesteinsformationen bergmännisch eingebracht werden. Luftspeicher-Gasturbinen können mit Luft allein hochgefahren werden und sind deshalb in der Lage, nach Netzzusammenbrüchen die Anfahrenergie für Dampfkraftwerke bereitzustellen. Wirkungsgrade bis ca. 56%.

Bild 5.6
Luftspeicher-Gasturbinen-
kraftwerk für Gleichraum-
betrieb (a) und Gleich-
druckbetrieb (b)
1 Luftspeicher
2 Brennkammer
3 Gasturbine
4 Motor/Generator
5 Verdichter
6 Kühler
7 Kupplung
8 Ausgleichsbecken

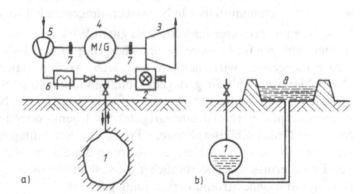

Eine energiesparende Nutzung der Abwärme von Gasturbinen wird durch *kombinierte Gas- und Dampfturbinenprozesse* (GUD) erreicht. Nach Bild 5.7 werden z. B. die Abgase von zwei Gasturbinen in Abhitzedampferzeugern genutzt, um Dampf von etwa 40 bar und 470 °C für eine nachgeschaltete Kondensationsturbine zu erzeu-

Bild 5.7
Vereinfachte Darstellung eines kombinierten Gas- und Dampfprozesses
1 Verdichter, *2* Brennkammer, *3* Gasturbine, *4* Abhitzedampferzeuger,
5 Dampfturbine, *6* Kondensator,
7 Speisewasserbehälter, *8* Generator

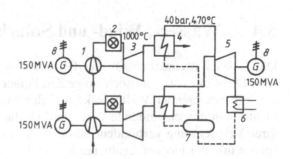

gen. Hierbei werden bei Kraftwerksleistungen bis 800 MW je Block Gesamtwir-
kungsgrade bis 58% erreicht.

GUD-Kraftwerke mit integrierter *Kohlevergasung* weisen bei relativ hohen Wir-
kungsgraden bis 45% eine niedrige Schadstoff-Emission auf. Die erste Anlage dieser
Art (RWE) ist bereits in Betrieb. Besondere Bedeutung kann die *geschlossene Gasturbine* in Kernkraftwerken gewinnen. An die Stelle des Lufterhitzers tritt dann der
gasgekühlte Hochtemperaturreaktor (s. Abschn. 5.1.3), wobei Gesamtwirkungsgra-
de bis 58% erreicht werden können (Dampfkraftwerk etwa 42%). Bei Verwendung
von Edelgasen, z. B. Helium, entfällt die bei Sauerstoff gegebene Korrosionsgefähr-
dung. Außerdem wird Edelgas als inertes Gas nicht radioaktiv verseucht. Helium-
Gasturbinen werden heute mit Leistungen bis 1000 MW für Kernkraftwerke angeboten.

5.3   Dieselkraftwerke

Dieselkraftwerke sind Wärmekraftanlagen mit Verbrennungsmotoren, in denen flüs-
siger Kraftstoff nach dem Dieselprinzip oder gasförmiger Brennstoff nach dem Die-
selgasverfahren unmittelbar in Nutzarbeit umgewandelt wird.

Sie können wegen ihrer im Verhältnis guten Wirkungsgrade (um 45%) als *Dauerver-
sorgungsanlagen* für kleinere Verbrauchergruppen, wie Industrieanlagen, Stadt- oder
Gemeindebezirke, wirtschaftlich eingesetzt werden. Hiervon wird allerdings in
Deutschland nur in sehr geringem Umfang Gebrauch gemacht. Dieselmotoren finden sich hauptsächlich in *Spitzenkraftwerken* kleinerer Netze und besonders bei
Netzersatzanlagen (Notstromaggregate) für lebens- oder betriebswichtige Verbraucher, wie Krankenhäuser, Sender-, Post- oder Kühlanlagen, Pumpstationen u. dgl.;
sie übernehmen im Fall einer Netzstörung die Stromlieferung und werden je nach
den Erfordernissen der Verbraucher als vollautomatische *Aggregate* für Stromlieferung mit und ohne Stromunterbrechung geliefert.

Im Gegensatz zur Turbine ist das von der Kolbenmaschine abgegebene Drehmoment zeitlich
nicht konstant, so dass u. U. die angekuppelte Synchronmaschine zu Schwingungen angeregt
wird, was bei Parallelbetrieb mit anderen Generatoren oder bei Speisung in ein leistungsstarkes
Netz zu Stabilitätsschwierigkeiten (s. Abschn. 1.3.3.8) führen kann. Gegebenenfalls muss dann
das Schwungmoment durch ein zusätzliches Schwungrad vergrößert werden.

5.4   Wasser-, Wind- und Solarkraftwerke

Die fossilen Brennstoffe Öl und Gas werden in einigen Jahrzehnten aufgebraucht
sein. Die Kohle ist zwar noch einige Zeit länger, aber nicht unbegrenzt verfügbar, zumal mit wachsender Weltbevölkerung der Energiebedarf ständig zunimmt. Jedoch
nicht allein die schwindende Verfügbarkeit dieser Brennstoffe, sondern auch das mit
ihrer Verbrennung verbundene ständige Anwachsen des CO_2-Gehalts in der Atmosphäre und der hieraus resultierende Treibhauseffekt mit seinen negativen Folgen für

die gesamte Menschheit, verstärkt den Wunsch nach alternativen Energien. Der Ausbau der Kernenergie kommt zumindest in Deutschland wegen der mangelnden Akzeptanz z. Zt. nicht in Betracht.

Unter *Alternativenergie* werden vornehmlich die *regenerativen Energien* verstanden, die sich ständig erneuern und somit unbegrenzt zur Verfügung stehen. Es sind dies die Wasser- und Windkraft sowie die Biomasse aus nachwachsenden Rohstoffen. Hinzu kommt die direkte Umwandlung der Sonnenenergie in Nutzenergie über Solarkollektoren im Niedertemperaturbereich und Solarzellen zur Stromerzeugung.

In einigen Ländern wird elektrische Energie fast ausschließlich aus *Wasserkraft* gewonnen, z. B. Norwegen mit 99,4%. In Deutschland beträgt der Anteil an der elektrischen Energieerzeugung z. Zt. 3,5%, der nicht erhöht werden kann, da die Wasserkräfte nahezu vollständig ausgebaut sind.

Die Nutzung der Windenergie hat in den letzten Jahren zwar stark an Bedeutung gewonnen, ihre Anwendung zur elektrischen Energieerzeugung im großen Leistungsbereich wird aber auf die windreichen Küstenzonen (z. B. Off-Shore-Windpark) beschränkt bleiben. Windenergie ist also keine alternative sondern eher eine *additive* Energieform. Dies gilt in besonderer Weise auch für die *Solarenergie,* die in unseren Breiten in einer stark wechselnden und im Mittel geringen Energiedichte anfällt. Bislang ist ihr Anteil an der elektrischen Stromerzeugung sehr gering (ca. 0,06%). Sie trägt jedoch in vielen Kleinanlagen dazu bei, örtlich fossile Energieträger einzusparen.

5.4.1 Wasserkraftwerke

In Wasserkraftanlagen wird die Energie strömenden Wassers zum Antrieb elektrischer Generatoren ausgenutzt. Je nach Höhe des ausnutzbaren Wassergefälles unterscheidet man *Nieder-, Mittel-* und *Hochdruckanlagen.* Die Wirkungsgrade moderner Wasserkraftanlagen liegen zwischen 80% und 90%.

5.4.1.1 Laufwasser-Kraftwerke. In Laufwasserkraftwerken wird von der Natur „laufend" dargebotenes Wasser, in erster Linie das größerer Flüsse, verwertet, so dass Laufwasserkraftwerke meist als Niederdruckkraftwerke nach Bild 5.8b mit nur wenigen Metern Nutzhöhe arbeiten. Große Leistungen lassen sich dabei nur mit entsprechend großen Wasserströmen erreichen.

Im Gegensatz zu thermischen Kraftwerken muss hier die Primärenergie so verarbeitet werden, wie sie zeitlich anfällt, wobei noch die Wassermengen jahreszeitlich schwanken können. Die erzeugte elektrische Energie wird deshalb als *Grundlast* in größere Versorgungsnetze geliefert. Die vorteilhafte kostenlose Bereitstellung der Wasserenergie durch die Natur muss aber meist durch sehr hohe Anlagekosten erkauft werden (s. Abschn. 6.3.1).

5.4.1.2 Speicher-Kraftwerke. Hier wird die potentielle Energie des in einem Speicherbecken (Oberbecken) gesammelten Wassers bei meist größerer Nutzhöhe zur elektrischen Energieerzeugung ausgenutzt. Speicherkraftwerke arbeiten deshalb i. allg. als Mittel- oder Hochdruckanlagen. Im Gebirge bieten sich hierzu hochgelegene natürliche oder künstlich gestaute Seen an, aus denen nach Bild 5.8a das Wasser über Druckstollen oder Druckrohrleitungen den tieferstehenden Turbinen zufließt. Gegenüber Laufwasserkraftwerken besteht hier der Vorteil, dass die aufgespeicherte Energie bei Bedarf abgerufen werden kann, weswegen sich Speicherkraftwerke auch zur *Lastspitzendeckung* eignen.

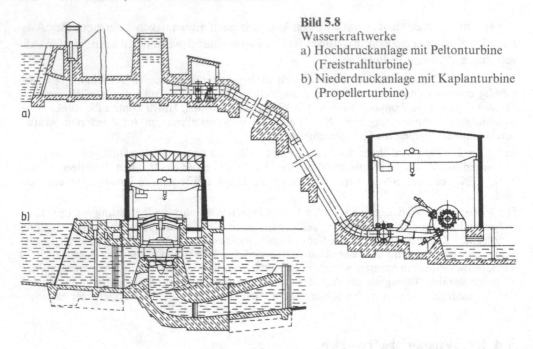

Bild 5.8
Wasserkraftwerke
a) Hochdruckanlage mit Peltonturbine
   (Freistrahlturbine)
b) Niederdruckanlage mit Kaplanturbine
   (Propellerturbine)

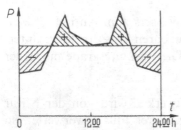

Bild 5.9   Typisches Einsatz-
diagramm eines
Pumpspeicherwerks
(−) Pumpbetrieb,
(+) Turbinenbetrieb

Eine Sonderstellung nehmen hierbei die *Pumpspeicherwerke* ein, in denen die in Schwachlastzeiten verfügbare, kostengünstigere Überschußenergie der Dampfkraftwerke dazu benutzt wird, Wasser aus einem Unterbecken oder Fluss in das Oberbecken zu pumpen, um auf diese Weise Energie für Spitzenbedarfszeiten zu speichern. Bild 5.9 zeigt ein typisches Einsatzdiagramm, aus dem der zeitliche Wechsel von Pumpen- und Turbinenbetrieb ersichtlich ist. Gegenüber anderen Spitzenkraftwerken, wie z. B. Gasturbinen-, Speicherkraftwerken oder Spitzenlast fahrenden Dampfkraftwerken, tragen Pumpspeicherwerke noch stärker zur Vergleichsmäßigung von Tag- und Nachtlast der Dampfkraftwerke bei, in dem sie durch den Pumpenbetrieb die Nachtlast vergrößern und die Lastspitzen am Tage abdecken.

Pumpspeicherwerke sollen zur Vermeidung unnötiger Übertragungsverluste möglichst in der Nähe der Verbraucherschwerpunkte liegen. Deshalb sind in Gegenden, in denen entsprechende natürliche Gegebenheiten nicht vorliegen, auch künstliche Speicherbecken (z. B. Pumpspeicherwerk Geesthacht bei Hamburg) errichtet worden. In der Bundesrepublik sind Standorte für künftige Pumpspeicherwerke mit einer Gesamtleistung von 15 GW bis 30 GW und mit Speicherinhalten für 10 bis 20 Vollaststunden vorhanden.

Ein *Pumpspeichersatz* besteht aus einer Synchronmaschine, an die im Motorbetrieb die Pumpe und im Generatorbetrieb die Turbine angekuppelt werden. Bei *Pumpenturbinen* sind dagegen Pumpe und Turbine zu einer Maschine vereinigt.

5.4.1.3 Gezeiten-Kraftwerke. Kraftwerke dieser Art nutzen den Tidehub an den Meeresküsten aus, so z. B. das französische Gezeitenkraftwerk an der Rance-Mündung in der Bucht von St. Malo, wo bei Springflut Höhenunterschiede von 13,5 m auftreten. Hier wird sowohl bei Wassereinlauf in das Speicherbecken während der Flut als auch bei Wasserauslauf während der Ebbe Turbinenbetrieb gefahren, wobei zwischendurch Wartezeiten eingeschoben werden, um den erforderlichen Mindesthöhenunterschied aufkommen zu lassen. Solche Wartezeiten lassen sich durch Anordnung mehrerer Becken vermeiden. Um die durch die Gezeiten vorgegebenen Stromlieferzeiten etwas verschieben zu können, wird zusätzlich ein Pumpspeicherbetrieb überlagert. Für Gezeitenkraftwerke eignen sich insbesondere *Rohrturbinen* mit verstellbaren Leitschaufeln (s. Bild 5.10).

5.4.1.4 Wasserturbinen. Hier unterscheidet man *Freistrahl-, Radial-* und *Propellerturbinen,* unter denen im Einzelfall nach der vorliegenden Nutzhöhe zu wählen ist.

Die in Bild 5.8 a dargestellte *Freistrahlturbine* wird vorzugsweise in Hochdruckanlagen mit Fallhöhen über 100 m bis 2000 m eingesetzt. Das Druckwasser wird aus Düsen in einem freien Strahl tangential auf das Schaufelrad (*Peltonrad*) gelenkt, wobei die Geschwindigkeitsenergie in mechanische Energie verwandelt wird. Die Turbine wird über Nadeln gesteuert, die in die Düsen hineingeschoben werden.

Die als *Francis-Turbine* bekannte Radialturbine, die für Fallhöhen im Bereich von 50 m bis 800 m geeignet ist, besteht aus einem auf der Turbinenwelle aufgebrachten Laufrad, in das das Wasser über einen feststehenden Leitapparat radial von außen nach innen einströmt. Da Kreiselpumpen im Prinzip gleich gebaut sind, lässt sich diese Turbine auch als *Pumpenturbine* auslegen, wie sie teilweise in Pumpspeicherwerken (s. Abschn. 5.4.1.2) verwendet wird.

Propellerturbinen mit verstellbaren Leit- und Laufschaufeln (*Kaplanturbinen*) nach Bild 5.8 b werden ausschließlich dort eingesetzt, wo große Wassermengen bei geringer Nutzhöhe (2 m bis 50 m) anfallen. Eine Abwandlung der Propellerturbine ist die *Rohrturbine* (Bild 5.10). Generator und Turbine sind in einem Gehäuse vereinigt, das innerhalb des Durchflussrohres horizontal angeordnet ist. Rohrturbinen sind von Vorteil bei wechselnder Durchflussrichtung, wie z. B. bei Gezeitenkraftwerken. Sie werden auch als Pumpenturbinen ausgeführt.

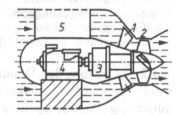

Bild 5.10 Rohrturbine
1 Leitschaufeln,
2 Laufrad,
3 Getriebe,
4 Generator,
5 Einstiegsschacht

Die *Drehzahlen* von Wasserturbinen sind i. allg. wesentlich kleiner als bei Dampfturbinen. Die Nenndrehzahlen liegen im Bereich von $62{,}8\ \mathrm{min^{-1}}$ bis $1000\ \mathrm{min^{-1}}$, so dass sich für die meist direkt gekuppelten Generatoren entsprechend große *Polpaarzahlen* ergeben (s. Abschn. 5.5.1.1). Die Drehzahlen betragen bei Kaplanturbinen etwa $60\ \mathrm{min^{-1}}$ bis $150\ \mathrm{min^{-1}}$, bei Francis-Turbinen $100\ \mathrm{min^{-1}}$ bis $500\ \mathrm{min^{-1}}$ und bei Pelton-Turbinen $400\ \mathrm{min^{-1}}$ bis $1000\ \mathrm{min^{-1}}$. Wird die Turbine plötzlich entlastet, so läuft sie, wenn die Wasserzufuhr nicht rechtzeitig gesperrt wird, auf die *Durchgangszahl* hoch, die je nach Bauart das 1,8- bis 3fache der Nenndrehzahl beträgt. Für die dabei auftretenden mechanischen Beanspruchungen müssen Turbine und Generator ausgelegt sein.

5.4.2 Windkraftwerke

Windturbinen größerer Leistung werden heute fast ausschließlich als Horizontalachsen-Rotoren nach Bild 5.11 mit aerodynamisch geformten Rotorblättern ausgeführt. Ein solches Windkraftwerk kann der bewegten Luft einen Teil ihrer Strömungsenergie entziehen und über Synchron- oder Asynchrongeneratoren in elektrische Energie umwandeln.

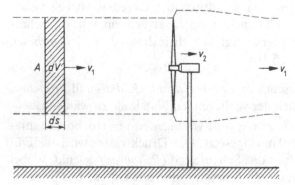

Zur Anpassung der Leistungsaufnahme bei unterschiedlichen Windgeschwindigkeiten und zur Begrenzung der Turbinenleistung bei Sturm werden die Rotorblätter teilweise in ihren Achsen verdrehbar ausgeführt. Diese hydraulisch oder elektrisch arbeitende Rotorblattverstellung ist aufwendig und teuer, gewährleistet dafür im Inselbetrieb eine gute Anpassung an die Erfordernisse der Verbraucher und verhindert ein Überschreiten der Bemessungsleistung. Anlagen kleiner und mittlerer Leistung (bis 500 kW) werden dagegen vielfach mit starren Rotorblättern betrieben. Auch hier muss dafür

Bild 5.11 Windturbine mit Horizontalachsen-Rotoren mit angedeutetem Luftkanal vor und hinter der Turbine und Luftvolumen dV

gesorgt werden, dass beim Überschreiten der maximalen Dauerleistung des Generators die Antriebsleistung der Turbine nicht weiter gesteigert wird. Bei solchen „stallgeregelten" Anlagen kommt es bei zu hohen Windgeschwindigkeiten zu einem Strömungsabriss an den Rotorblattprofilen (Stalleffekt), wodurch die Antriebsleistung begrenzt wird. Weitere Probleme ergeben sich aus dem Blindleistungsbedarf der Generatoren oder Verbraucher, aus der Windrichtungsnachführung, der Drehzahlbegrenzung bei Lastabwurf u. dergl. Zur näheren Information wird auf die einschlägige Literatur [23], [28] verwiesen.

5.4.2.1 Leistung der Windturbine.

Die exakte theoretische Abhandlung der Umwandlung von Windenergie in Rotationsenergie eines Windrades ist komplex und aufwendig. Ihre Darlegung würden den Rahmen dieses Buches sprengen und soll der entsprechenden Fachliteratur vorbehalten bleiben. Hier werden lediglich grobe Zusammenhänge erläutert, die dem Leser Möglichkeiten und Grenzen der Windenergienutzung aufzeigen sollen.

Bei dem in Bild 5.11 schraffiert dargestellten Volumen $dV = A\,ds$ befindet sich mit der Luftdichte ρ die Luftmasse $dm = \rho\,dV$, die sich als laminare Strömung mit der Windgeschwindigkeit v_1 auf die Turbine zu bewegt. Der Luftkanalquerschnitt A wird von der Rotationsfläche des Rotors vorgegeben. Dieses Luftvolumen hat die *Bewegungsenergie*

$$dW = \frac{1}{2}\,dm\,v_1^2 = \frac{1}{2}\,\rho\,dV\,v_1^2 = \frac{1}{2}\,\rho\,A\,ds\,v_1^2 \qquad (5.1)$$

Ist dt die Zeit, in der das Luftvolumen dV die Strecke ds zurücklegt, dann ergibt sich mit der Windgeschwindigkeit $ds/dt = v_1$ die in der Luftströmung vorhandene *maximale Windleistung*

$$P_{max} = \frac{dW}{dt} = \frac{1}{2}\rho A v_1^3 \tag{5.2}$$

von der allerdings nur ein Bruchteil in Turbinen-Antriebsleistung umgesetzt werden kann. Wird dem Luftstrom durch das Windrad Energie entzogen, muss nach Gl. (5.2) die Windgeschwindigkeit v_2 unmittelbar hinter der Turbine kleiner als die Geschwindigkeit v_1 werden, da die ein- und ausströmenden Luftmassen gleich sein müssen. Die kleinere Geschwindigkeit erfordert einen größeren Luftkanal-Querschnitt, was in Bild 5.11 angedeutet ist. Später stellen sich dann wieder Verhältnisse ein, wie sie vor der Turbine bestanden.

Wollte man die maximale Windleistung P_{max} nach Gl. (5.2) völlig in Turbinenleistung umwandeln, müsste $v_2 = 0$ werden. Man erkennt sofort, dass dies unsinnig ist, weil dann auch $v_1 = 0$ sein müsste. Es muss also ein Geschwindigkeitsverhältnis v_2/v_1 zwischen den Werten 0 und 1 existieren, bei dem die an das Windrad abgegebene Leistung optimal groß ist. Nach [23] beträgt dieses Verhältnis $v_2/v_1 = 1/3$.

Das Verhältnis der von der Windturbine aufgenommenen Leistung P_W zu der maximalen Leistung des Windstroms P_{max} nach Gl. (5.2) wird *Leistungsbeiwert*

$$c_P = P_W/P_{max} \tag{5.3}$$

oder auch „Betz-Faktor" genannt. Bei $v_2/v_1 = 1/3$ beträgt der *ideale Leistungsbeiwert* $c_P = 0,593$, der nicht überschritten werden kann. Beim praktischen Betrieb muss dagegen von Werten im Bereich $c_P = (0,4$ bis $0,5)$ ausgegangen werden. Somit gilt für die *Windturbinenleistung*

$$P_W = c_P P_{max} = \frac{1}{2}c_P \rho A v_1^3 \tag{5.4}$$

wobei mit der Luftdichte $\rho = 1,29\,\text{kg/m}^3$ gerechnet werden kann. Die Turbinenleistung ändert sich also linear mit der Rotorfläche und somit quadratisch mit dem Rotordurchmesser. Änderungen der Windgeschwindigkeit bewirken relativ große Schwankungen in der Leistungsabgabe des Windkraftwerks, da sie mit der dritten Potenz in die Leistung eingehen.

5.4.2.2 Elektrische Systeme.
Eine Windkraftanlage enthält im Prinzip die gleichen elektrischen Komponenten wie jedes andere Kraftwerk auch. Das Kernstück ist der von der Windturbine angetriebene Generator. Hinzu kommen die Systeme für die Überwachung, Sicherung und Ansteuerung, wobei die Leittechnik für den vollautomatischen Betrieb ausgelegt sein muss.

Der wesentliche Unterschied zu den fossil befeuerten oder mit Wasser betriebenen Kraftwerken ist die infolge wechselnder Windgeschwindigkeit stark schwankende Leistungsabgabe, wodurch sich spezifische Probleme ergeben. Werden viele Windkrafteinheiten in einem „Windpark" nebeneinander betrieben, so kommt es wegen der standortbedingten Unterschiede im Windangebot zu einer Vergleichmäßigung der gesamten Leistungsabgabe.

Die mechanisch-elektrische Energieumwandlung kann mit *Asynchron-* wie auch mit *Synchrongeneratoren* erfolgen. Bild 5.12 gibt aus der Vielzahl der möglichen Systeme drei typische Ausführungsformen wieder. Weisen die im Turmkopf der Anlage untergebrachten Generatoren eine niedrige Polpaarzahl auf, ist die Nenndrehzahl größer als die des Windrades. Zwischen beiden wird deshalb ein Getriebe erforderlich. Es werden aber auch getriebelose Umwandlungssysteme ausgeführt, bei denen Generatoren mit hoher Polpaarzahl (z. B. $p = 16$) verwendet werden.

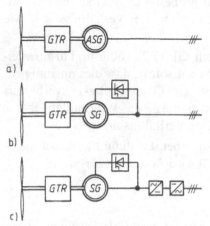

Bild 5.12 Systeme für die mechanisch-elektrische Energieumwandlung mit Getriebe GTR und Asynchrongenerator (a), Synchrongenerator (b) und drehzahlvariables System (c) mit Netzanbindung über Stromrichtereinheiten aus Gleich- und Wechselrichtern

Die einfachste und sehr häufig verwendete Ausführung zeigt Bild 5.12a mit einem *Asynchrongenerator,* die vornehmlich für Einspeisungen in ein leistungsstarkes Netz verwendet wird. Asynchronmaschinen benötigen auch im Generatorbetrieb induktive Blindleistung, die hier dem Netz entnommen wird. Überlicherweise wird mit fest angeschlossenen Kondensatoren der Blindleistungsbedarf des Generators für einen Betriebspunkt kompensiert. Für die alleinige Versorgung einer Verbrauchergruppe (Inselbetrieb) ist dieses System ohne zusätzlichen Blindleistungserzeuger (Phasenschieber) nicht geeignet. Vorteilhaft ist, dass Asynchrongeneratoren meist ohne aufwendige Synchronisierungseinrichtung auf das Netz geschaltet werden können. Bei Großanlagen kann es notwendig werden, den Anlaufstrom durch einen Thyristorsteller in der Anlaufphase zu begrenzen. Wird die Asynchronmaschine als Kurzschlussläufer (Käfigläufer) ausgeführt, ist sie praktisch wartungsfrei.

Bei der Ausführung nach Bild 5.12b ist die Asynchronmaschine durch einen *Synchrongenerator* ersetzt, der nach Abschn. 5.5.2.2 in der Lage ist, neben der Wirkleistung auch jede Art von Blindleistung zu liefern. Dieses System ist also für den Inselbetrieb geeignet. Am leistungsstarken Netz wird dieses System der mechanisch-elektrischen Energieumwandlung nicht eingesetzt.

Werden die Systeme nach Bild 5.12a und b an einem größeren Versorgungsnetz betrieben, so ist die Generatordrehzahl und somit auch die Drehzahl des Windrades durch die Netzfrequenz vorgegeben. Auch der Asynchrongenerator läuft wegen des relativ geringen Nennschlupfes (z. B. 1%) fast mit Synchrondrehzahl. Bei kleineren Leistungen wird der Schlupf bis auf 8% erhöht. Der Windrotor möchte dagegen seine Drehzahl der sich ändernden Windgeschwindigkeit anpassen, was zu hohen mechanischen Beanspruchungen der zwischen Turbine und Generator liegenden Verbindungsteile führt. Diese starre Ankopplung an das Netz bewirkt außerdem, dass windbedingte Leistungsschwankungen im Antrieb ungedämpft an das Netz abgegeben werden. Es ist deshalb wünschenswert, diese direkte Netzanbindung des Generators zu entkoppeln.

Bei der Ausführungsform nach Bild 5.12c erfolgt die Netzanbindung über Stromrichtereinheiten aus Gleich- und Wechselrichtern. Die Drehzahl der Turbine kann sich nun der Windgeschwindigkeit anpassen. Die sich hierdurch ständig ändernde Generatorfrequenz wird über den nachgeschalteten Frequenzumformer wieder der Netzfrequenz angepasst. Die bei direkter Kopplung auftretenden dynamischen Belastungen werden vermieden und die Betriebsführung des Rotors kann den Windverhältnissen besser angepasst werden. Außerdem ermöglicht dieses System wegen der raschen Eingriffszeiten sehr gute und dynamisch wirksame Drehmomentbegrenzungen. Die Realisierung solcher *drehzahlvariablen Generatorsysteme* ist sowohl mit Synchron- wie auch mit Asynchrongeneratoren möglich. Wegen der immer leistungsfähiger werdenden elektronischen Bauelemente und ihrer ebenfalls kleiner werdenden Störanfälligkeit wird das drehzahlvariable Generatorsystem bei größeren Leistungen ($P > 500\,\mathrm{kW}$) zunehmend bevorzugt.

Beispiel 5.1. Ein Windkraftwerk mit der Bemessungsleistung $P_r = 600\,\mathrm{kW}$ und mit dem Rotordurchmesser $D_R = 39\,\mathrm{m}$ soll an einem Standort errichtet werden, für den die nachstehenden Windgeschwindigkeiten während eines Jahres (1 Jahr = 8760 h) ermittelt wurden:

Zeitdauer $\Delta t_1 = 1000\,\mathrm{h}$ Windgeschwindigkeit $v_1 = 12\,\mathrm{m/s}$
 $\Delta t_2 = 2000\,\mathrm{h}$ $v_1 = 8\,\mathrm{m/s}$
 $\Delta t_3 = 2000\,\mathrm{h}$ $v_1 = 4\,\mathrm{m/s}$

Die verbleibenden 3760 h ist das Windkraftwerk entweder wegen Windmangel oder wegen Überschreitung der Bemessungsleistung durch zu starken Wind nicht in Betrieb.

Der sich über die Wirkungsgradkette vom Generator bis hin zum Netztransformator ergebende mittlere Gesamtwirkungsgrad wird mit $\eta = 0,92$ angenommen, wobei berücksichtigt ist, dass der Generatorwirkungsgrad drehzahlabhängig ist. Der Leistungsbeiwert (Betz-Faktor) beträgt $c_p = 0,45$ und die Luftdichte $\varrho = 1,29\,\mathrm{kg/m^3}$.

Wieviel elektrische Energie kann das Windkraftwerk über ein Jahr an das Netz abgeben? Wie groß ist die mittlere Windgeschwindigkeit v_{mi}, die über das ganze Jahr vorliegen müsste, um auf die gleiche Jahresarbeit zu kommen, und wie groß ist die Jahresbenutzungsdauer (s. Abschn. 6.1.1)?

Mit der Rotationsfläche des Rotors $A = \pi D_R^2/4 = \pi \cdot (39\,\mathrm{m})^2/4 = 1194,59\,\mathrm{m^2}$ ergibt sich nach Gl. (5.4) für die größte Windgeschwindigkeit $v_1 = 12\,\mathrm{m/s}$ die Windturbinenleistung

$$P_{W(12)} = 0,5 \cdot c_p \varrho A v_1^3 = 0,5 \cdot 0,45 \cdot 1,29\,(\mathrm{kg/m^3}) \cdot 1194,59\,\mathrm{m^2} \cdot (12\,\mathrm{m/s})^3$$
$$= 599,2\,\mathrm{kW}$$

Entsprechend findet man für $v_1 = 8\,\mathrm{m/s}: P_{W(8)} = 177,5\,\mathrm{kW}$ und für $v_1 = 4\,\mathrm{m/s}: P_{W(4)} = 22,2\,\mathrm{kW}$. Hiermit berechnet man die von der Windturbine abgegebene Jahresarbeit

$$W_{Wa} = P_{W(12)}\,\Delta t_1 + P_{W(8)}\,\Delta t_2 + P_{W(4)}\,\Delta t_3$$
$$= 599,2\,\mathrm{kW} \cdot 1000\,\mathrm{h} + 177,5\,\mathrm{kW} \cdot 2000\,\mathrm{h} + 22,2\,\mathrm{kW} \cdot 2000\,\mathrm{h}$$
$$= 998.600,0\,\mathrm{kWh}$$

Mit dem Gesamtwirkungsgrad ist dann die jährlich an das Netz abgegebene elekrische Energie

$$W_a = \eta\,W_{Wa} = 0,92 \cdot 998.600,0\,\mathrm{kWh} = 918.712,0\,\mathrm{kWh}$$

Mit der mittleren Turbinenleistung $P_{Wmi} = W_{Wa}/8760\,h = 998.600,0\,kWh/8760\,h = 114,0\,kW$ berechnet man die mittlere Windgeschwindigkeit

$$v_{mi} = \sqrt[3]{2\,P_{Wmi}/(c_p\,\varrho\,A)} = \sqrt[3]{2 \cdot 114,0\,kW/[0,45 \cdot 1,29\,(kg/m^3) \cdot 1194,59\,m^2]}$$
$$= 6,90\,m/s$$

Bei überschlägigen Berechnungen wird vielfach mit einer mittleren Windgeschwindigkeit von 6 m/s gerechnet.

Die Jahresbenutzungsdauer $T_{ma} = W_a/P_r$ (s. Abschn. 6.6.1) gibt an, wie lange das Windkraftwerk mit der Bemessungsleistung P_r betrieben werden müsste, um die gleiche Jahresarbeit W_a zu erreichen. Hier ergibt sich die Jahresbenutzungsdauer $T_{ma} = 918.712,0\,kWh/600\,kW = 1.531\,h$.

Für thermische Kraftwerke liegt die Benutzungsdauer im Bereich $T_{ma} = (5000\ bis\ 7000)\,h$.

5.4.3   Solarkraftwerke

Zur elektrischen Energieerzeugung im großen Leistungsbereich (z. B. bis 100 MW) bieten sich mehrere Konzeptionen an. Bei der *solarthermischen Elektrizitätserzeugung* wird die Sonnenenergie z. B. in Parabolzylindern eingefangen, wobei die fokussierte Sonnenstrahlung auf Absorberrohre trifft, in denen der bis auf 350 °C erhitzte Wasserdampf einer Wärmekraftmaschine zugeleitet wird. Eine andere Möglichkeit besteht darin, das Sonnenlicht mittels einer großen Anzahl von Flachspiegeln brennglasartig auf einen Strahlungsempfänger zu konzentrieren. Der auf einer Turmspitze (Turmprojekt) untergebrachte Strahlungsempfänger besteht aus strahlungsabsorbierenden, wärmetauschenden Stahlrohren, in denen Wasserdampf, Luft oder Natrium auf Temperaturen bis 800 °C erhitzt werden können. Hiermit lassen sich z. B. Gas- oder Dampfturbinen betreiben. Durch eine Zusatzfeuerung lassen sich die Zeiten überbrücken, in denen Sonnenlicht nicht zur Verfügung steht. Die obere Leistungsgrenze wird mit 100 MW angegeben. Der technische Aufwand ist erheblich, zumal alle Spiegel rechnergesteuert der Sonne nachgeführt werden müssen. Solche Anlagen sind aber nur in südlichen Ländern mit intensiver und dauerhafter Sonneneinstrahlung wirtschaftlich zu verwirklichen.

Die Umwandlung der Sonnenenergie in elektrischen Strom erfolgt durch *photoelektrische Solarzellen*. Heute sind mehr als 100 Halbleiter bekannt, die den photovoltaischen Effekt aufweisen, wie z. B. Galliumarsenid (GaAs) oder Cadmiumsulfid (CdS). Für technische Zwecke der elektrischen Energieversorgung wird z. Z. fast ausschließlich hochreines kristallines Silizium verwendet. Hier unterscheidet man das im Tiegelziehverfahren gewonnene *monokristalline* Silizium von dem im Blockgussverfahren kostengünstiger erhaltene *multikristalline* Silizium. Die Solarzellen bestehen aus dünnen Siliziumplatten mit einem p-n-Übergang, die aus den Kristallstäben bzw. Blöcken aufwendig herausgesägt werden müssen. Bei Lichteinfall entsteht zwischen der n-Schicht und der p-Zone eine Spannung von etwa 0,5 V, die zur Stromerzeugung genutzt wird. Mehrere Zellen werden zu einem Modul mit einer Arbeitsspannung von z. B. 12 V zusammengeschaltet. Theoretisch lassen sich von der einfallenden Sonnenenergie etwa 30% nutzen. Technisch werden zur Zeit Wirkungsgrade bis 17% erreicht.

Wegen der aufwendigen Fertigung sind die Stromerzeugungskosten verhältnismäßig hoch. Es wird deshalb an der Entwicklung preiswerterer Solarzellen, z. B. auf der Basis der Dünnschichttechnologie gearbeitet. Hierbei werden extrem dünne Schichten von hochabsorbierenden Verbindungshalbleitern (Kupfer-Indium-Diselenid $CuInSe_2$) auf kostengünstigen Trägern, z. B. Glas, großflächig aufgebracht und zu kompletten Solarmodulen strukturiert. Auch hier wurden bereits Wirkungsgrade bis 18% erreicht.

Von der auf unseren Planeten jährlich eingestrahlten riesigen Sonnenenergie erreichen etwa 8% die Erdoberfläche. Der größte Teil wird reflektiert oder von der Lufthülle aufgenommen, um z. B. den ewigen Kreislauf von Verdunstung und Niederschlag, Meeresströmung und Wind aufrecht zu erhalten. Trotz des geringen nutzbaren Prozentsatzes ist dieses Sonnenenergieaufkommen noch so groß, dass es die Energieprobleme der Welt durchaus lösen könnte.

Die technische Nutzung dieser Energieform im großen Stil scheitert aber daran, dass die Energiedichte äußerst gering ist. In Deutschland treffen auf $1\,m^2$ jährlich rd. 1000 kWh. Die maximale bezogene Leistung beträgt ca. $1\,kW/m^2$ und im Mittel nur $0{,}1\,kW/m^2$.

Um ein konventionelles Großkraftwerk zu ersetzen, wäre eine etwa hundertfach größere Grundfläche erforderlich. Außerdem würde die von der Witterung und der Tageszeit abhängige elektrische Energieerzeugung sehr große Energiespeicher erfordern. Großkraftwerke mit solarer Primärenergie sind deshalb in Deutschland unrealistisch. Allerdings kann eine große Anzahl kleinerer und mittlerer photovoltaischer Stromerzeuger dezentral den örtlich auftretenden Strombedarf decken und so zur Entlastung der fossilen elektrischen Energieerzeugung und der Verteilungsnetze beitragen.

5.5   Generatoren

Für die Erzeugung größerer elektrischer Leistungen werden ausschließlich *Synchrongeneratoren* verwendet. Das Betriebsverhalten elektrischer Maschinen ist in [7], [20], [43] und [44] ausführlich behandelt, so dass hier auf den Synchrongenerator nur soweit eingegangen wird, wie es für das Verständnis der im Rahmen der elektrischen Energieverteilung gegebenen Zusammenhänge erforderlich ist.

5.5.1   Bauarten

5.5.1.1 Aufbau. Bei der *Außenpolmaschine* rotiert die auf dem Läufer befindliche Drehstromwicklung in einem magnetischen Gleichfeld zwischen den mit den *Erregerwicklungen* ausgerüsteten Magnetpolen. Die erzeugte elektrische Leistung muss hier über Schleifringe und Bürsten abgenommen werden, was bei großen Strömen Schwierigkeiten bereitet. Generatoren größerer Leistung werden deshalb ausnahmslos als *Innenpolmaschinen* gebaut, bei denen sich die Erregerwicklung auf dem Läufer befindet, so dass der Drehstrom der ruhenden *Ständerwicklung* entnommen werden kann. Hier muss lediglich die im Vergleich zur Generator-Bemessungsleistung wesentlich geringere Erregerleistung über Schleifringe zugeführt werden. Aber auch dies wird insbesondere bei Grenzleistungsgeneratoren teilweise durch rotierende Gleichrichter umgangen (s. Abschn. 5.5.1.3).

Die konstruktive Gestaltung des Generators wird wesentlich durch die Drehzahl der Antriebsmaschine bestimmt. Mit der Frequenz f und der Bemessungsdrehzahl n_r ergibt sich für die erforderliche *Polpaarzahl* $p = f/n_r$. Dampfturbinen haben i. allg. große Drehzahlen, so dass zur Erzeugung der Frequenz 50 Hz zweipolige Generatoren (Polpaarzahl $p = 1$) mit Bemessungsdrehzahlen $n_r = 3000\,\text{min}^{-1}$ geeignet sind. Zur Vermeidung großer Fliehkräfte werden die Läuferdurchmesser solcher *Turbogeneratoren* ausreichend klein gehalten (etwa 1 m). Da der Läufer im Synchronismus lediglich von einem magnetischen Gleichfeld durchsetzt wird, braucht er im Gegensatz zum Ständer nicht geblecht zu werden. Zweipolige *Turboläufer* kann man deshalb als massive, mit der Welle zusammengeschmiedete *Volltrommelläufer* bauen, in die zur Aufnahme der Leiterstäbe Längsnuten eingefräst werden. Bei unsymmetrischer Strombelastung (Schieflast – s. Abschn. 3.4.5.5) entsteht aber durch das Strom-Gegensystem (s. Abschn. 2.2.1) ein gegen den Läufer rotierendes magnetisches Drehfeld, das große Induktionsströme und folglich eine unzulässige Erwärmung bewirken kann. Generatoren sind deshalb mit einem Schieflastschutz nach Abschn. 3.4.5.5 ausgerüstet.

Um die Erwärmung des Generators zu begrenzen, müssen Ständer und Läufer gekühlt werden. Für Bemessungsleistungen bis $S_r = 300\,\text{MVA}$ genügt in beiden Fällen Luft. Darüber hinaus wird bis 950 MVA anstelle von Luft *Wasserstoff* verwendet. Bei Generatorleistungen bis 1400 MW erhalten zunächst der Ständer und bei noch größeren Leistungen auch der Läufer eine *Wasserkühlung*.

Langsam laufende Antriebsmaschinen, wie z. B. Wasserturbinen, erfordern Generatoren mit größeren Polzahlen, wobei die einzelnen Pole auf das Polrad aufgesetzt werden. Generatoren mit derartigen ausgeprägten Polen nennt man *Schenkelpolmaschinen*. Große Polzahlen erfordern entsprechend große Läuferdurchmesser.

Hauptsächlich zur Dämpfung mechanischer Polradschwingungen, wie sie durch Laststöße auftreten können, ist der Läufer mit einem *Dämpferkäfig* oder, z. B. bei Schenkelpolmaschinen, mit *Polgittern* ausgerüstet. Dämpferkäfige wirken wie Kurzschlusskäfige bei Asynchronmaschinen.

5.5.1.2 Generatorspannung. Mit zunehmender Leistung erhalten die Genratoren entsprechend größere Bemessungsspannungen U_r, die i. allg. 5% über den Nennspannungen U_N nach Tabelle 1.1 liegen. Tabelle 5.13 gibt die in Deutschland üblichen Generatorspannungen (Außenleiterspannungen) an, von denen allerdings $U_r = 15,75\,\text{kV}$ sehr selten verwendet wird.

Tabelle 5.13 Verwendete Generatorspannungen

Bemessungsleistung S_r in MVA	bis 1	bis 40	bis 200	ab 200	ab 300	ab 1000
Bemessungsspannung U_r in V	380 bis 500	6300	10 500	15 750	21 000	27 000

5.5.1.3 Erregung. Die Klemmenspannung des Generators wird über den Erregerstrom verändert, der aber auch dann voll zur Verfügung stehen muss, wenn, z. B. durch Kurzschlüsse oder Laststöße, im Netz Spannungseinbrüche auftreten, die ausgeregelt werden müssen. Die Erregerleistung soll deshalb vom generatorgespeisten Netz weitgehend unabhängig sein. Sie kann z. B. von einer *Erregermaschine* geliefert werden, die mit dem Genrator direkt gekuppelt ist und somit ihre Energie von der Dampfturbine erhält. *Gleichstrom-Erregermaschinen* können nur für Synchrongeneratorleistungen bis etwa 150 MVA betriebssicher ausgeführt werden. Für größere Leistungen sind *Drehstrom-Erregermaschinen* mit stationären Dioden erforderlich.

Bild 5.14
Erregerschaltung mit
Stromrichtern
a) Selbsterregung über
Gleichrichter, b) Bürsten-
lose Erregerschaltung mit
rotierenden Gleichrichtern
SG Synchrongenerator
GR Gleichrichter
EM Erregermaschine
RT rotierender Teil
ST stehender Teil
R Regler

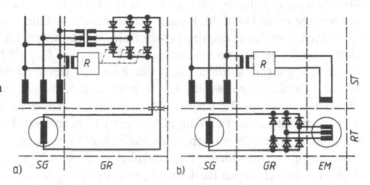

Im Hinblick auf eine schnelle Ausregelzeit wird die Güte des Erregersatzes nach der *Erregungs-geschwindigkeit* v_E beurteilt, die das Verhältnis der in 1 s erreichbaren Erregerspannungsände-rung zur Bemessungserregerspannung angibt.

Die *statische Stromrichter-Erregung* nach Bild 5.14a bietet zwar den Vorteil höchster Erregungsgeschwindigkeit; es muss aber in Kauf genommen werden, dass die Erreger-leistung von den Generatorklemmen abgenommen und somit wieder abhängig vom gespeisten Netz wird (Selbsterregung). Hier muss durch besondere Umschaltungs-möglichkeiten für die Aufrechterhaltung der Erregerleistung im Störungsfall Sorge ge-tragen werden. Bei allen bisher genannten Erregerschaltungen muss die Erregerlei-stung dem Rotor über Schleifringe zugeführt werden. Bei großen Maschinen, z. B. Grenzleistungsgeneratoren (> 600 MVA) sind aber die Erregerströme schon so groß (z. B. 10 kA), dass die konventionelle Art der Schleifringzuführung Schwierigkeiten bereitet. Man hat deshalb bürstenlose Erregersysteme mit rotierenden Gleichrichtern nach Bild 5.14b entwickelt, bei denen wieder der Anker eines Erregergenerators mit dem Läufer der Hauptmaschine direkt gekuppelt ist. Der aus der Ankerwicklung ent-nommene Drehstrom wird durch mit dem Polrad umlaufende Siliziumdioden gleich-gerichtet und der Erregerwicklung des Generators zugeführt. Im Gegensatz zu allen anderen Erregungssystemen ist hier eine *schnelle Entregung* der Synchronmaschine nicht möglich, weil zwischen Erregerstromrichter (GR) und Erregerwicklung (SG) kein Entregungsschalter vorgesehen werden kann, mit dem die Erregerwicklung im Störungsfall über ei-nen Widerstand kurzgeschlossen und von der Ein-speisung abgetrennt wird.

5.5.2 Betriebsverhalten

5.5.2.1 Widerstände.
Der Wirkwiderstand R eines Synchrongenerators ist i. allg. klein gegenüber dem Blindwiderstand $X (R \approx 0,07 X_d'')$ und kann deshalb in den meisten Fällen vernachlässigt werden. Je nach Betriebszustand wird mit der *synchronen Reaktanz* X_d oder der *subtransienten Reaktanz* X_d'' gerechnet (s. Abschn. 2.1.7.3). Legt man nach Bild 5.15 an die

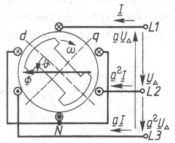

Bild 5.15 Zur Ermittlung der Generator-reaktanzen
d Läuferlängsachse
q Läuferquerachse

Ständerwicklung die dreiphasige Wechselspannung $U_\triangle$, so erzeugen die Ströme I in der Maschine ein Drehfeld. Rotiert der angetriebene Läufer synchron mit dem Drehfeld, werden weder in der Erreger- noch in der Dämpferwicklung Spannungen induziert. Die so gemessene synchrone Reaktanz $X = U_\triangle/\sqrt{3}\,I$ hat je nach Lage der Läufer-Längsachse d (direct axis) zur Richtung des Drehfeldes Φ unterschiedliche Werte. Für den Polradwinkel $\vartheta = 0°$ nach Bild 5.15 mißt man die *synchrone Reaktanz der Längsachse* X_d, für $\vartheta = 90°$ dagegen die *synchrone Reaktanz der Querachse* X_q (quadrature axis). Bei Vollpol-Läufern ist angenähert $X_d \approx X_q$, bei Schenkelpolmaschinen wegen der ausgeprägten Pollücken $X_d > X_q$ (s. Tabelle 2.15). Da im Betrieb normalerweise kleine Polradwinkel (z. B. $\vartheta = 20°$) eingehalten werden, wird meist nur die synchrone Reaktanz X_d benötigt.

Schlüpft der Läufer gegenüber dem Drehfeld, wie dies z. B. bei Polradwinkeländerungen infolge Belastungs-Schwankung oder Kurzschluss der Fall sein kann, werden in der über die Erregermaschine geschlossenen Erregerwicklung und in den Dämpferwicklungen Spannungen induziert: Durch die Wicklungsströme wird ein dem Drehfeld entgegenwirkendes Magnetfeld aufgebaut, so dass – wie beim kurzgeschlossenen Transformator – bei gleicher Leiterspannung $U_\triangle$ größere Ströme I fließen. Es ergeben sich also kleinere Widerstandswerte als bei Synchronismus. Diese im ersten Augenblick einer Belastungsänderung auftretenden *subtransienten Reaktanzen* X_d'' und X_q'' sind für Kurzschlussberechnungen besonders wichtig (s. Abschn. 2).

5.5.2.2 Zeigerdiagramm und Ersatzschaltung.
Die Addition der von dem rotierenden Erregerfeld in der Ständerwicklung erzeugten *Leerlauf-Quellenspannung* $\underline{U}_{q\ell}$, die dem Erregerstrom I_E direkt proportional ist, und der Teilspannung $\underline{U}_h$ liefert nach Bild 5.16a die resultierende, in der Ständerwicklung letztlich auftretende Quellenspannung $\underline{U}_q$. Die Teilspannung $\underline{U}_h$ wird von dem Drehfeld erzeugt, das der in der Ständerwicklung fließende Laststrom $\underline{I}$ rückwirkend hervorruft (Ankerrückwirkung). Mit der *Hauptreaktanz* X_h kann sie auch als Spannung $\underline{U}_h = \underline{I}\mathrm{j}X_h$ aufgefasst werden. Mit der *Ständerstreureaktanz* X_σ ergibt sich die Ständerstreuspannung $\underline{U}_\sigma = \underline{I}\mathrm{j}X_\sigma$ und mit dieser schließlich die *Klemmenspannung* $\underline{U}_1$.

Der zwischen Leerlauf-Quellenspannung $\underline{U}_{q\ell}$ und Klemmenspannung $\underline{U}_1$ eingezeichnete *Polradwinkel* ϑ ist der Winkel, den die Längsachsen der Polräder einer leer am Netz laufenden zweipoligen Maschine und einer im Parallelbetrieb belasteten gegeneinander einnehmen. Die zum Zeigerdiagramm gehörende einphasige Ersatzschaltung zeigt Bild 5.16b, wobei die synchrone Reaktanz $X_d = X_h + X_\sigma$ die Summe aus Haupt- und Ständerstreureaktanz ist.

Magnetfelder können sich nicht sprunghaft ändern. Deswegen bleibt bei plötzlicher Stromänderung, z. B. im Kurzschlussfall, der in der Maschine bis dahin bestehende resultierende magnetische Fluss Φ_r und somit

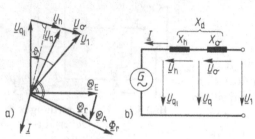

Bild 5.16 Zeigerdiagramm (a) und Ersatzschaltung (b) des Turbogenerators

auch die durch ihn induzierte Quellenspannung U_q im ersten Augenblick erhalten. In vereinfachter Überlegung entspricht deshalb die Quellenspannung U_q im Kurzschlussfall der *Anfangsspannung* U_q'' und die Ständerstreureaktanz X_σ der subtransienten Reaktanz X_d'' (s. Abschn. 2.1.2).

Speist der Generator auf ein Netz mit der starren Spannung U_1, so ergeben sich verschiedene Betriebszustände, für die in Bild 5.17 vereinfachte Zeigerdiagramme angegeben sind. Im synchronisierten Zustand (Bild 5.17a) wird der Generator auf das Netz geschaltet und läuft leer ($I = 0$). Wird nun mit dem Erregerstrom I_E die Leerlauf-Quellenspannung $U_{q\ell}$ nach Bild 5.17b vergrößert, erfordert die Teilspannung $\underline{I}\,j\,X_d$ den voreilenden Strom $\underline{I}$ und bei Untererregung nach Bild 5.17c den nacheilenden Strom $\underline{I}$. Die Blindleistung wird also über die Generatorerregung beeinflusst. *Der übererregte Generator nimmt kapazitive Blindleistung auf bzw. liefert induktive Blindleistung ins Netz; umgekehrt nimmt der untererregte Generator induktive Blindleistung auf bzw. gibt kapazitive ab.*

Bild 5.17
Zeigerdiagramme zur Erläuterung der verschiedenen Betriebszustände des Generators
a) Leerlauf,
b) Übererregung mit induktiver Blindleistungsabgabe,
c) Untererregung mit kapazitiver Blindleistungsabgabe,
d) Wirk- und kapazitive Blindleistungsabgabe

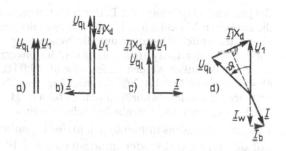

Synchrongeneratoren werden deshalb auch als Phasenschieber verwendet. Wirkleistungslieferung lässt sich ausschließlich durch Vergrößern des Drehmoments der Antriebsmaschine, z. B. durch Öffnen des Dampfventils der Turbine, erreichen. Der Generator will dann schneller laufen, und die Leerlauf-Quellenspannung $\underline{U}_{q\ell}$ eilt nach Bild 5.17d der Netzspannung U_1 voraus. Mit wachsendem Polradwinkel ϑ vergrößert sich aber der Wirkstrom I_w und somit die abgegebene Wirkleistung, bis schließlich zwischen mechanischer Antriebsleistung und elektrischer Leistung wieder Gleichgewicht besteht.

5.6 Kraftwerkseigenbedarf

Ein Teil der von den Generatoren gelieferten elektrischen Leistung muss zur Speisung der zahlreichen Motoren für Pumpen, Mühlen und Gebläse, Fördereinrichtungen, Hebezeuge und anderer Stromverbraucher, wie z. B. der Beleuchtung, schon im Kraftwerk aufgewendet werden. Der elektrische Eigenbedarf schwankt zwischen 4% und 10% der elektrischen Kraftwerks-Bruttoleistung bei konventionellen Dampfkraftwerken und zwischen 5% und 16% bei Kernkraftwerken, wobei hier die größere Schwankungsbreite insbesondere durch die unterschiedlichen Kühlmittel-Umwälzleistungen der verschiedenen Reaktoren bestimmt wird. Die großen Kernkraftwerke mit Leichtwasserreaktoren liegen hierbei an der unteren Grenze. Kleine Dieselkraftanlagen haben einen Eigenbedarf von nur 3% bis 5% der elektrischen Bruttoleistung, größere um 8%. Wasserkraftanlagen und Gasturbinen-Kraftwerke benötigen gegenüber den Dampfkraftwerken wesentlich geringere elektrische Eigenbedarfsleistungen von etwa 1%. Wasserkraftwerke kommen deshalb z. T. ohne Mittelspannungsebene aus.

5.6.1   Betriebsanforderung

Die Betriebssicherheit des Kraftwerks stellt hohe Anforderungen an die Eigenbedarfanlage, da bereits Stromunterbrechungen von wenigen Sekunden die sofortige Stillsetzung von Kessel bzw. Maschinensatz erfordern und somit einen Betriebsausfall hervorrufen. Sofern die elektrische Energie der Hauptsammelschiene entnommen wird (s. Abschn. 5.6.2), können Störungen im öffentlichen Netz zu Spannungseinbrüchen in der Eigenbedarfanlage führen. Es muss dann gewährleistet sein, dass keine Schalter oder Schütze abfallen, weshalb z. B. Unterspannungsauslöser und Ruhestromkreise zu vermeiden sind.

Bei großen Netzstörungen, z. B. durch Unterbrechung einer wichtigen Versorgungsleitung, sind die restlichen Maschinen u. U. nicht mehr in der Lage, den Strombedarf zu decken. Sie werden überlastet, laufen langsamer und die Netzfrequenz sinkt. Werden hierbei 49,8 Hz unterschritten, so wird der Lastverteiler alarmiert, der unverzüglich alle Kraftwerkreserven einsetzt. Bei weiterem Absinken werden stufenweise ab 49,0 Hz und 48,7 Hz jeweils 10% bis 15% und bei 48,4 Hz weitere 15% bis 20% der ursprünglichen Netzlast abgeworfen. Hierbei setzt der Lastverteiler Prioritäten. Schließlich werden bei 47,5 Hz die Kraftwerke vom Netz getrennt und laufen dann nur mit dem Eigenbedarf belastet weiter.

Ein Spannungszusammenbruch in der Eigenbedarfsanlage selbst hat den Betriebsausfall des Kraftwerks oder mindestens eines Blocks zur Folge. Daher sorgt eine Umschaltautomatik, die auf einen Kurzschluss im Eigenbedarf unverzögert sowie auf einen Spannungseinbruch etwa 1 s verzögert reagiert, für das Umschalten auf eine andere Sammelschiene (z. B. nach Bild 4.34 e), die z. B. von einem Nachbarblock versorgt wird. Ist diese auch ausgefallen, müssen einige Einrichtungen, wie z. B. Notpumpen für die Ölversorgung der Turbosätze, Notkühlung bei Kernkraftwerken, Fernsteuerungen, Regelungseinrichtungen, Messwertübertragungen und die Notbeleuchtung, durch *Notstromanlagen* weiterversorgt werden. Die Notstromversorgung erfolgt unmittelbar aus einer *Batterie* mit 220 V. Wechselstrom und Drehstrom für Notstromverbraucher werden hierbei über Gleichstrom-Drehstrom-Umformer und Wechselrichter erzeugt. Große Kraftwerksblöcke, insbesondere bei Kernkraftwerken, haben mehrere *Notstrom-Dieselaggregate,* deren Gesamtleistung i. allg. aus Sicherheitsgründen um 100% größer ist, als der zum Abfahren des Kraftwerks notwendige Bedarf. Die erforderliche Notstromleistung liegt meist unter 2% der Kraftwerks-Bruttoleistung.

5.6.2   Versorgung des Eigenbedarfs

Eigenbedarfsanlagen werden entweder nach Bild 5.18 a *aus der Hauptsammelschiene* oder bei großen Kraftwerksblöcken nach Bild 5.18 b und c *durch die Hauptmaschine* des Kraftwerks direkt gespeist. Im ersten Fall ist die Eigenbedarfsanlage weitgehend vom Betrieb der einzelnen Kraftwerkblöcke unabhängig, jedoch wirken sich hierbei

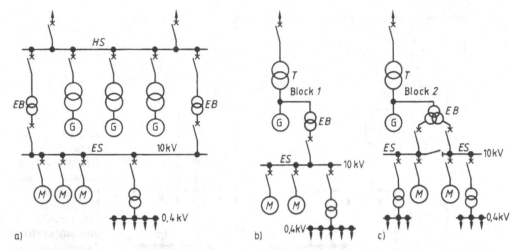

Bild 5.18 Speisung des Eigenbedarfs von der Hauptsammelschiene (a) und durch die Hauptmaschine mit einem Umspanner (b) oder Dreiwicklungs-Transformator (c)
HS Hauptsammelschiene, *EB* Eigenbedarfsumspanner, *ES* Eigenbedarfssammel-
schiene, *T* Blocktransformator

Netzstörungen unmittelbar auf die Eigenbedarfanlage aus. In der Schaltung nach Bild
5.18 b hat jeder Kraftwerkblock seine eigene, unmittelbar von der Hauptmaschine gespeiste Versorgungsanlage, die aber nicht ohne weiteres mit anderen zusammengeschaltet werden darf, da die einzelnen Generatoren nicht unbedingt synchron laufen.

Bei der Auslegung der Eigenbedarfanlagen sollen die Kurzschlussleistungen (s.
Abschn. 2.1.6) möglichst klein, z. B. unter 350 MVA bei 6 kV, gehalten werden. Bei
größeren Blockleistungen werden deshalb auch mehrere parallele Eigenbedarfsumspanner oder Dreiwicklungs-Transformatoren nach Bild 5.18c bis 90/45/45 MVA
mit aufgetrennten Eigenbedarfsnetzen verwendet (s. a. Bild 2.20). Gegebenenfalls
sind Strombegrenzungsdrosseln vorzusehen.

5.6.3 Anfahren des Kraftwerks

Dampfkraftwerke können ohne Energiebezug von außen nicht angefahren werden.
Die Eigenbedarfsanlage muss deshalb auf das öffentliche Versorgungsnetz geschaltet
werden können. Hierzu werden nach Bild 5.19a zwischen Haupt- und Eigenbedarf-
Sammelschiene besondere Umspanner (z. B. 110 kV/6 kV) vorgesehen, die bei Bedarf
eingeschaltet werden. Auf diese *Anfahrschiene* können auch im Störungsfall die verschiedenen Eigenbedarfanlagen mit automatischer Schnellumschaltung aufgeschaltet
werden.

Die wegen der hohen Hauptsammelschienenspannung (z. B. 110 kV) teuren Anfahrumspanner lassen sich vermeiden, wenn man hierzu die ohnehin vorhandenen Ma-
schinen- und Eigenbedarfumspanner verwendet. Es werden dann nach Bild 5.19b
die Generatoren beim Anfahren durch *Generatorschalter 1* vom Netz getrennt, die
nicht unbedingt als Leistungsschalter ausgeführt sein müssen.

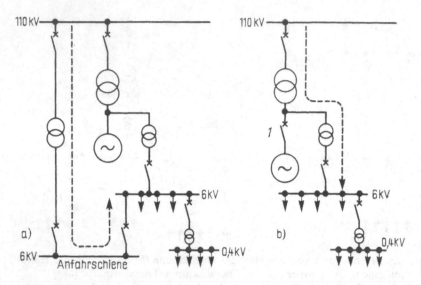

Bild 5.19
Anfahren des Kraftwerks über Anfahrumspanner (a) und über Haupt- und Eigenbedarfumspanner (b)
1 Generatorschalter

Speicherkraftwerke und Gasturbinenkraftwerke müssen auch ohne Fremdbezug kurzfristig in Betrieb gehen und verfügen deshalb über Dieselkraftanlagen oder hydraulische Eigenbedarfsmaschinen (Hausmaschinen). Sie sind somit in der Lage, notfalls die elektrische Anfahrleistung für Dampfkraftwerke bereitzustellen.

5.6.4   Spannungen

Die in der Eigenbedarfanlage verwendeten Spannungen richten sich nach den in DIN VDE 0530 festgelegten Motorbemessungsspannungen. Als Niederspannung kommen i. allg. nur 400 V, 500 V und 660 V in Frage, jedoch lassen sich hiermit die zum Teil sehr leistungsstarken Antriebe (z. B. 3 MW für Kesselspeisepumpe) nicht mehr ausführen. Für motorische Antriebe etwa über 400 kW werden deshalb die Nennspannungen 6 kV und heute meist 10 kV eingesetzt. Für Fernmelde-, Signal- und Überwachungsanlagen werden z. B. 60 V oder Kleinspannungen unter 50 V verwendet.

5.7   Kraftwerksregelung

Die Bereitstellung der von den Verbrauchern im Laufe eines Tages in Anspruch genommenen elektrischen Energie, die starken Schwankungen ausgesetzt sein kann (s. Bild 6.1 a), erfordert eine recht genaue Planung des Kraftwerkseinsatzes, zumal thermische Kraftwerke Anfahrzeiten von mehreren Stunden aufweisen können. Diese Aufgabe erledigt die *Lastverteilerzentrale* (kurz: Lastverteiler), die aufgrund langjähriger Erfahrungen für jeden Tag eine Lastprognose mit einer Genauigkeit von etwa 5% aufstellt. Für jeden Kraftwerksblock im Versorgungsgebiet wird gewissermaßen ein Leistungsfahrplan erstellt. Außerdem ist eine schnell verfügbare Reserve bereitzuhalten, um gegebenenfalls einen plötzlich ausfallenden Kraftwerksblock ersetzen zu können.

Neben der Bereitstellung der Kraftwerksleistung ist aber auch dafür zu sorgen, dass die Netzfrequenz $f = 50\,\mathrm{Hz}$ möglichst genau eingehalten wird. Da die Änderung der von den Verbrauchern abgeforderten Leistung grundsätzlich eine Frequenzänderung bewirkt, ist der Sollwert stets von einem „Grundrauschen" von $\pm 10\,\mathrm{mHz}$ überlagert. Frequenzänderungen infolge eines plötzlichen Ungleichgewichts zwischen erzeugter und abgenommener elektrischen Energie sind schnellstens auszuregeln, weil viele elektrische Systeme stark frequenzabhängig sind und eine möglichst konstante Frequenz benötigen (s. a. Abschn. 5.6.1).

5.7.1 Inselbetrieb

Für die ungeregelte Turbine ergibt sich bei konstanter Leistungszufuhr die Abhängigkeit der Drehzahl n von der abgenommenen Leistung P als eine steil abfallende Kennlinie, so dass kleine Änderungen der Abnahmeleistung P eine starke Drehzahländerung bewirken. Aus diesem Grunde erhalten alle Turbinensätze eines Versorgungsgebiets (Inselnetz) nach Bild 5.20 a einen Proportionalregler (P-Regler), der als *Primärregler* bezeichnet wird. Hierbei wird die Drehzahl n der Turbine mit der Solldrehzahl n_{soll} verglichen und die Differenz Δn auf den Regler gegeben, der auf das Stellglied einwirkt. Vereinfachend wird hier das Stellglied als Ventil im Dampfkreislauf dargestellt. Die angestrebte Änderung der Leistungszufuhr kann natürlich nicht nur durch das Öffnen eines Dampfventils erreicht werden, vielmehr ist insgesamt die Brennstoffzufuhr des Kessels dem Leistungsbedarf anzupassen.

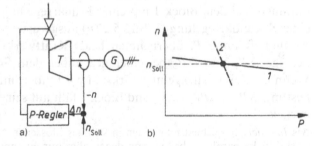

Bild 5.20
Turbine T mit Primärregler (a) und
Drehzahl-Leistungskennlinie (b)
(1) Kennlinie der geregelten und
(2) der ungeregelten Turbine

P-Regler weisen grundsätzlich eine Regelabweichung, auch „Statik" genannt, auf, so dass sich die in Bild 5.20 b dargestellte Drehzahl-Leistungskennlinie 1 ergibt, die eine wesentlich geringere Neigung aufweist als die gestrichelt angedeutete Kennlinie der ungeregelten Turbine. Das Verhältnis Leistungsänderung ΔP zur Frequenzänderung Δf ergibt die *Leistungskennzahl der Turbine* $K_{\mathrm{T}} = -\Delta P/\Delta f$, die angibt, durch welche Lasterhöhung die Frequenz des Generators um 1 Hz abgesenkt wird. Hierbei ist zu berücksichtigen, dass die Generatorfrequenz f der Turbinendrehzahl n direkt proportional ist.

Bei einer Belastungsänderung im Netz sind alle mit der Primärregelung ausgerüsteten Kraftwerksblöcke beteiligt. Beim Aufschalten einer Last übernimmt jeder von ihnen eine Teillast, wobei alle Generatoren dann mit verminderter Frequenz weiterlaufen. Durch variable Einstellung der Statiken kann erreicht werden, dass sich die einzelnen Kraftwerke unterschiedlich stark an der Lastübernahme beteiligen (Netzkennlinien-Regelung).

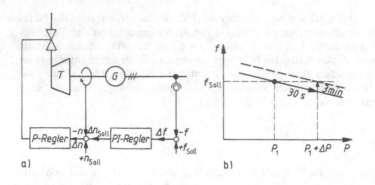

a)   b)

Bild 5.21
Turbine T mit überlagerter Sekundärregelung (a) und Regeldiagramm für einen Kraftwerksblock im Inselbetrieb (b)

Zur endgültigen Ausregelung der Netzfrequenz muss also einer der Kraftwerksblökke zusätzlich mit einem integrierenden Regler (I-Regler) ausgerüstet sein. Bild 5.21 a zeigt einen Block mit überlagerter *Sekundärregelung*, bei der die Netzfrequenz f mit dem Sollwert f_{Soll} verglichen wird. Die Frequenzdifferenz Δf wird einem Proportional-Integral-Regler (PI-Regler) zugeführt, dessen Ausgangsgröße Δn_{Soll} den eingestellten Sollwert n_{Soll} so vergrößert oder verringert, dass die durch den Primärregler bedingte Regelabweichung ausgeglichen wird. Während die Primärregelung im Sekundenbereich arbeitet, kann die Sekundärregelung einige Minuten dauern. Bild 5.21 b zeigt das Regeldiagramm für einen einzelnen Kraftwerksblock im Inselbetrieb. In Bild 5.22 ist vereinfachend der Parallelbetrieb von zwei Kraftwerksblöcken angenommen, bei dem Block 1 mit einer Primärregelung (s. Bild 5.22 a) und Block 2 mit einer Sekundärregelung (s. Bild 5.22 b) ausgerüstet sind. Steigt die Abnahmeleistung sprunghaft um ΔP, übernehmen beide Kraftwerksblöcke zunächst jeder die Teilbeträge ΔP_1 und ΔP_2 bei einer gegenüber dem Sollwert verminderten Frequenz. Wenn die Sekundärregelung wirksam wird, übernimmt Block 2 die gesamte Zusatzleistung $\Delta P = \Delta P_1 + \Delta P_2$ und Block 1 fällt auf seinen ursprünglichen Betriebspunkt zurück.

Als *Inselnetz* bezeichnet man einen in sich geschlossenen Netzverband, in dem mehrere Kraftwerksblöcke parallel arbeiten, von denen aber nur ein einziger Block mit einer Sekundärregelung ausgerüstet sein darf. Mehrere parallel arbeitende I-Regler können zu unerwünschten Schwingungen bei der Netzfrequenz führen. Solche *Regelkraftwerke* haben eine freie Regelleistung von 5% bis 15% der gesamten Netzleistung vorzuhalten, um auftretende Leistungsänderungen aufnehmen zu können. Hierzu eignen sich besonders Wasserkraftwerke mit Speichermöglichkeit (Speicherkraftwerke).

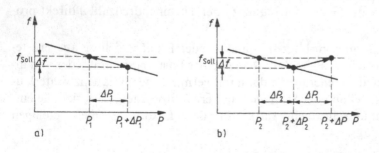

a)   b)

Bild 5.22
Leistungs-Kennlinienregelung für zwei parallel arbeitende Kraftwerksblöcke bei Lastaufschaltung ΔP
(a) Block 1 mit Primärregelung
(b) Block 2 mit Sekundärregelung

5.7.2   Verbundbetrieb

Werden mehrere Teilnetze, z. B. ursprüngliche Inselnetze, zu einem Verbund zusammengeschlossen, spricht man von einem *Verbundnetz* (s. a. Abschn. 6.3.6). Ohne zusätzliche Maßnahmen ist dann wieder der nicht erwünschte Fall gegeben, dass mehrere Sekundärregler parallel wirksam werden. Um diesen Nachteil zu verhindern, wird neben der Frequenz f auch die Übergabeleistung P zwischen den Teilnetzen nach Bild 5.23 in die Regelung mit einbezogen.

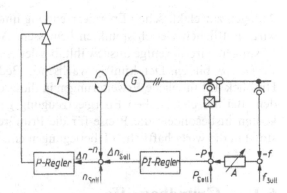

Bild 5.23
Sekundärregelung mit Erfassung der Übergabeleistung P und der Netzfrequenz f über das Anpassungsglied A

Bei den drei Teilnetzen nach Bild 5.24 soll im Netzteil 3 sprunghaft die Zusatzlast P_z auftreten. Bedingt durch die Primärregelung übernehmen zunächst alle im Verbundnetz arbeitenden Kraftwerke anteilig eine Teilleistung bei verringerter Netzfrequenz. An den Übergabestellen zwischen den Teilnetzen 1 und 3 sowie 2 und 3 treten also zusätzliche Übergabeleistungen ΔP_1 und ΔP_2 auf. Bei den Sekundärreglern nach Bild 5.23 der Teilnetze 1 und 2 wird nun jeweils der Vorgabewert für die verminderte Frequenz durch den größer gewordenen Vorgabewert der Übergabeleistung gerade kompensiert, wobei das Anpassungsglied A die beiden Regelgrößen P und f aufeinander abstimmt. Die PI-Regelung bleibt also unwirksam; die ursprüngliche Sekundärregelung wird auf eine Primärregelung reduziert. Innerhalb des Teilnetzes 3 ändert sich der Vorgabewert der Leistung nicht, so dass die Eingangsgröße des PI-Reglers allein durch die Frequenzabweichung bestimmt wird. Das Regelkraftwerk dieses Teilnetzes übernimmt dann den gesamten Lastzuwachs P_z in der in Bild 5.22 beschriebenen Weise.

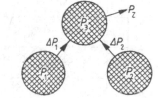

Bild 5.24
Verbundnetz aus drei Teilnetzen mit Lastsprung P_z und zusätzlichen Übergabeleistungen ΔP_1 und ΔP_2

6   Elektrizitätswirtschaft

Anlagen zur elektrischen Energieerzeugung und -verteilung werden vorwiegend nach wirtschaftlichen Gesichtspunkten bemessen. Aus einer Anzahl technisch möglicher Lösungen wird diejenige ausgewählt, bei der *Kostenaufwand und Nutzen ein optimales Verhältnis* bilden. Der künftig wachsende Bedarf an elektrischer Energie muss im Hinblick auf mögliche Erweiterungen in diese Überlegungen mit eingeschlossen werden. Bei der elektrischen Energieerzeugung gehen neben den hohen Kapitaldienstkosten insbesondere die Preise für die Primärenergie (Kohle, Öl, Gas, Kernbrennstoff) in die wirtschaftlichen Überlegungen ein.

6.1   Grundbegriffe

6.1.1   Belastungskurven

Der Bedarf an elektrischer Energie ist zeitlichen Schwankungen unterworfen. Es ergeben sich somit nach Bild 6.1a *Tagesbelastungskurven* (auch Tagesbelastungsdiagramm oder Leistungs-Ganglinie genannt), die für verschiedene Verbrauchergruppen sowie jahreszeitlich unterschiedlich sein können. Solche Belastungsdiagramme geben die Leistung P über der Zeit t an und sind für die Ermittlung der Stromerzeugungskosten in Kraftwerken und der wirtschaftlichen Nutzung von Übertragungsanlagen wichtig. Die elektrische Anlage muss für die höchste Leistungsspitze,

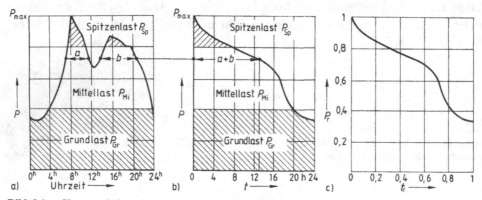

Bild 6.1   Konstruktion der Leistungsdauerlinie aus der Tagesbelastungskurve
a) Tagesbelastungskurve, b) Leistungsdauerlinie, c) normierte Leistungsdauerlinie

also für die *Höchstleistung* P_{max}, ausgelegt sein, obwohl diese nur sehr kurzzeitig auftritt. Man ist deshalb immer bestrebt, die zeitliche Belastung zu vergleichmäßigen, z. B. durch Nachtspeicher-Heizung oder durch Pumpspeicherwerke nach Abschn. 5.4.1.2.

Die aus der Belastungskurve mit den Zeitabschnitten *a* und *b* konstruierbare *Leistungsdauerlinie* nach Bild 6.1 b gibt an, wie lange eine bestimmte Wirkleistung *P* im Laufe einer Belastungsperiode abgenommen wird. Diejenige Leistung, die z. B. über den ganzen Tag konstant benötigt wird, heißt *Grundlast* P_{Gr}. Ihr überlagern sich *Mittellast* P_{Mi} und *Spitzenlast* P_{Sp}, die sich aus mehreren kurzzeitigen Belastungsspitzen zusammensetzen kann. Neben der Tages-Leistungsdauerlinie wird für Wirtschaftlichkeitsberechnungen insbesondere die *Jahres-Leistungsdauerlinie* benötigt. Die *Nennzeit* T_N ist hierbei die Zeitspanne, auf die sich die Angabe einer Größe, z. B. Leistung *P*, bezieht. Für den Tag ist $T_N = 24$ h und für das Jahr $T_N = 8760$ h.

Mit der *Höchstleistung* P_{max}, d. i. die höchste Betriebsleistung innerhalb der Nennzeit, und mit der im gleichen Betrachtungszeitraum gelieferten *Energie W* berechnet man die *Benutzungsdauer*

$$T_m = \frac{W}{P_{max}} = \int_{t=0}^{T_N} \frac{P\,dt}{P_{max}} \tag{6.1}$$

Wird die Höchstleistung P_{max} über die gesamte Nennzeit T_N unverändert gehalten, ergibt sich die größtmögliche Energie $W_{max} = P_{max} T_N$. Für schwankende Belastung ist hiermit der *Belastungsgrad*

$$m = W/W_{max} = P_{max} T_m/(P_{max} T_N) = T_m/T_N \tag{6.2}$$

Für die Ermittlung der Kabelbelastbarkeit (s. Tabelle A 12 ff.) wird z. B. mit $m = 0,7$ (EVU-Last) gerechnet. Richtwerte sind für Lichtabnehmer $m = 0,1$ bis 0,2, Industriebetriebe $m = 0,5$ bis 0,7 und Haushalte $m = 0,2$.

Der Verhältnis von kleinster Leistung P_{min} zur Höchstleistung P_{max} wird als *Leistungsverhältnis*

$$m_0 = P_{min}/P_{max} \tag{6.3}$$

bezeichnet.

Mit der *relativen Leistung* $P_r = P/P_{max}$ und der *relativen Zeit* $t_r = t/T_N$ lässt sich die Leistungsdauerlinie nach Bild 6.1c auch im normierten Maßstab darstellen. Bei $t = T_N$, also $t_r = 1$, ist dann $P_r = m_0$. Erfahrungsgemäß können normierte Leistungsdauerlinien recht gut durch die Exponentialfunktion

$$P_r = 1 + a\, t_r^{\lambda} \tag{6.4}$$

angenähert werden [10]. Faktor *a* und Exponent λ lassen sich aus der Tagesbelastungskurve oder der Leistungsdauerlinie ermitteln. Für $t_r = 1$ ist die relative Leistung $P_r = m_0$, also nach Gl. (6.4) $m_0 = 1 + a$ und folglich $a = m_0 - 1$.

Die Fläche unter der Belastungskurve bzw. Leistungsdauerlinie entspricht der *Energie*

$$W = \int\limits_{t=0}^{T_N} P \, dt \qquad (6.5)$$

Nach Gl. (6.2) und mit der größtmöglichen Energie $W_{max} = P_{max} T_N$ ist dann der *Belastungsgrad*

$$m = \frac{W}{W_{max}} = \int\limits_{t=0}^{T_N} \frac{P}{P_{max}} \, d\left(\frac{t}{T_N}\right) = \int\limits_{t_r=0}^{1} P_r \, dt_r = \int\limits_{t_r=0}^{1} (1 + a\, t_r^\lambda) dt_r$$

$$= 1 + \frac{a}{\lambda + 1} = 1 + \frac{m_0 - 1}{\lambda + 1}$$

Hieraus folgt für den Exponenten $\lambda = (m - m_0)/(1 - m)$ und somit für die *theoretische normierte Leistungsdauerlinie*

$$P_r = 1 + (m_0 - 1) t_r^{(m-m_0)/(1-m)} \qquad (6.6)$$

Für Wirtschaftlichkeitsberechnungen reicht es vielfach aus, je eine Belastungskurve für einen Winter- und einen Sommertag oder eine typische *mittlere* Tagesbelastungskurve zugrunde zu legen.

Beispiel 6.1. Die über ein Kabel transportierte elektrische Leistung P folgt der in Bild 6.2 a dargestellten Tagesbelastungskurve. Die theoretische Leistungsdauerlinie ist zu berechnen und mit der aus Bild 6.2 a entwickelten zu vergleichen. Unter der Annahme, dass die Tagesbelastungskurve ganzjährig gilt, ist weiter die Jahresbenutzungsdauer zu ermitteln.

Die Fläche unter der Tagesbelastungskurve ergibt die Tagesarbeit

$$W_d = \int\limits_{t=0}^{24\,h} P \, dt = \sum_{0}^{24\,h} (P \, \Delta t) = 3\,MW \cdot 4\,h + 3,5\,MW \cdot 4\,h + 5\,MW \cdot 4\,h + 5,5\,MW \cdot 4\,h$$

$$+ 6\,MW \cdot 4\,h + 5\,MW \cdot 4\,h = 112\,MWh$$

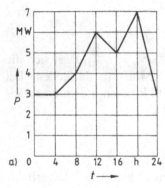 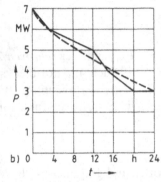

Bild 6.2
Tagesbelastungskurve für Beispiel 6.1 (a) mit Leistungsdauerlinie (b)
(——) aus Tagesbelastungskurve entwickelte Leistungsdauerlinie
(- - - -) theoretische Leistungsdauerlinie nach Gl. (6.6)

Mit der Höchstleistung $P_{max} = 7\,MW$, der Nennzeit $T_N = 24\,h$ ist die größtmögliche Tagesarbeit $W_{maxd} = P_{max}\,T_N = 7\,MW \cdot 24\,h = 168\,MWh$ und somit der Belastungsgrad

$$m = W_d/W_{maxd} = 112\,MWh/(168\,MWh) = 0,6667$$

Mit dem Leistungsverhältnis $m_0 = P_{min}/P_{max} = 3\,MW/(7\,MW) = 0,4286$ findet man mit Gl. (6.6) die normierte Leistung

$$P_r = 1 + (m_0 - 1)t_r^{\frac{m-m_0}{1-m}} = 1 + (0,4286 - 1)t_r^{\frac{0.6667-0,4286}{1-0.6667}} = 1 - 0,5714\,t_r^{0.7143}$$

oder mit $P_r = P/P_{max}$ und $t_r = t/T_N$ die absolute Leistung

$$P = P_{max}\left[1 - 0,5714\left(\frac{t}{T_N}\right)^{0.7143}\right] = 7\,MW\left[1 - 0,5714\left(\frac{t}{24\,h}\right)^{0.7143}\right]$$

deren Verlauf in Bild 6.2 b im Vergleich zu der aus der Tagesbelastungskurve konstruierten Leistungsdauerlinie dargestellt ist.

Nach Gl. (6.2) ist mit der für das Jahr geltenden Nennzeit $T_N = 8760\,h$ die Jahresbenutzungsdauer

$$T_{ma} = m\,T_N = 0,6667 \cdot 8760\,h = 5840\,h$$

Die Jahresbenutzungsdauer gibt die Zeitdauer an, während der man die Höchstleistung $P_{max} = 7\,MW$ unverändert übertragen müsste, um die wirkliche Jahresarbeit $W_a = P_{max}\,T_{ma} = 7\,MW \cdot 5840\,h = 40,88\,GWh$ zu erhalten. Man findet sie auch durch Multiplikation der Tagesarbeit $W_d = 112\,MWh$ mit 365 Tagen im Jahr.

6.1.2 Verlustarbeit

Hier sollen ausschließlich *Stromwärmeverluste* berücksichtigt werden. Wird über eine Drehstromleitung mit dem Leiterwiderstand R die Wirkleistung $P = \sqrt{3}\,U_\triangle\,I\,\cos\varphi$ mit dem konstanten Leistungsfaktor $\cos\varphi$, dem Leiterstrom I und der Außenleiterspannung $U_\triangle$ übertragen, ist die während der Nennzeit T_N entstehende *Verlustarbeit*

$$W_v = 3R\int\limits_{t=0}^{T_N} I^2\,dt = \frac{R}{(U_\triangle\cos\varphi)^2}\int\limits_{t=0}^{T_N} P^2\,dt$$

$$= R\left(\frac{P_{max}}{U_\triangle\cos\varphi}\right)^2 T_N\int\limits_{t_r=0}^{1} P_r^2\,dt_r = P_{vmax}\,T_N\,d \tag{6.7}$$

wenn für $P = P_r\,P_{max}$ und $t = t_r\,T_N$ gesetzt wird. Die Verlustarbeit ist also das Produkt aus der *Verlust-Höchstleistung*

$$P_{vmax} = R\left(\frac{P_{max}}{U_\triangle\cos\varphi}\right)^2 \tag{6.8}$$

die bei Übertragung der Höchstleistung P_{max} entsteht, der Nennzeit T_N und dem die

Belastungsschwankung berücksichtigenden *Arbeitsverlustgrad*

$$d = \int\limits_{t_r=0}^{1} P_r^2 \, dt_r = \int\limits_{t_r=0}^{1} (1 + a\, t_r^\lambda)^2 \, dt_r = 1 + \frac{2a}{\lambda+1} + \frac{a^2}{2\lambda+1} \qquad (6.9)$$

mit Faktor $a = m_0 - 1$ und Exponent $\lambda = (m - m_0)/(1 - m)$ nach Gl. (6.4) und Gl. (6.6). Bild 6.3 zeigt den Arbeitsverlustgrad d abhängig vom Belastungsgrad m für unterschiedliche Leistungsverhältnisse m_0. Da der Einfluss des Leistungsverhältnisses m_0 offensichtlich gering ist, darf für praktische Berechnungen mit der Näherungsgleichung

$$d = 0,083\, m + 1,036\, m^2 - 0,12\, m^3 \qquad (6.10)$$

gerechnet werden. Für EVU-Last mit $m = 0,7$ ist überschlägig $d = 0,5$ anzunehmen.

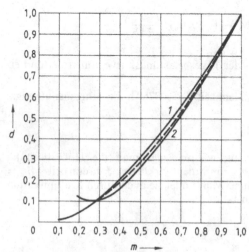

Bild 6.3   Arbeitsverlustgrad d abhängig vom Belastungsgrad m für unterschiedliche Leistungsvehältnisse m_0
$1\ m_0 = 0,1,\ 2\ m_0 = 0,4$
(----) Näherungsgleichung (6.10)

Beispiel 6.2. Mit der Tagesbelastungskurve nach Bild 6.2 wird elektrische Energie über ein Drehstromkabel der Länge $l = 5,2\,\text{km}$ mit der Außenleiterspannung $U_\triangle = 20\,\text{kV}$ und dem Leistungsfaktor $\cos\varphi = 0,9\,\text{ind.}$ übertragen. Der bezogene Leiterwiderstand ist $R_L = R' = 0,29\,\Omega/\text{km}$. Wie groß sind tägliche Verlustarbeit und Wirkungsgrad der Übertragung?

Mit dem Leiterwiderstand $R = R'\,l = (0,29\,\Omega/\text{km}) \cdot 5,2\,\text{km} = 1,508\,\Omega$ und der Höchstleistung $P_{max} = 7\,\text{MW}$ ist nach Gl. (6.8) die *Verlust-Höchstleistung*

$$P_{vmax} = R\left[P_{max}/(U_\triangle\,\cos\varphi)\right]^2 = 1,508\,\Omega\left[7\,\text{MW}/(20\,\text{kV} \cdot 0,9)\right]^2 = 228,1\,\text{kW}$$

Aus Beispiel 6.1 sind der Faktor $a = m_0 - 1 = -0,5714$ und mit dem Belastungsgrad $m = 0,6667$ der Exponent $\lambda = (m - m_0)/(1 - m) = 0,7143$ bekannt. Mit Gl. (6.9) findet man den *Arbeitsverlustgrad*

$$d = 1 + \frac{2a}{\lambda+1} + \frac{a^2}{2\lambda+1} = 1 - \frac{2 \cdot 0,5714}{0,7143+1} + \frac{0,5714^2}{2 \cdot 0,7143+1} = 0,4678 \approx 0,47$$

oder aus Gl. (6.10) angenähert

$$d = 0,083\, m + 1,036\, m^2 - 0,12\, m^3$$
$$= 0,083 \cdot 0,6667 + 1,036 \cdot 0,6667^2 - 0,12 \cdot 0,6667^3 = 0,48$$

Mit der Nennzeit $T_N = 24\,\text{h}$ berechnet man mit Gl. (6.7) die tägliche *Verlustarbeit*
$$W_{vd} = P_{vmax}\, T_N\, d = 228,1\,\text{kW}(24\,\text{h}) \cdot 0,47 = 2,573\,\text{MWh}$$

Mit der nach Beispiel 6.1 ermittelten Tagesarbeit $W_d = 112,0$ MWh findet man den Wirkungsgrad der Übertragung

$$\eta_{\ddot{u}} = (W_d - W_{vd})/W_d = [112,0\,\text{MWh} - 2,573\,\text{MWh}]/(112,0\,\text{MWh}) = 0,977 = 97,7\%$$

Die Verluste betragen also nur 2,3% der übertragenen Leistung.

6.1.3 Gleichzeitigkeitsgrad

Wird ein einzelner Abnehmer mit elektrischer Energie versorgt, so muss die Übertragungsanlage für die Höchstleistung P_{max} ausgelegt sein. Dagegen braucht bei einer Abnehmergruppe, z. B. einer Siedlung, mit n Einzelverbrauchern nicht die Summe der Einzel-Höchstleistungen $\sum\limits_{\nu=1}^{n} P_{max\,\nu}$ angesetzt zu werden, weil die Höchstleistungen in der Regel nicht gleichzeitig auftreten. Ist P_{max} die höchste wirklich übertragene Gesamtleistung, so lässt sich der *Gleichzeitigkeitsgrad*

$$g_f = P_{max} \bigg/ \sum_{\nu=1}^{n} P_{max\,\nu} \tag{6.11}$$

definieren. Es ist immer $g_f \leq 1$, wobei der jeweilige Wert von Anzahl und Art der Einzelverbraucher abhängig ist, z. B. $n = 5 : g_f = 0,3$ bis $0,5$; $n = 500 : g_f = 0,1$ bis $0,15$.

Beispiel 6.3. Eine Gruppe von $n = 6$ Häusern mit gleichen Höchstleistungen $P_{maxH} = 22$ kW und einheitlichem Leistungsfaktor $\cos\varphi = 0,9$ ind. soll über ein 400-V-Drehstromkabel mit der Länge $l_K = 500$ m versorgt werden. Welchen Kupfer-Querschnitt muss das Kabel haben, wenn der Gleichzeitigkeitsgrad $g_f = 0,25$ zugrunde gelegt werden kann und der Spannungsunterschied zwischen Anfang und Ende des Kabels $\Delta U_\triangle = 0,02\,U_N = 0,02 \cdot 400$ V $= 8,0$ V betragen darf?

Es ist die übertragene Höchstleistung $P_{max} = g_f\, n\, P_{maxH} = 0,25 \cdot 6 \cdot 22$ kW $= 33$ kW. Somit beträgt nach Gl. (1.100) der erforderliche Leiterquerschnitt $A = P_{max}\, l_K/(\Delta U_\triangle\, U_N\, \gamma) = 33$ kW $\cdot 500$ m$/(8,0$ V $\cdot 400$ V $\cdot 56$ Sm/mm$^2) = 92$ mm^2. Zu wählen ist also der Normquerschnitt 95 mm^2, der auch für den Strom ausreicht (vgl. Tabelle A12). Wollte man dagegen das Kabel für die Summe der Einzel-Höchstleistungen $n\, P_{maxH} = 6 \cdot 22$ kW $= 132$ kW auslegen, so wäre ein um den Faktor $1/g_f = 1/0,25 = 4$ größerer Querschnitt erforderlich!

6.2 Kostenstruktur

Hier unterscheidet man zwischen den *festen Kosten* K_f und den *veränderlichen Kosten* K_v. Die festen Kosten umfassen diejenigen Beträge, die allein für die *Erstellung der Anlage* und die Erhaltung ihrer Betriebsbereitschaft erforderlich sind. Sie werden in *kapitalabhängige feste Kosten* für Zinsen, Abschreibung, gewinnunabhängige Steuern, Versicherungen, Kapitalbeschaffungskosten u. dergl. und *leistungsabhängige feste Kosten* für Reparaturen, Löhne, Gehälter, Sozialabgaben, Verwaltungskosten u. dergl. unterschieden. Demgegenüber enthalten die veränderlichen Kosten alle Aufwendungen, die sich aus dem *Betrieb der Anlage* ergeben. Hauptsächlich sind dies beim Kraftwerk die Brennstoffkosten und bei Übertragungsanlagen die Strom-kosten für die Übertragungsverluste. Deshalb wird im folgenden nicht zwischen Ver-lustkosten oder Brennstoffkosten und veränderlichen Kosten unterschieden.

Zur Bewertung der Wirtschaftlichkeit einer elektrischen Anlage werden die *Annui-tätsmethode* oder die *Barwertmethode* verwendet. Bei der Annuitätsmethode werden die *Jahreskosten* für einen festgelegten Betrachtungszeitraum, z. B. 20 Jahre, ermit-telt, wobei die vor dem Betrachtungszeitraum anfallenden Kosten, z. B. die Bau-kosten, auf die einzelnen Jahre umgelegt und den jährlich wirklich anfallenden Ko-sten zugeschlagen werden. Dieses Berechnungsverfahren ist aber nur dann sinnvoll, wenn sich die jährlichen Kosten nicht ändern. Da dies nur in wenigen Fällen ange-nommen werden kann, wird meist mit der Barwertmethode gerechnet. Hierbei wird als Barwert der Geldbetrag ermittelt, der vor Inbetriebnahme der Anlage bereitste-hen muss, um alle im Betrachtungszeitraum anfallenden Kosten gerade decken zu können, wobei die Teuerung und die Zinsen für noch nicht ausgegebene Gelder be-rücksichtigt werden.

Wirtschaftlichkeitsberechnungen dienen fast immer dem Zweck, eine Entscheidung zwischen mindestens zwei technischen Ausführungsformen zu ermöglichen. Es kommt deshalb meist nicht so sehr darauf an, die eines Tages wirklich entstandenen Kosten schon heute berechnen zu wollen, als vielmehr darauf, die mit gleichen Rah-menbedingungen ermittelten voraussichtlichen Kosten verschiedener technischer Lö-sungen miteinander zu vergleichen.

6.2.1   Verlustkosten

Vereinfachend werden hier die veränderlichen Kosten mit den Verlustkosten K_v gleichgesetzt. Da ein Teil eines Kraftwerks allein für die Übertragungsverluste arbei-tet und auch das Netz für den zusätzlichen Transport von Verlustenergie ausgelegt sein muss, wird neben dem *Arbeitspreis* für den elektrischen Energieverbrauch auch ein *Leistungspreis* für die Bereitstellung der Verlust-Kraftwerksleistung und entspre-chend größerer Übertragungskosten erhoben. Mit der Verlust-Höchstleistung P_{vmax}, der Verlustarbeit W_v, den *bezogenen Leistungskosten* k_ℓ und den *bezogenen Arbeits-kosten* k_a sind die im Betrachtungszeitraum mit der Nennzeit T_N und unter Berück-sichtigung von Gl. (6.7) anfallenden *Verlustkosten*

$$K_v = P_{vmax}\, k_\ell + W_v\, k_a = W_v \left(\frac{k_\ell}{T_N\, d} + k_a \right) = W_v\, k_v \tag{6.12}$$

wobei die *bezogenen Verlustkosten*

$$k_v = [k_\ell/(T_N\, d)] + k_a \tag{6.13}$$

als ein den Leistungspreis mit berücksichtigender Arbeitspreis anzusehen sind, der vom Arbeitsverlustgrad d abhängt.

6.2.2 Annuitätsmethode

Mit den jährlichen Festkosten K_{fa}, den jährlichen veränderlichen Kosten K_{va}, den Anlagekosten (Herstellkosten) K_A und dem Festkostensatz p_f berechnet man die *Jahreskosten*

$$K_a = K_{fa} + K_{va} = K_A\, p_f + K_{va} \qquad (6.14)$$

Der *Festkostensatz* $p_f = K_{fa}/K_A$ gibt hierbei die auf die Jahre entfallenden gleichen Festkosten K_{fa} bezogen auf die Anlagekosten K_A an. Er setzt sich zusammen aus dem *Annuitätsfaktor* p_{f1} und den jährlich *prozentualen Betriebskosten* $\sum p_{fi}$ ($i = 2$ bis n), die jeweils in Prozent der Anlagekosten (Anschaffungskosten) ausgedrückt werden. Der Annuitätsfaktor berücksichtigt die jährlich aus dem Kapitaldienst (z. B. für Tilgung und Zinsen) entstehenden Kosten. Die Richtwerte für den Festkostensatz liegen im Bereich $p_f = 12\%$ bis 16%.

Beispiel 6.4. Ein Dampfkraftwerk soll ausschließlich mit Fremdmitteln errichtet werden, die in $n = 15$ Jahren getilgt werden sollen. Hierzu ist eine jährlich konstante, zu Jahresbeginn zahlbare Rate R zu entrichten, die einen Tilgungsbetrag und die Zinsen für das noch nicht getilgte Darlehen umfasst. Die verbleibenden Schulden werden mit dem Zinssatz $z = 7\%/a$ verzinst. Bezogen auf die Anlagekosten K_A fallen jährlich weiter an für Steuern $p_{f2} = 2,1\%$, Versicherungen $p_{f3} = 0,3\%$, Wartung $p_{f4} = 1,2\%$ und Löhne $p_{f5} = 1,1\%$. Der Festkostensatz p_f ist zu ermitteln.

Ohne Zinszahlung und Tilgung ergibt sich im Betrachtungszeitraum n die *Schuldensumme* $S_n = K_A(1 + z)^n$. Ihr steht die *Ratensumme* $R_n = R[1 + (1 + z) + (1 + z)^2 + \ldots + (1 + z)^{n-1}]$ gegenüber, bei der davon ausgegangen wird, dass noch nicht ausgegebenes Geld ebenfalls mit z verzinst wird. Da die Ratensumme exakt die Schuldensumme abdecken soll, muss $S_n = R_n$ sein und somit $R[1 + (1 + z) + (1 + z)^2 + \ldots + (1 + z)^{n-1}] = K_A(1 + z)^n$. Mit der Summe aus der geometrischen Reihe findet man

$$R[(1 + z)^n - 1]/z = K_A(1 + z)^n$$

Hieraus folgt für den *Annuitätsfaktor*

$$p_{f1} = \frac{R}{K_A} = \frac{z(1 + z)^n}{(1 + z)^n - 1} = \frac{q^n(q - 1)}{q^n - 1}$$

wenn $q = 1 + z$ gesetzt wird. Für $z = 7\%$ und $n = 15$ findet man den Annuitätsfaktor

$$p_{f1} = \frac{0,07 \cdot (1 + 0,07)^{15}}{(1 + 0,07)^{15} - 1} = 0,1098 = 10,98\%$$

Die jährlich zu zahlende Rate R beträgt 10,98% der Errichtungskosten K_A. Es ist dann der *Festkostensatz*

$$p_f = p_{f1} + p_{f2} + p_{f3} + p_{f4} + p_{f5} = 10,98\% + 2,1\% + 0,3\% + 1,2\% + 1,1\%$$
$$= 15,68\% \approx 16\%$$

Beispiel 6.5. Über eine Drehstrom-Freileitung mit der Nennspannung $U_N = U_\triangle = 110\,\text{kV}$ und der Länge $l = 50\,\text{km}$ soll die Höchstleistung $P_{max} = 60\,\text{MW}$ mit dem Leistungsfaktor $\cos\varphi = 0,95$ ind. und dem Arbeitsverlustgrad $d = 0,5$ übertragen werden. Mit den bezogenen Leistungskosten $k_\ell = 87,5\,\text{EUR/kW}$, den bezogenen Arbeitskosten $k_a = 0,09\,\text{EUR/kWh}$ und dem bezogenen Leiterwiderstand $R_L = R' = 0,116\,\Omega/\text{km}$ soll untersucht werden, ob bei dem Festkostensatz $p_f = 12,5\%$ die Übertragung über nur ein Drehstromsystem mit den Anlagekosten der Einzelleitung $K_{AE} = 20 \cdot 10^6\,\text{EUR}$ oder über zwei parallele Systeme mit den Anlagekosten der Doppelleitung $K_{AD} = 25 \cdot 10^6\,\text{EUR}$ wirtschaftlicher ist.

Mit Gl. (6.13) berechnet man für die Nennzeit $T_N = 8760\,\text{h}$ die bezogenen Verlustkosten

$$k_v = [k_\ell/(T_N\,d)] + k_a = [(87,5\,\text{EUR/kW})/(8760\,\text{h} \cdot 0,5)] + 0,09\,\text{EUR/kWh}$$
$$= 0,11\,\text{EUR/kWh}$$

Für die Einzelleitung findet man mit Gl. (6.7) und dem Leiterwiderstand $R = l\,R' = 50\,\text{km} \cdot 0,116\,\Omega/\text{km} = 5,8\,\Omega$ die jährliche Verlustarbeit

$$W_{vaE} = R\left(\frac{P_{max}}{U_\triangle \cos\varphi}\right)^2 T_N\,d = 5,8\,\Omega\left(\frac{60\,\text{MW}}{110\,\text{kV} \cdot 0,95}\right)^2 8760\,\text{h} \cdot 0,5 = 8374,8\,\text{MWh}$$

Da bei zwei parallelen Systemen der halbe Widerstand R anzusetzen ist, beträgt dann die jährliche Verlustarbeit der Doppelleitung $W_{vaD} = (8374,8/2)\,\text{MWh} = 4187,4\,\text{MWh}$. Hiermit ergeben sich nach Gl. (6.12) und Gl. (6.14) die *Jahreskosten für die Einzelleitung*

$$K_{aE} = K_{AE}\,p_f + W_{vaE}\,k_v = 20 \cdot 10^6\,\text{EUR} \cdot 0,125 + 8374,8\,\text{MWh} \cdot 0,11\,\text{EUR/kWh}$$
$$= 3,42 \cdot 10^6\,\text{EUR}$$

und für die *Doppelleitung*

$$K_{aD} = K_{AD}\,p_f + W_{vaD}\,k_v = 25 \cdot 10^6\,\text{EUR} \cdot 0,125 + 4187,4\,\text{MWh} \cdot 0,11\,\text{EUR/kWh}$$
$$= 3,59 \cdot 10^6\,\text{EUR}$$

Hiernach ist die Einzelleitung wirtschaftlicher!

6.2.3 Barwertmethode

6.2.3.1 Barwert von Kapitalbeträgen. Wird der Ausgangsbetrag K_0 mit dem Zinssatz z verzinst, dann wird nach Ablauf von i Jahren mit dem *Aufzinsungsfaktor* $q^i = (1 + z)^i$ der Betrag $K_i = q^i\,K_0$ erreicht. Soll andererseits nach i Jahren der Endbetrag K_i zur Verfügung stehen, so muss heute (Zeitpunkt $t = 0$) mit dem *Abzinsungsfaktor* $q^{-i} = (1 + z)^{-i}$ der Betrag $K_0 = q^{-i}\,K_i$ vorhanden sein. Handelt es sich bei dem Ausgangsbetrag K_0 z. B. um die *Anschaffungskosten* (Anlagekosten) K_A einer Anlage, so wird sich diese gegebenenfalls mit der jährlichen *Teuerungsrate* τ nach i Jahren auf den dann zu zahlenden Betrag $K_i = (1 + \tau)^i$ verteuern. Um also diese Anschaffung nach i Jahren tätigen zu können, muss folglich heute der *Barwert*

$$K_B = \frac{1}{(1+z)^i}\,K_i = \left(\frac{1+\tau}{1+z}\right)^i K_A = b\,K_A \qquad (6.15)$$

bereitgehalten werden. Der *Barwertfaktor*

$$b = \left(\frac{1+\tau}{1+z}\right)^i \approx (1 + z - \tau)^{-i} \qquad (6.16)$$

ist der Faktor, mit dem die zum Zeitpunkt $t = 0$ bestehenden Anschaffungskosten K_A multipliziert werden müssen, um den Barwert K_B zu erhalten, der dann durch Verzinsung nach i Jahren den gewünschten Betrag K_i erreicht.

Vereinfachend kann der Quotient $(1 + z)/(1 + \tau) = 1 + (z - \tau)/(1 + \tau) \approx 1 + z - \tau$ gesetzt werden, wenn $\tau \ll 1$ ist. Die Teuerungsrate τ wird dann näherungsweise als negative Verzinsung gewertet. In diesem Fall ist der Barwert gleich dem die Teuerung einschließenden Abzinsungsfaktor $q^{-i} = (1 + z - \tau)^{-i}$, der von dem exakten Wert in der Regel weniger als 1% abweicht (s. Beispiel 6.6).

Beispiel 6.6. Es soll untersucht werden, ob es wirtschaftlich ist, ein zweites 10-kV-Kabel, das erst in $n = 4$ Jahren benötigt wird, bereits heute mitzuverlegen. Hierbei gelten folgende Kosten:

Kabelaufwand einschließlich Garnituren und Montage $\quad K'_K = 16, - \text{ EUR/m}$
Tiefbauaufwand und Legen eines Kabels $\quad K'_{T1} = 55, - \text{ EUR/m}$
Tiefbauaufwand und Legen von zwei Kabeln $\quad K'_{T2} = 64, - \text{ EUR/m}$

Der Zinssatz beträgt $z = 8\%$ und die jährliche Teuerungsrate für Kabel $\tau_K = 3\%$ und Tiefbau $\tau_T = 7\%$.

Nach Gl. (6.16) ergeben sich die Barwertfaktoren für

Kabel $\quad b_K = [(1 + \tau_K)/(1 + z)]^n = [(1 + 0,03)/(1 + 0,08)]^4 = 0,8273$
Tiefbau $\quad b_T = [(1 + \tau_1)/(1 + z)]^n = [(1 + 0,07)/(1 + 0,08)]^4 = 0,9635$

Somit berechnet man die bezogenen Barwerte für *Mitlegung heute*

$$K'_B = 2 K'_K + K'_{T2} = 2 \cdot (16, - \text{ EUR/m}) + 64, - \text{ EUR/m} = 96, - \text{ EUR/m})$$

und für *Neulegung in 4 Jahren*

$$K'_B = K'_K + K'_{T1} + b_K K'_{T1} + b_T K'_{T1} = (1 + b_K) K'_K + (1 + b_T) K'_{T1}$$
$$= (1 + 0,8273) \cdot 16, - \text{ EUR/m} + (1 + 0,9635) \cdot 55, - \text{ EUR/m} = 137, 23 \text{ EUR/m}$$

Das sofortige Mitlegen des 2. Kabels ist also wirtschaftlicher!

Mit den in Gl. (6.16) ebenfalls angegebenen angenäherten Barwertfaktoren $b_K \approx (1 + z - \tau_K)^{-n}$ $= (1 + 0,08 - 0,03)^{-4} = 0,8227$ und $b_T \approx (1 + z - \tau_T)^{-n} = (1 + 0,08 - 0,07)^{-4} = 0,9610$ erhält man für die Neulegung in 4 Jahren den bezogenen Barwert $K'_B = 137,02 \text{ EUR/m}$, was einer Abweichung vom exakten Wert von 0,15% entspricht. Die Entscheidung über die Wirtschaftlichkeit ist also nicht beeinträchtigt.

6.2.3.2 Barwert jährlich gleicher Verlustkosten. Entstehen in n Jahren jährlich die gleichen Verlustkosten $K_{vi} = K_v$, ist mit Gl. (6.15) und $q = 1 + z - \tau$ der *Barwert*

$$K_{vB} = \sum_{i=1}^{n} (q^{-i} K_v) = (q^{-1} + q^{-2} + \ldots + q^{-n}) K_v = \frac{q^n - 1}{q^n(q - 1)} K_v = b_{vo} K_v \qquad (6.17)$$

mit dem *Barwertfaktor*

$$b_{vo} = \frac{q^n - 1}{q^n(q - 1)} \qquad (6.18)$$

6.2.3.3 Barwert jährlich steigender Verlustkosten. Mit der jährlichen Steigerung g der Übertragungsleistung wächst die Höchstleistung P_{max} ausgehend von P_{max1} im

1. Jahr mit dem Steigerungsfaktor $(1 + g)$ auf $P_{\text{max}2} = (1 + g)P_{\text{max}1}$ im 2. Jahr, $P_{\text{max}3} = (1 + g)P_{\text{max}2} = (1 + g)^2 P_{\text{max}1}$ im 3. Jahr und folglich im i-ten Jahr auf

$$P_{\text{max}i} = (1 + g)^{i-1} P_{\text{max}1} \tag{6.19}$$

Nach Gl. (6.7) und Gl. (6.12) wachsen die Verlustkosten quadratisch mit der Höchstleistung P_{max}. Mit den Verlustkosten im 1. Jahr sind deshalb die Verlustkosten im i-ten Jahr

$$K_{\text{v}i} = [(1 + g)^{i-1}]^2 \, K_{\text{v}1} = [(1 + g)^2]^{i-1} \, K_{\text{v}1} = s^{i-1} \, K_{\text{v}1} \tag{6.20}$$

wenn als Quadrat des Steigerungsfaktors $s = (1 + g)^2$ gesetzt wird.

Die Summe aller abgezinsten Jahresverlustkosten über n Jahre liefert den *Barwert*

$$K_{\text{vB}} = \sum_{i=1}^{n} (q^{-i} \, K_{\text{v}i}) = \sum_{i=1}^{n} (q^{-i} \, s^{i-1}) \, K_{\text{v}1} = \frac{(s/q)^n - 1}{s - q} \, K_{\text{v}1} = b_{\text{v}} \, K_{\text{v}1} \tag{6.21}$$

mit dem *Barwertfaktor*

$$b_{\text{v}} = \frac{(s/q)^n - 1}{s - q} \tag{6.22}$$

Für $g = 0$, also $s = 1$, erhält man hieraus wieder Gl. (6.18).

Beispiel 6.7. Über die Länge $l = 4\,\text{km}$ soll ein Dreileiterkabel für die Außenleiterspannung $U_\triangle = 10\,\text{kV}$ verlegt werden. Zur Auswahl stehen zwei Leiterquerschnitte A mit folgenden Kosten K'_{K} für Kabel einschließlich Garnituren und Montage und mit den angegebenen bezogenen Leiterwiderständen $R_{\text{L}} = R'$:

$$A = 120\,\text{mm}^2 : K'_{\text{K}} = 10\,500\,\text{EUR/km}, \ R' = 0,290\,\Omega/\text{km}$$

$$A = 185\,\text{mm}^2 : K'_{\text{K}} = 13\,500\,\text{EUR/km}, \ R' = 0,188\,\Omega/\text{km}$$

Im 1. Jahr beträgt die Höchstleistung $P_{\text{max}1} = 2\,\text{MW}$ mit dem Leistungsfaktor $\cos\varphi = 0,9$ ind. und steigert sich jährlich um $g = 3\%$. Weiter bekannt sind Zinssatz $z = 7\%$, jährliche Teuerungsrate $\tau = 3\%$, Arbeitsverlustgrad $d = 0,5$ und bezogene Verlustkosten $k_{\text{v}} = 0,11\,\text{EUR/kWh}$. Welches der beiden Kabel ist über $n = 20$ Jahre wirtschaftlicher?

Mit $q = 1 + z - \tau = 1 + 0,07 - 0,03 = 1,04$ und $s = (1 + g)^2 = (1 + 0,03)^2 = 1,061$ findet man mit Gl. (6.22) den *Barwertfaktor*

$$b_{\text{v}} = \frac{(s - q)^n - 1}{s - q} = \frac{(1,061/1,04)^{20} - 1}{1,061 - 1,04} = 23,41$$

Für den Querschnitt $A = 120\,\text{mm}^2$ sind im 1. Jahr nach Gl. (6.7) die Verlustarbeit

$$W_{\text{v}1} = R' \, l \left(\frac{P_{\text{max}1}}{U_\triangle \cos\varphi} \right)^2 T_{\text{N}} \, d = (0,29\,\Omega/\text{km}) \cdot 4\,\text{km} \left(\frac{2\,\text{MW}}{10\,\text{kV} \cdot 0,9} \right)^2 \cdot 8760\,\text{h} \cdot 0,5$$

$$= 250,9\,\text{MWh}$$

und nach Gl. (6.12) die Verlustkosten $K_{v1} = W_{v1} k_v = 250,9\,\text{MWh} \cdot 0,11\,\text{EUR/kWh} = 27\,599\,\text{EUR}$.

Entsprechend findet man für den Querschnitt $A = 185\,\text{mm}^2$ die Verlustkosten des 1. Jahres $K_{v1} = 35\,784\,\text{EUR}$. Somit betragen die Barwerte für den Querschnitt $A = 120\,\text{mm}^2$

$$K_B = l\,K'_K + b_v\,K_{v1} = (4\,\text{km} \cdot 10\,500\,\text{EUR/km}) + 23,41 \cdot 27\,599\,\text{EUR} =$$
$$0,688\,\text{Mio EUR}$$

und für den Querschnitt $A = 185\,\text{mm}^2$

$$K_B = l\,K'_K + b_v\,K_{v1} = (4\,\text{km} \cdot 13\,500\,\text{EUR/km}) + 23,41 \cdot 17\,892\,\text{EUR} =$$
$$0,473\,\text{Mio EUR}$$

Die Verlegung des größeren Querschnitts ist also wirtschaftlicher!

6.3 Wirtschaftlichkeit elektrischer Anlagen

6.3.1 Kraftwerk

Die Wirtschaftlichkeit eines Kraftwerks wird an den *Stromerzeugungskosten* gemessen. Die *bezogenen Anlagekosten* (Baukosten) k_A werden hier auf die installierte Höchstleistung P_{max} bezogen und allgemein in EUR/kW angegeben (s. Tabelle 6.4), so dass mit dem *Festkostensatz* p_f die *jährlichen Festkosten*

$$K_f = k_A P_{max} p_f \tag{6.23}$$

berechnet werden. Mit den auf die abgegebene elektrische Energie *bezogenen Brennstoffkosten*, also den bezogenen *veränderlichen Kosten* k_v in EUR/kWh, in denen

Tabelle 6.4 Richtwerte für bezogene Anlagekosten k_A für Kraftwerke. Kleinere Werte i. allg. für größere Kraftwerksleistungen (Kostendegression)

Kraftwerkart	bezogene Anlagekosten in EUR/kW
Dampfkessel	1 000 bis 1 300
Kernenergie	2 500 bis 3 000
Gasturbine (offen)	250 bis 350
Laufwasser	3 500 bis 5 000
Pumpspeicher	750 bis 900
Windkraft	1 200 bis 1 500
Photovoltaik	10 000 bis 15 000

Brennstoffpreis und -transport wie auch der Gesamtwirkungsgrad des Kraftswerks erfasst sind, betragen mit der *Jahres-Benutzungsdauer* $T_{ma} = W_a/P_{max}$ nach Gl. (6.1) die *jährlichen veränderlichen Kosten*

$$K_v = k_v W_a = k_v P_{max} T_{ma} \tag{6.24}$$

und somit die gesamten *Jahreskosten*

$$K_a = k_A P_{max} p_f + k_v P_{max} T_{ma} \tag{6.25}$$

Dividiert man Gl. (6.25) durch die Höchstleistung P_{max}, so erhält man die *bezogenen Jahreskosten*

$$K_a' = K_a/P_{max} = k_A\, p_f + k_v\, T_{ma} \tag{6.26}$$

die in Bild 6.5 einmal vergleichsweise für ein Laufwasserkraftwerk und ein Dampf-kraftwerk über der jährlichen Benutzungsdauer T_{ma} aufgetragen sind. Das in seinen Anlagekosten teurere Laufwasserkraftwerk ist demnach trotz der praktisch fortfal-lenden Brennstoffkosten ($k_v = 0$) gegenüber dem Dampfkraftwerk nur dann wirt-schaftlich, wenn es mit einer großen Benutzungsdauer als Grundlastkraftwerk betrie-ben wird.

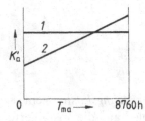

Bild 6.5
Bezogene Jahreskosten K_a' von Laufwasserkraftwerk *1* und Dampfkraftwerk *2* abhängig von der Jahresbenutzungsdauer T_{ma}

Teilt man die Jahreskosten K_a durch die Jahresenergie $W_a = P_{max}\, T_{ma}$, erhält man die *Stromerzeugungskosten*

$$k_1 = K_a/W_a = (k_A\, p_f/T_{ma}) + k_v \tag{6.27}$$

die mit wachsender Benutzungsdauer T_{ma} immer kleiner werden.

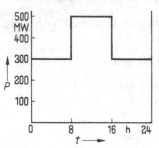

Bild 6.6 Tagesbelastungs-kurve eines Kraft-werks (Beispiel 6.8)

Beispiel 6.8. Ein Dampfkraftwerk mit der installierten Lei-stung 600 MVA kann die Höchstleistung $P_{max} = 550$ MW ab-geben. Die für das gesamte Jahr gültige Tages-Belastungskur-ve zeigt Bild 6.6. Wie groß sind die Stromerzeugungskosten, wenn Anlagekosten $k_A = 1250$ EUR/kW, Festkostensatz $p_f = 16\%$ und bezogene Brennstoffkosten $k_v = 0,06$ EUR/kWh betragen?

Die täglich gelieferte elektrische Energie findet man durch In-tegration der Tages-Belastungskurve zu $W_d = 300$ MW $\cdot$ 24 h + 200 MW $\cdot$ 8 h = 8800 MWh. Die gleiche Energie würde sich bei Höchstlast $P_{max} = 550$ MW über eine Tages-Benut-zungsdauer $T_{md} = W_d/P_{max} = 8800$ MWh/(550 MW) = 16 h ergeben, bei 365 Tagen im Jahr entsprechend einer Jahres-Be-nutzungsdauer $T_{ma} = 16$ h $\cdot$ 365 = 5850 h. Nach Gl. (6.27) be-rechnet man hiermit die *Stromerzeugungskosten*

$$k_1 = (k_A\, p_f/T_{ma}) + k_v = [1250(\text{EUR}/\text{kW}) \cdot 0,16/5850\,\text{h}] + 0,06\,\text{EUR}/\text{kWh}$$
$$= 0,094\,\text{EUR}/\text{kWh}$$

Die Stromerzeugungskosten werden hier wesentlich durch die auf die elektrische Leistung bezo-genen Brennstoffkosten k_v bestimmt, die nur durch billigere Brennstoffe und durch Verbes-serung des Kraftwerk-Wirkungsgrads gesenkt werden könnten. Bei Kernenergie-Kraftwerken z. B. überwiegt dagegen der Preisanteil, der sich aus den festen Kosten ableitet, so dass hier große Benutzungsdauer und Anlagekosten-Degression durch große Kraftwerksleistungen die Wirtschaftlichkeit verbessern.

6.3.2 Freileitung

6.3.2.1 Anlagekosten. Für *Drehstrom-Doppelleitungen* nach Bild 1.23 b und c mit Nennspannungen $U_N \geq 110\,\text{kV}$ ergeben sich nach [24] mit dem Grundkostenanteil K'_G für Planung, Trassenerschließung, Entschädigung u. dergl., den bezogenen Spannungskosten k'_U und den bezogenen Leiterkosten k'_L die auf die Länge *bezogenen Anlagekosten*

$$K'_{AD} = K'_G + k'_U\, U_N + k'_L\, A_L\, \sqrt[4]{n} \tag{6.28}$$

Bei Bündelleitern nach Bild 1.26 ist n die Anzahl der Teilleiter, z. B. $n = 4$ in Bild 1.23 d und e sowie Bild 1.26 c, und bei den üblichen Al/St-Seilen nach Abschn. 1.2.2.4 ist A_L der *gesamte* Aluminium-Querschnitt des Bündels.

Wird der Mast nach Bild 1.21 nur mit einem Drehstromsystem belegt, gilt für die *Einzelleitung* $K'_{AE} = 0{,}67\,K'_{AD}$ und bei einem Mast mit 4 Systemen $K'_{AV} = 1{,}65\,K'_{AD}$.

Beispiel 6.9. Es sind die auf die Länge bezogenen Anlagekosten einer Drehstrom-Doppelleitung mit Zweierbündeln (s. Bild 1.26 a), der Nennspannung $U_N = 220\,\text{kV}$, Stahl-Aluminium-Seil Al/St 265/35 nach Tabelle A 20 zu ermitteln. Hierbei wird mit Grundkostenanteil $K'_G = 90\,000\,\text{EUR/km}$, bezogenen Spannungskosten $k'_U = 700\,\text{EUR/(kV km)}$ und bezogenen Leiterkosten $k'_L = 150\,\text{EUR/(mm}^2\,\text{km)}$ gerechnet.

Mit der Anzahl der Teilleiter $n = 2$ und dem Aluminiumquerschnitt des Bündels $A_L = 2 \cdot 265\,\text{mm}^2 = 530\,\text{mm}^2$ ergeben sich nach Gl. (6.28) die bezogenen Anlagekosten

$$K'_{AD} = K'_G + k'_U\, U_N + k'_L\, A_L\, \sqrt[4]{n} = (90\,000\,\text{EUR/km}) + [700\,\text{EUR/(kV km)}] \cdot 220\,\text{kV}$$
$$+ [150\,\text{EUR/(mm}^2\,\text{km)}] \cdot 530\,\text{mm}^2 \cdot \sqrt[4]{2} = 338\,542\,\text{EUR/km}$$

6.3.3.2 Wirtschaftliche Stromdichte. Für die Berechnung wird eine Drehstrom-Doppelleitung mit einer Leistungsbelastung nach Bild 6.1 zugrunde gelegt, wobei jedes der beiden Drehstromsysteme die Höchstleistung $P_{\max}$ überträgt. Mit Festkostensatz p_f, bezogenen Anlagekosten K'_{AD} und bezogenen Übertragungsverlustkosten K'_{va} sind nach Gl. (6.14) die bezogenen *Jahreskosten der Doppelleitung*

$$K'_a = K'_{AD}\, p_f + K'_{va} \tag{6.29}$$

Mit Gl. (6.7), elektrischer Leitfähigkeit γ, Widerstandsbelag $R' = 1/(\gamma A_L)$, Arbeitsverlustgrad d, bezogenen Verlustkosten k_v nach Gl. (6.13), Nennspannung $U_N = U_\triangle$, Leistungsfaktor $\cos\varphi$ und Höchstleistung $P_{\max} = \sqrt{3}\,U_\triangle I_{\max}\cos\varphi$ findet man die bezogenen *Jahres-Verlustkosten der Doppelleitung*

$$K'_{va} = W'_{va}\, k_v = 2\,R'\left(\frac{P_{\max}}{U_\triangle \cos\varphi}\right)^2 T_N\, d\, k_v = \frac{6\,T_N\, d\, k_v\, I_{\max}^2}{\gamma\, A_L} \tag{6.30}$$

und mit Gl. (6.28) und Festkostensatz p_f die bezogenen *Jahreskosten*

$$K'_a = (K'_G + k'_U\, U_N + k'_L\, A_L \sqrt[4]{n}\,)p_f + 6\, T_N\, d\, k_v\, I^2_{max}/(\gamma\, A_L) \qquad (6.31)$$

Der wirtschaftliche Leiterquerschnitt A_{Lw} liegt vor, wenn die bezogenen Jahreskosten minimal klein werden. Wird also der Differentialquotient $\mathrm{d}K'_a/\mathrm{d}A_L = 0$ gesetzt und die Stromdichte $S_{max} = I_{max}/A_L$ eingeführt, ergibt sich die *wirtschaftliche Stromdichte*

$$S_{maxw} = \sqrt{k'_L \sqrt[4]{n}\, p_f\, \gamma/(6\, T_N\, d\, k_v)} \qquad (6.32)$$

deren Werte zwischen $0,5\,\mathrm{A/mm^2}$ und $1\,\mathrm{A/mm^2}$ liegen.

Beispiel 6.10. Für die 220-kV-Drehstrom-Freileitung nach Beispiel 6.9 ist die wirtschaftliche Stromdichte zu ermitteln. Hierbei soll mit dem Festkostensatz $p_f = 15\%$, den bezogenen Verlustkosten $k_v = 0,09\,\mathrm{EUR/kWh}$ und dem Arbeitsverlustgrad $d = 0,5$ gerechnet werden.

Mit den bezogenen Leiterkosten $k'_L = 150\,\mathrm{EUR/(mm^2\,km)}$, der Anzahl der Teilleiter $n = 2$, der elektrischen Leitfähigkeit $\gamma = 35\,\mathrm{Sm/mm^2}$ und der Nennzeit $T_N = 8760\,\mathrm{h}$ berechnet man mit Gl. (6.32) die *wirtschaftliche Stromdichte*

$$S_{maxw} = \sqrt{\frac{k'_L \sqrt[4]{n}\, p_f\, \gamma}{6\, T_N\, d\, k_v}} = \sqrt{\frac{[150\,\mathrm{EUR/(mm^2\,km)}]\sqrt[4]{2}\cdot 0,15\cdot 35\,\mathrm{Sm/mm^2}}{6\cdot 8760\,\mathrm{h}\cdot 0,5\cdot 0,09\,\mathrm{EUR/kWh}}}$$
$$= 0,63\,\mathrm{A/mm^2}$$

6.3.2.3 Wirtschaftliche Übertragungsleistung.

Mit der wirtschaftlichen Stromdichte $S_{maxw} = I_{maxw}/A_L$ ist bei Drehstrom die *wirtschaftliche Übertragungsleistung*

$$P_{maxw} = \sqrt{3}\, U_\triangle\, I_{maxw} \cos\varphi = \sqrt{3}\, U_\triangle\, S_{maxw}\, A_L\, \cos\varphi \qquad (6.33)$$

Beispiel 6.11. Wie groß ist die wirtschaftliche Übertragungsleistung der 220-kV-Freileitung nach Beispiel 6.9 und 6.10, wenn mit $\cos\varphi = 1$ gerechnet wird?

Mit der Außenleiterspannung $U_\triangle = 220\,\mathrm{kV}$, der wirtschaftlichen Stromdichte $S_{maxw} = 0,63\,\mathrm{A/mm^2}$ (Beispiel 6.10) und dem Aluminium-Leiterquerschnitt des Zweierbündels $A_L = 530\,\mathrm{mm^2}$ (Beispiel 6.9) berechnet man mit Gl. (6.33) die *wirtschaftliche Übertragungsleistung für ein System*

$$P_{maxw} = \sqrt{3}\, U_\triangle\, S_{maxw}\, A_L\, \cos\varphi = \sqrt{3}\cdot 220\,\mathrm{kV}(0,63\,\mathrm{A/mm^2})\cdot 530\,\mathrm{mm^2}\cdot 1$$
$$= 127,3\,\mathrm{MW} \approx 130\,\mathrm{MW}$$

Sie liegt in der Nähe der *natürlichen Leistung* $P_{nat} = 180\,\mathrm{MW}$ nach Tabelle 1.84. Durch die Wahl eines größeren Leiterquerschnitts wäre es möglich, die wirtschaftliche Übertragungsleistung mit der technisch günstigen natürlichen Leistung in Übereinstimmung zu bringen.

6.3.3 Kabel

Die in Abschn. 6.3.2 für Freileitungen angestellten Überlegungen für die wirtschaftliche Ausführung entsprechender Übertragungsanlagen sind auch auf Kabelanlagen anzuwenden. Hier setzen sich die *Anlagekosten*

$$K_A = K_K + K_E + K_G \tag{6.34}$$

aus den Kosten für das Kabel K_K, den Kosten für Erdarbeiten K_E (Kabelgraben, Oberflächenbearbeitung) einschließlich Kabelverlegung und den Kosten K_G für Garnituren (Muffen, Endverschlüsse) zusammen. Heute übersteigen die Kosten für Erdarbeiten (Richtwerte $K'_E = 35\,\text{EUR/m}$ bis $65\,\text{EUR/m}$) die Kosten für das Kabel selbst (Richtwerte $K'_K = 10\,\text{EUR/m}$ bis $30\,\text{EUR/m}$) oft um ein Mehrfaches. Dies führt zwangsläufig zu der Überlegung, die teuren Erdarbeiten nach Möglichkeit zu vermeiden und im Hinblick auf künftige Leistungssteigerungen größere Querschnitte als erforderlich vorzusehen oder noch nicht benötigte Kabel schon heute mitzuverlegen (s. Beispiel 6.6), um späteres Nachrüsten zu vermeiden. Außerdem werden hierdurch auch die Übertragungsverluste von Anbeginn verringert.

Der Kabelpreis K_K ergibt sich meist aus dem *Kabelhohlpreis* und dem *Metallpreis* für Leiter, Schirme und Metallmantel. Der Metallpreis richtet sich nach den täglichen Notierungen für Elektrolytkupfer bzw. Aluminium für Leitzwecke und für Blei in Kabeln; der Kabelhohlpreis beinhaltet die sonstigen Materialien und die Kabelherstellung.

6.3.4 Transformatoren

Die Verluste eines Umspanners setzen sich zusammen aus den *Leerlaufverlusten* (auch Eisenverluste) P_o, die durch Ummagnetisierung des Eisenkerns entstehen, und den Stromwärmeverlusten der Leiter, die durch Kurzschlussversuche ermittelt und *Kurzschlussverluste* (auch Kupferverluste) P_k genannt werden. Für die jährliche Betriebszeit $T_{ba} \leq T_N$ ergibt sich die *Jahres-Leerlaufverlustarbeit*

$$W_{oa} = P_o\,T_{ba} \tag{6.35}$$

Mit dem Transformatorwiderstand R, der Bemessungsleistung $S_r = \sqrt{3}\,U_r\,I_r$ und der relativen Wirkspannung u_{Rr} sind mit Gl. (1.82) die *Kurzschlussverluste bei Bemessungsstrom*

$$P_{kr} = 3\,I_r^2\,R = 3\,I_r^2\,u_{Rr}\,U_r/(\sqrt{3}\,I_r) = u_{Rr}\,\sqrt{3}\,U_r\,I_r = u_{Rr}\,S_r \tag{6.36}$$

Bei einem vom Bemessungsstrom I_r abweichenden Betriebsfall sind mit $I/I_r = S/S_r$ die dann entstehenden *Kurzschlussverluste*

$$P_k = 3\,I^2\,R = P_{kr}(I/I_r)^2 = P_{kr}(S/S_r)^2 \tag{6.37}$$

Liegt weiter eine zeitlich sich ändernde Belastung nach Bild 6.1 vor, ist mit der relati-

ven Leistung $P_r = P/P_{max} = S/S_{max}$, der relativen Zeit $t_r = t/T_N$ und dem Arbeitsverlustgrad d nach Gl. (6.9) die *Jahres-Kurzschlussverlustarbeit*

$$W_{ka} = \int_{t=0}^{T_N} P_k \, dt = \int_{t=0}^{T_N} P_{kr}(S/S_r)^2 \, dt = P_{kr}(S_{max}/S_r)^2 \, T_N \int_{t_r=0}^{1} P_r^2 \, dt_r$$

$$= P_{kr}(S_{max}/S_r)^2 \, T_N \, d = P_{kr}[P_{max}/(S_r \cos\varphi)]^2 \, T_N \, d \tag{6.38}$$

Mit den bezogenen Verlustkosten k_v nach Gl. (6.13), die für die jährlich konstanten
Leerlaufverluste P_o mit dem Arbeitsverlustgrad $d = 1$ und der jährlichen Betriebszeit
$T_{ba} \leq T_N$ dann $k_{vo} = (k_\ell/T_{ba}) + k_a$ betragen, gilt für die *jährlichen Verlustkosten*

$$K_{va} = W_{oa} \, k_{vo} + W_{ka} \, k_v \tag{6.39}$$

Werden in Gl. (6.39) die Jahres-Leerlaufverluste W_{oa} nach Gl. (6.35) und die Jahres-
Kurzschlussverluste W_{ka} nach Gl. (6.38) eingeführt und weiter die Transformator-
Anschaffungskosten K_{Tr} mit dem Jahresfestkostensatz p_f berücksichtigt, dann erge-
ben sich gemäß Gl. (6.14) die *Jahreskosten des Umspanners*

$$K_a = K_{Tr} \, p_f + P_o(k_\ell + k_a \, T_{ba}) + P_{kr}\left(\frac{P_{max}}{S_r \cos\varphi}\right)^2 (k_\ell + k_a \, T_N \, d) \tag{6.40}$$

mit den bezogenen Leistungskosten k_ℓ und den bezogenen Arbeitskosten k_a.

Für Ortsnetztransformatoren gilt die Norm DIN 42 500, in der zwischen Umspan-
nern mit unterschiedlichen *Kurzschlussverlusten* der Ausführungsformen A, B und C
unterschieden wird. Diese drei Ausführungen gibt es außerdem mit unterschiedlichen
Leerlaufverlusten mit den Bezeichnungen A', B' und C', so dass für eine Bemessungsleistung und Kurzschlussspannung insgesamt neun verschiedene Ausführungsformen
zur Verfügung stehen. Mögliche Kombinationen sind beispielsweise B-A' oder C-C'
usw. Verminderte Leerlaufverluste stehen auch für ein vermindertes Transformator-
geräusch.

Beispiel 6.12. In einer Station stehen 2 parallele Umspanner nach DIN 42 500, mit den Bemessungsleistungen $S_r = 630\,kVA$, den Leerlaufverlusten $P_o = 1,35\,kW$ und den Kurzschlussverlusten bei Bemessungsstrom $P_{kr} = 8,4\,kW$, von denen noch einer allein zur Energieübertragung
ausreicht. Ab welcher Höchstleistung $S_{max} = P_{max}/\cos\varphi$ ist es wirtschaftlich, beide Umspanner
ganzjährig parallel zu betreiben, wenn bei EVU-Last (s. Abschn. 6.1.1) mit dem Belastungsgrad
$m = 0,7$ gerechnet wird?

Wirtschaftlichkeit ist hier gegeben, wenn die Jahresverlustarbeit möglichst klein gehalten wird.
Mit Gl. (6.10) berechnet man den Arbeitsverlustgrad

$$d = 0,083\,m + 1,036\,m^2 - 0,12\,m^3 = 0,083 \cdot 0,7 + 1,036 \cdot 0,7^2 - 0,12 \cdot 0,7^3 = 0,525$$

Mit der Betriebszeit $T_{ba} = T_N$ ist *bei Betrieb nur eines Umspanners* nach Gl. (6.35) und Gl.
(6.38) die *Jahresverlustarbeit*

$$W_{va(1)} = W_{oa} + W_{ka} = P_o \, T_N + P_{kr}(S_{max}/S_r)^2 \, T_N \, d$$

Bei *Parallelbetrieb beider Umspanner* verdoppelt sich die Leerlaufverlustarbeit, dafür halbieren sich aber die Kurzschlussverluste. Man erhält dann die *Jahresverlustarbeit*

$$W_{va(2)} = 2\,W_{oa} + (W_{ka}/2) = 2\,P_o\,T_N + [P_{kr}(S_{max}/S_r)^2\,T_N\,d/2]$$

Die Verlustarbeit für beide Betriebsfälle in Bild 6.7 über der Höchstleistung S_{max} dargestellt. Bis zur Höchstleistung S_{maxA} im Kurvenschnittpunkt A ergibt sich die kleinere Jahresverlustarbeit bei Betrieb nur eines Umspanners. Für größere Belastungen sollte der Parallelbetrieb beider Umspanner gewählt werden.

Für $W_{va(1)} = W_{va(2)}$ im Kurvenschnittpunkt A findet man die *Höchstleistung*

$$S_{maxA} = S_r \sqrt{2\,P_o/(P_{kr}\,d)} = 630\,\text{kVA}\sqrt{2 \cdot 1,35\,\text{kW}/(8,4\,\text{kW} \cdot 0,525)} = 493\,\text{kVA}$$

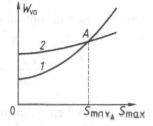

Bild 6.7
Jahresverlustarbeit W_{va} abhängig von der Höchstleistung S_{max} bei Betrieb eines Umspanners (*1*) und 2 paralleler Umspanner (*2*) nach Beispiel 6.12

6.3.5 Wirtschaftlicher Netzbetrieb

In Abschn. 6.3.2 bis 6.3.4 sind die wirtschaftlichen Überlegungen jeweils auf das einzelne Betriebsmittel beschränkt. Vielfach reicht aber eine solch begrenzte Betrachtung nicht aus, und es müssen mehrere Anlagenteile in ihrem Zusammenwirken untersucht werden. So lässt sich z. B. für ein elektrisches Versorgungsnetz die Übertragungsleistung ermitteln, für die das Verhältnis von Kostenaufwand und Nutzen optimal ist. Als Beispiel dient die in Bild 6.8 gezeigte Anlage, bei der elektrische Energie aus einem überlagerten Netz, z. B. 110 kV, bezogen und über Umspanner und Kabel an die Niederspannungsverbraucher weitergeleitet wird. Mit den Anlagekosten K_A, Fest-

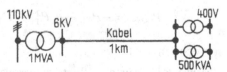

Bild 6.8 Mittelspannung-Übertragungsanlage (Beispiel 6.13)

kostensatz p_f, Jahres-Verlustarbeit W_{va}, bezogenen Verlustkosten k_v, Leerlaufverlustarbeit W_o und Kurschlussverlustarbeit W_k werden als Kostenaufwand für das Netz die *Jahreskosten*

$$K_a = K_A\,p_f + W_{va}\,k_v = K_A\,p_f + (W_{ka} + W_{oa})\,k_v \tag{6.41}$$

berechnet. Die *Stromwärmeverluste* von Leitung und Umspanner sind proportional dem Quadrat der Stromstärke, also auch dem Quadrat der übertragenen Leistung, so dass vereinfachend die jährlichen *Stromwärmeverluste des Netzes*

$$W_{Str} = \alpha_{Str}\,P_{max}^2 \tag{6.42}$$

durch die gesamte vom Netz aufgenommene quadrierte Höchstleistung P_{max} und den Verlustkoeffizienten α_{Str} angegeben werden. Ist der Lastfluss im Netz, z. B. durch eine Lastflussberechnung nach Abschn. 1.3.2, bekannt, können mit Gl. (6.7) und Gl. (6.38) die Stromwärmeverlustenergien aller Leitungen und Transformatoren und somit die Stromwärme-Verlustarbeit des gesamten Netzes W_{Str} berechnet werden, mit der nach Gl. (6.42) der Verlustkoeffizient ermittelt wird.

Zieht man von der dem überlagerten Netz mit der Jahres-Benutzungsdauer T_{ma} bezogenen Jahresenergie $W_a = P_{max} T_{ma}$ die jährliche Verlustenergie W_{va} ab, bekommt man die *jährliche Nutzenergie*

$$W_{na} = W_a - W_{va} = P_{max} T_{ma} - W_{Str} - W_{oa} \qquad (6.43)$$

Die Anlage wird optimal genutzt, wenn mit Gl. (6.41), (6.42) und (6.43) das Verhältnis

$$\frac{K_a}{W_{na}} = \frac{K_A\, p_f + \alpha_{Str}\, P_{max}^2\, k_v + W_{oa}\, k_v}{P_{max}\, T_{ma} - \alpha_{Str}\, P_{max}^2 - W_{oa}} = f(P_{max}) \qquad (6.44)$$

nach Bild 6.9 ein Minimum annimmt, d. h., wenn die Ableitung $\mathrm{d}\,(K_a/W_{na})/\mathrm{d}P_{max} = 0$ wird. Man erhält dann mit der wirtschaftlichen Übertragungsleistung P_{maxw} die quadratische Gleichung

$$P_{maxw}^2 + (2\,K_A\, p_f / T_{ma}\, k_v)\, P_{maxw} - (K_A\, p_f + W_{oa}\, k_v)/(\alpha_{Str}\, k_v) = 0$$

aus der sich mit der Teilleistung $P_{T1} = K_A\, p_f/(T_{ma}\, k_v)$ und der quadratischen Teilleistung $P_{T2}^2 = (K_A\, p_f + W_{oa}\, k_v)/(\alpha_{Str}\, k_v)$ die *wirtschaftlich übertragbare Höchstleistung*

$$P_{maxw} = -P_{T1} + \sqrt{P_{T1}^2 + P_{T2}^2} \qquad (6.45)$$

berechnen lässt.

Beispiel 6.13. Für die Übertragungsanlage nach Bild 6.8 betragen die Anlagekosten (Baukosten) $K_A = 120\,000\,\mathrm{EUR}$, der Festkostensatz $p_f = 10\%$, die Jahres-Benutzungsdauer $T_{ma} = 6000\,\mathrm{h}$, die bezogenen Verlustkosten $k_v = 0,09\,\mathrm{EUR/kWh}$, die jährlichen Leerlaufverluste der 3 Umspanner $W_{oa} = 35\,000\,\mathrm{kWh}$ und der Verlustkoeffizient $\alpha_{Str} = 0,9\,\mathrm{h/kW}$ für $\cos\varphi = 0,9\,\mathrm{ind}$. Wie groß sind wirtschaftliche Übertragungsleistung und zugehöriger Wirkungsgrad der Anlage?

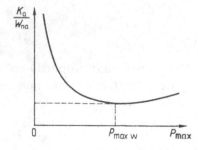

Bild 6.9
Ermittlung der wirtschaftlichen Übertragungsleistung P_{maxw} aus dem minimalen Verhältnis von Jahreskosten K_a und Jahres-Nutzenergie W_{na}

Mit der Teilleistung $P_{T1} = K_A\, p_f/(T_{ma}\, k_v) = (120\,000\,\text{EUR} \cdot 0,1)/(6000\,\text{h} \cdot 0,09\,\text{EUR/kWh}) = 22,2\,\text{kW}$ und der quadrierten Teilleistung $P_{T2}^2 = (K_A\, p_f + W_{oa}\, k_v)/(\alpha_{Str}\, k_v) = (120\,000\,\text{EUR} \cdot 0,1 + 35\,000\,\text{kWh} \cdot 0,09\,\text{EUR/kWh})/[(0,9\,\text{h/kW}) \cdot 0,09\,\text{EUR/kWh}] = 187\,040\,\text{kW}^2$ ergibt sich nach Gl. (6.45) die *wirtschaftliche Übertragungsleistung*

$$P_{maxw} = -P_{T1} + \sqrt{P_{T1}^2 + P_{T2}^2} = -22,2\,\text{kW} + \sqrt{22,2^2\,\text{kW}^2 + 187\,040\,\text{kW}^2} = 410,8\,\text{kW}$$

die aus dem 110-kV-Netz entnommen wird. Mit dieser Leistung betragen nach Gl. (6.42) die jährlichen Stromwärmeverluste $W_{Str} = \alpha_{Str}\, P_{max}^2 = (0,9\,\text{h/kW})(410,8\,\text{kW})^2 = 136\,700\,\text{kWh}$ und somit die jährliche Gesamt-Verlustenergie $W_{va} = W_{Str} + W_{oa} = 136\,700\,\text{kWh} + 35\,000\,\text{kWh} = 101\,700\,\text{kWh}$.

Wird die Verlustenergie von der aus dem 110-kV-Netz bezogenen Jahresenergie $W_a = P_{maxw} \cdot T_{ma} = 410,8\,\text{kW} \cdot 6000\,\text{h} = 2\,464\,800\,\text{kWh}$ abgezogen, erhält man die an die 400-V-Verbraucher gelieferte Nutzenergie $W_{na} = W_a - W_{va} = 2\,464\,800\,\text{kWh} - 101\,700\,\text{kWh} = 2\,363\,100\,\text{kWh}$ und somit den *Wirkungsgrad* $\eta_{\ddot u} = W_{na}/W_a = 2\,363\,100\,\text{kWh}/(2\,464\,800\,\text{kWh}) = 0,959 \approx 96\%$.

6.3.6 Verbundwirtschaft

Das Bestreben, Kraftwerke und Übertragungsanlagen wirtschaftlich zu nutzen, hat zum *Verbundbetrieb* geführt, bei dem die Kraftwerke und Netze großer Wirtschaftsräume zu einem Versorgungssystem zusammengeschlossen sind.

Der Verbundbetrieb erhöht die Betriebssicherheit, so dass die Reservehaltung jedes einzelnen Kraftwerks beschränkt werden kann. Weiter wird durch die örtlich unterschiedlichen Lebensgewohnheiten der Menschen und verschiedenartige Industrien ein natürlicher Ausgleich der Verbraucherschwankungen, d. h. eine Vergleichmäßigung der gemeinsamen Tagesbelastungskurve, erreicht. So würde z. B. eine Kupplung mehrerer nationaler Netze in Ost-West-Richtung schon durch die tageszeitlichen Verschiebungen einen Belastungsausgleich begünstigen. Laufwasserkraftwerke können ohne Rücksicht auf den regionalen Bedarf Grundlast in das Verbundnetz liefern und somit optimal genutzt werden. Jahreszeitliche Schwankungen in der Wasserdarbietung spielen dann praktisch keine Rolle mehr. Der Verbundbetrieb hat längst die nationalen Grenzen überschritten und die europäischen Verbundwirtschaft eingeleitet.

6.4 Strompreisregelung

Haushalte, kleine Gewerbe- und Landwirtschaftsbetriebe mit nur geringer Stromabnahme (bis etwa 50 000 kWh/Jahr) werden nach den öffentlich bekannten ,Allgemeinen Versorgungsbedingungen' beliefert. Der jeweilige Tarif setzt sich aus dem *Grundpreis,* der sich aus der installierten Leistung berechnet, und dem *Arbeitspreis* für die abgenommenen kWh zusammen.

Verbraucher mit größerem Energiebedarf schließen dagegen mit den Elektrizitätsversorgungsunternehmen (EVU) besondere Stromlieferungsverträge (*Sonderabnehmerverträge*) ab. Der Strompreis für Sonderabnehmer setzt sich i. allg. aus dem *Leistungspreis,* dem *Arbeitspreis* und dem *Benutzungsdauer-Rabatt* zusammen. Von den mit diesen Strompreis-Bestandteilen möglichen Tarifen sind der *Leistungspreis-Tarif* und der *Arbeitspreis-Tarif* die gebräuchlichsten. Meist enthalten die Verträge noch zusätzlich eine *Blindstromklausel,* die den Abnehmer zur Einhaltung bestimmter Leistungsfaktoren, z. B. $\cos\varphi \geq 0,9$, veranlassen soll.

Durch die Liberalisierung des Strommarktes ist es heute möglich, Verträge mit anderen, u. U. weit entfernten EVUs abzuschließen. In solchen Fällen muss die elektrische Energie durch Netze von Versorgungsunternehmen transportiert werden, die an der Stromlieferung nicht beteiligt sind. Die Nutzung fremder Leitungen muss natürlich vergütet werden. Richtlinien für die *Nutzungsentgelte* sind in der *Veränderungsvereinbarung* festgelegt, die ständig überarbeitet und fortgeschrieben wird. Wird der Stromliefervertrag direkt mit dem Stromlieferanten abgeschlossen, sind die mit dem Netzbetreiber vereinbarten *Nutzungsentgelte* in der Regel in den vertraglich festgelegten Leistungs- und Arbeitspreisen enthalten (all-inclusive-Vertrag). Ist dagegen der Netzbetreiber Vertragspartner, werden die Nutzungsentgelte als Leistungs- und Arbeitsentgelte gesondert ausgewiesen.

Der Leistungspreis soll die dem EVU entstehenden leistungsabhängigen Kosten, wie Abschreibung und Zinsen auf das Anlagevermögen, Personalkosten usw., der Arbeitspreis dagegen die arbeitsabhängigen Kosten, hauptsächlich die Brennstoffkosten, decken. Um die Verbraucher zum Energiebezug in Schwachlastzeiten, vornehmlich also nachts und an arbeitsfreien Tagen, anzureizen, werden für diese Zeiten niedrigere Strompreise (*Niedertarif*) angeboten, die i. allg. 50% bis 70% der in Spitzenzeiten gültigen Preise (*Hochtarif*) betragen.

6.4.1   Leistungspreis-Tarif

Bei diesem Tarif setzt sich der Strompreis aus dem *Leistungspreis* für die innerhalb der Bezugszeit in Anspruch genommene Höchstleistung (entweder in kW oder kVA) und dem *Arbeitspreis* für die bezogenen kWh zusammen. Bei monatlicher Abrechnung wird als Höchstleistung die größte, im Abrechnungsmonat z. B. für die Dauer von 15 min gemessene Leistung zugrundegelegt. Bei jährlicher Abrechnung wird teilweise das Mittel der 3 höchsten Monatsleistungen als Höchstleistung angesetzt.

Beispiel 6.14. Ein Stromlieferungsvertrag sieht vor:

Leistungspreis: 10,– EUR/kVA für die höchste, über 15 min innerhalb des Abrechnungsmonats
gemessene Leistung,
Arbeitspreis: Hochtarif 7,0 ct/kWh; Niedertarif 3,0 ct/kWh

Für den Abrechnungsmonat wurden gemessen: Höchstleistung $S_{max} = 688\,\text{kVA}$, Arbeit mit Hochtarif $W_H = 145\,000\,\text{kWh}$ und mit Niedertarif $W_N = 16\,800\,\text{kWh}$. Es soll der Durchschnitts-Strompreis ermittelt werden.

Leistungskosten: 688 kVA · 10 EUR/kVA   =   6 880 EUR
Arbeitskosten (Hochtarif):   145 000 kWh · 0,070 EUR/kWh = 10 150 EUR
                (Niedertarif):   16 800 kWh · 0,030 EUR/kWh =   504 EUR
                                    161 800 kWh   17 534 EUR

Für 161 800 kWh sind also 17 534 EUR zu entrichten. Somit beträgt der *Durchschnitts-Strompreis* $k_i = 17\,534\,\text{EUR}/(161\,800\,\text{kWh}) = 10,84\,\text{ct/kWh}$.

6.4.2   Arbeitspreis-Tarif

Hier wird lediglich die entnommene elektrische Energie berechnet, wobei der Preis mit steigendem Energiebezug nach festgelegten Preiszonen oder Preisstaffeln abnimmt. Auf den Arbeitspreis wird i. allg. noch zusätzlich ein *Benutzungsdauer-Rabatt* gewährt. Bei jährlicher Abrechnung ist dies die Jahres-Benutzungsdauer T_{ma} (s. Abschn. 6.1).

Beispiel 6.15. Ein Stromlieferungsvertrag sieht als Strompreisregelung vor:

Arbeitspreis für die ersten 25 000 kWh/Jahr   10 ct/kWh
             für die weiteren 100 000 kWh/Jahr   8 ct/kWh
             für alle weiteren kWh   6 ct/kWh

Hierbei werden Benutzungsdauer-Rabatte gewährt von

  4% bei Benutzungsdauer von 1000 h/Jahr und mehr,
  8% bei Benutzungsdauer von 2000 h/Jahr und mehr,
12% bei Benutzungsdauer von 4000 h/Jahr und mehr.

Wie groß ist der Durchschnitts-Strompreis bei jährlichem Energiebezug $W_a = 115\,000$ kWh und der Jahres-Benutzungsdauer $T_{ma} = 3700$ h?

Für das Jahr erhält man die Kosten

für die ersten 25 000 kWh: 25 000 kWh · 0,10 EUR/kWh = 2 500 EUR
für die weiteren 90 000 kWh: 90 000 kWh · 0,08 EUR/kWh = 7 200 EUR
                                                       9 700 EUR
abzüglich 8% Benutzungsdauer-Rabatt   776 EUR
                                                       8 924 EUR

Der Durchschnitts-Strompreis beträgt somit $k_1 = 8\,924$ EUR/(115 000 kWh) $= 7,76$ ct/kWh.

6.4.3 Blindstromklausel

Da Stromerzeuger, Transformatoren und Leitungen nach dem Gesamtstrom bemessen werden müssen, werden durch einen großen Blindstromanteil *höhere Anlagekosten* als bei reiner Wirkleistungsübertragung erforderlich. Außerdem entstehen durch den Blindstrom *zusätzliche Stromwärmeverluste*, die ebenfalls vom EVU getragen werden müssen. Deshalb sind die Stromlieferungsverträge i. allg. so abgefasst, dass auch der Blindleistungsbezug durch besondere Blindstromklauseln berücksichtigt wird.

Beim *Leistungspreistarif* nach Abschn. 6.4.1 ist die Blindleistungsverrechnung z. T. im Leistungspreis enthalten. Meist werden aber die über eine gewisse *kostenlose Freimenge,* z. B. 50% des Wirkanteils, hinausgehenden Blindkilowattstunden besonders verrechnet (Blindarbeitstarif). Der Abnehmer muss dann prüfen, ob die Anschaffung einer Kompensationsanlage (Kondensatorbatterie) nicht wirtschaftlicher ist.

Beispiel 6.16. Ein Abnehmer bezieht im Laufe eines Jahres während der Tagesstunden (Hochtarif) die Wirkarbeit 170 000 kWh und die Blindarbeit 270 000 kvarh. Laut Vertrag beträgt die kostenlose Freimenge an Blindarbeit 50% der Wirkarbeit. Darüber hinaus wird der Blindarbeitspreis 1,3 ct/kvarh erhoben. Welche Stromkosten könnten jährlich eingespart werden, wenn die Blindarbeit bis auf die kostenlose Freimenge kompensiert würde?

Bezogene Blindarbeit   270 000 kvarh
abzüglich 50% der Wirkarbeit   85 000 kvarh
zu verrechnende Blindarbeit   185 000 kvarh

Bei Kompensation würde die jährliche Ersparnis somit 185 000 kvarh · 0,013 EUR/kvarh = 2405 EUR betragen.

Anhang

1. Umrechnung von Einheiten

1. Kraft F

$1\ \text{N} = 1\ \text{kgm/s}^2 = 0,102\ \text{kp}$
$1\ \text{kp} = 9,81\ \text{N} = 9,81\ \text{kgm/s}^2 \approx 1\ \text{daN}$

2. Arbeit W, Biegemoment und Drehmoment M

$1\ \text{Nm} = 1\ \text{Ws} = 1\ \text{J} = 0,2778\ \text{mWh} = 0,102\ \text{kpm} = 0,2388\ \text{cal}$
$1\ \text{kWh} = 3,6\ \text{MNm}$ $1\ \text{kpm} = 9,81\ \text{Nm} \approx 1\ \text{daNm}$
$1\ \text{kcal} = 4,187\ \text{kNm} = 4,187\ \text{kJ} = 1,163\ \text{Wh}$

$1\ \text{t Steinkohleneinheit SKE} = 7,0 \cdot 10^6\ \text{kcal} = 8141\ \text{kWh (thermisch)}$
$1\ \text{t Braunkohle} = 2,3 \cdot 10^6\ \text{kcal} = 2768\ \text{kWh (thermisch)}$
$1\ \text{L Erdöl (leicht)} = 7905\ \text{kcal} = 9,19\ \text{kWh (thermisch)}$
$1\ \text{m}^3\ \text{Erdgas} = 8504\ \text{kcal} = 9,89\ \text{kWh (thermisch)}$
$1\ \text{kg Uran 235} = 2010\ \text{t SKE}$

3. Druck p, mechanische Spannung σ

$1\ \text{N/m}^2 = 1\ \text{Pa} = 1\ \text{kg/s}^2\text{m} = 10^{-5}\ \text{bar} = 1,02 \cdot 10^{-5}\ \text{at} = 0,75 \cdot 10^{-2}\ \text{Torr}$
$1\ \text{bar} = 10^5\ \text{N/m}^2 = 0,1\ \text{N/mm}^2 = 750\ \text{Torr}$
$1\ \text{Torr} = 1,33 \cdot 10^2\ \text{N/m}^2$ $1\ \text{at} = 1\ \text{kp/cm}^2 = 98,1\ \text{kN/m}^2$
$1\ \text{mm WS} = 1\ \text{kp/m}^2 = 9,81\ \text{N/m}^2$

Vorsätze zur Bezeichnung von dezimalen Vielfachen und Teilen von Einheiten

Exa-	(E)	für das 10^{18}fache	Dezi-	(d)	für das 10^{-1} fache
Peta-	(P)	für das 10^{15}fache	Zenti-	(c)	für das 10^{-2} fache
Tera-	(T)	für das 10^{12}fache	Milli-	(m)	für das 10^{-3} fache
Giga-	(G)	für das 10^9 fache	Mikro	(μ)	für das 10^{-6} fache
Mega-	(M)	für das 10^6 fache	Nano-	(n)	für das 10^{-9} fache
Kilo	(k)	für das 10^3 fache	Pico-	(p)	für das 10^{-12}fache
Hekto-	(h)	für das 10^2 fache	Femto	(f)	für das 10^{-15}fache
Deka-	(da)	für das 10 fache	Atto	(a)	für das 10^{-18}fache

2. Weiterführendes Schrifttum

[1] Alt, H.: Elektrische Energietechnik, Steuerungstechnik, Elektrizitätswirtschaft für UPN-Rechner. Braunschweig 1980
[2] Artbauer, J.: Kabel und Leitungen. Berlin 1961
[3] Baatz, H.: Überspannungen in Energieversorgungsnetzen. Berlin-Göttingen-Heidelberg 1956
[4] Bergmann, K.: Elektrische Messtechnik. Braunschweig 1988

[5] Biegelmeier, G.: Wirkungen des elektrischen Stroms auf Menschen und Nutztiere. Berlin 1986

[6] Bitzer, B.: Automatisierung in elektrischen Energieversorgungssystemen. Heidelberg 1991

[7] Bödefeld, T.; Sequenz, H.; Vogelsang, N.: Elektrische Maschinen Bd. I und Bd. II. Braunschweig 1970/1971

[8] Borucki, L.: Digitaltechnik. 5. Aufl. Stuttgart · Leipzig 2000

[9] Brakelmann, K.: Belastbarkeiten der Energiekabel. Berlin-Offenbach 1985

[10] Brinkmann, K.: Einführung in die elektrische Energiewirtschaft. Braunschweig 1982

[11] Burkhard, G.: Schaltgeräte der Elektroenergietechnik. Berlin 1985

[12] Denzel, P.: Grundlagen der Übertragung elektrischer Energie. Berlin-Heidelberg-New York 1966

[13] Dörrscheidt, F.; Latzel, W.: Grundlagen der Regelungstechnik. 2. Aufl. Stuttgart 1993

[14] Eckhardt, H.: Numerische Verfahren in der Energietechnik. Stuttgart 1978

[15] Edelmann, H.: Berechnung elektrischer Verbundnetze. Berlin-Heidelberg-New York 1963

[16] Felten & Guilleaume: Taschenbuch. Köln 1992

[17] Fleck, B.; Kulik, P.: Hochspannungs- und Niederspannungs-Schaltanlagen. Essen 1975

[18] Funk, G.: Der Kurzschluss im Drehstromnetz. München 1962

[19] Funk, G.: Symmetrische Komponenten. Berlin 1976

[20] Giersch, H. U.; Harthus, H.; Vogelsang, N.: Elektrische Maschinen. Stuttgart 1991

[21] Haacke, W.: Datenverarbeitung für Ingenieure. Stuttgart 1973

[22] Handschin, E.: Elektrische Energieübertragungssysteme. Bd. 1, Stationärer Betriebszustand Bd. 2, Netzdynamik. Heidelberg 1983/84

[23] Hau, E.: Windkraftanlagen im Netzbetrieb. Stuttgart 1996

[24] Happold, H.; Oeding, D.: Elektrische Kraftwerke und Netze. Berlin-Heidelberg-New York 1978

[25] Hasse, P.; Wiesinger, J.: Handbuch für Blitzschutz und Erdung. München 1989

[26] Haubrich, H.-J.: Biologische Wirkung elektromagnetischer 50 Hz-Felder auf den Menschen. Elektrizitätswirtschaft Jg. 86 (1987), H. 16/17

[27] Haubrich, H.-J.: Das Magnetfeld im Nahbereich von Drehstrom-Freileitungen. Elektrizitätswirtschaft Jg. 73 (1974), H. 18

[28] Heier, S.: Windkraftanlagen im Netzbetrieb. 2. Aufl. Stuttgart 1996

[29] Herold, G.: Grundlagen der elektrischen Energieversorgung. Stuttgart 1997

[30] Heinhold, L.: Kabel und Leitungen für Starkstrom. Weinheim, Teil 1 1990, Teil 2 1989

[31] Hilgarth, G.: Hochspannungstechnik. 3. Aufl. Stuttgart 1997

[32] Hochrainer, A.: Symmetrische Komponenten in Drehstromsystemen. Berlin-Göttingen-Heidelberg 1957

[33] Hosemann, G.; Boeck, W.: Grundlagen der elektrischen Energietechnik. Berlin-Heidelberg-New York 1991

[34] Kabelmetal-Druckschrift: Einführung in die Starkstromkabeltechnik. Hannover 1969–1970

[35] Kalide, W.: Kraftanlagen der Energiewirtschaft. München/Wien 1974

[36] Kiwit, W.; Wanser, G.; Laarmann, H.: Hochspannungs- und Hochleistungskabel. Frankfurt 1985

[37] Koch, W.: Erdungen in Wechselstromanlagen über 1 kV. Berechnung und Ausführung. Berlin-Göttingen-Heidelberg 1961

[38] Küpfmüller, K.: Einführung in die theoretische Elektrotechnik. Berlin-Heidelberg-New York 1990

[39] Leonhard, W.: Regelung in der elektrischen Energieversorgung. Stuttgart 1980

[40] Lücking, H. W.: Energiekabeltechnik. Braunschweig/Wiesbaden 1981

[41] Minovic, M.: Schaltgeräte, Theorie und Praxis. München/Heidelberg 1977

[42] Moeller, F.; Frohne, H.; Löcherer, K.-H.; Müller, H.: Grundlagen der Elektrotechnik. 18. Aufl. Stuttgart 1996

[43] Müller, G.: Elektrische Maschinen: Grundlagen, Aufbau, Wirkungsweise. Berlin 1985
[44] Müller, G.: Elektrische Maschinen: Betriebsverhalten rotierender Maschinen. Berlin 1990
[45] Müller, L; Boog, E: Selektivschutz elektrischer Anlagen. Frankfurt 1990
[46] Nelles, D.; Tuttas, Ch.: Elektrische Energietechnik. Stuttgart 1998
[47] Philippow, E.: Taschenbuch Elektrotechnik. Bd. 6. Berlin 1982
[48] Rieger, H.; Fischer, R.: Der Freileitungsbau. Berlin-Göttingen-Heidelberg 1975
[49] Rodewald, A.: Elektromagnetische Verträglichkeit. Braunschweig 1995
[50] Rüdenberg, R.: Elektrische Schaltvorgänge. Berlin-Heidelberg-New York 1973
[51] Rüdenberg, R.: Elektrische Wanderwellen auf Leitungen und in Wicklungen von Starkstromanlagen. Berlin-Göttingen-Heidelberg 1962
[52] Rummich, E.: Nichtkonventionelle Energienutzung. Wien-New York 1978
[53] Rumpel, D.; Sun, Ji. R.: Netzleittechnik. Berlin-Heidelberg-New York-London-Paris-Tokio 1989
[54] Schaefer, H.: Elektrische Kraftwerkstechnik. Berlin-Heidelberg-New York 1979
[55] Schaefer, H.: Energietechnik-Lexikon. Berlin 1994
[56] Schwetz, P.: Ein Verfahren zur Berechnung von dreidimensionalen Magnetfeldern im Nahbereich von Leitungen der elektrischen Energieversorgung. Elektrizitätswirtschaft Jg. 85 (1986), H. 21
[57] Schymroch, H. D.: Hochspannungs-Gleichstrom-Übertragung. Stuttgart 1985
[58] Sirotinski, L. I.: Hochspannungstechnik. Innere Überspannungen. Berlin 1966
[59] Slamecka, E.; Waterscheck, W.: Schaltvorgänge in Hoch- und Niederspannungsnetzen. Berlin/München 1972
[60] Strom im Alltag – Elektrische und magnetische Felder. IZE Frankfurt 1998
[61] Taegen, F.: Einführung in die Theorie der Elektrischen Maschinen, Bd. I und Bd. II. Braunschweig 1970/71
[62] Titze, H.: Fehler und Fehlerschutz in elektrischen Drehstromanlagen. Wien 1951–1953
[63] Unger, H. G.: Theorie der Leitungen. Braunschweig 1967
[64] Ungrad, H.; Winkler, W.; Wiszniewski, A.: Schutztechnik in Elektroenergiesystemen. Berlin 1994
[65] VDE-Buchreihe: Blindleistung. Berlin 1963
[66] VDEW: Aktivierung und Planung von Netzen für allelektrische Versorgung. Frankfurt/M. 1970
[67] VDEW: Begriffsbestimmungen in der Elektrizitätswirtschaft. Frankfurt/M. 1973
[68] VDEW: Kabelhandbuch. Frankfurt/M. 1997
[69] VDEW: Netzverluste. Frankfurt/M. 1978
[70] Verordnungen über elektromagnetische Felder; 26. BImSchV, Bundesgesetzblatt Jg. 1996, Teil I, Nr. 66
[71] Weinert, J.: Schaltungszeichen in der elektrischen Energietechnik. München 1981
[72] Weiß, A. v.: Einführung in die Matrizenrechnung zur Anwendung in der Elektrotechnik. München 1961
[73] Winkler, F.: Strombelastbarkeit von Starkstromkabeln in Erde bei Berücksichtigung der Bodenaustrocknung und eines Tageslastspiels. Berlin 1978

3.   Normblätter (Auswahl)

DIN 1302   Mathematische Zeichen
DIN 1304   Allgemeine Formelzeichen
DIN 1323   Elektrische Spannung, Potential, Zweipolquelle, elektromotorische Kraft
DIN 1324   Elektrisches Feld
DIN 1326   Gasentladung
DIN 1357   Einheiten elektrischer Größen

DIN 4897   Elektrische Energieversorgung, Formelzeichen
DIN 5483   Formelzeichen für zeitabhängige Größen
DIN 5489   Vorzeichen- und Richtungsregeln für elektrische Netze
DIN 40003   Nennströme von 1 A bis 10 000 A/Auswahl für Schaltgeräte
DIN 40110   Wechselstromgrößen
DIN 40500   Kupfer für die Elektrotechnik; technische Lieferbedingungen
DIN 40501   Aluminium für die Elektrotechnik; technische Lieferbedingungen
DIN 40900   Grafische Symbole für die Elektrotechnik
DIN 42402   Anschlussbezeichnungen für Transformatoren und Drosselspulen
DIN 48004 bis 48013   Isolatoren für Starkstrom-Freileitungen
DIN 48113 bis 48132   Stützer für Innen- und Freiluftanlagen
DIN 48134   Stützer für Innenanlagen, 60 und 110 kV
DIN 48136   Stützer aus Gießharz-Formstoff für Innenanlagen, Reihe 10 S bis 30 N
DIN 48150   Starkstrom-Freileitungen; Stützenisolatoren N
DIN 48201   Leitungsseile, Seile aus Kupfer (Bl. 1), Seile aus Bronze (Bl. 2)
DIN 48204   Leitungsseile, Aluminium-Stahl-Seile
DIN EN 50182   Leiter für Freileitungen – Leiter aus konzentrisch verseilten runden Drähten
DIN 51507   Anforderungen an Isolieröle für elektrische Geräte

4.   VDE-Bestimmungen (Auswahl)

VDE-Bestimmungen sind inzwischen DIN-Blätter, deren Nummern jetzt den Vorsatz DIN VDE aufweisen – z. B. DIN VDE 0414.

DIN IEC 38   IEC-Normspannungen
VDE 0100   Errichten von Starkstromanlagen mit Nennspannungen bis 1 kV
VDE 0101   Errichten von Starkstromanlagen mit Nennspannungen über 1 kV
VDE 0102 (EN 60909)   Kurzschlussströme in Drehstromnetzen
VDE 0103   Bemessung von Starkstromanlagen auf mechanische und thermische Kurz-
                schlussfestigkeit
VDE 0105   Betrieb von Starkstromanlagen
VDE 0111   Isolationskoordination für Betriebsmittel in Drehstromnetzen über 1 kV Isola-
                tion Leiter gegen Erde
VDE 0141   Erdungen in Wechselstromanlagen für Nennspannungen über 1 kV
VDE 0206   Leitsätze für die Farbe von Außenmänteln unter Außenhüllen aus Kunststoff
                oder Gummi für Kabel und isolierte Leitungen
VDE 0207   Isolier-, Mantel- und Umhüllungswerkstoffe für Niederspannungskabel und -lei-
                tungen
VDE 0210   Bau von Starkstrom-Freileitungen über 1 kV, z. Zt. noch gültig bis $U_N = 45$ kV
VDE 0210 (EN 50341)   Freileitungen mit Nennspannungen über AC 45 kV
VDE 0211   Bau von Starkstrom-Freileitungen unter 1 kV
VDE 0212   Armaturen für Freileitungen und Schaltanlagen
VDE 0228   Maßnahmen bei Beeinflussung von Fernmeldeanlagen durch Starkstrom-
                anlagen
VDE 0255   Bestimmungen für Kabel mit massegetränkter Papierisolierung und Metallman-
                tel für Starkstromanlagen
VDE 0256   Niederdruck-Ölkabel und ihre Garnituren für Wechsel- und Drehstromanlagen
                mit Nennspannungen bis 400 kV
VDE 0257   Gasaußendruckkabel im Stahlrohr und ihre Garnituren für Wechsel- und Dreh-
                stromanlagen mit Nennspannungen bis 220 kV
VDE 0258   Gasinnendruckkabel und ihre Garnituren für Wechsel- und Drehstromanlagen
                mit Nennspannungen bis 220 kV

VDE 0263   Kabel mit Isolierung aus vernetztem Polyethylen und ihre Garnituren für 1 kV
VDE 0265   Kabel mit Kunststoffisolierung und Bleimantel für Starkstromanlagen
VDE 0271   Kabel mit Isolierung und Mantel aus Kunststoff auf der Basis von Polyvinyl-chlorid für Starkstromanlagen
VDE 0272   Kabel mit Isolierung aus vernetztem Polyethylen und Mantel aus thermoplasti-schem PVC, Nennspannung 1 kV
VDE 0273   Kabel mit Isolierung aus vernetzem Polyethylen für 10 kV, 20 kV und 30 kV
VDE 0298   Verwendung von Kabeln und isolierten Leitungen für Starkstromanlagen mit Nennspannungen bis 30 kV
VDE 0303   Bestimmungen für elektrische Prüfung von Isolierstoffen
VDE 0370   Isolieröle
VDE 0432   Hochspannungsprüftechnik
VDE 0446   Bestimmungen für Isolatoren aus keramischen Werkstoffen für Starkstrom-Frei-leitungen und Fahrleitungen
VDE 0472   VPE-Kabel mit Längswasserdichtung im Schirmbereich
VDE 0530   Umlaufende elektrische Maschinen
VDE 0532   Bestimmungen für Transformatoren und Drosselspulen
VDE 0632   Bestimmungen für Schalter für Hausinstallationen und ähnlich feste Installatio-nen
VDE 0635 und VDE 0636   Niederspannungssicherungen
VDE 0641   Leitungsschutzschalter bis 63 A Nennstrom, 415 V Wechselspannung
VDE 0660   Schaltgeräte
VDE 0664   Fehlerstrom-Schutzeinrichtungen
VDE 0670   Wechselstromschaltgeräte für Spannungen über 1 kV
VDE 0675 (EN 60099)   Überspannungsableiter
VDE 0680   Körperschutzmittel, Schutzvorrichtungen und Geräte zum Arbeiten an unter Spannung stehenden Teilen bis 1000 V
VDE 0681   Geräte zum Betätigen, Prüfen und Abschranken unter Spannung stehender Teile
VDE 0683   Ortsveränderliche Geräte zum Erden und Kurzschließen

5.   Grafische Symbole für die Elektrotechnik (Auswahl aus DIN 40 900)

Schaltzeichen	Benennung	Schaltzeichen	Benennung
Wicklung, Drosselspule			Funkenstrecke
	allgemein		Überspannungsableiter
	mit Anzapfungen		Erdung, allgemein
	mit Eisenkern		Betriebserde
	desgl. mit Luftspalt		Anschlussstelle für Schutzleitung
	stetig verstellbar		
	in Stufen verstellbar		Überschlag- oder Durch-schlagstelle, Fehlerstelle
	Halbleitergleichrichter		

Schaltzeichen	Benennung	Schaltzeichen	Benennung

Schalter und *Schaltglieder*

Öffner

Schließer

Wechsler mit und ohne
Unterbrechung

Wischer, Kontaktgabe
jeweils nur in Pfeilrichtung

Antriebe

Handantrieb

Kraftantrieb, allgemein

Magnetantrieb

Motorantrieb

Kolbenantrieb

Federkraftspeicher mit
Handaufzug

Schaltschloss mit
mechanischer Freigabe

Mechanische Wirkverbindungen

für selbsttätigen Rückgang
in Pfeilrichtung nach
Aufhören der Betätigungs-
kraft

Verzögerung bei Bewegung
nach rechts (z. B. innerhalb
5 s)

Sperren

nach links sperrend, von
Hand lösbar

in beiden Richtungen
sperrend, magnetisch lösbar

in beiden Richtungen
sperrend, von Hand lösbar

Absperrorgan

offen   geschlossen

Schaltkurzzeichen	Schaltzeichen	Benennung

Schaltgeräte

dreipoliger Sicherungs-Trennschalter

drei einpolige Trennschalter

dreipoliger Trennschalter

dreipoliger Trennschalter mit Erdungstrennschalter,
z. B. Trennschalter mit Kraftantrieb, Erdungsschal-
ter handbetätigt

Schaltkurzzeichen	Schaltzeichen	Benennung
		dreipoliger Trennschalter, handbetätigt mit in beiden Richtungen wirkender Sperre, von Hand lösbar
		wie vor, jedoch mit magnetisch lösbarer Verbindung
		Lasttrennschalter
		Leistungsschalter
		Leistungsschalter für Kurzunterbrechung
		Leistungstrennschalter mit angebauten Sicherungen mit Schalterauslösung durch Sicherungen

Messwandler

		Stromwandler
		Stromwandler mit 2 Kernen
		Fehlerstromwandler für 3 Leiter (Kabelumbauwandler)
		Spannungswandler
		kapazitiver Spannungswandler

Schaltkurzzeichen	Schaltzeichen	Benennung

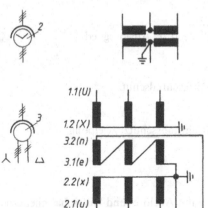

Spannungswandler in V-Schaltung

drei Einphasen-Erdungsspannungswandler für Drehstromanschluss mit Hilfswicklung in offener Dreieckschaltung

drei einphasige kombinierte Strom-Spannungs-wandler für Drchstromanschluss

Schutztechnik

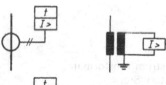

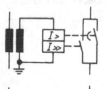

einsträngiger Überstromschutz mit unabhängiger Verzögerung mit Sekundärrelais

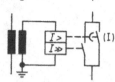

einsträngiger Überstromschutz mit unabhängiger Verzögerung und Schnellauslösung mit Sekundär-relais

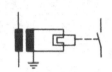

Überstromschutz mit stromabhängiger Verzögerung und Schnellauslösung mit Sekundärrelais

thermischer Überstromschutz mit Sekundärrelais

Leistungsrichtungsschutz
Relais verlässt die dargestellte Ruhelage bei Leistungsfluss in Pfeilrichtung

Schaltkurzzeichen	Schaltzeichen	Benennung

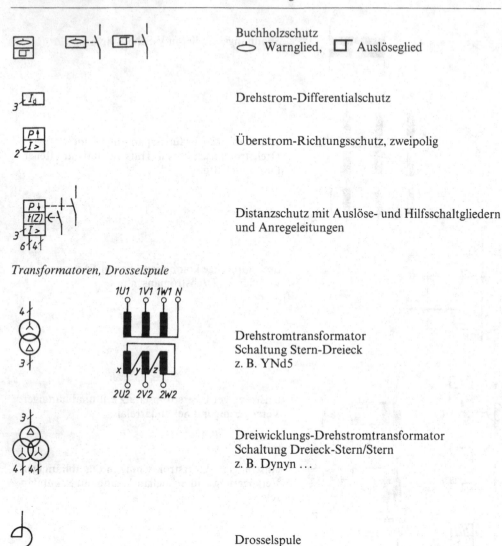

Buchholzschutz
⬭ Warnglied,   ⊏⊐ Auslöseglied

Drehstrom-Differentialschutz

Überstrom-Richtungsschutz, zweipolig

Distanzschutz mit Auslöse- und Hilfsschaltgliedern und Anregeleitungen

Transformatoren, Drosselspule

Drehstromtransformator
Schaltung Stern-Dreieck
z. B. YNd5

Dreiwicklungs-Drehstromtransformator
Schaltung Dreieck-Stern/Stern
z. B. Dynyn …

Drosselspule

6.   Kennwerte von Leitungen und Leitern (Auswahl)

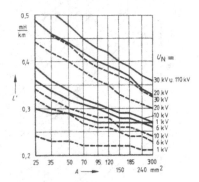

A 1 Induktivitätsbelag L' von papierisolierten Kabeln
nach [16].
bis 10 kV: Gürtelkabel mit Bleimantel (—) und
Aluminiummantel (- - -)
20 kV und 30 kV: Dreimantelkabel (—) und Drei-
leiter-H-Kabel (- - -)
110 kV: Gasaußendruckkabel
A Querschnitt, U_N Nennspannung

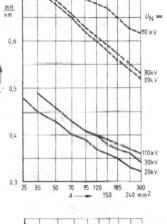

A 2 Induktivitätsbelag L' von papierisolierten Einleiterkabeln nach [16].
20 kV und 30 kV: Kabel mit Aluminiummantel;
110 kV: Ölkabel
Legung im Dreieck (—) und nebeneinander (- - -)
im Abstand von 7 cm.
A Querschnitt, U_N Nennspannung

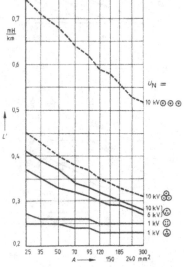

A 3 Induktivitätsbelag L' von PVC-isolierten Kabeln
nach [16].
Drei- und Vierleiterkabel (—); Einleiterkabel (- - -)
bei Legung im Dreieck und nebeneinander (Abstand 7 cm).
A Querschnitt, U_N Nennspannung

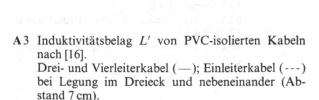

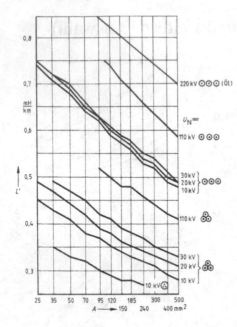

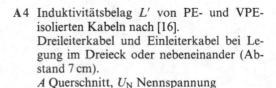

A4 Induktivitätsbelag L' von PE- und VPE-isolierten Kabeln nach [16].
Dreileiterkabel und Einleiterkabel bei Legung im Dreieck oder nebeneinander (Abstand 7 cm).
A Querschnitt, U_N Nennspannung

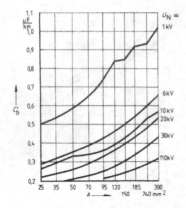

A5 Betriebskapazität C'_b von papierisolierten Kabeln nach [16].
10 kV: Gürtelkabel   mit   Erdkapazität $C'_E \approx 0,6\,C'_b$.
20 kV und 30 kV: Einleiter-, Dreimantel- und H-Kabel mit Erdkapazität $C'_E = C'_b$.
110 kV: Dreileiter-Gasaußendruckkabel mit Erdkapazität $C'_E = C'_b$.
A Querschnitt, U_N Nennspannung

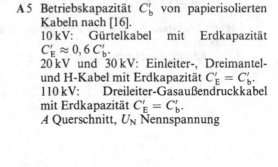

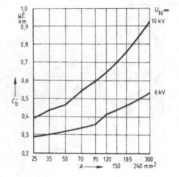

A6 Betriebskapazität C'_b von PVC-isolierten Kabeln nach [16].
6 kV: Dreileiterkabel mit Erdkapazität $C'_E \approx 0,6\,C'_b$.
10 kV: Dreileiterkabel mit Erdkapazität $C'_E = C'_b$.
A Querschnitt, U_N Nennspannung

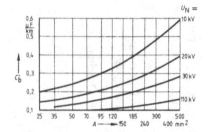

A 7 Betriebskapazität C'_b von PE- und VPE-isolierten
Kabeln nach [16]. Erdkapazität $C'_E = C'_b$.
A Querschnitt, U_N Nennspannung

Tabelle A 8 Richtwerte für Verhältnisse von Nullresistanz zu Mitresistanz R_0/R_m und Nullreaktanz zu Mitreaktanz X_0/X_m von 1-kV-Drehstromkabeln beim spezifischen
Erdwiderstand $\rho_E = 100\ \Omega m$

Nenn-quer-schnitt A je Leiter in mm²	Papierkabel								Kunststoffkabel	
	Rückleitung des Nullstroms $3\,I_0$ über								Rückleitung des Nullstroms über	
	Kabelmantel und N		Kabelmantel N und Erde		Kabelmantel und Erde		Kabelmantel		N	
	$\frac{R_0}{R_m}$	$\frac{X_0}{X_m}$	$\frac{R_0}{R_m}$	$\frac{X_0}{X_m}$	$\frac{R_0}{R_m}$	$\frac{X_0}{X_m}$	$\frac{R_0}{R_m}$	$\frac{X_0}{X_m}$	$\frac{R_0}{R_m}$	$\frac{X_0}{X_m}$
25	3,2	2,5	2,2	17	1,5	25	9	1,4	–	–
35	3,3	2,6	2,5	15	2,0	25	10	1,3	–	–
50	3,5	2,7	2,9	10	2,5	24	13	1,3	4,2	4,0
70	3,6	2,8	3,2	8	3,0	23	16	1,25	4,1	3,9
120	3,7	2,9	3,4	5	5,0	22	19	1,25	4,1	3,9
185	3,8	2,9	3,5	4	10,0	20	22	1,2	4,1	3,9
240	3,9	3,0	3,6	3,5	10,0	17	23	1,2	4,0	3,8

Tabelle A 9 Richtwerte für Verhältnisse von Nullresistanz zu Mitresistanz R_0/R_m und Nullreaktanz zu Mitreaktanz X_0/X_m von Hochspannungs-Drehstromkabeln beim spezifischen Erdwiderstand $\rho_E = 100\ \Omega m$

Nenn quer-schnitt A in mm²	Rückleitung des Nullstroms $3\,I_0$ über Kabelmantel und Erde beim									
	Dreileiter-Gürtelkabel				Dreimantel-kabel		Gasaußen-druckkabel		Ölkabel	
	10 kV		20 kV		30 kV		110 kV		110 kV	
	$\frac{R_0}{R_m}$	$\frac{X_0}{X_m}$	$\frac{R_0}{R_m}$	$\frac{X_0}{X_m}$	$\frac{R_0}{R_m}$	$\frac{X_0}{X_m}$	$\frac{R_0}{R_m}$	$\frac{X_0}{X_m}$	$\frac{R_0}{R_m}$	$\frac{X_0}{X_m}$
50	2,7	16	3	10	3,7	6	–	–	–	–
300	10,0	9	9	5	10,0	4	5	1,1	9	2

Tabelle A 10 Zulässige Grenzlast F_r in N für
Innenraumstützer nach DIN 48 136

Gruppe	A	B	C
F_r in N	3 750 oder 5 000	7 500 oder 10 000	12 500 oder 16 000

Tabelle A11 Strombelastbarkeit I_B von Kabeln und Leitungen aus Kupfer nach VDE 0100 (NYM, NUYBUY, NHYRUZY, NYIF, H07-U, -R, -K, NYCWY u. a) für Niederspannung bei 25 °C Umgebungstemperatur sowie Nennstrom I_{rS} der zugeordneten Überstrom-Schutzeinrichtung nach VDE 0636 mit der Forderung $I \leq I_{rS} \leq I_B$

Art der Verlegung	Ein- und mehradrige Leitungen in Rohr, mehradrige Leitungen in der Wand, jeweils in wärmedämmenden Wänden				Einadrige Leitungen in Rohr auf der Wand, auf oder in der Wand unter Putz				Mehradrige Leitungen in Rohr auf der Wand, auf oder in Wänden oder unter Putz				Mehradrige Leitung, einadrige Mantelleitung direkt auf der Wand, mehradrige Leitung, Stegleitung in der Wand oder unter Putz				Frei in Luft unter Einhaltung der Abstände $\geq 0,3 \cdot$ Durchmesser			
Zahl der belasteten Leiter	2		3		2		3		2		3		2		3		2		3	
Nennquerschnitt je Leiter	I_B	I_{rS}	I_B	I_{rS}	I_B	I_{rS}	I_B	I_{rS}	I_B	I_{rS}	I_B	I_{rS}	I_B	I_{rS}	I_B	I_{rS}	I_B	I_{rS}	I_B	I_{rS}
A in mm²	in A		in A		in A		in A		in A		in A		in A		in A		in A		in A	
1,5	16,5	16	14	13	18,5	16	16,5	16	16,5	16	15	13	21	20	18,5	16	21	20	19,5	16
2,5	21	20	19	16	25	25	22	20	22	20	20	20	28	25	25	25	29	25	27	25
4	28	25	25	25	34	32	30	25	30	25	28	25	37	35	35	35	39	35	36	35
6	36	35	33	32	43	40	38	35	39	35	35	35	49	40	43	40	51	50	46	40
10	49	40	45	40	60	50	53	50	53	50	50	50	67	63	63	63	70	63	64	63
16	65	63	59	50	81	80	72	63	72	63	65	63	90	80	81	80	94	80	85	80
25	85	80	77	63	107	100	94	80	95	80	82	80	119	100	102	100	125	125	107	100
35	105	100	94	80	133	125	118	100	117	100	101	100	146	125	126	125	154	125	134	125
50	126	125	114	100	160	160	142	125	–	–	–	–	–	–	–	–	–	–	–	–
70	160	160	144	125	204	200	181	160	–	–	–	–	–	–	–	–	–	–	–	–
95	193	160	174	160	246	200	219	200	–	–	–	–	–	–	–	–	–	–	–	–
120	223	200	199	160	285	250	253	250	–	–	–	–	–	–	–	–	–	–	–	–

Tabelle A 12 Strombelastbarkeit I_B in A von Drehstromkabeln in Erde für $U_\perp/U_\Delta = 0,6\,\text{kV}/$
1 kV bei Drei- und Vierleiteranordnung sowie Einleiteranordnung im Dreieck und
nebeneinander im Abstand von 7 cm nach VDE 0298

Kabelart	Papier-Massekabel						PVC-Kabel			VPE-Kabel			
Metallmantel	Blei			Aluminium			–			Blei	–		
Anordnung	⊙⊙	⊛	⊙⊙⊙	⊙⊙	⊛	⊙⊙⊙	⊙⊙	⊛	⊙⊙⊙	⊙⊙	⊙⊙	⊛	⊙⊙⊙
Nennquerschnitt A in mm²	N(A) NBA	N(A)KA		N(A)KLEY			N(A)YY N(A)YCWY			NYKY	N(A)2XY		
Cu 25	133	147	172	135	146	169	128	137	163	129	143	149	179
35	161	175	205	162	174	200	157	165	195	158	173	179	213
50	191	207	241	192	206	234	185	195	230	188	205	211	251
70	235	254	294	237	251	282	228	239	282	231	252	259	307
95	281	303	350	284	299	331	275	287	336	277	303	310	366
120	320	345	395	324	339	367	313	326	382	316	346	352	416
150	361	387	441	364	379	402	353	366	428	356	390	396	465
185	410	437	494	411	426	443	399	414	483	402	441	449	526
240	474	507	567	475	488	488	464	481	561	467	511	521	610
300	533	571	631	533	544	529	524	542	632	526	580	587	689
400	602	654	711	603	610	571	600	624	730	597	663	669	788
500	–	731	781	–	665	603	–	698	823	–	–	748	889
Al 25	103	–	–	104	–	–	99	–	–		111	–	–
35	124	135	158	125	135	155	118	127	151		132	137	164
50	148	161	188	149	160	184	142	151	179		157	163	195
70	182	197	229	184	195	222	176	186	218		195	201	238
95	218	236	273	221	233	263	211	223	261		233	240	284
120	249	268	309	252	265	294	242	254	297		266	274	323
150	281	301	345	283	297	325	270	285	332		299	308	361
185	320	341	389	322	335	361	308	323	376		340	350	408
240	372	398	449	373	388	406	363	378	437		401	408	476
300	420	449	503	421	435	446	412	427	494		455	462	537
400	481	520	573	483	496	491	475	496	572		526	531	616
500	–	587	639	–	552	529	–	562	649		–	601	699

Den Werten der Tabellen A 12 bis A 16 liegt EVU-Last mit dem Belastungsgrad $m = 0,7$, sowie die Erdbodentemperatur 20 °C und der spezifische Erdbodenwiderstand [40] 1 K m/W zugrunde, die das Tageslastspiel nach Abschn. 6.1.1 berücksichtigt und durch die Größtlast P_{max} und den Belastungsgrad $m = T_{md}/T_d$ gekennzeichnet wird. Dieser ist das Verhältnis von *Tages*-Benutzungsdauer T_{md} nach Gl. (6.1) dividiert durch die Tagesdauer $T_d = T_N = 24\,\text{h}$. Für die zulässigen Betriebstemperaturen wird auf Tabelle A 17 verwiesen. Bei Verlegen in Luft gelten um etwa 5% bis 20% kleinere Stromwerte. Weitere Abweichungen der Strombelastbarkeiten ergeben sich infolge anderer Legetiefen als 0,7 m, anderer Umgebungstemperaturen sowie bei Häufung im Graben. Hierzu siehe VDE 0298.

Tabelle A 13 Strombelastbarkeit I_B in A von Drehstromkabeln in Erde für $U_\curlywedge / U_\triangle = 3{,}6$ kV/ 6 kV bei Dreileiteranordnung sowie Einleiteranordnung im Dreieck und nebeneinander im Abstand von 7 cm nach VDE 0298

Kabelart	Papier-Massekabel							PVC-Kabel		
Metallmantel	Blei				Aluminium			–		
Anordnung	⊙	⊙	⚇	⊙⊙⊙	⊙	⚇	⊙⊙⊙	⊙	⚇	⊙⊙⊙
Nennquerschnitt A in mm²	N(A) KBA	N(A)E KBA	N(A)KA		N(A)KLEY			N(A)YFGbY N(A)YSY		
Cu 25	133	140	147	170	134	146	167	126	140	159
35	161	167	175	202	162	174	197	158	167	190
50	190	198	207	239	192	206	231	187	198	223
70	234	243	254	291	237	252	279	230	242	272
95	281	291	304	347	284	300	326	275	289	323
120	321	332	345	392	323	339	364	313	328	364
150	362	374	387	437	363	379	400	352	366	396
185	409	422	438	492	410	425	437	397	413	443
240	474	490	508	563	474	488	487	460	478	505
300	532	550	571	629	532	541	522	518	536	560
400	601	631	655	709	600	607	564	587	605	610
500	–	705	732	780	–	666	693	–	–	–
Al 25	103	108	–	–	–	–	–	–	–	–
35	124	129	135	156	125	135	154	122	129	147
50	147	154	161	185	149	160	182	145	154	174
70	182	189	197	226	184	196	220	178	188	213
95	218	226	236	270	221	234	260	214	225	254
120	250	256	268	307	251	265	292	243	256	287
150	281	291	301	343	283	297	323	274	286	316
185	320	329	341	386	321	335	337	310	324	355
240	372	384	398	447	373	388	405	361	377	409
300	419	432	449	501	420	434	441	408	425	457
400	481	503	520	572	481	495	487	468	488	509
500	–	570	588	638	–	552	529	–	–	–

S. Anmerkung im Anschluss an Tabelle A 12.

Tabelle A 14 Strombelastbarkeit I_B in A von Drehstromkabeln in Erde für $U_\curlyvee/U_\triangle = 6\,\text{kV}/10\,\text{kV}$ bei Dreileiteranordnung sowie Einleiteranordnung im Abstand von 7 cm nebeneinander nach VDE 0298

Kabelart	Papier-Massekabel								PVC-Kabel			PE-Kabel			VPE-Kabel		
Metallmantel	Blei					Aluminium			–			–			–		
Anordnung	⊙	⊙	⊙	⊙⊙	⊙⊙⊙	⊙	⊙⊙	⊙⊙⊙	⊙	⊙⊙	⊙⊙⊙	⊙	⊙⊙	⊙⊙⊙	⊙	⊙⊙	⊙⊙⊙
Nennquerschnitt A in mm²	N(A)KBA	N(A)HK BA	N(A)EK BA	N(A)KA	N(A)KA	N(A)KLEY			N(A)YSEY N(A)YHSY			N(A)2YSY			N(A)2XSY		
Cu 25	117	132	133	142	162	121	141	155	133	138	155	–	146	166	–	157	179
35	143	158	159	169	194	149	168	189	160	164	185	166	174	197	178	187	212
50	171	188	189	200	229	178	198	221	189	193	217	195	205	231	210	220	249
70	212	231	233	245	279	220	242	266	230	236	264	238	251	281	256	269	303
95	257	278	281	293	332	266	288	312	275	281	313	286	299	333	307	321	358
120	293	315	321	333	376	304	326	347	312	318	353	325	339	375	349	364	404
150	332	354	360	373	419	341	364	379	350	354	384	364	377	408	392	405	441
185	377	399	407	422	470	358	409	416	394	399	429	412	425	455	443	457	493
240	437	460	471	489	539	444	469	464	455	460	490	477	490	519	513	528	563
300	493	516	530	549	599	498	519	497	512	515	543	–	549	575	–	593	626
400	561	582	608	630	674	561	580	536	584	579	590	–	614	618	–	665	676
500	–	–	678	703	744	–	632	568	–	–	–	–	682	678	–	739	743
Al 25	91	102	103	–	–	94	–	–	–	–	–	–	–	–	–	–	–
35	110	122	123	130	150	115	130	147	123	127	143	–	135	153	–	144	164
50	132	146	147	155	178	138	154	174	146	150	169	151	159	181	162	171	194
70	165	180	181	190	217	171	188	211	179	183	207	185	195	220	199	209	236
95	200	216	218	227	259	207	225	249	213	219	246	222	232	261	238	249	281
120	229	246	250	259	294	237	256	279	243	248	278	252	264	296	271	283	318
150	259	276	280	290	329	266	286	308	272	277	306	283	294	325	304	316	350
185	295	313	318	329	370	302	322	342	307	312	343	321	333	365	345	358	393
240	343	362	370	384	428	350	373	387	356	363	395	373	387	420	401	416	453
300	389	408	417	433	479	395	417	421	402	408	441	–	435	468	–	469	507
400	449	466	485	501	546	451	474	464	464	465	490	–	493	514	–	532	559
500	–	–	548	566	610	–	526	501	–	–	–	–	555	572	–	599	622

S. Anmerkung im Anschluss an Tafel A 12.

Tabelle A 15 Strombelastbarkeit I_B in A von Drehstromkabeln in Erde für $U_\curlywedge/U_\Delta = 12\,\mathrm{kV}/20\,\mathrm{kV}$ bei Drehleiteranordnung sowie Einleiteranordnung im Dreieck und nebeneinander im Abstand von 7 cm nach VDE 0298

Kabelart	Papier-Massekabel						PE-Kabel		VPE-Kabel	
Metallmantel	Blei				Aluminium		–		–	
Anordnung	⊙	⊙	⊗	⊙⊙⊙	⊗	⊙⊙⊙	⊗	⊙⊙⊙	⊗	⊙⊙⊙
Nennquerschnitt A in mm²	N(A)H KBA	N(A)E KBA	N(A)KA		N(A)KLEY		N(A)2YSY		N(A)2XSY	
Cu 25	123	126	139	153	138	149	–	–	–	–
35	148	151	166	184	165	179	176	198	189	213
50	175	180	196	219	194	212	208	233	223	250
70	220	222	240	269	237	256	254	283	273	304
95	264	268	287	321	282	300	302	335	325	361
120	298	304	327	363	319	334	343	378	368	407
150	336	343	366	404	355	364	381	412	410	445
185	380	388	414	454	399	400	430	460	463	498
240	440	453	479	519	456	445	496	525	534	569
300	496	511	539	578	505	478	556	583	601	633
400	559	591	618	650	563	520	623	628	674	686
500	–	661	689	713	615	556	692	689	750	756
Al 25	95	97	–	–	–	–	–	–	–	–
35	114	117	128	142	127	139	–	–	–	–
50	136	140	152	170	151	166	161	181	173	195
70	171	173	186	210	185	203	197	221	211	237
95	205	208	223	250	221	240	235	263	252	282
120	233	237	254	284	250	270	267	297	287	320
150	262	267	285	317	280	297	298	327	320	353
185	298	304	323	358	315	329	337	369	362	396
240	346	355	377	414	365	373	391	423	421	457
300	391	403	425	463	407	406	440	473	474	511
400	448	471	491	529	462	450	499	521	538	566
500	–	534	555	588	513	489	562	579	606	630

S. Anmerkung im Anschluss an Tafel A 12.

Tabelle A 16 Strombelastbarkeit I_B in A von Drehstromkabeln in Erde für $U_\curlywedge/U_\Delta = 18\,\mathrm{kV}/30\,\mathrm{kV}$ bei Dreileiteranordnung sowie Einleiteranordnung im Dreieck und nebeneinander im Abstand von 7 cm nach VDE 0298

Kabelart	Papier-Massekabel						PE-Kabel		VPE-Kabel	
Metallmantel	Blei				Aluminium		–		–	
Anordnung	⊙	⊙	⊗⊗	⊙⊙⊙	⊗⊗	⊙⊙⊙	⊗⊗	⊙⊙⊙	⊗⊗	⊙⊙⊙
Nennquerschnitt A in mm²	N(A)H KBA	N(A)E KBA	N(A)KA		N(A)KLEY		N(A)2YSY		N(A)2XSY	
Cu 35	138	142	156	168	155	164	–	–	–	–
50	164	169	187	202	185	196	210	234	226	251
70	207	209	232	250	229	240	257	284	276	306
95	247	252	280	301	274	284	306	337	329	363
120	281	287	319	343	312	319	347	381	373	410
150	316	324	358	385	347	353	386	416	415	449
185	356	367	404	435	388	386	435	465	468	503
240	411	428	468	501	443	430	503	532	541	576
300	462	483	526	557	490	463	564	590	608	641
400	521	558	603	627	546	505	632	638	684	697
500	–	623	672	686	594	541	703	702	762	768
Al 35	107	110	121	130	120	128	–		–	–
50	127	131	145	157	144	154	163	182	175	196
70	161	163	180	195	178	191	199	222	214	238
95	193	196	217	235	215	226	238	264	256	284
120	219	224	249	268	245	256	270	299	290	322
150	247	252	279	302	274	285	302	330	324	355
185	279	287	316	343	308	319	341	371	366	400
240	325	336	368	399	355	361	396	427	426	461
300	366	380	415	448	396	394	446	477	479	516
400	419	445	480	510	449	438	505	527	545	572
500	–	504	541	567	498	476	569	587	614	638

S. Anmerkung im Anschluss an Tafel A 12.

Tabelle A 17 Höchstzulässige Temperaturen für Leiter im Normalbetrieb (ϑ_{no}) und Kurzschluss (ϑ_K) nach DIN VDE 0298 für Kabel und VDE 0210 für Freileitungen

Leiterart	Werkstoff	ϑ_{no} in °C	ϑ_K in °C
blanke und gestrichene Stromleiter und	Cu	65	200
Leiterseile mit einer zulässigen Zugspannung	Al	65	180
$\sigma_{zul} < 1 \,\mathrm{daN/mm^2}$	Stahl	65	200
Leiterseile mit einer zulässigen Zugspannung	Cu	70	170
$\sigma_{zul} \geq 1 \,\mathrm{daN/mm^2}$	Al	80	130
	Al/Stahl	80	160
	Stahl	80	200
PVC- ⎫ isolierte Kabel für　0,6 kV/1 kV ⎫		70	160
PE- ⎬ die Spannungen　bis ⎬ Cu und Al		70	150
VPE- ⎭ U_λ/U_Δ　6 kV/10 kV ⎭		90	250
papierisolierte Gürtel-Kabel　0,6 kV/1 kV ⎫		80	180[1]
für die Spannungen　3,6 kV/6 kV ⎬ Cu und Al		80	180
U_λ/U_Δ　6 kV/10kV ⎭		65	165
papierisolierte Dreimantel-　6 kV/10 kV ⎫		70	170[1]
und H-Kabel für die　12 kV/20 kV ⎬		65	155
Spannungen U_λ/U_Δ　18 kV/30 kV ⎬ Cu und Al		60	140
36 kV/60 kV ⎭		55	135

[1]) bei weichgelöteten Verbindungen ist $\vartheta_K = 160$ °C

Tabelle A 18 Kenndaten metallischer Werkstoffe

Kurzzeichen	Zugfestigkeit	Streckgrenze (min.)	(max.)	Leitfähigkeit	spezifische Wärmekapazität	spezifisches Gewicht
	σ_B in N/mm²	$R_{p0.2}$ in N/mm²	$R'_{p0.2}$ in N/mm²	γ bei 20 °C in $\dfrac{m}{\Omega\,mm^2}$	c in $\dfrac{Ws}{cm^3\,K}$	ρ in g/cm³
Kupfer						
E-Cu F 20	200	–	120	57	3,47	8,9
E-Cu F 25	250	200	290	56	|	|
E-Cu F 30	300	250	360	56	|	|
E-Cu F 37	370	330	400	55	↓	↓
Aluminium						
E-Al F 6,5/7	65/70	25	80	35,4	2,47	2,7
E-Al F 8	80	50	100	35,2	|	|
E-Al F 10	100	70	120	34,8	|	|
E-Al F 13	130	90	160	34,5	|	|
Al F 10	100	70	–	34	↓	↓
Stahl[1])	500–700	200	500	8 bis 10	3,77	7,85

[1]) Baustahl

Tabelle A 19 Nenn- und Sollquerschnitt, Seildurchmesser, bezogenes Gewicht, bezogener elektrischer Wirkwiderstand und Dauerstrombelastbarkeit von Freileitungsseilen aus Kupfer nach DIN 48 201 [1])

Nenn-querschnitt A in mm^2	Soll-querschnitt A_S in mm^2	Seil-durchmesser D_S in mm	bezogene m' in g/m	bezogener Wirkwider-stand R_L in Ω/km	Dauerstrom-Masse I_B in A belastbarkeit [2])
10	10,02	4,05	90	1,780	90
16	15,89	5,1	143	1,122	125
25	24,25	6,3	219	0,735	160
35	34,36	7,5	310	0,519	200
50	49,48	9,0	447	0,362	250
50 [3])	48,36	9,0	438	0,369	250
70	65,82	10,5	597	0,271	310
95	93,27	12,5	846	0,192	380
120	117,0	14,0	1061	0,152	440
150	147,1	15,7	1337	0,122	510
185	181,6	17,5	1651	0,098	585
240	242,5	20,2	2208	0,074	700
300	299,4	22,5	2726	0,060	800
400	400,1	26,0	3643	0,045	960
500	499,8	29,1	4551	0,036	1110

[1]) Bei Seilen aus Aldrey Querschnitte wie bei Cu, jedoch Multiplikation des Seilgewichts mit Faktor 0,3 und des bezogenen Wirkwiderstandes mit Faktor 1,84.

[2]) Richtwerte, gültig bis $f = 60$ Hz bei der Windgeschwindigkeit 0,6 m/s und Sonneneinwirkung für die Umgebungs-Ausgangstemperatur 35 °C und die Leitungsseil-Endtemperatur 70 °C.

[3]) Obere Werte gelten für 7 Drähte, untere Werte für 19 Drähte im Leiterseil.

Tabelle A 20 Bezeichnung Sollquerschnitt, bezogene Masse, bezogener Gleichstromwiderstand und Dauerstrombelastbarkeit von Freileitungsseilen aus Aluminium-Stahl nach EN 50 182 (neu) und DIN 48 204 (alt)

Bezeichnung		Sollquer-schnitt A_S in mm^2	Seildurch-messer D_S in mm	bezogene Masse m' in g/m	bez. Wider-stand R_L in Ω/km	Dauerstrom-belastbarkeit $I_B{}^{2)}$ in A
neu	alt$^{1)}$					
15-Al 1/3 ST1A	16/2,5	17,85	5,4	61,6	1,874	105
24-Al 1/4 ST1A	25/4	27,8	6,8	96,3	1,188	140
34-Al 1/6 ST1A	35/6	40,1	8,1	138,7	0,824	170
44-Al 1/32 ST1A	44/32	75,6	11,2	369,3	–	–
48-Al 1/8 ST1A	50/8	56,3	9,6	194,8	0,574	210
51-Al 1/30 ST1A	50/30	81,0	11,7	374,7	–	–
70-Al 1/11 ST1A	70/12	81,3	11,7	282,2	0,404	290
94-Al 1/15 ST1A	95/15	109,7	13,6	380,6	0,300	350
97-Al 1/56 ST1A	95/55	152,8	16,0	706,8	–	–
106-Al 1/76 ST1A	105/75	181,2	17,5	885,3	0,252	–
122-Al 1/20 ST1A	120/20	141,4	15,5	491,0	0,233	410
122-Al 1/71 ST1A	120/70	193,4	18,0	894,5	0,224	–
126-Al 1/30 ST1A	125/30	157,6	16,3	587,0	0,221	425
149-Al 1/24 ST1A	150/25	173,1	17,1	600,6	0,190	470
172-Al 1/40 ST1A	170/40	211,8	18,9	788,2	0,165	520
184-Al 1/30 ST1A	185/30	213,6	19,0	741,0	0,154	535
209-Al 1/34 ST1A	210/35	243,2	20,3	844,1	0,135	590
212-Al 1/49 ST1A	210/50	261,5	21,0	973,1	0,133	610
231-Al 1/30 ST1A	230/30	260,8	21,0	870,9	0,122	630
243-Al 1/39 ST1A	240/40	282,5	21,8	980,1	0,116	645
264-Al 1/34 ST1A	265/35	297,7	22,4	994,4	0,107	680
304-Al 1/49 ST1A	300/50	353,7	24,4	1227,3	0,093	740
305-Al 1/39 ST1A	305/40	344,1	24,1	1151,2	0,093	740
339-Al 1/30 ST1A	340/30	369,1	25,0	1171,2	0,083	790
382-Al 1/49 ST1A	380/50	431,2	27,0	1442,5	0,074	840
386-Al 1/34 ST1A	385/35	420,1	26,7	1333,6	0,073	850
434-Al 1/56 ST1A	435/55	490,6	28,8	1641,3	0,065	900
449-Al 1/39 ST1A	450/40	488,2	28,7	1549,1	0,063	920
490-Al 1/64 ST1A	490/65	553,8	30,6	1852,9	0,058	960
550-Al 1/71 ST1A	550/70	620,9	32,4	2077,2	0,051	1020
562-Al 1/49 ST1A	560/50	611,2	32,2	1839,5	0,050	1040
679-Al 1/86 ST1A	680/85	764,5	36,0	2549,7	0,042	1150

[1]) Die erste Zahl gibt den Aluminium-Nennquerschnitt, die zweite den Stahl-Nennquerschnitt an.

[2]) siehe [2]) in Tabelle A 19, jedoch Leitungsseil-Endtemperatur 80 °C.

Anmerkung: Nach Europäischer Norm EN 59 182 (2001) haben sich die Seilbezeichnungen geändert. Gegenüber den alten Bezeichnungen, die sich auf Nennquerschnitte bezogen, geben die neuen Bezeichnungen Sollquerschnitte an. Seile aus Aluminium (Al) der Ausführungsart 1 und Stahl (St) der Festigkeitsklasse 1 und der Verzinkungsklasse A haben nun anstelle Al/St die neue Bezeichnung Al1/St1A.

So entspricht z. B. das Seil 122-Al1/71-St1A der alten Bezeichnung Al/St 120/70 usw.

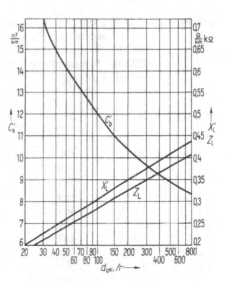

A 21 Betriebskapazität C_b' in nF/km, iduktiver Widerstandsbelag X' in Ω/km und Wellenwiderstand Z_L in kΩ von Drehstromfreileitungen bei 50 Hz. Bei Bündelleitern mit n Teilleitern und Teilleiterabstand a ist der Leiterradius r durch den Ersatzradius $r_{ers} = \sqrt[n]{k\,r\,a^{n-1}} \exp\left[(n-1)/4\right]$ zu ersetzen. Bis $n = 3$ ist $k = 1$, für $n = 4$ ist $k = \sqrt{2}$, für $n = 6$ ist $k = 6$, für $n = 8$ ist $k = 52$. Vgl. Gl. (1.49).

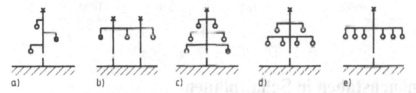

a)   b)   c)   d)   e)

A 22 Erdkapazitäten bei verschiedenen Mastkopfbildern (die größeren Werte gelten bei Leitungen mit Erdseil)
   a) Einfachleitung mit $C_E/C_b = 0{,}5$ bis $0{,}55$
   b) Einebenenmast mit $C_E/C_b = 0{,}6$ bis $0{,}7$
   c) Tannenbaumform mit $C_E/C_b = 0{,}55$ bis $0{,}6$
   d) Donaumast mit $C_E/C_b = 0{,}5$ bis $0{,}55$
   e) Einebenenmast mit $C_E/C_b = 0{,}5$ bis $0{,}55$

Tabelle A 23 Umrechnungsfaktoren auf Doppelleitungsbetrieb (Index 2) für Mastformen von Bild A 22

Kenngrößen	Mastform		
	A 22c	A 22d	A 22e
C_{b2}/C_b	0,94	0,975	0,98
X_2/X	1,033	1,017	1,013
Z_{L2}/Z_L	1,048	1,021	1,017

Tabelle A 24 Belastbarkeit von Rechteckstromschienen (Cu) in A nach DIN 43671 für Umgebungstemperatur 35°, Schienentemperatur 65°, senkrechte Lage, für gestrichene und blanke Leiter mit einem Hauptleiter (▮) und zwei Teilleitern (▮▮) nach Bild 2.58 mit Schienenhöhe b und Schienenbreite a sowie Querschnitt A für den Werkstoff E-Cu-F 30

b in mm	a in mm	A in mm²	▮ gestrichen	▮▮	▮ blank	▮▮
20	5	99,1	319	560	274	500
20	10	199	497	924	427	825
30	5	149	447	760	379	672
30	10	299	676	1200	573	1060
40	5	199	573	962	482	836
40	10	399	850	1470	715	1290
50	5	249	697	1440	583	924
50	10	499	1020	1720	852	1510
60	5	299	826	1330	688	1150
60	10	599	1180	1960	985	1720
80	5	399	1070	1680	885	1450
80	10	799	1500	2410	1240	2110
100	5	499	1300	2010	1080	1730
100	10	999	1810	2850	1490	2480

7.   Kennbuchstaben in Schaltplänen

Tabelle A 25 Kennbuchstaben für die Kennzeichnung der Art eines Betriebsmittels nach DIN 40719, Blatt 2

Kennbuchstabe	Art des Betriebsmittels	Beispiele
A	Baugruppe, Teilbaugruppe	Verstärker, Magnetverstärker, Laser, Maser, Gerätekombination
B	Umsetzer (nichtelektrische in elektrische Größe und umgekehrt)	Messumformer, thermoelektrische Fühler, Thermozelle, photoelektrische Zelle, Dynamometer, Quarzkristall, Mikrofon, Tonabnehmer, Lautsprecher, Drehfeldgeber, Winkelgeber
C	Kondensator	
D	Verzögerungseinrichtung, Speichereinrichtung, binäres Element	Verzögerungsleitung, Verknüpfungsglied, bistabiles Element, monostabiles Element, Kernspeicher, Register, Plattenspeicher, Magnetbandgerät
E	Verschiedene	Beleuchtungseinrichtung, Heizeinrichtung, Einrichtung die nicht an anderer Stelle dieser Austellung aufgeführt ist

(Fortsetzung nächste Seite)

Fortsetzung Tabelle A 25

Kenn-buch-stabe	Art des Betriebsmittels	Beispiele
F	Schutzeinrichtung	Sicherung, Überspannungsableiter, Sperre, Trennsicherung, Schutzrelais, Auslöser
G	Generator, Stromversorgung	rotierender Generator, rotierender Frequenzwandler, Batterie, Stromversorgungseinrichtung, Oszillator, Phasenschieber
H	Meldeeinrichtung	optische und akustische Meldegeräte
K	Relais, Schütz	Leistungsschütz, Hilfsschütz, Hilfsrelais, Blinkrelais, Zeitrelais
L	Induktivität	Drosselspule
M	Motor	
P	Messgerät, Prüfeinrichtung	anzeigende, schreibende und zählende Messeinrichtung, Impulsgeber, Uhr
Q	Starkstrom-Schaltgerät	Leistungsschalter, Trennschalter, Schutzschalter, Motorschutzschalter, Selbstschalter, Sicherungs-Lastschalter
R	Widerstand	einstellbarer Widerstand, Potentiometer, Regelwiderstand, Shunt, Nebenschlusswiderstand, Heißleiter
S	Schalter, Wähler	Taster, Endschalter, Steuerschalter, Wahlschalter, Drehwähler, Koppelstufe, Wähler, Signalgeber
T	Transformator	Spannungswandler, Stromwandler, Übertrager
U	Modulator, Umsetzer	Diskriminator, Frequenzwandler, Demodulator, statischer Frequenzwandler, Kodierungseinrichtungen, Umformer, Inverter, Umsetzer, Umrichter, Wechselrichter
V	Röhre, Halbleiter	Elektronenröhre, Gasentladungsröhre, Diode, Transistor, Thyristor
W	Übertragungsweg, Hohlleiter	Schaltdraht, Kabel, Sammelschiene, Hohlleiter, gerichtete Kupplung von Hohlleitern, Dipol, parabolische Antenne
X	Klemme, Stecker, Steckdose	Trennstecker und -steckdose, Prüfstecker, Klemmenleiste, Lötleiste
Y	elektrisch betätigte mechanische Einrichtung	Bremse, Kupplung, Ventil
Z	Abschluss, Ausgleichseinrichtung, Filter, Begrenzer, Gabelabschluss	Kabelnachbildung, Dynamikregler, Kristallfilter

Tabelle A 26 Kennbuchstaben für die Kennzeichnung allgemeiner Funktionen nach DIN 40 719

Kenn-buch-stabe	allgemeine Funktion	Kenn-buch-stabe	allgemeine Funktion
A	Hilfsfunktion	N	Messung
B	Bewegungsrichtung (vorwärts, rückwärts, heben, senken, im Uhrzeigersinn, entgegen dem Uhrzeigersinn)	P	proportional
		Q	Zustand (Start, Stop, Begrenzung)
		R	rückstellen, löschen
C	Zählung	S	speichern, aufzeichnen
D	Differenzierung	T	Zeitmessung, verzögern
F	Schutz	V	Geschwindigkeit (beschleunigen, bremsen)
G	Prüfung		
H	Meldung	W	addieren
J	Integration	X	multiplizieren
K	Tastbetrieb	Y	analog
M	Hauptfunktion	Z	digital

8.   Schutzmaßnahmen nach DIN VDE 0100 (Auswahl)

Netzformen nach IEC

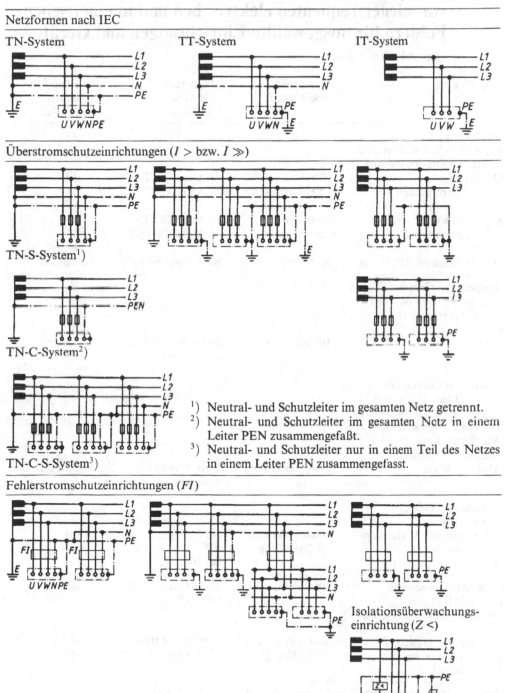

Überstromschutzeinrichtungen ($I >$ bzw. $I \gg$)

TN-S-System[1])

TN-C-System[2])

TN-C-S-System[3])

[1]) Neutral- und Schutzleiter im gesamten Netz getrennt.
[2]) Neutral- und Schutzleiter im gesamten Netz in einem Leiter PEN zusammengefaßt.
[3]) Neutral- und Schutzleiter nur in einem Teil des Netzes in einem Leiter PEN zusammengefasst.

Fehlerstromschutzeinrichtungen (FI)

Isolationsüberwachungs-einrichtung ($Z <$)

9. Richtwerte, Sicherheitsgrenzwerte, Vorsorgewerte von niederfrequenten elektrischen und magnetischen Feldern für ausgewählte Einrichtungen und Geräte

(s. a. Abschn. 1.3.4)

Ort/Geräte	Elektrische Feldstärke E	Magnetische Feldstärke H/ Induktion B	Expositions- dauer pro Tag
Freileitungen:			
U_N = 380 kV, 1 m über dem Boden am Ort des größten			
Durchhangs	6000 V/m	30 A/m / 38 μT	dd
50 m seitlich	< 600 V/m	< 3 A/m / 4 μT	dd
U_N = 110 kV, 1 m wie ob.	2000 V/m	15 A/m / 19 μT	dd
50 m seitlich	< 200 V/m	< 2 A/m / < 2.5 μT	dd
Hausinstallation 230 V	bis 5 V/m	bis 5 A/m / bis 6μT	min/std
Körpernahe Geräte (z. T. mit Eisenkreis) wie Fön, Heiz- decke, Elektrorasierer, Bügelautomat			
Abstand 3 cm	100 bis 500 V/m	10 bis 2000 A/m / 12 bis 2500 μT	min/std
Elektrohaushaltsgeräte (z. T. mit Eisenkreis) wie Elektroherd, Kühlschrank, TV-Gerät, Heizkörper, Wäschetrockner, Staub- sauger, Glühlampen			
Abstand 30 cm	2 bis 100 V/m	2 bis 30 A/m / 3 bis 40 μT	min/std
Natürliche Felder: Erdoberfläche,			
bei normaler Witterung	100 bis 500 V/m	bis 30 A/m / bis 38 μT	dd
bei Gewitter	bis 20000 V/m		min
Biomagnetische Felder		bei 10^{-15} μT	std
Sicherheitsgrenzwerte nach BIMG (Bundes-Immisions-Gesetz)	20000 V/m	4000 A/m 5000 μT	dd
Vorsorgewerte nach IPRA (Internat. Strahlenschutz- kommission)	10000 V/m 5000 V/m	800 A/m / 1000 μT 80 A/m / 100 μT	std dd

Abkürzungen: dd = dauernd, min = einige Minuten, std = einige Stunden
Ab 30 kHz treten elektrische und magnetische Felder gekoppelt auf; sie müssen dann zusammen betrachtet werden.

10.   Formelzeichen

(In Klammern Abschnittsnummern der Einführung der Zeichen)

Die kursiv gesetzten Formelzeichen (s. Vorwort) bezeichnen skalare Größen. Vektoren sind durch Pfeile über den Formelzeichen (z. B. $\vec{D}$, $\vec{E}$) und komplexe Größen durch Unterstreichen (z. B. $\underline{I}$, $\underline{U}$, $\underline{Z}$) gekennzeichnet.

Die Zeitwerte der Wechselstromgrößen sind klein geschrieben (z. B. i, u), die Zeitwerte aller übrigen Größen haben den Index t (z. B. B_t). Die Effektivwerte der Wechselstromgrößen (und Gleichwerte) sind durch große Buchstaben (z. B. I, U) hervorgehoben.

Die zunächst aufgeführten Indizes kennzeichnen i. allg. unmissverständlich die angegebene Zuordnung. Die mit diesen Indizes versehenen Formelzeichen werden daher nur in Sonderfällen in der Formelzeichenliste aufgeführt. Auch sind die nur auf einer Seite (oder in einem engen Seitenbereich) vorkommenden Formelzeichen hier nicht angegeben. Bezogene Größen sind durch $'$ (z. B. B'_C, C'_b, K'_a,) oder den Index L (z. B. C_L, R_L) und konjugiert komplexe Größen durch * (z. B. $\underline{U}^*$) gekennzeichnet.

Index	Bezeichnung für	Index	Bezeichnung für
A	Anfang	min	Kleinstwert
a	außen, adiabatisch	N	Nennwert
B	Belastung	N	Neutralleiter
C	Kapazität	p	peak (Spitze)
D	Erdschlussspule	Q	Netz
DC	Gleichwert	r	Bemessungswert, absolut und relativ
E	Erde	Str	Stromwärme
ers	Ersatz	s	Stoßkurzschluss
G	Generator	T	Transformator
g	Gegenkomponente	t	Zeitwert
i	innen	th	thermisch
is	Isolation	v	Verluste
k	Kurzschluss	0	Nullkomponente
L	Bezug auf Leiterlänge	1	Leiter $L1$
Li	Lichtbogen	2	Leiter $L2$
M	Mantel, Motor	3	Leiter $L3$
m	Mitkomponente	$\triangle$	Dreieckwert (Außenleiter)
max	Höchstwert	$\curlywedge$	Sternwert
mi	Mittelwert		

Formelzeichen

A	Fläche des Maschenerders (3.1.2)	$\underline{B}$	magnetische Flussdichte (1.3.4.1)
A	Querschnitt (1.2.2.5)	$\vec{B}$	Vektor der magnetischen Flussdichte (1.3.4.1)
A_L	Leiterquerschnitt (1.2.1.6)		
A_K	Kühlkanalquerschnitt (1.2.1.7)	b	Phasenmaß (1.3.3.1)
A_S	Sollquerschnitt (Anhang)	b	Leiterbreite (2.4.1.1)
a	Abstand vom Koordinatenursprung (1.2.2.5)	b	Barwertfaktor (6.2.3)
a	Teilleiterabstand (1.2.3.2)	b_v	– für Verluste (6.2.3.2)
a	Dämpfungsmaß (1.3.3.1)	b_{ik}, b_{ii}	Koeffizient (1.2.3.4)
a	Leiterdicke (2.4.1.1)	C	Kapazität (1.2.3.4)
a	Mindestabstand (4.2.7)	C_b	Betriebskapazität (1.2.3.4)
$\underline{a}$	Dreher (2.2.1.1)	C_E	Erdkapazität (1.2.3.4)
a_{ik}, a_{ii}	Potentialkoeffizient (1.2.3.2)	c	spezifische Wärmekapazität (1.2.1.6)
		c	Spannungsfaktor (2.1.2)

c_P Leistungsbeiwert (5.4.2.1)
D Verzerrungsleistung (1.3.5)
D Abstand gespiegelter Leiter (1.2.3.4)
D_{gmi} geometrischer Mittelwert
           der Leiterabstände (1.2.3.2)
D_s Seildurchmesser (1.2.2.5)
d Verlustfaktor (1.2.1.6)
d Leiterabstand (1.2.3.2)
d Arbeitsverlustgrad (6.1.2)
d_K Kabelabstand (1.3.4.1)
d_{gmi} geometrischer Mittelwert
           der Leiterabstände (1.3.2)
d_F Freileitungsseilabstand (1.3.4.1)
d_T wirksamer Teilleitermittenabstand
           (2.4.1.1)
E elektrische Feldstärke (1.2.1.6)
E Elastizitätsmodul (1.2.2.5)
e Basis des natürlichen Logarithmus
           (1.2.1.6)
F_H größtmögliche Kraft (2.4.1)
F_r Bemessungsgrenzlast (2.4.1.2)
F_S Kraft an der Stromschiene (2.4.1.2)
F_T Kraft zwischen Teilleitern (2.4.1.1)
f Frequenz (1.2.3.3)
f Durchhang (1.2.2.5)
f_E Erdfehlerfaktor (2.3.5)
f_e Einschwingfrequenz (4.2.4.3)
f_0 Eigenfrequenz (3.3.1.4)
G Wirkleitwert (1.3.1.1)
g bezogenes Seilgewicht (1.2.2.5)
g Leistungssteigerungsrate (6.2.3.3)
$\underline{g}$ komplexes Dämpfungsmaß (1.3.3.1)
g_f Gleichzeitigkeitsgrad (6.1.3)
g_i Grundschwingungsgehalt (1.3.5)
g_z bezogene Zusatzlast (1.2.2.5)
H horizontale Seilzugkraft (1.2.2.5)
H magnetische Feldstärke (1.3.4.1)
h Verlegetiefe (1.2.1.6)
h Höhe, Bodenabstand (1.2.3.4)
h_E Erdseilhöhe (1.2.2.3)
h_F Freileitungsbodenabstand (1.3.4.1)
h_{gmi} geometrischer Mittelwert der
           Bodenabstände (1.2.3.4)
h_K Kabellegetiefe (1.3.4.1)
h_o Stützeroberkantenhöhe (2.4.1.2)
h_S Kraftangriffshöhe (2.4.1.2)
I Strom (1.2.1.6)
I' Maschenstrom (2.1.7.7)
I_{An} Anlaufstrom (2.1.7.4)
I_a symmetrischer Ausschaltstrom (2.1.5)
$I_{a\,unsym}$ unsymmetrischer Ausschaltstrom
           (2.1.5)
I_B Strombelastbarkeit (1.2.1.6)

I_D Durchgangsstrom (3.4.3.3)
I_{DCA} Anfangswert von i_{CD} (2.1.1.1)
I_{Dk} Durchstoßstrom (3.4.9.1)
I_{Dw} Erdschlussspulenwirkstrom (2.3.3.2)
I_d Differenzstrom (3.4.3.3)
I_E Erdschlussstrom (2.3.3)
I_{Eb} Erdschlussblindstrom (2.3.3.2)
I_{Er} Erdschlussreststrom (3.1.3)
I_{Ew} Erdschlusswirkstrom (2.3.3.2)
I_F Fußpunktstrom (3.4.9.1)
I_{Fr} Bemessungsfehlerstrom (3.2.4)
I_g Gegenkomponente des Stroms (2.2.1)
I_{aG} Generator-Ausschaltstrom (2.1.5)
I_{in} inverser Strom (3.4.5.5)
$I_{in\,z}$ zulässiger inverser Strom (3.4.5.5)
I''_{kG} Generator-Anfangskurzschluss-
           wechselstrom (2.1.5)
I_k Dauer-Kurzschlussstrom (2.1)
I'_k Übergangs-Kurzschlusswechselstrom
           (2.1)
I''_k Anfangs-Kurzschlusswechselstrom
           (2.1)
$I''^{(10)}_k$ –, auf 10 kV bezogen (2.1.7.6)
I''_{kQ} –, an der Übergabestelle (2.1.7.5)
$I_{k(1)}$ einsträngiger Kurzschlussstrom
           (2.3.2.1)
$I_{k(2)}$ zweisträngiger Kurzschlussstrom
           (2.3.1.2)
$I_{k(3)}$ dreisträngiger Kurzschlussstrom
           (2.3.1.2)
I_{aM} Motor-Ausschaltstrom (2.1.5)
I''_{kM} Motor-Anfangskurzschlussstrom
           (2.1.5)
I_m Mitkomponente des Stroms (2.2.1)
I_{nt} Nichtauslösestrom (4.1.2.2)
I_p prospektiver Ausschaltstrom (4.1.2.2)
I_r Bemessungsstrom (1.2.5)
I_{rS} Bemessungsstrom der Sicherung
           (A.11)
I_{rw} Wirkreststrom (2.3.3.2)
I_{St} Blitzstrom (3.1.2)
I_{th} thermisch wirksamer Kurzzeitstrom
           (2.4.2)
I_{thr} Bemessungs-Kurzzeitstrom (2.4.2)
I_{DCA} Anfangsgleichstrom (2.1.1.1)
I_0 Nullkomponente des Stroms (2.2.1)
i_a Ausschaltstrom (3.3.1.4)
i_{CD} Gleichstromglied (2.1.1.1)
i_D Durchlassstrom (4.1.2.2)
I_{DC} Gleichstrom (2.1.1.1)
i_L Strom in der Induktivität (3.3.1.5)
i_p Stoßkurzschlussstrom (2.1.3)
$\hat{\imath}$ Scheitelwert des Stroms (1.3.4.1)

S_A Ausgangssignal, Ansprechsignal (3.4.9.1)

S_a symmetrische Ausschaltleistung (2.1.6)

S_D Durchgangsleistung (2.1.7.2)

S_g Scheinleistung des Gegensystems (2.2.3.3)

S_k'' dreisträngige Anfangs-Kurzschluss-Wechselstromleistung (2.1.6)

S_{kQ}'' – an der Übergabestelle (2.1.7.5)

S_m Scheinleistung des Mitsystems (2.2.3.3)

$S_{max\,w}$ wirtschaftliche Stromdichte bei Höchstleistung (6.3.5)

S_r Bemessungsscheinleistung (1.2.5)

S_{thr} Bemessungs-Kurzzeitstromdichte (2.4.2)

$S_{\ddot{u}}$ Übertragungsleistung (1.2.1.7)

S_w wirtschaftliche Stromdichte (1.2.2.4)

s elektrische Kurzschlussentfernung (2.1.1.3)

T Periodendauer (1.3.4.1)

T_b Betriebszeit (6.3.4)

T_m Benutzungsdauer (6.1.1)

T_N Nennzeit (6.1.1)

t Zeit (1.2.1.6)

$\underline{t}$ komplexer Lastzeiger (1.3.3.2)

t_a Auslösezeit (3.4.2.1)

t_d Tagesdauer (A12)

t_e Endzeit (3.4.2.1)

t_F Fehlerdauer (3.1.2)

t_g Grundzeit (3.4.2.1)

t_k Kurzschlussdauer (2.4.2)

t_{kr} Bemessungs-Kurzschlussdauer (2.4.2)

t_{Im} Imaginärteil des Lastzeigers (1.3.3.6)

t_ℓ Laufzeit (3.4.2.1)

t_n Nachlaufzeit (3.4.2.1)

t_p Pausenzeit (3.4.4.5)

t_{Re} Realteil des Lastzeigers (1.3.3.6)

t_{St} Staffelzeit (3.4.2.1)

$t_{\ddot{U}}$ Überdeckungszeit (3.4.9.2)

t_v Verzugszeit (3.4.2.1)

U Spannung (1.1.2)

U_{an} Ansprechspannung (3.4.9.2)

U_B Bezugsspannung (1.2.4)

U_B Berührungsspannung (3.1.1)

U_B Versorgungsspannung (3.4.9.4)

U_E Leiter-Erde-Spannung (2.3.5)

U_F Fußpunktspannung (3.4.9.1)

U_G Grenzspannung (1.2.1.6)

U_g Gegenkomponente der Spannung (2.2.1.1)

U_h Teilspannung (5.5.2.2)

U_I stromproportionale Spannung (3.4.9.2)

U_{ME} Sternpunkt-Erde-Spannung (2.3.3.2)

U_m Mitkomponente der Spannung (2.2.1)

U_N Nennspannung (1.1.2)

U_q synchrone Quellenspannung (2.1.1.2)

U_q' Übergangs-Quellenspannung (2.1.1.2)

U_q'' Anfangs-Quellenspannung (2.1.1.2)

U_{qg} Quellenspannung des Gegensystems (2.2.3.2)

$U_{q\ell}$ Leerlauf-Quellenspannung (1.3.3.8)

U_{qm} Quellenspannung des Mitsystems (2.2.3.2)

U_r Bemessungsspannung (1.2.4)

U_{rE} normierte Erderspannung (3.1.1)

U_{St} Stehstoßspannung (3.1.2)

U_{rx} normierte Standortspannung (3.1.1)

U_{rW} Stehwechselspannung (4.2.7)

U_S Schrittspannung (3.1.1)

U_{So} Sondenspannung (3.1.2)

U_v Verlagerungsspannung (2.3.2.2)

U_x Standortspannung (3.1.1)

U_z Zusatzspannung (1.2.5)

U_{Zg} Teilspannung des Gegensystems (2.2.3.2)

U_{Zm} – des Mitsystems (2.2.3.2)

U_{Z0} – des Nullsystems (2.2.3.2)

U_σ Ständerstreuspannung (5.5.2.2)

U_0 Nullkomponente der Spannung (2.2.1.2)

$U_\triangle$ Außenleiterspannung, Dreieckspannung (1.1.2)

$U_\curlywedge$ Sternspannung (1.2.1.6)

u_D relative Kurzschlussspannung der Drossel (2.1.7.2)

u_k relative Kurzschlussspannung (1.2.3.6)

u_{kr} relativer Bemessungswert der Kurzschlussspannung (1.2.5)

u_n Netzspannung (4.2.4.3)

u_{Rr} relativer Bemessungswert der Wirkspannung (1.2.5)

u_w wiederkehrende Spannung (4.2.4.3)

u_{Xr} relativer Bemessungswert der Blindspannung (1.2.5)

V Vertikalkraft (1.2.2.5)

V Volumen (1.2.1.6)

V' Durchflussmenge (1.2.1.7)

v Geschwindigkeit (1.2.1.7)

v Windgeschwindigkeit (5.4.2.1)

v_E Erregungsgeschwindigkeit (5.5.1.3)

W Energie (1.2.1.6)

W Widerstandsmoment (2.4.1.1)

W Schaltarbeit (4.2.4.2)

W_a Jahresarbeit (6.1.1)

W_d Tagesarbeit (6.1.1)

ϑ_k höchstzulässige Temperatur bei Kurzschluss (2.4.2)

ϑ_{no} Leitertemperatur im Normalbetrieb (2.4.2)

ϑ_0 Bezugstemperatur (1.2.2.5)

κ Stoßfaktor (2.1.3)

κ_k Stoßfaktor bei Stromverzweigung (2.1.3.2)

λ Dauerfaktor (2.1.4)

λ Wärmeleitfähigkeit (1.2.1.6)

λ Streckenleitwert (1.3.2.5)

λ_{tIm} Winkel der t_{Im}-Achse (1.3.3.6)

λ_{tRe} $--t_{Re}$-Achse (1.3.3.6)

μ Permeabilität (1.2.3.2)

μ Abklingfaktor (2.1.5)

μ_0 Induktionskonstante (1.2.3.1)

ν_F Frequenzfaktor (2.4.1.2)

ν_σ Frequenzfaktor (2.4.1.1)

ρ Dichte (5.4.2.1)

ρ Radius (1.2.1.6)

ρ spezifischer elektrischer Widerstand (1.2.3.1)

ρ spezifisches Gewicht (A.18)

σ spezifischer Wärmewiderstand (1.2.1.6)

σ Biegespannung (2.4.1.1)

σ_H Hauptleiter-Biespannung (2.4.1.1)

σ_{is} spezifischer Wärmewiderstand der Isolation (1.2.1.6)

σ_{MZ} Mittelzugspannung (1.2.2.5)

σ_{max} Höchstzugspannung (1.2.2.5)

σ_T Teilleiter-Biegespannung (2.4.1.1)

σ_{zul} zulässige Höchstzugspannung (1.2.2.5)

σ_{zul} – Biegespannung (2.4.1.1)

τ Winkel des Lastzeigers (1.3.3.2)

τ Teuerungsrate (6.2.3)

τ_{DC} Zeitkonstante (2.1.3)

τ'_d Übergangszeitkonstante (2.1.1.2)

τ''_d Anfangszeitkonstante (2.1.1.2)

τ'_{do} Leerlauf-Übergangszeitkonstante (2.1.1.2)

τ''_{do} Leerlauf-Anfangszeitkonstante (2.1.1.2)

Φ magnetischer Fluss (1.2.3.2)

Φ_{LT} bezogener magnetischer Fluss des Teilleiters (1.2.3.2)

Φ_r resultierender magnetischer Fluss (5.5.2.2)

φ elektrisches Potential (1.2.3.4)

φ Phasenwinkel (1.3.2.1)

φ' Potential des gespiegelten Leiters (1.2.3.4)

φ_I Phasenwinkel des Stroms (1.3.3.7)

φ_U – der Spannung (1.3.3.7)

φ_0 Bezugspotential (1.2.3.4)

Ψ Verschiebungsfluss (1.2.3.4)

ψ bezogener Längswiderstand (1.3.2.1)

Ψ Schaltphasenwinkel der Spannung (2.1.1)

ψ_L Winkel des Wellenwiderstands (1.3.3.1)

ω Kreisfrequenz (1.2.1.6)

Sachverzeichnis

Teubner Lehrbücher: einfach clever

Mrozynski, Gerd
Elektromagnetische Feldtheorie
Eine Aufgabensammlung

2003. XIV, 306 S. Br. € 27,90
ISBN 3-519-00439-9

Strassacker, Gottlieb / Süße, Roland
Rotation, Divergenz und Gradient
Leicht verständliche Einführung in die elektromagnetische Feldtheorie

5., überarb. u. erw. Aufl. 2003. XII, 284 S.
Br. € 26,90
ISBN 3-519-40101-0

Weber, Hubert
Laplace-Transformation
für Ingenieure der Elektrotechnik

7., überarb. u. erg. Aufl. 2003. VIII, 202 S.
mit 111 Abb.und 125 Beispielaufg.
(Teubner Studienbücher Technik) Br. € 18,90
ISBN 3-519-10141-6

Ivers-Tiffée, Ellen /
Münch, Waldemar von
Werkstoffe der Elektrotechnik

9., vollst. neubearb. Aufl. 2004.
VIII, 220 S. Br. € 24,90
ISBN 3-519-30115-6

Stand August 2005.
Änderungen vorbehalten.
Erhältlich im Buchhandel
oder beim Verlag.

Teubner

B. G. Teubner Verlag
Abraham-Lincoln-Straße 46
65189 Wiesbaden
Fax 0611.7878-400
www.teubner.de

Printed in the United States
By Bookmasters